수리생물학 입문

An Introduction to Mathematical Biology

Linda J. S. Allen 지음

오춘영 • 강용한 • 장성각 옮김

KYOWOOSA 교우사

머리말

이 책을 쓴 목적은 생물계에 수리모델의 다양성을 소개하는 것과 이러한 모델의 분석이 유용한 방법임을 제시하고자 한 것이다. 생물개체군으로 부터 고전적인 수리모델은 Leslie matrix model, the Nicholson-Bailey model, the Lotka-Volterra 포식자-먹이 모델을 포함하여 토의하였다. 더구나, 인간면역결핍(HIV) 모델이나 밀가루 딱정벌레에 대한 모델같은 최근의 더 많은 모델들을 토의 한다. 생물학적 많은 응용은 생물개체군과 개인적인 선호와 전문성에 의한 역학으로부터 나온다. 그러나, 또한 집단 유전학, 생물학과 생리학에서 나온 예들이있다. 이 책은 결정적인 수리적 모델에 촛점을 맞추고, 모델은 계차방정식이나 상미분방정식으로 공식화한다. 이내용은 1장에서 6장을 통해 기초를 형성한다. 시간이 흐름에 따라 질적인 해의 동태를 예측하는데 주안점을 둔다.

이 책에서 주제들은 Texas Tech University에 있는 수학 통계학과에서 개설되었던 한 학기과정을 망라한다. 이 과정은 대학원을 시작하는 학생들과 수학과, 공학분야및 생물학과 학부과정의 고등학생들에게 개설되었다. 이 과정은 대한 동기는 생물학에서 모델링 뒤에 수학에 관한 및 생물학의 수학적 모델의 다양함으로 탄탄한 배경을 가진 학생들에게 제공하는 것입니다. 수학의 선수과목은 학부과정 과목인 미분적분학, 선형대수학, 미분방정식이다.

이 책은 생물학적 응용보다는 수학적 이론에 따라 구성되었다. 1장과 4장은 각각 선형계차방정식과 선형미분방정식의 기초적인 이론의 복습이 포함되었다. 복습내용은 학생들의 배경에따라 간단하지만 좀 더 상세하게 설명되었다. 1,2,3장에서는 계차방정식 모델이 제시되었고, 미분방정식 모델은 4,5,6장에 걸쳐 있다. 마지막 장인 7장은 생물학에 편미분방정식에 대한 도입이다. 생물학 예들에 대한 수학적 이론의 적용은 각 장에 제시하였다. 유사한 생물학적 적용은 한 장(chapter)에서보다 더 많이 제시할 수 있을것이다. 예를 들어, 전염병 모델과 포식자-먹이 모델들은 2장과 3장에서 계차방정식으로 공식화하었고,

6장에서는 미분방정식으로 공식화하였다. 이 방법에서, 다양한 모델 공식들의 장점과 단점이 비교할수 있다. 3장과 6장은 기본적으로 생물학적 적용에 전념하였다. 가르치는 강사는 이 두장에 걸쳐있는 적용을 취사선택할 수 있다. 각 장의 마지막에 있는 연습문제들은 각장에서 토의한 개념들을 강화 시킬것이다. 다양한 모델의 역학을 시각화하기위해 학생들에게 부록에 제공한 MATLAB®이나 Maple프로그램을 사용하도록 권장한다. 이러한 프로그램은 모델의 다른 유형이나 다른프로그램 언어에 적용하기 위해 수정할 수 있다. 더구나, 최근의 인쇄물로 나온 생물학적 모델들에 할당된 연구 주제들은 개인이나 그룹연구 프로젝트의 일부이다. 수리 생물학은 빠른 성장분야이기 때문에 부가적인 생물학적 적용을 살필 수 있는 훌륭한 참고서적들이 많다. 이러한 참고자료의 일부는 각 장의 마지막에 열거 하였다.

나의 처음 수강한 과정은 1978년경 수리생태학으로 생물학분야에 수학적 적용에 관하여 매우 흥분하였다. 나의 Ph.D 지도교수이신 University of Tennessee의 Thomas G. Hallam교수의 강의였다. 참고자료들은 E.C. Pielou의 책 *Mathematical Ecology*, Robert M. May의 책 *Theoretical Ecology Principles and Applications*과 Tom Hallam에 의해 준비된 훌륭한 노트였다. 나는 1989년에 수리생물학에서 나의 첫 과정을 첫해 동안 그리고 그 이후에도 Leah Edelstein-Keshet가 쓴 훌륭한 책 *Mathematical Models in Biology*을 사용하여 강의를 하였다. 또 다른 훌륭한 책은 James D. Murray가 쓴 *Mathematical Biology*을 참고하였다. 수년동안에 걸쳐 나는 수리생물학 코스를 위해 이러한 훌륭한 참고자료에 의지하면서 나 자신의 노트를 썼다. 이 책은 그러한 노력의 결과이다.

나는 이 책을 완성할 수 있도록 도움을 주신 많은 분들에게 감사함과 고마움을 드리고자 한다. 남편인 Edward Allen은 원고를 쓰고 다시쓰는 오랜과정 동안 지지를 해주었으며 2장에 있는 분기 다이어그램을 그리는데 도와주었고 이책의 초안에 대한 평을 해주었다. 딸 Anna Allen은 격려가 필요할때마다 용기를 주었다. University of Tennessee의 Thomas G. Hallam은 나의 학창시절을 통해 지지해 주었으며 수리 생태학분야로 이끌어 주었다. Prentice Hall의 통찰력 있는 의견, 유용한 제안이 이 책의 예비 초안에 대한 수정에 대한 Prentice Hall의 검토하신 분들에게 감사드린다: Michael C. Reed, Duke University; Gail S. K. Wolkowicz, McMaster University; and Xiuli Chao, North Carolina State University. 나의 친구들과 동료들은 정확성을 위하여 많은 연습문제들을 확인하였고, 인쇄상의 오류를 확인하고, 이 책의 예비 초안을 향상하기 위한 제안들을 하였다: Azmy Ackleh, University of Louisiana at Lafayette; Jesse Fagan, Stephen F. Austin State University (Chapters 1-4); Sophia R.-J. Jang, University of Louisiana at Lafayette (Chapters 1-6); and Lih-Ing Roeger, Texas Tech University (Chapters 1-6). 더구나, Texas Tech University의 David Gilliam은 LaTex과 MATLAB에 관련한 상세한 기술적 내용의 일부로 나를 도와주었다.5,6,7장에 있는 그림은 Rice University의 John C. Polking에서 제공한 MATLAB program의 pplane6을 사용하여 그렸다. 많은 나의 생물 수학 과정에 있는 대학원생들은 연습문제에 있는 오류를 수정할 수 있도록 도와주었다. 많은 연습문제에 대해 도와준 다음 개개인들에게 고마움을 전한다:Arcmando Arciniega, david Atkinson, Amy Burgin, Garry Block, Amy Drew, Channa Navaratna, Menaka navaratna, Keith Emmert, Matthew Gray, Kiyomi Kaskela, Jake Kesinger, Nadarajah Kirupaharan, Rachel Koskodan, Karen laerence, Robert McCormack, Shelley McDee, Wayne McGee, penelope Misquitta, Rathnamali Palamackumbura, Niranjala Perera, Sarah Stinnett, Edward Swim, David Thrasher, Ashley trent, Curtis Wesley, Nilmini Wijeratne, Yaji Xu.

특별히 이 책의 정확한 확인을 위해 도와준 Florida 대학교의 Patrick de Leenheer에게 감사드린다. Texas Tech University에 있는 동안 연구와 강의에 있어 따뜻하게 지지해 주며 분위기를 조성해준 동료분들에게 감사드린다. 마지막으로 가장 중요하게 구세주이신 주님에게 항상 도움과 인도함에 대한 감사함과 찬양을 드린다. 나의 친구와 동료로부터 셀 수 없는 제안과 수정을 한 이후에도, 나는 이 책의 마지막 원고에 어떠한 누락과 오류들에 대한 충분히 책임감을 가진다.

Linda J.S.Allen

옮긴이의 서문

오래전 맬서스의 인구가 기하급수적으로 증가하는 모델이후 수학은 수리 생물분야의 주요한 내용이 다양한 분야의 다양한 다이나믹한 현상을 계차방정식이나 미분방정식으로 모델을 세우고 분석하여, 미래에 발생할 수 있는 상황을 예측할 수 있는 적절한 모델을 세우는 일이 중요해져왔다.

국내에서도 수리생물 분야를 공부하신 분들이 늘어남에 따라 수학이외 다른 분야의 전문용어에 익숙하지 못한 학생들을 위해 이 책을 번역하게 되었다. 수학분야를 전공한 학생들은 수리모델을 세우기 위해서는 다른 분야의 전공자분들과 충분한 소통이 필요한 시기에 있어이 책이 다소 도움이 되길 바란다. 이 책의 모델은 주로 생물학과 관련된 분야의 동역학을 다루지만, 모델을 세우는 분야는 생물, 생태, 의학분야뿐 아니라 고전으로 많이 적용해 왔던 이공학분야, 경제학, 경영학, 사회과학등 분야에서도 도움이 될 것이다.

Allen 선생님의 서문에서처럼 이 책의 구성은 수학적 이론에 따라 구성되었다. 이 책을 읽기 위해서는 미분적분학, 선형대수학과 미분방정식을 수강을 한 학생이라면 누구나 읽는데 어려움이 없을것이다.따라서 수학관련 전공자들이라면 2학년 2학기이상이면 이 책을 읽는데 부담이 없을것이다.

이 책의 많은 그래프들은 가능한 원서에 있는 그림을 그대로 사용하였고 이에 따라 그림의 내용 일부는 번역을 하지 않는 경우도 있다. 이 책의 내용을 옮김에 있어 번역의 오류나 미비한점들이 있으리라 생각한다. 이는 전적으로 옮김이들의 책임이다. 독자 여러분들의 많은 충고가 있기를 바라며 이책이 나올 수 있도록 많은 도움을 주신 교우사의 편집부 직원분에게 감사드린다.

2014년 06월

옮긴이 일동

차 례

제3장 계차방정식의 생물학적 적용

제4장 선형미분방정식: 이론과 예제

제5장 비선형미분방정식 : 이론과 예제

제6장 미분방정식의 생물학적 적용

제7장 편미분방정식: 이론과 예제 및 응용

제 1 장

선형계차방정식: 이론과 예제

제 1 절 서 론

생물계(biological system)의 수학적 모델을 세우는것은 기본적인 3가지 단계가 있다. 이 단계는 (1) 연구되고 있는 기초적인 생물학적 과정이다. 시스템을 정확하게 표현하기 위한 수리적 모델을 수립, (2)모델의 동태를 이해하기 위해 수학적인 방법의 적용과 (3)의미있는 생물학적 결과를 얻을 수 있을지 유무를 결정할 수 있는 모델 결과를 판단하는 3단계를 포함한다. 식을 수립, 해석, 판단 이러한 3단계 모두는 생물계의 연구에 있어서 중요하다. 이들 3단계를 적용하기 위해서는 기본적인 수학적 이론, 도구, 방법을 충분히 이해하고 신중하게 적용해야 한다.

생물학적 과정과 시스템의 수학적 모델은 종종 계차방정식 또는 미분방정식을 사용하여 표현한다. 모델의 이러한 유형에 관한 이유는 시간, 공간 또는 발달 단계에 관해 변화하는 역동적인 생물학적 과정이기 때문이다. 그러므로 수리 모델링에서 이 3단계를 위해 계차방정식과 미분방정식을 위해 수학적인 이론에 관한 깊은 이해가 필요하다.

1장~ 3장에서 계차방정식을 공부하고, 계차방정식은 시간, 장소 등에 대한 불연속인 구간에 따라 변화하는 정량(quantity)적 관계이다. 이 책에서 공부할 생물학적 응용 대다수의 이산구간은 시간간격을 나타낸다(즉, $t = 0, 1, 2, \cdots$). 여기서 시간 구간 단위는 1(unity)이다. 반면에 4장 $\sim$ 7장에서 공부하게 될 미분방정식은 연속구간에 따라 양에 관한 변화를 설명한다(즉, $t \in [0, \infty]$). 예를 들어, 만약 시간에 따라 정량이 변화하면 시간에 관한 도함수 또는 변화율은 구체적으로 명시된다. 계차방정식이나 미분방정식으로 모델화된 정량은 시스템의 **상태(state)**라고 한다.

몇가지 상호작용하는 상태 역학이 시간, 연령, 공간적 위치에 의존하면 모델은 매우 복잡한 방정식이 될 수 있다. 만일, 연령이나 또는 공간적인 위치가 아닌 순간적인 역학에 관심있다면, 모델을 구성하는 방법은 **상(ordinary)**계차방정식이나 상미분방정식이다. 그러나 추가적으로 연령이나 공간적인 위치가 역학에서 중요하면, **편(partial)**계차방정식이나 또는 편미분방정식에 익숙해져야 한다. 비록 계차방정식과 미분방정식이 여기서 고려될 기본적인 모델을 형성하는 구성방식일지라도 지연계차방정식(2장)과 지연미분방정식(4, 5장)을 포함하여 모델의 다른 유형의 모델을 토의한다. 더구나 적분계차방정식과 적분미분방정식은 각각 7장과 4, 5장에서 간단히 언급한다.

계차방정식은 세대가 겹쳐지지 않는 개체군에 자주 적용한다. 예를 들어 성체가 죽고 그들의 자손으로 대체될 때 한 세대에서 다음 세대로의, 즉, x_t에서 x_{t+1}로, 개체수를 계차방정식으로 모델링 할 수 있다. 이산시간 구간은 종종 실험실이나 현장(field)에서 사용되는 주기 데이터 수집이 자연적으로 동시에 일어난다. 계차방정식은 개체군을 모델링을 할 때 나이, 단계, 크기-구조 개체군을 사용한다.(Caswell, 2001; Cushing, 1998; Kot, 2001). 예를 들어, 이산 시간구간은 한 연령그룹에서 다른 연령그룹으로 또는 발달의 한 단계에서 또다른 단계로의 변화가 개체군에서 일어나기 위해 요구된 시간을 의미한다.

미분방정식은 연속적인 번식과 사망과 같은 상태에서 변화가 연속적으로 생긴 단계에서 일어날 때 적용된다. 미분방정식은 개체군 전염병에서 생리적 시스템까지 생물계의 많은 유형에 적용되고 있다(Brauer and Castillo-Chávez, 2001; Britton, 2003; Edelstein-Keshet, 1988; keener and Sneyd, 1998; Murray, 1993, 2002, 2003; Thieme, 2003).

수리 생물학에서 모델링에 관한 좋은 책들이 많이 있다. 앞에 참고된 내용은 일부만 나타낸 것이다. 각 장에 적절한 연구논문과 부가적인 도서 목록을 찾아보길 권한다.

생물계의 수리모델 연구을 시작하기 위해, 모델링 구조의 가장 간단한 형식인 선형계차방정식을 고려한다. 선형계차방정식의 해의 동태와 해를 구하는 방법은 비선형계차방정식에 유용할 것이다. 먼저, 몇가지 전문용어를 소개하고, 계차방정식의 다른 유형을 분류한다. 선형계차방정식과 시스템의 몇가지 풀이방법의 개요를 제시한다. 많은 예제들은 여러 가지 방법을 이용하여 제공하였다. 1.6절에서 레슬리행렬 모델로 알고 있는 선형계차방정식 시스템의 잘 알려진 예를 제공한다. 이 모델은 시간이 지남에 따라 개체군의 연령구조의 궤적을 유지한다. 레슬리행렬 모델과 관련된 중요한 성질은 1.7절에서 토론한다. 이에 관한 특성은 3장에서 좀 더 복잡한 구조의 연구에 유용할 것이다.

제 2 절 기본적인 정의와 기호

계차방정식은 이산구간에서 시스템(계)의 상태 변화를 모델링하게 된다. 대부분의 경우에 이산구간은 시간구간을 의미하고 소문자 t는 시간변수로 표시한다. 일반적으로, 이산 시간 구간의 길이는 Δt로 표기하는데 길이(하루,일주일 등 등)로 고정한다. 이러한 시스템의 상태(states)는 이산시간 $t = 0, \Delta t, 2\Delta t \cdots$을 사용하여 모델링 한다. 표기를 편리하게 하기 위해, 시간 구간을 종종 $\Delta t = 1$로 한다.

시간 t에서의 시스템의 상태변수를 x_t 또는 $x(t)$로 나타내고, 변수 x는 t의 함수이다. 일반적으로 소문자 x는 실수(real)변수이고, 대문자 X는 실수의 벡터를 나타낸다. 단지 몇개의 상태를 모델링할때 x_t가 $x(t)$보다 더 많이 사용된다(즉, x_t 와 y_t). X가 벡터일 때 기호를 X_t 또는 $X(t)$로 표기하는 것을 더 선호한다[즉, $X(t) = (x_1(t), x_2(t), \ldots, x_m(t))^T$는 성분 $x_i(t)$, $i = 1, 2, \ldots, m$는 $m-$열벡터이고 시간 t에서 성분를 나타낸다]. 벡터나 행렬의 위첨자 T는 벡터나 행렬의 전치를 의미한다. 표기법의 의미는 문맥에서 분명히 해야한다.

예제 2.1 *다음 계차방정식*

$$x_{t+1} = atx_t + bt^2x_{t-1} + \sin(t) \tag{1.1}$$

은 시간 $t+1$에서 상태는 앞선 두 개의 시간 t와 $t-1$에서 상태의 일차결합과 시간 t의 $sine$함수와의 합이다. ■

정의 2.2 ***k계 계차(차분)방정식(difference equation of order k)**의 형태는*

$$f(x_{t+k}, x_{t+k-1}, \cdots, x_{t+1}, x_t, t) = 0, \quad t = 0, 1, \cdots \tag{1.2}$$

이다. 여기서 f는 실변수 x_t에서 x_{t+k}까지와 실수 t에 관한 함수이다. 특히, f는 x_t와 x_{t+k}에 종속이다. 그렇지 않으면, 계차방정식의 계차가 k와 다를 수 있다. f가 t에 의존하지 않으면 계차방정식 (1.2)를 **자율(autonomous)** *계차방정식이라 하며, f가 t에 의존하면* **비자율(nonautonomous)** *계차방정식이라 한다.*

자주 보게 될 계차방정식의 유형은

$$x_{t+k} + a_1 x_{t+k-1} + \cdots + a_{k-1} x_{t+1} + a_k x_t = b_t, \qquad t = 0, 1, \cdots \tag{1.3}$$

이다. 조건 $a_k \neq 0$에서 계차방정식 (1.3)의 차수는 k이다. 계수들은 실수로 함수는 실수값이라 가정한다. 계수 $a_j,\ j = 1, \cdots, k$는 t와 $x_i,\ i = t, \cdots, t+k-1$의 함수라 할 수 있다. 방정식 (1.3)의 우변항의 함수 b_t는 t에 종속일 수 있으나, 상태변수에는 종속하지 않는다.

> 정의 **2.3** *방정식 (1.3)에서 계수 $a_j, j = 1, \cdots, k$가 상수 혹은 t에 종속하나, 상태변수에 종속하지 않으면 계차방정식 (1.3)을* **선형(linear)** *이라 하며, 상태변수에 종속하면* **비선형(nonlinear)** *이라 한다. 더구나 계차방정식 (1.3)이 모든 t에 대하여 선형이고 $b_t = 0$이면, 계차방정식은* **동차(제차)(homogeneous)** *라 하고, $b_t \neq 0$이면* **비동차(비제차)(nonhomogeneous)** *라 한다.*

예제 2.1의 계차방정식 (1.1)은 2계 선형 계차방정식(a와 b가 상수라고 가정)이다. 더구나 계차방정식 (1.1)은 비자율이고 비제차이다.

앞에 설명한 용어들은 또한 계차방정식의 시스템에 적용한다. k개의 1계 계차방정식 시스템은 다음과 같은 형태로 표현할 수 있다.

$$x_i(t+1) = f_i(x_1(t), x_2(t), \cdots, x_k(t), t), \qquad i = 1, 2 \cdots, k. \tag{1.4}$$

> 정의 **2.4** *식 (1.4)의 함수 $f_i,\ i = 1, 2, \cdots, k$가 t에 종속되지 않으면 1계시스템은* **자율(autonomous)** *시스템이라 하고, t에 종속되면* **비자율(nonautonomous)** *시스템이라 한다.*

시스템 (1.4)는 다음과 같이 표현이 가능하다고 하자:

$$x_i(t+1) = \Sigma_{j=1}^{k} a_{ij}(t) x_j(t) + b_i(t), \qquad i = 1, 2, \cdots, k. \tag{1.5}$$

계수 a_{ij}와 b_t가 상태변수 $x_i,\ i, j = 1, 2, \cdots, k$에 종속되지 않으면 시스템 (1.5)를 **선형**이라고 하고, 종속하면 **비선형**이라고 한다. 만약 시스템 (1.5)가 선형이고 $b_i(t) \equiv 0,\ i = 1, 2, \cdots, k$이면 이 시스템을 **동차(제차)**라고 하며, $b_i(t) \neq 0$인 경우 **비동차(비제차)**라 한다. 시스템 (1.5)의 행렬 표현은

$$X(t+1) = A(t)X(t) + B(t)$$

이다. 여기서 $X = (x_1, x_2, \cdots, x_k)^T$는 벡터이고, $A = (a_{ij})_{ij=1}^k$은 행렬이고 $B = (b_1, b_2 \cdots, b_k)^T$도 벡터이다.

이러한 정의를 설명한 몇가지 예를 살펴보자.

예제 2.5 *계차방정식* $x_{t+1} = ax_t^2 + bx_{t-1}$*이 주어져 있다고 가정하자. 여기서* a*와* b*는* 0*이 아닌 상수이다. 이 계차방정식은 2계 비선형자율방정식이다.*■

예제 2.6 *계차방정식의 시스템* $X(t+1) = AX(t)$*은* $X(t) = (x_1(t), x_2(t))^T$*와*

$$A = \begin{pmatrix} g_1(x_1, x_2) & g_2(x_1, x_2) \\ g_3(x_1, x_2) & g_4(x_1, x_2) \end{pmatrix}$$

을 만족한다고 하자. 여기서 g_i, $i = 1, 2, 3, 4$*는* x_1*과* x_2*의 상수가 아닌 함수이지만* t*에 종속되지 않는다. 이 1계 시스템은 자율이고 비선형이다.*■

예제 2.7 t*세대에서 개체군의 크기를* x_t*라고 표기하자. 개체군의 각각의 개체는 세대당* a*개체를 번식하고 죽는다고 가정한다. 이 가정은 세포 개체군이나 1년생 식물 개체군에 적용한다. 개체군은*

$$x_{t+1} = ax_t \tag{1.6}$$

로 모델화 할 수 있다. 계차방정식 (1.6)은 1계선형제차이다. 방정식 (1.6)의 해는 대입을 반복하여 구할 수 있다:

$$x_1 = ax_0,\ x_2 = ax_1 = a^2x_0.$$

방정식 (1.6)은 귀납공식이다. 일반적으로, 계차방정식 (1.6)의 해는 유형은 $x_t = a^tx_0$*이다.* ■

> **정의 2.8** *계차방정식 (1.2)에 대한 해는 방정식에 해를 대입하여 그 방정식이 성립하는 함수* $x_t, t = 0, 1, 2, \cdots$*이다. 계차방정식 (1.4)의 시스템에 대한 해는* $X(t) = (x_1(t), x_2(t), \cdots, x_k(t))^T$*와 같은 벡터 형태로 각 방정식에 해를 대입하여 방정식이 성립할 수 있는 함수들의 집합* $\{x_i(t)\}, i = 1, 2, \cdots, k$*이다.*

계차방정식 (1.6)의 경우에, 해는 $x_t = a^tx_0$이다. x_0의 값이 알려져 있으면, 해는 유일하다. 해 a^tx_0은 개체군의 초기값이 x_0로 주어진 t세대에서 개체군의 동태를 유일하게 결정한다. 만일 $0 < a < 1$이면, $\lim_{t\to\infty} x_t = 0$이다. $a = 1$이면, 모든 t에 대하여 $x_t =$

x_0이다. $a > 1$이면, $\lim_{t\to\infty} x_t = \infty$, $x_0 > 0$이다. $a = -1$과 $a = 0$인 특별한 경우에서는 어떤 현상이 일어날 것인가? 일반적으로, $|a| > 1$이면 해는 발산(무한대 또는 진동으로 나타난다)하고, $|a| < 1$이면 해는 영으로 수렴한다. 그림 1.1 참고.

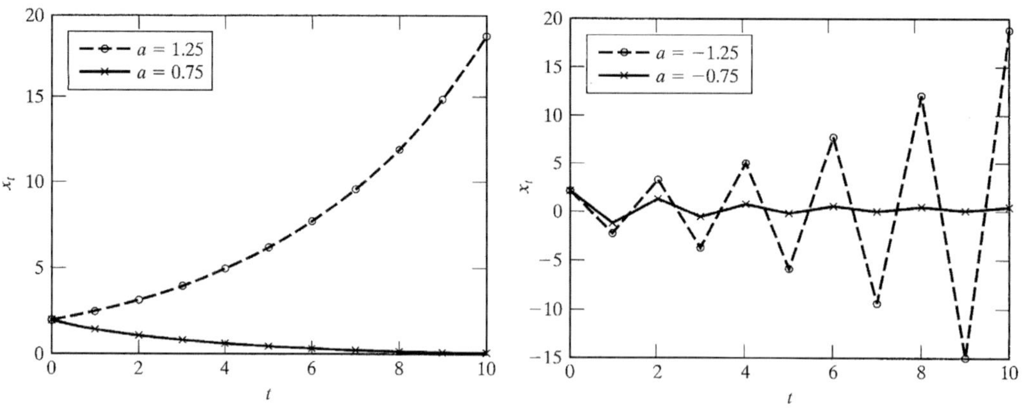

그림 1.1: a의 다양한 값에 대한 $x_{t+1} = ax_t$의 해 그래프.

해의 점들 $(t, x_t), t = 0, 1, \ldots, 10$은 그림 1.1에서 실선으로 연결되었다. 그러나 계차방정식에서 해의 그래프는 이산인 점들의 집합 $\{(t, x_t)\}, t = 0, 1, \ldots$ 으로 표시한다.

다음 예제는 단계-구조 개체군의 성장과 생존 모델을 설명한다.

예제 2.9 *매년 어떤 종의 성체 암컷종이 고정된 기간에 자손을 번식한다고 가정하자. 유생의 일부는 성체가 될 때까지 생존하여 번식하고 죽는다(세대는 겹치지 않는다). 변수를*

$$j_t = t\text{해에 자손의 수}$$
$$a_t = t\text{해에 성체 암컷의 수}$$
$$p_j = t\text{해에 생존한 자손의 생존비율}$$
$$f = \text{암컷당 자손을 낳는 수}$$
$$r = \text{성체 암컷의 비율}$$

라고 하자. 각 개체는 두 단계 유생 또는 성체중 한 단계에 속한다. 자손이 태어난 후 곧바로 전수조사를 한다고 가정하자. 그러면,

$$j_{t+1} = fa_{t+1}, \quad a_{t+1} = rp_j j_t$$

이고 그러므로,

$$j_{t+1} = [rp_j f]j_t \text{ 이다.}$$

$a = rp_j f$라고 하자. 만약 r, p_j, f가 상수이면, 이 계차방정식의 해는 예제 2.7의 해와 같은 유형의 해 $j_t = [rp_j f]^t j_0$이다.

다음으로 자손이나 유생은 2년생이 될때까지는 번식이 가능한 성체가 되지 못한다고 가정하자. 더구나, 모든 성체가 죽지 않는다고 가정한다. p_a는 매해 생존하고 있는 암컷 성체의 비율이라 하자. 그러면 모델은 다음과 같은 형태다:

$$j_{t+1} = fp_a a_t \quad \text{이고} \quad a_{t+1} = rp_j j_t + p_a a_t \text{ 이다.}$$

이 방정식들은 계차방정식 $X_{t+1} = AX_t$의 1계 시스템으로 표현할 수 있다. 여기서 $X_t = (j_t, a_t)^T$이고

$$A = \begin{pmatrix} 0 & fp_a \\ rp_j & p_a \end{pmatrix}$$

이다. 이 후자 시스템은 자율이다. 더구나, 이 시스템은 선형이고 동차이다. 초기값 $X_0 = (j_0, a_0)^T$을 알면, X_t에 대한 유일한 해가 존재한다. 1계 시스템은 변수 a나 j로 2계방정식을 표현할 수 있다:

$$a_{t+2} = p_a a_{t+1} + rp_j fp_a a_t \quad \text{또는} \quad j_{t+2} = p_a j_{t+1} + fp_a rp_j j_t. \tag{1.7}$$

2계방정식 (1.7)은 초기값 a_0와 a_1(또는 j_0와 j_1)을 알게되면 유일한 해를 가진다.■

일반적으로 식 (1.3)의 형태인 선형 계차방정식은 해 x_t가 존재하고 유일함을 보여준다. x_k는 $t = 0$에서 $x_0, x_1, \ldots, x_{k-1}$과 b_0로 표현이 가능하다:

$$x_k = -(a_1 x_{k-1} + \cdots + a_k x_0) + b_0.$$

그러면 $t = 1$일 때는 다음과 같다:

$$x_{k+1} = -(a_1 x_k + \cdots + a_k x_1) + b_1.$$

x_k는 $x_0, x_1, \ldots, x_{k-1}$의 함수이므로, x_{k+1}도 마찬가지다. 귀납법에 의해 $t = k,\ k+1, k+2, \ldots$에 대해서 x_k는 $x_{t-1}, x_{t-2}, \ldots, x_{t-k}$와 b_{t-k}의 함수로 표현된다. 초기값 $x_0, x_1, \ldots, x_{k-1}$와 비동차항 $b_t, t = 0, 1, \ldots$가 주어지면 해는 유일하게 결정된다. 예를 들어, 1계선형동차인

계차방정식 $x_{t+1} = c_t x_t$에 대한 유일해는

$$x_t = c_{t-1} \cdots c_1 c_0 x_0 = x_0 \left(\prod_{j=0}^{t-1} c_j \right)$$

이다.

제 3 절 일계방정식

식 (1.3)의 1계 선형계차방정식을 다음과 같이 쓸 수 있다:

$$x_{t+1} = -a_t x_t + b_t = c_t x_t + b_t.$$

여기서, $c_t = -a_t$이다. 초기조건 x_0와 계수들을 알게되면 이 계차방정식은 유일한 해를 가진다. 이 1계 방정식에 대한 해는 방정식에서 구해지는 값을 반복하여 대입함으로 구할 수 있다. 먼저, $x_1 = c_0 x_0 + b_0$이면,

$$x_2 = c_1(c_0 x_0 + b_0) + b_1 = c_1 c_0 x_0 + c_1 b_0 + b_1 \text{이다.}$$

x_3에 이 값을 대입하여 계산하면

$$x_3 = c_2(c_1 c_0 x_0 + c_1 b_0 + b_1) + b_2 = c_2 c_1 c_0 x_0 + c_2 c_1 b_0 + c_2 b_1 + b_2 \text{이다.}$$

$t \geq 1$일 때의 해 x_{t+1}는 다음과 같이 표현할 수 있다:

$$x_{t+1} = \prod_{i=0}^{t} c_i x_0 + b_t + \sum_{i=0}^{t-1} \left[b_i \prod_{j=i+1}^{t} c_j \right]. \tag{1.8}$$

상수계수들에 대해 $c_t \equiv c$이고 $b_t \equiv b$로 놓으면, $x_{t+1} = c x_t + b$이다. 이 경우에 식 (1.8)의 해는

$$x_{t+1} = c^{t+1} x_0 + b \sum_{i=0}^{t} c^i \tag{1.9}$$

으로 표현할 수 있다. 합은 기하급수이고, $c = 1$과 $c \neq 1$인 경우에 해는 다음과 같이 표현할 수 있다:

$$x_{t+1} = \begin{cases} x_0 c^{t+1} + b \dfrac{1 - c^{t+1}}{1 - c}, & c \neq 1, \\ x_0 + (t+1)b, & c = 1. \end{cases} \tag{1.10}$$

고계계차방정식에서는 반복적인 대입으로 해를 구하는 일은 번거로운 일이고 종종 해에 대한 일반적인 공식이 주어지지 않는다. 일반해를 구하기 위해 적용할 수 있는 방법이 존재한다. 상수계수일때 적용될 수 있는 한가지 방법을 제시한다. 이 방법은 다음 예제에서 설명되고 다음절에서 고계방정식에 대해 일반화한다.

예제 3.1 *계차방정식*

$$x_{t+1} = ax_t + b \tag{1.11}$$

라고 하자. 여기서 a와 b는 상수이다. 이 방정식에서 일반해(general solution)를 구하기 위한 방법은 동차방정식의 일반해와 비동차방정식의 특수해인 두 해를 중첩(super position)하는 것이다. 이러한 두 해의 합은 비동차방정식의 일반해이다. 해의 합은 (1.9)식에서 볼 수 있는데, 첫번째 항은 동차방정식의 일반해이고, 두 번째항은 비동차방정식의 특수해이다. 방정식 (1.11)에 대하여, 예제 2.7로 부터 동차선형계차방정식 $x_{t+1} = ax_t$의 일반해는 ca^t이다. 여기서 c는 임의의 상수이다. 때때로, 주어진 방정식으로부터 특수해의 형태를 "추측"할 수 있다. 예를 들어, b가 상수이므로 특수해를 상수 $x_p = k$로 가정하는 것은 적절하다. 상수 k를 구하기 위하여, k를 계차방정식에 대입하면

$$k = ak + b$$

이다. 여기서 $a \neq 1$이면 $k = b/(1-a)$를 의미한다. $a = 1$이면 이러한 "추측"은 적용되지 않는다. 그 이유는 $x_t = k$가 동차방정식의 해이기 때문이다. 특수해에 대한 다른 예상은 $x_p = tk$(k는 상수)이다. 계차방정식에 가정한 특수해를 대입하면 $(t+1)k = atk + b = tk + b$이므로 $k = b$임을 의미한다. 그러므로 비동차 계차방정식에서 특수해는 $a \neq 1$일 때 $x_p = b/(1-a)$, 혹은 $a = 1$일 때 $x_p = tb$이다. 특수해는 유일하지 않음을 주목하라. $a = 1$인 경우 다른 특수해는 $x_t = tb + 3$이다. 특수해에 동차방정식의 해를 더하는 것은 또 다른 특수해이다. 이렇게 특수해를 구하는 방법은 **미정계수법(method of undetermined coefficients)**이라 *한다. 비동차방정식에서* **일반해(general solution)**는 *하나의 임의의 상수 c를 포함한 해*

$$x_t = \begin{cases} ca^t + \dfrac{b}{1-a}, & a \neq 1, \\ c + tb, & a = 1 \end{cases}$$

이다. 초기조건 x_0를 알게 되면 선형계차방정식의 해는 유일하게 결정된다. $t = 0$과 x_0를 구해진 일반해에 대입하여 상수 c를 구한다.

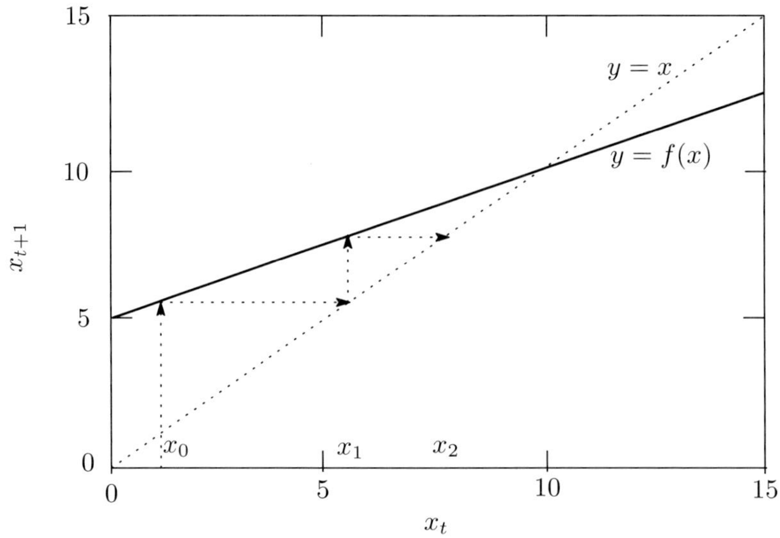

그림 1.2: a의 다양한 값에 대한 $x_{t+1} = ax_t$의 해 그래프

$$x_t = \begin{cases} x_0 a^t + b\dfrac{1-a^t}{1-a}, & a \neq 1, \\ x_0 + tb, & a = 1. \end{cases} \tag{1.12}$$

해(1.12)는 (1.10)의 상수 c가 a과 같을때 반복적으로 대입을 통하여 구해진 해(1.10)과 일치한다.■

일계계차방정식에서 해의 동태의 연구에 관한 중요한 방법은 **거미줄 방법(cob webbing method)**으로 알려진 반복법(iterative method)이다. 이 방법은 특별히 비선형일계계차방정식을 연구할 때 유용하고 2장에서 좀 더 자세히 다룬다.

일계계차방정식 $x_{t+1} = f(x_t)$를 고려하자. 방정식 $y = f(x)$는 **번식곡선(repro duction curve)**이라 부른다. 번식곡선과 직선 $y = x$는 $x - y$평면 그래프이다. x와 y는 각각 x_t와 x_{t+1}로 표현한다. 거미줄 방법은 다음과 같이 곡선 $y = x$와 $y = f(x)$를 사용한다: 주어진 점 x_0를 x축 상의 점 $(x_0, 0)$으로 정의한다. 그러면 번식 곡선상에 정해진 점 (x_0, x_1)까지 수직으로 위쪽으로 이동한다. 다시 수평(왼쪽 또는 오른쪽)으로 이동하여 $y = x$위의 점 (x_1, x_1)까지 이동한다. 다음으로 x축 위의 x_1의 값은 위 방법처럼 반복한다. 다음 점 (x_1, x_1)에서 번식 곡선위의 점 (x_1, x_2)까지 수직으로 이동한 후 $y = x$위의 점 (x_2, x_2)까지 수평으로 이동한다. x축 위의 x_2의 값은 같은 방법으로 반복이다. 이러한 절차가 계속된다. 그림 1.2는 거미줄 방법을 설명한 것이다.

"cobwebbing" 용어는 좀 더 복잡한 번식 곡선을 2장에서 공부하게 될 때에 분명하게 될 것이다. 예를 들어 그림 1.2의 그래프의 수평선과 수직선의 누적된 사각형의 나선형이 형성된다. 직사각형은 "거미집(cobwebs)" 처럼 보인다. 수직선과 수평선은 $y = x$와 $y = f(x)$의 교점으로 수렴한다. 그림 1.2에서 나타낸 번식곡선에서 $\bar{x} = f(\bar{x})$일 때 $\lim_{t\to\infty} x_t = \bar{x}$이다.

1계 계차방정식을 풀기위해 예제 3.1에 적용된 방법은 다음 절의 2계와 고계계차방정식으로 확장될것이다.

제 4 절 이계방정식과 고계방정식

k계 비동차선형계차방정식 (1.3)에서 일반해를 구하는 방법을 논의한다. 일반해는 k개의 임의의 상수함수다. 이들 k개의 상수들은 k개의 초기조건들, $x_0, x_1, \cdots, x_{k-1}$이 주어지면 유일하게 결정된다. 그 방법은 다음과 같은 단계로 구한다.

(a) 동차계차방정식 ($b_t \equiv 0$)의 일반해는 식 (1.3)의 k개의 임의의 상수를 포함한 k개의 일차독립인 해이다($\sum_{i=1}^{k} \alpha_i x^i = 0$일 때 $i = 1, \cdots, k$에 대하여 $\alpha_i = 0$이면 k개의 해 $x^1, \cdots, x^k$가 **일차독립(linearly independent)** 임을 상기하자). 일반해를 x_h로 표기한다. 그러면

$$x_h = c_1 x^1 + \cdots + c_k x^k = \sum_{i=1}^{k} c_i x^i \text{이다.}$$

여기서 $c_1, \cdots, c_k$는 상수이고 $x^1, \cdots, x^k$는 동차방정식의 k개의 일차독립인 해이다(주의: x^i는 i번째 해를 의미하고 x의 지수승 i가 아니다). 선형동차계차방정식에서 해의 일차결합은 또한 하나의 해가 된다. 이러한 특성을 **중첩원리(superposition principle)** 라 한다. 일반해를 구하기 위한 핵심은 k개의 해가 일차독립인 해임을 증명하는 것이다.

(b) 비동차계차방정식에 대해 임의의 상수가 없는 특수해를 구한다. 특수해는 x_p로 표기한다.

(c) 비동차선형계차방정식의 일반해 x_t는 동차계차방정식의 일반해 x_h과 비동차계차방정식의 특수해 x_p의 합

$$x_t = x_h + x_p = \sum_{i=1}^{k} c_i x^i + x_p$$

이 일반해이다. 초기조건 $x_0, x_1, \cdots, x_{k-1}$이 정해지면 상수 $c_1, c_2, \cdots, c_k$ 는 유일하게 결정된다.

상수계수를 가진 동차 2계선형계차방정식에 이 방법을 적용한다. 계차방정식,

$$x_{t+2} + ax_{t+1} + bx_t = 0 \tag{1.13}$$

을 고려하자. 여기서 a와 b는 상수이다. 두 개의 일차독립인 해 x^1과 x^2를 구하기 위해, 해가 $x_t = \lambda^t$과 $\lambda \neq 0$의 형태를 가진다고 가정하자. 그러면

$$\lambda^{t+2} + a\lambda^{t+1} + b\lambda^t = 0,$$

$$\lambda^t(\lambda^2 + a\lambda + b) = 0 \text{이다.}$$

정의 **4.1** *방정식 $\lambda^2 + a\lambda + b = 0$는* **특성방정식(characteristic equation)** *이라고 부르고 $\lambda^2 + a\lambda + b$는 계차방정식 (1.13)의* **특성다항식(characteristic polynomial)** *이라 부른다. 특성방정식의 두 해 또는 근 λ_1과 λ_2를* **고유치(값)(eigenvalues)** *라 부른다.*

해의 유형은 고유값에 의존하고 세가지의 서로 다른 경우로 나눈다. 방정식 (1.13)이 2계방정식이 됨을 주목하고 $b \neq 0$이다. 그러므로 특성방정식의 고유치 모두는 영이 아니다.

- **경우 1:** 고유치가 실수이고 서로 다른 $\lambda_1 \neq \lambda_2$를 고유치라고 가정하자. 그러면 두개의 일차독립인 해는 $x^1 = \lambda_1^t$, $x^2 = \lambda_2^t$이고, 일반해는

$$x_t = c_1\lambda_1^t + c_2\lambda_2^t \text{이다.}$$

- **경우 2:** 고유치가 실수이고 $\lambda_1 = \lambda_2$ 라고 가정하자. 그러면 두개의 일차독립인 해는 $x^1 = \lambda_1^t$, $x^2 = t\lambda_1^t$이다(두번째 해는 첫번째 해에 t를 곱하여 구한다). x^2이 해가 되고 x^1과 x^2가 일차독립인 것을 증명하는 것은 쉽다(연습문제 6번을 참조). 일반해는

$$x_t = c_1\lambda_1^t + c_2 t\lambda_1^t \text{이다.}$$

- **경우 3:** 고유치 λ_i가 켤레복소수, $\lambda_{1,2} = A \pm iB = r(\cos\phi \pm i\sin\phi) = re^{\pm i\phi}$이고 $r = \sqrt{A^2 + B^2}, \phi = \arctan(B/A)$라고 가정하자. 그림 1.3을 참고하라. 그러면 해는

$x_t = k_1(A+Bi)^t + k_2(A-Bi)^t = k_1 r^t e^{it\phi} + k_2 r^t e^{-it\phi}$ 혹은

$x_t = c_1 r^t \cos(t\phi) + c_2 r^t \sin(t\phi)$으로 표현할 수 있다.

여기서, $c_1 = k_1 + k_2$이고 $c_2 = i(k_1 - k_2)$이다. 일차독립인 두 해는 두개의 실함수 $x^1 = r^t \cos(t\phi)$과 $x^2 = r^t \sin(t\phi)$로 표현할 수 있다.

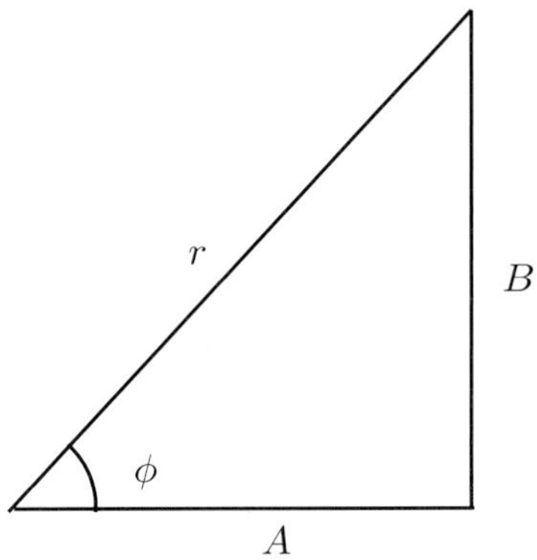

그림 1.3: $r, A = r\cos(\phi), B = r\sin(\phi)$ 사이의 관계

각각의 경우에, 해 x^1과 x^2가 일차독립임을 보일 수 있다(즉, $0 = \alpha_1 x^1 + \alpha_2 x^2$인 것은 $\alpha_1 = 0 = \alpha_2$것을 의미함). 일차독립에 관한 또 다른 검토방법은 카소라티안값으로 잘 알려진 방법을 사용한다. 카소라티안 방법은 미분방정식에서 론스키안(Wronskian)방법과 유사한 역할을 한다(Elaydi,1999를 참조).

정의 **4.2** *$x^1(t)$와 $x^2(t)$의* **카소라티안(Casoratian)**은

$$C(t) = C(x^1(t), x^2(t)) = det \begin{pmatrix} x^1(t) & x^2(t) \\ x^1(t+1) & x^2(t+1) \end{pmatrix}$$
$$= x^1(t)x^2(t+1) - x^2(t)x^1(t+1)$$

이고, 여기서 "det" 표현은 행렬의 행렬식(determinant)를 의미한다.

Casoratian의 정의는 두개이상의 해로 확장할 수 있다. $x^1(t)$와 $x^2(t)$가 2계 선형계차방정식의 두개의 해이고 $C(t) \neq 0, t = 0, 1, 2, ...$이면, 해 x^1과 x^2가 일차독립인 것을 보일 수 있다(Elaydi,1999). 예를 들어 경우 1에서 Casoratian은

$$C(\lambda_1^t, \lambda_2^t) = det \begin{pmatrix} \lambda_1^t & \lambda_2^t \\ \lambda_1^{t+1} & \lambda_2^{t+1} \end{pmatrix} = (\lambda_1\lambda_2)^t(\lambda_2 - \lambda_1)$$

이다. $\lambda_1 \neq \lambda_2$이고 λ_1과 λ_2 가 영이 아니므로 모든 t에 대하여 $C(\lambda_1^t, \lambda_2^t) \neq 0$이다. 경우 2에서 해의 독립성은 연습문제 6에서 증명한다.

상수계수를 가진 k계 동차선형계차방정식

$$x_{t+k} + a_1 x_{t+k-1} + \cdots + a_k x_t = 0$$

을 고려하자. $x_t = \lambda^t$이고 $\lambda \neq 0$이라 하자. 이 계차방정식에 대한 **특성방정식(charac teristic equation)**은

$$\lambda^k + a_1\lambda^{k-1} + \cdots + a_k = 0\text{이다.}$$

특성방정식은 k개의 근 또는 고유치 λ_i, $i = 1, ..., k$,를 가진다. 근이 실수이고 서로 다르면, 일반해는 다음과 같은 형태이다:

$$x_t = c_1\lambda_1^t + c_2\lambda_2^t + \cdots + c_k\lambda_k^t = 0.$$

여기서 $c_i, i = 1, 2, ..., k$,는 임의의 상수이다. k개의 해는 일차독립이다(이 경우의 Casoratian은 $k \times k$행렬의 행렬식). 이와 달리 반복되는 고유치와 공액복소수 고유값인 경우에, 일반해는 일단 고유값과 고유값의 중복도(multiplicity)가 정해지면 일반해가 결정될 수 있다. 예를 들어, 중복도 m의 실수 고유치 λ_1이 존재한다면, m개의 일차독립인 해는 t의 증가하는 멱의 곱으로 나타낼 수 있다:

$$\lambda_1^t, t\lambda_1^t, t^2\lambda_1^t, \cdots, t^{m-1}\lambda_1^t.$$

만약 중복도 m의 복소수 고유치 $\lambda_{1,2} = r[\cos(\phi) \pm i\sin(\phi)]$가 존재한다면, $2m$개의 일차독립인 해가 존재한다:

$$r^t\cos(t\phi), r^t\sin(t\phi), tr^t\cos(t\phi), tr^t\sin(t\phi), \cdots, t^{m-1}r^t\cos(t\phi), t^{m-1}r^t\sin(t\phi).$$

예제 4.3 *다음과 같은 3계 동차방정식을 고려하자.*

$$x_{t+3} + x_{t+2} + x_{t+1} + x_t = 0$$

특성방정식은 $\lambda^3 + \lambda^2 + \lambda + 1 = (\lambda + 1)(\lambda^2 + 1) = 0$이다. 고유치는 $\lambda_1 = -1$, $\lambda_{2,3} = \pm i$이다. 따라서 동차방정식의 일반해는 다음과 같다:

$$x_t = c_1(-1)^t + c_2\cos(t\pi/2) + c_3\sin(t\pi/2).$$

계차방정식이 비동차방정식

$$x_{t+3} + x_{t+2} + x_{t+1} + x_t = 4t$$

이면, 일반해를 구하기 위하여 비동차방정식의 특수해를 구해야 한다. 특수해가 우변과 같은 유형, 즉, t에 관한 일차다항식이라고 가정하면

$$x_p = k_1 t + k_2$$

이다. 비동차계차방정식에 x_p를 대입하여 계산한다:

$$k_1(t+3) + k_2 + k_1(t+2) + k_2 + k_1(t+1)t + k_2 + k_1 t + k_2 = 4t.$$

좌변을 간단히 하면,

$$4k_1 t + 6k_1 + 4k_2 = 4t \text{이다.}$$

변수에 대해 계수를 같게 하면, $4k_1 = 4$이고 $6k_1 + 4k_2 = 0$이므로 $k_1 = 1$이고 $k_2 = -3/2$이다. 따라서 비동차계차방정식에서 일반해는

$$x_t = x_h + x_p = c_1(-1)^t + c_2\cos(t\pi/2) + c_3\sin(t\pi/2) + t - 3/2 \text{이다.}$$

x_p를 구하기 위한 방법으로 미정계수법이 있다.■

비동차계차방정식에서 특수해를 구하기 위하여, 만일 b_t가 특별한 유형 (a^t의 형태의 함수, t에 관한 다항식, cos 또는 sin, cos이나 sin 또는 a^t와 t에 관한 다항식과의 곱, 또는 이러한 유형의 일차결합)일 경우만 미정계수법을 적용할 수 있다. 예를 들어, 선형계차방정식이

$$x_{t+3} + a_1 x_{t+2} + a_2 x_{t+1} + a_3 x_t = 8t\cos(t)$$

라고 가정하자. 그러면 특수해에 대한 처음 예상처럼 특수해가

$$x_p = (k_1 + k_2 t)\cos t + (k_3 + k_4 t)\sin t$$

와 같은 형태를 가진다고 가정한다. 이 해가 동차방정식의 일반해에 있다면 이것은 특수해의 항이 동차방정식의 해와 같지 않을때까지 t를 거듭 곱한다. 동차방정식의 해가 $x_h = c_1 + c_2 t + c_3\cos t + c_4\sin t$이면 $\cos t$와 $\sin t$가 동차방정식의 해이기 때문에 특수해의 $\cos t$와 $\sin t$가 있는 항에 t를 곱한다.

$$x_p = t(k_1 + k_2 t)\cos t + t(k_3 + k_4 t)\sin t$$

계차방정식에 x_p를 대입하여 계수 k_1, k_2, k_3와 k_4를 구한다.

이미 언급한것처럼 미정계수법이 항상 적용되는 것은 아니다. 미정계수법을 적용할 수 없을 경우, 다른 방법이 존재한다(즉, 매개변수 변화법(method of variation of parameter)). 하지만 다른 방법은 고려하지 않는다. 계차방정식에서 해에 관한 더 많은 내용은 참고문헌를 참고하기 바란다.

생물학적 모델에 관한 토의의 중요한 질문은 "모델이 점근적이거나 장기적으로 동태는 어떻게 되는가(What is the asymptotic or long-term behavior of the model)?"이다. 선형계차방정식에 관해 공식화된 모델에 대해, 점근적인 동태는 고유치가 실수이거나 복소수이거나 간에 고유치와 고유치의 크기에 달려있다. 이 질문을 설명하기 위하여, 일반적으로 명확한 해를 구하는 것이 필요한 것은 아니다. 크기가 모든 다른 고유치보다 큰 고유치인 완전(순) 우성 고유치(strictly dominant eigenvalue)가 존재하는 경우에 이 고유치는 역학의 중요한 결정을 한다. 실수 고유치 $\lambda = a$의 크기(magnitude)는 절대값 $|\lambda| = |a|$임을 상기하자. 복소수 고유치 $\lambda = a + bi$의 크기는 $|\lambda| = |a + bi| = \sqrt{a^2 + b^2}$이다.

정의 **4.4** *특성방정식의 k개의 고유치를 λ_1, λ_2, $\cdots$, λ_k라 가정하자. 모든 $j \neq i$에 대하여 $|\lambda_i| \geq |\lambda_j|$를 만족하는 고유치 λ_i를* **우성 고유치(dominant eigenvalue)***라고 부른다. 모든 $j \neq i$에 대하여 $|\lambda_i| > |\lambda_j|$를 만족하는 고유치 $|\lambda_i|$를* **완전(순) 우성 고유치(strictly dominant eigenvalue)***라 부른다.*

고유치의 크기는 해가 유계(bounded)인지 비유계(unbounded)인지를 결정한다. 고유치의 유형은 실수 또는 복소수로 해가 진동(oscillate)하거나 혹은 해가 단조 수렴이나 발산을 결정한다. 특별한 관심은 모든 고유치의 크기가 1보다 작은지 어떤지에 있다. 예를 들어, 만약 우성 고유치 λ_1이 존재하고 $|\lambda_1| < 1$ 이면, 계차방정식에서 해는 영(zero)으로 수렴한다.

예제 **4.5** *계차방정식을 $x_{t+2} + x_t = 0$이라 가정하자. 특성방정식은 $\lambda^2 + 1 = 0$이다. 고유치는 켤레복소수 $\lambda_{1,2} = \pm i$, $r = 1$이고 $\phi = \pi/2$ 이므로 일반해는*

$$x_t = c_1 \cos(t\pi/2) + c_2 \sin(t\pi/2) \text{이다.}$$

고유치 크기가 $|\lambda_{1,2}| = 1$이므로, 우성 고유치는 존재하지만 순 우성 고유치는 아니다. 고유치가 복소수이므로 해는 진동한다. 하지만 고유치의 크기는 1이므로 해는 유계이지만 어떠한 특수해로도 수렴하지 않는다. 이러한 동태는 다음의 해에서 보인다.

초기조건 $x_0 = 0,\ x_1 = 1$을 만족한다고 가정하자. 해는 $x_t = \sin(t\pi/2)$이고, 이것은 진동하는 수열을 생성한다:

$$0, 1, 0, -1, 0, 1, 0, -1, ...$$

이 해는 주기가 4인 주기해이다. 수열 $\{x_t\}$는 진동하고 수렴하지는 않는다.■

예제 4.6 4계 선형계차방정식 $x_{t+4} - 6x_{t+3} + 13x_{t+2} - 12x_{t+1} + 4x_t = 0$을 고려하자. 특성방정식은 $(\lambda - 1)^2(\lambda - 2)^2 = 0$이다. 고유치는 $\lambda_{1,2} = 1$이고 $\lambda_{3,4} = 2$이므로 고유치는 실수이고 일반해는

$$x_t = c_1 + c_2 t + 2^t(c_3 + c_4 t)$$

이다. 우성 고유치가 1보다 크기 때문에 해는 아마도 무한으로 증가할 것이다. 예를 들어, $x_0 = 0 = x_1,\ x_2 = 2,\ x_3 = 8$이라 가정하자; 그러면 상수 c_1, c_2, c_3, c_4는 다음과 같은 연립방정식을 사용하여 구할 수 있다:

$$\begin{aligned} c_1 + c_3 &= 0 \\ c_1 + c_2 + 2c_3 + 2c_4 &= 0 \\ c_1 + 2c_2 + 4c_3 + 8c_4 &= 2 \\ c_1 + 3c_2 + 8c_3 + 24c_4 &= 8. \end{aligned}$$

이 선형시스템의 유일해는 $c_1 = -2 = c_2,\ c_3 = 2,\ c_4 = 0$이다. 그 결과

$$x_t = -2 + -2t + 2^{t+1} \text{이다.}$$

그러므로 이 경우에는 $\lim_{t\to\infty} x_t = \infty$이다.■

컴퓨터 소프트웨어는 선형계차연립방정식의 해를 구하는데 사용한다. 예를 들어, 컴퓨터 소프트웨어 대수프로그램인 메이플(Maple)에서 rsolve명령어은 선형관계식을 반복하여 푼다. 그렇지만 한가지 주의해야 할것은 때때로 메이플에 의해 주어진 해의 형태는 간단하지가 않다. 메이플에서 2계 계차방정식의 일반해는 임의의 상수 c_1과 c_2대신에 x_0와 x_1의 항으로 표현되고, 고유치가 복소수일때 해는 sin과 cos대신에 복소수 고유치의 항으로 쓰인다. 예제 4.6에서 일반해와 초기조건을 만족하는 유일한 해를 구하기 위하여 메이플에서의 명령어는 다음과 같이 쓴다:

```
> rsolve(x(t+4) - 6*x(t+3) + 13*x(t+2) - 12*x(t+1) + 4*x(t) = 0, x(t));
```

$$> rsolve(\{x(t+4) - 6*x(t+3) + 13*x(t+2) - 12*x(t+1) + 4*x(t) = 0,$$
$$x(0) = 0, x(1) = 0, x(2) = 2,\ x(3) = 8\}, x(t));$$

예제 4.7 *예제 2.9의 2계 계차방정식을 고려하자. 이것은 성체 개체군의 크기,*

$$a_{t+2} = p_a a_{t+1} + f p_a r p_j a_t$$

를 모델한 것이다. 모델의 특성방정식은 $\lambda^2 - p_a\lambda - fp_a r p_j = 0$ *이다. 고유치는*

$$\lambda_{1,2} = \frac{p_a \pm \sqrt{p_a^2 + 4rfp_a p_j}}{2}$$

이고 실수이다. 순 우성 고유치 λ_1 *이 존재하고* $|\lambda_1| < 1$ *일 필요충분조건은*

$$p_a(1 + rfp_j) < 1 \tag{1.14}$$

이다(연습문제 9를 참조하라). 식 (1.14)이 성립한다면, 성체 개체수는 영으로 감소한다(멸종). 번식력 f *나 또는 자손과 성체의 생존비율* p_j*,* p_a *가 충분히 크면,* $\lambda_1 > 1$ *이므로 멸종이 생기지 않을 것이다.*■

제 5 절 일계선형시스템

고계 선형계차방정식은 일계 선형시스템으로 변환시킬 수 있다. 따라서 고계 선형계차방정식은 일계 선형계차시스템의 특별한 경우로 고려 될수 있다. k계 선형계차방정식 (1.3)을 고려하자:

$$x(t+k) + a_1 x(t+k-1) + \cdots + a_{k-1}x(t+1) + a_k x(t) = b(t). \tag{1.15}$$

여기서, 편의상 x_t는 $x(t)$로 b_t는 $b(t)$로 쓴다. k계 계차방정식을 일계 시스템으로 변환하기 위하여 다음의 상태 벡터를 정의한다. $Y(t)$를 다음을 만족하는 k차원 벡터, $Y(t) = (y_1(t), y_2(t), \cdots, y_{k-1}(t), y_k(t))^T$ 는 다음을 만족한다고 하자:

$$\begin{aligned} y_1(t) &= x(t) \\ y_2(t) &= x(t+1) \\ &\vdots \\ y_{k-1}(t) &= x(t+k-2) \\ y_k(t) &= x(t+k-1). \end{aligned}$$

첫번째 원소 $y_1(t)$는 해 $x(t)$이다. 다음으로 y에 대한 일계 계차방정식을 구성한다.

$$\begin{aligned}
y_1(t+1) &= y_2(t)\\
y_2(t+1) &= y_3(t)\\
&\vdots\\
y_{k-1}(t+1) &= y_k(t)\\
y_k(t+1) &= -a_1 y_k(t) - \cdots - a_{k-1}y_2(t) - a_k y_1(t) + b(t).
\end{aligned}$$

마지막 방정식은 계차방정식 (1.15)로 부터 구해진다. 일계시스템은 다음과 같이 행렬 형식으로 쓸 수 있다:

$$Y(t+1) = AY(t) + B.$$

여기서,

$$A = \begin{pmatrix} 0 & 1 & 0 & \cdots & 0\\ 0 & 0 & 1 & \cdots & 0\\ \vdots & \vdots & \vdots & \ddots & \vdots\\ 0 & 0 & 0 & \cdots & 1\\ -a_k & -a_{k-1} & -a_{k-2} & \cdots & -a_1 \end{pmatrix} \text{이고} \quad B = \begin{pmatrix} 0\\ 0\\ \vdots\\ 0\\ b(t) \end{pmatrix} \tag{1.16}$$

이다. 행렬 A는 초대각선(superdiagonal)을 따라 1이고 마지막 행은 고계계차방정식의 계수들이지만 부호는 반대이다. 식 (1.16)에 있는 행렬 A는 (1.15)식에 있는 k계 상수계차방정식의 **동반행렬(companion matrix)**이라 한다.

예제 5.1 *계차방정식을* $x(t+2)-2x(t+1)+x(t) = \cos(t)$*라 가정하고* $y_1(t) = x(t)$, $y_2(t) = x(t+1)$*라 하자. 그러면 2계계차방정식은 일계 시스템*

$$\begin{aligned}
y_1(t+1) &= y_2(t)'\\
y_2(t+1) &= -y_1(t) + 2y_2(t) + \cos(t),
\end{aligned}$$

으로 또는 $Y(t+1) = AY(t) + B$ *으로 표현할 수 있다. 여기서*

$$A = \begin{pmatrix} 0 & 1\\ -1 & 2 \end{pmatrix}, \ B = \begin{pmatrix} 0\\ \cos(t) \end{pmatrix}$$

이다.■

일계선형시스템에서 해를 구하기 위한 다양한 방법들이 존재한다. 어떤 풀이법은 고계선형방정식의 방법과 비슷하다. 일계선형시스템에 대한 기본적인 이론은 고계선형방정식과 비슷하다. 특별히 일계선형계차시스템 $X(t+1) = AX(t) + B$에서 해는 두개의 해, 동차 시스템에서의 일반해 X_h, $X_h(t+1) = AX_h(t)$와 비동차 방정식에서의 특수해 X_p와의 중첩 $X_p(t+1) = AX_p(t) + B$이다. 그러므로 비동차 시스템의 일반해는

$$X(t) = X_h(t) + X_p(t)\text{이다.}$$

여기서는 자율시스템 $X(t+1) = AX(t)$인 경우에 동차해에만 집중할 것이다.

$X(t) = (x_1(t),\ x_2(t),\ \cdots,\ x_k(t))^T$ 이고 $A = (a_{ij})$는 $k \times k$ 상수행렬이라 하고 $X(t+1) = AX(t)$라 하자. 이 동차시스템은 k계 동차상수방정식의 경우와 마찬가지로, k개의 일차독립인 해 $\{X_i(t)\}_{i=1}^k$를 가진다. 일반해는

$$X(t) = \sum_{i=1}^{k} c_i X_i(t)\text{이다.}$$

이들 일차독립인 해를 구하기 위한 직접적이고 간접적인 방법이 있다. 해를 어떻게 구하지를 직접 설명할 것이다. 해를 구하는 간접적인 방법은 해를 $X(t) = A^t X(0)$와 같이 쓸 수 있다는 사실을 사용한다. 그러면 A^t에 관한 일반적인 표현을 알 수 있다면 해를 알 수 있다. Elaydi와 Harris(1998)는 A^t를 계산하기 위한 몇가지 방법을 제안했다. 한가지 방법은 미분방정식으로부터 Putzer 연산에 기초하여 e^{At}을 계산하기 위해 사용하곤 하였다. 이러한 특별한 방법과 연산에 대해서는 참고서적을 참고하기 바란다.

$A = (a_{ij})$는 $k \times k$ 상수행렬이고 $X(t+1) = AX(t)$라 하자. 시스템 $X(t) = \lambda^t V$에서 V는 0이 아닌 k-열 벡터이고 λ는 상수라고 가정한다. $\lambda^t V$를 선형시스템에 대입하면 $\lambda^{t+1} V = A(\lambda^t V)$가 된다. 간단히 하면, 다음 방정식을 얻는다:

$$(A - \lambda I)V = \mathbf{0}. \tag{1.17}$$

여기서, I는 항등행렬이고 $\mathbf{0}$은 영 벡터이다. 벡터가 $\mathbf{0}$인 해, $V = \mathbf{0}$는 방정식 (1.17)의 자명한 해이다. 원래의 시스템에서 영이 아닌 해를 구한다. 선형대수에서 $\det(A - \lambda I) \neq 0$이면 식 (1.17)은 유일한 해를 가진다는 것을 상기하자. 이 해는 $\mathbf{0}$벡터 해, $V = \mathbf{0}$이다. 그러므로 벡터가 $\mathbf{0}$이 아닌 해 V가 존재할 필요충분 조건은 행렬 $A - \lambda I$가 특이(singular)행렬이고 이 행렬 $A - \lambda I$가 특이행렬일 필요충분조건은

$$\det(A - \lambda I) = \mathbf{0}\text{이다.} \tag{1.18}$$

> 정의 **5.2** 방정식 (1.18)은 행렬 A의 **특성방정식(고유방정식)(characteristic equation)**이라 한다. 방정식 (1.17)에서 영이 아닌 해 V를 행렬 A의 **고유벡터(eigenvector)**라 부르고 영이 아닌 해 V에 대응하는 λ의 값을 행렬 A의 **고유치(eigenvalues)**라 부른다.

일계시스템에 대한 해를 구하는 방법을 계속하기 전에, k계 동차상수방정식 (1.15)과 선형시스템 $X(t+1) = AX(t)$(여기서, A는 식 (1.16)에서 주어진 것이다) 사이의 관계에 주목하자. 식 (1.15)에 대한 특성방정식은 행렬 A에 대한 특성방정식과 같다(연습문제 12 참고). 이것은 해가 $y_1(t) = x(t)$이기 때문에 놀랄만한 것은 아니다. 행렬 A의 고유치는 k계 동차상수방정식 (1.15)와 관련된 고유치와 같다. 이들 관계는 다음 예제에서 3계계차방정식에 대해 설명한다.

예제 5.3 *계차방정식* $x(t+3)+a_1x(t+2)+a_2x(t+1)+a_3x(t) = 0$*에 대한 특성방정식은*

$$\lambda^3 + a_1\lambda^2 + a_2\lambda + a_3 = 0$$

이다. 3계 계차방정식에 대응하는 수반행렬은

$$A = \begin{pmatrix} 0 & 1 & 0 \\ 0 & 0 & 1 \\ -a_3 & -a_2 & -a_1 \end{pmatrix} \text{ 이다.}$$

$(A-\lambda I)$*의 행렬식을 계산하면 아래와 같다:*

$$\det \begin{pmatrix} -\lambda & 1 & 0 \\ 0 & -\lambda & 1 \\ -a_3 & -a_2 & -a_1-\lambda \end{pmatrix} = -a_3(1) + a_2(-\lambda) - (a_1+\lambda)(-\lambda)^2$$

$$= -(\lambda^3 + a_1\lambda^2 + a_2\lambda + a_3).$$

마지막 식을 0으로 놓고 −1을 곱하면 두 특성방정식은 일치한다.■

이제 $X(t+1) = AX(t)$에서 해를 구하기 위한 방법으로 돌아가자. 요약하면, $k\times k$ 행렬 A는 k개의 고유치 $\lambda_1, \lambda_2, ..., \lambda_k$를 얻는다. 이것은 특성방정식 $det(A-\lambda I) = 0$의 해이다. 고유치 λ_i에 대응하는 고유벡터 V_i는 $(A-\lambda_i I)V_i = 0$에서 구한다. $X(t+1) =$

$AX(t)$에서 일반해는 k개의 일차독립인 해 $\{X_i(t)\}_{i=1}^k$와 일차결합이다:

$$X(t) = \sum_{i=1}^{k} c_i X_i(t).$$

앞에서 언급한 것처럼, 해 $X_i(t) = \lambda_i^t V_i, i = 1, 2, \ldots, k$는 k개의 일차독립인 해가 아닐 수도 있다. 고유치에 대응하는 일차독립인 고유벡터의 수가 고유치의 중복도 보다 작을 경우에, 해 $\lambda_i^t V_i$는 k개의 일차독립인 해로 생성되지 않는다. 더구나 고유치가 복소수일 경우에, 해는 일반적으로 cos과 sin을 포함하는 또 다른 형태로 쓰인다. 이들 모든 경우를 논하지 않고 두가지 특별한 경우만 언급한다.

- **경우 [1]**: 고유치가 실수이고 해 $\lambda_i^t V_i, i = 1, 2, ..., k,$가 일차독립이라고 가정하자. 그러면 선형시스템 $X(t+1) = AX(t)$에서 일반해는

$$X(t) = \sum_{i=1}^{k} c_i \lambda_i^t V_i \tag{1.19}$$

  으로 표현한다(고유벡터는 A가 실수성분이므로 또한 실수값임에 주목한다.).

- **경우 [2]**: 행렬 A가 k개의 서로 다른 고유치를 가진다고 가정하자. 그러면 k개의 일차독립인 고유벡터가 존재하고(Ortega,1987), 해는 여전히 (1.19)경우처럼 쓴다. $\lambda_i^t V_i$의 성분은 실수값이 아닐 수 있다.

- **경우 [3]**: 위와 다른 경우로 고유치가 복소수이거나 고유벡터가 독립이 아닌 경우, 일반해는 $t^n \lambda^t V$ 또는 $t^n r^t \cos(\phi t) V$ 또는 $t^n r^t \sin(\phi t) V$같은 항을 포함한다.

해 (1.19)의 점근적인 동태가 고유벡터의 정보를 요구하지 않는다는 것을 아는 것이 중요하다. 점근적인 동태는 고유치와 특히, 고유치의 크기에 의해 결정된다. 예를 들어, $|\lambda_i| < 1, i = 1, 2, ..., k$이면 $\lim_{t\to\infty} X(t) = \mathbf{0}$ 영벡터이다. 행렬 A의 모든 고유치들중 크기가 가장 큰 고유치를 A의 스펙트럼 반경이라 한다.

> 정의 **5.4** *$k \times k$ 행렬 A가 k개의 고유치 $\lambda_1, \lambda_2, \cdots, \lambda_k$를 가진다고 가정하자. 행렬 A의* **스펙트럼 반경(spectral radius)**은 *$\rho(A)$로 표기하고*
>
> $$\rho(A) = \max_{i\in\{1,2,\ldots,k\}} \{|\lambda_i|\}$$
>
> *으로 정의한다.*

다음 정리와 같이 행렬 A^t의 점근적인 동태에 관한 결과를 설명한다. 이 결과의 증명은 Elaydi(1999)를 참고하라.

정리 5.5 *A를 $k \times k$ 상수행렬이라고 하자. 그러면 A의 스펙트럼 반경이 $\rho(A) < 1$이기 위한 필요충분조건은 $\lim_{t\to\infty} A^t = \mathbf{0}$ 영 행렬이다.* □

이 정리의 결론처럼, $X(t+1) = AX(t)$의 해 $X(t) = A^t X(0)$는 $\rho(A) < 1$일 때 $t \to \infty$에 따라 해 $\mathbf{0}$으로 근사한다. 식(1.19)의 특별한 경우에 왜 이런 결과가 나타나는지를 쉽게 알 수 있다.

예제 5.6 *시스템을 $X(t+1) = AX(t)$라 가정하자.*

$$A = \begin{pmatrix} 2 & 3 \\ 2 & 1 \end{pmatrix} \tag{1.20}$$

이다. A의 고유치는 특성방정식

$$det(A - \lambda I) = det \begin{pmatrix} 2-\lambda & 3 \\ 2 & 1-\lambda \end{pmatrix} = \lambda^2 - 3\lambda - 4 = 0$$

의 해이다. 특성방정식은 $(\lambda+1)(\lambda-4) = 0$으로 인수분해된다. 따라서, A의 고유치는 $\lambda_{1,2} = -1, 4$이고, A의 스펙트럼 반경은 $\rho(A) = 4$이다. 고유벡터 V는 $(A-\lambda I)V = \mathbf{0}$의 해이다. $\lambda_1 = -1$과 $V = (v_1, v_2)^T$에 대한 고유벡터 V는

$$3v_1 + 3v_2 = 0,$$

$$2v_1 + 2v_2 = 0$$

의 해이다. 그러므로, $v_1 = -v_2$이고 $\lambda_1 = -1$에 대응하는 고유벡터 V는 $V_1 = (1,-1)^T$의 형태를 가진다(V에 임의의 상수곱 역시 고유벡터임을 기억하자). $\lambda_2 = 4$에 대응하는 고유벡터 $V = (v_1, v_2)^T$를 구하기 위하여 다음 시스템을 푼다:

$$-2v_1 + 3v_2 = 0,$$

$$2v_1 - 3v_2 = 0.$$

이 경우, $v_1 = (3/2)v_2$이다. 그래서 $v_2 = 2$이고 $v_1 = 3$이면, $V_2 = (3,2)^T$이다. 시스템 $X(t+1) = AX(t)$의 일반해는

$$X(t) = c_1(-1)^t \begin{pmatrix} 1 \\ -1 \end{pmatrix} + c_2(4)^t \begin{pmatrix} 3 \\ 2 \end{pmatrix} = \begin{pmatrix} c_1(-1)^t + 3c_2(4)^t \\ c_1(-1)^{t+1} + 2c_2(4)^t \end{pmatrix}$$

이다. ■

예제 5.7 *식 (1.20)에서 정의된 행렬 A에 대하여, $B = A/c$, $c > 0$라 하자. 그러면 B의 고유치는 $BV = AV/c = (\lambda/c)V$를 만족한다. 여기서 λ는 A의 고유치이고 V는 λ에 대응하는 고유벡터이다. 그러므로 B의 고유치는 $4/c$와 $-1/c$이고 B에 대응하는 고유벡터는 A의 벡터와 같다. $c > 4$이면 $\rho(B) < 1$이다.*■

계차방정식의 선형시스템의 마지막 예로 생물학적으로 중요한 모델로 잘 알려진 레슬리행렬 모델을 논의한다.

제 6 절 예제: 레슬리의 연령-구조 모델

레슬리 행렬 모델은 연령-구조 개체군의 역학모델로 계차방정식의 선형일계시스템이다. "Leslie"라는 이름은 Patrick Holt Leslie(1900-1974)이름에 의해 사용되었다. 그는 행렬이론을 사용하여 연령-구조 개체군의 동태를 연구한 첫번째 과학자들 중 한명이다.

연령-구조모델은 구조 모델의 많은 유형들중의 하나이다. 개체군 모델에서 "구조(structure)"란 용어는 조직 또는 개체군을 연령(age), 크기(size), 단계(stage)와 같은 다양한 부분들로 조직하거나 나누는 것이라 한다. 예제 2.9는 개체군이 두 단계의 발달 단계인 미성년(juvenile)과 성체(adult)으로 구성된 단계-구조 모델의 예를 설명한 것이다. 단계-구조 모델은 몇개의 발달상의 단계가 있다. 곤충의 경우, 발달 단계는 알, 애벌레, 번데기 그리고 성충의 단계이다. 연령-구조 모델에서는 개체군을 다시 연령그룹으로 나눈다. 인간 인구통계학에서, 연령 그룹은 $0 \sim 5$세, $5 \sim 10$세 등의 경우 구간이 5년인 것이다. 크기-구조 모델에서, 개체군에서의 개체들은 크기에 따라 그룹화된다. 이것은 아마도 길이나 무게로 측정될 것이다. 어류 개체군에서, 크기가 종종 구조화한 변수이다. 단계들 사이의 역학적 상호작용은, 연령 또는 크기는 개체군 구조가 시간에 걸쳐 어떻게 변화되는지를 결정한다. 구조화 모델의 이론에 관한 초기 공헌자들은 Bernadelli(1941), Lewis(1942), Leslie(1945)와 Lefkovitch(1965)이다. Caswell(2001)는 연령-구조모델 발달에 관한 간략한 역사를 설명한다.

개체군을 구조화하는 다른 방법은 연령, 크기, 단계에 더하여 성(sex), 공간구조(spatial structure)를 포함한다. 공간구조를 가지는 모델은 7장에서 공부한다. 여기서는 연령-구조를 가진 간단한 모델에 집중할 것이다. 연령-구조의 가장 간단한 모델은 Leslie(1945)에 의

해 개발된 선형 행렬 모델이고 **레슬리 행렬 모델(Leslie matrix model)**이라 한다.

개체군의 이동은 닫혀있고 암컷만으로 모델화 한다고 가정하자. 수컷은 존재하지만 특별히 모델화하지는 않는다. 종종 수컷의 수는 암컷 개체군 크기로부터 계산될 수 있다. 암컷대 수컷의 성 비율이 $a : b$이고 연령그룹 당 생존률이 암컷과 수컷이 같고 수컷의 수는 암컷의 수의 a/b배와 같다. 두개의 성-모델은 Caswell(2001)을 참고하라. 또한 3.8.4절과 3장의 연습문제 17과 18을 참고하여라.

연령그룹의 전체수는 m이다(m은 마지막 번식 연령). 시간이 t에서 $t+1$ 구간 동안 개체는 "연령"은 i에서 $i+1$ 이다(즉, 시간 구간은 연령 구간과 같다). 좀 더 변수를 설명하면,

$x_i(t)$ =시간 t에서 i번째 연령그룹의 암컷의 수.

b_i =i번째 연령 그룹이 태어나 그 시간 기간을 생존하여 i 연령그룹 내의 암컷 한 개체가 생산한 새로 태어난 암컷의 평균수, $b_i \geq 0$.

s_i =i번째 연령 그룹이 $i+1$번째 연령까지 생존하는 비율, $0 < s_i \leq 1$.

이다. 첫 번째 연령 그룹 x_1은 다른 연령그룹들의 자손으로 구성된다. 즉,

$$x_1(t+1) = b_1 x_1(t) + b_2 x_2(t) + \cdots + b_m x_m(t) = \sum_{i=1}^{m} b_i x_i(t)$$

이다. i번째 연령그룹의 개체들이 $i+1$번째 연령까지 생존하는 개체들의 수는

$$x_{i+1}(t+1) = s_i x_i(t)$$

이다. 행렬기호를 사용하여 모델을 다음과 같이 표현할 수 있다:

$$X(t+1) = \begin{pmatrix} x_1(t+1) \\ x_2(t+1) \\ x_3(t+1) \\ \vdots \\ x_m(t+1) \end{pmatrix} = \begin{pmatrix} b_1 & b_2 & \cdots & b_{m-1} & b_m \\ s_1 & 0 & \cdots & 0 & 0 \\ 0 & s_2 & \cdots & 0 & 0 \\ \vdots & \vdots & \vdots & \ddots & \vdots \\ 0 & 0 & \cdots & s_{m-1} & 0 \end{pmatrix} \begin{pmatrix} x_1(t) \\ x_2(t) \\ x_3(t) \\ \vdots \\ x_m(t) \end{pmatrix} = LX(t). \quad (1.21)$$

여기서 L은 **레슬리 행렬(Leslie matrix)** 또는 **사영 행렬(projection matrix)**이라 한다. 일반적으로 레슬리 행렬의 첫번째 행은 출생율 또는 번식율, 부분대각선(subdiagonal)은 생존율을 나타낸다. 레슬리 행렬에서 다른 모든 성분들은 영(zero)이다. 행렬은 시간이

흐름에 따라 레슬리 행렬을 반복적으로 곱하는것, $X(1) = LX(0), X(2) = LX(1) = L^2X(0)$으로 계속하여 일반적으로는

$$X(t) = L^t X(0)\text{이다.}$$

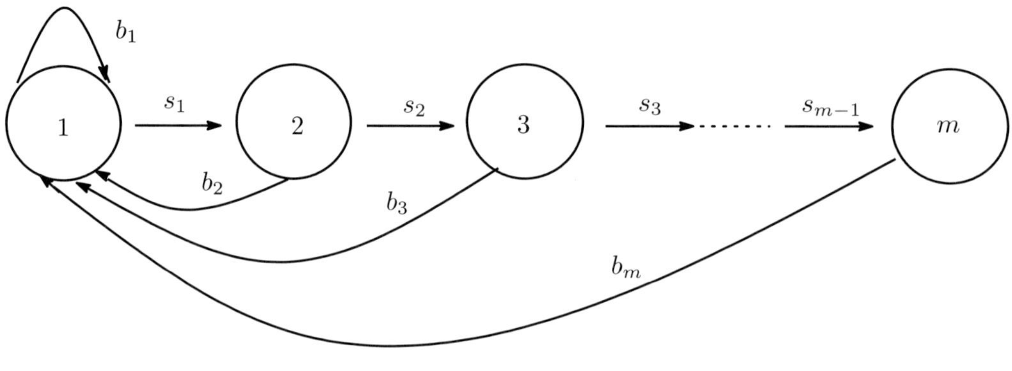

그림 1.4: 레슬리 행렬의 생명주기 그래프. 숫자는 $m-$나이 그룹을 나타낸다.

레슬리 행렬에서 연령 그룹 사이의 관계는 각 연령 그룹을 표현한 결절점(마디)(nodes)과 두 그룹 사이의 관계를 표현한 방향을 가진 **생활주기 그래프(life cycle graph)** 또는 **방향(성) 그래프(directed graph)(diagraph)**이다(그림 1.4를 참고). 하나의 결절점은 i가 원으로 둘러싸는 그래프를 나타내는 상태변수들 x_i중의 하나이다. 레슬리 행렬 L에 있는 ij번째 원소가 영이 아니면, 화살표시는 결절점(마디) j에서 i로 연결을 의미한다.

제 7 절 레슬리 행렬의 성질

성분들이 음이 아닌(양수)인 행렬 A는 **음이 아닌(양수) 행렬 (nonnegative(positive) matrix)**이라 하고, $A \geq 0 (A > 0)$로 나타낸다. 음이 아니고 양수인 행렬은 매우 중요한 성질들을 가진다. 레슬리 행렬은 음이 아닌 행렬이다. Frobenius 정리로 알려진 중요한 정리를 레슬리 행렬에 적용할 수 있고, 몇가지 부가적인 성질을 가지는 행렬이다. 프로베니우스 정리는 레슬리 행렬이 하나의 양수인 순 우성인 고유값 λ를 가지는 것를 보장하는 충분조건을 제공한다. 정리를 시작하기 전에 몇가지 정의가 필요하다.

정의 **7.1** *첨자(index)집합 $1, 2, \cdots, m$은 2개의 공집합이 아닌 여집합 S_1과 S_2로 분리할 수 있고(공통부분을 없게 한다)*

$$a_{i_\alpha k_\beta} = 0(\alpha = 1, 2, \cdots, \mu;\ \beta = 1, 2, \cdots, \nu) \tag{1.22}$$

을 만족하는 $S_1 = \{i_1, i_2, \cdots, i_\mu\}$, $S_2 = \{k_1, k_2, \cdots, k_\nu\}$ $(\mu + \nu = m)$이면 $m \times m$ 사각행렬 $A = (a_{ij})$을 **약분할 수 있는(reducible)** *행렬이라 한다. 그렇지 않으면 A를* **기약(irreducible)** *행렬이라고 한다.*

약분할 수 있는 행렬과 동치인 많은 정의는 Gantmacher(1964)를 참조하라.

예제 7.2 *행렬 A가 다음을 만족한다고 가정하자:*

$$A = \begin{pmatrix} a_{11} & a_{12} & 0 \\ a_{21} & 0 & 0 \\ 0 & a_{32} & a_{33} \end{pmatrix}, \ a_{ij} > 0.$$

행렬 A는 항 a_{33}때문에 레슬리 행렬의 형태가 아니다. 여집합 $S_1 = \{1, 2\}$와 $S_2 = \{3\}$는 정의 7.1에서 조건 (1.22)을 만족하기 때문에 행렬 A는 약분할 수 있는 행렬이다.■

행렬이 기약인지 아닌지를 확인하는 또 다른 방법은 방향 그래프를 통해서 알 수 있다. i에서 j로 방향모서리(directed edge)는 i에서 j로 화살표로 나타낸다는 것을 기억하자. 결절점(마디) i에서 결절점 j까지 **방향경로(directed road)**는 i에서 j로 연결된 방향 그래프의 집합이다. 즉, 행렬 A에서 영이 아닌 원소 $a_{k_1 i}, a_{k_2 k_1}, \ldots, a_{j k_l}$가 대응하는 첨수들의 집합 $k_1, k_2, \cdots, k_l$이 존재한다. 예를 들어, 그림 1.4에서 모든 결절점(마디) j, $j = 1, 2, \cdots, m$에 대해 m에서 j로의 방향경로가 존재한다.

정의 **7.3** *행렬 A와 관련한 방향 그래프에서, 방향 그래프의 모든 결절점(마디) i와 j에 대해 결절점 i에서 결절점 j로의 방향경로가 존재한다면, 방향 그래프(digraph)가* **강한 연결(strongly connected)** *이라고 한다.*

행렬 A와 관련된 강한 연결된 방향 그래프는 A의 기약과 동치이다(Ortega,1987).

정리 **7.4** *행렬 A의 방향 그래프가 강한 연결일 필요충분조건은 행렬 A가 기약이다.*□

그림 1.4 $(b_m > 0)$에서 레슬리 행렬 L의 생활주기 그래프는 L의 지향성 그래프가 강

한연결이라는 것을 보여준다. 그래서 L이 기약행렬이다. 그러나, 만일 m에서 1까지 방향 경로가 제거된, $a_{1m} = b_m = 0$이면 레슬리 행렬은 나눌수 있는 행렬이다. 따라서, 레슬리 행렬에서 기약이 될 필요조건은 $b_m \neq 0$이다. 사실, 행렬 L의 부분 대각행렬 원소가 $s_i = a_{i+1,i} > 0, \; i = 1, 2, \ldots, m-1$으로 가정하였기 때문에 행렬 L이면 $b_m = a_{1m} > 0$이면 강한연결이다. 그러므로, $b_m > 0$는 레슬리 행렬 L이 기약이기 위한 필요충분조건이다.

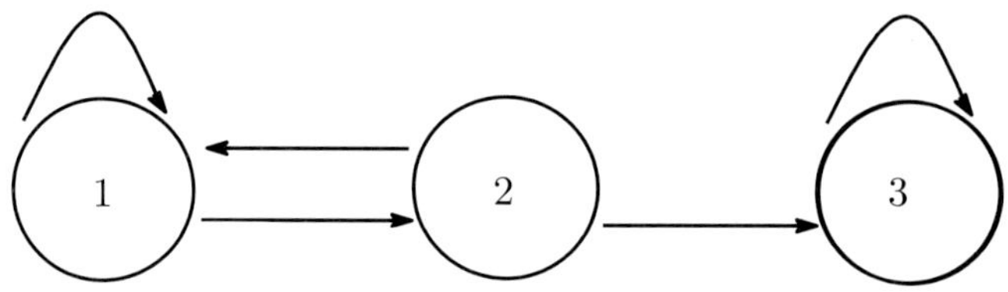

그림 1.5: 예제 7.2와 7.5의 방향 그래프.

예제 7.5 *예제 7.2에서 행렬 A와 관련된 방향 그래프는 그림 1.5이다. 행렬 A와 대응되는 방향 그래프가 강한연결이 아니라는 사실을 설명하는 것은 쉽다. 그러므로, 행렬 A는 나눌 수 있다.*■

다음 정리는 음수가 아닌, 기약 행렬은 항상 유일한 양수 고유값을 가지고, 그 고유값은 다른 모든 고유값의 값보다 크거나 같다(Frobinius 정리). 만약 행렬이 양수이면, 유일한 양수 고유값보다 더 큰 고유값의 크기를 가진다(Perron 정리). 이러한 두 정리의 증명은 Gantmacher(1964)를 참고하라.

정리 **7.6 (Frobenius 정리)** *기약이고 음수가 아닌 행렬 A는 항상 특성방정식의 단순근(다중근중 하나)인 양수 고유값 λ를 가진다. λ의 값은 모든 다른 고유값보다 크거나 같다. 고유값 λ는 좌표상에서 양수인 고유벡터에 대응한다.* □

Perron의 정리는 양수 행렬들에 적용한다.

정리 **7.7 (Perron 정리)** *양수 행렬 A는 특성방정식의 단순근인 양의 실수인 고유값 λ를 항상 가지고 행렬 A는 모든 다른 고유값의 크기보다 크다. 고유값 λ는 좌표상에서 양수인 고유벡터와 대응한다.*□

비슷한 이론은 음수 행렬에 적용할 수 있다(연습문제 13 참고). 그러나 이 장과 다음 장에서는, 이 정리는 음수가 아닌 행렬들에 적용된다.

레슬리 행렬은 양수 행렬이 아니므로 페론정리를 적용할 수 없다. 음수가 아닌 기약행렬에서는 아마도 같은 크기의 고유값이 존재할수 있다. 프로베니우스 정리에서 고유값이 λ가 순 우성임을 보이기 위해, 즉, 고유값 λ는 모든 다른고유값보다 크고, 음수가 아닌 기약행렬은 한 개 이상의 특성이 필요하다. 이 특성은 원시성으로 알려져 있다.

> 정의 **7.8** *만일 기약이고 음수가 아닌 행렬 A는 최대 크기($|\lambda_1| = |\lambda_i|, i = 1, \ldots, h$)의 h개 고유치들 $\lambda_1, \cdots, \lambda_h$을 가지면, $h = 1$일 때 A를* **원시적(primitive)***이라 하고, $h > 1$일 때* **비원시적(imprimitive)***이라 한다. h의 값을 비원시성 지수(index of imprimitivity)라고 한다.*

비원시적인 첨자는 최대 절대값($\rho(A)$와 같은 크기를 가진)과 행렬 A의 고유값의 개수이다. 정의 7.8에 따르면 원시행렬은 기약행렬이어야 한다. 예제를 통해 볼 수 있는것처럼 역은 성립하지 않는다. 다음 정리는 행렬이 원시적인지 아닌지를 확인하는데 사용할 수 있는 간단한 판정법을 알려준다.

정리 **7.9** *음이 아닌 행렬 A가 원시적(primitive)일 필요충분 조건은 A의 어떤 양수멱이 존재하는 것이다(즉, 양의 정수 $p \geq 1$에 대하여 $A^p > 0$인 p가 존재).*□

레슬리 행렬이 어떤 양의 정수 p에 대하여 $L^p > 0$ 만족한다면, L은 원시적이다. 이 경우, 프로베니우스 정리는 L은 $|\lambda_1| > |\lambda_j|,\ j \neq 1$을 만족하는 유일한 순 우성 고유값 λ를 갖는 것을 의미한다. 순 우성인 고유값 λ_1는 양수 고유벡터 V_1와 관련이 있다. 관련된 고유벡터 V_1을 **안정 연령 분포(stable age distribution)**라 한다.

예제 7.10 *레슬리 행렬이 다음 행렬을 만족한다고 하자.*

$$L = \begin{pmatrix} 0 & b_2 \\ s_1 & 0 \end{pmatrix}$$

여기서 $b_2 > 0$이고 $s_1 > 0$이다. 이 경우, 단지 2가지 연령과 단계들이 있다. 첫번째 단계는 번식을 하지 않는다. 행렬 L은 음수인 기약 행렬이다. 그러나 양의정수 p에서 L^p는 양수가 아니다. 짝수인 양의 정수 p에 대해, L^p는 대각선 원소들은 양수이고 다른 원소들은 영이다. 그리고 p가 홀수인 양의 정수에 대해 L^p는 대각선의 원소들이 0이고 다른 원소들은 양수이다. 그러므로 정리 7.9에 의하면, L은 비원시적이다. L의 고유값이 $\lambda_{1,2} = \pm\sqrt{b_2 s_1}$이므로 비원시성 지수는 2이다.■

예제 7.11 *레슬리 행렬이 다음을 만족한다고 하자.*

$$L = \begin{pmatrix} b_1 & b_2 \\ s_1 & 0 \end{pmatrix}.$$

여기서 b_1, b_2, s_2는 양수인 상수이다. 이 경우에, 오직 두 단계가 있지만 두 단계 모두 번식을 한다. 정리 7.9를 적용함으로 L이 원시적임을 확인하는 것은 쉽다, L^2은 양수 행렬이다. 더구나, L의 고유값은

$$\lambda_{1,2} = \frac{b_1 \pm \sqrt{b_1^2 + 4b_2 s_1}}{2}$$

을 만족시킨다. 양수 고유값 λ_1은 순 우성이다.■

안정인 연령 분포 벡터 V_1의 중요성은 다음 연산에서 설명한다. λ_i는 m개의 고유값이고, 관련된 $V_i(i = 1, 2, \ldots, m)$는 m개의 고유벡터라 가정하자. 행렬 L은 기약이고(원시적)이라 하고 m개의 고유벡터, $\{V_i\}_{i=1}^m$는 일차독립인 집합을 형성 한다고 가정한다. 그러면 $X(t+1) = L^t X(0)$에 대한 해답은 다음과 같이 쓸 수 있다.

$$X(t) = L^t X(0) = \Sigma_{i=1}^m c_i \lambda_i^t V_i = c_1 \lambda_1^t V_1 + c_2 \lambda_2^t V_2 + \cdots + c_m \lambda_m^t V_m$$

이다. 여기서 λ_1은 순 우성인 고유치이다. λ_1^t로 해를 나누면

$$\frac{X(t)}{\lambda_1^t} = \frac{L^t X(0)}{\lambda_1^t} = c_1 V_1 + c_2 \left(\frac{\lambda_2}{\lambda_1}\right)^t V_2 + \cdots + c_m \left(\frac{\lambda_m}{\lambda_1}\right)^t V_m$$

이 된다. $|\lambda_i/\lambda_1| < 1$이므로, $t \to \infty$ 따라 $(\lambda_i/\lambda_1)^t \to 0$이기 때문에 극한을 취하면

$$\lim_{t\to\infty} \frac{X(t)}{\lambda_1^t} = \lim_{t\to\infty} \frac{L^t X(0)}{\lambda_1^t} = c_1 V_1$$

이다. 그러므로, 여러 세대가 지나면 $X(t) = L^t X(0) \approx c_1 \lambda_1^t V_1$이 된다. 시간이 흐름에 따라 개체군 크기는 기하학적으로 증가($\lambda_1 > 1$)하거나 감소($\lambda_1 < 1$)한다. 개체군 분포 $X(t)/\lambda_1^t$는 고유벡터 V_1의 상수곱으로 근사한다. 이는 V_1이 안정인 연령 분포로 여기는 이유이다. 또한 프로베니우스 정리에 의해 $V_1 > 0$임이 분명하다.

고유벡터 V_i가 일차독립이란 제한은 위의 관계를 증명하는데 필요하지 않다. $P(t)$는 총 개체군의 크기, 시간 t에서 연령 그룹들 모두의 합으로 $P(t) = \Sigma_{i=1}^m x_i(t)$이고 $v_1 = \Sigma_{i=1}^m v_{i1}$은 $V_1 = (v_{11}, v_{21}, \cdots, v_{m1})^T$의 원소들의 합이라 하자. L이 음수가 아닌 기약이고 원시적인 행렬이고, $X(t+1)$이 $X(0)$는 음수가 아니고 영이 아닌 벡터로 $X(t+1) = LX(t)$을 만족시키면

$$\lim_{t\to\infty} \frac{X(t)}{P(t)} = \frac{V_1}{v_1} \tag{1.23}$$

이다. 더구나, $\lambda_1 < 1$이면 $\lim_{t\to\infty} P(t) = 0$이고, $\lambda_1 > 1$이면 $\lim_{t\to\infty} P(t) = \infty$이다(Cushing,1988 참조). 극한 (1.23)는 구조 모델의 많은 유형에 대해 성립한다. 극한 (1.23)은 행렬 L이 원시적이라는 것을 강조한다.

레슬리 행렬의 경우에 V_1에 대한 확실한 설명은 Pielou(1977)에서 볼수 있다. 양수인 고유벡터의 형태는

$$V_1 = \begin{pmatrix} 1 \\ \frac{s_1}{\lambda_1} \\ \vdots \\ \frac{s_1 s_2 \cdots s_{m-2}}{\lambda_1^{m-2}} \\ \frac{s_1 s_2 \cdots s_{m-1}}{\lambda_1^{m-1}} \end{pmatrix} \text{이다.} \tag{1.24}$$

이 형식에서 V_1의 첫 번째 원소를 1로 표준화한다. $L = \begin{pmatrix} 1 & 2 \\ 3/8 & 0 \end{pmatrix}$에서 양수인 고유벡터는 $V = (1, 1/4)^T$의 형태이다.

레슬리 행렬과 관련된 특성방정식은 특별히 좋은 형태를 가진다. 레슬리 행렬에 대한 특성방정식은 $\det(L - \lambda I) = 0$ 또는

$$\det \begin{pmatrix} b_1 - \lambda & b_2 & \cdots & b_{m-1} & b_m \\ s_1 & -\lambda & \cdots & 0 & 0 \\ 0 & s_2 & \cdots & 0 & 0 \\ \vdots & \vdots & \ddots & \vdots & \vdots \\ 0 & 0 & \cdots & s_{m-1} & -\lambda \end{pmatrix} = 0$$

을 만족한다. 위 행렬을 전개하면 다음과 같은 특성방정식이 된다:

$$p_m(\lambda) = \lambda^m - b_1 \lambda^{m-1} - b_2 s_1 \lambda^{m-2} - \cdots - b_m s_1 \cdots s_{m-1} = 0. \tag{1.25}$$

다항식 $p_m(\lambda)$의 부호에서 단 한번 변동이 있기 때문에, 부호의 데카르트의 공식은 $p_m(\lambda)$가 하나의 양의 실근을 가진다는 것을 의미한다. [데카르트의 부호공식(Descartes's rule of signs states)은 만약 특성방정식의(실수 계수) 계수에 k번의 부호 변화가 있다면, 양의 실근(가산 다중도)의 수는 k와 같거나 짝수인 양의 정수보다 작다. λ를 $-\lambda$로 바꾸면, 유사한 법칙이 음의 실근에 적용된다.] 부호의 데카르트의 공식의 간단한 증명은

Wang(2004)에 의해 알려졌다. 단 한번의 부호가 변화가 있기 때문에, 오직 하나의 양수 실근이 있다. 이 양수 실근는 우성 고유치 λ_1이다.

우성 고유값이 1보다 크거나 작은지를 알아보는 간단한 확인 방법은 고유의 순 번식수와 관련있다. 특성다항식, p_m은 $\lambda \to \infty$일 때 $p_m(\lambda) \to \infty$이고 $p_m(0) < 0$와 오직 λ_1일 때 한번만 양수인 λ축을 지나는 것을 만족한다. 그러므로, $p_m(1)$값을 조사함으로 우성 고유치가 $\lambda_1 > 1$일 필요충분조건은 $P_m(1) < 0$이고, $\lambda_1 < 1$일 필요충분조건은 $p_m(1) > 0$임을 알 수 있다. 그림 1.6을 참고하라. 그러나, $p_m(1) = 1 - b_1 - b_2 s_1 - \cdots - b_m s_1 \cdots s_{m-1}$이다.

$$\mathcal{R}_0 = b_1 + b_2 s_1 + b_3 s_1 s_2 + \cdots + b_m s_1 \cdots s_{m-1} \qquad (1.26)$$

라 하자. 그래서 $p_m(1) = 1 - \mathcal{R}_0$이다. 정량(quantity) $\mathcal{R}_0$은 **고유한 순 번식수(inherent net reproductive number)**라 하고, 일생동안 개체당 생산할 수 있는 자손의 기대수이다(Cushing, 1998). 그러면 $p_m(1) > 0$일 필요충분조건은 $\mathcal{R}_0 < 1$이고 $p_m(1) < 0$일 필요충분조건은 $\mathcal{R}_0 > 1$이다.

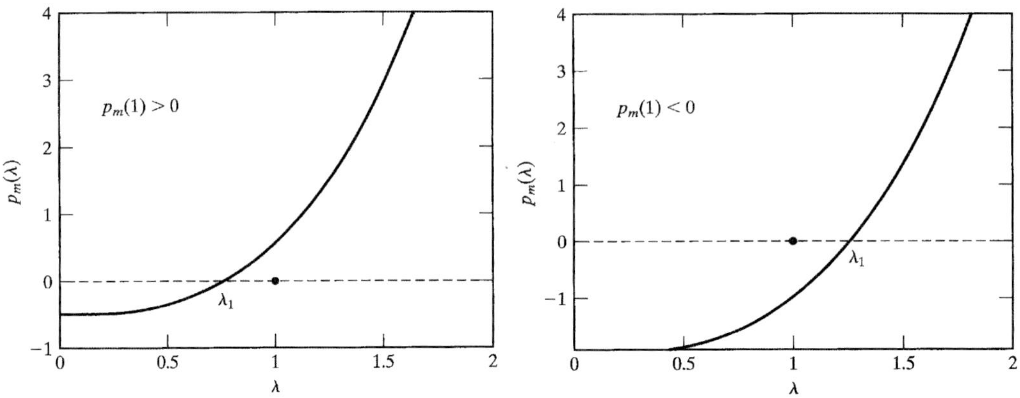

그림 1.6: $p_m(1) > 1$이고 $\lambda_1 < 1$일 때 $p_m(1) < 0$이고 $\lambda_1 > 1$일 때의 특성다항식 $p_m(\lambda)$.

따라서 다음과 같은 결과를 얻는다.

$$\lambda_1 > 1 \Longleftrightarrow \mathcal{R}_0 > 1 \quad 이고 \quad \lambda_1 < 1 \Longleftrightarrow \mathcal{R}_0 < 1.$$

레슬리 행렬에 관한 결과는 다음 정리로 요약한다.

정리 **7.12** *식 (1.21)에 주어진 레슬리 행렬은 기약이고 원시적이다. L의 특성다항식은 식 (1.25)이다. 행렬 L은 순 우성 고유값 $\lambda_1 > 0$를 가지고 다음 관계를 만족한다:*

$$\lambda_1 = 1 \Longleftrightarrow \mathcal{R}_0 = 1$$

$$\lambda_1 < 1 \Longleftrightarrow \mathcal{R}_0 < 1$$

$$\lambda_1 > 1 \Longleftrightarrow \mathcal{R}_0 > 1$$

이다. 여기서 식 (1.26)에 의해 정의된 $\mathcal{R}_0$는 고유의 순 생산수이다. 더불어, 안정 연령분포 V_1은 식 (1.24)을 만족한다. □

레슬리 행렬에만 적용하는 원시성에 대한 하나의 부가적인 확인을 언급한다. Sykes (1969)는 다음 결과를 증명했다.

정리 **7.13** *기약인 레슬리 행렬 L이 원시적일 필요충분조건은 출생비율이 다음관계를 만족한다.*

$$g.c.d\{i|b_i > 0\} = 1.$$

여기서, g.c.d는 출생율 b_i의 첨자(index) i의 최대 공약수로 양수이다.□

이 결과는 오직 레슬리 행렬에만 적용된다는 것을 기억하라(연습문제 19참고).

예제 7.14 *$b_1 > 0$이고 $b_m > 0$인 레슬리 행렬에 대하여, Sykes's 정리 7.13로 부터 $g.c.d\{1, m\} = 1$이고 레슬리 행렬이 원시적이다.* 만약 두 개의 인접한 출생률이 0이 아니*고, $b_j > 0$, $b_j + 1 > 0$, $b_m > 0$이면, 이 경우 또한 $g.c.d\{j, j+1, m\} = 1$이다.* 따라서 대*응하는 레슬리 행렬은 원시적이다.*■

예제 7.15 *레슬리 행렬 L이*

$$L = \begin{pmatrix} 0 & b_2 \\ s_1 & 0 \end{pmatrix}$$

을 만족한다고 하자. 레슬리 행렬은 프로베니우스 정리를 만족하지만 예제 *(7.10)*에서 처*럼 L이 원시적이다. 또한 Sykes의 결과(1969)로 부터 $g.c.d\{2\} = 2$이다.* 더구나 고유한 *순 번식수 $\mathcal{R}_0 = b_2 s_1$이다.*

특별한 경우 $\mathcal{R}_0 = 1$에 대해

$$L = \begin{pmatrix} 0 & 2 \\ 0.5 & 0 \end{pmatrix}$$

에서 $\lambda_{1,2} = \pm 1$ *임을 보일 수 있다.* $\lambda_1 = 1$ *에 대응되는 고유벡터는* $(L - I)V_1 = \mathbf{0}$ *또는*

$$\begin{pmatrix} -1 & 2 \\ 0.5 & -1 \end{pmatrix} \begin{pmatrix} x_1 \\ x_2 \end{pmatrix} = \begin{pmatrix} 0 \\ 0 \end{pmatrix}$$

을 풀어 구할 수 있다. 여기서 $V_1 = (x_1, x_2)^T$ *이다.* $x_1 = 2x_2$ *이므로,* $V_1 = (2,1)^T$ *이거나* V_1*의 임의의 상수배이다. Pielou 공식을 사용하면,* $V_1 = (1, 0.5)^T$*은 같은 결과이다. 초기 개체군 분포가* $X(0) = (10,5)^T$*라 하자. 그 때* $X(1)$*을 계산하면,*

$$X(1) = \begin{pmatrix} 0 & 2 \\ 0.5 & 0 \end{pmatrix} \begin{pmatrix} 10 \\ 5 \end{pmatrix} = \begin{pmatrix} 10 \\ 5 \end{pmatrix} \text{이다.}$$

$X(0)$*가* $\lambda_1 = 1$*과 관련된 고유벡터이므로,* $LX(0) = X(0)$*이고* $L^t X(0) = X(0)$*이다. 초기분포는* $X(0) = (10,10)^T$*라 가정하자. 그러면,* $X(1) = (20,5)^T$ *이고* $X(2) = (10,10)^T$*이다. 개체군은 두 상태 사이에서 진동한다. 일반해* $X(t)$*는 두개의 일차독립 고유벡터가 존재한다는 사실로부터 임의의 초기분포에서 결정될 수 있다. 해는*

$$X(t) = c_1(1)^t \begin{pmatrix} 2 \\ 1 \end{pmatrix} + c_2(-1)^t \begin{pmatrix} -2 \\ 1 \end{pmatrix} = \begin{pmatrix} 2c_1 - 2c_2(-1)^t \\ c_1 + c_2(-1)^t \end{pmatrix}$$

형태를 가진다. 이것으로 $X(0) = (10,10)^T$ *이면 상수는* $c_1 = 15/2$ *와* $c_2 = 5/2$*이다. 따라서 해는*

$$X(t) = \begin{pmatrix} 15 + (-1)^{t+1}5 \\ 15/2 + (-1)^t(5/2) \end{pmatrix} \text{이다.}\blacksquare$$

이 절에서 전개된 이론은 레슬리 행렬에 적용한다. 그러나 이 이론은 음이 아닌 행렬을 포함하는 많은 구조모델의 다양한 유형에 적용한다(Caswell,2001;Cushing,1998). Cushing은 구조화된 행렬의 일반적인 형태를 알려준다. 일반적인 구조화된 행렬는 두 행렬의 합, $L = F + T$이다. 여기서 F는 번식력 행렬이고 T는 전이행렬이다. 모든 j에 대해 행렬 $F = (f_{ij})$, $f_{ij} \geq 0$와 $T = (t_{ij})$, $0 \leq t_{ij} \leq 1$, $\Sigma_{i=1}^m t_{ij} \leq 1$이다 ($T$의 각 열의 합은 1보다 작다). f_{ij}의 값은 단계 j로부터 새로 태어난 집단 i로 추가된 새로 태어난 생명체의 수이고 t_{ij}는 j 단계의 한 개체가 i단계로 이동하는 확률이다. T의 열 합은 1보다 작고 $\Sigma_{i=1}^m t_{ij} \leq 1$이다. 왜냐하면 임의의 단계에서 이동해 나가는 확률은 1보다 클수 없기 때문이다.

붉은 바다거북에 대한 단계-구조 모델은 다음 예제에서 토론한다.

예제 7.16 붉은 바다거북에 대하여 *Crouse et al.(1987)*에 의해 연구된 단계구조모델을 고려하자. 붉은 바다거북은 미국연방 ESA가 멸종위기에 놓인 종으로 분류한다. 전세계에 7종의 바다거북이 있고, 최근에 그들의 6종도 멸종위기에 놓여있거나 위험한 처지에 있다(*Caribbean Conservation Corporation* 과 *Sea Turtle Survival League, 2003*). 붉은바다거북은 대서양과 태평양 바다에서 지리적으로 넓은 지역에 걸쳐 분포되어 있다. 이들은 미국해안에서 가장 풍부한 종이다. 불행히도, 그것들은 우연하게 어망에 잡히곤 한다. 더구나 그들은 바닷가에 알을 낳고, 다른 동물들에게 잡혀먹히고, 인간으로부터 방해를 받고 있다. 역시 *Caswell(2001)*을 보라.

*Crouse(1987)*의 주관적인 모델은 알과 성체시기에 관리 전략의 결과를 비교한 것이다. 붉은 바다거북에 대한 모델은 개체군을 7단계로 구분하였다. 1단계는 알과 부화(1살 미만), 2단계로 미성어($1 \sim 7$년), 3단계는 큰 미성어($8 \sim 15$년), 4단계 준성체($16 \sim 21$년), 5단계는 풋내기 가임(번식)가능자(22살) 6단계는 첫 해 귀환자들이나 두번째 해에 둥지로 돌아가는 암컷들(23살), 7단계는 성숙한 가임(번식)가능자($24 \sim 54$살)이다. 시간 구간은 1년이다. 그러므로 2,3,4,7단계에 있는 각각은 각각 $6, 7.5, 30$년 까지 다음 단계로 이동하기 이전 단계에 남아있다. 1단계에서만 새로 태어난다. 단계-구조화된 행렬 L은 다음과 같은 형태를 갖는다.

$$L = \begin{pmatrix} 0 & 0 & 0 & 0 & 127 & 4 & 80 \\ 0.6747 & 0.7370 & 0 & 0 & 0 & 0 & 0 \\ 0 & 0.0486 & 0.6610 & 0 & 0 & 0 & 0 \\ 0 & 0 & 0.0147 & 0.6907 & 0 & 0 & 0 \\ 0 & 0 & 0 & 0.0518 & 0 & 0 & 0 \\ 0 & 0 & 0 & 0 & 0.8091 & 0 & 0 \\ 0 & 0 & 0 & 0 & 0 & 0.8091 & 0.8089 \end{pmatrix}.$$

행렬 $L = F + T$이다. 여기서 출생 행렬은 L행렬의 첫번째 열과 같고 그외는 0이다. 변환행렬은 첫 열에서 0을 가지나 남아있는 6개 열에서 L과 같다. 행렬 L의 고유치를 직접 구하는 것은 어렵다. 메이플이나 *Matlab®*과 같은 계산기나 소프트웨어을 사용하여 고유치와 고유벡터를 구하는데 적용한다(메이플이나 *Matlab®*과 같은 프로그램 명령어는 부록 1을 참고). 순 우성 고유치는 $\lambda_1 \approx 0.94503$ 이고, 이 고유값(안정 단계 분포)

에 대응한 정규 고유벡터는

$$\frac{V_1}{v_1} \approx \begin{pmatrix} 0.20651 \\ 0.66975 \\ 0.11460 \\ 0.00662 \\ 0.00036 \\ 0.00031 \\ 0.00185 \end{pmatrix}$$

이다. 개체군 분포가 분포 V_1에 처음에 가까이에 있다면, 개체군은 매년 λ_1의 비율로 감소할 것이다. 25년후, 원래의 개체군은 본래의 개체수 ($\lambda_1^{25} \approx 0.243$)의 25%보다 적게 감소되었을 것이다. 단계들 중 어느 한 기간동안 증가하는 생존확률은 순 우성 고유치 λ_1의 값으로 증가할 것이다.■

단계-구조모델은 어류 개체군에 자주 적용되어왔다. 예를 들어, 개체수를 줄이지 않고 잡을 수 있는 어획량을 계산하기 위해 사용해왔다(Usher1972).

예제 7.17 *어류 개체군을 수확하는 간단한 예를 고려하자. N은 전체 개체수를 나타내고 $\lambda_1 > 1$은 어류 개체군를 관리하는 레슬리 행렬의 순 우성 고유치라 하자. 그러면 개체수는 연령분포가 안정일때 한시간 기간에 걸쳐 N에서 $\lambda_1 N$으로 증가한다. 어획한 수확량은 $H = [(\lambda_1 - 1)\lambda_1]100\%$이다. 단, H는 전체 개체수의 비율이고*

$$N \to \lambda_1 N - \left(\frac{\lambda_1 - 1}{\lambda_1}\right)\lambda_1 N = N$$

이다. 예를 들어, 레슬리 행렬을

$$L = \begin{pmatrix} 0 & 9 & 12 \\ 1/3 & 0 & 0 \\ 0 & 1/2 & 0 \end{pmatrix}$$

이라 하자. 고유의 순 번식수 $\mathcal{R}_0 = 5$이고 $\lambda_1 = 2$이면 $1 < \lambda_1 < \mathcal{R}_0$이다. 안정 연령분포(마지막 항이 1로 표준화된)는 $V_1 = (24, 4, 1)$을 만족한다. 어떠한 수확이 없으면 개체수는 결국은 안정 연령분포의 상수배로 근접할 것이다. 개체군 분포가 V_1의 분포에 가깝게 되면, 개체군의 $H = [2 - 1/2]100\% = 50\%$가 수확(모든 연령군의 50%)되고, 전체 개체군 크기는 여전히 상수로 남을 것이다.■

레슬리 행렬 모델의 다른 많은 적용과 확장에 대해, 이 장의 끝의 참고서적을 참고하여라(즉, Allen, 1989; Caswell,2001; Cushing, 1988; Cushing et al., 2003; Getz and haight, 1989; Levin and Goodyear, 1980; 그리고 참고문헌 속의 참고문헌). 몇가지 다른 방정식을 포함한 입문자를 위한, 계차방정식 입문(Elaydi,1999), Mickens(1990)의 계차방정식이론과 응용 그리고 Goldberg의 계차방정식 소개(원래 1958년에 출판된 것과 Dover에 의해 1986에 재 발행된 책)을 참고하라.

제 8 절 1장 연습문제

1. 아래 계차방정식이나 시스템을 다음과 같은 기준으로 분류하여라. (1) 몇 계인지 (2) 선형 혹은 비선형 (3) 자율 혹은 비자율 그리고 해당 방정식이나 시스템이 선형인 경우 제차인지 비제차인지 결정하여라.

   (a) $x_{t+3} + 4t^3 x_{t+2} + \sin(t) x_t = 3t + 1$

   (b) $x_{t+1} = x_t(r + 1 - x_t),\ r > 0$

   (c) $x_t = x_{t+1} + t^5 x_{t+2}$

   (d) $x_{t+2} = t x_{t+1}/x_t$

   (e) $x_{t+1} = x_t \exp(r[1 - x_t] - y_t),\ y_{t+1} = c x_t(1 - \exp(-y_t)),\ r, c > 0$

2. $0 < a < 1,\ b > 0$인 계차방정식 $x_{t+1} = a x_t + b = f(x_t)$에 대해 (1.12)해를 이용해서 극한값 $\lim_{t\to\infty} x_t$을 구하여라. 그리고 이 극한이 역시 해당 계차방정식의 고정점임을 보여라. 즉, $\bar{x} = f(\bar{x})$의 해는 $\bar{x}$이다(그림 1.2 참조).

3. 다음 동차계차방정식의 각각에 대해 일반해를 구하여라.

   (a) $x_{t+2} - 16 x_t = 0$

   (b) $x_{t+3} + 5 x_{t+2} - x_{t+1} - 5 x_t = 0$

   (c) $x_{t+4} - 8 x_{t+2} + 16 x_t = 0$

   (d) $3 x_{t+2} - 6 x_{t+1} + 4 x_t = 0$

4. (a) 연습문제 3의 방정식 (a)와 (d)에 대한 초기조건 $x_0 = 0, x_1 = 1$를 만족하는 유일해를 구하여라.

(b) 연습문제 3의 방정식 (b)에 대한 $x_0 = 0 = x_1, x_2 = 5$를 만족하는 유일해를 구하여라.

(c) 연습문제 3의 방정식 (c)에 대한 $x_0 = 0 = x_2, x_1 = 2 = x_3$)를 만족하는 유일해를 구하여라.

5. 다음 비제차선형계차방정식의 일반해를 구하여라.

(a) $x_{t+2} + x_{t+1} - 6x_t = 5$

(b) $x_{t+2} - 4x_t = 6t - 1$

(c) $x_{t+1} - 5x_t = 2t$

6. 다음 이계계차방정식 $x_{t+2} + ax_{t+1} + bx_t = 0,\ a \neq 0$은 $\lambda_1 = \lambda_2 \neq 0$ 인 중근을 가지는 특성다항식을 가진다.

(a) $t\lambda_1^t$이 계차방정식의 해임을 보여라.(힌트 : 우선 $\lambda_1 = -a/2$임을 보여라.)

(b) 임의의 t에 대하여 Casoratian $C(\lambda_1^t, t\lambda_1^t) \neq 0$ 임을 보여라.

7. 다음의 이계계차방정식의 해 $x_t, t = 0, 1, 2, \ldots$는 피보나치(Fibonacci) 수열로 알려졌다.

$$x_{t+2} = x_{t+1} + x_t, x_0 = 1 = x_1. \tag{1.27}$$

레오나르도 피보나치는 이탈리아의 수학자로써, 이 수열의 성질을 처음으로 연구한 사람들중 한명이다. 피보나치의 방정식 (1.27)은 토끼의 번식과 관련있다. 한쌍의 토끼가 두달에 한번씩 두마리씩 번식을 한다. 한쌍의 토끼는 매번 한쌍의 새끼 토끼를 낳고 그 토끼들은 한달 동안 번식을 하지 못한다. 모든 토끼가 살아있다고 가정하면 x_t는 t달에 대한 토끼들 쌍의 숫자이다. 그럼 한 쌍의 토끼들이 한달 두달 시작할 때 $t+2$달이 지나 토끼들 쌍의 숫자는 피보나치 수열 (1.27)을 만족한다.

(a) 피보나치방정식 (1.27)을 풀어라.

(b) 비율 x_{t+1}/x_t 는 황금비로 알려진 상수 g에 수렴한다:

$$\lim_{t\to\infty} \frac{x_{t+1}}{x_t} = g.$$

황금비를 구하여라. (힌트 : x_{t+1}로 계차방정식(1.27)를 나눈 다음 극한값을 구한다.)

8. 피보나치 방정식의 성질들은 또한 다른 이계 계차방정식에서도 성립한다. 그럼 조건 $x_0, x_1, p, q > 0$에서 계차방정식 $x_{t+1} = px_t + qx_{t-1}$을 고려하자.

$$\lim_{t\to\infty} \frac{x_{t-1}}{x_t} = r$$

임을 보여라. 여기서 r은 이차방정식

$$x^2 - px - q = 0$$

의 양수 근이다(Falbo,2005).

9. 예제 4.7에서 부등식 (1.14)을 만족하는 필요충분조건은 $|\lambda_1| < 1$임을 보여라.

10. 다음 두 계차방정식을 고려하자:

$$(1) \quad x_{t+4} + ax_t = 0,$$

$$(2) \quad x_{t+4} + ax_{t+2} + bx_t = 0.$$

(a) 계차방정식(1)과 (2)의 특성방정식을 구하여라.

(b) 고계 계차방정식 (1), (2)를 1계시스템, $Y(t+1) = AY(t)$로 변환하라. 그런 다음 각 경우에 행렬 A의 특성방정식은 (a)형태와 같음을 보여라.

11. 연습문제 3의 4개의 선형계차방정식 각각을 일계시스템과 동치가 되도록 변환하여라.

12. 방정식 (1.16)에서 정의한 동반행렬 A의 특성방정식이 동차스칼라방정식 (1.15)의 특성방정식과 같음을 보여라.

13. A가 양수의 행렬일때 B는 음수행렬이라고 가정하자:$B = -A$. 단, 행렬 A는 양수 행렬이다. 행렬 B가 음수 고유치 λ_1과 그와 관련된 양의 고유벡터 $V_1 > \mathbf{0}$을 가짐을 보이기 위해 페론정리를 적용하여라. 또 λ_1가 다른 모든 고유치의 크기보다 큰 고유치를 갖는 특성방정식의 단순근이라는 것을 보여라. (힌트 : $AV = \lambda V$임을 고려하고, B와 A가 같은 고유벡터를 가지지만 B의 고유치는 A에 대응하는 고유치의 음수이다.)

14. 다음 일계시스템을 고려하자:

$$X(t+1) = \begin{pmatrix} 0 & a \\ b & 0 \end{pmatrix} X(t), \quad a, b > 0.$$

임의의 초기조건이 $X(0) \geq \mathbf{0}$ 일 때, $\lim_{t\to\infty} X(t) = \mathbf{0}$이 되려면 상수 a, b가 어떤 조건이 되어야하는가? 설명하여라.

15. 행렬 A의 고유치와 고유벡터를 구하여라. 그리고 $X(t+1) = AX(t)$의 일반해를 구하여라.

$$(a) \quad A = \begin{pmatrix} 1 & 2 & 3 \\ 0 & 2 & 0 \\ 0 & 0 & -3 \end{pmatrix} \quad (b) \quad A = \begin{pmatrix} 1 & 2 \\ 4 & 3 \end{pmatrix}.$$

16. A가 다음 행렬 때 $X(t+1) = AX(t)$라 하자.

$$A = \begin{pmatrix} 1 & 1 \\ 0 & 2 \end{pmatrix}.$$

이 때, 일반해는 $X(t) = A^t X(0)$이다. A^2, A^3, A^4를 구하여라. 그리고 A^t의 일반식을 구하고 일반해를 구하여라.

17. 레슬리 행렬이 다음과 같이 주어졌다고 하자. 다음을 구하여라.

$$L = \begin{pmatrix} 0 & 3a^2/2 & 3a^3/2 \\ 1/2 & 0 & 0 \\ 0 & 1/3 & 0 \end{pmatrix}, \ a > 0.$$

(a) L의 특성방정식, 고유치, 순 고유 번식수 R_0을 구하여라.

(b) L이 원시행렬임을 보여라.

(c) 안정된 연령 분포를 구하여라.

18. 레슬리 행렬이 다음과 같이 주어졌다고 하자.

$$L = \begin{pmatrix} 0 & 0 & 6a^3 \\ 1/2 & 0 & 0 \\ 0 & 1/3 & 0 \end{pmatrix}, \quad a > 0.$$

번식 연령의 집합(class)은 오직 세번째 연령의 집합(class)이다.

(a) L의 특성방정식, 고유치, 순고유 번식수 R_0을 구하여라.

(b) L이 비원시 행렬임을 보여라.

(c) $a = 1, x(0) = (6,0,0)^T$일 때, $X(1), X(2), X(3)$를 구하여라. $t \to \infty$일 때 $X(t)$의 동태를 설명하여라.

(d) $a = 1, x(0) = (12,2,1)^T$일 때, $X(1), X(2), X(3)$를 구하여라. $t \to \infty$일 때 $X(t)$의 동태를 설명하여라.

19. 다음중 어떤 행렬들이 기약행렬이고 원시행렬인가? 그리고 행렬의 각각에 대해 생활주기 그래프를 그려라. 원소 b_i, s_i는 모두 양수라고 생각하자.

$$(a) \quad M_1 = \begin{pmatrix} 0 & 0 & b_3 \\ s_1 & 0 & 0 \\ 0 & s_2 & s_3 \end{pmatrix} \qquad (b) \quad M_2 = \begin{pmatrix} 0 & b_2 & 0 \\ s_1 & 0 & 0 \\ 0 & s_2 & s_3 \end{pmatrix}$$

$$(c) \quad M_3 = \begin{pmatrix} 0 & b_2 & 0 & b_4 \\ s_1 & 0 & 0 & 0 \\ 0 & s_2 & 0 & 0 \\ 0 & 0 & s_3 & 0 \end{pmatrix}$$

20. 두개의 레슬리 연령-구조 모델, $X(t+1) = L_1 X(t)$이고 $Y(t+1) = L_2 Y(t)$을 고려하자. 단,

$$L_1 = \begin{pmatrix} 0 & b_2 & b_3 \\ s_1 & 0 & 0 \\ 0 & s_2 & 0 \end{pmatrix}, \quad L_2 = \begin{pmatrix} f_1 & f_2 \\ p_1 & 0 \end{pmatrix}.$$

원소 b_i, s_i, f_i, p_1를 모두 양수라고 하자.

(a) L_1, L_2 행렬이 각각 기약행렬이고 원시행렬임을 보여라.

(b) 만일 $b_2 = 2, b_3 = 4, s_1 = 1/2$라 하면, 고유의 순 번식수를 이용하여 $\lambda_1 < 1$이거나 $\lambda_1 > 1$을 만족하는 L_1의 우성 고유치 λ_1가 되기 위한 s_2의 조건을 정하여라.

(c) $f_1 = 1$ 일 때, L_2의 우성 고유치 λ_2가 $\lambda_2 < 1$ 또는 $\lambda_2 > 1$중 어느 것을 만족하는지 결정하여라.

(d) (b)의 매개변수값에 대해, $s_2 = 1/2$과 $x(0) = (10,2,2)^t$일 때, $x(1)$과 $x(2)$를 구하여라.

21. 음이 아닌 구조 행렬이 다음과 같은 형태를 가진다고 하자:

$$M = \begin{pmatrix} b_1 & b_2 & \cdots & b_{m-1} & b_m \\ s_1 & 0 & \cdots & 0 & 0 \\ 0 & s_2 & \cdots & 0 & 0 \\ \vdots & \vdots & \ddots & \vdots & \vdots \\ 0 & 0 & \cdots & s_{m-1} & s_m \end{pmatrix}.$$

행렬 M은 s_m항을 제외하고 레슬리 행렬과 유사하다는 것을 주목하자. 만약 $s_m = 0$일 때 M행렬(레슬리 행렬)이 원시행렬이라면 $s_m > 0$일 때도 역시 원시행렬임을 보여라.

22. 3년 동안 씨앗이 발아할 수 있는 단년생 식물모델이 레슬리 행렬 모델의 형태를 가진다(Edelstein-Keshet,1988). α_i는 i년 된 씨앗이 발아하는 비율이라 하자. σ는 씨앗이 월동을 할 확률이고 γ는 식물당 발아할 수 있는 번식된 씨앗의 수라고 하자. 만약 p_t가 t해의 식물의 수이고 s_t^i가 i년 $(i = 1, 2)$ 씨앗의 갯수라면 이 모델은 아래의 식을 따른다.

$$\begin{aligned} p_{t+1} &= \alpha_1 \sigma \gamma p_t + \alpha_2 \sigma (1 - \alpha_1) s_t^1 + \alpha_3 \sigma (1 - \alpha_2) s_t^2, \\ s_{t+1}^1 &= \sigma \gamma p_t, \\ s_{t+1}^2 &= \sigma (1 - \alpha_1) s_t^1. \end{aligned}$$

(a) 레슬리 행렬 모델의 형식으로 모델을 표현하라:$Y(t+1) = LY(t)$.

(b) L이 기약행렬인지, 원시행렬인지를 보장하는 L의 조건은 무엇인가?

(c) 고유의 순 번식수 R_0를 나타내는 표현을 구하시오.

23. 예제 7.16의 왕바다 거북모델은 다음과 같은 구조행렬을 가진다.

$$L = \begin{pmatrix} 0 & 0 & 0 & 0 & b_5 & b_6 & b_7 \\ s_1 & p_2 & 0 & 0 & 0 & 0 & 0 \\ 0 & s_2 & p_3 & 0 & 0 & 0 & 0 \\ 0 & 0 & s_3 & p_4 & 0 & 0 & 0 \\ 0 & 0 & 0 & s_4 & 0 & 0 & 0 \\ 0 & 0 & 0 & 0 & s_5 & 0 & 0 \\ 0 & 0 & 0 & 0 & 0 & s_6 & p_7 \end{pmatrix}.$$

여기서 원소 b_i, s_i, p_i는 양수라고 가정하자.

(a) 일곱 단계의 생명주기 그래프를 그려라. 유향경로를 표기하라.

(b) 행렬 L은 기약이고 원시행렬임을 보여라.

(c) 예제 5.3에서 구조화된 행렬 L를 고려하자. $s_1 = 0.6747$이 1로 증가한다. 새로운 행렬의 스펙트럼 반경은 1보다 더 큰가? p_7가 0.95로 증가한다. 이 새로운 행렬의 스펙트럼 반경은 1보다 더 큰가? 결과에 기초하여, 알의 생존이나 성체의 생존을 증가시키는데 어느것이 더 좋은 것인가?

24. 레슬리 행렬은 다음과 같이 하나의 구조행렬 모델로 일반화 할 수 있다. $L = F + T$라 하자. 여기서 F는 번식 행렬이고 T는 전이 혹은 생존행렬이다. T의 원소등은 원소들의 세로 행렬 합이 모두 1보다 작은 특성을 가지고 있다(i상태에서 다른 상태로의 전이 혹은 생존의 확률이 1보다 작아야 한다는것을 의미). 고유의 순 번식수 R_0는 이러한 일반적인 구조모델로 정의된다(Cushing,1998; Li와 Schneider,2002). 먼저 T의 스펙트럼 반경이 1보다 작다는 것 $\rho(T) < 1$을 주목하자. 그러면 $(1 - T)^{-1}$이 존재하고 $(1 - T)^{-1} = 1 + T + T^2 + \ldots$으로 정의된다.

$$Q = F(1 - T)^{-1} = F + FT + FT^2 + \cdots$$

라 하자. 행렬 Q를 **다음 세대 행렬(next generation matrix)**이라 한다. Q의 스펙트럼 반경 $\rho(Q)$를 순 고유 번식수로 정의한다. 방정식 (1.21)에 주어진 레슬리행렬 L은 다음과 같이 표현된다:

$$L = F + T = \begin{pmatrix} b_1 & b_2 & \cdots & b_m \\ 0 & 0 & \cdots & 0 \\ \vdots & \vdots & \cdots & \vdots \\ 0 & 0 & \cdots & 0 \end{pmatrix} + \begin{pmatrix} 0 & 0 & \cdots & 0 & 0 \\ s_1 & 0 & \cdots & 0 & 0 \\ 0 & s_2 & \cdots & 0 & 0 \\ \vdots & \vdots & \ddots & \vdots & \vdots \\ 0 & 0 & \cdots & s_{m-1} & 0 \end{pmatrix}.$$

그러면 행렬 Q를 표현하고 순 고유 번식수 $R_0 = \rho(Q)$임을 보여라.(힌트: $T^m = \mathbf{0}$, 영행렬.)

25. 순환 시스템에서, 적혈구 세포는 일정하게 파괴되고 대체된다. 적혈구는 신체 전체에 산소를 운반하고 일정한 수준을 유지해야 한다. 비장은 매일 세포의 일부가 파괴되고 일부를 걸러낸다. 골수는 전날에 잃어버린 수에 비례하여 생산된다. t날에 세

포수는 다음과 같이 모델링한다(Edelstein-Keshet,1988, pp.27,33 참조):

R_t = t날에 순환하는 적혈구의 수.

M_t = t날에 골수에 의해 생산되는 적혈구의 수.

f = 비장에 의해 제거되는 적혈구의 비율, $0 < f < 1$.

γ = 생산 상수, $\gamma > 0$

R_t와 M_t를 만족하는 계차방정식은

$$R_{t+1} = (1-f)R_t + M_t,$$
$$M_{t+1} = \gamma f R_t.$$

(a) 시스템을 행렬방정식 $X_{t+1} = AX_t$으로 표현하여라. A의 고유치를 구하고 그것들의 부호를 결정하여라.

(b) 양수의 고유치 $\lambda_1 = 1$이라 하면(R_t는 근사적으로 상수), 이는 γ에 대해 무엇을 의미하는가?

(c) $\lambda_1 = 1$라 하자. λ_2를 구하여라. R_t의 동태에 대해 설명하여라.

제 9 절 1장 참고 문헌

1. Allen, L.J.S. 1989. A density-dependent Leslie matrix model. *Math.Biosci.* 95: 179-187.

2. Bernadelli, H. 1941. Population waves. *J.Burma Research Soc.* XXI(Part I): 3-18.

3. Brauer, F. and C.Castillo-Chávez. 2001. *Mathematical Models in Population Biology and Epidemiology.* Springer-Verlag, New York.

4. Britton,N.F. 2003. *Essential Mathematical Biology.* Springer Undergraduate Mathematics Series, Springer-Verlag, London, Berlin, Heidelberg.

5. Caribbean Conservation Corporation and Sea Turtle Survival League. 2003. Web site: http://www.cccturtle.org/species−world.htm

6. Caswell,H. 2001. *Matrix Population Models: Construction, Analysis and Interpretation.* 2nd ed. Sinauer Assoc.Inc., Sunderland, Mass.

7. Crouse,D.T., L.B.Crowder, and H.Caswell. 1987. A stage-based population model for loggerhead sea turtles and implications for conservation. *Ecology* 68: 1412-1423.

8. Cushing,J. 1998. *An Introduction to Structured Population Dynamics,* CBMS-NSF Regional Conference Series in Applied Mathematics 71, SIAM, Philadelphia.

9. Cushing,J.M., R.F.Constantino, B.Dennis, R.A.Desharnais, and S.M.Henson. 2003. *Chaos in Ecology Experimental Nonlinear Dynamics.* Academic Press, New York.

10. Edelstein-Keshet,L. 1988. *Mathematical Models in Biology.* The Random House/ Birkhäuser Mathematics Series, New York.

11. Elaydi,S.N. 1999. *An Introduction to Difference Equations.* 2nd ed. Springer-Verlag, New York.

12. Elaydi,S. and W.Harris. 1998. On the computation of A^n. *SIAM Review.* 40: 965-971.

13. Falbo,C. 2005. The golden ratio—a contrary viewpoint. *The College Math. Journal* 36: 123-134.

14. Gantmacher,F.R. 1964. *The Theory of Matrices,* Vol. II. Chelsea Pub.Co., New York.

15. Getz,W.M. and R.G.Haight. 1989. *Population Harvesting: Demographic Models of Fish, Forest, and Animal Resources.* Princeton Univ.Press, Princeton, N.J.

16. Goldberg,S. 1986. *Introduction to Difference Equations.* Dover Pub., Inc., New York.

17. Keener,J. and J.Sneyd. 1998. *Mathematical Physiology.* Springer-Verlag, New York.

18. Kot,M. 2001. *Elements of Mathematical Ecology.* Cambridge Univ.Press, Cambridge.

19. Lefkovitch,L.P. 1965. The study of population growth in organisms grouped by stages. *Biometrics* 21: 1-18.

20. Lesile,P.H. 1945. On the use of matrices in certain population mathematics. *Biometrics.* 21: 1-18.

21. Levin,S.A. and C.P.Goodyear. 1980. Analysis of an age-structured fishery model. *J.Math.Biol.* 9: 245-274.

22. Lewis,E.G. 1942. On the generation and growth of a population. *Sankhya: The Indian Journal of Statistics* 6: 93-96.

23. Li,C.-K. and H.Schneider. 2002. Applications of Perron-Frobenius theory to population dynamics. *J.Math.Biol.* 44: 450-462.

24. Mickens,R.E. 1990. *Difference Equations Theory and Applications.* 2nd ed. Van Nostrand Reinhold Co., New York.

25. Murray,J.D. 1993. *Mathematical Biology* 2nd ed. Springer-Verlag, Berlin, Heidelberg, New York.

26. Murray,J.D. 2002. *Mathematical Biology: I An Introduction.* 3rd ed. Springer-Verlag, New York.

27. Murray,J.D. 2003. *Mathematical Biology: II Spatial Models and Biomedical Applications.* 3rd ed. Springer-Verlag, New York.

28. Ortega,J.M. 1987. *Matrix Theory: A Second Course.* Plenum Press, New York.

29. Pielou,E.C. 1977. *Mathematical Ecology.* John Wiley & Sons, New York.

30. Sykes,Z.M. 1969. On discrete stable population theory. *Biometrics* 25: 285-293.

31. Thieme,H.R. 2003. *Mathematics in Population Biology.* Princeton Univ.Press, Princeton and Oxford.

32. Usher,M.B. 1972. Developments in the Leslie matrix model. In: *Mathematical Models in Ecology.* J.M.R.Jeffers(Ed.). Blackwell Scientific Publishers, London, pp. 29-60.

33. Wang,X. 2004. A simple proof of Descartes's Rule of Signs. *Amer. Math. Monthly* 111: 525-526.

제 10 절 1장 부 록

10.1 Maple 프로그램: 거북 모델

붉은 바다거북에 대한 행렬의 고유치와 고유벡터를 찾기 위하여 Maple에서 선형대수학 패키지를 이용한 프로그램은 다음과 같다.

```
> with(linalg):

> A:=matrix(7, 7, [0, 0, 0, 0, 127, 4, 80, 0.6747,
0.737, 0, 0, 0, 0, 0, 0, 0.0486, 0.6610, 0, 0, 0, 0,
0, 0, 0.0147, 0.6907, 0, 0, 0, 0, 0, 0, 0.0518, 0, 0,
0, 0, 0, 0, 0, 0.8091, 0, 0, 0, 0, 0, 0, 0, 0.8091,0.8089]);
>eigenvals(A);
>eigenvects(A);
```

10.2 MATLAB® 프로그램: 거북 모델

붉은 바다거북에 대한 행렬의 고유치와 고유벡터를 찾기 위하여 MATLAB®을 이용한 프로그램은 다음과 같다.

```
clear
r1=[0, 0, 0, 0, 127, 4, 80]; % First row.
r2=[.6747, .7370, 0, 0, 0, 0, 0]; % Second row.
r3=[0, .0486, .661, 0, 0, 0, 0]; %Third row.
```

```
r4=[0, 0, .0147, .6907, 0, 0, 0];
r5=[0, 0, 0, .0518, 0, 0, 0];
r6=[0, 0, 0, 0, .8091, 0, 0];
r7=[0, 0, 0, 0, 0, .8091, .8089];
L=[r1;r2;r3;r4;r5;r6;r7]; % Leslie matrix.
E=eig(L)
lambda1=max(E) %우성 고유벡터
[V, D] = eig(L);
V1=V(:,i); %고유벡터 λ1 인 i를 선택하여라.
s=sum(V1);
V1=V1/s % 정규화된 고유벡터
```

Note : 기호 %는 MATLAB® 명령을 설명한다. 이 표현에 있는 내용은 실행되지 않는다. 만약 실행 명령 후 세미콜론(;)을 제거하면 컴퓨터 화면에 명령에 의해 생성된 값이 출력된다.

제 2 장

비선형계차방정식: 이론과 예제

제 1 절 서 론

생물계의 수학적 모델은 일반적으로 1장에서 공부한 선형 모델보다 훨씬 더 복잡하다. 이 장에서는 비선형계차방정식과 시스템 공부에서 중요한 수학적 이론과 방법을 제시할 것이다. 이 장에서 제시한 방법은 3장에서 생물학적 응용을 공부하는데 유용할 것이다.

비선형계차방정식에서 흥미로운 몇가지 수학적 문제는 평형점과 주기(periodic) 해가 동일하다는 것과 이러한 해 유형의 안정성을 해석하는 것을 포함한다. 평형해는 시스템의 "휴면상태(resting state)" 또는 "정지한 상태(stationary state)"를 나타내기 때문에 생물학적으로 흥미롭다. 방정식의 해는 종종 평형해이다. 만약 해가 안정이면, 시스템은 영으로 근사할 것이다. 그렇지만 양수인 해가 평형해이고 안정이면, 평형점에 가까운 초기값에서 해는 평형점에 근사한다. 개체군 역학에서 평형해는 개체군의 멸종을 나타내고 양수 평형해는 개체군의 생존을 나타낸다. 예를 들어 상태가 감염이 된 개체군의 비율이거나 심각한 개체군을 나타낸것이 아니라면 평형해는 종종 바랐던 상태는 아니다.

국소 안정성과 광의의 안정성과의 차이를 구별하는 것은 중요하다. 평형점의 국소 안정성은 초기에 평형점에 가까운 경우일때만 해가 평형점으로 근사한다. 예를 들어, 초기 개체군 크기가 매우 작고 평형해는 안정이면, 개체군은 멸종이 될 것이다. 그렇지만 초기 개체군의 크기가 크면, 평형해는 국소 안정성으로 개체군의 멸종에 대해 아무 것도 알 수 없다. 평형점의 광의의 안정성은 훨씬 더 강하다. 광의의 안정성은 초기 개체군 크기에 관계없이 해들이 평형점으로 근사하는 것을 말한다. 예컨대 개체군 크기와 같은 단지 하나의 상태가 모델화된 상수(계수)계차방정식의 경우에, 평형점의 국소 안정성과 광의의 안정성을 위한 조건을 설명한다. 또한, 몇개의 상태가 1계계차방정식으로 모델을 세우거나, 하나의 상태로 2계 또는 고계계차방정식으로 모델을 세울때 평형점의 국소 안정성에 대한 조건을 설명한다. 후자의 조건은 Jury조건으로 잘 알려져 있다.

이 장에서 공부할 중요한 비선형계차방정식은 다음과 같은 로지스틱 계차방정식이다:

$$x_{i+1} = rx_t(1 - x_t). \tag{2.1}$$

1계비선형계차방정식(2.1)은 수학적으로 매우 흥미롭다. 이것은 해의 거동이 "혼돈 동태(chaotic behavior)" 가 무엇인지를 나타내기 위해 보여준 첫번째 방정식들중 하나이다. 방정식 (2.1)은 2.6절에서 자세하게 논의한다.

몇가지의 용어와 비선형 역학시스템과 관련된 방법을 소개한다. 이러한 방법들은 매개변수가 변화함에 따라 시스템의 동태가 어떻게 변화하는지를 연구하는데 유용하다(섭동(bifurcation) 이론). 발생할 수 있는 분기의 유형이 정의될 것이고 예제로 주어질 것이다. 더구나 해가 혼돈인지 아닌지를 결정하는 것을 돕는 판정법을 설명한다. 이 판정법은 Liapunov지수(exponent)의 크기에 달려있다. 리야프노브 지수는 상수계차방정식의 시스템으로 정의한다. 마지막으로, 2.10절에서 이산-시간 전염병 모델의 예제를 준다. 추가적인 생물학적 예제는 3장에서 공부한다.

제 2 절 기본적인 정의와 기호

k계계차방정식 $f(x_{t+k}, ..., x_{t+1}, x_t) = 0$에서 함수 f 또는 1계시스템 $X_{t+1} = F(x_t)$에서 함수 F가 t에 종속하지 않으면, 그 방정식을 **자율**계차방정식이라 부르는 것을 기억하자. 이들 방정식이 t에 의존하면, 그 방정식은 **비자율(nonautonomous)**계차방정식이라 한다. 이 장에서는 자율 계차방정식을 공부한다. $x_{t+k} = g(x_{t+k-1}, ..., x_t)$와 같이 2계 또는 그 이상의 상수계수계차방정식을 1계시스템 $X_{t+1} = F(X_t)$으로 나타낼 수 있다. 그러므로 1계계차방정식과 시스템에 대해 공부한다.

정의 **2.1** *1계계차방정식,*

$$x_{t+1} = f(x_t) \tag{2.2}$$

에서 **평형해(equilibrium solution)** *또는* **안정-상태의 해(steady-state solution)**는 *상수해 $\bar{x}$이고, 즉, 해 $\bar{x}$는*

$$\bar{x} = f(\bar{x}) \tag{2.3}$$

를 만족한다. 1계시스템, $X_{t+1} = F(X_t)$에 대하여 평형해(equilibrium solution) 또는 안정-상태의 해(steady-state solution)는

$$\bar{X} = F(\bar{X}) \tag{2.4}$$

를 만족하는 상수해 $\bar{X}$이다. 식 (2.3)을 만족하는 해 $\bar{x}$나 식 (2.4)을 만족하는 해 $\bar{X}$를 각각 함수 f 또는 F의 **고정점(fixed point)***이라 부른다.*

"평형해(equilibrium solution)" 또는 "안정-상태의 해(steady-state solution)"를 종종 "평형해(평형점)(equilibrium)" 또는 "안정-상태(steady-state)"로 줄여서 사용한다. 2차원 1계시스템

$$x_{t+1} = f(x_t, y_t),$$
$$y_{t+1} = g(x_t, y_t)$$

에 대해서, 평형해는 $\bar{x} = f(\bar{x}, \bar{y})$와 $\bar{y} = g(\bar{x}, \bar{y})$을 만족하는 해 $(\bar{x}, \bar{y})$이다. 고계계차방정식 $f(x_{t+k}, \ldots, x_{t+1}, x_t) = 0$에 대한 평형해는 $f(\bar{x}, ..., \bar{x}, \bar{x}) = 0$을 만족하는 해 $\bar{x}$이다.

편의상 (2.2)에서 시간 t에서 해에 대한 대체기호 x_t으로 바꿔 사용한다. 해는 x_0의 초기값으로 표현할 수 있다. $f(f(x_0)) = f^2(x_0)$로 쓰며 $x_2 = f^2(x_0)$이다. 일반적으로,

$$x_t = f(f(\cdots f(x_0)\cdots)) = f^t(x_0)$$

으로 표기한다. 여기서 위 첨자 t는 시간 단계의 횟수 또는 초기값 x_0에서 시작하여 반복한 횟수를 나타낸 것이다.

계차방정식 (2.2)에 대한 해는 주기동태를 나타낸다.

정의 **2.2** *계차방정식 (2.2)의* **주기** $m > 1$**의 주기해(periodic solution)** $\bar{x}_k$는

$$f^m(\bar{x}_k) = \bar{x}_k, \quad f^i(\bar{x}_k) \neq \bar{x}_k, \ i = 1, 2, ..., m-1$$

을 만족하는 실수해이다. m**-순환(**m**-cycle)**은 점들 $\{\bar{x}_1, \bar{x}_2, \cdots, \bar{x}_m\}$의 집합이고, $k = 1, ..., m$에 대하여 $\bar{x}_k$가 주기 m인 주기해이다. 집합 $\{\bar{x}_1, f(\bar{x}_1), \cdots, f^{m-1}(\bar{x}_1)\}$를 $\bar{x}_1$의 **주기 궤도(periodic orbit)**라 부른다. 1계시스템 $X_{t+1} = F(X_t)$의 주기 m인 주기해(periodic solution)는

$$F^m(\bar{X}_k) = \bar{X}_k, \ F^i(\bar{X}_k) \neq \bar{X}_k, \ i = 1, 2, ..., m-1$$

을 만족하는 실수 벡터 $\bar{X}_k$이다. $m-$순환은 벡터들 $\{\bar{X}_1, \bar{X}_2, \cdots, \bar{X}_m\}$의 집합이다. 여기서 각 $\bar{X}_k$는 주기 m의 주기해이다. $\{\bar{X}_1, F(\bar{X}_1), \cdots, F^{m-1}(\bar{X}_1)\}$를 $\bar{X}_1$의 주기궤도(periodic orbit)이다.

$\bar{x}_k, k = 1, \ldots, m-1$가 주기해이면, 각 $\bar{x}_k$는 함수 $f^m, f^{2m}, f^{3m}, \cdots$의 고정점이다(또는 $\bar{X}_k$는 $F^m, F^{2m}, F^{3m}, \cdots$의 고정점이다). 더구나 정의 (2.2)는 주기 m의 해가 m보다 작은 주기 k를 가질 수 없음을 의미한다. 다시 말해, 주기 m은 $f^m(\bar{x}_k) = \bar{x}_k$ 또는 $F^m(\bar{X}_k) = \bar{X}_k$를 만족하는 최소값이다.

예제 2.3

$$x_{t+1} = \frac{ax_t}{b + x_t} = f(x_t), \quad a, b > 0 \tag{2.5}$$

라 하자. 식 (2.5)의 평형점 $\bar{x}$는

$$\bar{x} = \frac{a\bar{x}}{b + \bar{x}}$$

를 만족한다. 정리하면 $\bar{x}(\bar{x} + b - a) = 0$이다. 따라서, 평형점은 $\bar{x} = 0$과 $\bar{x} = a - b$이다. 방정식 $f^2(\bar{x}) = \bar{x}$에서 $\bar{x}$에 대해 풀면, 주기 2의 해이거나 2-순환이 구해진다. 식 (2.5)에서,

$$f^2(\bar{x}) = f(f(\bar{x})) = \frac{a(a\bar{x}/[b + \bar{x}])}{b + a\bar{x}/[b + \bar{x}]} = \bar{x}$$

이다. 위 방정식을 간단히 하면 다음을 얻는다:

$$\frac{(a + b)(a - b - \bar{x})\bar{x}}{b^2 + b\bar{x} + a\bar{x}} = 0.$$

따라서 두 개의 평형해는 $\bar{x} = 0$과 $\bar{x} = a - b$이다. 이 해는 주기가 1인 평형해이기 때문에 주기 2인 해는 아니다. 따라서 2-순환은 존재하지 않는다.■

다음으로, 평형해의 국소 안정성을 정의한다. 평형해로부터 떨어진 곳에서 임의의 작은 섭동에 대해 해가 평형해로 돌아가면, 평형해를 국소 점근적 안정이라고 부른다. 보다 명확한 수학적 용어의 정의는 다음과 같다.

> 정의 **2.4** *임의의* $\epsilon > 0$*과 모든* $t \geq 0$*에 대하여* $|x_0 - \bar{x}| < \delta$*이면*
>
> $$|x_t - \bar{x}| = |f^t(x_0) - \bar{x}| < \epsilon$$
>
> *을 만족하는* $\delta > 0$*가 존재하면 식 (2.2)의 평형해* $\bar{x}$*는* **국소안정(locally stable)***이다.* $\bar{x}$*가 안정이지 않으면* **불안정(unstable)***이라 한다. 모든* $|x_0 - \bar{x}| < \gamma$*에 대하여*
>
> $$\lim_{t\to\infty} x_t = \lim_{t\to\infty} f^t(x_0) = \bar{x}$$
>
> *을 만족하는* $\gamma > 0$*가 존재할 때, 평형해* $\bar{x}$*는* **국소 끌어당김(국소 흡입력)(locally attracting)***이다. 평형해가 국소안정이고, 국소 끌어당김이면, 평형해* $\bar{x}$*는* **국소 점근적인 안정(locally asymptotically stable)***이다.*

다음 예제는 평형점이 국소 끌어당김이지만 국소 안정은 아님을 설명한다.

예제 2.5 *함수* f*를 다음과 같이 정의하자:*

$$f(x) = \begin{cases} x+1, & x < 1, \\ 1, & x \geq 1. \end{cases}$$

함수 f*가 연속이 아닌것에 주목하자. 사상* $x_{t+1} = f(x_t)$*는* $\bar{x} = 1$*에서 평형해이다. 이것은* $\bar{x}$*가 국소 끌어당김(실제로 모든 초기조건에 대하여* $\lim_{t\to\infty} x_t = 1$*)이지만 국소안정은 아니다(불안정).* $\epsilon = 1/2$*이라 하자. 그러면* $1/2 < x_0 < 1$*에서* $x_1 = 1 + x_0 > 3/2$*이다. 그래서* $|x_1 - 1| > 1/2$*이다.*■

국소 점근적 안정성은 또한 **근방 안정성(neighborhood stability)**이라 하기도 한다. 국소 점근적 안정해는 평형점의 작은 근방에서 시작하여 안정인 평형해로 수렴한다. 시스템 $X_{t+1} = F(X_t)$에 대한 안정성과 끌어당김의 정의는 각각 상수 $x, \bar{x}$ 대신에 벡터 $X, \bar{X}$로 바꾸고, 절대값 대신에 유클리드 노름 $\|X\|_2 = \|(x_1, x_2, ..., x_n)^T\|_2 = \sqrt{x_1^2 + x_2^2 + \cdots + x_n^2}$으로 바꾸면 정의 2.4 와 같다.

국소 점근적 안정성의 정의에서 δ의 값은 특별한 시스템과 초기조건에 의존된다. 만

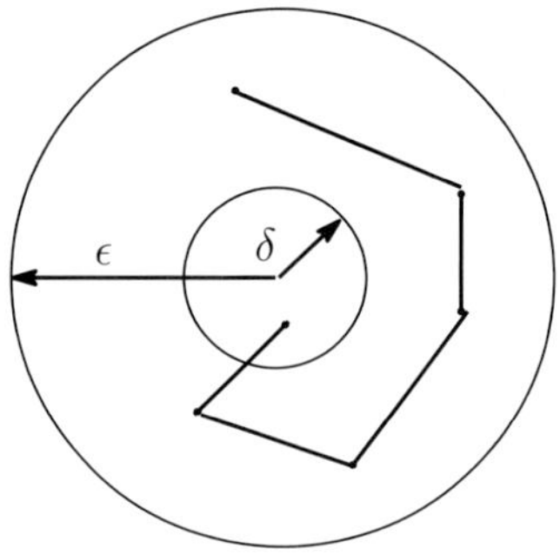

그림 2.1: 안정인 평형해로부터 δ거리 떨어진 해는 평형해의 ϵ범위 내에 머물것이다.

약 δ의 값이 매우 작으면 초기에 해가 수렴하기 이전에 평형해에 가까워 져야 할것이다. 그림 2.1은 δ, ϵ과 안정해 사이의 관계를 보여준다.

식 (2.2)의 형태가 국소 점근적 안정이 되는 1계계차방정식에 대해 수렴하는 동태는 두가지 형태, **진동하는 수렴(convergent oscillations)**이나 **지수수렴하는(convergent exponential)** 해해 중 하나를 택할 수 있다. 만약 해의 값이 스스로 확대되어 가고 ϵ의 값이 작다 할지라도 평형해에 수렴하지 않으면 평형해는 불안정이다. 이와 같은 불안정성은 **발산하는 진동(divergent oscillations)**이나 **발산하는 지수해(divergent exponential solution)**들로 나타날 것이다. 해가 평형점으로 부터 떨어져 수렴하지 않거나 평형점으로 부터 발산하는 경우 때때로 **중립적 안정성(neutral stability)**(안정이나 점근적으로 안정인 것은 아니다)이라 한다.

다음절에서는 1계 방정식과 시스템에대한 국소 안정성을 결정하는 판정법을 공부한다.

제 3 절 일계방정식에서 국소 안정성

국소안정성을 공부하는데, 첫 번째로 평형해가 정해지면 선형화 방법(linearization technique)은 평형점 근방의 해의 동태를 결정하는데 적용한다. 만약 평형점이 초기조건의 임의의 집합에서 안정이면, 이러한 유형의 안정성은 광의의 안정성(global stability)이라 한다. 일계계차방정식이 광의의 안정성을 결정하는 몇가지 방법은 다음절에서 배운다. 선형계차방정식이나 선형일계시스템의 특별한 경우에, 국소안정성과 광의의 안정성이 동치라는 것을 보일것이다.

계차방정식 (2.2)가 $\bar{x}$에서 평형해를 가진다고 가정하자. 평형점은 새로운 변수를 정의하여 원점으로 이동된다:

$$u_t = x_t - \bar{x}.$$

그러면 u_{t+1}은 다음을 만족한다:

$$u_{t+1} = x_{t+1} - \bar{x} = f(x_t) - \bar{x} = f(u_t + \bar{x}) - f(\bar{x}) = g(u_t). \tag{2.6}$$

여기서, $g(u) = f(u+\bar{x}) - f(\bar{x})$이다. 원래의 시스템에서 평형해 $\bar{x}$는 새로운 시스템에서는 0으로 바뀐다. 0이 g의 고정점일 필요충분조건은 $\bar{x}$가 f의 고정점일 경우이다. 또한 0이 국소안정(불안정 또는 국소 점근적인 안정)인 g의 고정점일 필요충분조건은 $\bar{x}$가 국소 안정(불안정 또는 국소 점근적인 안정)인 f의 고정점이다.

$\bar{x}$의 국소 점근적인 안정을 위한 조건을 구하기 위해, $\bar{x}$를 포함하는 어떤 구간 I에서 f가 연속인 2계 도함수를 가진다고 가정하자. 나머지가 있는 테일러 정리를 적용하면

$$f(x) = f(\bar{x}) + f'(\bar{x})(x - \bar{x}) + \frac{f''(\xi)}{2!}(x - \bar{x})^2, \quad \xi \in I$$

이다. 충분히 작은 $(x - \bar{x}_t)$에 대해, 다음 선형근사치는 타당하다: $f(x_t) - \bar{x} \approx f'(\bar{x})(x_t - \bar{x})$ 또는 $u_{t+1} \approx f'(\bar{x})u_t$이다. 후자 근사치를 평형점 $\bar{x}$에서 계차방정식 (2.2)에 대한 **선형근사치(linear approximation)**라 한다:

$$u_{t+1} = f'(\bar{x})u_t. \tag{2.7}$$

x_0가 $\bar{x}$에 충분히 가깝다면, u_t의 역학은 선형화(linearization)(2.7)에 의해 정해진다. $f'(\bar{x})$의 값은 $\bar{x}$가 국소 점근적 안정인지 혹은 불안정인지를 결정한다. 만일 $|f'(\bar{x})| > 1$이면, u_t는 0에 접근할 수 없을 것이다(그리고 x_t는 $\bar{x}$에 근사할 수 없을 것이다), 그리고 $|f'(\bar{x})| < 1$이면, u_t는 0에 근사할 수 있다(그리고 x_t는 $\bar{x}$에 근사한다). $0 < f'(\bar{x}) < 1$이면 지수수렴이고, $-1 < f'(\bar{x}) < 0$이면 진동수렴이다. 다음 정리가 성립한다.

정리 **3.1** *함수 f'는 $\bar{x}$를 포함하는 계구간 I에서 연속이고, $\bar{x}$는 f의 고정점이라 가정한다.*

$$|f'(\bar{x})| < 1$$

이면, $\bar{x}$는 $x_{t+1} = f(x_t)$의 국소 점근적 안정인 평형점이고,

$$|f'(\bar{x})| > 1$$

이면 불안정이다. 정리에서 기호 $f'(\bar{x})$는 f를 $\bar{x}$에서 미분한 값을 의미한다. 즉,

$$f'(\bar{x}) = \left.\frac{df(x)}{dx}\right|_{x=\bar{x}}$$

이다. 정리 3.1의 엄밀한 증명은 평균값 정리를 근거로 f''가 아닌 오직 f'만의 연속성을 요구된다.

증명. $|f'(\bar{x})| < 1$이라 가정하자. f'은 I에서 연속이기 때문에 $x \in [\bar{x}-\epsilon, \bar{x}+\epsilon]$에서 $|f'(x)| < c < 1$을 만족하는 충분히 작은 부분구간 $[\bar{x}-\epsilon, \bar{x}+\epsilon] \subset I$이 존재한다. $x_0 \in [\bar{x}-\epsilon, \bar{x}+\epsilon]$의 평균값 정리를 f에 적용하면

$$|\bar{x} - f(x_0)| = |f(\bar{x}) - f(x_0)| = |f'(\xi_1)||\bar{x} - x_0| \leq c|\bar{x} - x_0|$$

이고, ξ_1은 x_0와 $\bar{x}$의 사이에 있다. 즉, $f(x_0) \in [\bar{x}-\epsilon, \bar{x}+\epsilon]$이다. 평균값 정리와 앞의 부등식에서 x_0대신에 $f(x_0)$을 사용하면 다음을 얻는다:

$$\begin{aligned}|\bar{x} - f^2(x_0)| &= |f^2(\bar{x}) - f^2(x_0)| \\ &= |f'(f(\xi_2))f'(\xi_2)||\bar{x} - f(x_0)| \\ &\leq c|\bar{x} - f(x_0)| \\ &\leq c^2|\bar{x} - x_0|.\end{aligned}$$

여기서, ξ_2는 $\bar{x}$와 $f(x_0)$ 사이에 있고 $|\bar{x} - f(\xi_2)| < c|x - \xi_2|$이다. 귀납법에 의해

$$|\bar{x} - f^t(x_0)| < c^t|\bar{x} - x_0|, \quad t = 1, 2, \ldots$$

이다. 따라서 $\lim_{t\to\infty} x_t = \bar{x}$이다. $\bar{x}$는 국소 점근적인 안정이다.

$|f'(\bar{x})| > 1$라 가정하자. $x \in [\bar{x}-\epsilon, \bar{x}+\epsilon] \subset I$에 대하여 $|f'(x)| > c > 1$을 만족한는 $\epsilon > 0$이 존재한다. $0 < |\bar{x} - x_0| < \epsilon$에 대해 평균값 정리를 적용하면

$$|\bar{x} - f(x_0)| = |f'(\xi_1)||\bar{x} - x_0| \geq c|\bar{x} - x_0|$$

이다. 단, ξ_1은 $\bar{x}$와 x_0의 사이에 있다. $|\bar{x} - f^2(x_0)| \geq c^2|\bar{x} - x_0|$ 을 구하기 위해 $|\bar{x} - f(x_0)| < \epsilon$ 일 때 이 부등식을 다시 적용한다. $c^t|\bar{x} - x_0| > \epsilon$인 t가 존재해야하기 때문에 이러한 식을 무한히 계속 할 수는 없다. 그러므로 $|\bar{x} - f^t(x_0)| > \epsilon$를 만족한는 t가 존재한다. 따라서 $\bar{x}$는 불안정이다. □

정리 3.1에서 국소 점근적인 안정성 결과는 오직 $|f'(\bar{x})| \neq 1$인 평형해 $\bar{x}$에만 적용된다. $|f'(\bar{x})| \neq 1$일 때, $\bar{x}$는 쌍곡평형해라 한다.

> 정의 **3.2** $|f'(\bar{x})| \neq 1$일 때 $x_{t+1} = f(x_t)$의 평형해 $\bar{x}$는 **쌍곡선(hyperbolic)**이라고 부르고, $|f'(\bar{x})| = 1$이면 **비쌍곡선(nonhyperbolic)**이라고 불린다.

정리 3.1에서 안정성 판정을 주기해에 적용할 수 있다. 주기가 m인 주기해의 경우에, $f(x)$대신에 함수 $f^m(x)$가 쓰인다.

정리 **3.3** *함수 f'가 열린구간 I에서 연속이고 계차방정식 (2.2)의 m-순환*

$$\{\bar{x}_1, f(\bar{x}_1), \ldots, f^{m-1}(\bar{x}_1)\}$$

이 I에 포함된다고 가정하자. 어떤 k에 대해

$$\left|\frac{d[f^m(\bar{x}_k)]}{dx}\right| < 1 \tag{2.8}$$

이면, 국소 점근적인 안정이고, 어떤 k에 대해

$$\left|\frac{d[f^m(\bar{x}_k)]}{dx}\right| > 1 \tag{2.9}$$

이면 m-순환이 불안정이다. □

정리 3.3에서 조건들은 $\bar{x}_k$의 단지 하나에 대해서 증명이 필요하다. 단지 한개의 평형점을 확인하는 것이 필요한 이유는, 만약 조건 (2.8)이나 조건 (2.9)가 어떤 k에서 성립한다면, 모든 k에서 성립할 것이기 때문이다. 정리 3.3에서 조건의 단순함은 $\bar{x}_j, j = 1, \ldots, k$값 모두가 식 (2.8)과 식 (2.9)을 계산하기 위해 사용되는 것을 보여준다. 2-순환을 고려해 보자. 연쇄법칙으로 부터

$$\frac{d[f^2(x)]}{dx} = f'(f(x))f'(x)$$

이다. 2-순환에 대해 $f(\bar{x}_1) = \bar{x}_2$ 이고 $\bar{x}_1 = f(\bar{x}_2)$이기 때문에, $\bar{x}_1$에서의 값은

$$\frac{d[f^2(\bar{x}_1)]}{dx} = f'(f(\bar{x}_1))f'(\bar{x}_1) = f'(\bar{x}_2)f'(\bar{x}_1) = \frac{d[f^2(\bar{x}_2)]}{dx}$$

이다. 이 등식은 m-순환의 안전성을 확인하기 위한 다른 방법을 설명한다.

따름정리 3.4 $\{\bar{x}_1, \bar{x}_2 \ldots, \bar{x}_m\}$이 계차방정식 $x_{t+1} = f(x_t)$의 m-순환이라고 가정하자.

$$|f'(\bar{x}_1)f'(\bar{x}_2)\cdots f'(\bar{x}_m)| < 1$$

이면, m-순환은 국소 점근적인 안정이다. ◀

예제 3.5 계차방정식

$$x_{t+1} = \frac{ax_t}{b + x_t} = f(x_t), \quad a, b > 0$$

을 한번 더 고려하자. 예제 2.3에서 이 계차방정식은 2개의 평형해 $\bar{x} = 0$와 $\bar{x} = a - b$가 있는 것을 이미 보였다. f의 도함수

$$f'(x) = \frac{ba}{(b + x)^2}$$

를 구하여 국소 안전성을 조사한다. $\bar{x} = 0$에서 f'값은 $f'(0) = a/b$이다. 만일 $a/b < 1$이거나 $a < b$이라면, 평형점 0이 국소 점근적 안정이고, $a > b$이면 평형점 0은 불안정이다. $\bar{x} = a - b$에서 f'값은 $f'(a - b) = b/a$이다. 이 경우 $\bar{x} = a - b$가 $a > b(\bar{x} > 0$일 때)이면 국소 점근적인 안정이고, $a < b$이면 불안정이다.■

예제 3.6 계차방정식을

$$x_{t+1} = r - x_t^2 = f(x_t), \quad r > 0$$

이라 하자. 평형해는 $f(x) = x$나 혹은

$$x^2 + x - r = 0 \tag{2.10}$$

를 풀어서 구한다. 다음과 같은 두개의 평형해가 있다:

$$\bar{x}_\pm = \frac{-1 \pm \sqrt{1 + 4r}}{2}.$$

하나는 양수이고 다른 하나는 음수이다. $f'(x) = -2x$이므로, 음수 평형해 $\bar{x}_-$는

$$f'(\bar{x}_-) = 1 + \sqrt{1 + 4r} > 1$$

이므로 불안정이다. 양수 평형해 $\bar{x}_+$는

$$f'(\bar{x}_+) = 1 - \sqrt{1 + 4r}$$

이다. $f'(\bar{x}_+) < 0$이기 때문에, $f'(\bar{x}_+) > -1$ 또는 $-f'(\bar{x}_+) < 1$이면 양수 평형해 $\bar{x}_+$는 국소 점근적인 안정이다. 부등식 $-f'(\bar{x}_+) < 1$을 간단히 하면

$$\sqrt{1+4r} - 1 < 1 \quad \text{또는} \quad r < \frac{3}{4}$$

이다. $r < 3/4$이면 평형해 $\bar{x}_+$가 국소 점근적인 안정이고, $r > 3/4$이면 불안정이다.

다음으로, $f(f(x)) = r - (r - x^2)^2$이고 x에 관한 식 $f^2(x) = f(f(x)) = x$을 풀어 이 예제에 대한 임의의 2-순환이 있는지를 결정할 것이다. $r - (r - x^2)^2 - x = 0$를 전개하면 $r - r^2 + 2rx^2 - x^4 - x = 0$이다. 이 식을 인수분해하면

$$-(x^2 + x - r)(x^2 - x + 1 - r) = 0 \tag{2.11}$$

이다. 식 (2.10)으로부터 평형해는 또한 이 방정식의 첫번째 인수의 해이다. 그러나, 이 해들은 2-순환의 해가 아니다. 식 (2.11)에서 두 번째 인수를 0으로 놓고 새로운 두개의 해를 구한다:

$$\bar{x}_{1,2} = \frac{1 \pm \sqrt{4r-3}}{2}.$$

이 두 해는 2-순환을 나타낸다. $r > 3/4$라고 가정하면 해가 실수이다. 2-순환의 안전성은 x_1이나 x_2에서 $f(f(x))$의 도함수 값의 크기나 따름정리 (3.4)를 적용함으로 결정된다. 2-순환이 $3/4 < r < 5/4$이면 국소 점근적인 안정이고, $r > 5/4$이면 불안정임을 보이는 것은 연습문제로 남긴다(연습문제 6). 그림 2.2는 $3/4 < r < 5/4$일 때 $y = f(f(x)) = r - (r - x^2)^2$와 $y = x$ 를 나타낸다. $j = 1, 2$에 대해 $\bar{x}_j$에서 $f(f(x))$의 기울기가 $|f'(f(\bar{x}_j))| < 1$를 만족시키는 것을 보이기 쉽다.■

비쌍곡선 평형해에 대한 선형근사치에서 나타나지 않는 고차항들이 국소 점근적인 안정성을 평가하는데에 중요하다. $f'(\bar{x}) = 1$ 또는 $f'(\bar{x}) = -1$의 경우에 $\bar{x}$의 국소 점근적인 안전성이나 불안정성을 보이기 위한 몇가지 결과들이 있다. 그것은 3계 도함수와 Schwarzian 도함수가 필요하다(pp.24-26, Elaydi, 1999 참고). 이들 결과는 정리 3.9와 3.10에서 설명한다. 이러한 정리의 응용은 연습문제 5에서 볼 수 있다. 우선, Schwarzian 도함수를 정의한다.

정의 **3.7** *x에서 함수 f의* **Schwarzian 도함수**는 *$(Sf)(x)$라 표기하며 다음과 같다:*

$$(Sf)(x) = \frac{f'''(x)}{f'(x)} - \frac{3}{2}\left(\frac{f''(x)}{f'(x)}\right)^2.$$

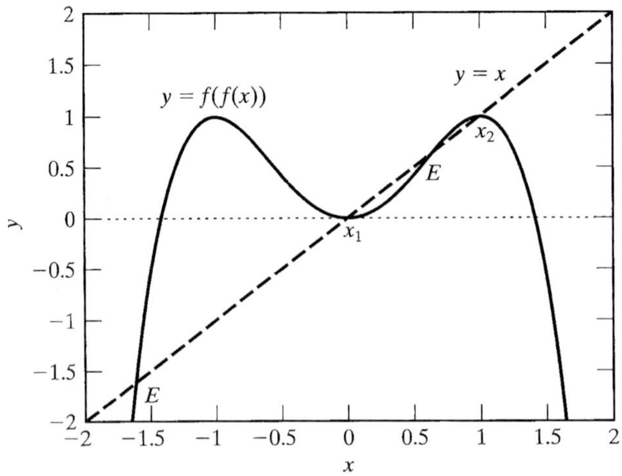

그림 2.2: r이 $3/4 < r < 5/4$일 때 $y = f(fx)) = r - (r - x^2)^2$와 $y = x$의 그래프 해. 평형점 $\bar{x}$의 E와 2-순환 $\{x_1, x_2\}$으로 쓴다.

Schwarzian 도함수는 후에 Hermann Schwarz라고 불리었고(1843 ~ 1921), 그는 수학에 많은 기여를 한(특히, 복소함수이론 분야) 독일수학자이다.

예제 3.8 만약 $f(x) = x^2$이면 $(Sf)(x) = -\frac{3}{2x^2} < 0$이다. $x = 0$에서는, *Schwarzian* 도함수는 $(Sf)(0) = \lim_{x\to 0}\left(-\frac{3}{2x^2}\right) = -\infty$가 된다.■

첫 번째 정리에서 $f'(\bar{x}) = 1$의 경우, 두 번째 정리에서 $f'(\bar{x}) = -1$의 경우에 $\bar{x}$의 국소 점근적인 안전성에 대한 판정기준이 주어진다.

정리 3.9 *$f'(\bar{x}) = 1$이라 가정한다. 단, $\bar{x}$는 $x_{t+1} = f(x_t)$의 평형해이고 f'''은 $\bar{x}$를 포함하는 열린구간에서 연속이다.*

(i) $f''(\bar{x}) \neq 0$이면, $\bar{x}$는 불안정이다.

(ii) $f''(\bar{x}) = 0$ 이고 $f'''(\bar{x}) > 0$이면, $\bar{x}$는 불안정이다.

(iii) $f''(\bar{x}) = 0$ 이고 $f'''(\bar{x}) < 0$이면, $\bar{x}$는 국소 점근적인 안정이다. □

정리 3.9의 증명은 기하학적으로 쉽게 보일 수 있고, 연습문제 7로 남겨둔다.

정리 3.10 *$f'(\bar{x}) = -1$이라 가정한다. 단, $\bar{x}$는 $x_{t+1} = f(x_t)$의 평형해이고 f'''은 $\bar{x}$를 포함하는 열린구간에서 연속이다.*

(i) $(Sf)(\bar{x}) > 0$ *이면,* $\bar{x}$*는 불안정이다.*

(ii) $(Sf)(\bar{x}) > 0$ *이면,* $\bar{x}$*는 국소 점근적인 안정이다.*

증명. 증명은 정리 3.9을 함수 $x_{t+1} = f^2(x_t) = g(x_t)$*에 적용한다(Elaydi, 1999).* $\bar{x}$*는* f*의 고정점이므로, 또한* f^2*의 고정점* $\bar{x} = f^2(\bar{x}) = g(\bar{x})$*이다. 더구나* $g'(x) = f'(f(x))f'(x)$*이고*

$$g''(x) = f''(f(x))[f'(x)]^2 + f'(f(x))f''(x)$$

이다. 그래서 $g'(\bar{x}) = f'(f(\bar{x}))f'(\bar{x}) = [f'(\bar{x})]^2 = 1$*이고*

$$\begin{aligned} g''(\bar{x}) &= f''(\bar{x})[f(\bar{x})]^2 + f'(\bar{x})f''(\bar{x}) \\ &= f''(\bar{x})f'(\bar{x})[f'(\bar{x}) + 1] = 0 \end{aligned}$$

이다. $g'''(x)$*를 계산한 후에, 정리의 증명을 완성하기 위해 정리 3.9의 (ii)와 (iii)을 사용할 수 있다(연습문제 8참고).* □

예제 3.11 *계차방정식을* $x_{t+1} = -x_t^3 - x_t = f(x_t)$*라고 하자. 실수 평형해는* $\bar{x} = 0$*뿐이다.* $\bar{x} = 0$*에서 미분계수를 계산하면* $f'(0) = -1$*,* $f''(0) = 0$*이고* $f'''(0) = -6$*이다. Schwarzian 도함수의 값은* $(Sf)(0) = 6 > 0$*이고 정리 3.10을 적용하여* $\bar{x} = 0$*는 불안정임을 알수 있다.*■

제 4 절 일계방정식에서 거미줄 방법

1장에서 소개된 거미집(cobwebbing)방법는 예제 3.5과 3.6에 적용한다. 거미집 방법에서, 직선 $y = x$와 번식곡선 $y = f(x)$를 $x - y$평면에 그래프로 나태내는 것을 기억하자.

예제 3.5에서 $x > 0$에 대해 그림 2.3에서 번식곡선 $f(x) = ax/(b + x)$을 그린다. $a < b$와 $a > b$의 두 경우를 고려한다. $a < b$일 때, 연속적으로 되풀이하는 x_t는 0으로 단조수렴하고, $a > b$이면, x_t는 $\bar{x}$로 단조수렴한다. $a < b$일 때 양수 평형해는 존재하지 않는다.

예제 3.6에서 $x > 0$인 경우 번식곡선 $f(x) = r - x^2$를 그린다. 두가지 경우인 $0 < r < 3/4$ 와 $r > 3/4$를 고려한다. 만약 $0 < r < 3/4$이면, 평형해 $\bar{x}_+ = (-1 + \sqrt{1 + 4r})/2$는 국소 점근적인 안정이고, $r > 3/4$이면 불안정이었던 것을 기억하라. 동태의 안정성은 그

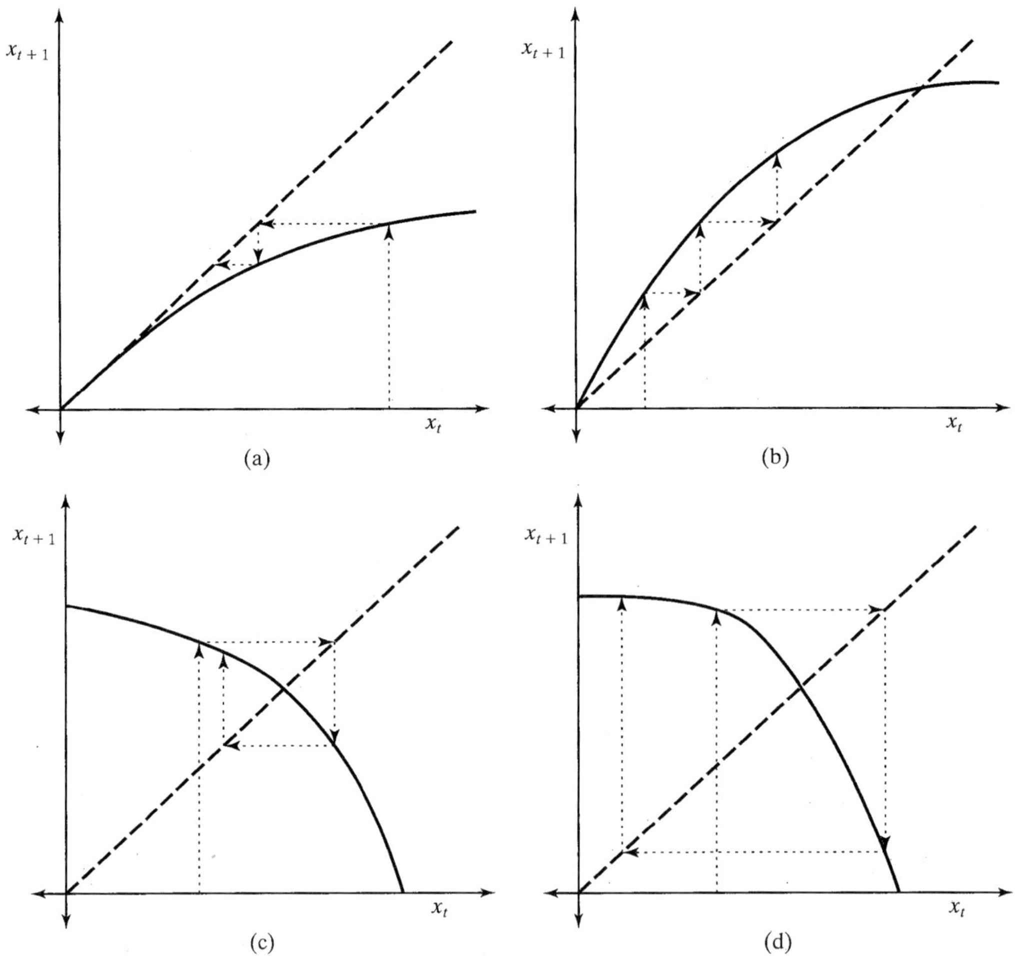

그림 2.3: (a) $a < b$이고 (b) $a > b$일 때의 예제 3.5에 대한 거미집 방법이고, (c) $0 < r < 3/4$이고 (d) $r > 3/4$일 때의 예제 3.6에 대한 거미집 방법.

림 2.3 거미집 방법 그래프에서 분명히 알 수 있다. 후자의 예제[그림 2.3(c)]는 "거미집" 용어가 이 방법에 사용된 이유를 설명한다.

예제 3.6에서 계차방정식은 $3/4 < r < 5/4$일 때 안정인 2-순환을 가진다는 것을 상기하자. 그림 2.2에서 $f(x) = r - x^2$이고 $3/4 < r < 5/4$인 $y = x$와 $f^2(x) = f(f(x))$의 그래프는 2-순환이고 평형점(교점)을 나타낸다. 또한 평형점 $\bar{x}$에서 기울기는 $|df^2(\bar{x})/dx| > 1$을 만족하고 2-순환에서는 $|df^2(\bar{x}_i)/dx| < 1$을 만족한다.

제 5 절 일계방정식에서 광의의 안정성

평형해의 광의의 안정성은 초기조건에 관한 제한을 제거한다. 모든 초기조건에서 광의의 점근적인 안정성의 해는 평형해에 접근한다. 그러나, 응용을 생물계에 적용해야하기 때문에 오직 양수인 초기조건만을 고려한다. 더구나, 광의의 끌어당김(global attractivity)과 광의의 점근적인 안정성을 구별한다.

정의 5.1 *$\bar{x}$가 계차방정식*

$$x_{t+1} = f(x_t) \tag{2.12}$$

의 평형해라 가정하자. 여기서 $f : [0, a) \to [0, a)$, $0 < a \le \infty$ 함수이다. 이때 모든 초기조건 $x_0 \in (0, a)$에서 $\lim_{t\to\infty} x_t = \bar{x}$이면, $\bar{x}$는 **광의의 끌어당김(globally attractive)***이라 한다. $\bar{x}$는 광의의 끌어당김이고 $\bar{x}$는 국소 안정이면 평형해 $\bar{x}$는* **광의의 점근적 안정(globally asymptotically stable)** *이라 한다.*

광의의 끌어당김 평형해는 국소 끌어당김이고, 따라서 광의의 점근적인 안정 평형해는 국소 점근적 안정이다. Sedaghat(1997)은 함수 f가 연속이면, 광의의 끌어당김 평형해는 국소 점근적 안정임을 증명했다. 즉, 연속함수 f에 대하여, 광의의 끌어당김은 광의의 점근적인 안정성과 동치이다. 그러나, 만약 f가 연속이 아니라면, 다음 예제는 평형점이 광의의 끌어당김이 될 수 있지만 광의의 점근적인 안정은 아님을 보여준다(또한, 예제 2.5를 보라).

예제 5.2 *함수 $f : [0, \infty) \to [0, \infty)$을 다음과 같이 정의하자:*

$$f(x) = \begin{cases} 2, & x \in [0, 2], \\ x - 1, & x \in (2, \infty). \end{cases}$$

그러면, $x_{t+1} = f(x_t)$에서 임의의 초기조건에 대해서 $\lim_{t\to\infty} x_t = 2$을 보이는 것은 쉽다. 평형해 $\bar{x} = 2$는 광의의 끌어당김이다. $\epsilon = 1/2$라 하자. 그러면 $2 < x_0 < 2 + \epsilon$에 대해, $x_1 < 1 + \epsilon$ 이고 $|x_1 - 2| > 1/2$이다. 평형해 $\bar{x} = 2$는 국소안정이 아니다. ■

광의의 영역에서 식 (2.6)에 주어진 정의에 대해서, 해를 음수가 아니라고 가정하자. 초기조건과 f를 구간 $[0, a)$로 제한한다. 생물학적 모델에서, 이것은 타당한 가정이다. 0이 평형해 $f(0) = 0$인 경우가 생물학적 모델에서는 종종있다. 만약에 부가적으로 양수 평형해 $f(\bar{x}) = \bar{x}$가 존재한다면, 흥미있는 질문은 0이거나 양수 평형해가 광의의 점근적인 안정 인지 아닌지이다. 일계시스템 $X_{t+1} = F(x_t)$에 대한 평형해 $\bar{X}$의 광의의 점근적 안정성에 대한 유사한 정의를 설명한다. 일계상수계차방정식에 대해서 집중하고 해는 음수가 아니며 평형해 0이나 양수 평형해는 광의의 점근적 안정인 f의 조건들을 설명한다.

우선, 함수 f에 대하여 몇가지 가정을 만든다.

(i) f는 $[0, a), 0 < a \leq \infty$에서 연속함수이다.

(ii) $f : [0, a) \to [0, a),\ 0 < a \leq \infty$.

가정 (i)에서 f의 연속성때문에, 광의의 점근적 안정와 광의의 끌어당김은 동치이다. 첫번째 결과는 원점의 광의의 점근적 안정를 보여준다. 해는 0(소멸)으로 간다.

정리 5.3 *만약 식 (2.12)의 함수 f가 (i)과 (ii)를 만족하고 모든 $x \in (0, a)$에서 $0 < f(x) < x$이면, 원점은 광의의 점근적인 안정이다.*

증명. 결과는 $x_0 \in (0, a)$에서 $0 < f^t(x_0) < \cdots < f^2(x_0) < f(x_0) < x_0$따라 나온다. 수열 $\{f^t(x_0)\}_{t=0}^{\infty}$는 단조감소이고, 0에 의하여 아래로 유계이다. 따라서, $\lim_{t\to\infty} f^t(x_0) = \bar{x}$는 존재한다. f의 연속에 의하여 $\bar{x}$는 고정점임을 알자. 왜냐하면, 0은 오직 f의 음이 아닌 고정점이기 때문에 $\bar{x} = 0$이다. 그림 2.4 보라. □

예제 5.4 *다음 방정식을 한번 더 고려하자:*

$$x_{t+1} = \frac{ax_t}{b + x_t}.$$

여기서, $f(x) = ax/(b + x)$는 $f : [0, \infty) \to [0, \infty)$를 만족한다. $0 < a \leq b$일 때 $\bar{x} = 0$에서 오직 음수가 아닌 하나의 고정점이 있고, $x \in (0, \infty)$에서 $0 < f(x) < x$ 이다. 모든 양수 초기조건에 대해 $\lim_{t\to\infty} x_t = \lim_{t\to\infty} f^t(x_0) = 0$가 성립함은 정리 5.3로부터 직접 구할 수 있다.■

번식곡선 $y = f(x)$에 몇가지 부가적인 가정들은 양수 평형해에 대한 광의의 점근적 안정을 설명하는데 필요하다. 다음을 가정하자:

(iii) $f(0) = 0,\ f(\bar{x}) = \bar{x}$.

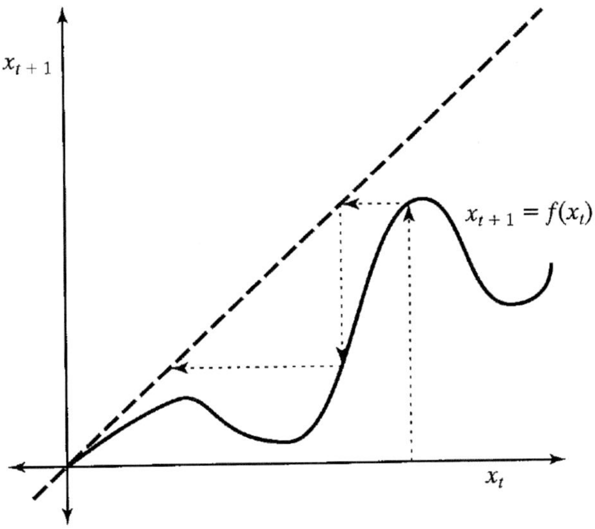

그림 2.4: 함수 f가 $0 < f(x) < x$를 만족한다. $x_{t+1} = f(x_t)$에 대한 해는 영으로 접근한다. 정리 5.3을 보라.

(iv) $0 < x < \bar{x}$ 에서 $f(x) > x$.

(v) $\bar{x} < x < a$ 에서 $f(x) < x$.

(vi) f가 $x_M \in (0, \bar{x})$에서 최댓값을 가지면, f는 $x > x_M$에서 감소한다.

만약 f가 $(0, \bar{x})$에서 최댓값을 가지지 않으면, 조건 (vi)은 자동적으로 만족함을 안다. 가정 (i)-(vi)는 f가 정의역에서 오직 2개의 고정점 $x = 0$과 $x = \bar{x}$를 가짐을 의미한다. 더구나, 가정 (i)-(vi)은 f가 많아야 한개의 최댓값을 가지고, x_M에서 최댓값이 존재하면 f는 구간 $(0, x_M)$에서 증가함을 의미한다. 가정 (i)-(vi)을 만족하는 몇몇의 함수들은 다음 함수를 포함한다.

$$f(x) = \frac{4x}{3+x},\ f : [0, \infty) \to [0, \infty),$$

$$f(x) = 2xe^{-x},\ f : [0, \infty) \to [0, \infty),$$

$$f(x) = 2x(1-x),\ f : [0, 1) \to [0, 1).$$

이러한 함수의 그래프는 그림 **??**이다.

다음 정리는 양수 평형점 $\bar{x}$가 광의의 점근적 안정성을 위한 필요충분조건을 알려 준다. 이 정리는 Cull(1981)에 의한 것이다.

정리 5.5 *(i)-(vi)을 만족하는 계차방정식 $x_{t+1} = f(x_t)$가 $\bar{x}$에서 광의의 점근적인 안정 평형해를 가질 필요충분조건은 f가 2-순환을 가지지 않는 것이다.* □

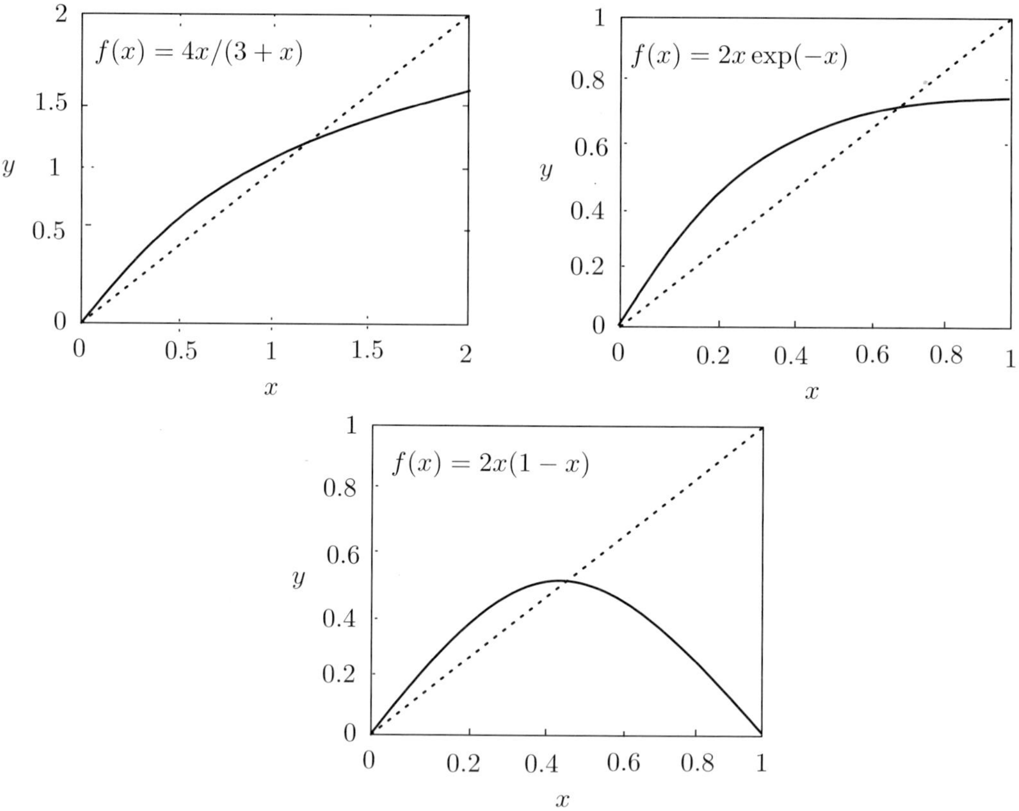

그림 2.5: 가정 $(i) - (vi)$을 만족하는 세 함수.

광의의 점근적 안정성은 함수 f가 2-순환을 가지지 않음이 분명하다. 역을 증명하는 것은 긴 논의가 필요하고 2장의 부록에 있다.

예제 5.6 *정리 5.5을 계차방정식 $x_{t+1} = ax_t/(b + x_t)$, $a > b > 0$에 적용하고, $f : [0, \infty) \to [0, \infty)$이다. 두 개의 고정점은 $\bar{x} = 0$과 $\bar{x} = a - b$이고, 가정 (i)-(vi)을 만족한다. 또한 $f'(x) = ab/(b + x)^2 > 0$이면 f는 $[0, \infty)$에서 최댓값을 가지지 않는다. 이 모델이 2-순환을 가지지 못한다는 것은 이미보였다. 정리 5.5에 의하면, $\bar{x} = a - b$는 광의의 점근적인 안정이다.* ■

2-순환이 존재하지 않기 위한 충분조건은 다음 정리에서 주어진다. 정리는 가정 (iii)-

(vi)을 사용하지 않고 McCluskey와 Muldowney(1998)에 의해 직접적인 증명을 하였으나, 함수 f는 연속인 일차도함수를 가져야만 한다.

정리 5.7 *함수 f'은 구간 I에서 연속이고, $f : I \to I$라 하자. 만약 모든 $x \in I$에서 $1 + f'(x) \neq 0$이면, $x_{t+1} = f(x_t)$는 I에서 2-순환을 갖지 않는다.*

증명. 2-순환이 존재함이 존재함은 어떤 x_0, $x_1 \in I$에 대해서 $f^2(x_0) = f(x_1) = x_0$임을 기억해라. 2-순환이 없음을 보인다. $x_0 \in I$라고 가정하면, $x_1 = f(x_0) \in I$이고

$$0 \neq \int_{x_0}^{x_1} (1 + f'(x))dx = (x_1 + f(x_1)) - (x_0 + f(x_0)) = f^2(x_0) - x_0$$

이다. 따라서 I에선 2-순환이 아니다. □

예제 5.8 *정리 5.7을 다음 계차방정식에 적용한다:*

$$x_{t+1} = \frac{ax_t}{b + (x_t)^k}, \; a, b, k > 0, \; x_0 > 0.$$

그러면

$$1 + f'(x) = 1 + \frac{a[b + x^k(1-k)]}{(b + x^k)^2}$$

이다. $k \leq 1$이면, 모든 $x > 0$에 대해 $1 + f'(x) > 0$이고 2-순환이 아니다. $k = 1$일 때, 모델은 예제 2.3과 5.6에 있는 계차방정식으로 간단히 할 수 있다.■

$\bar{x}$의 광의의 점근적 안정성에 관련된 몇가지 추가적인 결과는 다음 정리에서 설명한다. 어떤 경우는 다음에 나오는 정리가 정리 5.5보다 쉽게 적용 될 수도 있다.

정리 5.9 *만약 f는 (i)과 (ii)를 만족하고 $\bar{x} \in (0, a)$이 $0 < x < \bar{x}$에서 $x < f(x) < \bar{x}$와 $x > \bar{x}$에서 $\bar{x} < f(x) < x$을 만족하면, 계차방정식 $x_{t+1} = f(x_t)$는 $\bar{x}$에서 광의의 점근적 안정 평형점을 가진다.*

증명. 증명은 $x_0 < \bar{x}$에서 $x_t < x_{t+1} = f(x_t) < \bar{x}$이고 $x_0 > \bar{x}$에서 $\bar{x} < x_{t+1} = f(x_t) < x_t$인 사실로부터 따른다. 첫 번째 경우, $x_0 < \bar{x}$에서 수열 $\{f^t(x_0)\}_{t=0}^{\infty}$는 단조증가이고, $\bar{x}$에 의해 위로유계이다. 그리고 두 번째 경우, $\bar{x} < \tilde{x}_0$에서 $\{f^t(\tilde{x}_0)\}_{t=0}^{\infty}$는 단조감소수열이고, $\bar{x}$에 의해 아래로 유계이다. 그림 2.6을 보자. 수열 둘 모두 양수 극한값 z_1과 z_2에 수렴해야 한다. $z_1 = \lim_{t\to\infty} f^t(x_0)$이고 $z_2 = \lim_{t\to\infty} f^t(\tilde{x}_0)$이다. 극한값 z_1과 z_2는 f의 고정점이다:

$$z_1 = \lim_{t\to\infty} f(f^{t-1}(x_0)) = f(z_1), \; z_2 = \lim_{t\to\infty} f(f^{t-1}(\tilde{x}_0)) = f(z_2).$$

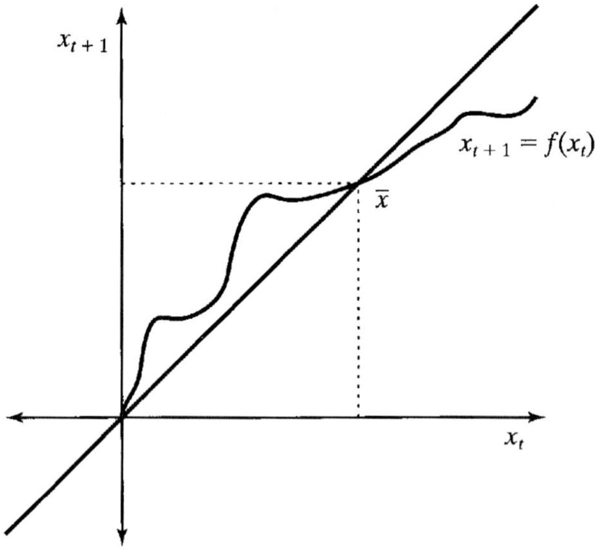

그림 2.6: 정리 5.9를 만족하는 함수.

유일한 양수 고정점은 $\bar{x}$이다. 즉, $z_1 = z_2 = \bar{x}$이다. □

예제 5.10 *계차방정식*

$$x_{t+1} = \frac{ax_t}{b + x_t} = f(x_t)$$

는 $a > b > 0$에서 정리 5.9의 가정을 만족한다. 이 정리는 $\bar{x} = a - b$가 광의의 점근적인 안정임을 보이기 위해 다른 방법을 공부한다. ■

광의의 점근적 안정성에 관한 다음 정리는 Cull(1986)의 덕택이다.

정리 5.11 *계차방정식을 $x_{t+1} = f(x_t)$라고 하자.*

(a) 함수 f는 가정 (i)-(v)을 만족하지만 f가 $(0, \bar{x})$에서 최댓값를 가지지 않는다고 가정하자. 그러면 $\bar{x}$는 광의의 점근적인 안정이다.

(b) 함수 f는 조건 (i)-(vi)을 만족하고, f가 $(0, \bar{x})$에서 최댓값 x_M을 가진다고 가정하자. 그러면 $\bar{x}$는 광의의 점근적인 안정일 필요충분조건은 모든 $x \in [x_M, \bar{x})$에서 $f(f(x)) > x$이다.

증명. (a) 함수 f가 2-순환을 가지지 않음을 보이자. $\{x_1, x_2\}$를 2-순환이라 가정하자. 그러면 성질 (iv)와 (v)로부터 $x_1 < \bar{x} < x_2$이 성립한다. 그러나 f가 $(0, \bar{x})$에서 최댓값을 가지지 않기 때문에 $x_1 \in (0, \bar{x})$은 $x_1 < x_2 = f(x_1) < \bar{x}$이다. 그러므로 이는 모순이다. 2-순환이 될 수 없다. 정리 5.5는 $\bar{x}$가 광의의 점근적인 안정이라는 것을 의미한다.

(b) 첫째, 만약 $\bar{x}$가 광의의 점근적인 안정이면 2-순환이 아니다. 광의의 점근적인 안정성은 2장의 부록에서 정리 5.5의 증명에서 $[x_M, \bar{x})$상에서 $f(f(x)) > x$임을 증명했다. 두 번째로, 반대 방향을 보이기 위해, 세 가지 경우를 고려하자. 경우 1은 $x_0 \in [x_M, \bar{x})$이고, 경우 2는 $x_0 \in (0, x_M)$이고, 경우 3은 $x_0 \in (\bar{x}, a)$이다. $[x_M, \bar{x})$에서 $f(f(x)) > 0$ 라고 가정한다.

경우 1. $x_0 \in [x_M, \bar{x})$라 하자. 그러면 가정과 성질 (vi)로 부터 $x_1 = f(x_0) > \bar{x}$이고 $x_0 < x_2 = f(f(x_0)) < \bar{x}$이다. 짝수번 반복함수 수열 $x_0 < f^2(x_0) < f^4(x_0) < \cdots < \bar{x}$와 $\lim_{t\to\infty} f^{2t}(x_0) = \bar{x}$을 만족한다. 그러나 홀수의 반복함수 수열 $f^{2t+1}(x_0)$는 f의 연속성에 의하여 $\lim_{t\to\infty} f^{2t+1}(x_0) = \lim_{t\to\infty} f(x_{2t}) = f(\bar{x}) = \bar{x}$를 만족한다. 따라서, $\lim_{t\to\infty} f^t(x_0) = \bar{x}$(그림 2.7 참고)이다.

경우 2. $x_0 \in (0, x_M)$라 하자. $(0, x_M]$에서 $f(x) > x$이므로 결국 $f^t(x_0) > x_M$이다(그림 2.7참고). 만약 어떤 t_0에 대해 $f^{t_0}(x_0) \in [x_M, \bar{x}]$이면, 경우 1에 의해 $f^{t_0+t}(x_0)$은 평형해 $\bar{x}$로 수렴한다. 만약 $f^{t_0}(x_0) > \bar{x}$이면, $f(\hat{x}) = f^{t_0}(x_0)$와 $\hat{x} \in [x_M, \bar{x}]$을 만족하는 $\hat{x}$가 존재하고, 경우 1에 의해 $f^t(\hat{x}) = f^{t+t_0}(x_0)$는 $\bar{x}$로 수렴한다.

경우 3. $x_0 \in (\bar{x}, a)$라 하자. 그러면 $x_1 = f(x_0) < \bar{x}$이고, 경우 1 이나 경우 2를 적용한다.

□

정리 5.11을 다음 예제에 적용한다.

예제 5.12 다음 모델을 고려하자.

$$x_{t+1} = 2x_t e^{-rx_t} = f(x_t), \quad r > 0. \tag{2.13}$$

이 모델은 두 개의 평형해가 있다. 하나는 $\bar{x} = 0$이고 또 하나는 $\bar{x} = \ln(2)/r$이다. 앞에 제시한 가정 (i)-(v)는 만족한다고 가정하자. 더구나, 첫 번째 도함수 $f'(x) =$

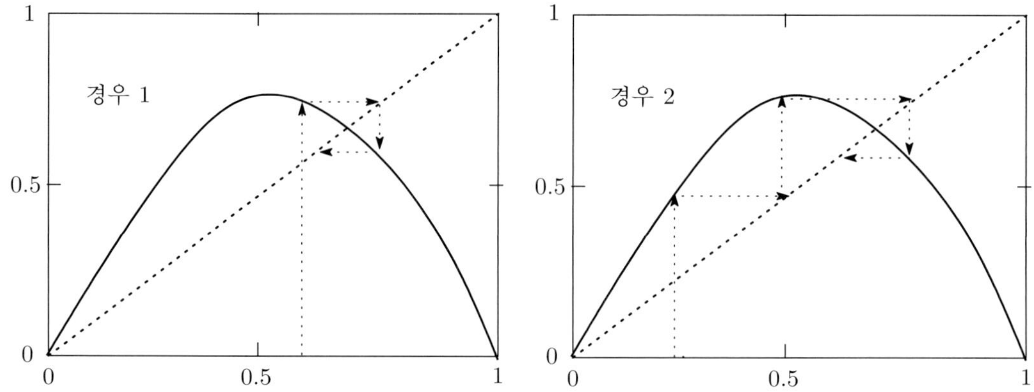

그림 2.7: 정리 5.11의 경우 1과 경우 2에서 가정을 만족하는 예제.

$2\exp(-rx)(1-rx)$는 *f가* $x_M = 1/r$*에서 최댓값를 가짐을 보이기 위해 사용한다.* $\bar{x} = \ln(2)/r < 1/r = x_M$*이고,* f*가* $(0, \bar{x})$*에서 최댓값를 갖지 않으므로, 조건 (vi)은 자동적으로 만족된다. 정리 5.11 (a)로부터* $\bar{x}$*는 광의의 점근적인 안정이다.* ■

모델 (2.13)은 리커(Ricker) 모델로 알려진 좀 더 일반적인 모델의 특별한 경우이다.

$$x_{t+1} = ax_t e^{-rx_t} = f(x_t), \ a, r > 0.$$

이 방정식은 개체군 모델에서 광범위하게 적용되고 있지만 원래 공급(stock)과 가입 (recruitment)을 바탕으로 하는 어류 개체군을 위해 개발되었다(Ricker 1954). 3장에서 이 모델을 다룬다.

제 6 절 근사 로지스틱 방정식

로지스틱 모델은 가장 잘 알려진 개체군 모델들 중 하나이다. 로지스틱 성장은 S자형 해곡선(S-shaped solution curve)이기 때문에 종종 S자형 모델(sigmoid model)이라 한다. 로지스틱으로 성장한 개체군이 초기에는 지수증가 하고 증가가 천천히 줄어들고 마침내 위로 유계이거나 극한으로 접근한다. 모델의 가장 잘 알려진 형태는 로지스틱 미분방정식이다. $y(t)$는 시간 t에서 개체군의 밀도나 크기를 나타낸다고 하자. 그러면 로지스틱 미분방정식에서 성장률은

$$\frac{dy}{dt} = ay\left(1 - \frac{y}{K}\right) \tag{2.14}$$

을 만족한다. 여기서 $a > 0$는 **고유의 성장률(intrinsic growth)**이고, $K > 0$은 **환경 수용능력(수용능력)(carrying capacity)**이다. 양수인 초기조건 $y(0) > 0$에서, 해는 수용능력으로 근사하며 $\lim_{t\to\infty} y(t) = K$이다. 이 방정식은 5장에서는 연속적인 시간모델을 소개할 때 좀 더 자세히 토의할 것이다. 로지스틱 미분방정식의 한 근사는 종종 **이산 로지스틱 방정식(discrete logistic equation)**으로 계차방정식으로 유도된다(완전한 이산 로지스틱 방정식은 연습문제에서 토의한다.)

이산 로지스틱 방정식을 유도하기 위해, 도함수 dy/dt는 다음 계차 비(difference quotient)로 근사한다:

$$\frac{dy}{dt} \approx \frac{y(t+\Delta t) - y(t)}{\Delta t}.$$

미분방정식을 계차방정식으로 근사시키면

$$y(t+\Delta t) = y(t) + a\Delta t y(t)(1 - y(t)/K)$$

로 유도된다(이 근사치는 미분방정식의 수치해석에서 오일러 방법으로 알려져있다.) $\Delta t = 1$(하나의 시간 단위를 의미)로 가정함으로써 계차방정식을 간단히 할 수 있다. 그러나, 명심해야 될 것은 $a\Delta t$의 크기나 시간단계(time step) Δt는 간단한 방정식의 역학에서 중요한 역할을 한다. 간단히 하면, 이산 로지스틱 미분방정식을 얻는다:

$$y_{t+1} = y(t) + ay_t\left(1 - \frac{y_t}{K}\right) = (1+a)y_t - \frac{a}{K}y_t^2.$$

여기서, $y(t) = y_t$이다. 매개변수 a는 지수증가를 결정한다. $-ay_t^2/K$는 개체군 증가를 제한(밀도 의존 요소)한다.

이산 로지스틱 방정식은 해석하기에 앞서 더 간단한 형태로 놓는다. 더 간단한 형태는 새로운 변수와 매개변수가 차원이 없으므로 **차원이 없는 형태(dimensionless form)**라고 한다. 변수변환을 하면 $x_t = ay_t/(K[1+a])$이다. a는 실제로 $a\Delta t$이고 a는 1/(시간) 단위를 가지기 때문에 $a\Delta t$는 차원이 없음을 기억하라. 매개변수 K는 y와 같은 단위를 갖는다. 그러므로 새로운 변수 x는 차원이 없다. 새로운 변수 x는

$$\begin{aligned} x_{t+1} &= \frac{a}{K(1+a)}y_{t+1} = \frac{a}{K}y_t - \frac{a^2}{K^2(1+a)}y_t^2 \\ &= \frac{ay_t}{K}(1-x_t) = (1+a)x_t(1-x_t) \end{aligned}$$

을 만족한다. 차원이 없는 형태에서, $(1+a)$는 인수다. 인수를 r로 놓으면 $r = 1 + a \equiv 1 + a\Delta t$이다. 그러면 차원이 없는 다음 계차방정식을 얻는다:

$$x_{t+1} = rx_t(1-x_t) = f(x_t). \tag{2.15}$$

방정식 (2.15)을 표준화되거나 또는 차원이 없는 이산 로지스틱 방정식이다. 단순화된 방정식 (2.15)를 이절에서 분석한다. y에 대한 계차방정식에서 두개의 매개변수가 있지만, x의 계차방정식에는 오직 한 개만 있다는 점을 주목하라. 따라서, 차원이 없는 이산 로지스틱 방정식 (2.15)는 해석하기가 훨씬 쉽다. 우리가 본것처럼 이 방정식의 동태는 원래의 로지스틱 미분방정식 (2.14)동태와는 많이 다르다. 방정식 (2.15)의 동태는 매개변수 $r = 1 + a \equiv 1 + a\Delta t$의 크기에 달려있다. 그러므로 방정식 (2.15)는 이산 로지스틱 미분방정식보다는 근사 로지스틱 계차방정식으로 여기는 것이 보다 더 적절할 수 있다.

식 (2.15)에서 매개변수와 초기조건은 제한되어 해가 음수가 아니다.

$$0 < r < 4 \quad \text{와} \quad 0 \leq x_0 < 1$$

라 가정하자. $f(x) = rx(1-x)$의 최댓값은 $x = 1/2$에서 발생하고 $f(1/2) = r/4$이다. $r > 4$일 때 $f(1/2) > 1$와 $f(f(1/2)) < 0$이다. 그래서, 만일 $0 < r < 4$이고 $0 \leq x_0 < 1$이면 $0 \leq f(x_t) < 1$이다. 따라서 $f : [0,1) \to [0,1)$이다. 또한 $f(0) = f(1) = 0$으로 표기한다.

식 (2.15)의 평형해는 $\bar{x} = r\bar{x}(1-\bar{x})$이거나 또는 $\bar{x}(r\bar{x} + (1-r)) = 0$을 만족한다. 따라서, $\bar{x} = 0$이고 $\bar{x} = (r-1)/r$이다.

만일 $0 < r \leq 1$이라면 0은 음이 아닌 고정점이다. 이 경우, $x \in (0,1)$에서 $0 < f(x) = rx(1-x) < x$이다. 정리 5.3에 의해 $\lim_{t\to\infty} f^t(x_0) = 0,\ x_0 \in [0,1]$이 된다.

$1 < r < 4$에 대해, 양수 평형점 $\bar{x} = (r-1)/r$의 안정성을 검토한다. $(r-1)/r$에서 $f'(x) = r - 2rx$의 값은

$$f'((r-1)/r) = -r + 2$$

이다. $\bar{x} = (r-1)/r$의 국소 점근적 안정성은 정리 3.1에 의해

$$|2 - r| < 1 \quad \text{또는} \quad 1 < r < 3$$

이 필요하다. 더구나, $r > 3$이면 $\bar{x} = (r-1)/r$는 불안정이다.

$r = 1$과 $r = 3$에서 평형점의 안정성 변화가 존재한다. 이런 변화가 발생하는 값을 **분기값(bifurcation values)**이라고 한다. $r = 1$에서 분기는 **초월 분기(transcritical bifurcation)**라 부른다. 매개변수 $r = 1$에서 평형점 0은 더이상 국소 점근적인 안정이 아니다. 도함수는 다음을 만족한다.

$$f'(0) = r = 1.$$

매개변수 r이 3에 도착할 때 발생하는 동태의 변화를 **주기-배가 분기(period doubling bifurcation)**라 부른다. $r = 3$일 때, 평형점 $\bar{x} = (r-1)/r$은 더이상 국소 점근적인 안정이 아니다. 도함수는

$$f'(\bar{x}) = -r + 2 = -1$$

를 만족한다. 이 매개변수가 변함에 따라 $x_{t+1} = f(x_t)$의 역학이 변하기 때문에, 매개변수 r를 **분기 매개변수(bifurcation parameter)**라 한다.

매개변수 r이 3을 지나서 약간 증가할 때, 주기 2의 안정된 진동이 나타나고, 약간 더 증가하면 주기 4, 주기 8, 주기 2^n의 안정된 진동이 나타난다. 이러한 동태를 **주기-배가(period doubling)**라 부른다. $r > 3$에서 이 해의 동태를 살펴보기 위해, 2-순환을 계산한다. 2-순환 방정식은

$$f^2(x) = f(f(x)) = f(rx(1-x)) = r^2x(1-x)(1-rx(1-x)) = x$$

의 해이다. 식을 정리하면,

$$x[1 - r^2(1-x)(1-rx(1-x))] = x[rx - (r-1)][r^2x^2 - r(r+1)x + r + 1] = 0$$

이다. 앞 두 인수의 방정식에서 평형점 집합은 $x = 0$과 $x = (r-1)/r$이다. 다른 두 해는 2-순환 $\{x_1, x_2\}$으로 표현한다:

$$\begin{aligned} \bar{x}_{1,2} &= \frac{r + 1 \pm \sqrt{(r+1)^2 - 4(r+1)}}{2r} \\ &= \frac{r + 1 \pm \sqrt{(r-3)(r-1)}}{2r}. \end{aligned} \tag{2.16}$$

$r > 3$일 때 2-순환이 존재한다.

그림 2.8에서 $y = f^2(x)$와 $y = x$의 그래프는 r이 3보다 약간 클 때 4개의 교점을 보여준다.

2-순환이 국소 점근적인 안정을 결정하는데 따름정리 3.4을 적용한다:

$$|f'(\bar{x}_2)f'(\bar{x}_1)| < 1.$$

이러한 판정기준은 $f'(x) = r - 2rx$을 사용하고, 방정식 (2.16)으로부터 $\bar{x}_1$과 $\bar{x}_2$를 대입하면

$$\left|\left(r - (r+1) + \sqrt{(r-3)(r+1)}\right)\left(r - (r+1) - \sqrt{(r-3)(r+1)}\right)\right| < 1$$

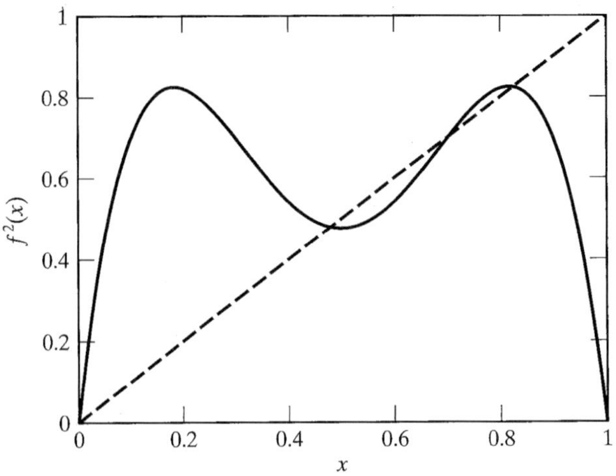

그림 2.8: $3 < r < 1 + \sqrt{6}$을 만족하는 r의 고정된 값에 대한 이산 로지스틱 방정식을 위한 $y = x$와 $y = f^2(x)$의 그래프.

이 된다. 부등식을 간단히 하면,

$$|1 - (r-3)(r+1)| < 1 \quad \text{또는} \quad 0 < (r-3)(r+1) < 2$$

이다. $q(r) = (r-3)(r+1) = r^2 - 2r - 3$라고 하자. 그러면 $r = -1, 3$에서 $q(r) = 0$이다. $r = 1$에서 $q(r)$의 최솟값이 있고, $q(1) < 0$이다. 더구나, $r = 1 + \pm\sqrt{6}$에서 $q(r) = 2$이다. 따라서,

$$3 < r < 1 + \sqrt{6}$$

이면, 부등식 $0 < q(r) < 2$가 만족된다. $r > 1 + \sqrt{6}$이면 2-순환이 불안정이다. $r = 1 + \sqrt{6}$에서 동태가 변하고, 또 다른 분기값이다. $\bar{x}_i$에서 $f^2(x)$의 도함수는 $df^2(\bar{x}_i)/dx = -1$을 만족한다. 주기-배가 분기가 나타난다. $r = 1 + \sqrt{6}$일 때 $f^2(x)$의 그래프는 $\bar{x}_i$, $i = 1, 2$에서 기울기가 -1 이다. 그림 2.8 참고.

매개변수 r이 $1 < r < 3$을 만족할 때 양수 평형점 $\bar{x} = (r-1)/r$는 광의의 점근적인 안정을 보일 수 있다. $f(f(x))$에 대한 표현과 2-순환의 존재성에 대한 r의 조건은 $0 < x < \bar{x} = (r-1)/r$ 와 $1 < r < 3$이면 $f(f(x)) > x$을 의미한다. 그러므로, 정리 5.11에 의해 평형점 $\bar{x}$는 $1 < r < 3$에서 광의의 점근적인 안정이다.

이산 로지스틱 방정식의 분석은 $r \approx 3.5441$, 3.5664, 3.5688 등에서 분기값을 계속해서 찾을 수 있다. 매개변수 영역 $1 + \sqrt{6} < r < 3.5441$에서는 안정인 4-순환이 존재하고,

$3.5441 < r < 3.5644$에서는 안정인 8-순환이 존재하며, $3.5644 < r < 3.5688$에서는 안정인 16-순환 등이 존재한다. r이 임계값 $r_c = 3.570$로 더 가까와짐에 따라 증가하는 주기 2^n의 안정적인 순환주기가 존재하고, 안정성의 범위는 더 작게 된다. $r > r_c = 3.570$에서 주기 3의 순환이 존재하고, **비주기 해(aperiodic solution)**나 또는 **혼돈 해(chaotic solution)**가 존재한다(2장의 부록 참고).

r의 다양한 값에 대하여 이산 로지스틱 방정식의 해는 그림 2.9의 그래프이다. $r = 2.75$일 때 $\bar{x} = 0.\overline{63}$에서 안정적인 평형점이 존재하고, $r = 3.1$일 때 2-순환이 있다. $r = 3.8$일 때는 해는 **혼돈(chaotic)**이고 $r = 3.828$일 때 3-순환이 존재한다.

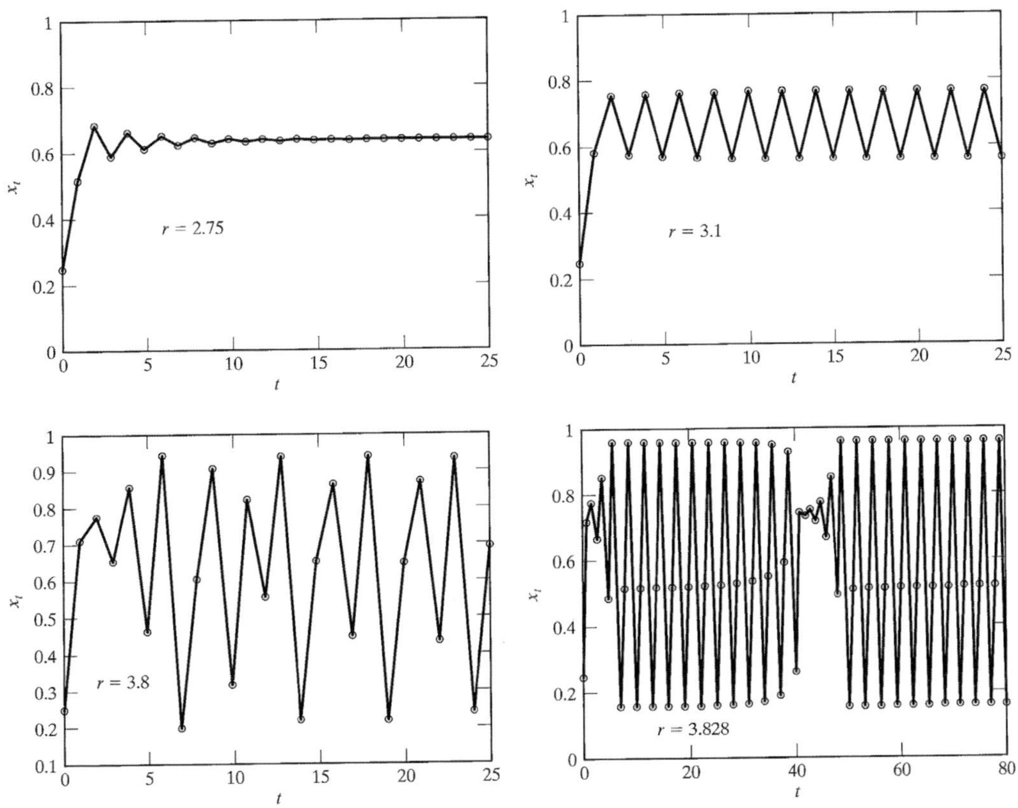

그림 2.9: $r = 2.75$, 3.1, 3.8과 $r = 3.828$에 대한 이산 로지스틱 방정식에 대한 역학.

제 7 절 분기 이론

다음 두 절에서는, 분기값에서 발생할 수 있는 동태의 변화에 대한 다양한 유형을 논의한다. 분기의 유형은 하나의 매개변수 r이 변화 할때 $x_{t+1} = f(x_t)$의 역동성이 어떻게 변화하는지에 달려있다. 이에 더하여, 초기조건 x_0와 매개변수 r에 의존하는 것으로 잘 알려진 실수인 리아프노브 지수를 정의한다. 양수 리아프노브 지수가 혼돈 **동태(behavior)**와 관련되어 있다는 것을 볼 것이다.

7.1 분기의 유형

1계계차방정식 $x_{t+1} = f(x_t)$에서 매개변수 r에 종속하는 방정식을 $f(x_t) \equiv f(x_t, r)$로 표기한다. 다음 1계비선형계차방정식의 역학을 연구한다:

$$x_{t+1} = f(x_t, r). \tag{2.17}$$

평형해가 매개변수 r에 의존하는 것을 보이기위해, 계차방정식의 평형점을 $\bar{x}(r)$로 표기한다. 이산 로지스틱 방정식의 경우에 설명했던 것처럼, r이 변함에 따라 계차방정식의 동태가 변한다. 동태가 변화하는 r의 값을 **분기값(bifurcation values)**이라 하고 점 $(r, \bar{x}(r))$는 **분기점(bifurcation points)**이라 한다. 해의 동태 변화는 평형점이나 m-순환의 안정성이 변할때 발생한다. 즉, f 또는 f^m의 미분이 1 또는 -1일 때이다. $f'(\bar{x}(\bar{r})) = \pm 1$일 때 발생할 수 있는 분기의 유형은 식 (2.17)의 계차방정식에 대한 네가지 다른 유형으로 분류한다:

I. 안장 마디(saddle node) (또는 접선)

II. 삼지창(갈퀴 쌍갈래)(pitchfork)

III. 초월 임계(transcritical)

IV. 주기 배가(period doubling)(flip)

분기의 처음 세가지 유형 (I, II, III)에서는,

$$f'(\bar{x}(\bar{r})) = 1$$

이다. 주기-배가 분기(IV)에서는,

$$f'(\bar{x}(\bar{r})) = -1$$

이다. f에 추가된 판정법과 f의 도함수는 Elaydi(2000) 또는 Rasband(1990)에서 발견할 수 있는 분기의 유형을 정의한다

분기의 네가지 유형는 분기 다이어그램에 설명한다. **분기 다이어그램(bifurcation diagram)**는 매개변수 r, $\bar{x}(r)$의 함수로서 안정성과 불안정성의 평형점 또는 순환의 그래프이다. 수평선 축은 분기변수 r의 값을 나타내고 수직선 축은 평형점 또는 순환의 값을 나타낸다. 점선은 불안정한 평형점을 나타내고, 안정인 평형점은 실선으로 나타낸다. 분기의 네가지 유형은 그림 2.10에서 설명한다. 모든 그래프에서, 원점은 분기점 $(0, \bar{x}(0)) = (0, 0)$이다. 분기점에서 역학이 변한다.

r이 분기점를 통과(그림 2.10에서 설명된)함에 따라 분기의 역학을 간략히 설명한다. 안장마디 분기에서, 분기점을 통과함에 따라 하나는 안정이고 하나는 불안정인 두 평형점이 사라진다. 안장마디 분기는 평형점이 "맑고 푸른 하늘"에 갑자기 나타나기 때문에 때때로 **푸른 하늘 분기(blue sky bifurcation)**(Strogatz,2000)라 한다. 삼지창(pitchfork) 분기에서, 분기점을 통과함에 따라 세개의 평형점이 나타나는데 두개의 평형점은 안정이고 하나의 평형점은 불안정으로 분리되었다. 그림 2.10, II에서 분기를 **초임계 삼지창 분기(supercritical pitchfork bifurcation)**라 한다. 두개의 안정인 평형점이 있는 시스템을 **쌍안정성(bistability)**의 성질을 가진다고 한다. 그림 2.10, II에서 평형점의 안정성이 바뀌면, 즉, 하나의 안정인 평형점에 의해 분리된 두 개의 불안정한 평형점이 존재한다면, 이것을 **아임계 삼지창 분기(subcritical pitchfork bifurcation)**라고 부른다.(연습문제 10 을 참고.) 초월임계 분기(그림 2.10, III)에서, 하나는 안정이고 하나는 불안정인 두개의 평형점이 분기점를 지나갈때 안정성이 서로 바뀐다. 마지막으로, 분기점를 통과함에 따라 **주기-배가(period doubling)** 또는 **플립 분기(flip bifurcation)**(그림 2.10, IV)에서는 안정인 평형점은 불안정이 되고 안정인 2-순환이 나타난다. 주기-배가 분기의 유형은 **초임계(supercritical)**라 한다. 안정성이 바뀌면, 2-순환은 불안정이 되고 그것은 **아임계 분기(subcritical bifurcation)**라 한다.

다음 계차방정식은 그림 2.10에서 설명되었던 분기의 네가지 유형의 기본적인 예이다.(연습문제 16,17,18을 참고.)

I. $x_{t+1} = r + x_t + x_t^2$

II. $x_{t+1} = (r+1)x_t - x_t^3$

III. $x_{t+1} = (r+1)x_t + x_t^2$

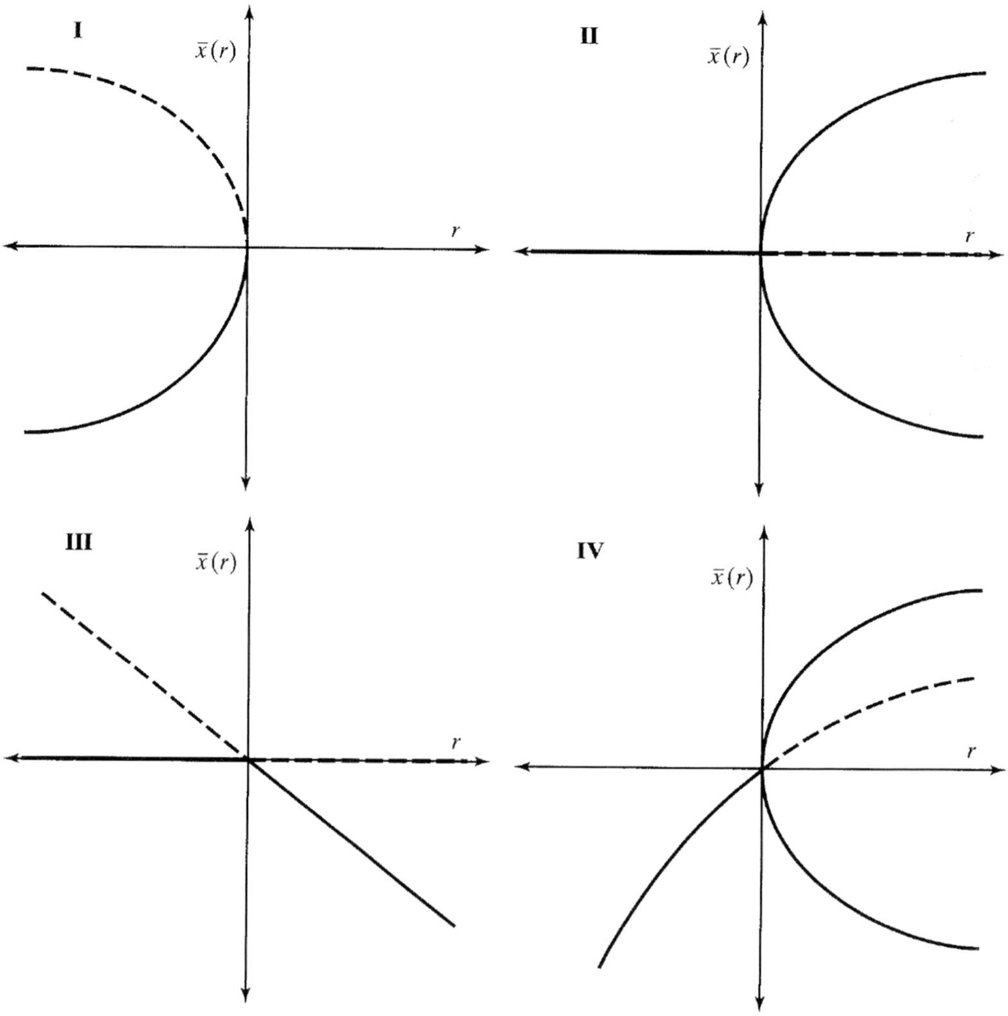

그림 2.10: 네가지 분기 유형에 대응하는 분기 그래프 I,II,III과 IV이다. 점선 그래프는 불안정한 평형점이나 순환이고 실선은 안정된 평형점으로 표시한다.

IV. $x_{t+1} = r - x_t - x_t^2$

예제 7.1 *계차방정식* $x_{t+1} = r + x_t + x_t^2 = f(x_t)$*는* $r = 0$*에서 안장마디 분기를 가진다. 평형점은* $\bar{x} = r + \bar{x} + \bar{x}^2$ *또는* $\bar{x} = \pm\sqrt{-r}$ *또는* $r = -\bar{x}^2$*을 만족한다. 따라서 실수 평형점들은 단지* $r < 0$*일 때 존재한다.* $f'(x) = 1 + 2x$*이므로,* $\bar{x}(r) = \sqrt{-r}$*일 때* $f'(\sqrt{-r}) = 1 + 2\sqrt{-r} > 1$*이고,* $\bar{x}(r) = \sqrt{-r}$*은 불안정이다. 그러나* $\bar{x}(r) = -\sqrt{-r}$*일*

때 $f'(-\sqrt{-r}) = 1 - 2\sqrt{-r}$이므로 $-1 < r < 0$에 대하여 $|f'(-\sqrt{-r})| < 1$이다. 평형점 $\bar{x}(r) = -\sqrt{-r}$은 국소 점근적 안정이다. 그러므로 분기 그래프는 그림 2.10, (I)에 있는 형태의 그래프이다.

주기-배가 또는 플립 분기는 계차방정식에서는 유일하다. 삼지창과 주기-배가 분기에 대응되는 그림(II,IV)이 비슷해 보이기는 하지만, 그림들은 분기의 다른 유형을 나타낸다. 삼지창 분기에서, r이 분기값을 통과함에 따라 두개의 안정인 고정점이 존재한다. 반면 주기-배가 분기에서는 안정인 2-순환이 존재한다.

이산 로지스틱 방정식에 대하여, 초임계 분기과 주기-배가 분기가 존재한다는 것을 주목하라. $r = 1$일 때, 초임계 분기가 존재하고 $r = 3$에서, 주기-배가 분기가 존재한다. 이산 로지스틱 방정식의 두번째 반복함수 $x_{t+1} = f^2(x_t, r)$(여기서 $f(x, r) = rx(1-x)$)는 $r = 1 + \sqrt{6}$에서 주기-배가 분기가 있다. 또한 안장마디나 접선분기가 이산 로지스틱 방정식에서도 마찬가지로 발생한다. 이것은 $r = 1 + 2\sqrt{2}$에서 안장마디 분기가 존재하는 것을 보였다(Saha와 Strogatz,1995). $r = 1 + 2\sqrt{2}$일 때 3-순환이 생성된다.

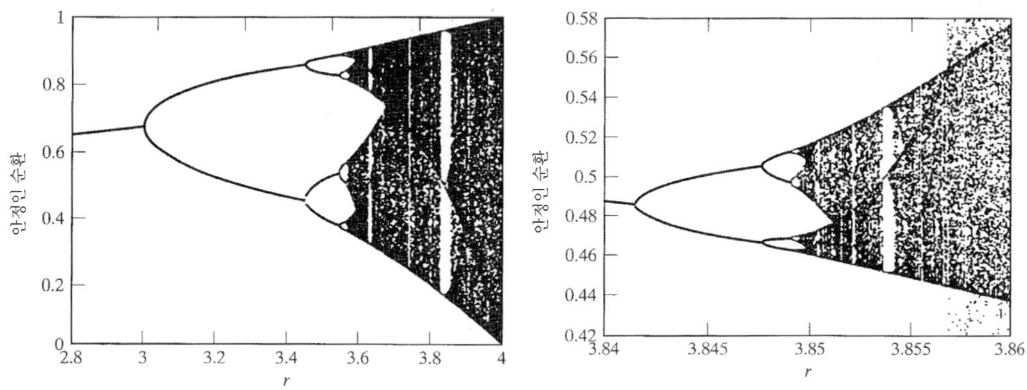

그림 2.11: 이산 이산 로지스틱 방정식 $x_{t+1} = rx_t(1 - x_t)$에서의 안정 순환 $\bar{x}(r)$이 분기 매개변수가 $r \in [2.8, 4]$과 $r \in [3.84, 3.86]$일 때의 그래프이다.

이산 로지스틱 방정식의 주기 동태는 그림 2.11의 분기 그래프에서 볼 수 있다. 이것은 단지 r이 하나의 함수로서 안정인 평형점이나 안정인 순환을 그린것이다. 이산 로지스틱 방정식에 대한 두개의 분기 그래프는 r의 매개변수 값이 다른 범위에 대해 그림 2.11에 주어져 있다. $r = 3$과 $r = 1 + \sqrt{6}$에서 분기는 주기-배가 분기이다.

각각의 계속되는 주기사이클에 관한 값의 범위 사이에 흥미로운 관련성이 존재한다. r이 증가함에 따라 연속적인 분기가 발생하는 점에서 r의 값을 $r_1 < r_2 < r_3 < \cdots < r_n$이라 하자. 즉, $r_1 = 1, r_2 = 3, r_3 = 1 + \sqrt{6}, r_4 = 3.5441$ 등이다. 그러면 다음과 같이 비율이 수렴하는 것을 알 수 있다:

$$\lim_{n\to\infty} \frac{r_{n+1} - r_n}{r_{n+2} - r_{n+1}} = \delta \approx 4.66920.$$

예를 들어,

$$\frac{r_4 - r_3}{r_5 - r_4} \approx \frac{3.5441 - 3.4495}{3.5644 - 3.5441} \approx 4.66$$

(Devaney, 1989,1992; Elaydi,2000; Rasband,1990). 수 δ는 페이겐바움(Feigenbaum)이 발견하였고 **페이겐바움의 수(Feigenbaum's number)**라고 부른다(Feigenbaum, 1978). Gleick(1987)가 쓴 유명한 책에서 페이겐바움의 발견을 논의했다. 페이겐바움의 수는 $x_{t+1} = f(x_t)$ 형태의 많은 다른 계차방정식에서 발견한다. f가 로지스틱 함수와 유사한 형태를 가지고 있고 주기-배가 동태를 나타낸다. 예를 들어, 주기-배가를 표현하는 또 다른 방정식은 $x_{t+1} = x_t \exp[r(1 - x_t)]$이고, 여기서 분기 매개변수는 또한 r이다. 이 후자의 방정식은 개체군 역학 모델에 종종 사용되었다. 유형 $f(x) = x\exp[r(1 - x)]$의 함수는 **리커 곡선(Ricker curve)**으로 알려져 있다.

방정식 $x_{t+1} = rx_t(1 - x_t)$을 포함하는 1차원 함수의 수학적 특성의 일부를 논의한 세 개의 전형적인 논문에서 언급되었다. 그것은 Sharkovskii(1964,러시아), Li와 Yorke(1975), May(1975)의 논문이다. A.N.Sharkovskii는 정수의 중요한 순서를 정의한 러시아 수학자이다. Sharkovskii의 순서는 James Yorke와 Tien-Yien Li에 의한 고전논문의 심장이라할 수 있다. Sharkovskii의 순서에 대한 논의는 많은 참고서적(Alligood et al.,1996; Elaydi,2000; Gulick,1992을 참고하라)에서 찾을 수 있다. 역학 시스템과 관련된 "chaos"항의 첫 번째 경우는 Li와 Yorke(1975)의 논문에 있다. 이들의 논문의 제목은 "주기 3은 혼돈(chaos)을 수반한다"이다. Robert May(1975,1976)의 논문은 개체군 성장의 이산모델에서 주기-배가 동태와 혼돈의 역학을 논의한 첫번째 출판물이었다.

7.2 리야프노브 지수

초기조건에 민감한 의존성은 계차방정식의 해가 혼돈의 동태가 존재하는 것을 보이기 위해 필요한 판정법들중의 하나이다. 그림 2.9에 그려진, 이산 로지스틱 방정식 해는 $r = 3.8$일 때 혼돈 역학임을 나타낸다(초기조건에 민감하게 의존한다). 함수 $x_{t+1} = f(x_t)$는 비록 해가 서로 초기값에 가까이 있더라도 해가 분리 될 때에 초기값에 민감한 의존성을 나타낸다. 이 성질은 리야프노브 지수로 잘 알려진 부호로 측정한다. "Liapunov" 이름은 러시아 수학자 A.M.Liapunov(또한, Lyapunov라 쓰기도 함)를 말한다. $f : I \to I$인 $x_{t+1} = f(x_t)$ 에 대한 **혼돈(chaos)**의 하나의 정의는 해가 유계이고, 각 $x_0 \in I$에 대하여 양수의 리야프노브 지수가 존재하고, 이는 결국 주기는 아니다(Alligood et al.,1996). **결국 주기점(eventually periodic point)**은 p가 주기일 때, 모든 $t \geq N$에 대하여 $f^{t+p}(x_0) = f^t(x_0)$을 만족하는 양의 정수 p와 N이 존재한다는 특성을 가지는 점 x_0이다. 혼돈의 다른 정의는 함수 f에 부가적인 조건이 필요하다(Elaydi,2000).

먼저, 초기조건에 민감한 의존성(sensitive dependence)의 정확한 정의를 한다. 그런 다음 리야프노브 지수가 무엇을 의미하는 것인지를 정의한다.

정의 **7.2** *$f : I \to I$라 하자. 임의의 $\epsilon > 0$에 대하여*

$$|x_0 - y_0| < \epsilon \quad \text{이고} \quad |f^k(x_0) - f^k(y_0)| > \delta$$

를 만족하는 $y_0 \in I$와 정수 k가 존재하도록 하는 $\delta > 0$가 존재할 때, 함수 f는 ***초기조건 x_0에 민감한 의존성(sensitive dependence on initial condition x_0)****을 가진다고 한다.*

함수 f가 각 $x_0 \in I$에 대하여 초기조건에 민감한 의존성을 가진다고 할 때 함수 f는 정의역 I에서 초기조건에 민감한 의존성을 가진다(단순히, 초기조건에 민감한 의존성이라 함). 다음으로 점 x_0에서 리야프노브 지수의 의미가 무엇인지를 정의한다. 리야프노브 지수의 정의는 직접적으로 정의를 적용하지 않고 초기조건에 민감한 의존성의 계산에 대한 방법을 의미한다.

점 x_0에서 리야프노브 지수를 $\lambda(x_0)$으로 표기한다. 리야프노브 지수의 정의는 초기조건 x_0에 종속한다. 리야프노브 지수는 계속적인 반복을 하는 동안 점 근처의 기하급수적으로 팽창하는 것을 측정한다. ϵ은 작고 t는 큰값일 때, 두 점 x_0와 $x_0 + \epsilon$에 대해 t 함수 f를 반복하는 것을 의미하고, 리야프노브 지수 $\lambda(x_0)$는 근사적으로

$$\epsilon e^{t\lambda(x_0)} \approx f^t(x_0 + \epsilon) - f^t(x_0)$$

이다. ϵ으로 나누고 $\epsilon \to 0$이라 하면, 충분히 큰 t에 대하여

$$e^{t\lambda(x_0)} \approx \lim_{\epsilon \to 0} \frac{f^t(x_0 + \epsilon) - f^t(x_0)}{\epsilon} = \left.\frac{df^t(x)}{dx}\right|_{x=x_0}$$

이다. 양변에 로그를 취하고, t로 나눈 다음 $t \to \infty$라고 하면 x_0에서 f의 리야프노브 지수는 다음과 같이 정의한다:

$$\lambda(x_0) = \lim_{t\to\infty} \frac{1}{t} \ln \left| \frac{df^t(x)}{dx} \right|_{x=x_0}.$$

그러므로, 이것은 $\lambda(x_0) > 0$일 때 정의역의 점은 x_0에 가까이에 머물지 않는다는 것은 이전 유도로부터 자명하다. $df^t(x)/dx = f'(x_0)f'(x_1)\cdots f'(x_{t-1})$이고

$$\ln|f'(x_0)f'(x_1)\cdots f'(x_{t-1})| = \sum_{k=0}^{t-1} \ln|f'(x_k)|$$

이기 때문에, 리야프노브 지수는 f'을 이용해서 좀 더 간단히 정의할 수 있다.

정의 **7.3** *계차방정식 $x_{t+1} = f(x_t)$의 x_0에서의* **리야프노브 지수(Liapunov exponent)**는 *$\lambda(x_0)$로 표기하고*

$$\lambda(x_0) = \lim_{t\to\infty} \frac{1}{t} \sum_{k=0}^{t-1} \ln|f'(x_k)|$$

으로 정의한다. 만약 $\lambda(x_0)$가 x_0에 대해 독립이면 $\lambda(x_0)$는 간단히 λ로 표기하고, f의 리야프노브 지수라 부른다. 정의역의 모든 초기조건 x_0에 대해서 $\lambda(x_0) > 0$이면 초기조건에 민감한 의존성이다.

예제 7.4 *계차방정식을 $x_{t+1} = (1/2)(x_t + x_t^2) = f(x_t)$라 가정하자. 그러면 평형점은 $\bar{x} = 0$, $\bar{x} = 1$이다. 평형점에서 리야프노브 지수를 계산한다. 먼저 $f'(x) = 1/2 + x$이고 그 결과 $f'(0) = 1/2$이고 $f'(1) = 3/2$이다. 만약 $x_0 = \bar{x}$이면 $x_k = \bar{x}$ 이므로*

$$\lambda(0) = \lim_{t\to\infty} \frac{1}{t} \sum_{k=0}^{t-1} \ln|f'(0)| = -\ln(2) < 0$$

이고

$$\lambda(1) = \lim_{t\to\infty} \frac{1}{t} \sum_{k=0}^{t-1} \ln|f'(1)| = \ln(3/2) > 0$$

이다. 안정인 평형점 $\bar{x} = 0$은 음수의 리야프노브 지수이고 불안정인 평형점은 양수의 리야프노브 지수를 가진다(초기조건 $x_0 = 1$에 민감한 의존성). 음수와 양수의 리야프노브 지수의 성질은 모든 안정인 것과 불안정인 평형점에 적용된다(연습문제 20).■

이전에 언급한것처럼, 초기조건에 민감한 의존성(양수의 리야프노브 지수)는 혼돈의 동태를 나타난다. 생물학적 적용면에서 리야프노브 지수에 대한 좋은 논의는 Olsen과

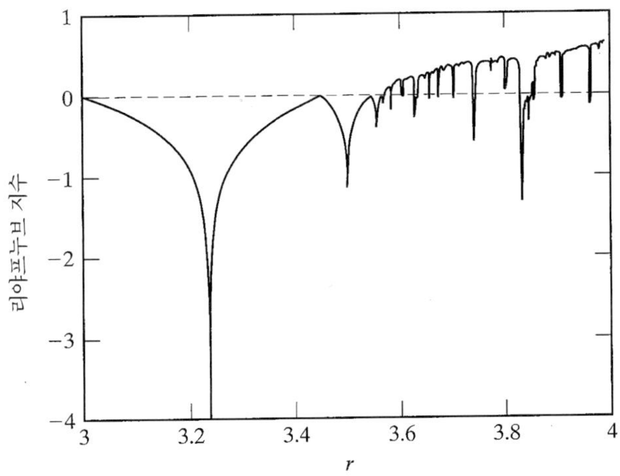

그림 2.12: $r \in [3, 3.99]$일 때 이산 로지스틱 방정식 $x_{t+1} = rx_t(1-x_t)$에 대한 리아프노브 지수 $\lambda(1/2)$이다.

Degn(1985)에 있다. 그림 2.12는 $x_0 = 1/2$일 때 구간 $[3, 3.99]$에서 r의 값에 대한 이산 로지스틱 방정식의 리아프노브 지수 그림이다. 이것은 $r > 3.57$의 많은 값에 대한 리아프노브 지수가 양수임을 보여준다. $x_0 = 1/2$에 대한 리아프노브 지수의 일부 계산된 값은 표 2.1에 주어졌다. 비록 리아프노브 지수가 단지 초기조건 $x_0 = 1/2$에서만 보여진다 할지라도, 이는 $x_j = f^j(x_0)$에 대하여 $\lambda(x_0) = \lambda(x_j)$인 것을 알 수 있다.(연습문제 19를 참고.)

$x_0 = 1/2$일 때 리아프노브 지수를 계산하기 위하여 Elaydi(2000)에서 제시된 방법을 사용했다. $\lambda(x_j) = \lambda(x_0)$이기 때문에 $\lambda(x_{401})$을 계산한다. $t = 0, \ldots, 400$에서 반복적으로 계산한다. 그런 다음 리아프노브 지수를 추정하기 위해 500번 반복을 사용하였다, 즉, $r \in [3, 3.99]$에 대하여

$$\lambda(1/2) = \lambda(x_{401}) \approx \frac{1}{500} \sum_{k=401}^{900} \ln |r - 2rx_k|$$

이다.

리아프노브 지수는 또한 1계시스템에 대해서도 계산할 수 있다. 시스템에 대한 리아프노브 지수를 어떻게 계산하는지에 대한 간단한 설명은 이 장의 부록에 있다.

표 2.1: 이산 로지스틱 방정식 $x_{t+1} = rx_t(1-x_t)$에 대한 리야프노브 지수 $\lambda(1/2)$, $x_0 = 1/2$.

r	$\lambda(1/2)$	r	$\lambda(1/2)$
3.3	−0.6189	3.82	0.4148
3.5	−0.8726	3.83	−0.3729
3.6	0.1790	3.84	−0.0470
3.7	0.3724	3.86	0.3693
3.8	0.4118	3.9	0.4998

제 8 절 일계시스템에서 안정성

계차방정식의 일계시스템에서 평형해의 국소 점근적 안정성을 검증하기 위해 간단한 판정법을 공부한다. 다음 2차원 일계시스템의 평형점 $(\bar{x}, \bar{y})$이 국소 점근적인 안정이 되기위한 기준을 유도한다.

$$\begin{aligned} x_{t+1} &= f(x_t, y_t), \\ y_{t+1} &= g(x_t, y_t). \end{aligned} \tag{2.18}$$

시스템 (2.18)에서 안정성 결과를 설명하기 이전에, 평형점에 관한 시스템을 선형화한다. f와 g가 평형점 $(\bar{x}, \bar{y})$를 포함하는 열린집합에서 연속인 2계 편도함수를 갖는다고 가정한다. 그러면 함수 $f(x, y)$에 대한 평형점에 관해 테일러 급수를 적용시키면 다음이 된다:

$$\begin{aligned} f(x,y) = f(\bar{x},\bar{y}) &+ \frac{\partial f(\bar{x},\bar{y})}{\partial x}(x-\bar{x}) + \frac{\partial f(\bar{x},\bar{y})}{\partial y}(y-\bar{y}) \\ &+ \frac{\partial^2 f(\bar{x},\bar{y})}{\partial x^2}\frac{(x-\bar{x})^2}{2!} + \frac{\partial^2 f(\bar{x},\bar{y}))}{\partial y^2}\frac{(y-\bar{y})^2}{2!} + \cdots . \end{aligned}$$

여기서, 기호

$$\frac{\partial f(\bar{x},\bar{y})}{\partial x} = \left.\frac{\partial f(x,y)}{\partial x}\right|_{(x,y)=(\bar{x},\bar{y})}$$

이 사용되었다.

$u = x - \bar{x}$이고 $v = y - \bar{y}$로 놓자. 그러면 $f - \bar{x}$는 근사적으로 선형이다:

$$\begin{aligned} f(x,y) &\approx f(\bar{x},\bar{y}) + \frac{\partial f(\bar{x},\bar{y})}{\partial x}(x-\bar{x}) + \frac{\partial f(\bar{x},\bar{y})}{\partial y}(y-\bar{y}) \\ &= \bar{x} + \frac{\partial f(\bar{x},\bar{y})}{\partial x}u + \frac{\partial f(\bar{x},\bar{y})}{\partial y}v. \end{aligned}$$

g에 대한 비슷한 근사치는 다음과 같다.

$$g(x,y) \approx \bar{y} + \frac{\partial g(\bar{x},\bar{y})}{\partial x}u + \frac{\partial f(\bar{x},\bar{y})}{\partial y}v.$$

평형점 $(\bar{x},\bar{y})$에 관한 시스템 (2.18)의 선형화, $u = x_t - \bar{x}$와 $v = y_t - \bar{y}$는

$$X_{t+1} = JX_t$$

로 주어진다. 여기서 $X_t = (u_t, v_t)^T$이고, J는 $(f,g)^T$의 야코비안 행렬은 평형해 $(\bar{x},\bar{y})$에서 값으로

$$J = \begin{pmatrix} \dfrac{\partial f(\bar{x},\bar{y})}{\partial x} & \dfrac{\partial f(\bar{x},\bar{y})}{\partial y} \\ \dfrac{\partial g(\bar{x},\bar{y})}{\partial x} & \dfrac{\partial f(\bar{x},\bar{y})}{\partial y} \end{pmatrix}$$

이다.

평형점의 국소 점근적인 안정성를 결정하기 위한 판별은 함수 f와 g가 x와 y에서 연속인 1계편도함수를 갖는 것이 필요할 뿐이다(Hale and Kocak,1991). 야코비안 행렬 J의 고유값은 비선형시스템의 국소 안정성을 결정한다. 만약 고유값이 $|\lambda_i| < 1$로 스펙트럼 반경이 $\rho(J) < 1$을 만족하면, 정리 5.5에 의해 $\lim_{t\to\infty} J^t = \mathbf{0}$이다.

야코비안 행렬 J를 (a_{ij})라고 표기하자. 여기서 a_{ij} 원소들은 평형점에서 f나 g의 편도함수 값이다. 야코비안 행렬 $J = (a_{ij})$의 고유값은 $\det(J - \lambda I) = 0$ 또는

$$det\begin{pmatrix} a_{11} - \lambda & a_{12} \\ a_{21} & a_{22} - \lambda \end{pmatrix} = 0$$

을 풀어 구할 수 있다는 것을 기억하라. 간단한 형태로, 특성 방정식은

$$\lambda^2 - (a_{11} + a_{22})\lambda + a_{11}a_{22} - a_{21}a_{12} = 0 \quad \text{또는} \quad \lambda^2 - Tr(J)\lambda + \det(J) = 0$$

이다.

2차원 경우에 국소안정성을 판별하는 쉬운방법이 있다. 국소 안정성은 야코비안 행렬의 대각선 원소의 합(trace)과 행렬식 값에 달려있다. 증명은 Edelstein-Keshet(1988)에 따른다.

정리 8.1 함수 $f(x,y)$와 $g(x,y)$는 점 $(\bar{x},\bar{y})$를 포함하는 $\mathbf{R}^2$의 어떤 열린집합 내의 x와 y에서 연속인 1계편도함수를 가진다고 가정하자. 그러면 비선형시스템

$$x_{t+1} = f(x_t, y_t),\ y_{t+1} = g(x_t, y_t)$$

에서 야코비안 행렬 J의 평형점의 고유값이 $|\lambda_i| < 1$을 만족할 필요충분조건

$$|Tr(J)| < 1 + \det(J) < 2 \tag{2.19}$$

을 만족하면, 평형점 $(\bar{x},\bar{y})$는 국소 점근적인 안정이다. $|\lambda_i| > 1$이면, 즉, 아래 세 부등식 중 임의의 하나가 만족되면 평형점은 불안정이다.

$$Tr(J) > 1 + \det(J),\ Tr(J) < -1 - \det(J) \text{ 또는 } \det(J) > 1. \tag{2.20}$$

증명. 조건 (2.19)가 성립할 필요충분조건은 J의 고유값의 크기가 1보다 작다. $\tau = Tr(J)$ 와 $\delta = \det(J)$라고 하자. 그러면 야코비안 행렬 J의 특성방정식은

$$p(\lambda) = \lambda^2 - \tau\lambda + \delta = 0$$

이다. 고유값은 $p(\lambda) = 0$의 해이고, 즉,

$$\lambda_{1,2} = \frac{\tau \pm \sqrt{\tau^2 - 4\delta}}{2}$$

이다. $|\lambda_i| < 1$일 필요충분조건은 $|\tau| < 1 + \delta < 2$임을 보인다. 먼저, $|\lambda_i| < 1$이면 $|\tau| < 1 + \delta < 2$임을 증명한다. 고유값이 실수일 경우와 고유값이 켤레복소수일 때의 두가지 경우를 고려한다.

경우 [1]. $|\lambda_i| < 1$이고 고유값이 실수라고 가정하자. 그러면 $\tau^2 \geq 4\delta$이다. 포물선 $\lambda^2 - \tau\lambda + \delta$는 두 위치 λ_1과 λ_2에서 λ축과 교차한다.(그림 2.13참고). $\lambda_2 \leq \lambda_1$라 가정하자. 포물선의 꼭지점이 $\tau/2$이므로 가정 $|\lambda_i| < 1$로 부터

$$-1 < \lambda_2 \leq \tau/2 \leq \lambda_1 < 1$$

이다. 따라서 $|\tau|/2 < 1$이다. 그러면 $4 > \tau^2 \geq 4\delta$는 $\delta < 1$를 의미한다. 또한, 거리는 $|\tau/2-1| > |\tau/2-\lambda_1|$이고 $|\tau/2+1| > |\tau/2-\lambda_2|$이다. $|\tau/2-\lambda_i| = \sqrt{(\tau^2 - 4\delta)}/2$이므로

$$1 - \frac{|\tau|}{2} > \frac{\sqrt{\tau^2 - 4\delta}}{2}$$

가 된다. 양변을 제곱하면 $1-|\tau|+\tau^2/4>(\tau^2-4\delta)/4$이다. 간단히 하면 $1+\delta>|\tau|$이 된다. 이것으로 $|\lambda_i|<1$ 이면 $|\tau|<1+\delta<2$을 의미한다.

경우 [2]. $|\lambda_i|<1$이고 고유값이 켤레복소수라고 가정하면, $\tau^2<4\delta$이다. 고유값은 다음을 만족한다:

$$\lambda_{1,2}=\frac{\tau}{2}\pm i\frac{\sqrt{4\delta-\tau^2}}{2}$$

이고

$$|\lambda_i|^2=\frac{\tau^2}{4}+\delta-\frac{\tau^2}{4}=\delta$$

이다. 그래서 $0<\delta<1$이다. 그러나 $\tau^2<4\delta$는 $|\tau|<2\sqrt{\delta}$이고 $2\sqrt{\delta}<1+\delta$을 의미한다. 그러므로, $|\lambda_i|<1$이면 $|\tau|<1+\delta<2$가 된다.

다음으로, $|\tau|<1+\delta<2$은 $|\lambda_i|<1$임을 보여준다. 고유값이 실수인 경우와 복소수인 경우 다시 두가지 경우를 고려한다.

- **(경우 1).** $|\tau|<1+\delta<2$이고 고유값 $|\lambda_i|$가 실수라고 가정하면 $\tau^2\geq 4\delta$이다. $\lambda_1=\tau/2+(1/2)\sqrt{\tau^2-4\delta}$이고 $\lambda_2=\tau/2-(1/2)\sqrt{\tau^2-4\delta}$라 놓으면 $\lambda_2\leq\lambda_1$이다 $\lambda_1<1$과 $\lambda_2>-1$을 보일 필요가 있다. 부등식 $|\tau|<1+\delta$를 재배열해서 $1-|\tau|>-\delta$를 유도한다. 위의 부등식의 양변에 $\tau^2/4$를 더하면

  $$(1-|\tau|/2)^2>\tau^2/4-\delta\geq 0$$

  이고 양변에 제곱근을 취하면,

  $$1-\frac{|\tau|}{2}>\frac{\sqrt{\tau^2-4\delta}}{2}$$

  이다. 이것으로 $1>|\tau|/2+\sqrt{\tau^2-4\delta}/2\geq\lambda_1$이고 $-1<-|\tau|/2-\sqrt{\tau^2-4\delta}/2\leq\lambda_2$이다. 첫 번째 경우가 증명되었다.

- **(경우 2).** $|\tau|<1+\delta<2$이고 고유값 λ_i가 복소수라고 가정하자. 따라서 $|\lambda_i|^2=\delta<1$이다. 모든 경우가 증명되었다.

$|\lambda_i|>1$이면 평형점 $(\bar{x},\bar{y})$은 불안정이다. 이것은 식 (2.20)에서 세 부등식중 어느것이 반대이면 생긴다. 그림 2.14에서 보여진 것처럼 조건 $|Tr(J)|>2$(또는 $|\tau|>2$)는 식

(2.20)에서 세 부등식으로 부터 구할 수 있다. □

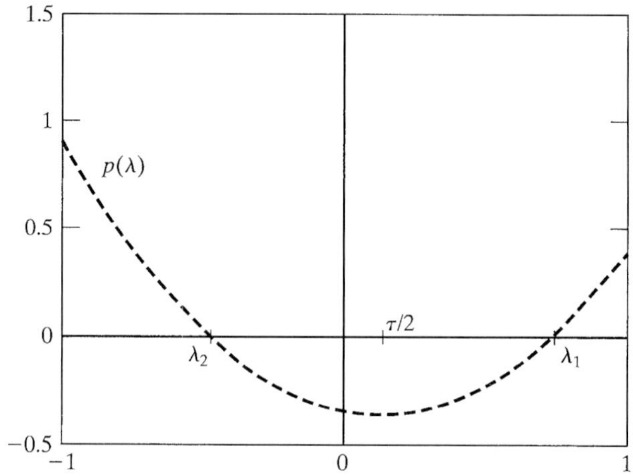

그림 2.13: 고유값이 실수이고 $\lambda_1 < 1$일 때 특성다항식 $p(\lambda)$.

국소안정성 판정기준에서 부등식중 하나가 성립하지 않을 때는, 적어도 하나의 고유값이 복소평면의 단위원에 있거나 단위원 외부 $|\lambda_i| \geq 1$에 있다. 만약 $Tr(J) > 1 + \det(J)$이면, 고유값이 실수이고 $\lambda_1 > 1$임을 이전의 증명으로부터 보일 수 있다. 만약 $Tr(J) < -1 - \det(J)$이면, 고유값은 실수이고 $\lambda_2 < -1$이다. 마지막으로, 고유값이 켤레복소수이고 $\det(J) > 1$이면, $|\lambda_i| > 1$, $i = 1, 2$ 이다. 단지 $\det(J) > [Tr(J)]^2/4$일 때만, 고유값이 켤레복소수(0이 아닌 허수부)이다. 국소 점근적 안정성의 영역은 $\tau = Tr(J)$이고 $\delta = \det(J)$에 관하여 그림 2.14에 있다. 요약하면, 그림 2.14에서 매개변수 영역의 내부로부터 외부까지 세 경계중 교차점 하나는 양수 고유값이 1보다 크거나(경계 $\tau = 1 + \delta$) 또는 음수 고유값이 1보다 작거나(경계 $\tau = -1 - \delta$) 또는 $|\lambda_i| > 1$(경계 $\delta = 1$)를 만족시키는 켤레복소수 쌍이다.

예제 8.2 *포식자-먹이 시스템이 계차방정식의 시스템을 만족한다고 가정하자. 변수 x는 먹이를 그리고 변수 y는 포식자를 나타낸다:*

$$x_{t+1} = x_t(a - x_t - y_t), \ a > 0,$$

$$y_{t+1} = y_t(b + x_t), \ 0 < b < 1.$$

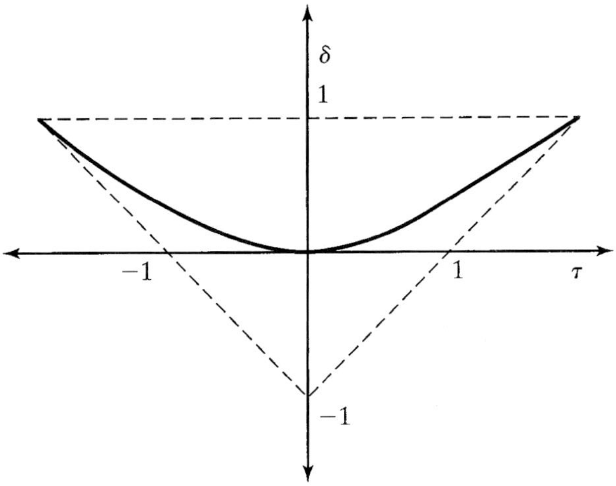

그림 2.14: $\tau = Tr(J)$이고 $\delta = \det(J)$인 $\tau - \delta$평면에 계차방정식 계에 대하여 점선 내부에 있는 삼각형은 국소 점근적 안정성의($|\lambda_i| < 1$) 영역이다. 실선 곡선은 $\tau^2 = 4\delta$를 나타낸다. 곡선 아래 고유치는 실수이고 곡선위의 고유치는 복소수이다. 매개변수 τ와 δ는 삼각영역 외부에 있으면 적어도 한개의 고유치는 $|\lambda_i| > 1$을 만족한다.

먹이 개체군은 포식자가 없을 때는 로지스틱 $x_{t+1} = x_t(a - x_t)$*으로 성장한다. 포식자가 존재할 때, 먹이 개체군 크기는 감소한다. 포식자 개체군은 먹이가 없을때는,* $y_{t+1} = by_t$*로 기하급수적으로 감소하지만, 먹이가 존재할 때 포식자 개체군은 증가한다.* x_t *또는* y_t*가 클 때에는 먹이 개체군에 대한 해는 음수가 가능하다는 것을 주목하자. 음수가 아닌 해는 먹이와 포식자의 현실적인 모델에서 매우 중요하다. 여기서, 국소 안정성 판정법(local stability criteria)을 설명하기 위해 간단한 이 모델을 사용한다. 세개의 평형점* $(0,0)$, $(a-1,0)$, $(\bar{x},\bar{y}) = (1-b, a+b-2)$*가 있다. 이 시스템에 대한 야코비안 행렬는 다음 형태를 가진다:*

$$J = \begin{pmatrix} a-2x-y & -x \\ y & b+x \end{pmatrix}.$$

각각의 평형점에서의 야코비안 행렬값은

$$J(0,0) = \begin{pmatrix} a & 0 \\ 0 & b \end{pmatrix}, \quad J(a-1,0) = \begin{pmatrix} 2-a & 1-a \\ 0 & a+b-1 \end{pmatrix}$$

이고

$$J(\bar{x}, \bar{y}) = \begin{pmatrix} b & -\bar{x} \\ \bar{y} & 1 \end{pmatrix}$$

이다. $a < 1$일 때 평형점 $(0,0)$은 국소 점근적 안정이고, 먹이와 포식자 모두 멸종한다. $a < 1$일 때에, 포식자가 없을 경우도 먹이가 지속되는 것은 불가능하다(이산 로지스틱 방정식 참고). $1 < a$, $|2-a| < 1$이고 $|a+b-1| < 1$이면, 평형점 $(a-1, 0)$는 음이 아니고 국소 점근적 안정이다. 이러한 부등식을 간단히 하면 $1 < a < 2-b$이다. 이 후자의 조건들이 성립할 때, 먹이는 생존하지만 포식자는 더 이상 생존하지 않는다. 마지막으로, 만일 $\bar{x}, \bar{y} > 0$이고

$$|1+b| < 1 + b + \bar{x}\bar{y} < 2$$

이면, 평형점 $(\bar{x}, \bar{y})$는 양수이고 국소 점근적 안정이다. $\bar{x}, \bar{y} > 0$이면 첫 번째 부등식은 자동적으로 만족된다. 두 번째 부등식은 $\bar{x}, \bar{y} > 0$이고 $a + b < 3$일 때 만족한다. $b > 1$이고 $a + b > 2$일 때 평형점 $(\bar{x}, \bar{y})$는 양수이다. 이러한 부등식을 결합하면 $(\bar{x}, \bar{y})$의 국소 점근적인 안정성을 위해 필요한 조건

$$2 < a + b < 3$$

이 성립하고, 먹이와 포식자 모두 생존한다. ■

제 9 절 Jury 조건

일계시스템 또는 고계계차방정식의 국소 안정성 판정은 선형화된 시스템 동태에 의존한다. n개의 방정식, $X(t) = (x_1(t), x_2(t), \ldots, x_n(t))^T$으로 구성된 일계시스템

$$X(t+1) = F(X(t)) \tag{2.21}$$

을 고려하자. 여기서, $F = (f_1, f_2, \ldots, f_n)^T$이고 $f_i \equiv f_i(x_1, x_{2,\ldots,x_n}), i = 1, 2, \ldots, n$ 이다. 시스템 (2.21)은 $\bar{X}$에서 평형점을 가진다고 가정하자. 만약 $U_t = X_t - \bar{X}$으로 놓으면, $\bar{X}$에 관한 시스템 (2.21)의 선형화된 시스템은

$$U_{t+1} = JU_t$$

으로 유도된다. $\bar{X}$에서 J의 야코비안 행렬값은

$$J = \begin{pmatrix} \frac{\partial f_1(\bar{X})}{\partial x_1} & \frac{\partial f_1(\bar{X})}{\partial x_2} & \cdots & \frac{\partial f_1(\bar{X})}{\partial x_n} \\ \frac{\partial f_2(\bar{X})}{\partial x_1} & \frac{\partial f_2(\bar{X})}{\partial x_2} & \cdots & \frac{\partial f_2(\bar{X})}{\partial x_n} \\ \vdots & \vdots & \cdots & \vdots \\ \frac{\partial f_n(\bar{X})}{\partial x_1} & \frac{\partial f_n(\bar{X})}{\partial x_2} & \cdots & \frac{\partial f_n(\bar{X})}{\partial x_n} \end{pmatrix}$$

이다. $\bar{X}$의 국소 점근적 안정성는 차례로 $\bar{X}$를 포함한 영역에서 편도함수의 존재성에 의존한 야코비안 행렬의 고유값에 종속한다. 그러므로, $\bar{X}$의 국소 점근적 안정성에 대해 f_i의 편도함수가 $\bar{X}$을 포함하는 열린집합에서 연속이 요구된다.

야코비안 행렬의 고유값은 특성방정식의 근이다:

$$\det(J - \lambda I) = 0.$$

고유값은 다음의 n차 특성다항식의 0 해이다.

$$p(\lambda) = \lambda^n + a_1\lambda^{n-1} + a_2\lambda^{n-2} + \cdots + a_n. \tag{2.22}$$

함수 f_i가 실수값이기 때문에 식 (2.22)에서 계수는 실수이다. $n = 2$에서 $a_1 = -Tr(J)$ 이고 $a_2 = \det(J)$이다.

국소 점근적 안정성를 만족해야 하는 조건은 **쥬리조건(Jury conditions)**나 **쥬리 테스트(Jury test)**이라 한다. 이 조건들은 특성다항식 (2.22)의 근이 $|\lambda_i| < 1$를 만족한다. 이 조건들은 또한 **Schur-cohn 판정법(Schur-cohn criteria)**이라 한다(Elaydi,1999). Schur와 Cohn은 식 (2.22)의 계수 a_j가 복소수일 때, 해는 $|\lambda_1| < 1$를 만족하기 위해 필요충분조건을 유도했다. 계수 a_j가 실수일 때, Jury (1964,1971,1974)는 Schur과 Cohn에 의해 유도한 조건의 일부를 단순하게 하였다. 이 조건은 n이 클 때에는 복잡하다. 그러나, 3차 특성방정식에서

$$p(\lambda) = \lambda^3 + a_1\lambda^2 + a_2\lambda + a_3, \tag{2.23}$$

Jury 조건은 설명하기가 쉽다.

정리 **9.1 (Jury조건, Schur-Cohn 판정법, $n = 3$).** *특성다항식 $p(\lambda)$가 식 (2.23)으로 주어진다고 가정하자. $p(\lambda) = 0$의 해 $\lambda_i, i = 1, 2, 3$는 $|\lambda_i| < 1$을 만족시킬 필요충분조건은 다음 세가지 조건이 성립한다:*

(i) $p(1) = 1 + a_1 + a_2 + a_3 > 0,$

(ii) $(-1)^3 p(-1) = 1 - a_1 + a_2 - a_3 > 0,$

(iii) $1 - (a_3)^2 > |a_2 - a_3 a_1|.$

□

일반적인 경우 Jury조건(또는 Schur-Cohn 판정법)은 2장 부록에서 설명한다. (Edelstein-Keshet,1988; Elaydi,1999; Jury,1964; Murray,1993,2002 참고). 이차다항식 $p(\lambda) = \lambda^2 + a_1\lambda + a_2$에서 Jury 조건는 정리 8.1의 조건이다. 즉, 다음과 같다:

$$|a_1| < 1 + a_2 < 2.$$

$|\lambda_i| < 1$에서 몇가지 필요조건(그러나, 충분조건은 아님)은 n 개 방정식을 가진 일반적인 시스템에서 확인하는 것은 쉽다.

정리 **9.2** *다항식 (2.22),* $p(\lambda) = 0$*의 해* $\lambda_i, i = 1, 2, \ldots, n$*가* $|\lambda_i| < 1$*을 만족하면,*

(a) $p(1) = 1 + a_1 + a_2 + \cdots + a_n > 0,$

(b) $(-1)^n p(-1) = 1 - a_1 + a_2 - \cdots + (-1)^n a_n > 0$*(교대 부호),*

(c) $|a_n| < 1$

이다. □

a_n이 고유값의 곱 $a_n = \lambda_1 \cdots \lambda_n$이라는 사실로부터 정리 9.2의 조건 (c)가 성립한다. 앞의 조건들중 하나가 만족되지 않는다면, $|\lambda_i| \geq 1$인 근이 존재한다. 그러나, 앞의 조건들 모두를 만족하면 Jury판정에서 다른 조건들이 국소 점근적인 안정성를 결정하는지를 검토해야한다.

정의 **9.3** $\bar{X}$*를 1계 시스템* $X_{t+1} = F(X_t)$*의 평형점이라 하고* J*를 평형점* $\bar{X}$*에서 계산한 야코비안 행렬이라고 하자. 야코비안 행렬의 모든 고유값의 크기가 1일 아닌* $|\lambda_1| \neq 1$*이면 평형점* $\bar{X}$*는* **쌍곡선 평형점(hyperbolic equilibrium)***이라 하고, 고유값의 크기가 1이면* **비쌍곡선 평형점(nonhyperbolic equilibrium)***이라고 한다.*

비쌍곡선 평형점의 경우에서 국소안정에서 판정은 미정이다.

예제 9.4 *특성방정식이 다음 형태를 가진다고 가정하자:*

$$p(\lambda) = \lambda^3 - 0.25\lambda^2 - 0.25\lambda + a.$$

Jury조건의 확인은

(i) $a > -0.5$ *이면* $p(1) = 1 - 0.25 - 0.25 + a > 0.$

(ii) $a < 1$ *이면* $(-1)^3 p(-1) = 1 + 0.25 - 0.25 - a > 0.$

(iii) $(1-a)(1+a) > 0.25|1-a|$ *이면* $1 - a^2 > |0.25 - 0.25a|$

이다.

조건 (i)-(iii)에서 부등식 결합은 a*는 유계가 된다. 만일* $-0.5 < a < 1$*이면,* $p(\lambda)$*는* $|\lambda_i| < 1$*를 만족하는 근이 있을 것이다.*■

Jury조건은 다음절에서 소개되는 전염병 모델에서 안정성 연구에 사용된다. 정리 8.1의 안정성 판정법에 적용한다.

제 10 절 예제: 전염병 모델

다음의 시스템은 간단한 이산 시간 전염병 모델(epidemic model)을 나타낸다. 개체군은 세 개의 그룹, 감염가능성이 있는(susceptible), 감염된(infected), 그리고 면역성을 가지는(또는 회복된) 그룹으로 세분화 한다. 변수 S_t는 시간 t에서 감염 가능성을 가진 개체들의 수, I_t는 시간 t에서 감염된 개체들의 수, R_t는 시간 t에서 면역성을 가진 또는 회복된 개체들의 수이다. 전체 개체군의 크기는 상수 N으로 가정한다. 이 모델을 SIR전염병 모델이라 한다. 상태변수들 S, I, R 사이의 관계는 그림 2.15의 구성된 다이어그램에 설명하였다. 이 모델은 감염이후 면역성을 가지게 되는 홍역(measles), 수두(chickenpox) 혹은 볼거리(mumps)와 같은 감염 질병에 적용될 수 있다. 전염병 모델링의 초기 공헌은 Hamer(1906), Ross(1911) 그리고 Kermack과 McKendrick(1927)에 의해서 만들어졌다. Ronald Ross경은 말라리아에 대한 그의 업적으로 1902년 의학분야로 노벨상을 받았다.

매개변수 β는 접촉수(contact number)로, t에서 $t+1$시간 동안 하나의 감염된 개체로 인해 새로 감염이 될 수 있도록 성공적인 접촉(감염 결과)의 평균수이다. 즉, $\beta S/N$는 감염가능성이 있는 개체가 감염이 될 수 있는 하나의 감염된 개체에 의해 접촉되는 비율이고,

$\beta SI/N$는 감염된 그룹에 의해 결과적으로 감염이 되게하는 접촉수 전체이다. 출생률과 사망률은 같고, 이는 매개변수 b로 쓴다. 또한 새로 태어난 개체는 감염가능성이 있는 개체이다. 질병의 수직적인 전염 즉 엄마로부터 자손에게로의 전염은 존재하지 않는다. 매개변수 γ는 회복률이다. 비율 $1/\gamma$은 사망이 존재하지 않을 때 감염주기의 평균길이이다(감염된 개체가 또한 감염시킬 수 있다고 가정한, 즉, 질병이 전염될수 있음을 가정).

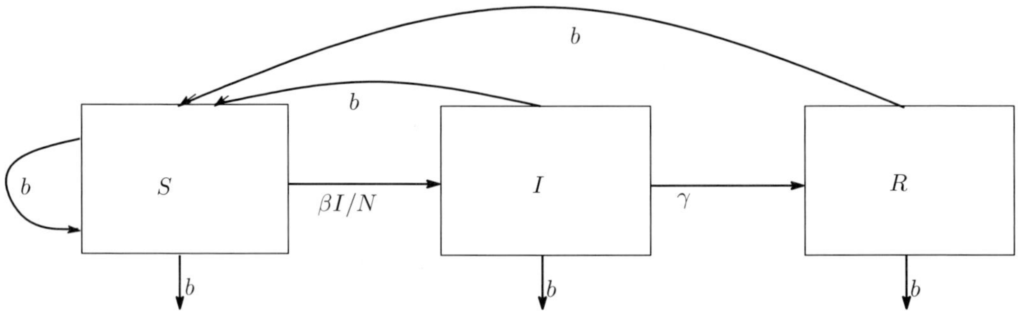

그림 2.15: SIR의 전염병 모델의 구획 다이어그램.

감염 주기의 길이는 사망으로 인하여 짧아질 수 있다. 그러므로 비율 $1/(b+\gamma)$는 사망을 포함할때의 감염 주기의 평균길이이다. 이러한 가정에 기초하여, SIR 전염병 모델은 다음의 형태를 가진다:

$$\begin{aligned} S_{t+1} &= S_t - \frac{\beta}{N} I_t S_t + b(I_t + R_t), \\ I_{t+1} &= I_t(1-\gamma-b) + \frac{\beta}{N} I_t S_t, \\ R_{t+1} &= R_t(1-b) + \gamma I_t. \end{aligned}$$

초기조건이 $S_0, I_0, R_0 > 0$일 때 $S_0 + I_0 + R_0 = N$이다. 음수가 아닌 해가 되기 위해 매개변수에 대한 제한이 필요하다. 음수가 아닌 해에 대한 충분조건은 $b, \gamma > 0$에 대해

$$0 < b + \gamma < 1, \quad 0 < \beta < 1$$

이다. 이들 조건들은 구간 t에서 $t+1$까지의 시간 길이에 제한을 둔다. 매개변수들의 조건이 만족되도록 길이(시간(hours) 또는 일(days))는 충분히 짧아야 한다. 세 개의 방정식들을 더하면, $S_{t+1} + I_{t+1} + R_{t+1} = S_t + I_t + R_t$를 얻는다. $S_0 + I_0 + R_0 = N$이기 때문에, 전체 개체군의 크기는 N이고 임의의 시간 t에 대해, $S_t + I_t + R_t = N$(이미 만든 가정)을 유도한다. 이제, 해가 음수가 아닌 것을 보이기 위해, $S_0, I_0, R_0 > 0$인 것에 주목하자. 매개변수에 대한 가정은 $\beta I_0/N \le I_0/N \le 1$을 의미하고, 그래서 $S_1, I_1, R_1 > 0$이다. 귀납법에 의해, 해는 항상 음수가 아니다.

$S_t + I_t + R_t = N$의 관계때문에, 변수들중 하나는 필요하지 않으므로, 소거할 수 있다. 예를 들어, 변수 R_t는 $N - S_t - I_t$로 대체할 수 있다. 그러면 세 개의 계차방정식은 S와 I에 대한 두 개의 방정식으로 간단하게 된다:

$$\begin{aligned} S_{t+1} &= S_t - \frac{\beta}{N} I_t S_t + b(N - S_t) = f(S_t, I_t), \\ I_{t+1} &= I_t(1 - \gamma - b) + \frac{\beta}{N} I_t S_t = g(S_t, I_t). \end{aligned}$$

S와 I에 관한 이 방정식은 두 개의 평형점이 존재한다. 평형점은 $\bar{S}$와 $\bar{I}$에 관한 다음의 방정식을 풀어 구할 수 있다:

$$\begin{aligned} \bar{S} &= \bar{S} - \frac{\beta}{N} \bar{I}\bar{S} + b(N - \bar{S}), \\ \bar{I} &= \bar{I}(1 - \gamma - b) + \frac{\beta}{N} \bar{I}\bar{S}. \end{aligned}$$

방정식을 간단히 하고 풀면 다음의 두 평형해를 얻는다:

$$(1)\ \bar{S} = N, \quad \bar{I} = 0 \quad \text{와} \quad (2)\ \bar{S} = \frac{N(\gamma + b)}{\beta}, \quad \bar{I} = bN\left[\frac{\beta - (\gamma + b)}{\beta(\gamma + b)}\right].$$

첫 번째 평형점을 **무질병 평형해(disease-free equilibrium)**라 부르고, 두 번째 평형점을 **고유질병 평형해(endemic equilibrium)**라 부른다. 두 번째 평형점이 양수일 필요충분조건은 $\beta > \gamma + b$ 임에 주의해라.

$S - I$시스템에 대한 야코비안 행렬은 다음의 형태를 가진다:

$$J(S, I) = \begin{pmatrix} 1 - b - \frac{\beta}{N} I & -\frac{\beta}{N} S \\ \frac{\beta}{N} I & 1 - \gamma - b + \frac{\beta}{N} S \end{pmatrix}.$$

무질병 평형점에서 야코비안 행렬은

$$J(N, 0) = \begin{pmatrix} 1 - b & -\beta \\ 0 & 1 - \gamma - b + \beta \end{pmatrix}$$

를 만족한다. 야코비안 행렬이 상삼각 행렬이기 때문에, 고유치는 대각선을 따라서,

$$\lambda_1 = 1 - b \quad \text{이고} \quad \lambda_2 = 1 - \gamma - b + \beta$$

이다. $|\lambda_{1,2}| < 1$이면, 무질병 평형점은 국소 점근적인 안정이다. 매개변수에 대한 가정으로부터 $0 < \lambda_1 < 1$이다. 두 번째 고유치가 $\beta/(\gamma + b) < 1$일 때 $0 < \lambda_2 < 1$를 만족한다. 후자의 비율을 기호 $\mathcal{R}_0$로 쓰고 SIR 전염병 모델에 대한 임계 매개변수라 정의하고 **고**

유의 생산수(basic reproduction number) 또는 **고유의 번식율(basic reproduction ratio)**,

$$\mathcal{R}_0 = \frac{\beta}{\gamma + b}$$

라고 부른다. 또한 이 비율은 생물학적 해석을 가진다. $\mathcal{R}_0$의 값은 개체가 감염 기간동안의 감염된 하나의 개체에 의해 감염되는 이차 감염자들의 수이다(Anderson과 May,1991). 만일 $\mathcal{R}_0 < 1$이면, 단지 하나의 평형점인 무질병 평형점이 존재하고 이것은 국소 점근적인 안정이다.

$\mathcal{R}_0$의 추정은 홍역, 천연두, 수두와 같은 질병에서 구해진다(May,1983). 표 2.2는 이러한 감염질병과 큰 규모의 다른 전염병에서 구해진 $\mathcal{R}_0$에 대한 일부의 추정치들이다. 추정은 전염병의 전염병이 발생되었던 위치와 시간에 종속됨을 주목하라. 접촉율과 개체군에서 면역수준은 지리적인 위치와 전염병의 시간간격에 따라 변한다. 천연두($\approx 3-5$)에 대한 $\mathcal{R}_0$의 추정값은 천연두가 근절되기 이전의 것이다. (The World Health Assembly declared the world free of smallpox in 1908.). 천연두의 근절은 광범위한 백신접종 캠페인을 통해 이루어졌다.($\mathcal{R}_0$의 값을 1보다 작은 값으로 줄였다.) 고유의 번식수의 크기는 질병을 근절하는것이나 전염병을 제어하는데 어려움의 표시를 제시한다($\mathcal{R}_0$의 값이 크면, 조절이 더 어렵다.). 세계적인 예방접종 캠페인을 통해 소아마비 근절을 위해 진행중이다.

백신접종은 감염가능성이 있는 개체의 비율 pS_t가 각 시간 기간동안 백신접종을 한것으로 가정하여, 전염병 모델에 포함할 수 있다. 이러한 개체들은 면역이 되고 면역된 개체들을 구획 R_{t+1}에 더한다. 백신접종의 효과는 홍역 전염병 모델에서 검증되었고, 이것은 3장에서 공식화하고 분석한다.

SIR전염병 모델의 해석을 계속하기 위하여, 고유질병 평형점이 국소 점근적인 안정인지를 조사하였다. $\mathcal{R}_0 > 1$이면 고유질병 평형점이 양수이다. 고유질병 평형점에서 야코비안 행렬의 값은 다음 형태를 가진다:

$$J(\bar{S}, \bar{I}) = \begin{pmatrix} 1 - b\mathcal{R}_0 & -\dfrac{\beta}{\mathcal{R}_0} \\ b(\mathcal{R}_0 - 1) & 1 \end{pmatrix}.$$

특별한 경우를 고려한다.

$$2 - b\mathcal{R}_0 \geq 0$$

라 가정한다. 이 가정은 $J(\bar{S}, \bar{I})$의 대각원소의 합이 음수가 아닌 것을 의미한다. 정

표 2.2: May(1983)에 의해 보고되었던 기본 번식수

감염 질병	장소와 시간	$\mathcal{R}_0$
천연두(Smallpox)	개발도상국	$3-5$
	세계적 캠페인 이전	
홍역(Measles)	영국, 웨일즈, 1956-1967	13
	U.S., 다양한 지역, 1910-1930	$12-13$
백일해(Whooping Cough)	영국,웨일즈, 1942-1950	17
	메일랜드, U.S., 1908-1917	13
풍진(German Measles)	영국,웨일즈, 1979	6
	서독일, 1972	
수두(Chickenpox)	U.S., 다양한 지역, 1913-1921, 1943	$9-10$
디프테리아(Diphtheria)	U.S., 다양한 지역, 1910-1947	$4-6$
성홍열(Scarlet Fever)	U.S., 다양한 지역, 1910-1920	$5-7$
유행성 이하선염(Mumps)	U.S., 다양한 지역, 1912-1916, 1943	$4-7$
소아마비(Poliomyelitis)	홀랜드, 1960; U.S., 1955	6

리 8.1은 평형점이 국소 점근적인 안정인지 아닌지를 결정하는데 적용될 수 있다:

$$Tr(J) = 2 - b\mathcal{R}_0 \geq 0, \quad \text{이고} \quad \det(J) = 1 - b\mathcal{R}_0 + \beta b(1 - \frac{1}{\mathcal{R}_0}).$$

정리 8.1에서 주어진 국소 점근적인 안정성에 대한 조건은

$$2 - b\mathcal{R}_0 < 2 - b\mathcal{R}_0 + \beta b\left(1 - \frac{1}{\mathcal{R}_0}\right) < 2$$

이고, 이것을 간단히 하면

$$0 < \beta b\left(1 - \frac{1}{\mathcal{R}_0}\right) < b\mathcal{R}_0$$

이다. $\mathcal{R}_0 > 1 > \beta(1 - 1/\mathcal{R}_0)$이기 때문에 이전의 부등식을 만족한다. 즉, 만일

$$2 - b\mathcal{R}_0 \geq 0 \quad \text{이고} \quad \mathcal{R}_0 > 1$$

이면, 고유질병 평형점이 존재하고 국소 점근적인 안정이다. 동일하게, $1 < \mathcal{R}_0 \leq 2/b$일 때, 고유질병 평형점은 국소 점근적인 안정이다. $\mathcal{R}_0 > 1$이고 위의 조건이 만족되지 않을 때, 고유질병 평형점은 안정 또는 불안정일 것이다. 또한, 주기해나 혼돈해가 존재할 것이

다. 후자의 경우 전염병의 동태를 예측할 수 없다. SIR 전염병 모델에 대한 해를 설명하는 두 개의 예가 $\mathcal{R}_0 < 1$과 $\mathcal{R}_0 > 1$에 대하여 그림 2.16에 있다. 그림 2.16은 $\mathcal{R}_0 < 1$의 시뮬레이션에 대한 매트랩 프로그램(Matlab program)은 2장의 부록에 있다.

전염병에 대한 계차방정식 모델의 다른 많은 유형들이 공식화 될 수 있다. 예를 들어, 회복이 없거나 일식적인 회복이 있는(SIS 전염병 모델), 성장하는 개체군, 레슬리 모델과 같은 연령그룹과 몇몇의 숙주나 병원균 개체군을 가지는 모델이 존재한다.(예를 들어 Allen,1994; Allen 과 Burgin, 2000; Allen et al.,2004; Castillo-Chavez와 Yakubu,2001; Martin et al., 1996)을 참고하라.) 임질에 관한 SIS전염병 모델의 깊이 있는 분석은 Hethcote와 Yorke(1984)에 의한 연구논문에서 논의하였다.

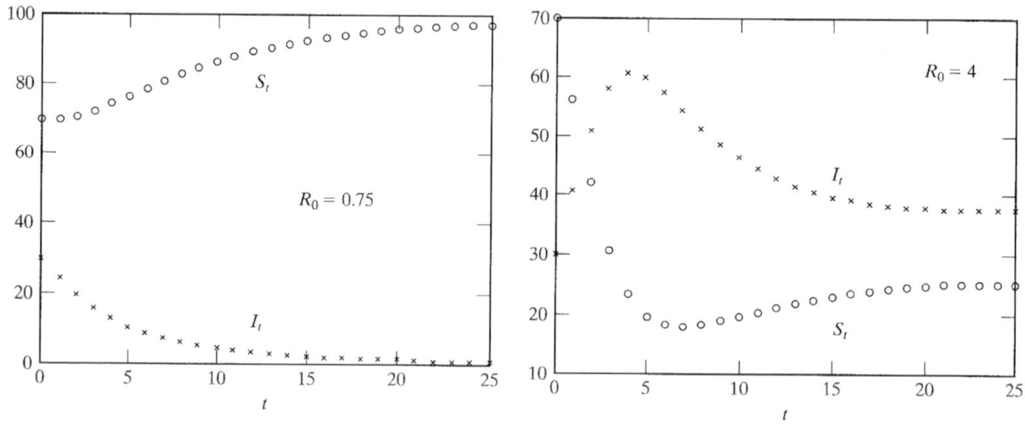

그림 2.16: $\mathcal{R}_0 = 0.75(\beta = 0.3, b = 0.2 = \gamma)$이고 $\mathcal{R}_0 = 4(\beta = 0.8, b = 0.2 = \gamma)$일 때 SIR전염병 모델에 대한 해. 두 경우에, $S_0 = 70, I_0 = 30$ 이고 $\mathcal{R}_0 = 0$

제 11 절 지연 계차방정식

지금까지 고려된 대부분의 모델들은 $t+1$세대에서의 상태는 이전의 t세대에 종속하는 1계 방정식이나 시스템이다. 처음 근사값처럼 이 가정은 적절할 것이다. 그렇지만 번식을 있기 전에 성적 성숙함이 지연되어 있는 개체군은 많은 이전세대들에 의해 영향을 받았을 것이다. 단일개체군의 증가율이 이전의 두 세대에 의해 영향을 받았던 단순한 모델은 다음 계차방정식의 형태를 취한다:

$$x_{t+1} = f(x_t, x_{t-T}). \tag{2.24}$$

현재의 $t+1$ 세대에서 $t-T$세대의 효과는 "지연(delayed)" 효과로 여길 것이다. 방정식 (2.24)는 $T+1$계를 가진다. 현재의 세대는 1세대에서 $T+1$세대 전 까지의 영향을 받았다. 예를 들어, 밀도-종속 효과에서 지연이 있는 2.6절의 이산 로지스틱 모델은 다음 형태를 가진다.

$$x_{t+1} = rx_t(1 - x_{t-T}). \tag{2.25}$$

여기서, 식 (2.25)와 같은 일반적인 모델을 고려하지만, 지연은 두 세대($T = 1$)이다. 지연이 개체군의 안정성에 어떻게 영향을 주는지 즉, $T = 0$의 모델과 $T = 1$의 모델을 비교한다. 고계계차방정식은 1계시스템으로 변환할 수 있기 때문에, 2.8절과 2.9절의 방법을 사용하여 국소 안정성 동태를 분석할 수 있다. 따라서 새로운 방법이 여기에는 소개되지 않지만, 안정성 동태는 지연효과에 관해서 해석될 것이다.

다음 두 개의 모델들을 고려하자:

$$(1)\ x_{t+1} = g(x_t)x_t \quad \text{와} \quad (2)\ x_{t+1} = g(x_{t-1})x_t.$$

첫 번째 모델에서 한 개체당 성장율은 단지 지난 한 세대의 개체군에 의존하지만, 두 번째 모델에서는 지난 두 세대에 의존한다. 즉, $T = 1$의 지연이 존재한다. g가 연속적으로 미분가능하다는 것을 가정했다.

첫 번째 모델

$$x_{t+1} = g(x_t)x_t = f(x_t)$$

에서는 적어도 하나의 평형점, 평형점 0이 존재한다. 다른 평형점들은 $g(x) = 1$의 해이다. $g(x) = 1$에서 유일한 양수의 해가 존재한다고 가정하고 그것을 $\bar{x}$와 같이 표기한다. 양수 평형점의 국소 점근적 안정성의 판정법은 $f'(\bar{x})$에 달려있다(정리3.1).

$$f'(x)|_{x=\bar{x}} = [g'(x)x + g(x)]|_{x=\bar{x}} = g'(\bar{x})\bar{x} + 1$$

이므로, $-1 < g'(\bar{x})\bar{x} + 1 < 1$ 또는

$$0 < -g'(\bar{x})\bar{x} < 2$$

이면 평형점 $\bar{x}$는 국소 점근적 안정이다.

두 번째 모델 $x_{t+1} = g(x_{t-1})x_t$은 첫 번째 모델에서와 같이 0과 $\bar{x} < 0(g(\bar{x}) = 1)$은 두 개의 평형점들이 있다. $\bar{x}$의 국소 점근적 안정성을 결정하기 위하여 선형 근사치를 결정할

필요가 있다. 고계방정식을 직접 선형화하거나 방정식을 일계시스템으로 변환하고 야코비안 행렬을 구할 수 있다. 양쪽의 선형화 방법을 설명한다.

첫 번째 방법에서, 이계방정식은 직접 선형화한다. $u_t = x_t - \bar{x}$라 놓자. 그러면

$$\begin{aligned} u_{t+1} &= x_{t+1} - \bar{x} \\ &= g(x_{t-1})x_t - \bar{x} \\ &\approx [g(\bar{x}) + g'(\bar{x})(x_{t-1} - \bar{x})]x_t - \bar{x} \\ &= [1 + g'(\bar{x})u_{t-1}]x_t - \bar{x} \\ &= x_t - \bar{x} + g'(\bar{x})u_{t-1}(u_t + \bar{x}) \\ &\approx u_t + g'(\bar{x})\bar{x}u_{t-1} \end{aligned}$$

이다. $\bar{x}$**에 대한 선형화된 방정식(linearized equation about** $\bar{x}$**)**은

$$u_{t+1} = u_t + g'(\bar{x})\bar{x}u_{t-1} \text{이다.}$$

이 선형화된 방정식에 대한 특성방정식은 다음과 같다:

$$\lambda^2 - \lambda - g'(\bar{x})\bar{x} = 0. \tag{2.26}$$

두 번째 방법에서는, 이계방정식을 일계시스템으로 변환되었다. $y_{t+1} = x_t$라고 놓자. 그러면 시스템은 다음과 같이 쓸 수 있다.

$$\begin{aligned} x_{t+1} &= g(y_t)x_t = F(x_t, y_t), \\ y_{t+1} &= x_t = G(x_t, y_t). \end{aligned}$$

야코비안 행렬은

$$J(x,y) = \begin{pmatrix} g(y) & g'(y)x \\ 1 & 0 \end{pmatrix}$$

이다.

$\bar{y} = \bar{x}$이고 $g(\bar{y}) = 1$일 때의 평형점 $(\bar{x}, \bar{y})$에서 야코비안 행렬은

$$J(\bar{x},\bar{y}) = \begin{pmatrix} 1 & g'(\bar{x})\bar{x} \\ 1 & 0 \end{pmatrix}$$

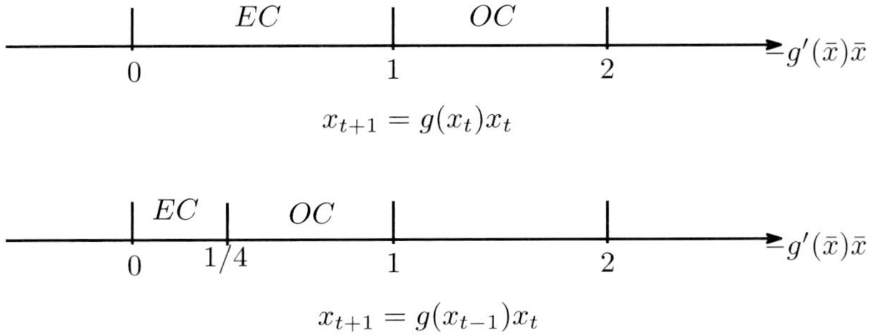

그림 2.17: 계차방정식 $x_{t+1} = g(x_t)x_t$, $x_{t+1} = g(x_{t-1})x_t$에 대한 국소 점근적 안정성의 영역, EC=지수수렴, OC=진동수렴이다.

이다. $Tr(J) = \tau = 1$이고 $\det(J) = \gamma = -g'(\bar{x})\bar{x}$일 때 이것은 특성방정식 $\det(J - \lambda I)$이 식 (2.26)과 같다는 것은 쉽게 보일 수 있다. 정리 8.1은 평형점의 국소 점근적 안정성을 결정하기 위하여 특성방정식 (2.26)을 적용할 수 있다. 고유값은 $1 < 1 - g'(\bar{x})\bar{x} < 2$ 또는

$$0 < -g'(\bar{x})\bar{x} < 1$$

일 때 1보다 크기(modulus)가 작다. 두 모델에 대한 안정성 영역은 그림 **??**에서 비교하였다.

지수 수렴과 진동수렴에 대한 영역의 계산은 연습문제로 남긴다. 두 번째 모델에 대한 점근적 안정성 영역은 첫 번째 모델보다도 훨씬작다. 시간지체(time lags)는 일반적으로 효과를 약화시키고, 지연이 길면 길수록 효과를 약화시키는 것이 더 커진다.

예제 11.1 *다음 두 모델을 고려하자.*

$$x_{t+1} = x_t \exp(r(1 - x_t)),$$
$$x_{t+1} = x_t \exp(r(1 - x_{t-1})).$$

두 모델에서, $g(x) = \exp(r(1 - x))$이고 양수의 평형점은 $\bar{x} = 1$이다. 또한 $g'(\bar{x}) = -r$이다. 지연이 없는 첫 번째 모델은 $0 < r < 2$일 때 국소 점근적 안정한 평형점 $\bar{x} = 1$이 있고, 1세대에 지연이 있는 두 번째 모델은 $0 < r < 1$일 때 국소 점근적인 안정한 평형점을 가진다.■

예제 11.2 *Murray(1993, pp.43-54)는 국제포경업위원회(International Whaling commission=IWC)에서 흥미있는 모델을 제시하였다. 이 모델을 간단히 논의한다. IWC의 목표*

는 고래의 멸종을 막고 지속적인 산출물을 얻기 위하여 고래수염 고래의 개체군을 관리하는 것이다. 다음 모델은 Clark(1976)에 의해 발전되었다:

$$x_{t+1} = (1-\mu)x_t + R(x_{t-1}),$$

여기서, x_t는 성적으로 성숙한 고래이고, $(1-\mu)x_t$는 $0 < \mu < 1$에서 매년마다 생존하는 고래의 개체군이고, $R(x_{t-T})$는 T해 전에 태어난 고래가 어른 개체군으로 가입되는 고래이다. 지연 T는 범위가 5년부터 10년으로 성적으로 성장하기 위한 시간이다. R에 대한 공식은 다음과 같이 주어진다:

$$R(x) = \mu x\left(1 + q\left[1 - \left(\frac{x}{K}\right)^z\right]\right).$$

여기서 $K > 0$는 평형점 밀도, $q > 0$는 암컷의 산란력(fecundity)과 관련이 있고 $z > 0$는 밀도-종속의 상호작용하는 강도의 측도이다.

$\bar{x} = K$에서 평형점이 존재하는 것을 보이는 것은 쉽다. 평형점이 1에서 존재하도록 모델을 다시 설계한다. $y_t = x_t/K$를 대입하여 계산하면

$$y_{t+1} = (1-\mu)y_t + \mu y_{t-T}[1 + q(1 - y_{t-T}^z)]$$

이다. $u_t = y_t - 1$이라 놓고, 위의 방정식에 u_t를 대입하면,

$$\begin{aligned} y_{t+1} = u_{t+1} + 1 &\approx (1-\mu)(u_t+1) + \mu(u_{t-T}+1)[1 + q(1 - [1 + zu_{t-T}])], \\ &= (1-\mu)(u_t+1) + \mu(u_{t-T}+1)[1 - qzu_{t-T}] \end{aligned}$$

이다. 1에 대한 y^z의 선형화는 $y^z \approx 1 + z(y-1) = 1 + zu$이다. 따라서,

$$u_{t+1} \approx (1-\mu)u_t + \mu u_{t-T}(1 - qzu_{t-T}) - \mu qzu_{t-T}$$

이거나

$$u_{t+1} = (1-\mu)u_t + \mu(1-qz)u_{t-T}$$

이다. 특성방정식은 $u_t = \lambda^t$라는 가정에 의해 구할 수 있다:

$$p(\lambda) = \lambda^{T+1} - (1-\mu)\lambda^T - \mu(1-qz) = 0.$$

특성방정식의 고유값의 크기가 1보다 작으면 $u_t \to 0, y_t \to 1, x_t \to K$(만약 초기의 개체군이 K로 근사할 때)이다. $T > 1$이므로, 평형점 K의 국소 점근적인 안정성을 결정하기 위하여 Jury조건을 적용해야 한다. 그렇지만 정리 9.2에서 설명된 필요조건을 확인해야 한다:

(i) $p(1) = 1 - (1-\mu) - \mu(1-qz) = \mu qz > 0,$

(ii) $(-1)^{T+1}p(-1) = (-1)^{T+1}[(-1)^{T+1} - (1-\mu)(-1)^T - \mu(1-qz)]$
$= 2 - \mu + \mu(-1)^T(1-qz) > 0,$

(iii) $|\mu(1-qz)| < 1.$

조건 (i)은 만족되었다. 예를 들어 $qz > 1 + 1/\mu$이면 조건 (ii)와 (iii)이 성립한다. 후자의 부등식은 z에 의해 측정된 번식율(fertility) 계수 q와 상호작용하는 밀도-종속의 강도로 경계를 나타낸다. 고래 개체군의 수확이 포함되었다면 매 해마다 안정적인 개체군을 유지하는 것이 매우 중요하다. ■

제 12 절 연습문제

1. 다음 계차방정식에 대한 모든 평형점을 구하여라.

   (a) $x_{t+1} = ax_t\exp(-rx_t),\ a, r > 0$

   (b) $x_{t+1} = ax_t/(b + x_t)^k,\ a, b, k > 0$(음이 아닌 평형점)

   (c) $x_{t+1} = a{x_t}^3,\ a > 0$

   (d) $x_{t+1} = ax_t\exp(-x_t) + bx_t,\ a > 0,\ 0 < b < 1$

   (e) $x_{t+1} = \begin{cases} ax_t, & |x_t| < 1, \\ 0, & |x_t| \geq 1, \end{cases}\quad a > 1$

2. 연습문제 1의 (a)-(d)의 계차방정식 각각의 평형해가 국소 점근적인 안정이거나 불안정이 될 수 있도록 하는 매개변수 값의 범위를 결정하여라. 정리 3.1을 적용하여라.

3. 연습문제 1의 (e)의 계차방정식에 대하여, 국소 점근적으로 안정은 아니므로, 원점이 일반적으로(모든 초기조건에 대하여) 선호함을 보여라.

4. 다음 계차방정식 시스템에 대하여 모든 평형점들을 구하여라.

$$x_{t+1} = \frac{ax_ty_t}{1+x_t},\ a > 0,$$
$$y_{t+1} = \frac{bx_ty_t}{1+y_t},\ b > 0.$$

5. 다음 계차방정식에 대하여 모든 평형점을 구하여라. 그리고 그것들이 국소 점근적 안정인지 불안정인지를 결정하여라.

   (a) $x_{t+1} = a{x_t}^3 + x_t, a \neq 0$

   (b) $x_{t+1} = \frac{1}{2}{x_t}^2 + 3x_t$

   (c) $x_{t+1} = \frac{1}{2}({x_t}^3 + x_t)$

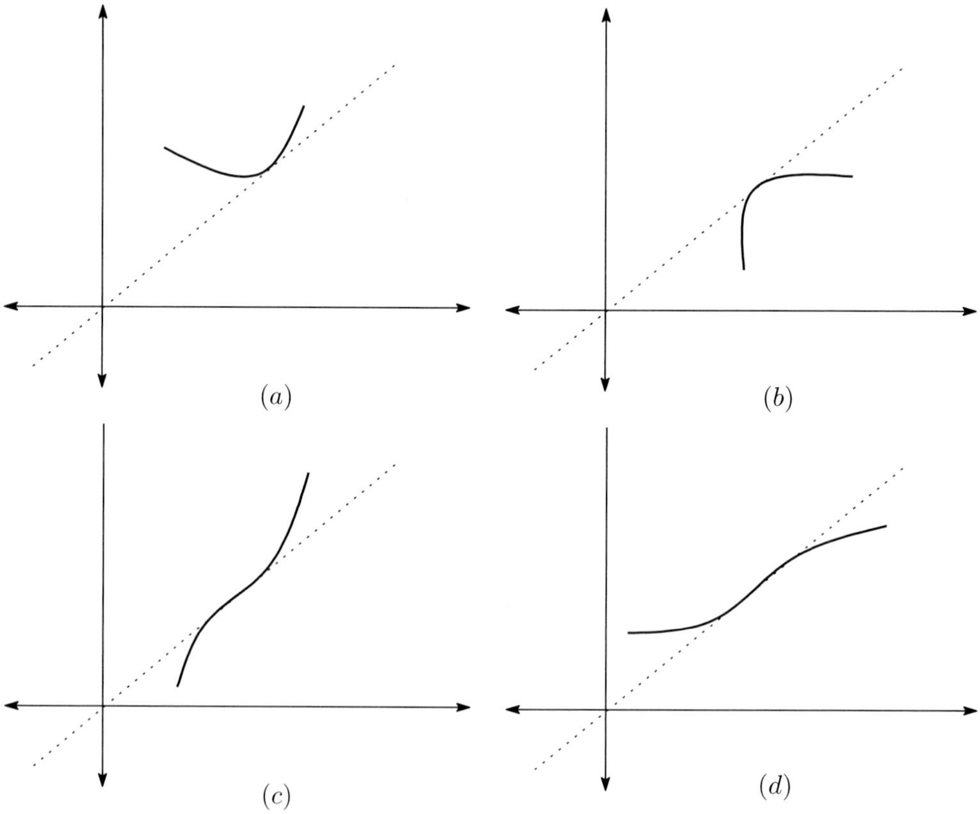

그림 2.18: 실선 곡선 $\bar{x}$근방의 $x_{t+1} = f(x_t)$이고 점선 곡선은 $x_{t+1} = x_t$ (a)는 $f''(\bar{x}) > 0$이고 (b)는 $f''(\bar{x}) < 0$이다. (c)와 (d)는 $f''(\bar{x}) = 0$이나 (c)는 $f'''(\bar{x}) > 0$이고 (d)는 $f'''(\bar{x}) < 0$이다.

6. 계차방정식 $x_{t+1} = r - {x_t}^2$의 2-순환

$$\bar{x}_{1,2} = \frac{1 \pm \sqrt{4r-3}}{2}$$

이 $3/4 < r < 5/4$일 때 국소 점근적인 안정이고, $r > 5/4$일 때 불안정임을 보여라.

7. 정리 3.9의 증명은 $\bar{x}$에서 $f(x)$의 형태에 따라 달라진다. 거미망 방법을 이용하여 (i)과 (ii)가 $\bar{x}$에서 불안정이고, (iii)가 $\bar{x}$에서 국소 점근적인 안정임을 보여라. $\bar{x}$ 근방의 $f(x)$의 그래프들은 그림 2.18과 같다.

8. 정리 3.10의 증명을 하여라.

9. 다음 미분방정식은 잘 알려진 로지스틱 방정식이다.

$$\frac{dx}{dt} = rx\left(1 - \frac{x}{K}\right)$$

r은 내적 증가율이며, K는 환경수용력이다. $r, K > 0$ 그리고 $x(0) > 0$에 대하여 $\lim_{t\to\infty} x(t) = K$임을 보일 수 있다. 이 연습문제에서 로지스틱 성장의 완전 계차방정식 형태가 유도된다.

   (a) $x(t)$를 x_t로 표기하자. 변수들을 분리하고 부분분수 분해를 이용하여 다음 미분방정식을 적분하여라.

$$\int_{x_t}^{x_{t+1}} \frac{K}{x(K-x)} dx = \int_t^{t+1} r d\tau$$

   그리고 다음을 보여라.

$$\ln\left|\frac{K - x_{t+1}}{Kx_{t+1}} \Big/ \frac{K - x_t}{Kx_t}\right| = -r.$$

   $x_t < x_{t+1} < K$ 혹은 $x_t > x_{t+1} > K$라 가정하면, 해는 증가하거나 감소한다.

   (b) 방정식 (a)가 다음과 같은 형태로 표현됨을 보여라.

$$x_{t+1} = \frac{\lambda K x_t}{K + (\lambda - 1)x_t}$$

   단, $\lambda = e^r > 1$이다. 이 방정식은 로지스틱 성장의 완전 이산 형태이다. 계차방정식의 양수 평형점 $\bar{x} = K$는 일반적으로 점근적 안정이다.

10. (a) 연습문제 9(b)의 로지스틱 계차방정식에 대하여, $u_t = 1/x_t$라 하고, 변수 u에 관한 다음 계차방정식이 선형임을 보여라.

$$u_{t+1} = \frac{1}{\lambda}u_t + \frac{\lambda - 1}{\lambda K} = au_t + b, \; u_0 = 1/x_0.$$

   (b) u_t에 대한 선형계차방정식을 풀어라.

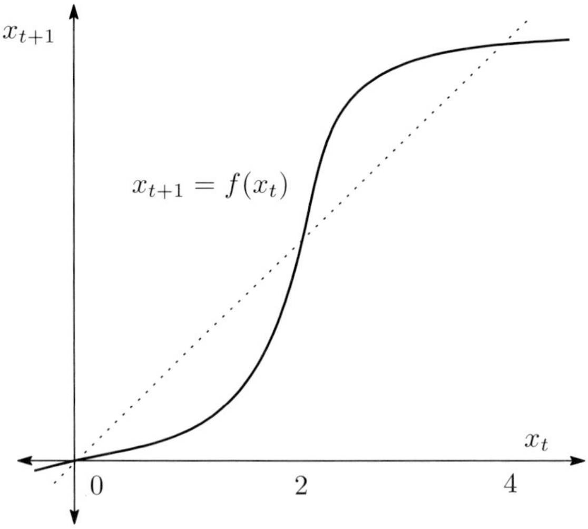

그림 2.19: 번식곡선.

(c) 다음 식이 성립함을 보이고

$$x_t = \frac{x_0 K \lambda^t}{K + x_0(\lambda^t - 1)}.$$

$\lim_{t\to\infty} x(t)$를 구하여라.

11. 계차방정식 $f : [0, \infty) \to [0, \infty)$, $x_{t+1} = ax_t^3 = f(x_t)$, $a > 0$이 구간 $[0, \infty)$에서 2-순환을 가지지 않음을 보여라.(힌트 : 정리를 적용하여라.)

12. 만약 구간 $[0, \infty)$에서 $x_{t+1} = f(x_t)$, $f(0) = 0$, $f : [0, \infty) \to [0, \infty)$ 이다. $0 < f'(x) < 1$이면 $x_0 > 0$에서

$$\lim_{t\to\infty} f^t(x_0) = 0$$

임을 보여라.

13. $x_{t+1} = x_t^2 - 1$의 2-순환을 구하고, 국소 점근적 안정성 여부를 결정하여라. $x_0 = 0.5$일 때 $x_1, \ldots, x_{20}$을 구하여라.

14. x_t를 t세대에서 개체군 크기라 하고 $t+1$세대에서

$$x_{t+1} = f(x_t)$$

라고 가정하자. 단, $x \geq 0$일 때 $f'(x) > 0$이다. $\bar{x} = 0, 2, 4$로 주어진 정확히 세 쌍곡선 평형점들이 있다고 가정하자.

(a) 그림 2.19의 그래프에서 번식곡선은 $y = f(x)$ 또는 $x_{t+1} = f(x_t)$이고 직선은 $y = x$나 $x_{t+1} = x_t$이다. 평형점들 각자의 기울기를 언급하지 않고, 세 가지 평형점들의 각각에서 국소안정성을 결정하여라.

(b) 구간 $[0, \infty)$에서 $x_{t+1} = f(x_t)$가 2-순환이 없음을 보여라.(힌트 : 만약 $x_0 < x_1$이거나 $x_0 > x_1$이면 무슨 일이 일어날까?)

15. $x \in [0, \infty)$에서 $x_{t+1} = f(x_t)$, $f : [0, \infty) \to [0, \infty)$이고 $f'(x) > 0$이라 가정하자. 또한, 두 쌍곡선 평형점들이 반드시 존재하고, 그 값은 0이며 $\bar{x} > 0$이라 가정하자. 만약 $0 < x_0 < \bar{x}$이면, $\lim_{t\to\infty} x_t = 0$이나 $\lim_{t\to\infty} x_t = \bar{x}$임을 증명하여라.

16. 다음 비선형계차방정식에서 r에 대한 함수의 평형점들을 구하여라. $r = 0$ 근방의 분기 다이어그램이 각각 그림 2.10의 Ⅰ, Ⅱ, Ⅲ와 일치하는 형태를 가짐을 보여라.

(a) $x_{t+1} = r + x_t + x_t^2$

(b) $x_{t+1} = (r+1)x_t - x_t^3$

(c) $x_{t+1} = (r+1)x_t + x_t^2$

17. 비선형계차방정식 $x_{t+1} = r - x_t - x_t^2$에 대하여 $0 < r < 1/2$일 때, 안정 2-순환이 존재함을 보여라. 그리고 $r = 0$ 근방의 분기 다이어그램이 그림 2.10 Ⅳ와 일치하는 형태를 가짐을 보여라.

18. 다음 r에 대한 함수의 계차방정식의 평형점들을 구하여라. 그리고 $r = 0$근방의 분기 다이어그램을 그리시오. 또한 연습문제 16에서 주어진 방정식와 이들 방정식 간의 자취의 차이점을 설명하여라.

(a) $x_{t+1} = r + x_t - x_t^2$(안장 마디)

(b) $x_{t+1} = (r+1)x_t + x_t^3$(삼지창)

(c) $x_{t+1} = (r+1)x_t - x_t^2$(초월임계)

19. $x_j = f(x_{j-1})$, $j = 1, 2, \ldots$에 대하여 리아프노브 지수가 $\lambda(x_0) = \lambda(x_j)$임을 보여라. 힌트: $\lambda(x_j) = \lim_{t\to\infty} \frac{1}{t} \sum_{i=j}^{t+j-1} \ln|f'(x_i)|$이다. 다음을 보여라.

$$\lambda(x_0) = \lim_{t\to\infty} \frac{1}{t+j} \left[\sum_{i=0}^{j-1} \ln|f'(x_i)| + \sum_{i=j}^{t+j-1} \ln|f'(x_i)| \right].$$

20. 만약 $\overline{x}$가 $x_{t+1} = f(x_t)$(정리 3.1에서 정의된)의 불안정한 평형점이면, 리아프노브 지수가 $\lambda(\overline{x}) > 0$임을 보이고 $\overline{x}$가 국소 점근적 안정 평형점이면(정리 3.1에서 정의된), 리아프노브 지수가 $\lambda(\overline{x}) < 0$임을 보여라.

21. 연습문제 4의 계차방정식 시스템에 대하여 평형점 0이 국소 점근적인 안정이 되도록 하는 매개변수에 대한 조건을 구하여라. 또한 영이 아닌 평형점이 국소 점근적인 안정이 되도록 하는 매개변수에 대한 조건을 구하여라.

22. 다음 계차방정식 시스템은 공통 자원에 대한 x와 y종 간의 경쟁을 나타낸 것이다. x나 y의 개체군 크기가 증가하면 다른 종들에 대한 개체군 크기를 감소시킨다.

$$x_{t+1} = \frac{(a_1+1)x_t}{1+x_t+b_1y_t},\ a_1, b_1 > 0$$
$$y_{t+1} = \frac{(a_2+1)y_t}{1+b_2x_t+y_t},\ a_2, b_2 > 0$$

(a) $(0,0), (x^*,0), (0,y^*)$형태의 세 평형점들이 있다. x^*와 y^*를 구하여라.

(b) (a)가 국소 점근적인 안정 평형점이 되도록, 매개변수들에 대한 조건을 결정하여라.

(c) 4번째 평형점 $(\overline{x},\overline{y})$가 있다. 이 때, $\overline{x}$와 $\overline{y}$가 양수가 되도록 하는 매개변수들에 관한 조건을 구하여라.

(d) $a_2/b_2 > a_1$이고, $a_1/b_1 > a_2$라 가정하자. 평형점 $(\overline{x},\overline{y})$의 안정성에 대하여 무엇이라 할 수 있는가? 만약 부등식들 중 하나가 반대이면, $(\overline{x},\overline{y})$의 안정성에 대하여 무엇이라 할 수 있는가? 설명하여라.

23. 다음 유행병 모델은 SIS 유행병 모델이라 한다. 감염된 개체는 회복했으나 면역이 되지 않았다고 한다. 회복한 개체들은 다시 감염가능성이 있다.

$$S_{t+1} = S_t - \frac{\beta}{N}I_tS_t + (\gamma+b)I_t,$$
$$I_{t+1} = I_t(1-\gamma-b) + \frac{\beta}{N}I_tS_t.$$

$0 < \beta < 1,\ 0 < b+\gamma < 1,\ S_0 + I_0 = N$이고 $S_0,\ I_0 > 0$이라 가정하자.

(a) $t = 1, 2, \ldots$에 대하여 $S_t + I_t = N$임을 보여라.

(b) 만일 $\mathcal{R}_0 = \beta/(b+\gamma) \geq 1$이면, 평형점이 두개 존재하고 그들 둘 모두 음수가 아님을 보여라.

(c) 시스템을 I의 단일 계차방정식으로 줄여라[즉, $I_{t+1} = f(I_t)$]. 그리고 $\mathcal{R}_0 < 1$이면 평형점 $0(\bar{I} = 0)$이 국소 점근적인 안정이고, $\mathcal{R}_0 > 1$이면 양수 평형점$(\bar{I} > 0)$이 국소 점근적인 안정임을 보여라.

(d) $\mathcal{R}_0 < 1$인 경우와 $\mathcal{R}_0 > 1$인 경우, 이 모형에 대한 컴퓨터 프로그램을 작성하고 몇 가지 수치적 시뮬레이션을 하여라. (이 장의 부록에 MATLAB 프로그램을 참고하여라.)

24. 연습문제 23에서 $\mathcal{R}_0$를 SIS 모델의 분기 매개변수라 하자. 특히, $b + \gamma = 1/2$이고 $\beta = \mathcal{R}_0/2$라 하자. I_t에 관한 계차방정식을 간단하게 하기 위해서, 다음이 되도록 변수변환 $x_t = I_t/N$을 한다:

$$x_{t+1} = \frac{1}{2}x_t(1 + \mathcal{R}_0[1 - x_t]). \tag{2.27}$$

(a) 모델 (2.27)에 대한 모든 평형점들을 구하여라.

(b) 모델 (2.27)에 대하여 $\mathcal{R}_0 = 1$에서의 초월임계 분기가 존재함을 보여라. 그리고 $\mathcal{R}_0 = 1$근방의 분기다이어그램을 그려라.

25. 개체군 성장에 관한 리커모델은 다음과 같다:

$$y_{t+1} = y_t \exp(r[1 - y_t/K]), \ r, K > 0. \tag{2.28}$$

이 방정식은 이산 로지스틱 방정식과 유사하며, 주기-배가 동태를 나타낸다(May, 1975).

(a) $x_t = y_t/K$라 하고 다음과 같은 차원이 없는 계차방정식 형태로 표현해 보자. $x_{t+1} = x_t \exp(r[1 - x_t])$. 만약 $x_0 > 0$이면, $x_t > 0$임을 보여라.

(b) 왜 r의 무슨값이 양수 평형점 $\bar{x} = 1$에서 국소 점근적인 안정인가?

(c) 2-순환 $\{\bar{x}_1, \bar{x}_2\}$을 계산하고 2-순환이 안정적이도록 하는 $2 < r < 2.526$ 사이에서 r의 값에 대한 안정성을 확인하여라($r = 2.1, 2.2, 2.3, 2.4, 2.5$을 사용하여라). $r = 2.6$에서는 어떻게 되는가? 설명하여라.

26. 리커 모델 (2.28)은 $r, K > 0$, $0 < r < 2$에 대하여 2-순환을 갖지 않음을 보여라.

$$x_{t+1} = x_t \exp(r[1 - x_t/K]) = f(x_t).$$

특히, $x \in (0, \infty)$에 대하여 $1 + f'(x) \neq 0$임을 보여라. 정리 5.5과 5.7을 적용하여, 양수 평형점 K가 국소 점근적인 안정임을 결정하여라.

27. 다음 계차방정식은 리커 모델의 확장이다. 추가적인 항 cx_t^2는 포식과 다른 절차에 기인한 개체군 성장율에 관한 부정적인 의견을 표현하기 위해 포함된다. 이 모델은 다음과 같다:

$$x_{t+1} = x_t \exp(r - x_t - cx_t^2), \ r, c > 0.$$

(a) 양수 평형점 $\overline{x} = (\sqrt{1+4rc} - 1)/2c$이 유일하게 존재함을 보여라.

(b) 만약 $0 < r + c\overline{x}^2 < 2$일 때, 양수 평형점이 국소 점근적인 안정임을 보여라.

(c) $r + c\overline{x}^2 = 2$에서 $f'(\overline{x}) = -1$임을 보이시오(주기적으로 증감을 주기-배가 분기의 특성).

(d) $r = 1.9$일 때 분기 다이어그램은 주기-배가 동태임을 보여라. 2-순환이 처음 나타나는 c의 값을 구하여라. 다음 그래프는 $r = 1.9$와 $c \in [0, 0.8]$에 대한 분기그래프이다.

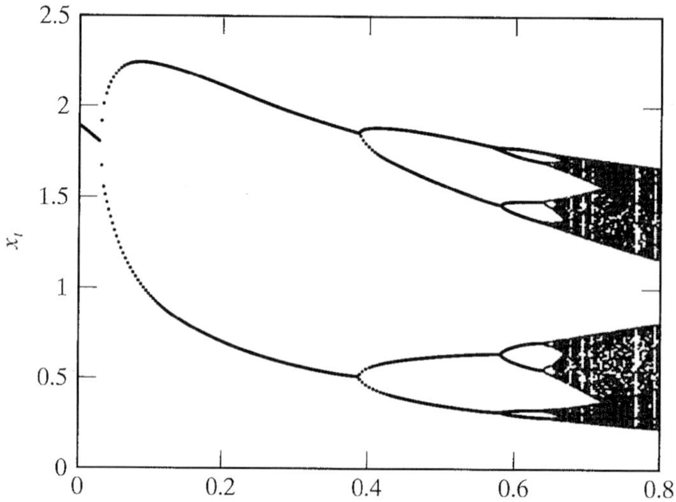

28. 계차방정식 시스템, $X_{t+1} = F(X_t)$에서 양수 평형점 $\bar{X} = (\bar{x}, \bar{y})^T$에서 야코비안 행렬은 다음을 만족한다:

$$J = \begin{pmatrix} a & 1+a \\ a & 1 \end{pmatrix},$$

단, a는 실수이다. 양수 평형점이 국소 점근적 안정이 되도록 매개변수 a에 관한 조건을 구하여라.

29. 지연 계차방정식 $x_{t+1} = x_t g(x_{t-1})$에서 고유치에 대한 공식을 사용하여

$$\lambda_{1,2} = \frac{1 \pm \sqrt{1 + 4g'(\bar{x})\bar{x}}}{2}.$$

다음 문제를 직접 보여라.

(a) $0 < \lambda_{1,2} < 1$이기 위한 필요충분조건은 $0 < -g'(\bar{x})\bar{x} < 1/4$이고

(b) 고유치들이 $|\lambda_{1,2}| < 1$을 만족하는 공액복소수이기 위한 필요충분조건은 $1/4 < -g'(\bar{x})\bar{x} < 1$이다.

따라서, 그림 2.17에서 조건 (a)는 평형점 $\bar{x}$에 대한 지수수렴 (EC)을 갖는 계차방정식에 관한 해들을 제시하고, 조건 (b)는 평형점 $\bar{x}$에 관한 진동수렴 (OC)을 갖는 계차방정식에 관한 해를 제시함을 알 수 있다.

30. 다음과 같은 2계비선형계차방정식을 생각하자.

$$x_{t+1} = rx_t(1 - x_{t-1}), \ r > 1. \tag{2.29}$$

(a) 계차방정식을 1계시스템으로 변환하고, 시스템의 야코비안 행렬을 결정하여라.

(b) 평형점 $\bar{x} = (r-1)/r$이 국소 점근적인 안정이 되도록 r에 관한 조건을 결정하여라.

31. 내적 성장률이 밀도-의존 기간보다 지연된다고 가정하자. 즉,

$$x_{t+1} = rx_{t-1}(1 - x_t), \ r > 0.$$

(a) 계차방정식을 1계시스템으로 변환하고, 시스템의 야코비안 행렬을 결정하여라.

(b) 평형점 $\overline{x} = 0$이 국소 점근적인 안정이 되도록 r의 조건을 결정하여라.

(c) $r > 1$에 대하여 평형해 $\overline{x} = (r-1)/r$이 국소 점근적인 안정이 되지 않음을 보여라. 모델 (2.29)의 안정성과 지연이 없는 모델 $x_{t+1} = rx_t(1 - x_t)$(이산 로지스틱 방정식)에 대한 안정성 결과를 비교하여라. 이 예제들은 모델에서 지연이 포함된 항의 중요성을 설명한다.

32. 행렬 A는 다음과 같다.

$$A = \begin{pmatrix} a_{11} & a_{12} \\ 0 & a_{22} \end{pmatrix}.$$

(a) $\rho(A)$와 행렬 노름 $\|A\|_1$, $\|A\|_\infty$를 구하여라(이 장의 부록에서 리아프노브 지수에 관한 절에서 행렬 노름의 정의를 참고하여라.).

(b) 다음 관계들을 만족하는 행렬 B, C, D의 예를 구하여라.

(i) $\rho(B) < \|B\|_1 < \|B\|_\infty$

(ii) $\rho(C) < \|C\|_\infty < \|C\|_1$

(iii) $\rho(D) = \|D\|_1 = \|D\|_\infty$

제 13 절 2장 참고 문헌

1. Allen,L.J.S. 1994. Some discrete-time SI,SIR, and SIS epidemic models. *Math.Biosci.* 124: 83-105.

2. Allen,L.J.S. and A.M.Burgin. 2000. Comparison of deterministic and stochastic SIS and SIR models in discrete time. *Math.Biosci.* 163: 1-33.

3. Allen,L.J.S., N.Kirupaharan, and S.M. Wilson. 2004. SIS epidemic models with multiple pathogen strains.*J.Difference Eqns. and Appl.* 10: 53-75.

4. Alligood,K.T.,T.D.Sauer, and J.A. Yorke. 1996. *chaos:An Introduction to Dynamical Systems.* Springer-Verlag,New York.

5. Anderson,R.M. and R.M.May. 1991. *Infectious Diseases of Humans, Dynamics and Control*Oxford University Press,Oxford.

6. Castillo-Chávez,C. and A.-A.Yakubu. 2001. Dispersal,disease and life-history evolution,*Math,Biosci.* 173: 35-53.

7. Clark,C.W. 1976. A delayed-recruitment model of population dynamics with an application to baleen whale populations. *J.Math.Biol.* 3: 381-391.

8. Cull,P. 1981. Global stability of population models. *Bull.Math.Biol.* 43: 47-58.

9. Cull,P. 1986. Local and global stability for population models. *Biological Cybernetics* 54: 141-149.

10. Cull.P. 1988. Stability of discrete one-dimensional population models. *Bull.Math.Biol.* 50: 67-75.

11. Devaney,R.L. 1989. *An Introduction to Chaotic Dynamical Systems.*2nd ed. Addison-Wesley,Reading.Mass.

12. Devaney,R.L. 1992. *A First Course in Chaotic Dynamical Systems: Theory and experiments.*Addison-Wesley,Reading,Mass.

13. Edelstein-Keshet,L. 1988. *Mathematical Models in Biology.*The Random House/ Birkhäuser Mathematics Series,New York.

14. Elaydi,S.N. 1999. *An Introduction to Difference Equations.*2nd ed. Springer-Verlag, New York.

15. Elaydi,S.N. 2000. *Discrete Chaos.*Chapman & Hall/CRC, Boca Raton, London, New York, Washington,D.C.

16. Feigenbaum,M.J. 1978. Quantitative universality for a class of nonlinear transformations. *J.Stat.Phys.* 19: 25-52.

17. Gleick,J. 1987. *Chaos:The Making of a New Science.*Viking,New York.

18. Gulick,D. 1992. *Encounters with Chaos.* McGraw-Hill,Inc.,New York.

19. Hale,J. and H.Koçak. 1991. *Dynamics and Bifurcations.*Springer-Verlag, New York, Berlin, Heidelberg.

20. Hamer,W.H. 1906. Epidemic disease in England. *Lancet* 1: 733-739.

21. Hethcote,H.W. and J.A.Yorke. 1984. *Gonorrhea Transmission Dynamics and Control.*Springer-Verlag, Berlin and Heidelberg.

22. Jury,E.I. 1964. *Theory and Applications of the Z Transform*John Wiley & Sons, New York.

23. Jury,E.I. 1971.Inners'approach to some problems of system theory. *IEEE Trans. Automat.Control* 16: 233-240.

24. Jury,E.I. 1974. *Inners and Stability of Dynamic Systems.*John Wiley & Sons,New York.

25. Kermack,W.O. and A.G.McKendrick. 1927. Contributions to the mathematical theory of epidemics, part 1. *Proc.Roy.Soc.London Series A* 115: 700-712.

26. Leslie,P.H. 1959. The properties of a certain lag type of population growth and the influence of an external random factor on a number of such populations. *Physiol.Zool.* 32: 151-159.

27. Li,T.-Y., M.Misiurewicz, G.pianigiani, and J.A.Yorke. 1982. Odd chaos. *Phys.Letters.* 87A: 271-273.

28. Li,T.,-Y. and J.A.Yorke. 1975. Period three implies chaos. *Amer. Math. Monthly.* 82: 985-992.

29. Martin,C.F.,L.J.S.Allen, and M.Stamp. 1996. An analysis of the transmission of chlamydia in a closed population. *J.Diffrence Equations and Appl.* 2: 1-29.

30. May,R.M. 1975. Biological populations obeying difference equations:stable points, stable cycles, and chaos. *J.Theor.Biol.* 51: 511-524.

31. May,R.M. 1976. Simple mathematical models with very complicated dynamical behavior. *Nature* 261: 459-467.

32. May,R.M. 1983. Parasitic infections as regulators of animal populations. *Amer. Scientist* 71: 36-45.

33. McCluskey C.C. and J.S. Muldowney. 1998. Bendixson-Dulac criteria for difference equations. *J.Dynamics and Differential Equations* 10: 567-576.

34. Murray,J.D. 1993. *Mathematical Biology.* 2nd ed.Springer-Verlag,Berlin, Heidelberg, New York.

35. Murray,J.D. 2002. *Mathematical Biology:I An Introduction.* 3rd ed. Springer-verlag, New York.

36. Olsen,L.F. and H.Degn. 1985. Chaos in biological systems. *Quarterly Rev.Biophysics.* 18: 165-225.

37. Ortega,J.M. 1987. *Matrix Theory A Second Course.* Plenum Press, New York.

38. Pielou,E.C. 1977. *Mathematical Ecology.* John Wiley & Sons, New York.

39. Rasband,S.N. 1990. *Chaotic Dynamics of Nonlinear Systems.* John Wiley & Sons, New York.

40. Ricker,W.E. 1954. Stock and recruitment. *Journal of the Fisheries research Board of Canada* 11: 559-623.

41. Ross,R. 1911. *The prevention of Malaria.* 2nd ed.John Murray,London.

42. Saha,P. and S.H.Strogatz. 1995. The birth of period 3. *Math.Mag.* 68: 42-47.

43. Sedaghat,H. 1997. The impossibility of unstable,globally attracting fixed points for continuous mappings of the line. *Amer.Math.Monthly.* 104: 356-359.

44. Sharkovskii.A.N. 1964. Coexistence of cycles of a continuous map of a line into itself(in Russian). *Ukr.Mat.Z.* 16: 61-71.

45. Strogatz,S.H. 2000, *Nonlinear dynamics and Chaos.* Perseus Pub., Cambridge, Mass.

제 14 절 2장 부 록

14.1 정리 5.5의 증명

$x_{t+1} = f(x_t)$의 고정점 $\bar{x}$에서 광의의 점근적 안정성(global asymptotic stability)에 관한 정리 5.5의 증명의 필요충분조건은 2-순환이 존재하지 않음을 보이면 된다. 이 증명은 Cull(1981)에 의해 증명되었다.(또한, Cull,1986,1988 참고).

정리 5.5의 증명. 만약 f가 $\bar{x}$에서 광의의 점근적인 안정성을 갖는다면, f는 어떤 2-순환도 가질 수 없다. 왜냐하면 2-순환 $\{\bar{x}_1, \bar{x}_2\}$에 대하여 $\lim_{t\to\infty} f^t(\bar{x}_1)$이 존재하지 않기 때문이다. 역의 의미는 더 많은 과정이 필요하다. 역으로 f가 2-순환을 가지지 않는다고 가정한다. 그런 다음 $\bar{x}$에서 광의의 점근적인 안정성을 증명한다. 이 증명은 세 가지 경우로 나누어진다.

경우 1 $x \in (0, \bar{x})$에 대하여 $f(f(x)) > x$임을 보이자. 우선 $x \in (0, \bar{x})$ 또는 $x \in (\bar{x}, a)$에 대하여 $f(f(x)) \neq x$임을 주목하자. 함수 $f(f(x)) - x$는 구간 $(0, \bar{x})$에서 하나의 부호만을 갖는다. 이 부호가 양수여야 함을 보인다. 경우 1의 증명은 (a)와 (b) 두 부분으로 나누어 증명한다.

(a) 모든 $x \in (0, \bar{x})$에 대해 $f(x) < \bar{x}$라 가정하자. 그러면 가정 (iv)에 의해 $x < f(x)$이고 $y = f(x) > \bar{x}$은 $f(f(x)) = f(y) > y = f(x) > x$이 성립하고, 구간 $(0, \bar{x})$에서는 $f(f(x)) > x$이다.

(b) $f(\hat{x}) = (\bar{x})$인 $\hat{x} \in (0, \bar{x})$이 존재한다고 가정하자. 그러면 $f(f(\hat{x})) = f(\bar{x}) = \bar{x} > \hat{x}$이다. 그러므로 $f(f(\hat{x})) - \hat{x} > 0$이다. $f(f(x)) - x$가 구간 $(0, \bar{x})$에서 하나의 부호만을 갖고 $f(f(\hat{x})) - \hat{x} > 0$이기 때문에, 모든 $x \in (0, \bar{x})$에 대하여 $f(f(x)) > x$가 된다.

경우 2 만약 $x_0 \in (0, \bar{x})$이면, $\lim_{t\to\infty} f^t(x_0) = \bar{x}$라 가정한다. 경우 2의 증명은 (a),(b),(c) 세 부분으로 나누어 증명한다.

(a) 모든 $x_0 \in (0, \bar{x})$에 대하여 $x_0 < f(x_0) \leq \bar{x}$라 가정하자. $y_0 = f(x_0) \in (0, \bar{x})$이기 때문에, 부등식을 다시 적용하면 $f(x_0) = y_0 < f(y_0) = f^2(x_0) \leq \bar{x}$이다. 부등식을 연속적으로 적용하여, $\bar{x}$에 의한 위로 유계인 단조증가 수열인 $\{f^t(x_0)\}_{t=0}^{\infty}$을 얻는다. 이 수열은 $0 < z \leq \bar{x}$인 점으로 수렴한다. 한편, f가 연속이므로,

$$z = \lim_{t\to\infty} f^t(x_0) = \lim_{t\to\infty} f^{t+1}(x_0) = f(z)$$

이고 이것은 z가 양수 고정점임을 보인것이다. 양수 고정점은 오직 $\bar{x}$밖에 없다. 그 결과 $z = \hat{x}$이다. 따라서 $x_0 \in (0, \bar{x})$에 대하여 $\lim_{t\to\infty} f^t(x_0) = \bar{x}$이다.

(b) 어떤 $x_0 \in (0, \bar{x})$에 대한 $f(x_0) > \bar{x}$라 가정하자. 그러면 성질 (v)와 (vi)에 의해 $f(f(x_0)) < f(x_0)$이고 $f(f(x_0)) < \bar{x}$가 된다. 경우 2의 (a)를 f^2 : $\lim_{t\to\infty} f^{2t}(x_0) = \bar{x}$를 적용한다. f는 연속이므로, $\lim_{t\to\infty} f^{2t+1}(x_0) = f(\bar{x})$이 되어 $x_0 \in (0, \bar{x})$에 대하여 $\lim_{t\to\infty} f^t(x_0) = \bar{x}$이다.

(c) 어떤 $x_0 \in (0, \bar{x})$에 대한 $f^{t_0}(x_0) > \bar{x}$와 $t = 0, \ldots, t_0 - 1$에 대해 $f^t(x_0) < \bar{x}$을 만족하는 $t_0 > 0$이 존재한다고 하자.

성질 (iv)에 의해 유한수열 $\{x_0, f(x_0), \ldots, f^{t_0-1}(x_0)\}$은 단조수열이여야 한다. 경우 2의 (a)에 의해, $\lim_{t\to\infty} f^{(t_0-1)t}(x_0) = \bar{x}$로 부터, $x_0 < f^{t_0-1}(x_0) < \bar{x}$이다. f가 연속이므로 $k = 0, 1, 2, \ldots, t_0 - 2$에 대해

$$\lim_{t\to\infty} f^{(t_0-1)t+k}(x_0) = f^k(\bar{x}) = \bar{x}$$

이다. 결과적으로 $\lim_{t\to\infty} f^t(x_0) = \bar{x}$이다.

경우 3 만약 $x_0 \in (\bar{x}, a)$이면, $\lim_{t\to\infty} f^t(x_0) = \bar{x}$임을 보이자. 경우 3의 증명은 (a)와 (b) 두 부분으로 나누어 증명한다.

(a) 모든 $t > 0$에 대하여 $f^t(x_0) > \bar{x}$에서 $x_0 \in (\bar{x}, a)$라 가정하자. 그러면 (v)에 의하여 $\bar{x} < f(x_0) < x_0$이다. 성질 (v)를 다시 적용하면, 다음과 같은 부등식을 얻는다:

$$\bar{x} < f^2(x_0) < f(x_0) < x_0.$$

수열 $\{f^t(x_0)\}_{t=0}^{\infty}$는 단조감소하고, $\bar{x}$에 의해 아래로 유계다. 이는 수열이 $\lim_{t\to\infty} f^t(x_0) = \bar{x}$인 고정점 $\bar{x}$로 수렴해야 함을 나타낸다.

(b) 어떤 $x_0 \in (\bar{x}, a)$에 대하여 $0 < f^{t_0}(x_0) < \bar{x}$을 만족하는 t_0가 존재한다고 가정하자. 그러면 $y_0 = f^{t_0}(x_0)$에 대하여 경우 2에서처럼 $\lim_{t\to\infty} f^t(y_0) = \bar{x}$가 된다. 그러므로, $t = s + t_0$에서

$$\lim_{t\to\infty} f^t(x_0) = \lim_{s\to\infty} f^s(y_0) = \bar{x}$$

이다.

14.2 혼돈의 정의

카오스에 대한 다음 정의는 Li et al.(1982)에 의한 정의다.

정의 14.1. 만약 서로 다양한 주기를 가진 f의 무한이 많은 주기 점들이 존재하고, 다음 조건을 만족하는 임계치의 비 가산집합 C가 존재하면, 방정식 $x_{t+1} = f(x_t)$를 혼돈(chaotic)이라 한다.

(i) 모든 $p, q \in C, p \neq q$에 대하여, 어떤 $\epsilon > 0$에 대해,

$$\lim_{i\to\infty} |f^{n_i}(p) - f^{n_i}(q)| < \epsilon$$

을 만족하는 수열 $n_1, n_2, \ldots$ (∞로 향하는)이 존재한다.

(ii) 더구나

$$\lim_{i\to\infty} |f^{m_i}(p) - f^{m_i}(q)| = 0$$

을 만족하는 또 다른 수열 $m_1, m_2, m_3, \ldots$ (∞로 향하는)이 존재한다.

이 정의는 어떤 시간에는 서로 가까이 있고, 또 다른 시간에는 서로 가까이 있지 않는 비가산점이 존재함을 의미한다. 근사 로지스틱 계차방정식 $x_{t+1} = rx_t(1-x_t)$은 $r > r_c = 3.570$인 r의 어떤 값에 대한 카오스의 정의를 만족한다. 다른 판정법이 혼돈의 정의에 사용되었다(즉, Alligood et al., 1996; Elaydi, 2000; Gulick, 1992).

14.3 Jury 조건(Schur-Cohn Criteria)

$|\lambda| < 1$을 만족하는 해 λ를 갖는 실수계수 n차 다항식 $p(\lambda)$에 대한 조건들은 *Jury 조건*이나 *슈어-콘 판정법*으로 알려져 있다(Edelstein-Keshet, 1988; Elaydi, 1999; Murray, 1993,2002). 이 조건들을 논의하기 이전에 정사각 행렬의 "내부행렬(inner matrix)"에 대해 정의를 할 필요가 있다.

정의 14.2. B_n을 $n \geq 3$인 $n \times n$ 정사각행렬이라 하자. $(n-2)\times(n-2)$ 행렬 B_{n-2}를 구하기 위해 B_n의 첫 번째 행과 열, n번째 행과 열을 제거한다. 행렬 B_{n-2}는 B_n의 "*내부행렬(inner matrix)*"이라 부른다. 만약 $n-2 \geq 3$이면, $(n-4)\times(n-4)$인 B_n의 또 다른 내부 행렬 B_{n-4}을 얻기 위하여, B_{n-2}의 첫 번째 행과 열, 마지막 행과 열을 제거하여라. 이 과정은 마지막 내부 행렬이 1×1 이거나 2×2가 될 때까지 계속한다. B_n의 내부 행렬들은 n이 짝수일 때 $\{B_{n-2}, \ldots, B_2\}$이며, n이 홀수일 때는 $\{B_{n-2}, \ldots, B_1\}$이다.

5×5행렬의 내부행렬은 3×3 부분행렬 B_3와 1×1 부분행렬 B_1이다:

$$B_5 = \begin{pmatrix} b_{11} & b_{12} & b_{13} & b_{14} & b_{15} \\ b_{21} & b_{22} & b_{23} & b_{24} & b_{25} \\ b_{31} & b_{32} & b_{33} & b_{34} & b_{35} \\ b_{41} & b_{42} & b_{43} & b_{44} & b_{45} \\ b_{51} & b_{52} & b_{53} & b_{54} & b_{55} \end{pmatrix}, B_3 = \begin{pmatrix} b_{22} & b_{23} & b_{24} \\ b_{32} & b_{33} & b_{34} \\ b_{42} & b_{43} & b_{44} \end{pmatrix}, B_1 = (b_{33})$$

다음 정리는 슈어와 콘의 결과를 사용하여 Jury(1971)에 의해 증명되었다.

정리 14.3. (Jury Conditions, Schur-Cohn Criteria).

다음과 같은 특성방정식

$$p(\lambda) = \lambda^n + a_1\lambda^{n-1} + a_2\lambda^{n-2} + \ldots + a_{n-1}\lambda + a_n = 0 \tag{2.30}$$

이 실수계수를 갖는다고 가정하자. 다음과 같은 두개의 $(n-1)\times(n-1)$행렬 $B^{\pm}_{n-1}$을 정의하자:

$$B^{\pm}_{n-1} = \begin{pmatrix} 1 & a_1 & a_2 & \ldots & a_{n-1} \\ 0 & 1 & a_2 & \ldots & a_{n-2} \\ 0 & 0 & 1 & \ldots & a_{n-3} \\ \vdots & \vdots & \vdots & \ddots & \vdots \\ 0 & 0 & 0 & \ldots & 1 \end{pmatrix} \pm \begin{pmatrix} 0 & 0 & 0 & \ldots & a_n \\ \vdots & \vdots & \vdots & \ldots & \vdots \\ 0 & 0 & a_n & \ldots & a_4 \\ 0 & a_n & a_{n-1} & \ldots & a_3 \\ a_n & a_{n-1} & a_{n-2} & \ldots & a_2 \end{pmatrix}.$$

그러면 (2.30)의 해 λ는 $|\lambda| < 1$을 만족시키는 필요충분조건은 다음과 같은 세 조건이 성립한다.

(i) $p(1) > 0$,

(ii) $(-1)^n p(-1) > 0$이고

(iii) $B^{\pm}_{n-1}$의 내부 행렬 각각의 행렬식은 양수이다.

또 다른 동치인 Jury test는 Edelstein-Keshet(1988)과 머레이(Murray(1993, 2002))에 의한 결과다.

14.4 계차방정식 시스템에 대한 리아푸노브 지수

리아푸노브 지수들은 상수계수 계차방정식과 유사한 방법으로 계차방정식 시스템에 대해 계산할 수 있다. 모든 초기조건에 대한 양수의 리아푸노브 지수들은 계차방정식이 혼돈을 암시하는 초기조건에 민감한 의존성을 나타낸다는 것을 의미한다는 것을 상기하자. 상수계수 계차방정식 $x_{t+1} = f(x_t)$에 대하여, x_0에서의 리아푸노브 지수는

$$\lambda(x_0) = \lim_{t\to\infty} \frac{1}{t}\Sigma_{k=0}^{t-1} \ln|f'(x_k)|$$

와 같이 정의한다.

이러한 유사한 정의는 계차방정식 시스템에 적용할 수 있다. 그러나 이 미분은 야코비안 행렬로 대체하고, 절대값은 야코비안 행렬의 고유치의 크기로 대체한다. 더구나, n개의 계차방정식 시스템에 대하여 n개의 리아푸노브 지수들이 있다. 가장 큰 고유치의 크기인, 행렬의 스펙트럼 반경이 초기 조건들에 민감한 의존성의 유무를 결정한다. 행렬 J의 스펙트럼 반경은 $\rho(J) = \max_{1\leq i\leq n} |\lambda_i|$이고 $\lambda_i, i = 1, \ldots, n$는 J의 고유치들이다.

여기서, 두 계차방정식 $x_{t+1} = f(x_t, y_t)$와 $y_{t+1} = g(x_t, y_t)$인 시스템에 관하여, (x_0, y_0)에서의 리아푸노브 지수를 정의한다. $J(x_k, y_k)$는 점 (x_k, y_k)에서 이 시스템의 야코비안 행렬값으로 표기한다. 이 시스템이 초기조건 (x_0, y_0)에서의 민감 의존성을 갖는지 여부를 판정하기 위해, $J(x_k, y_k)$ 형태의 행렬 곱의 스펙트럼 반경을 계산한다(0lsen과 Degn , 1985). 초기조건 (x_0, y_0)에 대한 리아푸노브 지수는 $\lambda(x_0, y_0)$로 표기하고 다음과 같이 정의한다:

$$\lambda(x_0, y_0) = \lim_{t\to\infty} \frac{1}{t} \ln \rho(\prod_{k=0}^{t-1} J(x_k, y_k)). \tag{2.31}$$

만약 $\lambda(x_0, y_0) > 0$이면, 계차방정식 시스템의 해는 초기조건 (x_0, y_0)에 관한 민감 의존성을 나타낸다. 더구나, Alligood et al.(1996)에 따르면, 만약 점근적인 주기 해가 아니고 리아푸노브 지수가 정확히 0이 아니라면 해는 혼돈이다. 리아프노브 지수들을 계산하는 효과적인 수치적 방법은 Alligood et al.(1996)에 의해 설명되었다.

예제 14.4. (x_0, y_0)가 계차방정식들의 시스템의 평형해라 가정하자. 만약 이 평형해가 국소 점근적인 안정이라면 $\rho(J(x_0, y_0)) < 1$이다. 또한, $\rho(J^t(x_0, y_0)) = \rho^t(J(x_0, y_0))$이다. 그러므로 $\lambda(x_0, y_0) < 0$임을 쉽게 알 수 있다. 만약 (x_0, y_0)가 불안정 $(\rho(x_0, y_0) > 1)$이면, $\lambda(x_0, y_0) > 0$임은 분명하다(예제 7.4 참조).

벡터 노름에 의해 유도된 임의의 행렬 노름, $\| A \| = \sup_{\|x\|=1} \| Ax \|$은 스펙트럼 반경

$$\rho(A) \leq \| A \|$$

에 대해서 위로 유계임을 보일 수 있다(Ortega,1987). 또한, 임의의 행렬 노름은 $\| AB \| \leq \| A \| \| B \|$이 만족한다(Ortega,1987). 예를 들어, L_1과 L_∞의 노름은 행렬 노름을 생성한다. 이들은 각각 다음과 같이 정의된다:

$$\| A \|_1 = \max_{1\leq j\leq n} \Sigma_{i=1}^n |a_{ij}|, \ \| A \|_\infty = \max_{1\leq j\leq n} \Sigma_{j=1}^n |a_{ij}|.$$

L_1노름은 행벡터의 절대값 합의 최대이고, L_∞ 노름은 열벡터의 절대값 합의 최대이다.

예제 14.5. 행렬 A를 다음과 같이 가정하자:

$$A = \begin{pmatrix} -1 & 2 \\ -1 & -2 \end{pmatrix}.$$

그러면 $\| A \|_1 = \max\{1+1, 2+2\} = 4$ 이고, $\| A \|_\infty = \max\{1+2, 1+2\} = 3$이다. A의 고유치는 $-3/2 \pm i\sqrt{7}/2$이다. 즉, $\rho(A) = 2$이다.

예제 14.6. $a < 0 < b < |a|$이고 행렬 A를 다음과 같이 가정하자:

$$A = \begin{pmatrix} a & 0 \\ b & b \end{pmatrix}.$$

그러면 $\rho(A) = |a|, \| A \|_1 = |a| + b$이고, $\| A \|_\infty = \max\{|a|, 2b\}$이다.

만약 유도된 행렬 노름 $\| \cdot \|$에 대해서,

$$\lim_{t\to\infty} \frac{1}{t} \Sigma_{k=0}^{t-1} \ln \| J(x_k, y_k) \| < 0$$

이면 (2.31)에서 주어진 리아푸노브 지수는 음수일 것이다. 시스템은 초기조건에 대해 민감한 의존을 나타내지 않는다. 음수리아푸노브 지수는 또한, 그 해가 혼돈동태를 띄지 않게 됨을 의미한다. 그러므로, 고유치보다 계산하기가 더 쉬운 행렬 노름은 혼돈해들이 존재하지 않음을 보이는데 사용할 수 있다.

14.5 Matlab 프로그램: SIR 전염병 모델

다음 MATLAB 프로그램은 S와 I에 대한 초기 조건이 주어진 SIR 전염병 모델을 수치적으로 푼다.

```
clear % Clears variables and functions.
set(0, 'DefaultAxesFontSize',18) % Increases axes labels
time=25;
beta=.3;
b=.2;
gama=b;
N=100;
```

```
s(1)=70;
i(1)=30;
for t=1:time
s(t+1) = s(t) - beta*i(t)*s(t)/N + b*(N - s(t));
i(t+1) = i(t)*(1 - gama - b) + beta*i(t)*s(t)/N;
end
plot([0:1:time],s,'bo',[0:1:time],i,'rx','LineWidth',2)
xlabel('t');
```

Note : 기호 %는 MATLAB 명령어이다. 이 문장은 실행하지 않는다. 만약 세미콜론이 실행 명령어에서 제거되면, 명령어에 의해 생성된 값이 컴퓨터 화면에 생성된다.

제 3 장

계차방정식의 생물학적 적용

제 1 절 서 론

이 장에서 계차방정식으로 나타낸 다양한 생물학적 모델을 살펴본다. 우선, 단일-종 모델로 잘 알려진 Beverton-Holt와 Ricker 모델에 대해 살펴본다. 이 모델들에서 개체군은 밀도가 너무 클 때 개체군이 감소되는 밀도-의존관계 때문에 개체군이 제한된다. 숙주-포식기생자 모델과 포식자-먹이 모델인 몇 가지 상호작용하는 개체군 모델을 토의한다. 가장 잘 알려진 숙주-포식기생자와 포식자-먹이 모델들 중에는 Nicholson-Bailey 모델이 있다. 이 모델은 곤충의 개체군에 적용되어왔다. 곤충의 포식기생자는 기생자로서 성충이 되면 곤충을 숙주로 몸 속에 산란을 한다. 니콜슨-베일리 모델은 3.3절에서 자세히 다룬다. 이 개체군 유전학 적용은 3.7절에서 공부하게 되고 여기선 어떤 유전자 빈도 조건아래 대대로 동일하게 남아 있음을 보여준다. 이 성질은 Hardy-Weinberg 법칙이라 알려져 있다. 몇몇의 비선형, 연령-, 단계- 와 성별-구조 모델들은 3.8절에서 발전하고 분석한다. 이 모델들은 1장의 레슬리 행렬과 구조모델(structured model)의 일반화이다. 연령-와 단계-구조 모델은 출생율과 사망율에서 밀도-의존 관계를 가정한다. 성별-구조 모델은 출생률이 빈도에 의존한다고 가정한다. 현재까지 많은 연구 주제가 된 단계-구조 모델은 LPA모델로 알려져 있다. 이는 애벌레 L(larvae), 번데기 P(pupae), 성체 A(adult)를 나타낸다. LPA모델은 갑충(flour beetle:밀가루에 꾀는 작은갑충)개체군의 역할에 따른다. 갑충의 연구실 실험 데에터와 통계학적 분석의 결합으로 연구된 이론은 주기해의 존재와 혼돈해의 동태를 설명한다. 3.8.2절에서 LPA모델에 대해 논의한다. 이 장은 끝으로 일부 전염병 예방 접종을 가진 모델을 살펴본다. 이 전염병 모델은 다양한 크기의 개체군에 관한 예방접종 프로그램들의 영향을 이해하기 위한 초기 시도를 제시한다.

제 2 절 개체군 모델

가장 간단한 개체군 모델은 지수성장 모델이지만, 이 모델은 개체군 크기에 제한을 두지 않는다. 개체군 크기가 제한되어 있는 잘 알려진 두 가지 개체군 모델은 다양한 개체군에 적용된다. 이러한 모델들은 Beverton-Holt와 Ricker모델로 잘 알려져 있다. 이 이름들은 원래 물고기 개체군에 대해 개발되고 적용되었던 연구자이다(Beverton과 Holt,1957;리커,1954). 이 훌륭한 두 모델들은 Thieme(2003)에 의해 제시되었다. 여기서, 리커와 Beverton-Holt 방정식은 성어(adult)들이 미성어(juvenil)들을 잡아먹는 현상(cannibalism)을 가정한 기반위에 얻어진 것이다.

비버튼-홀트 모델은 다음과 같다:

$$N_{t+1} = \frac{\lambda K N_t}{K + (\lambda - 1)N_t} = f(N_t), \quad \lambda > 1, K > 0, N_0 > 0$$

(Beverton과 Holt,1957; Kot et al.,1996;Pielou,1997). 매개변수 $\lambda = e^r$이고 r은 자연성장률이다. 매개변수 K는 수용능력(carrying capacity)이다. 2장의 연습문제로부터, 비버튼-홀트 모델은 완전한 이산 로지스틱(exact discrete logistic) 모델이다.

비버튼-홀트 모델에서, $f : [0, \infty) \to [0, \infty)$이다. 다음 방정식에서 평형점 $\bar{N}$을 구한다:

$$\bar{N} = f(\bar{N}) = \frac{\lambda K \bar{N}}{K + (\lambda - 1)\bar{N}}.$$

고정점 또는 평형점은 $\bar{N} = 0$과 $K + (\lambda - 1)\bar{N} = \lambda K$을 만족하고 $\bar{N} = K$이다. 다시 말해, $f(0) = 0$이고 $f(K) = K$이다. 또한

$$f'(N) = \frac{\lambda K^2}{[K + (\lambda - 1)N]^2} > 0$$

이고 $f'(0) = \lambda > 1$이다. 함수 f는 $N \in (0, K)$에서 $N < f(N) < K$ 을 만족하고, $N \in (K, \infty)$에서 $K < f(N) < N$을 만족시킨다(그림 3.1참고). 정리 5.9로부터 다음과 같다:

$$\lim_{t \to \infty} N_t = K.$$

리커모델은 다음과 같다:

$$N_{t+1} = N_t \exp\left[r\left(1 - \frac{N_t}{K}\right)\right] = f(N_t),\ r, K > 0$$

(Caswell, 2001; Kot et al., 1996; Riker,1954). 매개변수 r은 자연 성장률이고 K은 수용능력이다. Caswell(2001)은 비버튼-홀트와 리커모델에서 성장율 $f(N)$과 한 개체당 성장율 $g(N) = f(N)/N$에 대한 차이점을 언급하여 구분한다. 비버튼-홀트 함수 $f(N) = \dfrac{\lambda KN}{K + (\lambda - 1)N}$은 **보상(compensatory)**이라고 한다. 반면에, 리커 함수 $f(N) = N\exp[r(1 - N/K)]$은 **과대보상(overcompensatory)**이라고 한다. N에서 f는 증가함수이고, g는 감소함수이다. 그러나, 비버튼-홀트 함수는 $\lim_{N\to\infty} f(N) > 0$을 만족하고, 반면에 리커 함수는 $\lim_{N\to\infty} f(N) = 0$을 만족한다. Caswell(2001)에 의하면 비버튼-홀트 모델에 있어서, 개체군 크기 N_t인 한 개체당 성장률의 감소는 개체수, N_{t+1}가 $\lim_{t\to\infty} f(N) > 0$으로 증가함으로 정확하게 보상한다. 그러나 리커모델에서는 아니다. 리커모델에서는 한 개체당 성장률 $g(N_t)$의 감소이고, N_{t+1}에서의 연속적인 증가는 $g(N_t)$의 감소로 보상하기에 불충분하다. 높은 밀도에서는 $\lim_{N\to\infty} f(N) = 0$이다. 두 모델의 이런 차이점은 자연 성장률 r이 클 때 각각의 동태의 차이점으로 설명된다. 이들의 동태는 연습문제에서 공부한다.

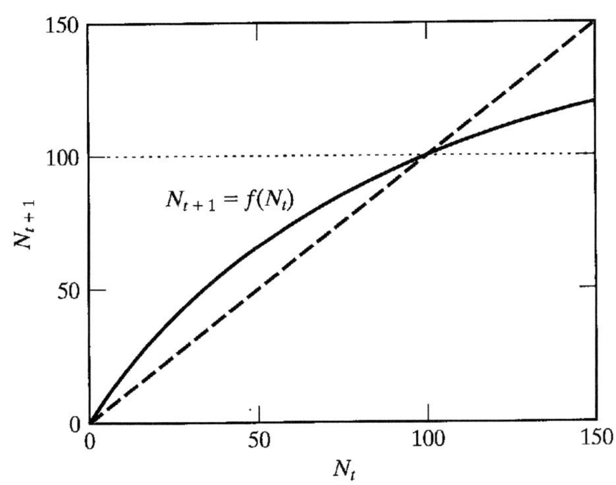

그림 3.1: 비버튼-홀트 모델에서 $N_{t+1} = f(N_t)$의 그래프, $K = 100$과 $\lambda = 2$이다.

다시 리커 모델로 돌아가, $0 < r < 2$에서 두개의 평형점 $\bar{N} = 0$과 $\bar{N} = K$이 존재하고

평형점 K는 광의의 점근적 안정이다. 리커 모델에서 $f : [0, \infty) \to [0, \infty)$이다. 평형점은

$$\bar{N} = \bar{N} \exp\left[r\left(1 - \frac{\bar{N}}{K}\right)\right]$$

을 계산함으로 구한다. $\bar{N} = 0$과 $\bar{N} = K$가 두가지 평형점들이라는 것은 보이기는 쉽다. 다음으로 $f(x) = x\exp[r - (x/K)]$이라면

$$f'(x) = \exp\left[r\left(1 - \frac{x}{K}\right)\right]\left(1 - r\frac{x}{K}\right)$$

이고 $f'(K) = 1 - r$이다. 평형점 K가

$$-1 < r - 1 < 1 \quad \text{또는} \quad 0 < r < 2$$

에서 국소 점근적 안정이다. 더구나 $0 < r < 2$인 경우는 양수 평형점 K가 광의의 점근적인 안정임을 쉽게 보일 수 있다. Cull(1986)은 $0 < r < 2$에서 모든 $x \in [x_M, K)$대해 $f(f(x)) - x > 0$임을 보였다. 여기서 x_M은 f의 최댓값을 갖게하는 x의 값이다. 즉, 정리 5.11에 따르면 매개변수 구간 $0 < r < 2$에서 평형점 K는 광범의 점근적인 안정이다. 광의의 안전성 결과는 임의의 2-순환이 존재하지 않음을 보이는 것으로부터 확인할 수 있다(정리 5.5 참고). 다시말해 정리 5.7에서 $x_{t+1} = f(x_t)$가 2-순환을 가지지 않을 필요충분조건은 $1 + f'(x) \neq 0$이다. 2장 연습문제 26을 보라.

예제 2.1 *아메리카나 흰두루미 개체수(아메리카나 두루미)는 습한 서식지의 소실 때문에 20세기 초에 심하게 감소되었다. 이것은 1970년에 특별히 멸종위기 종 명단에 기록되었다. 1938년 남아메리카에서 아메리카 흰두루미의 총수는 29마리로 추측되었다(U.S.Fish 와 wildlife Service,2005). 보호 효과가 개체수를 증가시키는 결과를 가져왔다. 북아메리카에서 아메리카나 흰두루미의 가장 큰 개체수가 캐나다 북부에 있는 우드 버팔로 국립공원에서 새끼를 낳고, 텍사스 해안에 있는 Aransas국립 야생 안전지대에서 겨울을 보낸다. 우드버팔로/Aransas(WBA) 데이터로부터 겨울 개체수의 그래프는 그림* **??** *이다(U.S.Fish 와 wildlife service,2005).(3장의 부록 참고). 지수곡선* $N_t = N_0\lambda^t$*과 비버튼-홀트 곡선은 최소제곱근사 법칙을 사용하여 아메리카 흰두루미 개체수 데이터* (t, N_t)*에 맞추었다.(최소제곱근사 법칙은 시간* t*에서 데이터 값과 예측값* N_t*와의 차인 오차를 제곱해서 전부 합한 값이 최소가 되는 예측값을 구하는 법칙이다.) 지수곡선에서,* $y_t = \ln(N_t) = \ln(N_0) + t\ln(\lambda)$*라고 하자. MATLAB에서 명령어 polyfit을 실행하여 매개변수에 대한 최소제곱 추정값을 찾는다.* $N_0 \approx 15.88$ *와* $\lambda \approx 1.040$*의 추정값이다. 비버*

튼-홀트 계차방정식은 2장에 있는 연습문제 10에서 주어진 분명한 해를 가지며

$$N_t = \frac{N_0 K \lambda^t}{K + N_0(\lambda^t - 1)}$$

와 같다. 만약 K를 알면 변수변환를 하여 선형곡선으로 맞춘다. 비버튼-홀트의 해에서

$$y_t = \ln\left(\frac{1}{N_t} - \frac{1}{K}\right)$$

를 변수변환하면

$$y_t = \ln\left(\frac{1}{N_0} - \frac{1}{K}\right) - t \ln \lambda$$

가 된다. 최소제곱근사 법칙은 $K = 500$일 때 정규화된 로지스틱 곡선 y_t에 아메리카 흰두루미 데이터를 근사하기 위해서 사용한다. 다른 매개변수로 계산은 $N_0 = 14.71$와 $\lambda = 1.046$이다. K에서 계산치는 단지 설명하기 위한 목적으로만 사용된다. K에서 추정값은 알려져 있지 않다. 두 모델들에서 매개변수 λ값의 추정은 아메리카나 흰두루미 개체군이 대략 1년당 평균 4%가 증가함을 보여준다 그림 3.2를 보라.

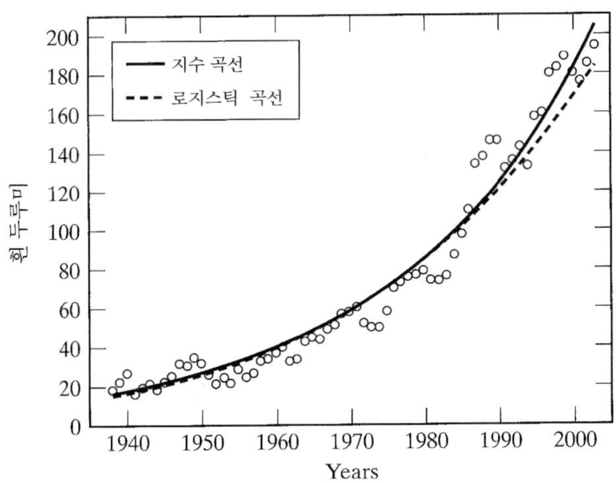

그림 3.2: 1938년부터 2003년가지 아메리카나 흰두루미 개체군 데이타를 지수곡선과 비버튼-홀트곡선에 근사하게 한다.

제 3 절 니콜슨-베일리 모델

생물학적 시스템에서 이산-시간모델(discrete-time model)의 최초의 적용 모델들중 하나는 포식기생자(parasitoid)와 그것의 숙주(host)인 두 개의 곤충을 포함했던 것이다. 그 모델

은 두 명의 연구자 Nicholson과 Bailey의 이름을 따서 불렀으며 그들이 그 모델을 발전시켰고 포식기생자, Encarsia formosa(대만)와 그 숙주 온실가루의(Trialeurodes vaporariorum)(1935)에 그 모델을 적용시켰다. 용어 "포식기생자"는 성체(adult)가 되어 곤충을 숙주로 숙주에 산란을 하여 산란된 알은 부화하여 유충과 번데기 시기를 숙주의 몸속에서 보낸뒤 우화하여 나오는데 숙주를 죽이는 기생자를 의미한다. 산란을 하지 않는 숙주들은 자가 분열로 자손을 만든다. 성공적으로 기생되어진 숙주들은 죽지만 포식기생자가 산란한 알들은 포식기생자의 다음 세대까지 생존할 수 있다.

포식기생자는 곤충 흑사병(pests)을 제어하기 위하여 생물학적 방제작용물처럼 종종 사용된다. 포식기생자의 도입은 캘리포니아 감귤류 제조업을 포함하여 성공적으로 생물학적 제어 프로그램을 이끌어 내었다. 1800년대 후반 캘리포니아 감귤류 농작물은 곤충들이 부드러운 쿠션의 껍질을 벗기는 곤충흑사병으로 폐허가 되었다. 딱정벌레(vedalia beetle)와 같이 날아다니는 기생자와 육식하는 곤충(predatory insect)이 오스트리아로부터 도입되었다(Hoffmann 과 Frodsham, 1993). 수 년 이내에 그 흑사병은 조절이 되었다.

다음의 니콜슨-베일리(Nicholson-Bailey)의 숙주-기생자 모델은 Edelstein-Keshet (1988)에 의해 제기되었던 논의에 기초했다. 기초적인 변수들과 매개변수들은 다음과 같이 정의하였다:

N_t =t세대에서 숙주 종의 밀도

P_t =t세대에서 포식기생자 종의 밀도

$f(N_t, P_t)$ =기생되지 않는 숙주의 비율

r =숙주가 산란한 알들로 유충, 번데기, 성체 단계들을 거쳐 생존하는 알의 수

e =단 하나의 숙주안에 포식기생자가 산란한 알들로 유충, 번데기, 성체 단계들을 거쳐 생존하는 알의 수

매개변수 r과 e는 양수이다. 이들 정의를 적용하면, 일반적인 숙주-기생 모델은 다음의 형태를 가진다:

$$N_{t+1} = rN_t f(N_t, P_t),$$

$$P_{t+1} = eN_t(1 - f(N_t, P_t)).$$

$N_t = 0$이면 $P_{t+1} = 0$임을 주목하라. 포식기생자는 숙주없이는 생존할 수 없다. 이것이 포식기생자가 왜 좋은 생물학적 조절 매개체인지에 대한 이유 중의 하나이다.

니콜슨-베일리 모델은 $f(N_t, P_t)$에 대한 간단한 함수의 형태를 가정한다. 함수 f는

포식기생자의 동태를 찾는데 달려있다. 포식기생자 P_t와 숙주 N_t가 접촉하는 수는 숙주의 밀도 N_t에 직접적으로 비례한다. 즉 이것은 다음의 질량 행동의 법칙(law of mass action)을 따른다.

$$aN_tP_t,$$

여기서 상수 a를 **탐색능력(searching efficiency)**이라 부르고 이는 포식기생자가 이것의 탐색하는 일생(searching lifetime)동안 숙주와 마주칠 확률이다. 니콜슨-베일리는 a를 상수라고 가정했다. 접촉수는 유효한 숙주들 사이에서 일정하지 않게 분포되었고 다음의 포아송 분포를 따름을 가정했다.

$$p(n) = \frac{\exp(-\mu)\mu^n}{n!}, \ n = 0, 1, 2, \ldots.$$

여기서 n은 접촉수이고 μ는 한 세대에서 숙주당 접촉 평균수이다. 한 숙주가 기생되어 지면, 이 숙주는 다시 기생될 수 없다. 그러므로 단지 숙주와 기생자 사이의 첫 번째 접촉이 중요하다. 접촉이 없는 숙주 $p(0)$은 한 번 이상의 접촉을 가진 숙주 $1-p(0)$와 분리되였다.

이제, 기생자가 없는 숙주들의 비율 $f(N_t, P_t)$를 계산한다. 기생자와 숙주의 접촉이 없는 확률은 기생자가 없는 숙주들의 비율로 표현한다, 즉,

$$p(0) = \frac{\exp(-\mu)\mu^0}{0!} = \exp(-\mu)\text{이다.}$$

매개변수 μ는 접촉수로부터 추정할 수 있다:

$$\mu = \frac{\text{접촉 수}}{N_t} = \frac{aN_tP_t}{N_t} = aP_t$$

따라서,

$$p(0) = \exp(-aP_t) = f(N_t, P_t)$$

이다. 이전 논의로부터 니콜슨-베일리 모델은 다음의 형태를 가진다:

$$\begin{aligned} N_{t+1} &= rN_t \exp(-aP_t) = F(N_t, P_t), \\ P_{t+1} &= eN_t(1 - \exp(-aP_t)) = G(N_t, P_t). \end{aligned} \tag{3.1}$$

모델 (3.1)의 평형해와 국소 점근적인 안정성이 해석된다. 니콜슨-베일리 모델의 평형해는 $\bar{N}$와 $\bar{P}$에 관한 다음 방정식을 동시에 풀어서 해를 구한다:

$$\begin{aligned} \bar{N} &= r\bar{N} \exp(-a\bar{P}), \\ \bar{P} &= e\bar{N}(1 - \exp(-a\bar{P})). \end{aligned}$$

두 개의 평형점이 있다. 하나의 평형점는 $\bar{N}=0,\ \bar{P}=0$인 평형점 0이다. 다른 평형점은

$$\bar{P}=\frac{\ln r}{a} \quad \text{이고} \quad \bar{N}=\frac{r\ln r}{(r-1)ae}$$

이다. $r>1$ 일 때 두 번째 평형점은 양수임을 주목하자.

국소 점근적 안정성을 분석하기 위하여, 야코비안 행렬을 계산하고 평형점에서 값을 구하였다. 컴퓨터 대수시스템은 계산을 간단하게 할 수 있다. 3장의 부록에서, 주어진 메이플(Maple) 프로그램 명령어를 시행하여 야코비안 행렬을 계산한다. $f(N,P)=rN\exp(-aP)$와 $G(N,P_t)=eN(1-\exp(-aP))$의 편미분은 야코비안 행렬에 관하여 다음과 같이 계산한다:

$$J(N,P)=\begin{pmatrix} r\exp(-aP) & -arN\exp(-aP) \\ e(1-\exp(-aP)) & aeN\exp(-aP)\end{pmatrix}.$$

평형점 영(zero)에서 J는

$$J(0,0)=\begin{pmatrix} r & 0 \\ 0 & 0\end{pmatrix}$$

이다. 고유치가 $\lambda_{1,2}=r,0$ 이므로, 평형점 0은 $|r|<1$일 때 국소 점근적 안정이고, $|r|>1$일 때 불안정이다. $r>0$이므로 $0<r<1$일 때 평형점 0은 국소 점근적 안정이고 $r>1$일 때 불안정이다.

양수 평형점, $\bar{P}=\ln r/a,\ \bar{N}=r\ln r/(r-1)ae$와 $r>1$에서 야코비안 행렬은 $r\exp(-a\bar{P})=1$로 놓음으로서 간단히 할 수 있다. 즉,

$$J(\bar{N},\bar{P})=\begin{pmatrix} 1 & \dfrac{-r\ln r}{(r-1)e} \\ \dfrac{(r-1)e}{r} & \dfrac{\ln r}{(r-1)}\end{pmatrix} \text{이다.}$$

평형점은

$$\left|1+\frac{\ln r}{(r-1)}\right|<1+\frac{\ln r}{(r-1)}+\ln r<2 \tag{3.2}$$

일 때 국소 점근적 안정이다. 첫 번째 부등식은 $r>1$일 때 만족된다. 다음 정리에 의해 두 번째 부등식은 만족하지 않는다는 것을 보이는데, 이것은 양수 평형점은 불안정이라는 것을 의미한다. $|\lambda_i|>1$을 만족하는 야코비안 행렬의 고유치가 존재한다.

정리 3.1 *$r>1$에 대해*

$$\bar{P}=\frac{\ln r}{a},\ \bar{N}=\frac{r\ln r}{(r-1)ae}$$

을 만족하는 니콜슨-베일리 모델 (3.1)에서 양수인 평형점은 불안정이다.

증명. 식 (3.2)에서 두 번째 부등식을 고려하고 $s(r) = (r-1)[1 + \ln(r)/(r-1) + \ln(r) - 2] = 1 - r + r\ln r$을 정의한다. 만약 $s(r) < 0$이면 두 번째 부등식이 만족된다. 그러나 $s(r) > 0$로 평형점이 불안정이라는 것을 의미한다.

먼저, $s(1) = 1 - 1 + \ln 1 = 0$이고 $s'(r) = -1 + \ln r + 1 = \ln r$이다. 따라서, $r > 1$일 때 $s'(r) > 0$이다. $r > 1$일 때 s는 순 증가(strictly increasing)이다. 그러므로 $r > 1$에 대하여 $s(r) > 0$이다. 그 평형점은 불안정이다. □

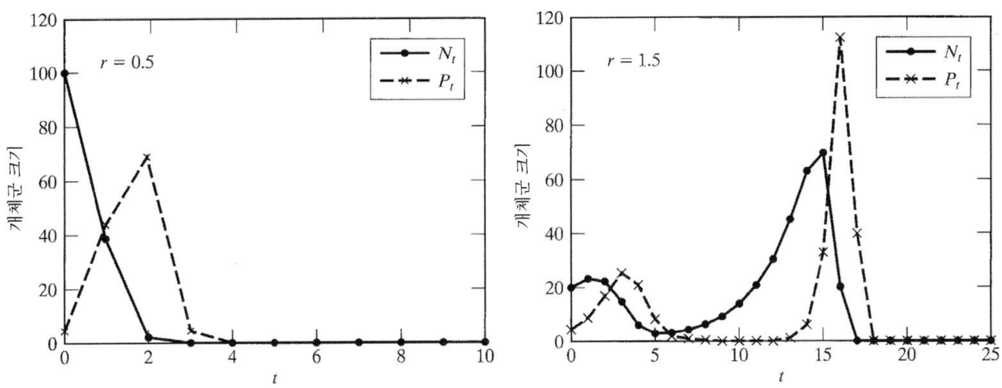

그림 3.3: $r < 1$와 $r > 1$일 때 비버튼-홀트 모델의 시뮬레이션,($a = 0.05$와 $e = 2$).

그림 3.3은 니콜슨-베일리 모델 (3.1)이 $r < 1$이고 $r > 1$일 때의 역학을 설명한다. $r > 1$일 때, 진동은 크기가 증가하지만 또한 영(zero)으로 매우 가까이 근접하기 때문에 수치적으로 그 값은 영으로 둔다. 이 경우에 개체군의 멸종이 발생한다.

제 4 절 다른 숙주-포식기생자 모델

니콜슨-베일리 모델에 다수의 비현실적인 가정이 있다. 예를 들면, 숙주의 일정한 번식의 비율, 일정한 탐색능력과 균일한 환경은 비현실적인 가정들이다. 현실적인 가정의 추가로, 양수의 평형점은 국소 점근적 안정이 될 수 있다. 이러한 더 많은 현실적인 가정들의 몇가지는 다음에 논의한다.

숙주방정식에서 번식비율 r을 밀도-종속 요소를 $g(N_t)$로 바꾸면

$$N_{t+1} = N_t g(N_t)\exp(-aP_t),$$
$$P_{t+1} = eN_t(1 - \exp(-aP_t))$$

이다. 밀도-종속 요소 g에서 몇가지 형식은

$$\frac{r}{N_t^b},\ \exp\left(r\left(1-\frac{N_t}{K}\right)\right) \text{ 그리고 } \frac{r}{(1+cN_t)^b}$$

을 포함하여 공부한다. 임의의 매개변수값에서 밀도-종속 요소는 안정된 영향을 가진다. 만약 숙주 개체군이 너무 빨리 증가하지 않는다면(밀도-종속 요소에서 r의 값이 너무 크지 않아야 한다) 국소 점근적 안정 평형점이 존재한다. $g(N_t) = \exp(1.5(1 - N_t/25))$일 때 그림 3.4을 참고하라.

환경이 균일하지 않다고 가정하자. 환경이 고르지 못한다고 가정한 결과, 일부 숙주 개체군을 위한 쉼터(서식지)를 발견할 수 있고, 포식기생자의 공격으로부터 안전할 수 있다. γ는 포식기생자의 공격으로부터 안전하지 않은 숙주들의 비율이고 $1-\gamma$는 쉼터안에서 안전한 숙주의 비율이다. 이 경우에, 모델은 다음과 같은 형태를 가진다:

$$N_{t+1} = r(1-\gamma)N_t + r\gamma N_t\exp(-aP_t),$$
$$P_{t+1} = \gamma eN_t[1 - \exp(-aP_t)].$$

쉼터의 효과를 모델화하는 다른 방법은 쉼터에 숙주 N_0의 일정한 수가 존재함을 가정하는 것이다. 숙주 N_0는 포식기생자들의 공격으로부터 안전하다. 모델은 다음과 같은 형태를 가진다:

$$N_{t+1} = rN_0 + r(N_t - N_0)\exp(-aP_t),$$
$$P_{t+1} = e(N_t - N_0)[1 - \exp(-aP_t)].$$

니콜슨-베일리 숙주-포식기생자 모델의 또 다른 일반화는 하나 이상의 포식기생자을 포함하는 것이다. 한 숙주와 그 숙주에 똑같이 기생하는 두 포식기생자가 있다고 가정하자. 숙주의 밀도를 N_t로 나타내고 두 포식기생자의 밀도는 P_t와 Q_t로 나타낸다고 가정하자. 더구나, 포식기생자 P가 처음에 반응하고, 다음으로 Q가 생존한 숙주에서 반응한다고 가정하자. 예를 들면, 숙주 종은 포식기생자 범위에 따른 다른 발달 단계로부터 공격받을 수 있다. Hassel(1978)은 알, 애벌레 그리고 번데기 포식기생자에 의해 기생되는 겨울나방

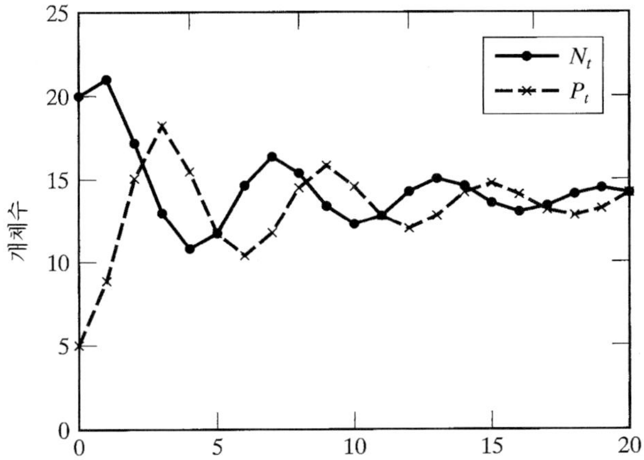

그림 3.4: 밀도-종속요인 $g(N_t) = \exp(1.5(1 - N_t/25))$을 가진 수정된 비버튼-홀트 모델($a = 0.05$와 $e = 2$)이다.

을 토의했다. 그 모델의 형태는 다음과 같다:

$$
\begin{aligned}
N_{t+1} &= rN_t f_1(P_t) f_2(Q_t),\\
P_{t+1} &= e_1 N_t [1 - f_1(P_t)],\\
Q_{t+1} &= e_2 N_t f_1(P_t)[1 - f_2(Q_t)].
\end{aligned}
$$

만약 포식기생자에 의해 기생하지 않는 숙주의 비율이 니콜슨-베일리 모델 [즉, $f_i(x) \equiv \exp(-a_i x)$과 같은 모양을 가진]에서와 같은 형태를 가지면, 양수 평형점은 불안정할 것이다. 그러나, 몇 가지 다른 형태에는 안정적인 양수 평형점이 생겨나는 매개변수 공간 범위가 존재한다.

어떤 포식기생자안에 또 다른 포식기생자에 기생하는 모델을 숙주-포식기생자-중복(과)포식기생자(host-parasitoid-hyperparasitoid)시스템이라 한다. 이 경우에, N이 숙주, P가 기본 포식기생자, Q는 과포식기생자이고 P에 의해 단지 처음으로 기생하는 과기생자이다. 함수 f_1은 P에 의해 기생되지 않은 숙주 N의 비율이고, f_2는 Q에 의해 기생되지 않는 포식기생자 P의 비율이다. 모델은 다음과 같은 형태를 가진다:

$$
\begin{aligned}
N_{t+1} &= rN_t f_1(P_t),\\
P_{t+1} &= e_1 N_t [1 - f_1(P_t)] f_2(Q_t),\\
Q_{t+1} &= e_2 N_t [1 - f_1(P_t)[1 - f_2(Q_t)].
\end{aligned}
$$

Hassell(1978)은

$$f_i(x) = \left(1 + \frac{a_i x}{k_i}\right)^{-k_i}, \ a_i, k_i > 0, \ i = 1, 2$$

일 때 이 숙주-포식기생자-과포식기생자 모델을 연구했다. 이 특수한 형태는 포아송 분포보다는 음의 이항분포(negative binomial distribution)로 얻어진다. 포식기생자에 의해 숙주를 찾는 것은 무작위로 하지 않는다. 예를 들어, 포식기생자는 높은 먹이밀도를 가진 지역에 모여 있을 수 있다. 매개변수 k_i는 포식기생자 집단과 관련이 있다. 군집체는 $k_i \to 0$임에 따라

$$\lim_{k_i \to 0} \left(1 + \frac{a_i x}{k_i}\right)^{-k_i} = 1$$

일 때 최고치이며, $k_i \to \infty$ 임에 따라

$$\lim_{k_i \to \infty} \left(1 + \frac{a_i x}{k_i}\right)^{-k_i} = \exp(-a_i x)$$

일 때 최저치이다. 후자의 경우, f의 형태는 니콜슨-베일리의 모델(3.1)중 하나이다. 숙주-포식기생자 시스템에서 생물학적 조절에 대한 몇가지 확대와 응용은 참고문헌에서 찾을 수 있다(Barlow et al.,2004;Hassell, et al.,1991; King and Hastings,2003;Lynch et al.,2002; Varkonyi et al., 2002).

제 5 절 숙주-기생자 모델

숙주-기생자 모델은 숙주-포식기생자 모델과 유사하지만, 포식기생자가 반드시 숙주를 죽이지 않는다는 것이 다르다. 숙주-기생자 모델은 1960년에 Leslie와 Gower가 만들었고, 특별히 간단한 형태다. 시간 t에서 H_t는 숙주이고, P_t는 기생 개체군이다. 그러면 숙주-기생자 모델은 다음과 같이 정의된다:

$$\begin{aligned} H_{t+1} &= \frac{\alpha_1 H_t}{1 + \gamma_1 P_t}, \\ P_{t+1} &= \frac{\alpha_2 P_t}{1 + \gamma_2 P_t / H_t}. \end{aligned} \tag{3.3}$$

여기서, $H_0 > 0, \ P_0 > 0, \ \alpha_i > 0, \ \gamma_i > 0, \ i = 1, 2$이다. 매개변수 α_i는 다른 개체군이 없을때 숙주와 기생 개체군의 성장률이다. 수량 $\gamma_1 P_t$가 더 커질수록, 숙주 개체군의 감소가 더 커진다. P_t / H_t의 비율이 더 커질수록, 기생 개체군이 감소함으로 기생자당 숙주의 수는 더 작아진다(Pielou,1977).

식 (3.3)이 $t > 0$에서 양수해를 갖는 것을 보이는 것은 쉽다. 더구나, $\alpha_1 < 1$이면 $\lim_{t\to\infty} H_t = 0$이고, $\alpha_2 < 1$이면 $\lim_{t\to\infty} P_t = 0$이다. 연습문제 6에서는, $i = 1$ 또는 $i = 2$에서 $\alpha_i < 1$일 때 역동성이 요약되어 있다. 다음 분석에서, 매개변수 α_i를 1보다 크게 가정한다$\alpha_i > 1$, $i = 1, 2$.

모델 (3.3)은 다음과 같이 주어진 유일한 양수인 평형점을 가진다:

$$\bar{P} = \frac{\alpha_1 - 1}{\gamma_1} \quad \text{와} \quad \bar{H} = \frac{\gamma_2}{\alpha_2 - 1}\bar{P} = \frac{\gamma_2(\alpha_1 - 1)}{\gamma_1(\alpha_2 - 1)}.$$

양수인 평형점에서 계산된 야코비안 행렬은 다음과 같은 간단한 형태를 가진다:

$$J = \begin{pmatrix} 1 & -\dfrac{\gamma_2(\alpha_1 - 1)}{\alpha_1(\alpha_2 - 1)} \\ \dfrac{(\alpha_2 - 1)^2}{\alpha_2\gamma_2} & \dfrac{1}{\alpha_2} \end{pmatrix}$$

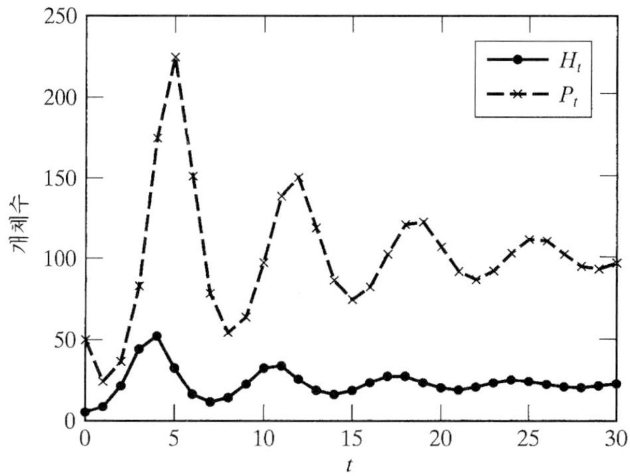

그림 3.5: 숙주-기생자의 레슬리-가우워 모델,($\alpha_1 = 5, \alpha_2 = 10, \gamma_1 = 0.04, \gamma_2 = 2$). 안정인 평형해는 $\bar{P} = 100$와 $\bar{H} = 22.22$)이다.

정리 8.1에서 조건들은 평형점이 국소 점근적 안정인지 아닌지를 쉽게 확인할 수 있다. 대각원소 합이 양수이고, 그 대각원소의 합이 $1 + |J|$보다 작다는 것을 보이는 것은 복잡하지 않다. 따라서, 국소 안정성을 확인하기 위한 조건은 단지 $|J| < 1$이다:

$$\frac{\alpha_1\alpha_2 - \alpha_2 + 1}{\alpha_1\alpha_2} < 1$$

후자의 조건은 $\alpha_2 > 1$로 축소된다. 정리 8.1에서 안정성은 조건 $\alpha_i > 1$, $i = 1, 2$아래 항상 만족한다.

만약 숙주 개체군이 해충이라면, 레슬리-가우워 모델에 따라 숙주 개체군이 크게 감소하는 비율보다 더 큰 성장률을 가진 급성장하는 기생 개체가, $\alpha_2 > \alpha_1$이고 $\gamma_1 > \gamma_2$일 때 해충개체군을 줄이는데 도움이 될 것이다. 그림 3.5에서 수치적 예는 모델 (3.3)의 역동성을 설명한다.

제 6 절 포식자-먹이 모델

포식자-먹이(predator-prey) 모델은 숙주-기생자와 숙주-포식기생자의 두 모델과 비슷하다. 그렇지만, 후자의 두 시스템과는 달리, 포식자는 숙주안에서 살지 않는다. 먹이는 포식자에 공급되는 먹이자원(food source) 역할을 한다. 이 절에서 Neubert와 Kot(1992)에 의해 연구된 이산시간(discrete-time) 포식자-먹이 모델을 논의한다. 이 모델은 연속시간인, 로트카-볼테라(Lotka-Volterra)의 포식자-먹이모델로 잘 알려져 있는 것과 관련되어 있다. 이것은 연속시간 포식자-먹이 모델의 해석에 기여한 Alfred Lotka(1880-1949)과 Vito Volterra(1860-1940)의 이름을 따서 부른다. 연속시간, 로트카 볼테라의 포식자-먹이 모델은 6장, 6.3절에서 연구한다. 이 모델의 역동성이 좀 더 간단하게 보일지라도 모델의 계속적인 유사성이나 레슬리-가워(Leslie-Gower)모델 보다 좀 더 복잡하다. Neubert-Kot모델은 상수 계차방정식에 나타나지 않는 약간은 새로운 역동성을 제시한다.

Neubert와 Kot(1992)의 모델에서, 각 개체당 성장율은 선형이다. 그 모델은 다음의 형태를 가진다:

$$\begin{aligned} N_{t+1} &= N_t + rN_t\left(1 - \frac{N_t}{K}\right) - eN_tP_t, \\ P_{t+1} &= bN_tP_t + (1-d)P_t \end{aligned} \tag{3.4}$$

여기서 N_t는 시간 t에서 먹이 밀도이고 P_t는 시간 t에서 포식자 밀도이다. 매개변수 r, e, b, d와 K는 양수이다. $rN_t(1 - N_t/K)$항은 로지스틱 성장(logistic growth)을 나타내고 r은 고유의 성장율이고 K는 수용능력이다. eP_t항은 포식자의 소비로 개체당 먹이 감소량이다(질량작용의 법칙을 가정한다). bN_t항은 먹이 소비로 개체당 포식자 감소량이고 d는 포식자의 사망률이다. 원래의 시스템 (3.4)은 다섯개의 매개변수를 가진다. 포식자-먹이 모델 (3.4)의 더 단순한 형태는 매개변수의 수를 줄이고, 포식자들이 단지 한 세대 $d = 1$만 산다는 가정에서 공식으로 되었다.

변수변화는 4개의 매개변수를 포함하고 $d = 1$인 모델에서 2개의 매개변수를 가지는 모델로 변형한다. 이러한 방법은 2장의 근사 로지스틱 방정식(approximate logistic equation)이 하나의 매개변수를 포함하는 간단한 형태로 변형되었을 때 사용되었다. 새로운 변수들을 다음과 같이 선택한다:

$$x_t = \frac{N_t}{K}, \quad y_t = \frac{eP_t}{bK}, \quad c = bK.$$

변수 x_t와 y_t는 차원이 없다는 것에 주의하라(예를 들어 K는 N_t처럼 같은 단위를 가지고 eP_t는 bK와 같은 단위를 가진다). 차원이 없는 시스템으로 놓기 위하여 변수변환에 대한 다른 선택이 존재하지만, 이것이 목적을 위해 좋은 선택이다. 이러한 변수변환으로, 새로운 시스템은 단지 두 개의 매개변수 r과 c를 가진다:

$$\begin{aligned} x_{t+1} &= (r+1)x_t - rx_t^2 - cx_ty_t, \\ y_{t+1} &= cx_ty_t. \end{aligned} \tag{3.5}$$

시스템 (3.5)는 두 개의 매개변수만이 존재하기 때문에 원래 시스템보다 해석하기가 훨씬 더 간단하다.

식 (3.5)의 분석을 시작하기 전에, 음이 아닌 해의 문제를 논의되지 않았다는 것에 주의해야 한다. 초기조건 x_0와 y_0가 충분히 크면 이것은 x_1이 음수가 될 수 있음을 쉽게 보일 수 있다. 변수 x_{t+1}은 이 문제를 쉽게하기 위하여 다시 정의를 할 수 있다. 예를 들어,

$$x_{t+1} = \max\{0, (r+1)x_t - rx_t^2 - cx_ty_t\} \tag{3.6}$$

이다. $x_{t+1} = 0$이면, 다음 단계에서 포식자와 먹이 모두 영(zero) $(x_{t+2}, x_{t+2}) = (0, 0)$이다. 완전한 멸종이 발생한다. 이것의 모든 수치적 시뮬레이션을 수행으로, 식 (3.6)에서 주어진 제한이 없이도 해들은 여전히 음이 아니다. 따라서 다음 분석에서 항상 $x_t \geq 0$과 $y_t \geq 0$를 가정한다. 포식자가 없다면, 즉 $y_0 = 0$이라면 x_t는 근사 로지스틱 방정식을 만족한다는 것에 주목하자. 이 경우에는, 항상 x_t가 양수이려면 $0 < x_0 < (r+1)/r$이고 $r < 3$(c에서의 제한은 없다)여야 한다. 그러나 포식자 y_t가 존재하는 경우에, x_{t+1}의 크기를 줄인다. 따라서 식 (3.5)의 해들이 양수이려면 r에 대한 제한은 다소 느슨하게 된다. 또 r에 대한 새로운 제한은 c에 의존할 것이다.

먼저, 시스템 (3.5)의 평형해들이 확인되었다면 해의 국소 안정성을 해석한다. 그 평형점들은 다음을 만족한다:

$$\begin{aligned} \bar{x} &= \bar{x}(r+1-r\bar{x}-c\bar{y}), \\ \bar{y} &= c\bar{x}\bar{y}. \end{aligned}$$

평형점이 $\bar{x} = 0 = \bar{y}$ 과 $\bar{x} = 1, \bar{y} = 0$에서 존재한다는 것을 보일 수 있다. 또한 $c > 1$일 때 양수의 평형점

$$\bar{x} = \frac{1}{c} \quad \text{과} \quad \bar{y} = \frac{r(c-1)}{c^2}$$

이 존재한다.

시스템 (3.5)에 대한 야코비안 행렬은

$$J(x,y) = \begin{pmatrix} r+1-2rx-cy & -cx \\ cy & cx \end{pmatrix}$$

이다. 평형점 $(0,0)$에서 야코비안 행렬을 계산하면

$$J(0,0) = \begin{pmatrix} r+1 & 0 \\ 0 & 0 \end{pmatrix}$$

이다. 이 행렬은 양수의 고유값 $r+1 > 1$을 가진다. 두 종이 멸종하는 평형점은 불안정이다.

점 $(1,0)$에서 야코비안 행렬을 계산하면

$$J(1,0) = \begin{pmatrix} 1-r & -c \\ 0 & c \end{pmatrix}$$

이다. 이 행렬은 고유치 $\lambda_{1,2} = 1-r,\ c$를 가진다. 단지 먹이만 존재하는 평형점은 $0 < r < 2$과 $0 < c < 1$일 때 국소 점근적 안정이다. 먹이와 포식자의 성장율은 일정한 범위이내로 너무 크지 않다.

마지막으로, 양수의 평형점 $(\bar{x}, \bar{y})$이 $c > 1$일 때의 야코비안 행렬은

$$J(\bar{x},\bar{y}) = \begin{pmatrix} 1-r/c & -1 \\ r-r/c & 1 \end{pmatrix}$$

이다. 정리 8.1로 부터 안정성의 판정법은

$$|2-r/c| < 2+r-2r/c < 2.$$

이 부등식 각각을 분리하여 다음과 같이 쓸 수 있다:

$$2-r/c < 2+r-2r/c,$$

$$2-r/c > -2-r+2r/c,$$

$$2+r-2r/c < 2.$$

첫 번째 조건을 만족하지 않으면 실수 고유치는 $\lambda_i \geq 1$가 존재한다. 두 번째 조건을 만족하지 않으면 실수 고유치 $\lambda_i \leq -1$이 존재한다. 만약 세 번째 조건을 만족하지 않고 고유치가 복소수이면 고유치의 크기(magnitude)는 $|\lambda_i| \geq 1$이다. 세 번째 안정성 조건은 다음과 같이 간단하다:

$$c > 1,$$
$$r < \frac{4c}{3-c}, \; c < 3$$
$$c < 2.$$

세 조건을 결합하면 다음과 같다.

$$1 < c < 2, \quad r < \frac{4c}{3-c}.$$

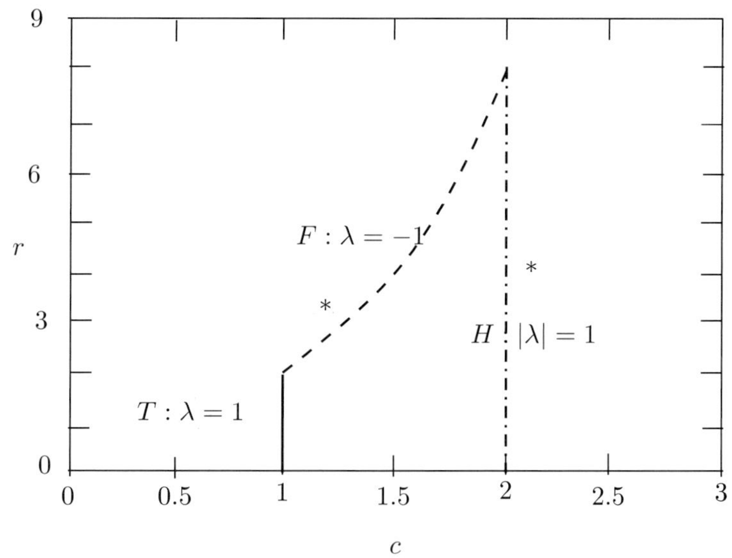

그림 3.6: $r-c$매개변수 평면에서의 안정성 영역, 표시 T, F, H는 특별한 경계를 교차될 때 초월분기, 플립(주기-배가)분기 혹은 Hopf 분기가 발생함을 의미한다.

이들 조건은 그림 3.6에서 $r-c$ 매개변수 평면에 그려진다. 매개변수 c는 포식자가 계속 존재하는 것을 보장하기 위해서 큰 수이겠지만 너무 크지는 않다. 더구나, 매개변수 r은 또한 너무 크지 않고 크기는 c의 크기에 달려있다.

안정성 경계가 그림 3.6에서 교차된 것 같이 적어도 하나의 고유치는 1과 같은 크기를 가진다. 고유치의 형태, 양수 또는 음수, 실수 또는 복소수는 분기(bifurcation)의 유

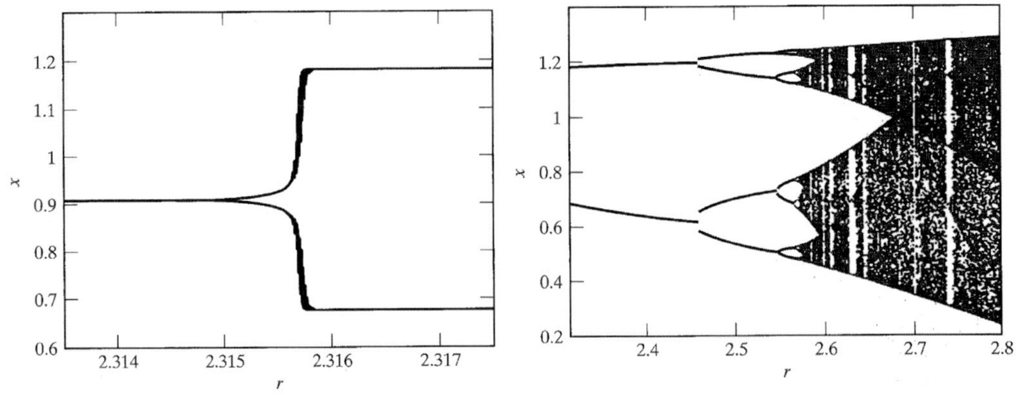

그림 3.7: $c = 1.1$, $r \in [2.3135, 2.317]$, $r \in [2.317, 2.8]$일 때 표준화된 포식자-먹이 시스템에 대한 분기그래프(플립이나 주기-배가 분기). 먹이 x의 순환의 그래프이다.

형을 결정한다. $\lambda = 1$일 때는 초월분기(transcritical), $\lambda = -1$일 때는 플립(flip) 분기이고 고유치가 복소수이고 $|\lambda| = 1$을 만족할 때 호프(Hopf) 분기점이 존재한다(Neubert와 Kot,1992). 이 용어 "Hopf 분기"는 미분방정식과 관련되어 종종 사용된다(5장을 보라).

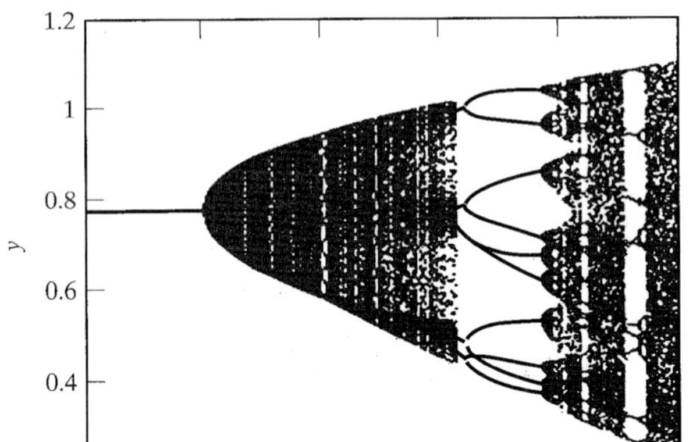

그림 3.8: $r = 3.1$, $c \in [1.9, 2.4]$일 때 표준화된 포식자-먹이 시스템에 대한 분기 그래프). 먹이 y의 순환이 그려져 있다.

계차방정식에서 분기의 이와 같은 유형을 **Neimark-Sacker 분기**라고 한다(Elaydi, 2000; Hale andKocak, 1991). 그림 3.7과 3.8은 각각 주기-배가(period-doubling) 플립분

기(flip)와 Neimark-Sacker 분기에 대한 분기 다이어그램이다. flip 분기가 발생할 때에, 포식자는 멸종되고 먹이는 배가-주기의 동태를 보인다(그림 3.7).

Neimark-Sacker 분기는 계차방정식의 시스템에서 발생하는 분기의 새로운 유형을 나타내지만 상수 계차방정식에서는 아니다. 이 분기가 발생할 때에 순허수 고유치 켤레가 존재한다. 이 경우에는 주기해가 존재하지만 주기는 정수값은 아닐 수 있다(그림 3.8).

정규화 된 포식자-먹이 시스템의 해는 그림 3.9에서 $r = 3.1$, $c = 2.1$과 $r = 2.5$, $c = 1.1$일 때 그려진다(flip과 Hopf 분기 경계는 그림 3.6에서 교차했다). 그들은 각각 먹이와 포식자에 대한 주기해와 먹이에 대한 2-순환 주기해를 설명한다.

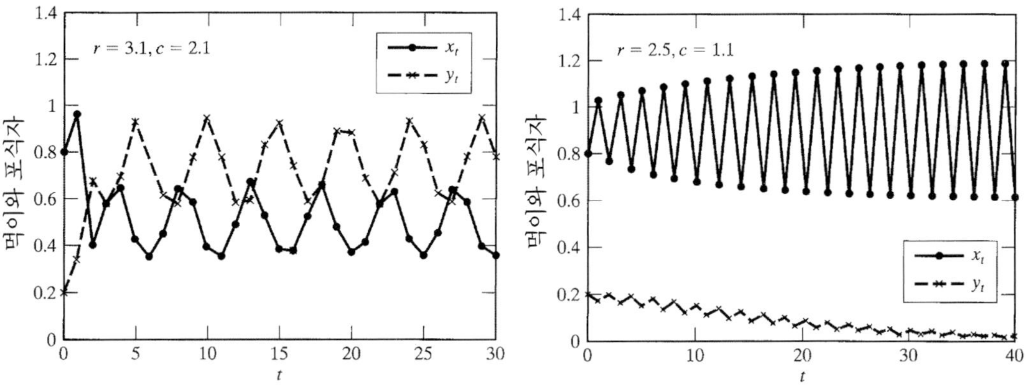

그림 3.9: $c = 2.1$, $r = 3.1$(주기해)이고, $r = 2.5, c = 1.1$(먹이에 대한 주기 2인해이고 포식자는 멸종이다).일 때 표준화된 포식자-먹이 시스템에 대한 해.

제 7 절 개체군 유전학 모델

염색체 내에 포함된 정보로 결정되는 유전은 대대로 전해진다. 인간은 23개 염색체 두 세트를 가지므로, 총 46개의 염색체로 구성되었다. 하나의 세트은 각각의 부모로 부터 물려 받는다. 염색체에 따라 특정부분은 눈이나 머리카락 색깔과 같이 어떤 특징에 대한 정보를 갖고있다. 염색체들의 위치를 **유전자 위치(Loci)**라 부른다(한 장소는 *Locus*라고 한다). 염색체 내에서의 지침은 유전자(genes)라 한다. 각각의 유전자는 유일한 정보를 가지며, 각 사람마다 유전자 위치당 두 유전자를 가지기 때문에 염색체의 두 세트가 존재한다. 각 개인에 독특한 물리적 특성은(눈 또는 머리카락 색) 개인의 유전자에 의해 결정된다. 박테리아처럼, 간단한 유기체에는 2000개에서 30000개의 유전자가 있다. 반면, 식물과 동물처럼 고등생물에는 $50,000$개에서 $100,000$개의 유전자가 있다(Clark and Russell, 1997). 각각의 유전자 들은 다른 변종형태(눈 색깔에서 유전자는 초록, 파랑, 갈색 등으로 구별할 수 있다)을 가진다. 유전자들의 다른 변종형태는 **대립유전자(alleles)**라고 한다. 여기서는 단지 특정 유전자와 관련 두 가지 다른 대립유전자가 존재하는 가능한 가장 간단한 경우를 고려한다.

주어진 유전자에 대해 두 가지 대립유전자가 존재한다고 가정하자. 두 대립유전자를 a와 A로 표기하자. 두 가지 염색체 세트을 가진 인간은 여성이나 남성의 염색체에서 서로 다른 세가지 조합들 AA, Aa, aa중 하나를 가진다. AA와 aa 결합은 **동형접합체(homozygous)**이고, 반면에 Aa결합은 **이형접합체(heterozygous)**이다. 세 결합 AA, Aa, aa은 Locus의 **유전자형(genotype)**이라 부른다. 두 대립유전자들 중 하나는 **우성(dominant)**일 것이다. 예를 들어, 만약 A가 우성 대립유전자라 하면, a는 **열성 대립유전자(recessive allele)**이다. 그러면 유전자형 AA와 Aa는 같은 물리적 형질(trait)에 대응되지만 aa는 다르다. 이것은 또 AA와 Aa인 **표현형(phenotype)** A라 하고, aa는 표현형 a라 묘사한다(Hoppensteadt, 1975).

개체군 짝짓기와 번식하는 것을 포함하여 각각 시간에 따라 주어진 개체들 안에서 대립유전자 빈도(특정 유전자와 결합한)가 변하는지 아닌지에 대한 의문을 고찰한다. 개채군 유전학 모델은 간단한 하나의 유전자 위치(locus), 두개의 대립유전자 모델이다. 각 시간 단계동안, t세대 개체군에서 $t+1$세대 개체군으로 대체된다.

개체군 유전학에서 중요한 원리는 Hardy-Weinberg법칙으로 잘 알려져 있다. 첫번째로, 다음과 같이 가정한다. (1) 교배는 임의의 순서이다(순서가 없다), (2) 다른 유전자형의 부모로부터 자손의 수에 변화가 없다, (3) 모든 유전자형은 같다, (4) 돌연변이가 없다. 그렇다면 하디-웨인버그(Hardy-Weinberg) 법칙은 유전자 빈도와 대립유전자 빈도는 한 세대로 부터 다음 세대로 변하지 않는다고 본다. 개체군 유전자 모델은 이러한 가정을 기본으로 한다. 모델은 하디-웨인버그법칙에 따라 보일 것이다. 하디-웨인버그라는 이름은 1908에 이 결과를 독립적으로 발견한 유명한 영국 수학자인 G.H.Hardy와 독일의 물리학자이고 인간 유전학자인 Wilhelm Weinbgry의 업적을 인식하기 위한것이다(Felsenstein, 2003).

다음과 같은 가정들과 정의들이 필요하다. N은 총 개체수라 한다. 각 개개인은 유전자 자리당 두 대립유전자를 가지기 때문에, 개체군 안에는 총 $2N$개의 대립유전자가 존재한다.

$$p = \text{대립유전자 A의 빈도} = (\text{대립유전자 A의 총수})/(2\text{N}),$$

$$q = \text{대립유전자 a의 빈도} = (\text{대립유전자 a의 총수})/(2\text{N})$$

라고하자. 그러면, $p+q=1$이다.

$$p_{AA} = AA\text{유전자형의 빈도}$$

$$p_{Aa} = Aa\text{유전자형의 빈도}$$

$$p_{aa} = aa\text{유전자형의 빈도}$$

라 하자. 따라서 대립유전자 A의 빈도는

$$p = \frac{2Np_{AA} + Np_{Aa}}{2N} = p_{AA} + \frac{p_{Aa}}{2}.$$

대립유전자 a의 빈도는

$$q = 1 - p = \frac{p_{Aa}}{2} + p_{aa}.$$

교배된 한 세대에서 무엇이 일어날지를 결정하기 위해, 모든 가능한 교배와 그들의 빈도 그리고 태어날 수 있는 자손과 그 자손들의 빈도를 고려하는 것이 필요하다. 가능한 짝짓기는 AA, Aa와 aa(각각의 부모에 대한 유전자가 발현된다)는 모두 가능한 짝짓기로 부터 $3(2)=6$가지가 얻어진다:

$$AA \times AA,\ AA \times Aa,\ AA \times aa,\ Aa \times Aa,\ Aa \times aa,\ aa \times aa.$$

이들의 각각은 대응하는 빈도에 대하여 생긴다:

$$p_{AA}^2, 2p_{AA}P_{Aa}, 2p_{AA}p_{aa}, p_{Aa}^2, 2p_{Aa}p_{aa}, p_{aa}^2$$

표 3.1(Hastings, 1998)은 교배와 자손에 관한 표이고, 자손빈도에 대해 필요한 정보를 제공한다. 교배빈도의 합은 $(p_{AA}+p_{Aa}+p_{aa})^2$과 같다.

p'_{AA}, p'_{Aa}, p'_{aa}는 다음 세대의 유전자형 빈도라고 하자. 다음 표 3.1로 부터 결과를 적용시키면,

$$\begin{aligned} p'_{AA} &= p_{AA}^2 + p_{AA}p_{Aa} + p_{Aa}^2/4 \\ &= (p_{AA} + p_{Aa}/2)^2 \\ &= p^2, \end{aligned}$$

표 3.1: 교배와 자손

교배	교배 빈도	자손 비율 AA	Aa	aa	다음 세대 AA	Aa	aa
$AA \times AA$	p_{AA}^2	1	0	0	p_{AA}^2	0	0
$AA \times Aa$	$2p_{AA}P_{Aa}$	1/2	1/2	0	$p_{AA}P_{Aa}$	$p_{AA}P_{Aa}$	0
$AA \times aa$	$2p_{AA}p_{aa}$	0	1	0	0	$2p_{AA}p_{aa}$	0
$Aa \times Aa$	p_{Aa}^2	1/4	1/2	1/4	$p_{Aa}^2/4$	$p_{Aa}^2/2$	$p_{Aa}^2/4$
$Aa \times aa$	$2p_{Aa}p_{aa}$	0	1/2	1/2	0	$p_{Aa}p_{aa}$	$p_{Aa}p_{aa}$
$aa \times aa$	p_{aa}^2	0	0	1	0	0	p_{aa}^2

$$\begin{aligned} p'_{aa} &= p_{Aa}^2/4 + p_{Aa}p_{aa} + p_{aa}^2 \\ &= (p_{aa} + p_{Aa}/2)^2 \\ &= q^2 \end{aligned}$$

이고,

$$\begin{aligned} p'_{Aa} &= p_{AA}p_{Aa} + 2p_{AA}p_{aa} + p_{Aa}^2/2 + p_{Aa}p_{aa} \\ &= 2(p_{AA} + p_{Aa}/2)(p_{aa} + p_{Aa}/2) \\ &= 2pq \end{aligned}$$

이다. 이러한 결과는 다음세대 p'와 q'에서 대립유전자 빈도를 찾는데 사용되어 진다.

$$\begin{aligned} p' &= p'_{AA} + p'_{Aa}/2 \\ &= p^2 + pq \\ &= p(p+q) = p \end{aligned}$$

이고,

$$\begin{aligned} q' &= p'_{aa} + p'_{Aa}/2 \\ &= q^2 + pq \\ &= q(p+q) = q \end{aligned}$$

빈도수는 대대로 일정하게 남는다. 즉, t세대에서 $t+1$세대로, $p_{t+1} = p_t$와 $q_{t+1} = q_t$이다. 그러므로,

$$p_t = p_0 \quad \text{이고} \quad q_t = q_0 \text{이다.}$$

Hardy-Weinberg법칙이 증명되었다.

정리 **7.1 (Hardy-Weinberg 법칙).** *부모 개체군에서 특별한 유전자는 A와 a 두 대립 유전자을 가지고, 대립유전자 A의 초기비율을 p_0로 대립유전자 a의 초기비율을 q_0라 가정한다. 더구나, (1) 교배는 불규칙적이다, (2) 다른 유전자형의 부모로부터 자손의 수에 변화가 없다, (3) 모든 유전자형은 같은 생존확률을 갖는다, (4) 외부로 나가거나 외부에서 들어오는 것은 없다, (5) 돌연변이는 일어나지 않는다, (6) 세대들은 겹치치 않는다고 가정한다. 그렇다면 t세대에서 대립유전자 빈도는 변하지 않고,*

$$p_t = p_0 \quad \text{와} \quad q_t = q_0 \text{ 이다.}$$

더구나, 유전자형 빈도는 2번째 세대 이후에서도 변하지 않고,

$$p_{AA} = p_0^2, \quad p_{Aa} = 2p_0q_0, \quad p_{aa} = q_0^2 \text{ 이다.}$$

하디-웨인버그(Hardy-Weinberg)의 법칙에 따라, 열성형질은 죽어서 나가지 않고, 고정된 비율로 개체군 안에 남는다. 정리 7.1에서 가정들이 성립하지 않는다고 하면, 하디-웨인버그 비율은 변한다. 가정 (3)이 성립하지 않음을 고려해 보자.

생존비율이 유전자형에 의존한다고 가정하자. 이 경우에는 서로 다른 유전자형들은 다른 적응도(fitnesses)를 가진다. 대립유전자 A와 비율 p의 빈도는 시간에 관한 모델이다. p_t는 t세대에서 대립유전자 A의 빈도이고, q_t는 대립유전자 a의 빈도라 하자($p_t + q_t = 1$). w_{AA}와 w_{aa}는 이형접합체 유전자형 Aa에 관련되어 있는 유전자형 AA와 aa의 일정한 생존비율이고, $w_{Aa} = 1$을 만족시킨다고 가정하자. w_{AA}와 w_{aa}는 1보다 크거나 작을수 있으나 음수는 아니여야 한다. **평균 적응도(mean fitness)**을 다음과 같이 표기하자:

$$w = p^2 w_{AA} + 2pq w_{Aa} + q^2 w_{aa}.$$

유전자형 빈도 AA, Aa 와 aa 초기치 비율은 각각 $p^2, 2pq, q^2$이라 가정하자. 그러면 다음 표 3.2는 유전자형 빈도이다. 다음 세대는 아래 식을 만족한다:

$$\begin{aligned} p_{t+1} &= p_{AA} + p_{Aa}/2 \\ &= p_t^2 w_{AA}/w_t + (1/2)2p_tq_t w_{Aa}/w_t \\ &= p_t(p_t w_{AA} + q_t w_{Aa})/w_t \\ &= p_t(p_t w_{AA} + (1-p_t) w_{Aa})/w_t. \end{aligned}$$

여기서,

$$w_t = p_t^2 w_{AA} + 2p_tq_t w_{Aa} + q_t^2 w_{aa}$$

는 t세대에서 적응도이다(Hastings,1998을 보라). 계차방정식은 t세대부터 $t+1$세대로 대립유전자 빈도 A에서 변화를 모델링한다:

$$p_{t+1} = \frac{p_t^2 w_{AA} + p_t(1-p_t)w_{Aa}}{w_t}. \tag{3.7}$$

표 3.2: 유전자형의 빈도, 단, $w = p^2 w_{AA} + 2pq + q^2 w_{aa}$은 평균 적응도.

	유전자형		
	AA	Aa	aa
미성년 빈도	p^2	$2pq$	q^2
상대적인 생존율	w_{AA}	w_{Aa}	w_{aa}
상대적인 성인 빈도	$p^2 w_{AA}$	$2pqw_{Aa}$	$q^2 w_{aa}$
성인 빈도	$p^2 w_{AA}/w$	$2pqw_{Aa}/w$	$q^2 w_{aa}/w$

주목할 것은, $w_{AA} = w_{Aa} = w_{aa} = 1$이면 $w_t = 1$이고 $p_{t+1} = p_t$이다.

상대 생존률은 다음을 만족시킨다고 가정한다:

$$w_{AA} = 1 - s, \quad w_{Aa} = 1\text{이고} \quad w_{aa} = 1 - r.$$

그러면 s와 r은 양수 또는 음수이지만 w_{AA}와 w_{aa}는 음수가 아니여야 한다. 그래서 $r,\ s < 1$(둘 모두 0은 아니다)이다. 그러면,

$$w_t = p_t^2(1-s) + 2p_t q_t + q_t^2(1-r) = 1 - p_t^2 s - (1-p_t)^2 r\text{이다.}$$

p에서 계차방정식은 다음을 만족한다:

$$p_{t+1} = \frac{p_t[p_t(1-s) + (1-p_t)]}{1 - p_t^2 s - (1-p_t)^2 r} = \frac{p_t(1-p_t s)}{1 - p_t^2 s - (1-p_t)^2 r} = f(p_t). \tag{3.8}$$

다음으로 평형점은 계차방정식 (3.8)과 그들의 국소 안정성 평가에 대해 결정한다.

계차방정식 (3.8)에서 3개의 평형점이 존재한다. $\bar{p} = 0$와

$$\bar{p}^2 s + (1-\bar{p})^2 r = \bar{p} s$$

에서 해이다. 후자방정식의 해는 $(1-\bar{p})^2 r = s\bar{p}(1-\bar{p})$을 만족한다. 그러므로 $\bar{p} = 1$은 또 다른 평형점이다. 양변을 $1-\bar{p}$로 나누면 $(1-\bar{p})r = s\bar{p}$이 되고, 평형점은

$$\bar{p} = \frac{r}{r+s}$$

이다. $\bar{p} = 0$일 때, 오직 대립유전자 a만이 개체군에 존재한다. $\bar{p} = 1$일 때, 대립유전자 A만이 존재하고, $\bar{p} = r/(r+s)$일 때는 두 대립유전자가 존재한다. 이들 평형점의 국소 안정성은 다음에 결정한다.

간단한 형식으로 $f(p) = p(1-ps)/(1-p^2s-(1-p)^2r)$의 도함수는

$$\begin{aligned} f'(p) &= \frac{1+p^2s-r+rp^2-2ps+2psr-2p^2sr}{(1-p^2s-r+2rp-rp^2)^2} \\ &= \frac{(1-s)p^2+2(1-s)(1-r)p(1-p)+(1-r)(1-p)^2}{(1-p^2s-r+2rp-rp^2)^2} \end{aligned} \tag{3.9}$$

이다. $0 \le p \le 1$에 대하여 $f'(p) > 0$이고 $r, s < 1$임을 주목하라.

$-1 < f'(\bar{p}) < 1$이면 평형점 $\bar{p}$가 국소 점근적인 안정이다. 그러나 $0 \le p \le 1$에 대하여 $f'(p) > 0$이고 $r, s < 1$이기 때문에 오직 국소 안정성을 위해 $f'(\bar{p}) < 1$인 것이 필요하다. $\bar{p} = 0$에서

$$f'(0) = \frac{1}{1-r}\text{이다.}$$

즉, $r < 0$이면 $\bar{p} = 0$가 국소 점근적인 안정이다(즉, aa의 상대적 생존률은 $w_{aa} = 1-r > 1$이거나 동형접합체 aa의 적응도 값은 이형접합체 $w_{Aa} = 1$의 값보다 크다).

$\bar{p} = 1$에서는

$$f'(1) = \frac{1}{1-s}\text{이다.}$$

다시말해, $s < 0$이면 $\bar{p} = 1$는 국소 점근적인 안정이다(즉, AA의 상대적 생존율은 $w_{AA} = 1-s > 1$ 또는 동형접합체 AA의 적응도 값은 이형접합체 $w_{Aa} = 1$ 보다 크다).

마지막으로, 평형점 $\bar{p} = r/(r+s)$에서

$$f'(\frac{r}{r+s}) = \frac{2rs-r-s}{rs-r-s} \quad \text{이다.} \tag{3.10}$$

$\bar{p}$ 가 양수이고, 1보다 작으려면 r 과 s 모두 양수이거나, r, s 모두 음수어야 한다, 이는 $rs > 0$이다. $rs-r-s > 0$라고 가정하면, $f'(r/(r+s)) > 1$이고, 이것은 안정성 $rs-r-s \le 0$을 의미한다. 이것은 r과 s가 안정성을 위해 동시에 양수라야 함을 의미한다.

r, $s \in (0,1)$이면 $0 < \bar{p} < 1$일 때 평형점 $\bar{p} = r/(r+s)$가 국소 점근적인 안정임을 보인다. 첫번째로, 만약에 r, $s \in (0,1)$이면 $rs < r+s$이다. 두번째로, 식 (3.10)으로 부터 $2rs < r+s$[왜냐하면, $f'(\bar{p}) > 0$]이다. 따라서, $f'(\bar{p}) = (r+s-2rs)/(r+s-rs) < 1$이다. 그러므로, 만약에 r, $s \in (0,1)$이면 평형점 $\bar{p} = r/(r+s)$는 국소 점근적인 안정이다. 이 결

과는 생물학적으로 설명될 수 있다. $r, s \in (0,1)$일 때, 이형접합체 유전자형은 가장 큰 생존율 $w_{Aa} > \max\{w_{AA}, w_{aa}\}$을 가진다. 이형접합체는 개체군에서 양쪽 대립유전자를 지속시키는 장점을 가지고 있기 때문이다.

$\bar{p} = 0$, $\bar{p} = 1$이거나, $\bar{p} = r/r + s$둘 중 하나가 평형점에 도달 될 때까지 모든 경우에 평균 적응도 $w = w_t$가 시간이 지남에 따라 증가한다는 것을 아는것은 흥미롭다. 이 결과는 수학적으로 증명될 수 있다(연습문제 8을 보라). 즉, $t = 0, 1, \ldots$에서

$$w_{t+1} \geq w_t \text{이다.}$$

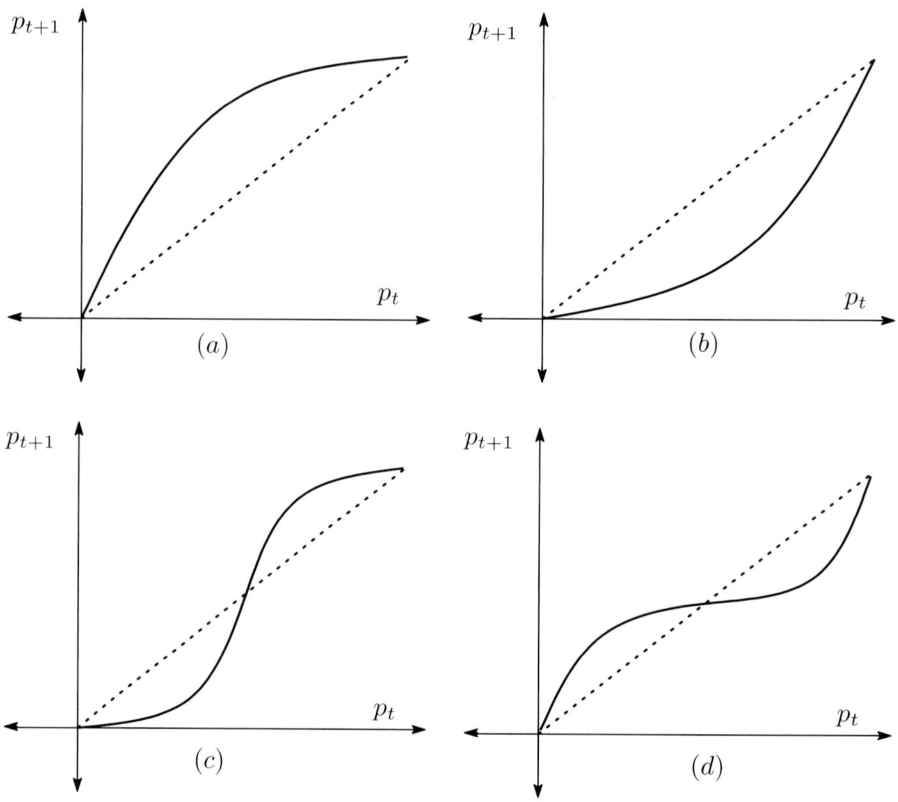

그림 3.10: $p_t - p_{t+1}$ 평면에서 함수 $p_{t+1} = f(p_t)$의 그래프. 실선 곡선은 함수 $p_{t+1} = f(p_t)$이고 점선 곡선은 직선 $p_t = p_{t+1}$. 두곡선의 교점은 평형점 $0, 1, \bar{p}$이다. (a)는 $s < 0, 0 < r < 1, \lim_{t\to\infty} p_t = 1$. (b)는 $r < 0, 0 < s < 1, \lim_{t\to\infty} p_t = 0$. (c)는 $r, s < 0$, 극한은 초기값에 달려있다. 해는 두 평형점 $0, 1$중 하나에 근접한다. (d)는 $0 < r, s < 1, \lim_{t\to\infty} p_t = \bar{p}$ 양수 다형성 평형점이다.

평형점의 안정성을 확인하기 위한 교대방법(alternate method)은 그래프 $p_{t+1} = f(p_t)$을 고려하고 거미줄 방법(cobwebbing method)을 사용하거나 2장에 있는 정리들을 적용한다. 예를 들면 p_t-p_{t+1}평면에서 $p_{t+1} = f(p_t)$에 대한 네가지 가능한 구성형식이 있다. 이들의 그림은 그림 3.10이다. 연습문제 9에서 양의 평형점에 대해 유도된 안정성 조건은 광의의 점근적인 안정성 조건임을 보여준다.

선택(도태)은 많은 다른 요소들에 의존하며, 이러한 요소들의 중요성은 동물과 식물 개체군 사이에 상당히 다르다. Hedrick(2000)은 기본적인 생물학적 원리를 기반으로 해서 몇가지의 종류로 선택의 유형을 분류하였다: 생존력 선택(앞의 모델에서와 같이 생존 의존관계), 생식력 선택(다산성)(자손의 차별적인 산출), 성의 선택(암컷이나 숫컷의 우성 교배), 생식세포 선택(예를 들면, 대립유전자의 동등한 비율로 생산되지 않을 수 있다). 더구나 개체군 크기는 동료의 선택에 영향을 미칠 수 있다. 예를 들어, 적응도 w_{AA}와 w_{Aa}는 대립유전자 A의 빈도 p에 의존한다. 이것을 **빈도-종속 선택(frequency-dependent selection)**이라 부른다(Nagylaki,1992). Nagylaki(1992)에 의하면 다형성(polymorphism)은 특별히 드문 유전자형을 선호하는 빈도-종속 선택에 의해 유지될 수 있다.

예제 7.2 *$w_{Aa} = 1$과 $w_{AA}(p)w_{aa}(p) = 1$이라 가정하면 이형접합체는 동형접합체의 기하평균과 같은 적응도를 가진다(Elaydi, 2000). 더구나 빈도-종속 적응도는 $w_{AA}(p) = w_{aa}(1-p) = w_{aa}(q)$ 와 $w_{AA}(p) = f(p) = 1/w_{aa}(p)$로 대칭적이다. 함수 $f(p)$는 양수이고, $f(0) > 1$인 순 감소함수이고 f'은 연속이다. 이것으로, p가 작거나 A는 드물때 적응도 $w_{AA}(p)$는 크고 p가 클 때 $1-p$는 작고, a는 드물며 적응도 $w_{aa}(p)$는 크다. 개체군(집단) 유전학 모델 (3.7)은*

$$p_{t+1} = \frac{p_t f(p_t)[p_t + (1-p_t)/f(p_t)]}{(p_t f(p_t) + 1 - p_t)[p_t + (1-p_t)/f(p_t)]} = \frac{p_t f(p_t)}{p_t f(p_t) + 1 - p_t} = F(p_t)$$

이다. 이 모델은 3개의 평형점 $\bar{p} = 0$, $\bar{p} = 1$과 $f(p^*) = 1$을 만족하는 다형성 평형점 p^*가 존재한다. 다형성 평형점은 f의 가정때문에 유일하다. 이제,

$$F'(p) = \frac{f(p) + p(1-p)f'(p)}{[pf(p) + 1 - p]^2}$$

이므로 그 결과 $F'(0) = f(0) > 1$이고 $F'(1) = 1/f(1) = w_{aa}(1) = w_{AA}(0) = f(0) > 1$ 이다. 평형점 $\bar{p} = 0$와 $\bar{p} = 1$은 불안정이다. 도함수 $F'(p^*) = 1 + p^*(1-p^*)f'(p^*) < 1$이므로 p^*의 안정성을 위해 $F'(p^*) > -1$ 또는 $p^*(1-p^*)f'(p^*) > -2$임을 보이는 것이 필요하

다. 예를 들어, 만약 $f(p) = \exp(1-2p)$ 이면 $p^* = 1/2$ 이고 $p^*(1-p^*)f'(p^*) = -1/2 > -2$ 이다. 그래서 다형성 평형점은 국소 점근적인 안정이다. *Elaydi(2000)*은 적절하게 선택한 $f(p)$ 에서 대해서 그 모델은 주기-배가 동태를 나타낸다는 것을 보일 수 있다(연습문제 10을 보라).

예제 7.3 두 개체군에 대한 개체군 유전학 모델을 세운다. 두 개체군이 이배체(*diploid*)라고 가정하자. 모델은 각각의 개체군에서 한개의 유전자를 모델을 세우고 오직 두 대립유전자가 존재한다고 가정한다. 첫번째 개체군에서는 두 대립유전자를 V 와 v 라 하고 두번째 개체군에서 두 대립유전자를 R 와 r 이라고 한다. 첫번째와 두번째 개체군에서 각각 대립유전자 V 와 R 의 빈도를 모델링한다. 첫번째 개체군에서 대립유전자 V 의 비율을 n 으로 표기하고, 두번째 개체군에서 대립유전자 R 의 비율을 p 로 표기한다. 그러면 모델은

$$\begin{aligned} n_{t+1} &= \frac{n_t^2 w_{VV} + n_t(1-n_t)w_{Vv}}{n_t^2 w_{VV} + 2n_t(1-n_t)w_{Vv} + (1-n_t)^2 w_{vv}} = f(n_t, p_t), \\ p_{t+1} &= \frac{p_t^2 w_{RR} + p_t(1-p_t)w_{Rr}}{p_t^2 w_{RR} + 2p_t(1-p_t)w_{Rr} + (1-p_t)^2 w_{rr}} = g(n_t, p_t) \end{aligned} \tag{3.11}$$

와 같은 형태를 취한다 이 형태의 개체군 유전학 모델들은 식물 병원체와 관련되어 연구되어 왔다. 첫 번째 개체군은 병원체를 나타내는 반면, 두 번째 개체군은 병원체로부터 공격을 받은 식물을 나타낸다. 대립유전자 V 는 병원체 개체군에서 독성 대립유전자이고 v 는 무독성 대립유전자를 나타내며, R 은 숙주식물에서 저항(*resistant*) 대립유전자이고 r 은 감염가능성있는 대립유전자이다. 병원체 개체군에서 독성 대립유전자는 식물 개체군에서 저항 대립유전자에 대응한다. 유전자 관련성은 **유전자 대 유전자(gene-for-gene)** 시스템으로 나타내고, *Leonard(1977,1994)*와 많은 다른 사람들에 의해 연구되어왔다(*Sasaki,2002; Kesiger*와 *Allen 2002*의 참고문헌 중에 참고하라). 유전자 대 유전자 가정은 숙주안에서 저항력을 결정하는 각각의 유전자에 대하여 상호작용하는 기생자안에서 비병원성에 대한 대응되는 유전자가 있다고 가정한다(*Thompson and Burdon, 1992*). 이 가설은 원래 아마(*flax*)와 아마 녹병균(*flax rust*)(*Flor,1956*)에 적용하였지만 밀 줄기 녹병균(*wheat stem rust*)과 감자역병(*potato late blight*)을 포함한 여러가지 식물 병원체에 적용되어 왔다(*Vanderplank, 1984*).

다양한 병원체 유전자 형태의 적응도 W_{VV}, W_{Vv}, W_{vv} 는 식물 저항 대립유전자 p 의 빈도에 종속된다. 식물유전자 형태 W_{RR}, W_{Rr}, W_{rr} 은 병원체 독성유전자의 빈도 n 에 종속된다. 모델 (3.11)은 연습문제 12에서 좀 더 자세히 공부한다.■

유전의 주제와 개체군 유전학은 여기에서 설명한 짧은 소개보다 훨씬 더 복잡하다. 예를 들어, 선택, 돌연변이, 무작위적 교배, 이주, 재조합, 유전자 연결은 개체군의 유전적 구성 결과에 영향을 미친다. 생물학적 예제들이 많은 개체군 유전학 교과서인 Hartl과 Clark(1997) 또는 Hedrick(2000)을 참고하라.

제 8 절 비선형 구조 모델

두 개의 이론적인 비선형 레슬리 행렬 모델과 특정집단에 적용된 두 개의 구조 모델이 연구되었다. 비선형 레슬리 행렬 모델은 다음의 부분절(subsection)에서 제시한다. 두 개의 구조 모델은 다음의 두 개의 부분절에서 주어졌다. 그 구조 모델은 곡물 딱정벌레(flour beetle) 개체군과 북쪽의 점박이 부엉이(northern spotted owl)에 적용하었다. 이 절의 마지막 예는 두가지 성 모델에서 레슬리 행렬 모델의 일반화이다.

8.1 밀도-의존 레슬리 행렬 모델

개체군 크기나 밀도가 각각의 연령그룹의 생존 그리고/또는 산란력(fecundity)에 영향을 미친다고 가정한다. 전체 개체군 크기나 밀도가 증가할 때 먹이 자원은 생존 그리고/또는 생산력 감소로 결국 고갈된다. 경쟁, 카니발리즘(cannibalism) 그리고 포식(predation)은 또한 개체군 밀도가 증가하는 경향으로 결국은 생존력과 생산력이 감소하게 된다.

레슬리 행렬 모델은 $X(t+1) = LX(t)$형태임을 기억하라. 여기서, $X(t) = (x_1(t), x_2(t), ..., x_m(t))^T$이고 $x_i(t)$는 t해의 i번째 연령 그룹이다.

$$L = \begin{pmatrix} b_1 & b_2 & \cdots & b_{m-1} & b_m \\ s_1 & 0 & \cdots & 0 & 0 \\ 0 & s_2 & \cdots & 0 & 0 \\ \vdots & \vdots & \ddots & \vdots & \vdots \\ 0 & 0 & \cdots & s_{m-1} & 0 \end{pmatrix}.$$

첫 번째 비선형 모델에서 생존과 생산력이 개체군 크기가 증가할 때 같은 비율로 감소한다고 가정한다. $x(t) = \|X(t)\|_1 = \sum_{i=1}^{m} x_i(t)$는 시간 t에서의 전체 개체군 크기라 표기한다. 기호 $\|\cdot\|_1$은 L_1 노름이다. 레슬리 행렬 모델에서 각 항 b_i와 s_i는 전체 개체군 크기의 함수 $b_i q(x(t))$와 $s_i q(x(t))$로 각각 대체한다. 함수 $q : [0, \infty) \to (0, 1]$은 $q(0) = 1$의 속

성을 가지는 음이 아닌 감소함수이다. 모델은 행렬방정식,

$$X(t+1) = q(x(t))LX(t)$$

과 같이 표현할 수 있다. L은 우성고유치 $\lambda_1 > 1$을 가진다고 가정하자. L은 기약이지만 원시적이거나 또는 비원시적(우성 고유치가 순 우성은 아니다)일 것이다. 로지스틱 밀도 의존의 경우를 고려한다. q가 다음을 만족한다고 가정한다:

$$q(x(t)) = \frac{K}{K + (\lambda_1 - 1)x(t)}, \quad K > 0.$$

여기서 K는 수용용량이고 $\lambda_1 = e^r > 1$이다. 상수계차방정식 $x(t+1) = \lambda_1 q(x(t))x(t) = f(x(t))$는 평형점 $\bar{x} = K$에서 광의의 점근적인 안정이라는 것을 상기하자. 이것은 f가 하나의 양수 평형점 $\bar{x}$를 가지는 단조증가이기 때문이다(정리 5.9). 이 특별한 모델의 일반화는 Cushing(1998)에서 볼 수 있다. 아래 생각은 정리 8.1의 증명에 사용된다(Allen, 1989 참조).

행렬 L은 조르단 정규형태(Jordan canonical form)로 나타낼 수 있다. $J = diag(J_1, J_2, \ldots, J_s)$이고 J_i가 조르단 블록(Jordan block)일 때 $L = PJP^{-1}$를 만족하는 정칙행렬(nonsingular matrix) P가 존재한다(Ortega,1987을 참조). 조르단 블록은 상삼각 행렬의 형태이다:

$$J_i = \begin{pmatrix} \lambda_i & 1 & 0 & \cdots & 0 \\ 0 & \lambda_i & 1 & \cdots & 0 \\ \vdots & \vdots & \ddots & \vdots & \vdots \\ 0 & 0 & 0 & \cdots & 1 \\ 0 & 0 & 0 & \cdots & \lambda_i \end{pmatrix}.$$

s는 L의 선형독립인 고유벡터의 수와 같다. 만약 선형독립인 고유벡터 m이 존재한다면, $J_i = (\lambda_i)$이고 J는 대각행렬이 된다. 같은 고유치는 다른 조르단 블록에서 발생하지만, 주어진 고유치에 대응하는 다른 블록의 수는 그것의 고유치에 대응하는 독립 고유벡터의 수와 같다(Nobel,1969). 밀도-의존 레슬리 행렬은 상수 계차방정식과 같은방법으로 작용한다는 것은 보일 수 있다.

정리 **8.1** *(i) 만약 행렬 L이 원시적(단순)이면 점근적 분포는 $\lim_{t\to\infty} X(t) = N$이다. 여기서, N은 $LN = \lambda_i N$과 $\|N\|_1 = K$에 대응하는 안정 연령분포이다.*

(ii) 만약 행렬 L이 비원시적이면, 점근적 분포는 $\lim_{t\to\infty} X(t) = N(t)$이다. 여기서, $N(t)$가 주기적 $N(t+h) = N(t)$이고 h가 L의 비원시적 지수(index)이다.

비원시적 지수인 h는 L의 고유치들의 수이고 L의 크기(magnitude)가 스펙트럼 반경과 같다(정의 7.8). 정리 8.1의 증명은 Allen(1989)에서 볼 수 있다.

예제 8.2

$$L_1 = \begin{pmatrix} 0 & \frac{3}{2}a^2 & \frac{3}{2}a^3 \\ \frac{1}{2} & 0 & 0 \\ 0 & \frac{1}{3} & 0 \end{pmatrix}$$

이라 하자. 행렬 L_1은 원시적이다. 이것은 Sykes(1969)의 결과 $g.c.d = \{i|b_i > 0\} = 1$로부터 당연하다. 우성고유치는 안정한 연령분포 $(6a^2, 3a, 1)^T$가 있는 a이다. 다른 고유치들은 대수적 중복도가 2인 $-a/2$이다. 밀도-의존 레슬리 행렬은 수용능력 $K = 100$이고 $x(t) = \sum_{i=1}^{3} x_i(t)$일 때

$$X(t+1) = \frac{100}{100 + (a-1)x(t)} L_1 X(t)$$

형태를 가진다고 가정하자. 예를 들어 $a = 2$이면 $\lim_{t\to\infty} X(t) = (100/31)(24, 6, 1)^T$이고 $a = 3$이면 $\lim_{t\to\infty} X(t) = (100/64)(54, 9, 1)^T$이다. ■

예제 8.3

$$L_2 = \begin{pmatrix} 0 & 0 & 6a^3 \\ \frac{1}{2} & 0 & 0 \\ 0 & \frac{1}{3} & 0 \end{pmatrix}$$

이라고 하자. 이 모델은 예제 8.2에서 주어졌던 것과 같지만 L_1대신에 L_2를 준다. 행렬 L_2는 비원시적이다($g.c.d = \{i|b_i > 0\} = 3$). 고유치값은 a와 $a(-1/2 \pm i\sqrt{3}/2)$이고 모든 고유치 λ에 대하여 $|\lambda| = a$이다. 안정인 연령분포는 예제 8.2에서 주어졌던 것과 같다. 밀도-의존 모델에 대하여 L_2의 모든항이

$$q(x(t)) = \frac{100}{100 + (a-1)x(t)}$$

에 의해 곱해졌을 때, 점근적 분포는 L_2가 비원시성 지수 $h = 3$를 가지는 비원시적이기 때문에 주기 3주기이다. 두 개의 수치적 예제는 $a = 2$이고 $X(0) = (25, 5, 1)^T$ 이거나 $X(0) = (10, 10, 10)^T$일 때 그림 3.11에 주어졌다. 주기해는 유일하지 않음을 주목하라. 주기해들은 초기분포 $X(0)$에 종속한다.■

두 번째의 밀도-의존 레슬리 행렬로 단지 번식력(fertilities)이 밀도에 의존할 경우만을 공부한다(Silva와 Hallam,1992,1993). 이 유형의 구조 모델은 종종 어류 개체

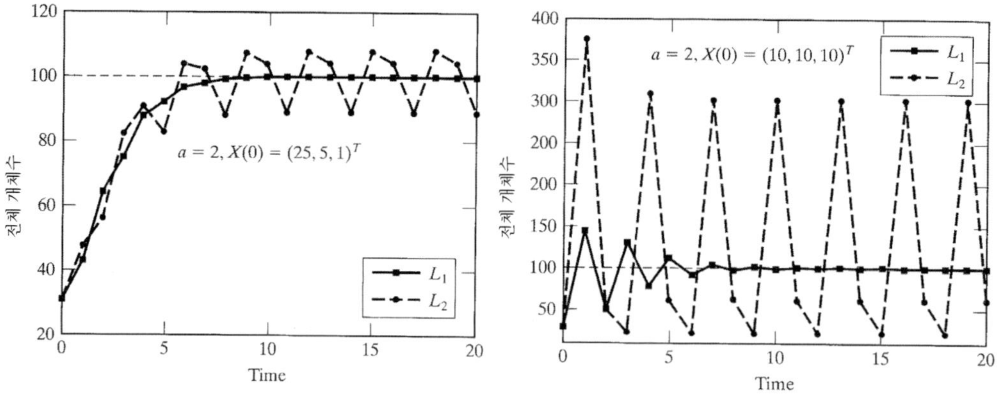

그림 3.11: $a = 3$인 행렬 qL_1과 qL_2를 가진 밀도-종속 레슬리 행렬이다.

군(fish populations)에 적용되었다. 이 모델에서 밀도의 의존은 **밀도-의존 가입(density-dependent recruitment)**이라고 부른다. s_i는 연령그룹 i에서 $i+1$, $i = 1, ..., m-1$ 까지의 생존확률이다. $\tilde{b_i}$를 i연령그룹 개체의 산란력으로 정의한다(예를 들어, 암컷당 산란된 알의 수). s_0를 알과 애벌레 단계를 거쳐서 생존하는 것을 의미하는 어장가입까지 생존하는 비율이라 하자. a가 밀도에 독립적으로 생존하는 확률이고 $g(\omega(t))$는 밀도-의존하여 생존하는 확률이라고 할 때, s_0는

$$s_0 = ag(\omega(t))$$

의 형태라고 하자. 정량 $\omega(t)$는 사망률이 밀도-종속이므로 가중된 개체군 크기(weighted population size)로 표기한다.

$$\omega(t) = \sum_{i=1}^{m} \alpha_i x_i(t).$$

성별 비율을 1:1이라고 가정하자. 모델은 다음과 같은 형태를 갖는다:

$$\begin{aligned}
x_1(t+1) &= ag(\omega(t)) \sum_{i=1}^{m} b_i x_i(t), \\
x_2(t+1) &= s_1 x_1(t), \\
x_3(t+1) &= s_2 x_2(t), \\
&\vdots \\
x_m(t+1) &= s_{m-1} x_{m-1}(t).
\end{aligned}$$

산란력은 개체군 크기의 반이 암컷이므로 반으로 나눈 $b_i = \tilde{b_i}/2$이다. 매개변수 b_i와

α_i는 음수가 아니고 매개변수 a와 s_i는 양수이다. 위의 모델은 밀도-의존 가입을 가진 레슬리 행렬 모델을 *Lesile matrix model with density-dependent recruitment (LMMDDR)*라고 부른다. LMMDDR은 밀도-의존이 초년생(young-of-the-year) 어류에 가장 큰 영향을 미치기 때문에 어류 개체군에 적용되어 왔다(DeAngelis et al., 1980; Levin과 Goodyear, 1980; Getz과 Haight, 1989을 참고하라). $E(t) = \sum_{i=1}^{m} b_i x_i(t)$는 시간 t에서 생산하는 알을 표기하고 $R(t) = x_1(t)$는 시간 t에서 새로 가입되는 수이다. 그러면 시간 $t+1$에서 개체군 안으로 새로운 가입은 $x_1(t+1)$이나 또는

$$R(t+1) = ag(\omega(t))E(t)$$

이다.

밀도-의존 g의 형태는 Ricker 또는 Beverton-Holt 또는 몇가지 다른 함수가 될 것이다, 예를 들어,

$$g(x) = \exp(-rx) \text{ 또는 } g(x) = 1/(a+ax)^c$$

($c = 1$은 Beverton-Holt이다)이다. 일반적으로 이것은 g가 양수이고 다음의 두 가정을 만족하는 순 감소함수라 가정한다:

(i) $g : [0, \infty) \to (0, 1]$, $g \in C^2(0, \infty)$이고 g는 순감소이다.

(ii) $g(0) = 1$이고 $\lim_{x\to\infty} g(x) = 0$.

만약 가중 개체군 평균이 알생산 $\omega(t) = E(t)$와 같다면, 가입은

$$R(t+1) = ag(\omega(t))E(t) = ah(\omega(t))$$

을 만족한다. 이 경우에는 함수 h를 가입함수(recruitment function)로 해석할 수 있다.

고유의 순 번식수를 다음과 같이 정의한다:

$$R_0 = b_1 + s_1 b_2 + s_1 s_2 b_3 + \cdots + s_1 s_2 \cdots s_{m-1} b_m.$$

이것은 기초적인 레슬리 행렬 모델에 사용된 정의와 같다. 가정 (i)과 (ii)가 함께 $aR_0 < 1$이면 단지 영(zero)인 평형점만 존재하고 $aR_0 > 1$이면 양수의 평형점이 유일하게 존재한다.

정리 8.4 *(i) 만일 $aR_0 < 1$이면, 가정 (i)-(ii)를 만족하는 LMMDDR에 대하여 단지 하나의 평형해인 영(zero) 해 $\bar{X} = (0, 0, \cdots, 0)^T$이 존재한다.*

(*ii*) 만일 $aR_0 > 1$이면, 가정 (*i*)-(*ii*)를 만족하는 *LMMDDR*에 대하여 유일한 양수 평형해 $\bar{X} = (\bar{x}_1, \bar{x}_2, \cdots, \bar{x}_n)^T$가 존재한다. 여기서 $\bar{x}_i = s_1 \cdots s_{i-1}\bar{\omega}/K$, $i = 1, ..., m$이고 $g(\bar{\omega}) = 1/(aR_0)$,

$$K = \alpha_1 + s_1\alpha_2 + s_1 s_2 \alpha_3 + \cdots + s_1 s_2 \cdots s_{m-1}\alpha_m$$

이고

$$\bar{\omega} = \Sigma_i^m \alpha_i \bar{x}_i$$

이다. 더구나,

$$\lim_{aR_0 \to 1^+} \bar{x}_i = 0, \; i = 1, ..., m$$

이다.

증명. 평형해는

$$\bar{x}_2 = s_1\bar{x}_1, \; \bar{x}_2 = s_1 s_2 \bar{x}_1, \quad \cdots \quad, \bar{x}_m = s_1 s_2 \cdots s_{m-1}\bar{x}_1$$

를 만족한다. 이제 $\bar{\omega}$를 $\bar{x}_1$의 항으로 나타낼 수 있다:

$$\bar{\omega} = [\alpha_1 + \alpha_2 s_1 + \alpha_3 s_1 s_2 + \cdots + \alpha_m s_1 s_2 \cdots s_{m-1}]\bar{x}_1 = K\bar{x}_1.$$

따라서 $\bar{x}_1$에 대하여 풀 수 있다면 평형점들을 구할 수 있다:

$$\bar{x}_1 = ag(\bar{\omega})R_0\bar{x}_1.$$

$\bar{x}_1 = 0$ 이거나 $g(\bar{\omega}) = 1/(aR_0)$이다. 후자의 표현은 $\bar{x}_1$를 암시적으로 결정한다.

정리의 (*i*)에서 $aR_0 < 1$는 평형해가 $1 < g(\bar{\omega}) = 1/(aR_0)$를 만족한다는 것을 의미한다. $x > 0$에 대하여 $0 < g(x) \leq 1$인 것으로 부터 $g(\bar{\omega}) > 1$ 일 때에 양수의 해 $\bar{\omega}$가 존재하지 않는다. 따라서, 유일한 평형해는 $\bar{x}_1 = 0$이다. 그러나 $\bar{x}_1 = 0$은 $i = 2, ..., m$에 대하여 $\bar{x}_i = 0$을 의미한다.

정리의 (*ii*)에서 $aR_0 > 1$은 평형해가 $1 > g(\bar{\omega}) = 1/(aR_0)$를 만족한다는 것을 의미한다. g가 순 감소함수이고 $\lim_{x\to\infty} g(x) = 0$으로부터 $g(\bar{\omega}) = 1/(aR_0)$를 만족하는 유일한 양수의 해 $\bar{\omega}$가 존재한다. $\bar{\omega} = K\bar{x}_1$으로부터 $\bar{x}_1 = \bar{\omega}/K$이 유일한 양수의 해이다. 다른 성분들은 $\bar{x}_1$에 의하여 유일하게 결정된다:

$$\bar{x}_2 = s_1\bar{\omega}/K, \cdots, \bar{x}_m = s_1 s_2 \cdots s_{m-1}\bar{\omega}/K.$$

$aR_0 \to 1^+$*일 때,* $g(\bar{\omega}) = 1$*이다. 그러나* g*가 연속이고 순 단조감소(일대일)이므로* $g(\bar{\omega}) \to 1$*일 때,* $\bar{\omega} \to 0$*이다. 결론적으로* $\bar{x}_1 \to 0$*이고* $i = 2, ..., m$*에 대하여* $\bar{x}_i \to 0$*이다.*□

다음은 단지 두 개의 연령그룹인 미성체(juveniles)와 성체(adults)가 존재하는 LM-MDDR을 고려한다. 가장 간단한 모델은 다음 형태를 가진다:

$$\begin{aligned} x_1(t+1) &= ag(\omega(t))\sum_{i=1}^{2} b_i x_i(t), \\ x_2(t+1) &= sx_1(t). \end{aligned} \tag{3.12}$$

여기서, $\omega(t) = \alpha_1 x_1(t) + \alpha_2 x_2(t)$이다. Silva 와 Hallam(1992)는 몇가지 모델의 다른 변수들을 고려했다. 그들은 $\alpha_i = b_i,\ i = 1, 2$일 때 하나의 변수를 자원-가입 모델(stock-recruitment model)이라 한다. 알의 번식이나 보존(stock)인 $E(t) = b_1x_1(t) + b_2x_2(t) = \omega(t)$이다. 보존 $E(t)$는 관계식

$$R(t+1) = ag(\omega(t))\omega(t)$$

에 의하여 가입함수 $R(t)$와 관련된다. 이 경우를 좀 더 자세히 연구할 것이다.

자원가입 모델 (3.12)에 대한 양수의 정상적인 상태(positive steady state)를 $(\bar{x}_1, \bar{x}_2)$와 $\bar{\omega} = b_1\bar{x}_1 + b_2\bar{x}_2$로 주어졌다고 하자. 다음으로 두 연령그룹 LMMDDR의 야코비안 행렬을 계산하고 양수의 평형점에 대한 야코비안 행렬을 계산한다:

$$J = \begin{pmatrix} ag(\bar{\omega})b_1 + ag'(\bar{\omega})b_1\bar{\omega} & ag(\bar{\omega})b_2 + ag'(\bar{\omega})b_2\bar{\omega} \\ s & 0 \end{pmatrix}.$$

이제, 야코비안 행렬의 대각원소의 합(trace)과 행렬식(determinant)은

$$\begin{aligned} TrJ &= ab_1[g(\bar{\omega}) + g'(\bar{\omega})\bar{\omega}], \\ \det J &= -sab_2[g(\bar{\omega}) + g'(\bar{\omega})\bar{\omega}] \end{aligned}$$

와 같이 주어졌다. 점근적 안정성에 대한 각각의 조건들은 따로따로 고려될 수 있다:

$$TrJ < 1 + \det J, \quad TrJ > -1 - \det J, \quad \det J < 1.$$

이러한 조건들중 하나가 성립되지 않을 때, 분기가 발생한다(즉, 평형점의 안정성이 바뀐다). 첫 번째 조건이 성립되지 않았을 때 $\lambda \geq 1$이다. 두번째 조건이 성립하지 않을때 $\lambda \leq$

-1이고, 마지막 조건이 성립되지 않았을 때 $|\lambda| \geq 1$이다. Silva 와 Hallam(1992) 은 함수 g와 관련된 약간의 추가적인 가정을 만들고 국소 점근적 안정성에 대한 조건을 얻을 수 있다. 자원-가입 모델에 대한 약간의 예제와 수치적 시뮬레이션은 다음에 논의한다.

예제 8.5 $g(x) = \exp(-x)$, $b_1 = 0 = \alpha_1$, $b_2 = 10 = \alpha_2$, $s = 0.5$*이고* $a = 1$*이라 하자. 그러면* $R_0 = 5, \bar{\omega} = \ln(5), \bar{x}_1 = \ln(5)/5$, $\bar{x}_2 = \ln(5)/10$*이고* $g(\bar{\omega}) = 1/5$*이다. 대각원소의 합과 행렬식은*

$$TrJ = 0 \quad \text{와} \quad \det J = \ln 5 - 1$$

이다. 따라서, $\lambda_{1,2} = \pm i\sqrt{\ln 5 - 1}$, $|\lambda_{1,2}| \approx 0.609$*이다. 양수 평형점은 국소 점근적 안정이다. 이제* $b_2 = 20$*을 제외하고 매개변수 모두가 같다고 가정하자. 평형점 또한* $\bar{\omega} = \ln(10)$, $\bar{x}_1 = \ln(10)/10$, $\bar{x}_2 = \ln(10)/20$*이고* $g(\bar{\omega}) = 1/10$*로 바뀌는 것에 주의하자.*

$$TrJ = 0 \quad \text{와} \quad \det J = 1 - \ln 10$$

인 것으로 부터, $\lambda_{1,2} = \pm i\sqrt{\ln 10 - 1}$, $|\lambda_{1,2}| \approx 1.303$*이다. 평형점은 불안정이다. 분기점은* b_2*가 증가할때 발생한다. 시스템은 주기 4인 해를 가지는 것으로 나타난다. 그림 3.12를 참조하라.*■

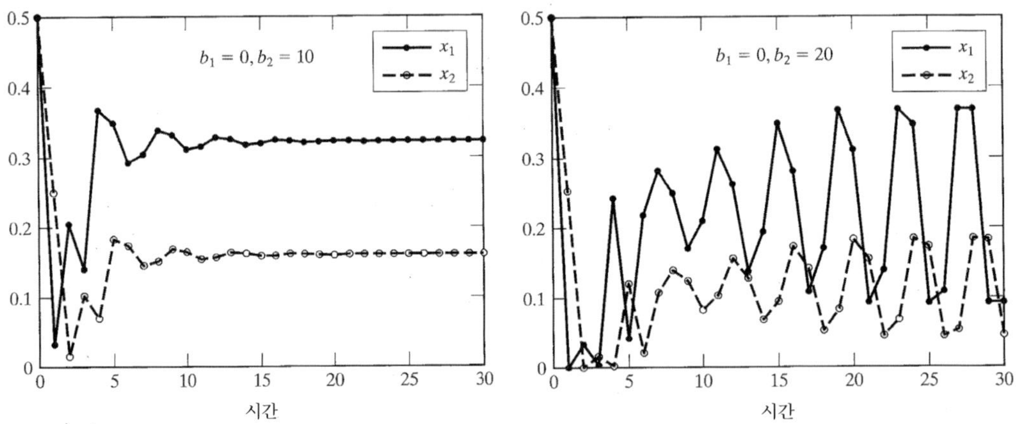

그림 3.12: 두 연령 $g(x) = e^{-x}$와 $R(t+1) = g(w(t))w(t)$, $a = 1$을 가진 LMMDDR 모델. (a) $b_1 = 0, b_2 = 10, s = 0.5$ (b) $b_1 = 0, b_2 = 20, s = 0.5$인 경우

8.2 밀가루 딱정벌레 개체군에 대한 구조모델

밀가루 딱정벌레 개체군에 대한 구조적 모델은 이론적으로 조사되었을 뿐만 아니라 많은 연구실 실험으로부터 모아진 데이터로 테스트를한 많지 않은 수학적 모델들중 하나이기 때문에 많은 주목을 받아왔다. Tribolium종으로 부터 밀가루 딱정벌레의 개체군을 모델링 하였다. 구조 모델에서 개체군은 세 개의 발달상의 단계인 애벌래, 번데기, 성충으로 세분화되었고 각각 L, P와 A로 나타낸다 (Costantino et al., 1997, 1998;Cushing et al., 1998, 2003; Henson and Cushing, 1997; Henson et al., 1998). 이 모델의 결정론적이고 확률론적인 공식은 Cushing, Dennis와 Henson으로 부터 수학적이고 통계적으로 분석하였고 실험은 Costantino와 Desharnais 연구실에서 수행하였다. 그들의 잘 쓰여진 연구결과는 생태학에서의 혼돈(Chaos in Ecology)이란 책에 있다(Cushing et al.,2003).

아마 수학자, 통계학자, 생물학자 그룹으로 부터 출판물을 제공해준 목록을 인터넷 사이트에서 참고할 수 있다.
http://caldera.calstatela.edu/nonlin/lpamodel.html. 연구실 연구와 모델로부터의 이 결과는 매우 잘 맞았다. 그 모델은 다음을 만족하는 계차방정식의 시스템이다.

$$
\begin{aligned}
L_{t+1} &= bA_t \exp(-c_{ea}A_t - c_{el}L_t),\\
P_{t+1} &= L_t(1-\mu_l),\\
A_{t+1} &= P_t \exp(-c_{pa}A_t) + A_t(1-\mu_1).
\end{aligned}
$$

여기서 모든 매개변수 $b, c_{ea}, c_{el}, c_{pa}, \mu_l, \mu_a$는 양수이고, μ_l과 μ_a는 1보다 작다. LPA모델로 이 모델을 설명한다. 단위시간 t에서 $t+1$는 2주인데 애벌레 상태로 보내는 평균소요시간이고 번데기 상태로 지속되는 단위시간이다. 지수항은 밀도에 의존한 Ricker형태이고 동족끼리 잡아먹는(cannibalism) 효과를 나타낸다. 특히, 계수 c_{ea}, c_{el}, c_{pa}는 각각 성체에게 잡아먹히는 알, 번데기에게 잡아먹히는 알, 성충에게 잡아먹히는 애벌레의 비율이다(Caswell,2001; Cipra,1999; Cushing,1998을 참고하라). 비율 $\exp(-c_{el}L_t)$와 $\exp(-c_{ea}A_t)$는 하나의 단위시간에 성충 A_t와 애벌레 L_t의 존재하에 알이 각각 잡아먹히지 않을 확률이다. 분율 $\exp(-c_{pa}A_t)$는 하나의 단위시간에 성충 A_t의 존재하에 번데기가 생존할 확률이다. 계수 b는 한 성체당 생산된 애벌레의 평균치를 나타내고, μ_a와 μ_l은 성충과 애벌레의 사망비율을 말한다.

연구실험에서, 딱정벌레들은 부화기(incubator)의 온도와 습도를 일정하게 유지한 상태에서 밀(빵)가루 20그램이 들어있는 병 속에 넣어 놓았다(Cushing,1998). 밀(빵)가루는

2주마다 주어졌고 애벌레, 번데기, 성충의 수를 세었다. 그런 다음 밀(빵)가루가 들어있는 새로운 병으로 바꾸어 주었다.

이 모델에서 간단한 경우 평형점해와 멸종 평형점의 안정성에 대한 조건들을 검토한다. LPA 모델의 야코비안 행렬은

$$J = \begin{pmatrix} -bc_{el}Ae^{-c_{ea}A-c_{el}L} & 0 & be^{-c_{ea}A-c_{el}L}(1-c_{ea}A) \\ 1-\mu_l & 0 & 0 \\ 0 & e^{-c_{pa}A} & 1-\mu_a-c_{pa}Pe^{-c_{pa}A} \end{pmatrix}$$

을 만족한다. 소멸 평형점에서, 야코비안 행렬은 다음의 형태를 가진다:

$$J(0,0,0) = \begin{pmatrix} 0 & 0 & b \\ 1-\mu_l & 0 & 0 \\ 0 & 1 & 1-\mu_a \end{pmatrix} \tag{3.13}$$

이다. 특성다항식은

$$p(\lambda) = \lambda^3 - (1-\mu_a)\lambda^2 - b(1-\mu_l)$$

이다. 소멸 평형점에서의 국소 점근적 안정성은 Jury 조건들로부터 결정될 수 있다:

$$\begin{aligned} p(1) &= \mu_a - b(1-\mu_l) > 0, \\ p(-1) &= -2 + \mu_a - b(1-\mu_l) < 0, \\ 1 - b^2(1-\mu_l)^2 &> b(1-\mu_l)(1-\mu_a). \end{aligned}$$

첫 번째 조건은 $b(1-\mu_l) < \mu_a$이면 만족된다. 두 번째 조건은 항상 만족된다. 마지막으로, 세 번째 조건은 첫 번째 조건으로부터 설명할 수 있다. 즉,

$$b^2(1-\mu_l)^2 + b(1-\mu_l)(1-\mu_a) < \mu_a^2 + \mu_a(1-\mu_a) = \mu_a < 1$$

이다. 그러므로, 소멸 평형점이

$$b(1-\mu_l) < \mu_a \tag{3.14}$$

일 때 국소 점근적인 안정이다.

사실, 소멸 평형점이 조건 (3.14)이 성립하면 광의의 점근적인 안정임을 보일 수 있다. $X_t = (L_t, P_t, A_t)$를 표시하고 $J \equiv J(0,0,0)$를 (3.13)에서 정의된 행렬일 때, $X_{t+1} \leq JX_t$이다. J가 음이 아닌 행렬이기 때문에 쉽게 $X_t \leq J^t X_0$임을 알 수 있다. J의 고유값

이 1보다 작을 필요충분조건은 부등식 (3.14)을 갖는 것이다. 따라서 (3.14)를 만족하면, $\lim_{t\to\infty} X_t = (0,0,0)^T$ 이다.

조건 (3.14)은 생물학적으로 해석될 수 있다. 만약 동족끼리 잡아먹는 현상이 없다면, 2주일 동안 번데기 상태로부터 생존하는 새로운 애벌레의 수가 같은 기간동안 죽은 성충의 비율보다 작으면, 멸종이 가능하다. $b(1-\mu_l) = \mu_a$일 때 동태에 변화가 있다. 초임계 분기(transcritical bifurcation)가 발생한다(연습문제 14를 참고).

양수 평형점 $(\bar{L}, \bar{P}, \bar{A})$는

$$1 = b\frac{(1-\mu_l)}{\mu_a}\exp(-c_{ea}\bar{A} - c_{ea}\bar{L} - c_{pa}\bar{A})$$

을 만족해야 된다는 것은 흥미롭다. 양수 평형점에서 지수항은 1보다 작다. 따라서 $b(1-\mu_l) \le \mu_a$일 때 양수 평형점이 존재할 수 없다. 양수 평형점의 존재는 $b(1-\mu_l) > \mu_a$를 필요로 한다. 이 조건이 성립할때, LPA모델은 주기적인 동태에서 혼돈에 이르기까지 다른 변수가 다양하게 변함에 따라 동태의 넓은 범위를 나타낸다. 이 모델을 테스트하기 위해 만들어왔던 흥미로운 모델과 실험에 대한 많은 정보를 위해 참고문헌을 참고하라.

8.3 북부 점박이 부엉이에 대한 구조 모델

북부 점박이 부엉이, *Strix occidentalis caurina*는 미국과 캐나다 태평양 북서부 지역에서 발견된다. 이 새는 일부일처 영토조류(territorial bird)로 생존을 위해 잘 자란 침엽수 나무의 일부와 특정 지역의 넓은 지역이 필요한 새이다(Lande,1988). 북서부지역의 오래된 숲의 벌목때문에, 연구원들은 적절한 서식지가 유지되지 않는다면 점박이 부엉이의 멸종을 예측했다 (Lamberson et al., 1992; Lande, 1988). 이 종은 1990년에 생명의 위협을 느끼는 상태에 직면했다(McKelvey et al.,1992). 간단한 레슬리 행렬 모델(Lamberson et al.,1992)과 명확한 공간적, 단계-구조적, 확률론적인 메타개체군(Akcakaya and Raphael,1998)을 포함한 다수의 모델이 얼룩 부엉이에 대해서 개발되었다. Thomas et al(1990)로부터 처음으로 보고되었고 Lamberson et al.(1992)로부터 나중에 분석된 모델을 논의한다. 이 특별한 모델은 밀도-의존이고 구조 모델로, Caswell(2001), Cushing(1998), 그리고 Haefnet(1996)에 의해 논의되었다. 토의는 Allen et al.(2005)에 따른다.

지역은 정해졌다. 지역의 일부만이 점박이 부엉이가 거주하기에 적당하다. 적당한 지역은 $T=$장소(sites)의 총 수이고, $U=$이용가능한 장소의 수, $U<T$이다. 독신 암컷은 개

체군에서 제거되거나 짝을 이루기 위해 독신 수컷을 찾는다. 살아남은 어린 새들은 태어난 첫해의 마지막에 흩어져 산다. 수컷은 점령되지 않은 장소를 찾고 암컷은 혼자있는 수컷이 점령한 장소를 찾는다. P_t가 t년(year)에 짝지은 부엉이의 수, $S_{m,t}$는 독신인 수컷의 수, $S_{f,t}$는 독신인 암컷의 수라고 하자. 수컷와 암컷의 성비율은 1이므로 $S_{m,t} = S_{f,t}$이다. 점령된 장소의 수는 짝지은 부엉이의 수에 수컷의 부엉이 수를 더한 것, 즉, $O_t = P_t + S_{m,t}$과 같다. 이용가능하고 점령되지 않은 장소의 수는 $A_t = U - O_t$이다. 이용가능한 장소의 수가 음수가 되지 않도록 남기도록하기 위해서, 점령된 장소의 정의를 $O_t = \min\{U, P_t + S_{m,t}\}$라고 수정한다.

짝이 있는 부엉이 P_t의 수와 독신 수컷 부엉이의 수 $S_{m,t}$로 모델를 세운다. 이 모델은 다음 형태를 가진다:

$$P_{t+1} = P_t p_s + S_{m,t} s_S M_t = F(P_t, S_{m.t}) \tag{3.15}$$

$$S_{m.t+1} = \frac{1}{2} f s_J D_t P_t + S_{m,t} s_S (1 - M_t) + p_b P_t = G(P_t, S_{m,t}). \tag{3.16}$$

이 모델 변수들은 다음과 같이 정의한다:

D_t = 생존한 어린 새가 흩어질 확률,

M_t = 암컷이 수컷을 찾을 확률,

s_S = 일년 동안에 생존한 독신 부엉이의 비율,

s_J = 일년 동안에 독신 어른새가 되도록 생존한 어린새의 비율,

P_s = 일년 동안에 생존한 쌍의 각각이 분열되지 않을때의 확률(독신이 되는),

P_b = 일년 동안에 생존한 쌍의 각각이 분열될 확률(독신이 되다),

f = 일년 동안에 번식한 쌍당 자손의 수,

m = 점령되지 않은 장소를 찾을 능력,

n = 짝이 없는 수컷을 찾을 능력.

확률 M_t와 D_t는 다음을 만족한다:

$$M_t = 1 - \left(1 - \frac{\min\{T, 2S_{m,t}\}}{T}\right)^n, \quad D_t = 1 - \left(1 - \frac{A_t}{T}\right)^m.$$

여기서 $M_t, D_t \in [0, 1]$이다.

$t+1$년도에 짝을 이룬 어른새에 대한 식 (3.15)은 헤어져 독신이 되지 않고 짝을 이루어 사는 어른새와 짝을 찾고자하는 독신 수컷 부엉이로 구성된다. $t+1$ 년도에 독신 수컷

부엉이에 대한 식 (3.16)은 생존하지만 짝을 이룬후 헤어져 사는 수컷과 전년도부터 짝을 찾지 못한 독신수컷과 짝을 이룬 어른새가 낳아 첫해를 생존하여 흩어져 사는 수컷자손으로 구성된다. 식 (3.15)와 (3.16)에 대한 해들이 음수가 아닌 것을 보이기는 쉽다.

부엉이 구조모델은 몇몇의 평형점을 가진다. 첫 번째 평형은 소멸 평형점 $\bar{P} = 0$ 와 $\bar{S}_m = 0$이다. $E_0 = (0, 0)$가 소멸 평형점이라고 하자. 평형점 E_0 에서, $2\bar{S}_m < T$이다. 그러므로 E_0에서 선형화에 M_t의 최소함수(minimum function)은 $2S_{m,t}$로 대체된다. E_0에서 야코비안 행렬은 다음을 만족한다:

$$J(E_0) = \begin{pmatrix} & p_s & 0 \\ (1/2)fs_J[1-(1-U/T)^m] + p_b & & s_S \end{pmatrix}.$$

$0 < p_s,\ s_S < 1$이기 때문에 소멸 평형점은 항상 국소 점근성 안정이다. 작은 초기값에서, 개체군은 소멸 평형점으로 접근한다. 다른 평형점들은 다음 방정식을 풀어서 찾게된다:

$$\bar{P} = \frac{\bar{S}_m s_S \bar{M}}{1 - p_s} \tag{3.17}$$

$$\bar{S}_m = \left(\frac{1}{2} f s_J \bar{D} + p_b\right)\bar{P} + \bar{S}_m s_S (1 - \bar{M}) \tag{3.18}$$

여기서,

$$\bar{M} = 1 - \left(1 - \frac{2\bar{S}_m}{T}\right)^n \text{ 이고 } \bar{D} = 1 - \left(1 - \frac{U - \bar{P} - \bar{S}_m}{T}\right)^m$$

이다. 여기에서 $2\bar{S}_m < T$이고 $\bar{P} + \bar{S}_m < U$라고 가정해 왔다.

방정식 (3.17)와 식(3.18)은 $\bar{S}_m$대한 다항식으로 표현될 수 있다,

$$p(\bar{S}_m) = -\bar{S}_m + \left(\frac{1}{2} f s_J \bar{D} + p_b\right)\frac{\bar{S}_m s_S \bar{M}}{1 - p_s} + \bar{S}_m s_S (1 - \bar{M}). \tag{3.19}$$

이 다항식의 해는 $\bar{S}_m$이다. 다음으로 $\bar{P}$는 (3.17)로부터 주어진다.

몇가지 변수의 추정치는

$$s_S = 0.71,\ s_J = 0.60,\ p_s = 0.88,\ p_b = 0.056,\ f = 0.66$$

이다 (Haefner,1996; Lamberson et al.,1992; Thomas et al.,1990). 추가로 $n = m = 20$이고 $T = 1000$이라 하자. 매개변수 U는 사용가능한 장소의 수이고 벌목량에 의존한다. U의 다른 값에서, 수컷 부엉이에 대한 평형값은 식 (3.19)를 풀어 구하고, $p(\bar{S}_m) = 0$이다(그림 3.13을 참고하라). $U > 149$에서 세개의 평형점($p(\bar{S}_m) = 0$의 세개의 해)이 존재하고 $U < 149$에선 단 한 개의 멸종 평형이 있다.

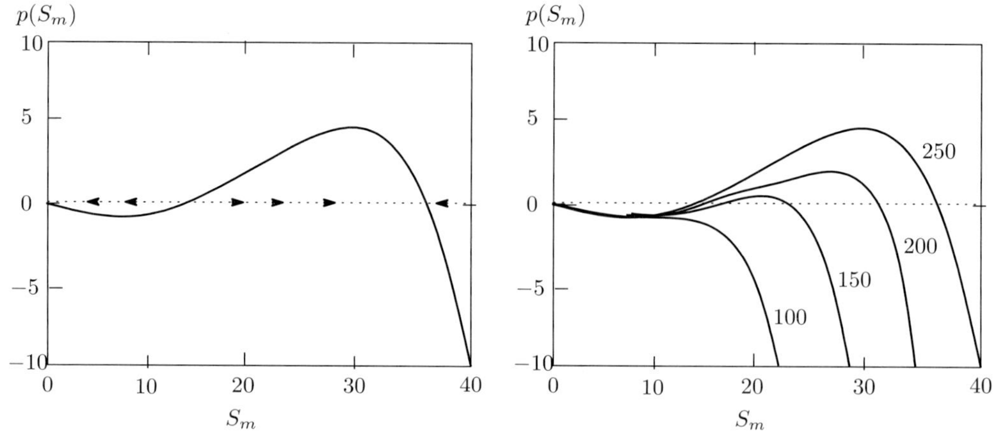

그림 3.13: 왼쪽의 그림은 $U = 250$에 대한 다형성 $p(S_m)$이다. 직선 $S_m = 0$을 따르는 화실표는 세개의 평형점의 안정성을 나타낸다. 오른편 그림은 $U = 100, 150, 200, 250$에 대한 다형성 $p(S_m)$이다.

$U = 250$라고 가정하자. 이때 $E_0 < E_1 < E_2$인 세개의 평형점 E_0, E_1, E_2가 존재한다. 평형점 $E_1 = (25.04, 11.43)$에서 야코비안 행렬은 두 개의 양수 고유값을 가진다. 한개는 1보다 작고, 다른 한 개는 1보다 크고 E_1은 불안정이다. $E_2 = (163.97, 35.81)$에서 야코비안 행렬은 둘 모두 1보다 작은 값인 두 개의 실수고유값을 가진다. E_2는 국소 점근적인 안정이다(연습문제 15). 그 모델에서 해는 다양한 초기 조건에 대해 그림 3.14에서 볼 수 있다. 초기의 조건이 E_1보다 작을 때에 해는 0으로 가는 경향이 있지만, 만약 E_1 보다 클 때에 해는 양수 평형점으로 가는 경향이 있다. 평형점 E_1은 알리(Allee)경계로 잘 알려져 있다. 알리 효과는 동물의 사회적 행동(social behavior)과 집합(aggregation)에 관한 폭넓은 연구 때문에 Warder C.Allee라고 부른다(Allee,1931). 알리 효과는 개체수나 밀도가 낮을때에 개체군 증가의 적응도나 또는 쇠퇴(decline)하는 것으로 줄이기 위한 것으로 나타낸다. 개체군 크기나 밀도가 낮을 때, 짝을 찾기가 어렵고 출생률이 감소하여 개체군이 소멸(멸종)에 이를 수 있다. 알리 효과는 임계수준 아래에 있을때 개체군 멸종이 있는 모델에서 발생한다. 점박이 부엉이 모델에서는 E_1이 임계경계이다.

점박이 부엉이 모델은 교배와 번식을 위한 충분한 서식지 제공의 중요성을 보여준다. 만약 사용가능한 장소의 수가 너무작다면 ($U < 149$), 개체군 멸종은 확실하다. 그러나 사용가능한 장소가 증가 ($U > 149$)하고 개체군 크기가 E_1 아래로 떨어지지 않는다면 점박이 부엉이의 개체군 안정성은 유지될 수 있다.

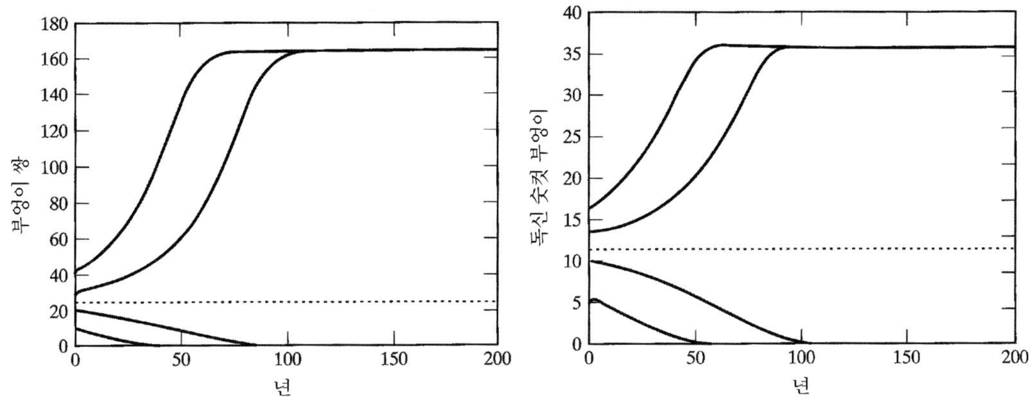

그림 3.14: 초기값 $(P_0, S_{m,0}) = (10,5), (20,10), (30,15), (40,20)$에 대한 짝이 있는 부엉이 P_t와 독신수컷 부엉이 $S_{m,t}$. 점선은 E_1의 평형점 값이다.

8.4 두개의 성별 모델

개체의 성별(sex)에 의해 구조 모델을 설명한다. 두 개의 성에 대한 모델은 예를 들어 남성과 여성의 다른 기대수명, 성별의 비율은 상수가 아니고, 인구의 역동성에 영향을 미치는 남성과 여성 행동의 차이점에 대한 연구가 필요했다. Caswell(2001)은 남성과 여성이 다른 기대수명을 가질때의 몇가지의 예를 알려준다. 인간의 경우 남성사망률은 일반적으로 여성의 사망률보다 높다. 흰줄박이 물돼지(육식고래)의 경우 수컷의 기대수명은 암컷의 거의 2배이다(Olesiuk et al.,1990). 블랙위도우 거미(암컷이 숫컷을 잡아먹는 미국산 독거미)의 경우 암컷의 기대수명은 숫컷의 2.7배이다(Deevey와 Deevey,1945).

암컷과 숫컷 뚜렷하게 구별되는 모델을 공식화하기 위하여, t세대에서 m_t와 f_t를 각각 암컷과 수컷의 수라고 표기하자. 자손은 하나의 암컷과 하나의 수컷의 교배에 의해 번식한다고 가정한다. 한쌍의 교배당 생산되는 자손의 수는 출생함수의 형태에 의존한다. 출생함수 $B \equiv B(m,f)$는 역시 인간의 인류통계학에서 **결혼함수(marriage function)**라고 한다. 출생함수로 결정된 함수의 형태는 동의하지 않지만, 어떤 함수의 형태는 다른것들보다 우선시한다. 예를 들어, 몇가지의 성질들은 출생함수에 대한 다음을 포함하는 가정이 타당하다:

(i) $B : [0,\infty) \times [0,\infty) \to [0,\infty)$.

(ii) $B(0,f) = 0, \ B(m,0) = 0$.

(iii) $\partial B/\partial m \geq 0,\ \partial B/\partial f \geq 0$.

(iv) $B(km, kf) = kB(m, f),\ k \geq 0$.

성질 (iv)를 가지는 함수 B는 **1차 동차함수(homogeneous function of degree one)**라고 말한다.

출생함수의 다양한 유형은 보고서에서 사용되었다. 몇가지 일반적인 출생함수는, 수컷의 우성:$B(m, f) = m$, 암컷의 우성:$B(m, f) = f$, 기하평균: $B(m, f) = \sqrt{mf}$, 그리고 조화평균: $B(m, f) = mf/(m+f)$을 포함한다(Caswell, 2001; Kot, 2001). 수열 $x_1, x_2, \ldots, x_n$의 기하평균은 $(x_1 x_2 \cdots x_n)^{1/n}$으로 정의하였고 조화평균은 $(\sum_{i=1}^{n} 1/x_i)^{-1}$으로 정의되었음을 기억하자. 따라서 m와 f의 기하평균은 $\sqrt{mf}$이고 m와 f의 조화평균은 $mf/(m+f)$이다. 이들 네 개의 예들 사이에 단지 기하평균과 조화평균의 출생함수가 조건 (i)-(iv)을 만족한다. 출생함수를 의미하는 조화평균은 과학자들에 의해 가장 자주 사용되는 것 중 하나이다. Keyfitz(1972)는 인간의 결혼비율을 연구하기 위하여 조화평균 출생함수를 사용했었다.

예제 8.6 *세대당 출생하는 전체수가 다음과 같은 조화평균의 형태를 취한다고 가정하자:*

$$B(m_t, f_t) = \frac{2(r_m + r_f)m_t f_t}{m_t + f_t}. \tag{3.20}$$

여기서, $r_m > 0$과 $r_f > 0$이 한 쌍의 커플당 각각 남성이나 여성 자손의 평균수이다. 만약 한명의 남성과 한명의 여성이 존재한다면 $B(1,1) = r_m + r_f$임을 주의하자. 이 함수는 남성의 수와 여성의 수가 같을때에 최대가 된다. 하나의 성 또는 다른성에 의해 지배하는 동물개체군에서 출생함수는 이러한 사실을 나타낼 수 있다. 예를 들어, 만약 숫컷이 ω암컷들의 하렘(harem)(번식을 위해 한 마리의 수컷을 공유하는 암컷들)을 형성한다면, 출생함수는 다음과 같은 형태로 쓸 수 있다.

$$B(m_t, f_t) = \frac{2\omega(r_m + r_f)m_t f_t}{\omega m_t + f_t}.$$

여기서, ωr_m과 ωr_f은 각각 전체 하렘에 의해 생산된 수컷자손의 평균수와 암컷자손의 평균수이다. 이 경우에, 만약 하나의 수컷과 ω의 암컷이 존재한다면 $B(1,1) = \omega(r_m + r_f)$이다. ■

이제 조화평균 출생함수 (3.20)를 사용하는 두개의 성별이 있는 계차방정식 모델을 공식화한다. 수컷과 암컷이 번식을 한 이후에는 사망하고 그들의 자손으로 대체된다고 가정

하자. 그러면 모델은 $t = 0, 1, 2, \ldots$에 대하여

$$m_{t+1} = \frac{2r_m m_t f_t}{m_t + f_t}, \ m_0 > 0,$$
$$f_{t+1} = \frac{2r_f m_t f_t}{m_t + f_t}, \ f_0 > 0$$

의 형태를 가진다. 성별의 비율이 첫번째 세대 이후에 일정한 $m_t/f_t = r_m/r_f$, $t = 1, 2, \ldots$ 것을 보이는것은 쉽다. 이러한 사실을 사용하면, 그 모델은 다음과 같이 쓸 수 있다:

$$m_{t+1} = \frac{2r_m r_f}{r_m + r_f} m_t = \lambda m_t,$$
$$f_{t+1} = \frac{2r_m r_f}{r_m + r_f} f_t = \lambda f_t.$$

여기서 $\lambda = 2r_m r_f/(r_m + r_f)$, $t = 1, 2, \ldots$이다. 따라서, 만약 $\lambda < 1$이면 $\lim_{t\to\infty}(m_t, f_t) = (0, 0)$이고 $\lambda > 1$이면 $\lim_{t\to\infty} m_t = \infty = \lim_{t\to\infty} f_t$이다. 만약 수컷과 암컷의 자손의 평균 수가 $r_m = 1 = r_f$ 이라면 $\lambda = 1$임에 주의하자.

다른 두 성별에대한 모델은 연습문제 17과 18에 설명되었다. 연습문제 18에서는 성체의 암컷과 수컷이 성별로 구분되지 않은 접합체 z_t를 생산한다. 그러면 모델은 세개의 계차방정식, z_t, m_t과 f_t에 대하여 각각 구성된다. Lindstrom과 Kokko(1998)은 암컷, 수컷과 미성체를 포함하는 두개의 성에 대한 모델을 논의했다(여기서 미성체의 성별은 알지 못한다). 그들의 모델에서 Ricker 밀도-의존 생존항이 포함되었다. Caswell(2001)에 쓰여진 책인 행렬 개체군 모델(*Matrix Population Models*)의 17장과 두개의 성에 대한 모델에 대한 다른 형태에 대하여 Iannelli et al.(2005)에 쓰여진 책 *Gender-Structured Population Modeling*을 참고하라.

제 9 절 예방접종을 시행한 홍역모델

예방접종을 시행한 홍역 전염병에 대한 계차방정식의 시스템은 Anderson과 May(1982)의 모델에 기초하여 유도되었다. 그 내용은 홍역에 걸린 경우의 수, 감염가능성이 있는 개체의 수, 예방접종을 하는 경우의 수를 포함한다. 이것은 출생자 수와 사망자 수가 같을 때에 매주 B로 주어진 일정한 출생과 사망이 존재한다고 가정했다. 개체들은 일주일 이내에 홍역에서 회복된다. 따라서, 매주 새로운 홍역에 걸린 경우가 존재한다. 새로 태어난 개체는 감염가능성이 있는 개체이다. 더구나, 매주 감염가능성이 있는 개체들의 비율 p는 예방접종을 시행하였다고 가정했다. 그 모델은 2.10절에서 고려된 하나의 모델 SIR 유형이 유사

하다. 다음은 상태변수를 정의한다:

I_t = 1주당 홍역에 걸린 새로운 경우의 수,

S_t = 1주당 감염가능성이 있는 개체의 수,

R_t = 1주당 면역이 된 경우의 수,

p = 한 주당 예방접종을 감염가능성이 있는 개체의 비율, $0 \le p < 1$,

N = 전체 개체수,

αN = 한명의 감염에 의해 야기된 2차 감염자의 평균수.

계차방정식의 시스템은 다음의 형태를 가진다:

$$\begin{aligned} S_{t+1} &= (1-p)S_t - \alpha I_t S_t + B, \\ I_{t+1} &= \alpha I_t S_t, \\ R_{t+1} &= R_t + I_t - B + pS_t. \end{aligned} \tag{3.21}$$

이 모델과 2.10절에서의 전염병 모델과의 차이점은 출생과 사망의 형태(개채군 크기에 비례하기 보다는 일정하다), 감염주기의 길이(이것은 시간구간과 같이 같은 길이이다), 그리고 예방접종을 포함한다는 것이다. 반드시 해가 음수가 되지 않도록, B의 값은 충분히 작아야 한다. 각 변수는 $B = D_1 + D_2 + D_3$일 때 각 그룹에 대하여 사망률 D_1, D_2, D_3을 가질것임을 주목하자. 그러나 여기서 이것은 $D_1 = D_2 = 0, D_3 = B$임을 가정한다. 출생과 사망이 인구의 크기에 비례할때의 좀 더 실제적인 모델은 이 장의 연습문제에 설명하였다.

전체 개체수 $N_t = I_t + S_t + R_t$는 시간이 초과되면 상수 $N_t = N$로 유지함을 알자. 또한 I_{t+1}과 S_{t+1}은 R_t에 의존하지 않는다. 계차방정식의 시스템 해석은 I와 S에 관한 두 개의 방정식으로 줄일 수 있다. 그 평형점들은 다음의 두 방정식의 해이다:

$$p\bar{S} = B - \alpha\bar{I}\bar{S}, \quad \bar{I} = \alpha\bar{I}\bar{S}.$$

두 개의 평형점, 무질병 평형점(disease-free equilibrium),

$$\bar{I} = 0, \quad \bar{S} = B/p, \ p > 0,$$

와 고유질병 평형점(endemic equilibrium),

$$\bar{S} = 1/\alpha, \quad \bar{I} = B - p/\alpha, \ B > p/\alpha$$

가 존재한다.

만약 모델 (3.21)에서 예방접종이 $p = 0$ 로 존재하지 않는다면, 무질병 평형점은 존재하지 않는다. 예방접종을 하지 않으면, 단지 고유질병 평형점 $\bar{I} = B$, $\bar{S} = 1/\alpha$만 존재한다. 예방접종을 하는 야코비안 행렬은

$$J_p(S,I) = \begin{pmatrix} 1-p-\alpha I & -\alpha S \\ \alpha I & \alpha S, \end{pmatrix},\ p > 0$$

이고 예방접종을 하지 않는 야코비안 행렬은,

$$J_0(S,I) = \begin{pmatrix} 1-\alpha I & -\alpha S \\ \alpha I & \alpha S, \end{pmatrix},\ p = 0$$

을 만족한다.

만약 예방접종을 시행하지 않는다면 고유질병 평형점에서 계산된 야코비안 행렬은

$$J_0(1/\alpha, B) = \begin{pmatrix} 1-\alpha B & -1 \\ \alpha B & 1 \end{pmatrix}$$

이다. 고유질병 평형점은 $|Tr(J)| < 1 + \det(J) < 2$ 또는 동일하게

$$|2 - \alpha B| < 2$$

일때 국소 점근적인 안정이다. 이 평형점은 국소 점근적 안정이 아니다. 고유치는 바로 계산할수 있다, $\lambda_{1,2} = [Tr(J_0 \pm \sqrt{Tr(J_0{}^2 - 4\det(J_0))}]/2$,

$$\lambda_{1,2} = \frac{2 - \alpha B \pm \sqrt{\alpha B(\alpha B - 4)}}{2}$$

이다. 만약 $\alpha B < 4$이면, 고유치는 $|\lambda_i| = 1$을 만족하는 켤레복소수이고 해는 평형점에 관하여 진동한다.

예방접종이 있는 무질병 평형점에서,

$$J_p(B/p, 0) = \begin{pmatrix} 1-p & -\alpha B/p \\ 0 & \alpha B/p \end{pmatrix}$$

이다. 고유치는 $\alpha B/p$와 $1-p$이다. 이들 고유치 모두 다 양수이므로, 무질병 평형점은 $\alpha B < p$일 때 국소 점근적인 안정이다. 만약 예방접종의 비율 p가 충분히 작다면 무질병 평형점은 불안정이다. 관계식

$$\mathcal{R}_0 = \alpha B/p$$

는 이 모델에 대한 기본 번식수를 나타낸다.

예방접종이 있는 고유질병 평형점에서,

$$J_p(\bar{S}, \bar{I}) = \begin{pmatrix} 1 - \alpha B & -1 \\ \alpha B - p & 1 \end{pmatrix}$$

이다. $|2 - \alpha B| < 2 - p < 2$일 때 고유질병 평형점은 국소 점근적인 안정이다. 이 부등식의 두 번째 부분은 항상 만족된다. 더구나 고유질병 평형점은 $\mathcal{R}_0 > 1$일 때 양수이다. 만약 $\alpha B < 2$이면 안정성의 판별은 $1 < \mathcal{R}_0 < 2/p$와 같이 표현될 수 있다.

두 가지의 경우는 Anderson과 May(1982)가 실험을 하였다. 이들 두 가지의 경우에서 B는 선진국 대 개발도상국에서의 출생률(예를 들어, 영국 대 나이지리아)을 나타낸다. 매년 출생률은 영국(UK)과 같은 선진국에서는 1000명당 12명이고 나이지리아의 출생률은 그 비율의 세배이다. 따라서 크기가 150만명인 선진국에서 일주당 출생자의 수는

$$B = \frac{12}{1000\text{년}} \frac{1\text{년}}{52\text{주}} 500,000 \approx 115$$

이다. 나이지리아에서 일 주일의 출생률은 그 비율의 세배이므로 $B = 345$이다. $\alpha = 0.3 \times 10^{-4}$이라 가정하자. 주어진 매개변수 $\alpha B < 4$에 대하여 예방접종을 하지않을 때에 해들은 고유질병 평형점에 대하여 진동한다. 홍역 감염은 개체군에서 제거되지 않는다. 그림 3.15는 예방접종이 없을 때의 영국의 가상적인 데이타에 대한것이다. 그림 3.15 $(p = 0)$에서는 홍역의 경우에 주기가 2년과 3년 사이이다.

이제, 예방접종을 포함한다고 가정하자. $p > B\alpha$일 때에, 양수의 평형점은 존재하지 않고 $\bar{I} = 0$과 $\bar{S} = B/p$에 의해 주어진 무질병 평형점은 국소 점근적인 안정이다. 영국의 가상데이터와 $p > B\alpha = 115(0.3 \times 10^{-4}) = 0.00345$의 예방접종 비율을 가지는 홍역 모델에서, 해는 그림 3.15에서 그려졌다. 해는 $I_t \to 0$과 $S_t \to \bar{S} = B/p = 1150$을 만족한다. 이 모델은 홍역을 조절하는데에 출생률의 중요성을 보여준다. 나이지리아의 가상적인 데이터에 대한 예방접종의 비율은 영국이 홍역을 없애는데 대한 비율의 세배여야 한다는 것에 주의하자. 만약 예방접종의 비율이 감소되었고 그래서 영국의 가정된 데이터에 대하여 $0 < p < B\alpha$라면 여전히 전염병이 존재한다. 그렇지만 예방접종은 발병과 발병 사이의 시간의 길이가 증가한다.

미국에서 홍역 예방접종은 1963년에 허가되었다. 1963년 이전에는 전염병의 차이 주기가 $2 \sim 3$년마다 항상 발생되었다. 볼티모어, 메릴랜드에서의 홍역의 경우에 대한 매년의 데이터는 예방접종 이전의 $2 \sim 3$년의 주기를 보여준다(그림 3.16). 1963년 이전에, 미

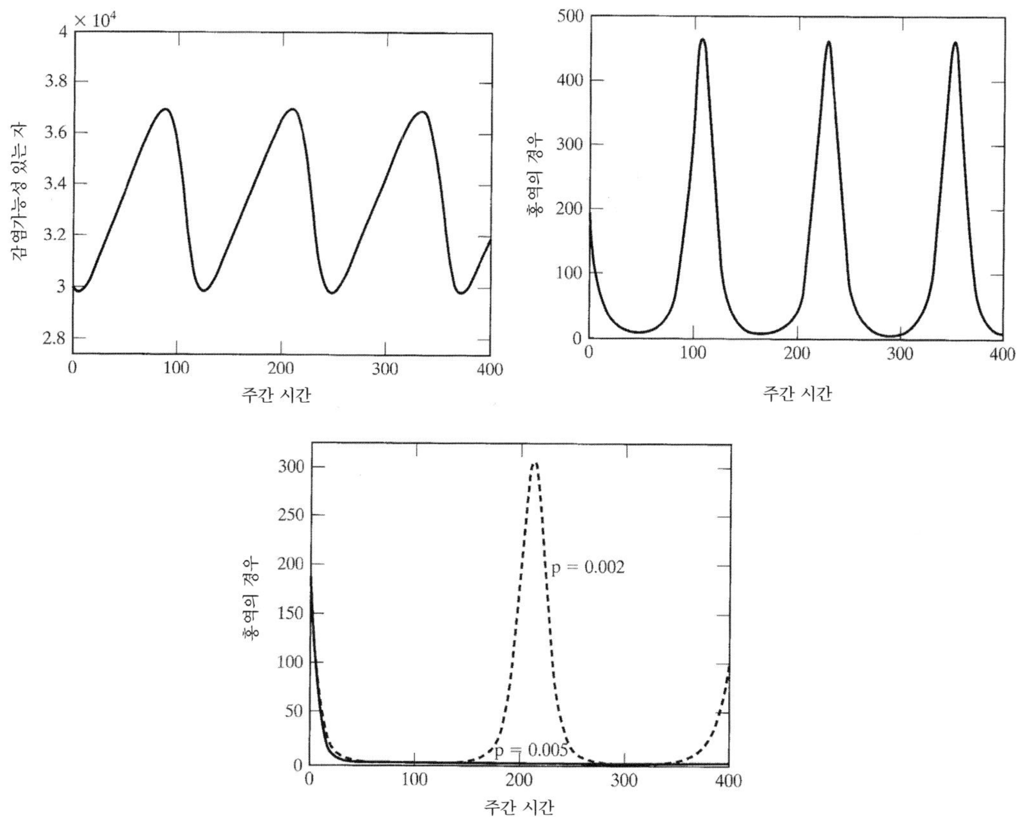

그림 3.15: 매개변수 $B = 115, \alpha = 0.3 \times 10^{-4}$을 가지는 Anderson과 May(1982)의 홍역모델. 위 $p = 0$의 두 그림과 $p = 0.002$, $p = 0.005$에서 아래그림.

국에서 거의 모든 사람은 홍역에 걸렸다. 홍역에 걸린 사람수가 출생집단(cohort)에 가까웠다(1년당 350만에서 400만의 경우)(Prober, 1999). 홍역에 대한 기본 번식수가 매우 높은 $\mathcal{R}_0 \approx 12 - 13$임을 기억하자(표 2.2). 홍역은 전염성이 높은 질병이다. 일회 투여량 전략은 홍역을 조절하여 유지하기는 충분하지 않았다. 1989 ~ 1991년에 예방접종하지 않은 취학전 아동과 예방접종된 취학아동 사이의 홍역의 발병확산은 홍역 예방접종의 전략에 대한 즉각적인 변화를 가져왔다. 일회 투여량 전략 대신에 두번의 복용전략이 1989년에 장려되었다(Prober, 1999). 두번 복용전략에서 첫 복용은 15개월에 한번 주어졌고 두번째는 중학교 또는 고등학교 들어가기 이전에 주어졌다. 이 두 번의 복용이 전략은 미국에서 홍역을 조절하는데 성공적이었다.

예방접종한 좀 더 현실적인 SIR모델은 출생률과 사망률을 그룹의 크기에 비례하는 것

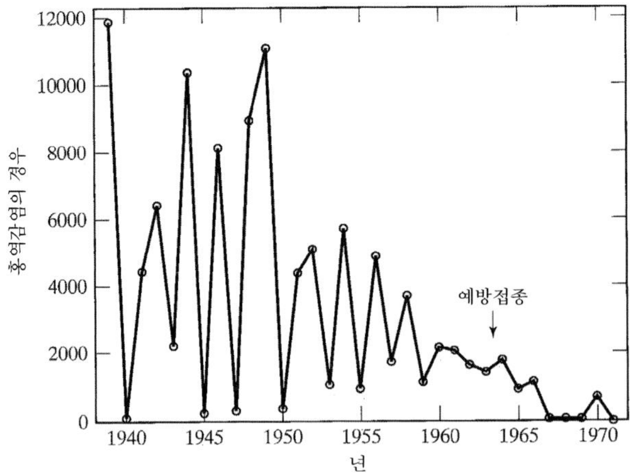

그림 3.16: 1939-1971년사이 볼티모어 메릴랜드에서의 매년 발생한 홍역의 경우(Hipel와 McLeod, 1994).

으로 가정한다. 이 형태의 모델은 2.10절에서 주어졌다. 만약 예방접종이 포함되었다면 그 모델은 다음의 형태를 가진다:

$$\begin{aligned} S_{t+1} &= (1-p)S_t - \frac{\beta}{N} I_t S_t + b(R_t + I_t), \\ I_{t+1} &= \frac{\beta}{N} I_t S_t + (1-b-\gamma) I_t, \\ R_{t+1} &= (1-b)R_t + \gamma I_t + pS_t. \end{aligned}$$

여기서 $p, b, \gamma, \beta > 0, \beta = \alpha N$이다. 매개변수 b는 한 개체당 출생자 수, γ는 회복 비율, p는 예방접종된 비율, 그리고 β는 시간 t에서 $t+1$까지 성공적인 접촉의 수이다. 또한, N은 전체 개체군 크기이다. 개체군 크기는 상수이다. 만약 $0 < p + \beta < 1$이고 $0 < b + \gamma < 1$이면, 해가 음수가 아닌것을 보일수 있다. 이 모델에 대한 기본 생산수는

$$\mathcal{R}_0 = \frac{\beta b}{(b+\gamma)(b+p)}$$

이다. 이 모델은 이 장의 연습문제에서 좀 더 자세히 연구하였다. 또한 이산 시간 전염병 모델의 추가적인 예제에 대하여 Allen과 Burgin(2000), Allen 등(2004), Brauer와 Castillo-Chavez(2001), 그리고 Castillo-Chavez와 Yakubu(2001)을 찾아보아라.

제 10 절 3장 연습문제

1. 비버든-홀트(Beverton-Holt)의 계차방정식은 2장의 연습문제 10에서 주어진 양해를 갖는다. N_t에 대한 분명한 해는 다음과 같다:

$$N_t = \frac{N_0 K \lambda^t}{K + N_0(\lambda^t - 1)}.$$

비버든-홀트 해에서 변수변환을 하면,

$$y_t = \ln\left(\frac{1}{N_t} - \frac{1}{K}\right)$$

이고 따라서,

$$y_t = \ln\left(\frac{1}{N_0} - \frac{1}{K}\right) - t\ln\lambda$$

이다.

$K = 400$일 때와 $K = 1000$일 때 곡선 y_t에 대한 아메리카나 흰두루미 데이터를 적합(fit)시키기 위해 최소제곱 근사치를 이용하여라(데이터는 3장 부록에 주어졌다). 매개변수 N_0와 λ의 추정치를 구하여라. 또한 아메리카나 흰두루미 데이터와 두 개의 비버튼-홀트 곡선를 그려라. 그리고 미국 흰 두루미 데이터의 최소제곱근사치와 두 개의 비버튼-홀트 곡선 최소제곱근사치를 비교하여라. 마지막으로 K의 큰 값에서는 로지스틱 곡선의 초기 부분이 지수 근사치에 가까이에 있다.

2. 미네소타주의 1968년부터 2004년도 오리 개체군 데이터는 3장 부록의 표 3.4에 있다(U.S. Fish와 Wildlife Service, 2004). 개체군 데이터는 매년 온도와 강우량에 기인하여 매우 다양하다. 그러나 번식하는 개체군이 증가하고 있음은 명확하다. 곡선 $N_t = a + bt$로 데이터의 최소제곱 적응성을 구하기 위해 MATLAB의 *polyfit* 명령문을 사용하여라. 연간 증가비율은 얼마인가? 그림 3.17을 참고하여라.

3. 숙주 개체군에서 밀도에 의존하는 니콜슨-베일리(Nicholson-Bailey)모델을 생각해보자:

$$N_{t+1} = N_t \exp(r(1 - N_t/K) - aP_t),$$
$$P_{t+1} = eN_t(1 - \exp(-aP_t)).$$

   (a) 위 시스템을 단순화하기 위해 변수변환을 하여라. $x_t = N_t/K$, $y_t = aPt$라 놓

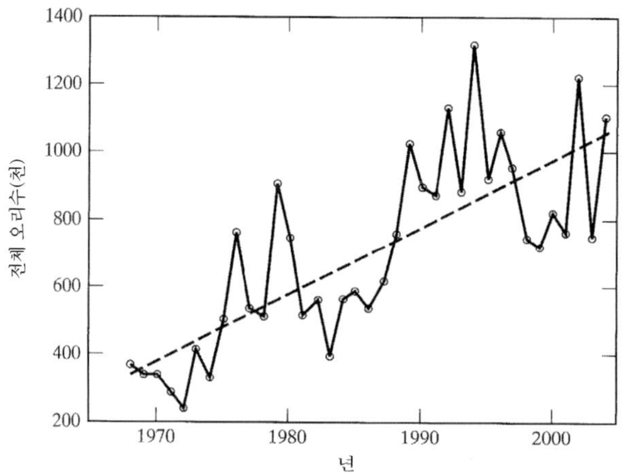

그림 3.17: 1968-2004년까지 미네소타주에서 전체 오리 개체수를 선형곡선 $N_t = a+bt$에 적응시킨 그래프.

고, 다음과 같은 간략화한 시스템으로 쓴다.

$$x_{t+1} = x_t \exp(r(1-x_t) - y_t),$$
$$y_{t+1} = cx_t(1-\exp(-y_t)).$$

매개변수 c는 e, a, K에 의해 결정된다. c의 값은 얼마인가?

(b) 간략화한 시스템이 0이 아닌 평형점 $(\bar{x}, \bar{y})$을 만족하는 음함수 방정식을 구하여라.

(c) $(\bar{x}, \bar{y})$에서의 간략화한 시스템의 야코비안 행렬을 구하여라. 그리고 간단한 야코비안 행렬을 형태로 나타내어라[즉, $\bar{y}/\bar{x} = c(1-\exp(-\bar{y}))$와 $1 = \exp(r - r\bar{x} - \bar{y})$ 같은 같은 식을 사용하여라]. 그런 다음 국소 점근적 안정성 조건들을 구하여라.

(d) 만약 $r = 1.5$이고 $c = 2.5$이면 평형점 $(\bar{x}, \bar{y})$는 국소 점근적인 안정인가?(소수 세자리의 평형점 값을 계산하고 안정성 조건들이 만족되는지 확인하여라.)

4. 매년 식물 종 경쟁에 관한 모델은 Pakes와 Maller(1990)에 의해 논의되었다. 간략화

한 모델은 $0 < \alpha, \beta < 1$에서 다음과 같은 형태를 갖는다:

$$p_{t+1} = (1-\alpha)\frac{k_{12}p_t}{k_{12}p_t + q_t} + \alpha p_t = f(p_t, q_t),$$
$$q_{t+1} = (1-\beta)\rho\frac{k_{21}q_t}{p_t + k_{21}q_t} + \beta q_t = g(p_t, q_t).$$

αp_t와 βq_t는 종자은행의 씨앗으로 부터 발아한 식물이다. 이전 모델의 다른 식들은 두 종간의 경쟁이 있는 곳에서 새로운 씨앗들로부터 출현한 식물들이다. 계수들 k_{ij}는 경쟁의 양에 역비례 관계이다. 두 종 모두가 많으면 경쟁이 약하다. 만약 $k_{12} \gg k_{21}$이고 $k_{21} \ll 1$이면 종1(p)는 종2(q)에게 커다란 영향을 미치지만 종 2는 종 1에게 거의 영향이 미치지 않는다($\gg$는 보다 훨씬 크다를 의미함). 매개변수들 $\rho, k_{ij}, \alpha, \beta$은 양수이다.

(a) 다음과 같은 3개의 평형점 $(\bar{p}, \bar{q})$이 존재함을 보여라.

$$(1,0), (0,\rho), \left(\frac{k_{21}(k_{12}-\rho)}{k_{12}k_{21}-1}, \frac{k_{12}(k_{21}\rho - 1)}{k_{12}k_{21}-1}\right).$$

(b) 이 시스템의 야코비안 행렬 $J(p,q)$을 계산하여라.

(c) 평형점 $(1,0)$과 $(0,\rho)$에서 야코비안 행렬을 구하여라. 그리고 다음을 보여라:

1. 만약 $\rho k_{21} < 1$이면 평형점 $(1,0)$은 국소 점근적인 안정이다.
2. 만약 $k_{12} < \rho$이면 평형점 $(0,\rho)$는 국소 점근적인 안정이다.

경우 1에서 종 1은 경쟁에서 이긴다. 경우 2에서는 종 2가 경쟁에서 이긴다. 만약 $k_{12} > \rho > 1/k_{21}$이면, 두 종의 평형점이 국소적으로 점근적인 안정임을 보일 수 있다. 이 결과들은 경쟁 모델의 대표적인 것이다. 일반적으로 경쟁이 약하지 않으면 오직 한가지 종만이 경쟁에서 이긴다. 계수 k_{ij}, k_{ji}가 크면 식물모델에서의 경쟁은 약해진다. 조건 $k_{12}k_{21} > 1$(약 경쟁)은 두 종의 평형점의 국소 점근적 안정성을 위해 필요로 한다.

5. 연습문제 4의 식물 종 경쟁모델에서 매개변수 $\rho = 1$이라 가정하고, 양수 평형점은 $(\bar{p}, \bar{q})$라 하자. 다음 단계로 만약 $\min\{k_{12}, k_{21}\} > 1$이면 양수 평형점이 국소적으로 점근적인 안정임을 보이자.

(a) 양수 평형점에서 야코비안 행렬 $J(\bar{q}, \bar{q})$을 구하여라.

(b) $J(\bar{q}, \bar{q})$의 대각원소의 합이 양수임을 보여라.

(c) $Tr(J) - 1 - \det(J)$이 다음과 같이 표현될 수 있음을 보여라:

$$-\frac{(k_{12}-1)(1-\alpha)(k_{21}-1)(1-\beta)}{k_{12}k_{21}-1}.$$

(d) $\det(J) - 1$을 다음과 같이 표현하여라.

$$\frac{(\alpha\beta-1)(k_{12}k_{21}-1)+\alpha(1-\beta)(k_{12}-1)+\beta(1-\alpha)(k_{21}-1)}{k_{12}k_{21}-1}.$$

마지막으로, 가장 마지막 식이 음수임을 보여라.

6. 레슬리-가워(Leslie-Gower)모델의 역동성이 $i = 1$ 또는 $i = 2$에 대하여 $\alpha_i < 1$인 경우에 간단해진다. 모델은 아래 형태임을 다시 기억하자:

$$H_{t+1} = \frac{\alpha_1 H_t}{1+\gamma_1 P_t}$$
$$P_{t+1} = \frac{\alpha_2 P_t}{1+\gamma_2 P_t/H_t}.$$

(a) 만약 $\alpha_1 < 1$이면 $\lim_{t\to\infty}(H_t, P_t) = (0,0)$임을 보여라.

(b) 만약 $\alpha_1 > 1$이고 $\alpha_2 < 1$이면, $\lim_{t\to\infty} P_t = 0$이고 $\lim_{t\to\infty} H_t = \infty$임을 보여라.

7. 3.6절에서 구간 t에서 $t+1$까지 사망률 d가 $d \neq 1$을 만족할때 논의한 포식자-먹이 모델을 보자. 이 경우 정규화된 시스템은 다음과 같은 형태를 갖는다:

$$x_{t+1} = (r+1)x_t - rx_t^2 - cx_t y_t,$$
$$y_{t+1} = cx_t y_t + (1-d)y_t.$$

단, $r, c > 0$이고 $0 < d < 1$이다.

(a) $\bar{x} > 0, \bar{y} > 0$에서 $(0,0), (1,0), (\bar{x}, \bar{y})$로 주어진 세 평형점이 존재함을 보여라. 그리고 $\bar{x}$와 $\bar{y}$ 값을 구하여라.

(b) 세 평형점의 국소안정성에 대한 조건을 결정하여라. 어떻게 $d = 1$인 경우와 조건을 비교할 것인가?

8. 대립형질 A를 동반한 개체수의 비율 p_t에서 개체군 유전모델의 평균 적합도가 $w_t = p_t^2 w_{AA} + 2p_t(1-p_t) + (1-p_t)^2 w_{aa}$로 주어졌다는 것을 상기하자. $r, s < 1$에서 생존

률 $w_{AA} = 1 - s$와 $w_{aa} = 1 - r$에 따라 도태가 좌우된다. 이는 다음과 같이 표현할 수 있다:

$$w_{t+1} - w_t = \frac{p_t(-1+p_t)[p_t^2(r+s) + p_t(s-3r) + 2r - 2](p_t(s+r) - r)^2}{w_t^2}.$$

$p_t \in [0,1]$에 대하여 $w_{t+1} - w_t \geq 0$임을 보이고, (세 평형점값 중 하나인) $p_t = 0, 1$, 또는 $r/(r+s)$일 때만 $w_{t+1} = w_t$임을 보여라. 그러면 도태는 임계 개체군의 평균 적응도의 증가를 유도한다.

9. 도태에 관한 개체군 유전 모델에 대하여 $f(p) = p(1-ps)/(1-p^2s-(1-p)^2r)$에서 $p_{t+1} = f(p_t)$이다. 이는 $0 \leq p \leq 1$과 $r, s < 1$에 대하여 다음 식

$$f'(p) = \frac{(1-s)p^2 + 2(1-s)(1-r)p(1-p) + (1-r)(1-p)^2}{(1-p^2s-r+2rp-rp^2)^2} > 0$$

으로 표현할 수 있다는 것을 방정식 (3.9)에서 보였다. 또한, $f : [0,1) \to [0,1)$인 함수 f는 세 고정점 $0, 1, \bar{p} = r/(r+s)$을 갖는다. 평형점 $\bar{p}$가 만약 $0 < r, s < 1$인 경우, 모든 초기조건 $p_0 \in (0,1)$에 대하여 광의의 점근적인 안정임을 보이시오(*Hint*: 2장의 정리를 적용하여라).

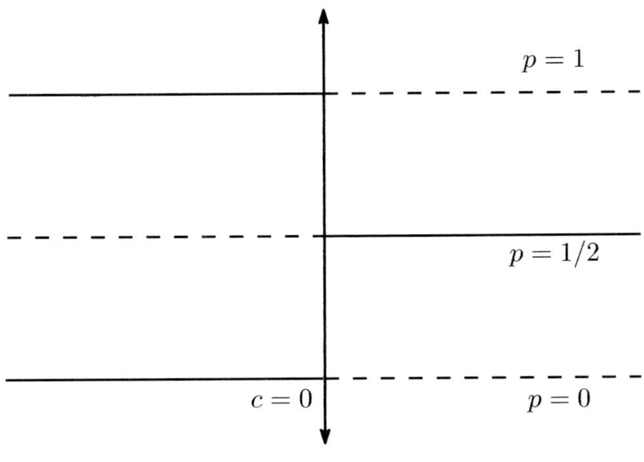

그림 3.18: 연습문제 10에서 개체군 유전자 모델에 대한 c의 함수로서 분기그래프.

10. 예제 7.2의 개체군(집단) 유전학 모델에서

$$p_{t+1} = \frac{p_t f(p_t)}{p_t f(p_t) + 1 - p_t} = F(p_t)$$

이다. c가 상수일 때, $f(p) = \exp(c[1-2p])$라고 가정하자.

(a) $0 < \bar{p} < 1$인 양수 다형성 평형점을 구하고, 국소 점근적인 안정인 c의 조건을 결정하여라.

(b) $c = 0$에서 갈퀴 쌍갈림 분기가 발생하는지 확인하여라. 그림 3.18을 참고하라.

(c) $c = 5$이고 $0 < p_0 < 0.5$라 하자. $t = 1, \ldots, 20$에 대한 p_t를 계산하고, 해가 2-순환으로 수렴함을 보여라.

11. 예제 7.2의 개체군 유전학 모델에서

$$p_{t+1} = \frac{p_t f(p_t)}{p_t f(p_t) + 1 - p_t} = F(p_t), \; 0 < p_0 < 1$$

이다. c가 상수일 때, $f(p) = \exp(c - p)$라고 가정하자.

(a) $0 < \bar{p} < 1$인 양수 다형성 평형점을 구하고, 국소 점근적 안정인 c에서의 조건을 결정하여라.

(b) $c = 0$과 $c = 1$에서 초임계 분기가 발생하는지 그림 3.19를 통해 확인하여라.

(c) c 와 $p \in (0, 1)$이 모든 값에 대하여 $F'(p) > 0$임을 보여라. 그리고 이 모델에 대한 평형점의 국소 점근적 안정은 광의의 점근적 안정임을 증명하여라.

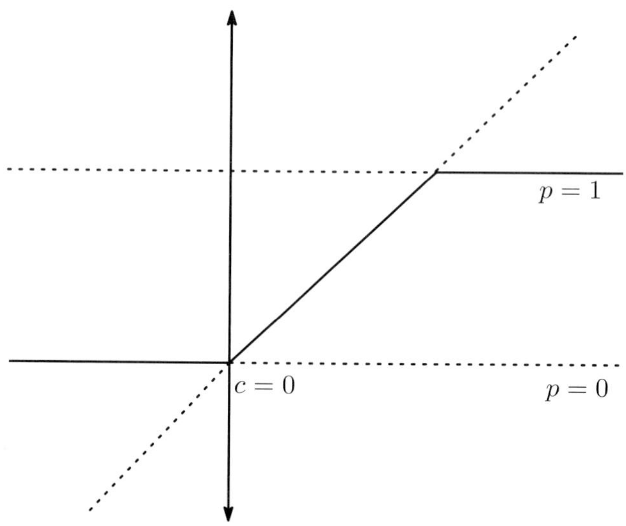

그림 3.19: 연습문제 11에서 개체군 유전자 모델에 대한 c의 함수로서 분기그래프.

12. 식물과 병원균의 유전자 대 유전자 시스템에서, 치명적인 병원균 대립유전자 n(대립유전자 V)와 저항 식물 대립유전자 p(대립유전자 R)의 빈도를 모형화한다. 특정한

유전자형 VV, Vv, vv, RR, Rr, rr의 생존은 w_{VV}, w_{Vv} 기타 적응치에 달려있다. 이 모델은 계차방정식의 다음 시스템 형태를 취한다:

$$n_{t+1} = \frac{n_t^2 w_{VV} + n_t(1-n_t)w_{Vv}}{n_t^2 w_{VV} + 2n_t(1-n_t)w_{Vv} + (1-n_t)^2 w_{vv}} = f(n_t, p_t),$$
$$p_{t+1} = \frac{p_t^2 w_{RR} + p_t(1-p_t)w_{Rr}}{p_t^2 w_{RR} + 2p_t(1-p_t)w_{Rr} + (1-p_t)^2 w_{rr}} = g(n_t, p_t).$$

모든 적합치는 빈도 의존적이다. 즉, $w_{VV} \equiv w_{VV}(n,p), \ldots, w_{RR} \equiv w_{RR}(n,p)$이다.

(a) $(0,0), (1,0), (0,1), (1,1)$로 주어진 네 평형점 $(\bar{n}, \bar{p})$이 존재함을 보여라.

(b) 다음을 확인하여라.
$w_{Vv}(0,0) < w_{vv}(0,0)$이고 $w_{Rr}(0,0) < w_{rr}(0,0)$이면 평형점 $(0,0)$이 국소 점근적 안정이다.
$w_{Vv}(0,1) < w_{vv}(0,1)$이고 $w_{Rr}(0,1) < w_{RR}(0,1)$이면 평형점 $(0,1)$이 국소 점근적 안정이다.
$w_{Vv}(1,0) < w_{VV}(1,0)$이고 $w_{Rr}(1,0) < w_{rr}(1,0)$이면 평형점 $(1,0)$이 국소 점근적 안정이다.
$w_{Vv}(1,1) < w_{VV}(1,1)$이고 $w_{Rr}(1,1) < w_{RR}(1,1)$이면 평형점 $(1,1)$이 국소 점근적 안정이다.

(*Hint*: Maple은 이 시스템에 대한 야코비안 행렬을 계산하고 측정하기에 용이할 것이다.)

13. 실바(Silva)와 할램(Hallam)(1992,1993)의 비선형 구조 모델에서 두 연령대가 있다고 가정하자. $g(x) = \exp(-x)$이고, $w(t) = E(t) = b_1x_1(t) + b_2x_2(t)$에서 가입량이 $R(t+1) = ag(w(t))w(t)$을 만족한다고 가정하자. 더구나, $a = 1,\ R_0 > 1$이라 가정하자.

(a) $\bar{w} = \ln R_0$임을 보여라.

(b) 번식력이 $b_1 = 0, b_2 > 0$을 만족하면 야코비안 행렬의 고유치는 순허수이고, $(sb_2/R_0)[\ln(R_0) - 1] < 1$을 만족하면 평형점이 국소 점근적 안정임을 보여라.

(c) 만약 번식력이 $b_2 = 0$과 $b_1 > 0$을 만족하면 고유치는 실수이고 $(b_1/R_0)[\ln(R_0) - 1] < 1$을 만족하면 평형점이 국소 점근적 안정임을 보여라.

14. 3.8.2절에서 논의한 밀가루 딱정벌레 LPA모델을 살펴보자.

$$L_{t+1} = bA_t \exp(-c_{ea}A_t - c_{el}L_t),$$
$$P_{t+1} = L_t(1-\mu_t),$$
$$A_{t+1} = P_t \exp(-c_{pa}A_t) + A_t(1-\mu_a).$$

딱정벌레군에 의해 실시된 실험 집합에서 성체 사망률 μa는 얻었다. 양수 평형점과 다음 매개변수값에 대한 안정성을 결정하여라.

(a) $b = 7, c_{ea} = 0.01, c_{el} = 0.015, \mu_l = 0.15, \mu_a = 0.005, c_{pa} = 0.005$라 하자. 양수 평형점을 근사시키기 위해 계산기나 컴퓨터를 사용하고, 이것이 국소 점근적인 안정임을 보여라.

(b) $\mu_a = 0.05$와 $\mu_a = 0.2$의 예외와 더불어 (a)에서와 똑같은 변수값에서 양수 평형점을 구하여라. 그리고 각각의 경우, 평형점이 안정인지 불안정인지를 결정하라. 성체 사망률이 증가함에 따라, 시스템은 불안정이 된다(평형점에서 야코비안 행렬과 그 값의 계산법을 Maple로 사용한 것이 부록에 기재되어 있다).

15. (a) 북방 점박이 부엉이 모델의 매개변수 값들은 $s_S = 0.71$, $s_J = 0.60, p_s = 0.88$, $p_b = 0.056$, $f = 0.66$, $n = m = 20$, $T = 1000$, $U = 250$을 만족한다. $\bar{S}_m$에 대한 다항식 $p(\bar{S}_m) = 0$을 풀고, 평형값 E_1과 E_2가 다음을 만족하는 것을 보이기 위해 식 (3.17)을 적용하여라.

$$E_1 = (25.04, 11.43), \ E_2 = (163.97, 35.81).$$

(b) 야코비안 행렬 $J(E_1)$과 $J(E_2)$를 구하고, E_1은 불안정, E_2는 국소 점근적 안정임을 보여라.

16. 북방점박이 부엉이에 대한 간략화된 모델에서, 부엉이 쌍 x_t, 수컷 부엉이y_t는 다음과 같이 모형화된다.

$$x_{t+1} = s_p x_t + a(y_t)^2 = F(x_t, y_t),$$
$$y_{t+1} = bx_t - c(x_t)^2 - dx_t y_t + s_s y_t - e(y_t)^2 = G(x_t, y_t).$$

매개변수 a, b, c, d, e는 양수이며 환경조건들과 번식력, 생존확률에 의해 결정된다. 예를 들어 매개변수 s_p = 한해 동안 혼자 살지 않고 한 쌍으로 생존하는 확률이고, s_s = 한해동안 하나의 수컷이 짝을 짓지 않고 생존할 확률로, $0 < s_p, \ s_s < 1$이다.

(a) 이 시스템의 야코비안 행렬을 구하여라.

(b) 멸종 평형점 $(0,0)$이 국소 점근적인 안정임을 보여라. 이것은 작은 개체군 규모에 대해서 무엇을 의미하는가?

17. t세대의 수컷과 암컷의 수를 M_t와 F_t로 표기하자. 그리고 세대 당 전체 출생수는 조화평균의 형태

$$B(M_t, F_t) = \frac{2(r_m + r_f)M_tF_t}{M_t + F_t}$$

라고 가정하자. 단, $r_m > 0$이고 $r_f > 0$인 한쌍당 각각의 수컷과 암컷 자손의 평균수이다. 만약 수컷과 암컷의 생존률이 각각 s_m, s_f이면 이 모델은

$$M_{t+1} = \frac{2r_mM_tF_t}{M_t + F_t} + s_mM_t,\ M_0 > 0,$$
$$F_{t+1} = \frac{2r_fM_tF_t}{M_t + F_t} + s_fF_t,\ F_0 > 0$$

형태를 가진다.

(a) 양수의 평형점 $(\bar{M}, \bar{F})$에 대하여 성별비율

$$\frac{\bar{M}}{\bar{F}} = \frac{r_m(1 - s_f)}{r_f(1 - s_m)}$$

이 만족됨을 보여라.

(b) $r_f = r_m = r, s_f = s_m = s, M_0 = F_0$라고 가정하자. 그러면 $N_t = M_t + F_t$가 총 개체군수일 때 $M_t = F_t = N_t/2$이다. 총 개체군수 N_t를 만족하는 계차방정식을 구하고, 만약 $r + s < 1$이면 $\lim_{t\to\infty} N_t = 0$이고, $r + s > 1$이면 $\lim_{t\to\infty} N_t = \infty$임을 보여라.

18. 수컷 m_t, 암컷 f_t와 비분화된 접합체(zygotes) z_t(성이 결정되지 않음)의 개체군 벡터를 $X_t = (z_t, m_t, f_t)^T$로 표기하자. 다음 모델은 Caswell(2001)에 의해 논의하였다. $r > 0$은 이미 교배한 쌍당 생성된 새끼의 평균이고 출생함수 B는 다음과 같은 조화평균

$$B(m, f) = \frac{2rmf}{m + f}$$

의 형태를 갖는다고 가정하자. 그러면 $z_{t+1} = B(m_t, f_t)$이다. 수컷과 암컷에 대한 각 세대별 생존확률은 각각 s_m, s_f 이고 수컷과 암컷으로의 접합체 분열은 $a : 1 - a$의 비율로 발생한다고 가정하자. 따라서

$$m_{t+1} = az_t + s_mm_t,$$

$$f_{t+1} = (1-a)z_t + s_f f_t$$

이다. 암컷과 수컷에 관한 한 개체당 산란력을 각각 b_m, b_f라고 표기하자. 그결과 $B(m,f) = b_m m + b_f f$이다. 출생은 하나의 수컷과 하나의 암컷을 필요로 하기 때문에 수컷에 의한 출생 기여는 암컷에 의한 출생기여와 동일해야 한다. 즉, $b_m m = b_f f$이다. 이것은 $b_m = B(m,f)/(2m)$과 $b_f = B(m,f)/(2f)$ 또는 동등하게,

$$b_m \equiv b_m(m,f) = \frac{rf}{m+f}$$

이고

$$b_f \equiv b_f(m,f) = \frac{rm}{m+f}$$

을 의미한다. 이제 두 성별 모델은 다음과 같은 행렬 형태로 나타낼 수 있다:

$$x_{t+1} = \begin{pmatrix} 0 & b_m & b_f \\ a & s_m & 0 \\ 1-a & 0 & s_f \end{pmatrix} X_t = A(m_t, f_t)X_t.$$

λ가 성장률일 때, $A(\bar{m},\bar{f})\bar{X} = \lambda\bar{X}$를 만족하는 해 $\bar{X} = (\bar{z},\bar{m},\bar{f})^T$를 찾는다. 만약 $\lambda = 1$일 때 해들은 평형점이지만 그렇지 않을 때, $x_0 = \bar{X}$에 대하여 $\lambda > 1$일 때 해가 증가하거나 $0 < \lambda < 1$일 때 해가 감소함을 알자.

(a) 식 $\bar{X}$의 해에 대하여 성비율 $\bar{m}/\bar{f}$이

$$\frac{\lambda - s_f}{\lambda - s_m}\frac{a}{1-a}$$

과 동일함을 보여라. 이것은 연습문제 17의 모델과 어떻게 비교되는가?

(b) 성장률 λ가

$$\lambda^2 - [as_f + (1-a)s_m]\lambda - 2a(1-a)r = 0$$

을 만족함을 보여라.

(c) $\lambda > 1$은 $as_f + (1-a)s_m + 2a(1-a)r > 1$와 동치조건임을 보여라. 이 부등식이 출생과 생존비율에 대해 무엇을 의미하는가?

19. 교배한 짝에 대한 출생함수는 $B(m,f)$, $m \geq 0$, $f \geq 0$이라고 가정하자. 개체당 출생함수 $B(m,f)/(m+f) = F(f/m)$의 최대치는 성비율에 의존한다.

(a) 출생함수가 숫컷우위인 $B(m, f) = rm$라 하자. $f/m = 0$일 때, 개체당 출생함수 B의 최대임을 보여라.

(b) 출생함수가 기하평균 $B(m, f) = r\sqrt{mf}$을 따른다고 하자. $f/m = 1$일 때, 개체당 출생함수 B가 최대임을 보여라.

(c) 출생함수가 조화평균 $B(m, f) = 2rmf/(m + f)$을 따른다고 하자. $f/m = 1$일 때, 개체당 출생함수 B가 최대임을 보여라.

(d) 출생함수가 w의 수컷 하렘의 양에 대한 수정된 조화평균 $B(m, f) = 2rwmf/(wm+f)$을 따른다고 하자. 하렘당 출생함수 $B(m, f)/(wm + f)$가 $f/m = w$에서 최대임을 보여라.

20. 예방접종을 한 SIR 전염병 모델을 생각하자:

$$\begin{aligned} S_{t+1} &= (1-p)S_t - \frac{\beta}{N}I_tS_t + b(R_t + I_t), \\ I_{t+1} &= \frac{\beta}{N}I_tS_t + (1-b-\gamma)I_t, \\ R_{t+1} &= (1-b)R_t + \gamma I_t + pS_t. \end{aligned}$$

여기서 $0 < p + \beta < 1$이고 $0 < b + \gamma < 1$이다. 매개변수 b는 출생확률, γ는 회복확률, p는 예방접종된 비율, β는 접촉률, N은 전체 개체군 크기이다. 이 모델에 대하여 고유의 번식수는

$$\mathcal{R}_0 = \frac{\beta b}{(b+\gamma)(p+b)}$$

을 만족한다. 만약 $p = 0$이면, $\mathcal{R}_0 = \beta/(b + \gamma)$임을 기억하자. 이 값은 2.10절에서 주어졌다.

(a) $S_0 + I_0 + R_0 = N$이면 $S_t + I_t + R_t = N$임을 보여라.

(b) $S_0, I_0, R_0 > 0$이고 $S_0 + I_0 + R_0 = N$이면, 해가 모든 시간에 $S_t, I_t, R_t > 0$임을 보여라.

(c) $R_t = N - I_t - S_t$를 이용하여 3차원 SIR모델을 대신하는 2차원 SI모델로 표현하여라:

$$\begin{aligned} S_{t+1} &= (1-p)S_t - \frac{\beta}{N}I_tS_t + b(N - S_t), \\ I_{t+1} &= \frac{\alpha}{N}I_tS_t + (1-b-\gamma)I_t. \end{aligned}$$

이 시스템이 $\bar{I} = 0$ 또는 $\bar{I} > 0$에서 두 평형점 $(\bar{S}, \bar{I})$을 가짐을 보여라.

또한, $\mathcal{R}_0 > 1$는 양의 평형점이 존재함과 동치임을 보여라.

(d) 만약 $\mathcal{R}_0 < 1$이면 무질병 평형점 $\bar{I} = 0$이 국소 점근적인 안정임을 보여라.

(e) $\beta = 0.5,\ b = 0.05 = \gamma$라고 가정하자. $\mathcal{R}_0 \leq 1$인 최소 예방접종비율 p_{min}을 구하여라. 만약 $p = (1/2)p_{min},\ \beta = 0.5$이고 $b = 0.05 = \gamma$이면 양수 평형점은 안정인가? 설명하여라.

제 11 절 3장 참고 문헌

1. Akcakaya,H.R. and M.G.Raphael.1998. Assessing human impact despite uncertainty: viability of the northern spotted owl metapopulation in the northwestern USA. *Biodiversity and Conservation* 7:875-894.

2. Allee,W.C. 1931.*Animal Aggregations, a Study in General Sociology.* Univ. Chicago Press, Chicago.

3. Allen,L.J.S. 1989. A density-dependent Leslie matrix model. *Math.Bi osci.* 95:179-187.

4. Allen,L.J.S. and A.M.Burgin. 2000. Comparison of deterministic and stochastic SIS and SIR models in discrete time. *Math.Biosci.* 163:1-33.

5. Allen,L.J.S.,J.F.Fagan,G.Högnäs,and H.Fagerholm. 2005. Population extinction in discrete-time stochastic population models with an Allee effect. *J.Difference Eqns. and Appl.* 11:273-293.

6. Allen,L.J.S.,N.Kirupaharan, and S.M.Wilson. 2004. SIS epidemic models with multiple pathogen strains.*J.Difference Eqns. and Appl.* 10: 53-75.

7. Anderson,R.M. and R.M.May. 1982. The logic of vaccination.*New Scientist* November 1982, pp. 410-415.

8. Barlow,N.D.,B.I.P.Barratt,C.M.Ferguson, and M.C.Barron. 2004. Using models to estimate parasitoid impacts on nontarget host abundance.*Environ. Entomol.* 33:941-948.

9. Beverton,R.J.H. and S.J.Holt. 1957. On the dynamics of exploited fish populations. *Fishries Investigations Series 2(19).* Ministry of Agriculture, Fisheries, and Food, London.

10. Brauer,F.and C.Castillo-Chávez. 2001.*Mathematical Models in Population Biology and Epidemiology.* Springer-Verlag,New York.

11. Caswell,H. 2001.*Matrix Population Models: Construction, Analysis and Interpretation.*2nd ed.Sinauer Assoc.Inc.,Sunderland,Mass.

12. Casillo-Chavez,C. and A.-A.Yakubu. 2001. Dispersal,disease and life-history evolution.*Math.biosci.*173:35-53.

13. Cipra,B. 1999.*What's Happening in the Mathematical Sciences 1998-1999.Vol.4.* P.Zorn(Ed.).American Mathematical Society, Providence, Rhode Island.

14. Clark,D.P. and L.D.Russell. 1997.*Molecular Biology Made Simple and Fun.* Cache River Press, Vienna,Ⅲ.

15. Costantino,R.F.,R.A.Desharnais,J.M.Cuching,and B.Dennis. 1997. Chaotic dynamics in an insect population.*Science* 275:389-391.

16. Costantino,R.F., J.M.Cushing, B.Dennis, R.A.Desharnais,and S.M.Hen son. 1998. Resonant population cycles in temporally fluctuating habitats. *Bull.Math.Biol.* 50:247-273.

17. Cull,P. 1986. Local and global stability for population models.*Biological Cybernetics* 54: 141-149.

18. Cushing.J.M. 1998. *An Introduction to Structured Population Dynamics,* CBMS-NSF Regional Conference Series in Applied Mathematics #71, SIAM, Philadelphia.

19. Cushing.J.M., R.F.Costantino, B.Dennis,R.A.Desharnais,and S.M.Henson. 1998. Nonlinear population dynamics: Models experiments and data. *J.Theor.Biol.* 194:1-9.

20. Cushing,J.M., R.F.Costantino, B.Dennis, R.A.Desharnais, and S.M.Henson. 2003. *Chaos in Ecology:Experimental Nonlinear Dynamics.* Academic Press, New York.

21. Deangelis,D.D.,L.J.Svoboda, S.W.Christensen, and D.S.Vaughan. 1980. Stability and return times of Leslie matrices with density-dependent survival: Applications to fish populations. *Ecological Modelling,* 8:149-163.

22. Deevey,G.B. and E.S.Deevey,Jr. 1945. A life table for the black widow. *Trans, Connecticut Acad. of Arts and Sciences.* 36:115-134.

23. Edelstein-Keshet,L. 1988. *Mathematical Models in Biology.* The Random House /Birkhäuser Mathematics Series,New York.

24. Elaydi,S.N. 2000. *Discrete Chaos.* Chapman & Hall/CRC, Boca Raton, London, New York, Wahington,D.C.

25. Felsenstein,J. 2003. *Theoretical Evolutionary Genetics.* Online Notes: http:// evolution.gs.washington.edu/pgbook/pgbook.html.

26. Flor,H.H. 1956.The complementary genic system in flax and flax rust.*Adv.in Genetics* 8:29-54.

27. Getz,W.M. and R.G.Haight. 1989. *Population Harvesting Demographic Models of Fish,Forest, and Animal Resources.* Princeton University Press, Princeton,N.J.

28. Haefner,J.W. 1996. *Modeling Biology Systems:Principles and Applications,* Chapman and Hall,New York.

29. Hale,J. and H.Kocak. 1991. *Dynamics and Bifurcations.* Springer-Verlag, New York, Berlin, Heidelberg.

30. Hassell, M.P. 1978. *The Dynamics of Arthropod Predator-Prey Systems.* Princeton Univ.Press.

31. Hassell, M.P.,R.M.May, S.W.pacala, and P.L.Chesson. 1991. The persistence of host-parasitoid associations in patchy environents. I a general criterion.*Amer. Nat.*138:568-583.

32. Hartl, D. and A.Clark. 1997. *Principles of population Genetics.*3rd ed.Sinauer Assoc.,Inc.,Sunderland.Mass.

33. Hastins, A. 1998. *Population Biology Concepts and Models.*Springer-Verla,New York.

34. Hedrick, P.2000. *Genetics of Populations.*2nd ed.Jones and Bartlett Pub.,Sunbury, Mass.

35. Henson, S.M. and J.M.Cushing. 1997. The effect of periodic habitat fluctuations on a nonlinear insect population model.*J.Math.Biol.*36:201-226.

36. Henson, S.M.,J.M.Cushing,R.F.Costantino,B.Dennis, and R.A.Desh arnais. 1998. Phase switching in population cycles.*Proc.Roy.Soc.Lond.B* 265:2229-2234.

37. Hipel, K.W. and A.I.Mcleod,1994. *Time Series Modeling of Water Resources and Environmental Systems.* Elsevier, Amsterdam.

38. Hoffmann, M.P. and A.C.Frodsham. 1993. *Natural Enemies of Vegetable Insect Pests.*Cooperative Extension,Cornell Univ.,Ithaca,N.Y.

39. Hoppensteadt, F. 1975. *Mathematical Methods of Population Biology.*Cambridge Univ.Press,Cambridge.

40. Iannelli,M.,M.Martcheva, and F.A.Milner. 2005. *Gender-Structured Population Modeling Mathematical methods, Numerics, and Simulation.*SIAM Frontiers in Applied Mathematics,Philadelphia,Pa.

41. Keyfitz,N. 1972. On the mathematics of sex and marriage.*Proceedings of the 6th Berleley Symposium of Mathematical Statistics and Probability.* 4:89-108.

42. Kesinger,J.C. and L.J.S.Allen. 2002. Genetic models for plant pathosystems.*Math. Biosci.*177 & 178:247-269.

43. King,A.A. and A.Hastings. 2003. Spatial mechanisms for coexistence of species sharing a common natural enemy.*Theor.Pop.Biol.*64:431-438.

44. Kot,M. 2001. *Elements of Mathematical Ecology.* Cambridge Univ.Press, Cambridge.

45. Kot,M.,M.A.Lewis, and P.van den Driessche. 1996. Dispersal data and the spread of invading organisms. *Ecology* 77:2027-2042.

46. Lamberson,R.H.,R.McKelvey, B.R.Noon, and C.Voss. 1992. A dynamic analysis of northern spotted owl viability in a fragmented forest landscape. *Conservation Biol.* 6(4):505-512.

47. Lande,R. 1998. Demographic models of the northern spotted owl,*Strix occidentalis caurina.Oecologia* 75:601-607.

48. Leonard,K.J. 1977. Selection pressures and plant pathogens.*Ann.N.Y. Acad.Sci.* 287:207-222.

49. Leonard,K.J. 1994. Stability of equilibria in gene-for-gene coevolution model of host-parasite interactions.*Phytopathology* 84:70-77.

50. Leslie,P.H. and J.C.Gower. 1960. The properties of a stochastic model for the predator-prey type of interaction between two species.*Biometrika* 47:219-234.

51. Levin,S.A. and C.P.Goodyear. 1980. Analysis of an age-structured fishery model.*J. Math.Biol.* 9:245-274.

52. Lindström,J. and H.Kokko. 1998. Sexual reproduction and population dynamics: the role of polygyny and demographic sex differences. *Proc.Roy.Soc.London B* 265:483-488.

53. Lynch,L.D.,A.R.Ives,J.K.waage,M.E.Hochberg, and M.B.Thomas. 2002. The risks of biocontrol:transiend impacts and minimum nontarget densities.*Ecol.Appl.* 12:1872-1882.

54. McKelvey,K.,B.R.Noon, and R.H.Lamberson. 1992. Conservation planning for species occupying fragmented landscapes:the case of the northern spotted owl. In:*Biotic Interactions and Global Change.* P.M.Kareiva, J.G.Kingsolver, and R.B.Huey(Eds.). Sinauer Assoc. Sunderland, Mass, pp.424-450.

55. Nagylaki,T. 1992. *Introduction to Theoretical Population Genetics.* Springer-Verlag, Berlin, Heidelberg, New York.

56. Neubert, M.G. and M.Kot. 1992. The subcritical collapse of predator population in discrete-time predator-prey models.*Math.Biosci.* 110:45-66.

57. Nicholson, A.J. and Bailey,V.A. 1935. The balance of animal populations.Part I . *Proc.Zool.Soc.Lond.* 3:551-598.

58. Nobel, B. 1969.*Applied Linear Algebra.* Prentice Hall, Eaglewood Cliffs,N.J.

59. Olesiuk,P.F.,M.A.Bigg, and G.M.Ellis. 1990. Life history and population dynamics of resident killer whales (*Orcinus orca*) in the coastal waters of British Columbia and Washington State. *Report of the International Whaling Commission,Special Issue.* 12:209-243.

60. Ortega,J.M. 1987. *Matrix Theory:A second Course.*Plenum Press,New York.

61. Pakes,A.G. and R.A.Maller. 1990. *Mathematical Ecology of Plant Species Competition.* Cambridge Univ.Press.

62. Pielou,E.C. 1977. *Mathematical Ecology.* Wiley-Interscience,New York.

63. Prober,C.G. 1999. Evidence show genetics,not MMR vaccine,determines autism.*AAP News* December 1999,p.24.

64. Ricker,W.E. 1954. Stock and recruitment.*Journal of the Fisheries Research Board of Canada* 11:559-623.

65. Sasaki,A. 2002. Coevolution in gene-for-gene systems.In:*Adaptive Dynamics of Infectious Diseases. In Pursuit of Virulence Management.* U.Dieckmann, J.A.J.Metz, M.W.sabelis, and K.Sigmund(Eds.). Cambridge Univ.Press,pp.233-247.

66. Silva,J.A.L. and T.G.Hallam. 1992. Compensation and stability in nonlinear matrix models.*Math.Biosci.*110:67-101.

67. Silva.J.A.L. and T.G.Hallam. 1993. Effects of delay, truncations and density dependence in reproduction schedules on stability of nonlinear Leslie matrix models.*J.Math.Biol.* 31:367-395.

68. Sykes,Z.M. 1969. On discrete stable population theory.*Biometrics* 25:285-293.

69. Theime,H.R. 2003. *Mathematics in Population Biology*.Princeton Univ.Press.

70. Thomas,J.W.,E.D.Forsman,J.B.Lint,E.C.Meslow,B.R.Noon, and J.Verner. 1990. A conservation strategy for the northern spotted owl. 1990-791-171/20026. U.S. Government Printing Office, Washington,D.C.

71. Thompson,J.N. and J.J.Burdon. 1992. Gene-for-gene coevolution between plants and parasites.*Nature* 360:121-125.

72. United States Fish and Wildlife Service. 2004. Waterfowl population status,2004.U.S. Department of the Interior,Washington,D.C.

73. United Stated Fish and Wildlife Service. 2005. Whooping Crane(*Grus americana*) Draft Revised international Recovery Plan,January 2005, www.npwrc.usgs.goc/ resource/distr/birds/cranes/grusamer.htm

74. Vanderplank,J.E. 1984. *Disease Resistance in Plants*.Academic Press, London.

75. Vårkonyi,G.,I.Hanski,M.Rost, and J.Itãmies. 2002. Host-parasitoid dynamics in periodic boreal moths.*Oikos* 98:421-430.

제 12 절 3장 부 록

12.1 메이플 프로그램: 니콜슨 베일리 모델

메이플 명령어들과 그에 상응하는 니콜슨 베일리 모델에 관한 자코비안 행렬을 계산하고 측정한 결과가 주어져 있다.

```
> with(linalg):
> F:=r*N*exp(-a*P): G:e*N*(1-exp(-a*P)):
> A:=vector([F,G]);
```

$$A := [rN\exp(-aP), eN(1-\exp(-aP))]$$

```
> J:=jacobian(A,[N,P]);
```

$$J := \begin{bmatrix} r\exp(-aP) & -rNa\exp(-aP) \\ e(1-\exp(-aP)) & eNa\exp(-aP) \end{bmatrix}$$

> J0:=simplify(subs($\{N = 0, P = 0\}$,jacobian(A,[N,P])));

$$J0 := \begin{bmatrix} r & 0 \\ 0 & 0 \end{bmatrix}$$

> J1:=simplify(subs($\{P = \ln(r)/a, N = r * \ln(r)/((r-1)*a*e)\}$,jacobian(A,[N,P])));

$$J1 := \begin{bmatrix} 1 & -\frac{r\ln(r)}{(r-1)e} \\ \frac{(r-1)e}{r} & \frac{\ln(r)}{r-1} \end{bmatrix}$$

12.2 아메리카나 흰두루미 데이터

아메리카나 흰두루미에 대한 데이터는 미국 어류와 야생동물 홈페이지 서비스 www.npwrc.usgs.gov/resource/distr/birds/cranes/grusamer.htm(2005) 에서 찾아볼 수 있다. Wood Buffalo National Park and overwintering in Aransas National Wildlife Refuge에 있는 미국 흰두루미 개체군 크기는 다음 표에 주어져있다.

12.3 물새 데이터

물새에 대한 데이터는 미국 물고기와 야생동물 홈페이지 서비스(2004)에서 찾아볼 수 있다. 미네소타의 총 오리 출생수에 관한 데이터는 표 3.4에 주어져 있다. 조사에 포함된 몇몇의 오리 종들은 청둥오리, 알락오리, 미국 홍머리오리, 상오리, 미국 쇠오리, 넓적부리 오리이다.

표 3.3: Wood Buffalo National Park and overwintering in Aransas National Wildlife Refuge에 있는 북아메리카 겨울의 아메리카나 흰두루미 개체수(United States Fish and Wildlife Service(2005).)

년(Year)	개체수(Size)	년(Year)	개체수(Size)	년(Year)	개체수(Size)
1938	18	1960	36	1982	73
1939	22	1961	39	1983	75
1940	26	1962	32	1984	86
1941	16	1963	33	1985	97
1942	19	1964	42	1986	110
1943	21	1965	44	1987	134
1944	18	1966	43	1988	138
1945	22	1967	48	1989	146
1946	25	1968	50	1990	146
1947	31	1969	56	1991	132
1948	30	1970	57	1992	136
1949	34	1971	59	1993	143
1950	31	1972	51	1994	133
1951	25	1973	49	1995	158
1952	21	1974	49	1996	160
1953	24	1975	57	1997	180
1954	21	1976	69	1998	183
1955	28	1977	72	1999	188
1956	24	1978	75	2000	180
1957	26	1979	76	2001	176
1958	32	1980	78	2002	185
1959	33	1981	73	2003	194

표 3.4: 1968-2004년까지 미네소타주에서 사육하는 전체 오리 개체수 추정(United States Fish and Wildlife Service(2004).)

년(Year)	개체수(Size)	년(Year)	개체수(Size)	년(Year)	개체수(Size)
1968	368.5	1981	515.2	1994	1320.1
1969	345.3	1982	558.4	1995	912.2
1970	343.8	1983	394.2	1996	1062.4
1971	286.9	1984	563.8	1997	953.0
1972	237.6	1985	580.3	1998	739.6
1973	415.6	1986	537.5	1999	716.5
1974	332.8	1987	614.9	2000	815.3
1975	503.3	1988	752.8	2001	761.3
1976	759.4	1989	1021.6	2002	1224.1
1977	536.6	1990	886.8	2003	748.9
1978	511.3	1991	868.2	2004	1099.3
1979	901.4	1992	1127.3		
1980	740.7	1993	875.9		

제 4 장

선형미분방정식: 이론과 예제

제 1 절 소 개

출생과 사망과 같이 변화가 연속적으로 일어날때 세대들이 겹쳐지므로 연속-시간 모델(미분방정식)이 이산-시간 모델(계차방정식)보다 더 적절하다. 미분방정식에서 시간기간은 연속이고 기간은 유한 $[t_0, T)$, $t_0 < T < \infty$이거나 무한 $[t_0, \infty)$이다. 반대로 계차방정식의 경우는 시간 $t = 0, 1, 2, \ldots$이 이산값의 집합이다.

가장 잘 알려진 개체군 증가모델과 가장 간단한 모델들중 한가지는 Malthus(1798)모델에 의한 모델이다. Malthusian증가 모델은 미분방정식이다. Malthusian 증가율 모델은 개체(인구)수에 비례한다고 가정한다. 따라서 $x(t)$를 개체수라고 하면

$$\frac{dx}{dt} = rx, \quad x(t_0) = x_0 \text{이다.} \tag{4.1}$$

여기서 $r > 0$은 한 개체당 증가율 또는 고유의 증가율이라 한다. 이 미분방정식의 해는 변수분리에 의해 해를 구한다. 즉,

$$\frac{dx}{x} = rdt, \quad \int_{x_0}^{x(t)} \frac{dy}{y} = \int_{t_0}^{t} rd\tau, \quad \ln[x(t)/x_0] = r(t - t_0)\text{이다.}$$

마지막으로 $t_0 = 0$ 일 때,

$$x(t) = x_0 \exp(r(t - t_0))$$

또는 $x(t) = x_0 e^{rt}$이다. 시간이 흐르면서 개체수는 기하급수적으로 증가한다. 또한 미분방정식 (4.1)은 x에 관한 선형미분방정식이다. 미분방정식 (4.1)의 해로 표현되는 지

수증가(exponential growth)는 선형계차방정식 $x_{t+1} = ax_t$의 해인 기하증가(geometric growth)와 비교된다. 여기서, $x_t = x_0 a^t$이다. 여기서, $a = e^r$은 상수이다. 만일 $a > 1$(또는 $r > 0$)이면 지수증가이다.

이 장에서는 일계시스템과 마찬가지로 일계미분방정식과 고계미분방정식들의 기본적인 표기법과 정의들을 설명한다. 이 장에서는 선형미분방정식에 집중한다. 해가 해 0에 접근하기 위한 판정법을 설명한다. 판정은 Routh-Hurwitz 판정법으로 알려져 있고, 계차방정식의 Jury의 조건과 유사하다. (평면에서)두개의 일계방정식들의 시스템 분석을 위한 기술과 이러한 형태의 계(시스템)의 동태를 논의한다. 약물동태학 모델로 알려진 선형미분방정식계의 생물학 예제를 제시하고 분석한다. 약물동태학 모델에서 약물을 개체에 투여하고, 신체의 다양한 구획에서 약물의 농도는 시간에 따르게 된다. 이 장의 마지막 절에서는 선형 지연미분방정식(linear delay differential equation)에 대해 간단히 소개한다. 지연모델에서 상태의 변화율 $dx(t)/dt$은 이전 시간 $t-\tau$의 상태에 의존한다. 즉, $x(t-\tau)$에 의존한다. 다시 말해 $x(t)$의 역학은 τ시간 단위로 지연된다.

제 2 절 기본 정의와 표기법

미분방정식은 선형이거나 비선형, 자율이거나 비자율이고 미분방정식의 계수(order)에 따라 분류한다. 이러한 분류체계는 계차방정식을 정의하였던 방법들과 유사하다.

> 정의 **2.1** n**계 미분방정식**은
>
> $$f(x, dx/dt, d^2x/dt^2, \ldots, d^nx/dt^n, t) = 0$$
>
> *형태의 미분방정식이다. 미분방정식이* t*에 분명히 의존하지 않으면* **자율적(autonomous)***이라 하며,* t*에 종속하면* **비자율적(nonautonomous)***이라 한다.*

n계 미분방정식은 다음과 같이 표현한다:

$$\frac{d^nx}{dt^n} + a_1(t)\frac{d^{n-1}x}{dt^{n-1}} + \cdots + a_{n-1}(t)\frac{dx}{dt} + a_n(t)x = g(t). \tag{4.2}$$

이러한 미분방정식을 선형이라 한다.

정의 **2.2** *미분방정식 (4.2)에서 계수 a_i, $i = 1, 2, 3, \ldots, n$과 g가 상수이거나 t의 함수일 때 미분방정식을* **선형(linear)** *이라 한다. 그렇지 않는 미분방정식을* **비선형(nonlinear)** *이라 한다. 미분방정식 (4.2)에서 $g(t) \equiv 0$일 때* **동차(homogeneous)** *라 하며 $g(t) \neq 0$일 때 미분방정식은* **비동차(nonhomogeneous)** *라고 한다.*

함수 f와 g 그리고 a_i는 항상 실수값이라고 가정한다. 유사한 정의를 시스템에 관해서 설명할 수 있다. 미분방정식의 1계 시스템은 다음을 만족한다.

$$\frac{dX}{dt} = F(X(t), t). \tag{4.3}$$

여기서, 벡터 $X(t) = (x_1(t), x_2(t), \ldots, x_n(t), t)^T$, $F = (f_1, f_2, \ldots, f_n)^T$ 이고

$$f_i \equiv f_i(x_1(t), x_2(t), \ldots, x_n(t), t)$$

이다.

정의 **2.3** *미분방정식 (4.3)의 우변이 t에 종속하지 않는 미분방정식을* **자율(autonomous)** *미분방정식이라 하며 t에 종속하는 미분방정식 (4.3)를* **비자율(nonautonomous)** *미분방정식이라 한다.*

정의 **2.4** *1계 미분방정식계 (4.3)를 다음과 같이 표현할 수 있다.*

$$\frac{dx_i}{dt} = \Sigma_{j=1}^{n} a_{ij}(t) x_j + g_i(t). \tag{4.4}$$

이러한 시스템을 **선형** *이라 한다. 여기서 $i = 1, \ldots, n$이다. 선형이 아니면* **비선형** *이라 한다. 시스템이 선형이고 $g_i(t) \equiv 0$이면 시스템은* **동(제)차(homogeneous)** *라 하고, 그렇지 않으면* **비동(제)차(nonhomogeneous)** *라 한다.*

정의 **2.5** *미분방정식 $x(t)$의 해 또는 시스템 $X(t)$의 해(solution)는 각각을 상수함수 $x(t)$ 이고 벡터함수 $X(t)$으로, 각각의 해를 미분방정식 또는 시스템에 대입하면 식이 일치하게 된다.*

n계 미분방정식의 해가 n개의 초기조건들을 만족한다고 하자. 즉,

$$x(t_0) = x_0, \frac{dx(t_0)}{dt} = x_1, \cdots, \frac{d^{n-1}x(t_0)}{dt^{n-1}} = x_{n-1} \tag{4.5}$$

이다. 미분방정식과 초기조건을 만족하는 해는 초기값문제(IVP)의 해로 알려져 있다. 1계 시스템에서 IVP는 다음과 같다:

$$\frac{dX}{dt} = F(X(t), t),\ t > t_0,\ X(t_0) = X_0. \tag{4.6}$$

기호 $dx(t_0)/dt$은 x의 미분을 의미하고, t_0에서 값이다.

초기값 문제에 대한 해가 유일하게 존재하기 위해 계수에 대한 조건을 아는 것이 중요하다. 선형 미분방정식의 경우에, IVP에서 해의 존재성과 유일성 조건은 직접제시된다.

정리 **2.6** *(i)*

$$\frac{d^n x}{dt^n} + a_1(t)\frac{d^{n-1}x}{dt^{n-1}} + \cdots + a_{n-1}(t)\frac{dx}{dt} + a_n(t)x = g(t), \tag{4.7}$$

$$x(t_0) = x_0, \frac{dx(t_0)}{dt} = x_1, \cdots, \frac{d^{n-1}x(t_0)}{dt^{n-1}} = x_{n-1} \tag{4.8}$$

라 하자. 계수 a_i와 함수 g가 t_0, $\alpha < t_0 < \beta$을 포함하는 구간에서 연속이면 그 구간에서 초기값 문제 (4.7)과 (4.8)에 대한 해는 유일하게 존재한다.

(ii) $i = 1, 2, \cdots, n$에 대해

$$\frac{dx_i}{dt} = \Sigma_{j=1}^{n} a_{ij}(t)x_j + g_i(t), \quad x_i(t_0) = x_{i0} \tag{4.9}$$

라 하자. 계수 a_{ij}와 g_i, $i, j = 1, 2, \ldots, n$는 $\alpha < t_0 < \beta$ 구간에서 연속이고, 이 구간에서는 초기값 문제 (4.9)의 해는 유일하게 존재한다. □

예제 2.7 *다음과 같은 초기값 문제를 고려해보자.*

$$\frac{d^2x}{dt^2} + \frac{3}{t}\frac{dx}{dt} + \frac{x}{t^2} = 0.$$

여기서 $x(1) = 0$이고 $dx(1)/dt = 1$이다. 이 미분방정식은 2계 선형비자율인 동차 미분방정식이다. 계수들은 $(0, \infty)$에서 연속이다. 정리 2.6을 적용하면 이 초기값 문제는 유일한 해가 존재한다. 미분방정식에서 두개의 일차독립인 해(4.4절을 보라)는 $x_1(t) = t^{-1}$와 $x_2(t) = t^{-1}\ln|t|$이다. 이 미분방정식의 일반해는 $x(t) = c_1x_1(t) + c_2x_2(t)$이다. 초기조건을 적용하면 유일한 해 $x(t) = t^{-1}\ln|t|$가 존재한다. 이 미분방정식은 코시-오일러 미분방정식에서 알려진 방정식의 특별한 형태이다(연습문제 4를 참고하라).

미분방정식의 이론에 대한 부가적인 정보에 대하여는 참고서적의 목록에 있는 미분방정식 교재를 참고하라(Brauner와 Nohel,1969;Cushing,2004;Sanchez,1968;Waltman,1986).

제 3 절 일계선형미분방정식

이 절에서는 1계 선형미분방정식을 어떻게 풀것인가를 복습한다. 이 방법은 적분인자를 포함한다.

1계 선형미분방정식에서 초기값 문제(IVP)는 다음과 같은 형태를 가진다:

$$\frac{dx}{dt} + a_1(t)x = g(t), \quad x(t_0) = x_0.$$

a_1와 g는 모든 $t \geq t_0$에서 연속이라고 가정한다. 이 미분방정식의 해는 적분인자를 사용하여 구할 수 있다. $I(t) = \exp(\int_{t_0}^{t} a_1(\tau)d\tau)$라 하자. 함수 $I(t)$를 **적분인자(integrating factor)**라 한다. $I(t)$의 임의의 상수 곱 또한 적분인자이므로 적분인자의 수는 무한개 존재한다. 미분방정식의 양변에 적분인자 $I(t)$를 곱하면

$$I(t)\frac{dx(t)}{dt} + a_1(t)I(t)x(t) = I(t)g(t)$$

이 된다. 좌변은 완전미분(exact derivative)이고,

$$\frac{d[x(t)I(t)]}{dt} = I(t)g(t)$$

이다. 양변을 적분 하고 x에 관하여 풀면, IVP의 유일한 해를 구할 수 있다:

$$x(t) = e^{(-\int_{t_0}^{t} a_1(\tau)d\tau)}\left[x_0 + \int_{t_0}^{t} e^{(\int_{t_0}^{\tau} a_1(u)du)} g(\tau)d\tau\right] \text{이다.} \tag{4.10}$$

만일 $t = t_0$이면 해가 초기조건 $x(t_0) = x_0$을 만족함을 주목하라.

만일 a_1 =상수이고 $t_0 = 0$이면 해가

$$x(t) = e^{-a_1 t}\left[x_0 + \int_0^t e^{a_1\tau} g(\tau)d\tau\right]$$

로 간단하게 된다. 더구나, 방정식이 동차 $g \equiv 0$이면 해는

$$x(t) = x_0 e^{-a_1 t}$$

이다. 만일 $a_1 < 0$이면 앞에 나온 해는 Malthusian 또는 지수증가(exponential growth)를 나타낸다. 만일 $a_1 > 0$이면, $\lim_{t\to\infty} x(t) = 0$이다.

예제 3.1 *다음 미분방정식을 풀어라.*

$$\frac{dx}{dt} - \frac{x}{t} = te^{3t}, \quad x(1) = 2.$$

이 미분방정식에서 적분인자는 $I(t) = e^{-\ln t} = t^{-1}$*이다. 그러면*

$$\frac{d(xt^{-1})}{dt} = e^{3t}$$

이다. 양변에 적분인자를 곱하고 x*에 대하여 풀면 일반해는 다음과 같다:*

$$x(t) = ct + t\frac{e^{3t}}{3}. \tag{4.11}$$

초기값 문제에서 초기조건을 적용하면 유일한 해는

$$x(t) = \left(2 - \frac{e^3}{3}\right)t + t\frac{e^{3t}}{3} \text{ 이다.} \blacksquare$$

해 (4.11)는 두 항의 합이다. 첫 번째 항은 동차 미분방정식의 **일반해(general solution)**이다: 즉, $x_h(t) = ct$는 $dx/dt = x/t$의 일반해이다. 두 번째 항은 비동차 미분방정식 특수해이다: 즉, $x_p(t) = te^{3t}/3$은 $dx/dt - x/t = te^{3t}$ 의 해이다. 이러한 두 해의 합 $x(t) = x_h(t) + x_p(t)$이고, 이것은 비동차 미분방정식의 일반해를 형성한다. 이 아이디어들은 고계 선형미분방정식의 해를 구하는 기본적인 방법이다.

제 4 절 고계선형미분방정식

n계 선형 비동차 미분방정식의 일반해는 동차 미분방정식의 일반해와 비동차 미분방정식의 특수해와의 합이다. 즉,

$$x(t) = x_h(t) + x_p(t)$$

이다. n계 동차 미분방정식의 일반해는 n개의 일차독립인 해 $\phi_1(t), \ldots, \phi_n(t)$의 합이다. 즉,

$$x_h(t) = \Sigma_{i=1}^{n} c_i \phi_i(t)$$

이다.

일차독립인 집합 $\{\phi_i(t)\}_{i=1}^{n}$을 식 (4.2)에서 해의 **기초집합(fundamental set of solutions)**이라 한다.(다시 말해, $\Sigma_{i=1}^{n} \alpha_i \phi_i(t) = 0$에서 $\alpha_i = 0,\ i = 1, 2, \ldots, n$이면 해 $\phi_1(t), \ldots, \phi_n(t)$을 일차독립이라 한다.) 그러므로 비동차 미분방정식 (4.2)의 일반해는 $x(t) = \Sigma_{i=1}^{n} c_i \phi_i(t) + x_p(t)$이다. 다양한 방법을 이용하여 특수해를 구할 수 있다(예를 들면, 상수의 변화, 미정계수법).

4.1 상수 계수들

계수가 상수인 선형 동차미분방정식의 특별한 경우를 좀 더 자세히 토의한다. 이러한 특별한 경우는 동차 미분방정식 풀이로 알려진 방법이다. 선형 동차 미분방정식의 계수들이 상수라고 가정하자. 그러면 미분방정식 (4.2)는 다음과 같은 형태를 가진다:

$$\frac{d^n x}{dt^n} + a_1 \frac{d^{n-1} x}{dt^{n-1}} + \cdots + a_{n-1} \frac{dx}{dt} + a_n x = 0. \tag{4.12}$$

시간 $(\infty, -\infty)$에서 미분방정식의 n개의 일차독립인 해가 존재한다. 해들을 구하기 위해 $x(t) = e^{\lambda t}$라고 가정한다. λ는 실수 또는 복소수이다. $x(t) = e^{\lambda t}$를 동차 미분방정식 (4.2)에 대입하면,

$$e^{\lambda t}(\lambda^n + a_1 \lambda^{n-1} + \cdots + a_{n-1}\lambda + a_n) = 0.$$

이다.

$$p(\lambda) = \lambda^n + a_1 \lambda^{n-1} + \cdots + a_{n-1}\lambda + a_n$$

은 **특성다항식(characteristic polynomial)**이며, $p(\lambda) = 0$이면 **특성방정식 (characteristic equation)**이라고 한다. $p(\lambda)$의 근을 **고윳값(eigenvalue)**이라고 한다. $e^{\lambda t}$로 나타낸 해의 형태는 고윳값의 실수나 혹은 복소수에 달려있다.

$n = 2$일 때 2계 선형미분방정식의 경우, 해의 형태를 다음과 같이 요약한다:

1. 고윳값 λ_i, $i = 1, 2$가 서로 다른 실수일때, 일반해는

$$x(t) = c_1 e^{\lambda_1 t} + c_2 e^{\lambda_2 t} \text{이다.}$$

2. 고윳값 $\lambda_1 = \lambda_2$가 같은 실수일때, 일반해는

$$x(t) = c_1 e^{\lambda_1 t} + c_2 t e^{\lambda_1 t} \text{이다.}$$

3. 고윳값 $\lambda_{1,2} = u \pm iv$는 켤레복소수일 때, 일반해는

$$x(t) = e^{ut}[c_1 \cos(vt) + c_2 \sin(vt)] \text{이다.}$$

$u \pm iv$와 같이 켤레복소수인 경우에, sines과 cosines의 항으로 해를 표현하기 위해 식 $e^{ivt} = \cos(vt) + i\sin(vt)$이 사용한다.

상수계수인 고계 선형미분방정식의 특성방정식에 대한 고윳값 λ가 r번 반복될 수 있다(중복도가 r인 근이다.). 그 r개의 일차독립인 해들을 근과 관련지어야 한다. 부가적인 해들은 t의 멱을 곱하여 구할 수 있다. 고윳값이 실수일 때 주어진 해

$$e^{\lambda t}, te^{\lambda t}, \cdots, t^{r-1}e^{\lambda t}$$

에 의해 r개의 일차독립인 해들이 존재한다. 고윳값이 복소수 $\lambda = u + iv$이고 근의 중복도 r이면, 켤레복소수 $u - iv$ 또한 중복도 r의 근이다. 따라서 $2r$개의 일차독립인 해들이 존재해야 한다. $e^{ut}\cos(vt)$ 와 $e^{ut}\sin(vt)$로 부터 독립적인 부가적 해는 t의 멱을 곱하므로써 구한다.

$$te^{ut}\cos(vt), te^{ut}\sin(vt), \cdots, t^{r-1}e^{ut}\cos(vt), t^{r-1}e^{ut}\sin(vt).$$

Wronskian은 n계 선형미분방정식의 n개 해들이 독립임을 확인하는데 사용된다.

정의 **4.1** *$x_1(t), \ldots, x_n(t)$가 n개 함수와 $(n-1)$번 미분가능한 연속함수이면, 행렬식*

$$W(x_1, x_2, \ldots, x_n)(t) = det \begin{pmatrix} x_1(t) & \cdots & x_n(t) \\ x_1'(t) & \cdots & x_n'(t) \\ \vdots & \cdots & \vdots \\ x_1^{(n-1)}(t) & \cdots & x_n^{(n-1)}(t) \end{pmatrix}$$

은 $x_1, \ldots, x_n$의 **론스키안(Wronskian)***이라 한다. 프라임 $(')$은 t에 관한 미분을 의미한다.*

다음 정리는 해의 존재 구간내의 어떤 t에서 론스키안이 0이 아니면, n개의 해가 일차독립임을 설명한다.

정리 **4.2** *구간 I에서 $\phi_1(t), \ldots, \phi_n(t)$가 n계 선형미분방정식의 n개의 해이면,*

$$\frac{d^n x}{dt^n}(t) + a_1(t)\frac{d^{n-1}x}{dt^{n-1}} + \cdots + a_{n-1}(t)\frac{dx}{dt} + a_n(t)x = 0 \text{이다.}$$

n개 해가 일차독립일 필요충분조건은 어떤 $t \in I$에 대해 론스키안 행렬 $W(\phi_1(t), \ldots, \phi_n)(t) \neq 0$이다. □

이 결과의 증명은 많은 상미분방정식 책에서 볼 수 있다.

예제 4.3 다음 미분방정식을 풀어라.

$$x'''(t) - 4x''(t) = 0.$$

여기서, $x'' = d^2x/dt^2$ 이다. 이 미분방정식의 특성방정식은 다음과 같다:

$$\lambda^3 - 4\lambda^2 = 0.$$

근 또는 고윳값은 0과 4이다. 3개의 일차독립 해는 1, t, e^{4t} 이고 일반해는

$$x(t) = c_1 + c_2 t + c_3 e^{4t} \text{ 이다.}$$

론스키안을 이용하여 다음과 같이 계산하면 3개의 해가 일차독립임을 의미한다:

$$W(1, t, e^{4t}) = det \begin{pmatrix} 1 & t & e^{4t} \\ 0 & 1 & 4e^{4t} \\ 0 & 0 & 16e^{4t} \end{pmatrix} = 16e^{4t} \neq 0.\blacksquare$$

예제 4.4 7계 선형 동차 미분방정식에서 특성방정식을 다음과 같이 가정하자:

$$P(\lambda) = (\lambda^2 - 3\lambda + 4)^2(\lambda - 2)^3 = 0.$$

근은 $\lambda_{1,2,3,4} = 3/2 \pm i\sqrt{7}/2$ 와 $\lambda_{4,5,6} = 2$ 이다. 미분방정식의 일반해는 다음과 같다:

$$\begin{aligned} x(t) = e^{3/2}[c_1\cos(\sqrt{7}t/2) + c_2\sin(\sqrt{7}t/2) + c_3 t\cos(\sqrt{7}t/2) + c_4\sin(\sqrt{7}t/2)] \\ + e^{2t}[c_5 + c_6 t + c_7 t^2]. \end{aligned}$$

계수 c_i 는 초기조건으로 부터 유일하게 결정된다. ■

예제 4.5 다음의 4계 선형미분방정식을 풀어라.

$$\frac{d^4x}{dt^4} + 6\frac{d^3x}{dt^3} + 10\frac{d^2x}{dt^2} + 6\frac{dx}{dt} + 9x = 0.$$

특성방정식은 다음과 같다.

$$\lambda^4 + 6\lambda^3 + 10\lambda^2 + 6\lambda + 9 = (\lambda^2 + 1)(\lambda + 3)^2 = 0.$$

고윳값은 $\pm i$, -3, -3 이므로 미분방정식의 일반해는

$$x(t) = c_1\cos(t) + c_2\sin(t) + c_3 e^{-3t} + c_4 t e^{-3t} \text{ 이다.}$$

더불어 초기조건이 $x(0) = 1,\ dx(0)/dt = 2,\ d^2x(0)/dt^2 = 1,\ d^3x(0)/dt^3 = 0$ *이면, 4개의 상수* c_1, c_2, c_3*와* c_4*는 다음 선형시스템으로 부터 얻을 수 있다:*

$$c_1 + c_3 = 1,$$

$$c_2 - 3c_3 + c_4 = 2,$$

$$-c_1 + 9c_3 - 6c_4 = 1,$$

$$-c_2 - 27c_3 + 27c_4 = 0.$$

상수는 $c_1 = 8/25, c_2 = 81/25, c_3 = 17/25$ *그리고* $c_4 = 4/5$ *이다.* ■

n계 선형동차 미분방정식은 항상 $x(t) \equiv 0$의 해를 갖는 것이 중요하다. 모든 초기조건들이 0이면 미분방정식 초기값문제(IVP)에서 유일한 해이다. 동차 선형미분방정식의 모든 계수가 상수이면, 방정식 해가 안정인지 아닌지를 결정 할 수 있다. 즉, 초기값문제(IVP)의 해가 0인 경향이 있는지 아닌지를 결정할 수 있다. 해의 안정성은 특성방정식 $P(\lambda) = 0$의 근 λ_i의 고윳값들에 달려있다. 그 이유는 해 $e^{\lambda_i t}$의 형태를 갖기 때문이며, λ_i가 음의 실근이거나 음의 실수부인 복소근이면 그 초기값문제(IVP)의 해가 0으로 수렴한다.

선형 계차방정식과 선형미분방정식의 거동의 차이는 해의 형식에 있다. 계차방정식의 경우, 해들은 λ_i^t의 일차결합인 반면에 미분방정식들의 해들은 $e^{\lambda_i t}$의 일차결합이다. 계수를 상수로 갖는 선형 동차 계차방정식(difference equation)에서 고윳값 λ_i의 크기가 1보다 작으면 $|\lambda_i| < 1$ 해가 영으로 수렴하는 반면에, 계수를 상수로 갖는 선형 동차 미분방정식(differential equation)에서 고윳값 λ_i가 음수이거나 음의 실수부분 $\lambda_i < 0$ 또는 $u \pm iv, u < 0$이 있으면 해가 영으로 수렴한다. 다음 정리는 고윳값이 복소평면의 좌측평면에 있으면 해가 지수비율로 영에 수렴한다.

정리 **4.6** *특성다항식* $P(\lambda)$*의 근 모두가 음의 실근이거나 음의 실수부를 가진 복소근이면 동차 미분방정식 (4.2)의 임의의 해* $x(t)$*는* $t > 0$*에서*

$$|x(t)| \le Me^{-bt}$$

와

$$\lim_{t\to\infty} |x(t)| = 0$$

을 만족하는 양수 M*과* b*가 존재한다.*

증명. $P(\lambda)$의 근의 형태가 $\lambda_k = u_k \pm iv_k$라 하자. 여기서 $u_k < 0,\ k = 1, \ldots, k$이다. 모든 $k = 1, \ldots, n$에 대해 $u_k < -b$ 또는 $u_k + b < 0$인 양수 b가 존재한다. $t \to \infty$에 따라

$$|e^{\lambda_k t} e^{bt}| = e^{(u_k+b)t}$$

이 0으로 가까이 간다. 또한 r_k는 음이 아닌 정수에 대해 $|t^{r_k} e^{\lambda_k t} e^{bt}| = |t^{r_k} e^{(u_k+b)t}|$이다. $t \to \infty$ 일 때 또한 0으로 가까이 간다. 즉, $t > 0$에서 $|t^{r_k} e^{\lambda_k t} e^{bt}| \leq M_k$ 또는 $|t^{r_k} e^{\lambda_k t}| \leq M_k e^{-bt}$을 만족하는 상수 M_k가 존재한다. 임의의 해 $x(t)$는 $\phi_k(t) = t^{r_k} e^{\lambda_k t}$ 형태에 관한 합이다. 즉,

$$x(t) = \Sigma_{k=1}^{n} c_k \phi_k(t) \text{ 이다.}$$

여기서 $\phi_k(t)$는 해의 기본집합이고, $c_k,\ k = 1, \ldots, n$는 상수이다. 만약 $M_0 = \max_k |c_k|$이고 $M = M_0[\Sigma_{k=1}^{n} M_k]$라 하면, $t \geq 0$에 대해

$$\begin{aligned} |x(t)| &\leq \Sigma_{k=1}^{n} |c_k||\phi_k(t)| \leq M_0 \Sigma_{k=1}^{n} |\phi_k(t)| \\ &\leq M_0 \left[\Sigma_{k=1}^{n} M_k \right] e^{-bt} = M e^{-bt} \text{ 이다.} \end{aligned}$$

따라서 $\lim_{t \to \infty} |x(t)| = 0$이다. □

정리 4.6은 0에 수렴하는 수렴율은 기하급수적이고, 가장 큰 음의 실수부를 가진 복소근으로 결정됨을 설명한다.

제 5 절 Routh-Hurwitz 판정법

복소평면의 좌측평면에 있는 (실수 계수를 가진) 특성 다항식의 모든 근에 대한 필요충분조건의 중요한 판정법으로 Rowth-Hurwitz 판정법이 있다. E.J.Routh와 A.Hurwitz은 판정법 기준을 만들었다. 1875년, 영국의 수학자인 Routh는 복소평면의 오른쪽 평면에 있는 근의 수를 결정하기 위한 연산을 발견했다(Gantmacher,1964). 1895년 독일 수학자인 Hurwitzs는 복소평면의 왼쪽 평면에 있는 근들을 판정하는 기준을 증명했다. 정리 4.6에 의하면, 특성다항식의 모든 근들이 복소평면의 왼쪽 평면에 있다면, 선형 동차미분방정식에 대한 모든 해는 0으로 수렴한다. 미분방정식에서 Routh-Hurwitz 판정법은 계차방정식에서 Jury조건과 비슷하다. **Routh-Hurwitz 판정법**은 미분방정식의 비선형시스템에 대

한 평형점의 국소 점근적 안정성을 결정하기 위해 5장과 6장에서 사용한다. 다음 정리는 Routh-Hurwitz 판정법을 설명한다.

정리 **5.1 (Routh-Hurwitz 판정법).** *주어진 다항식*

$$P(\lambda) = \lambda^n + a_1\lambda^{n-1} + \cdots + a_{n-1}\lambda + a_n$$

에서 계수 a_i, $i = 1, \ldots, n$는 실수인 상수이다. 특성다항식의 계수들 a_i를 사용하여 n개의 Hurwitz 행렬을 다음과 같이 정의한다:

$$H_1 = (a_1), H_2 = \begin{pmatrix} a_1 & 1 \\ a_3 & a_2 \end{pmatrix}, H_3 = \begin{pmatrix} a_1 & 1 & 0 \\ a_3 & a_2 & a_1 \\ a_5 & a_4 & a_3 \end{pmatrix}$$

그리고

$$H_n = \begin{pmatrix} a_1 & 1 & 0 & 0 & \cdots & 0 \\ a_3 & a_2 & a_1 & 1 & \cdots & 0 \\ a_5 & a_4 & a_3 & a_2 & \cdots & 0 \\ \vdots & \vdots & \vdots & \vdots & \cdots & \vdots \\ 0 & 0 & 0 & 0 & \cdots & a_n \end{pmatrix}.$$

여기서, $j > n$이면 $a_j = 0$이다. 특성방정식 $P(\lambda)$의 모든근이 음수이거나 또는 음의 실수부일 필요충분조건은 모든 Hurwitz 행렬의 행렬식이 양수이다:

$$\det H_j > 0, \quad j = 1, 2, \cdots, n.$$

$n = 2$일 때, Routh-Hurwitz판정법은 단순히 $detH_1 = a_1 > 0$이고

$$\det H_2 = det \begin{pmatrix} a_1 & 1 \\ 0 & a_2 \end{pmatrix} = a_1 a_2 > 0$$

또는 $a_1 > 0$, $a_2 > 0$이다. 다항식의 차수 $n = 2, 3, 4, 5$일 때 Routh-Hurwitz 판정법을 다음과 같이 요약한다.

$n = 2, 3, 4, 5$에서 *Routh-Hurwitz* 판정법은 다음과 같다:

$$n = 2 : a_1 > 0, a_2 > 0.$$

$$n = 3 : a_1 > 0, a_3 > 0, a_1 a_2 > a_3.$$

$$n = 4 : a_1 > 0, a_3 > 0, a_4 > 0, a_1 a_2 a_3 > a_3^2 + a_1^2 a_4.$$

$$n = 5 : a_i > 0 (i = 1, 2, 3, 4, 5), a_1 a_2 a_3 > a_3^2 + a_1^2 a_4 \text{ 이고}$$

$$(a_1 a_4 - a_5)(a_1 a_2 a_3 - a_3^2 - a_1^2 a_4) > a_5 (a_1 a_2 - a_3)^2 + a_1 a_5^2.$$

Routh-Hurwitz 판정법의 증명에 관한 것은 *Gantmacher(1964)*을 참조하라. 정리 5.1의 $n = 2$인 경우를 증명한다.

정리 5.1의 증명. $n = 2$에 대하여, *Routh-Hurwitz* 판정법은 간단히 $a_1 > 0$이고 $a_2 > 0$이다. $n = 2$인 경우에 특성다항식은

$$P(\lambda) = \lambda^2 + a_1 \lambda + a_2 = 0 \text{ 이고}$$

고유값은

$$\lambda_{1,2} = \frac{-a_1 \pm \sqrt{a_1^2 - 4a_2}}{2} \text{ 을 만족한다.}$$

a_1과 a_2를 양수라 가정하자. 근이 실수이면 두 근은 음수이며, 두 근이 켤레복소수이면 두 근은 음의 실수부를 가지는 것을 보이는 것은 쉽다.

다음으로 역을 증명한다. 근이 음수이거나 음의 실수부를 가진다고 가정하면 $a_1 > 0$이다. 근이 켤레복소수이고, $0 < a_1^2 < 4a_2$이면 a_2 또한 양수이다. 근이 실수라면 두 근은 모두 음수이므로 $a_2 > 0$이다. □

복소평면의 좌측평면에 있는 다항방정식 $P(\lambda)$의 근들에 대한 필요하지만 충분하지 않는 조건은 $P(\lambda)$의 계수들이 순양수이다. 이 결과는 다음 따름정리에서 설명한다.

따름정리 **5.2** *다음의 특성다항식의 계수를 실수라고 하자. 특성다항식*

$$P(\lambda) = \lambda^n + a_1 \lambda^{n-1} + a_2 \lambda^{n-2} + \cdots + a_n$$

의 모든 근이 음수이거나 음의 실수부를 가지면, $i = 1, 2, \ldots, n$*에 대하여* $a_i > 0$*이다.*

증명. 이 보조정리는 *Routh-Hurwitz* 판정법의 직접적인 결과이지만 따로 증명한다. 특

성방정식을 다음과 같이 인수분해 할 수 있다:

$$(\lambda + r_1)\cdots(\lambda + r_{k_1})(\lambda^2 + 2c_1\lambda + c_1^2 + d_1^2)\cdots(\lambda^2 + 2c_{k_2}\lambda + c_{k_2}^2 + d_{k_2}^2) = 0.$$

여기서, 실근은 $-r_i < 0,\ i = 1, \ldots, k_1$이고 복소근은 $j = 1, \ldots, k_2$에 대하여 $-c_j \pm d_j i$이고 $k_1 + 2k_2 = n$이다. 만약, 모든 근이 음수이거나 음의 실수부이면, 모든 i와 j에 대하여 $r_i > 0$이고 $c_j > 0$이다. 즉, 인수분해된 특성방정식에서 모든 계수는 양수이고, 특성방정식을 전개하여 정리하면

$$\lambda^n + a_1\lambda^{n-1} + a_2\lambda^{n-2} + \cdots + a_n = 0$$

이고 모든 계수들은 $a_i > 0,\ i = 1, \ldots n$을 만족한다.◀

이 보조정리의 결과에 따라, 특성방정식에서 임의의 계수가 0이면 적어도 하나의 고유값은 0이거나 복소평면의 우측평면에 있는 순허수이다. 예를 들면, 만약 $a_n = 0$이면 0인 고윳값, 순허수가 있다.

예제 5.3 다음 미분방정식을 풀어라.

$$\frac{d^3x}{dt^3} + a_2\frac{dx}{dt} + a_3x = 0, \quad a_2, a_3 > 0.$$

$a_1 = 0$이므로, 보조정리로부터 적어도 하나의 고윳값은 0이고, 순허수이거나 복소평면의 우측평면에 있다. 예를 들어, $a_2 = 2$이고 $a_3 = 1$일 때, 특성다항식

$$\lambda^3 + 2\lambda + 1 = 0$$

의 근은 근사적으로 $-0.453,\ 0.227,\ \pm 1.468i$이다. 양의 실수부인 두 복소근이 존재한다.■

예제 5.4 다음 선형미분방정식을 풀어라.

$$\frac{d^3x}{dt^3} + 4\frac{d^2x}{dt^2} + \frac{dx}{dt} + ax = 0.$$

특성다항식은 다음과 같다:

$$P(\lambda) = \lambda^3 + 4\lambda^2 + \lambda + a.$$

Routh-Hurwitz 판정법에 따라 음의 실수부분을 가지고, 해는 0으로 다가가고 계수들은 $a_1 > 0, a_3 > 0, a_1a_2 > a_3$를 만족해야 한다. 그러나 $a_1 = 4, a_2 = 1,\ a_3 = a$이고 a는 $4 > a > 0$을 만족해야 한다.■

제 6 절 고계 미분방정식에서 1계 시스템으로의 변환

식 (4.2)형태의 n계 선형미분방정식

$$\frac{d^n x}{dt^n} + a_1 \frac{d^{n-1} x}{dt^{n-1}} + \cdots + a_{n-1} \frac{dx}{dt} + a_n x = g(t) \tag{4.13}$$

을 동치인 일계 선형시스템으로 표현할 수 있다. 다음과 같이 n개의 새로운 변수들을 $x_1, \ldots, x_n$이라 정의하자:

$$\begin{aligned} x_1 &= x, \\ x_2 &= \frac{dx}{dt}, \\ &\vdots \\ x_n &= \frac{d^{n-1}x}{dt^{n-1}} \end{aligned}$$

그러면,

$$\begin{aligned} \frac{dx_1}{dt} &= \frac{dx}{dt} = x_2, \\ \frac{dx_2}{dt} &= \frac{d^2x}{dt^2} = x_3, \\ &\vdots \\ \frac{dx_n}{dt} &= \frac{d^n x}{dt^n} = -a_1 x_n - a_2 x_{n-1} - \cdots - a_{n-1} x_2 - a_n x_1 + g(t) \text{이다.} \end{aligned}$$

여기서 마지막 방정식은 미분방정식 (4.13)형태이다. 이를 행렬을 사용하여 표시하며 일계 선형시스템은 다음과 같이 표현한다:

$$\frac{dX}{dt} = AX + G(t).$$

단, $X(t) = (x_1(t), x_2(t), \ldots, x_n)^t$,

$$A = \begin{pmatrix} 0 & 1 & 0 & \cdots & 0 \\ 0 & 0 & 1 & \cdots & 0 \\ \vdots & \vdots & \vdots & \cdots & \vdots \\ 0 & 0 & 0 & \ddots & 1 \\ -a_n & -a_{n-1} & -a_{n-2} & \cdots & -a_1 \end{pmatrix}$$

이고 $G(t) = (0, 0, 0, \ldots, g(t))^T$이다. 여기서 행렬 A를 **동반행렬(companion matrix)**이라 하며 미분방정식 (4.13)과 관련이 있다.

예제 6.1 *다음 2계 미분방정식은 동치인 일계 선형시스템 형식* $dX/dt = AX + G(t)$*으로 바꿀 수 있다:*

$$\frac{d^2x}{dt^2} + 4\frac{dx}{dt} + 3x = \sin(t).$$

행렬 A*와* G*는 다음을 만족한다:*

$$A = \begin{pmatrix} 0 & 1 \\ -3 & -4 \end{pmatrix}, \quad G(t) = \begin{pmatrix} 0 \\ sin(t) \end{pmatrix}. \quad \blacksquare$$

고계 미분방정식은 때때로 1계 시스템으로 변환할 수 있다. 그러나 역은 모든 시스템에 대해 성립하지 않는다. 그 이유는 1계 시스템들은 고계 미분방정식들 보다 좀 더 일반적이기 때문이다. 다음 예제에서 어떤 문제들이 있는 것을 볼 것이다(1계 미분시스템은 고계 미분 방정식과 동치가 아니다.) 상수 계수들을 가진 1계시스템의 경우들을 고려해 보자:

$$\begin{aligned} \frac{dx}{dt} &= a_{11}x + a_{12}y, \\ \frac{dy}{dt} &= a_{21}x + a_{22}y. \end{aligned}$$

행렬기호, $dX/dt = AX$에서, 단, $A = (a_{ij})$이고 $X = (x, y)^T$이다. dy/dt을 t로 미분하면,

$$\frac{d^2y}{dt^2} = a_{21}\frac{dx}{dt} + a_{22}\frac{dy}{dt}\text{이다.}$$

만일 $a_{21} = 0$이면 위의 변환방법은 성립하지 않고, dx/dt를 t로 미분한다(여기서는 $a_{12} \neq 0$임을 필요로 한다). $a_{21} \neq 0$이라 가정하자. 그러면 $dx/dt = a_{11}x + a_{12}y$와 $a_{21}x = dy/dt - a_{22}y$을 y에 관한 2계 미분방정식에 대입하면 y의 2계 미분방정식은

$$\frac{d^2y}{dt^2} - (a_{11} + a_{22})\frac{dy}{dt} + (a_{11}a_{22} - a_{12}a_{21})y = 0$$

이 된다.

dy/dt의 계수는 $-Tr(A)$이고, y의 계수는 $det(A)$라는 점에 주목하자. y에 관한 미분방정식의 특성방정식은 다음과 같다:

$$\lambda^2 - (a_{11} + a_{22})\lambda + a_{11}a_{22} - a_{12}a_{22} = \lambda^2 - Tr(A) + det(A) = 0.$$

계수 a_{ij}는 상수이므로 y의 해는 특성방정식의 근을 구함으로 얻을 수 있다. y를 구하면 x의 해는 원래의 시스템으로 부터 얻을 수 있다.

제 7 절 일계선형시스템

비동차선형시스템은 다음과 같은 형식을 가진다:

$$\frac{dX}{dt} = A(t)X(t) + G(t).$$

계수행렬 $A(t)$의 원소와 벡터 $G(t)$의 원소들은 초기값 t_0을 포함하는 구간에서 연속이므로 초기치문제(IVP)에 대해 유일한 해가 존재한다(정리 2.6). 비동차시스템에서 일반해는 동차시스템의 일반해와 비동차시스템의 특수해의 합으로 표현한다:

$$X(t) = X_h(t) + X_p(t).$$

동차시스템의 일반해는 n개의 일차독립인 해 $\phi_i(t), \imath = 1, 2, \ldots, n$로 구성한다. 해가 존재하는 구간의 모든 t에 대해 일차독립 $\det(\Phi) \neq 0$이기 때문에 해의 **기본행렬(fundamental matrix)**은 $\Phi(t) = (\phi_1(t), \ldots, \phi_n(t))$이고, $\Phi(t)$의 열 벡터는 $\phi_i(t)$이다(론스키안과 비교해 보자.). 따라서, 해가 존재하는 구간의 모든 t에 대해 역행렬 $\Phi^{-1}(t)$가 존재한다. 선형 비동차시스템에 대해 IVP의 유일한 해는 다음과 같은 형식으로 표현할 수 있다:

$$X(t) = \Phi(t)\Phi^{-1}(t)X_0 + \Phi(t)\int_{t_0}^{t} \Phi^{-1}(t)G(s)ds.$$

여기서 $X(t_0) = X_0$이다. 이 결과에 관한 증명은 Brauer과 Nohel(1969) 또는 Waltman(1986)에서 볼 수 있다. $X(t)$와 식 (4.10)에 주어진 1계 방정식 $x(t)$의 유일한 해를 비교해 보자.

7.1 상수계수들

상수계수 일계선형동차시스템에서 해를 구하기 위해 적용할 수 있는 방법들이 많이있다. 이 시스템의 유형은 다음장에서 미분방정식의 비선형 자율시스템을 연구하는데 특히 중요하다.

$$\frac{dX}{dt} = AX \tag{4.14}$$

라 하자. 여기서, $A = (a_{ij})$는 실수 a_{ij}로 구성된 상수행렬이다. 먼저, 해 $X = \mathbf{0}$는 미분방정식의 고정점임을 주목하자. 해를 **평형점(equilibrium)**, **안정상태(steady state)** 또는 **임계점(critical point)**이라 한다. (4.14)의 가장 간단한 시스템을 상수방정식으로 줄이면 $A = (a)$는 1×1 행렬인 미분방정식은

$$\frac{dx}{dt} = ax\text{이다.} \tag{4.15}$$

방정식 (4.15)의 일반해는 $x(t) = ce^{at}$이다. 초기조건이 $x(0) = x_0$이면 $x(t) = x_0 e^{at}$이다(서론에서 이미 보인것처럼). $a < 0$이면 $\lim_{t\to\infty} x(t) = 0$이지만 $a > 0$이면 극한은 무한이다($\pm\infty$는 x_0의 부호에 달려있다.).

행렬 A의 차수가 1보다 클 때, (4.14)의 일반해는 행렬 A의 지수항으로 표현 될 수 있다. 일반해는 다음과 같다:

$$X(t) = Ce^{At}.$$

여기서 e^{At}는 $n \times n$행렬이고 C는 $n \times 1$벡터이다. 행렬 $\Phi(t) = e^{At}$는 $n \times n$인 항등행렬 $\Phi(0) = I$인 특성을 가진 기본행렬이다 (Φ의 열은 미분방정식의 n개 일차독립인 해들이다.). 지수행렬 e^{At}는 다음과 같이 정의한다:

$$e^{At} = 1 + At + A^2\frac{t^2}{2!} + A^3\frac{t^3}{3!} + \cdots = \Sigma_{k=0}^{\infty} A^k \frac{t^k}{k!}.$$

단, 이 급수는 모든 t에 대해 수렴한다. 지수행렬을 계산하기 위한 방법들이 많이있다(즉, Leonard,1996; Moler와 Van Loan,1978,2003; Waltman,1986). 몇가지 방법은 4장 부록에서 토의한다. 만일 A의 원소들이 알려진 실수값이면 e^{At}를 계산하는데 컴퓨터 대수시스템이나 수치방법을 사용할 수 있다. 다음 예제는 지수행렬 e^{At}의 정의로부터 바로 계산할 수 있다.

예제 7.1 *다음 행렬 A를 대각행렬이라 가정하자.*

$$A = \begin{pmatrix} a_{11} & 0 \\ 0 & a_{22} \end{pmatrix}.$$

그러면 $A^k = \begin{pmatrix} a_{11}^k & 0 \\ 0 & a_{22}^k \end{pmatrix}$ *이고*

$$e^{At} = \begin{pmatrix} \Sigma_{k=0}^{\infty} \frac{(a_{11}t)^k}{k!} & 0 \\ 0 & \Sigma_{k=0}^{\infty} \frac{(a_{22}t)^k}{k!} \end{pmatrix} = \begin{pmatrix} e^{a_{11}t} & 0 \\ 0 & e^{a_{22}t} \end{pmatrix} \text{ 이다.}$$

시스템 $dX/dt = AX$*의 해는*

$$X(t) = e^{At}X_0 = x_0 e^{a_{11}t}\begin{pmatrix} 1 \\ 0 \end{pmatrix} + y_0 e^{a_{22}t}\begin{pmatrix} 0 \\ 1 \end{pmatrix} = \begin{pmatrix} x_0 e^{a_{11}t} \\ y_0 e^{a_{22}t} \end{pmatrix}$$

이다. 여기서, $X_0 = (x_0, y_0)^T$ *이다.* ■

예제 7.2 행렬 $A = \begin{pmatrix} 0 & 1 \\ 0 & 2 \end{pmatrix}$라고 가정하자. 그러면, $A^k = \begin{pmatrix} 0 & 2^{k-1} \\ 0 & 2^k \end{pmatrix}$이고,

$$e^{At} = \begin{pmatrix} 1 & \frac{1}{2}\Sigma_{k=1}^{\infty}\frac{(2t)^k}{k!} \\ 0 & \Sigma_{k=0}^{\infty}\frac{(2t)^k}{k!} \end{pmatrix} = \begin{pmatrix} 1 & \frac{1}{2}[e^{2t}-1] \\ 0 & e^{2t} \end{pmatrix}$$

이다. 다시 말해, 선형시스템 $dX/dt = AX$의 해는

$$X(t) = e^{At}X_0 = \begin{pmatrix} x_0 + \frac{1}{2}y_0[e^{2t}-1] \\ y_0 e^{2t} \end{pmatrix}$$

이다. ■

행렬 지수계산을 위해 메이플 명령은 선형대수 패키지를 이용할 수 있다. 예제 7.2의 행렬에 대한 명령어는 다음과 같다.

```
>with(linalg):
> A :=matrix(2,2,[0,1,0,2]);
```

$$A = \begin{bmatrix} 0 & 1 \\ 0 & 2 \end{bmatrix}$$

```
> eA :=exponential(A,t);
```

$$A = \begin{bmatrix} 1 & \frac{1}{2}e^{2t} - \frac{1}{2} \\ 0 & e^{2t} \end{bmatrix}$$

e^{At}를 계산하는 대신 $dX/dt = AX$의 일반해를 계산하기 위한 직접적인 방법은, 고계 상수계수 미분방정식에서 해를 구하기 위해 사용했던 방법과 같은 방법이다. 기본행렬 $\Phi(t)$을 구하기 위해 n개의 일차독립인 해 $\phi_1(t), \phi_2(t), \ldots, \phi_n(t)$을 구한다. $X = e^{\lambda t}V$라고 하자. λ는 A의 고유값이고 V는 λ에 대응되는 고유벡터로 $AV = \lambda V$가 된다. 2×2 행렬 A의 경우에 일반해로 나타내는 형식을 요약한다. 고유값은 특성방정식 $\det(A - \lambda I) = 0$의 해이다. $A = (a_{ij})$이면 특성다항식은 다음과 같은 형식이다:

$$\lambda^2 - (a_{11} + a_{22})\lambda + a_{11}a_{22} - a_{12}a_{21}.$$

여기서 다항식의 계수는 행렬 A의 대각선 원소의 합(trace)인 음의 값과 행렬식이다. 즉,

$$\lambda^2 - Tr(A)\lambda + det(A) = 0\text{이다.}$$

해로 나타내는 형태는 다음과 같은 세가지 경우로 요약한다.

1. A의 고유값 $\lambda_i,\ i = 1, 2$은 실수이고, $\lambda_i,\ i = 1, 2$에 대응되는 두개의 일차독립 고유벡터 $V_i,\ i = 1, 2$가 존재한다. $dX/dt = AX$의 일반해는 다음과 같은 형태를 가진다:

$$X(t) = c_1 V_1 e^{\lambda_1 t} + c_2 V_2 e^{\lambda_2 t}.$$

2. A의 고유값 $\lambda_i,\ i = 1, 2$가 실수인 중근($\lambda_1 = \lambda_2$)으로 일차독립인 고유벡터 V_1이 존재한다. $dX/dt = AX$에 대한 일반해는 다음과 같은 형태를 가진다:

$$X(t) = c_1 V_1 e^{\lambda_1 t} + c_2 [V_1 t e^{\lambda_1 t} + P e^{\lambda_2 t}]$$

여기서 방정식 $(A - \lambda_1 I)P = V_1$에서 P를 구할 수 있다(벡터 P는 일반화된 고유벡터이다.).

3. A의 고유값 $\lambda_i,\ i = 1, 2$는 켤레복소수 $\lambda_{1,2} = a \pm ib,\ b \neq 0$이다. $dX/dt = AX$에서 일반해는 다음과 같은 형태를 가진다:

$$X(t) = \begin{pmatrix} \alpha_1 \\ \alpha_2 \end{pmatrix} e^{at} \sin(bt) + \begin{pmatrix} \alpha_3 \\ \alpha_4 \end{pmatrix} e^{at} \cos(bt).$$

실제로 해는 오직 두개의 독립인 임의의 상수 c_1, c_2만을 포함한다. 4개의 상수 $\alpha_i,\ i = 1, 2, 3, 4$는 관련된 고유값과 고유벡터에 종속되고 미분방정식에 대입하여 구할 수 있다.

일계선형시스템의 해에 관하여 더 많은 정보는 상미분방정식의 교재를 참고하길 바란다.

제 8 절 위상평면 분석

2차원 선형 시스템에 대한 해의 동태는 위상평면, 즉, $x - y$평면에서 연구한다. $X = (x, y)^T$이고 $A = (a_{ij})$인 $dX/dt = AX$는 다음과 같이 쓸 수 있다:

$$\begin{aligned} \frac{dx}{dt} &= a_{11}x + a_{12}y, \\ \frac{dy}{dt} &= a_{21}x + a_{22}y. \end{aligned} \tag{4.16}$$

원점 $x = 0$와 $y = 0$은 시스템 (4.16)의 평형해이다. $det(A) \neq 0$이라고 가정하자. 그러면 원점은 유일한 평형해인 **고립 평형해(isolated equilibrium)**이다.

선형방정식계 (4.16)에 대한 해는 행렬 A의 고유값과는 구별되고, 이것은 결국 A의 대각원소의 합과 행렬식에 따른다. 원점은 마디(node), 안장점(saddle), 나선(spiral), 중심(center)으로 분류한다. 더구나 원점은 안정 또는 불안정으로 분류한다. 선형시스템에서는 안정 또는 불안정을 정의함으로써 시작한다. 안정과 점근적인 안정을 구별한다.

A의 고유값이 음수이거나 음의 실수부를 가진다면 원점을 **점근적인 안정**(asymp totically stable)이라고 한다. A의 고윳값이 양수가 아니거나 양수가 아닌 실수부를 가진다면, 원점을 **안정(stable)**이라고 한다. A의 적어도 하나의 고윳값이 양수이거나 양의 실수부를 가진다면, 원점을 **불안정(unstable)**이라 한다. 원점이 점근적인 안정 $\lim_{t\to\infty}(x(t), y(y)) = (0, 0)$이면 해는 원점으로 접근한다. 이러한 정의를 기초로 일단 고윳값을 알면 원점의 안정성을 결정하는 것은 쉽다. 더구나 고윳값의 계산 없이도 안정성은 A의 특성방정식에서 Routh-Hurwitz 판정법을 적용함으로써 결정할 수 있다:

$$\lambda^2 - Tr(A)\lambda + \det(A) = 0.$$

두 가지의 값이 특성방정식의 계수이기 때문에 점근적인 안정성은 단지 대각원소의 합과 행렬식에 의해 결정된다. Routh-Hurwitz 판정법에 따라 고윳값이 복소평면의 좌측평면에 있을 필요충분조건은 계수들이 양수이다.

따름정리 **8.1** *$dX/dt = AX$에서 A는 상수 2×2 행렬이고 $det(A) \neq 0$라 가정하자. 원점이 점근적인 안정일 필요충분조건은*

$$Tr(A) < 0 \quad \text{이고} \quad det(A) > 0\text{이다.}$$

원점이 안정이 되는 동치조건은 $Tr(A) \leq 0$이고 $\det(A) > 0$이다. 원점이 불안정일 필요충분조건은 $Tr(A) > 0$이거나 $\det(A) < 0$이다. ◀

일반적인 선형 연립미분방정식은 원점에서 4가지 유형(마디, 안장점, 나선 또는 중심) 중 한 가지로 분류할 수 있는 특별한 판정법을 소개한다. 원점을 안정 또는 불안정으로 분류하기 위해 이전의 결과를 적용한다. 이 분류체계는 원점이 고정점 또는 선형시스템의 평형해 $\det(A) \neq 0$라는 사실에 기초한다. 행렬 A는 0인 고윳값은 가지지 않는다. 분류체계는 고윳값이 실수인지 복소수인지를 결정하며 실수 고윳값은 양수인지 음수인지 그리고 복소수 고윳값은 음의 실수부를 가지는지 아닌지를 결정한다. 미분방정식의 질적 이론에 관해서는 많은 참고문헌을 참고 할 수 있다(즉, Brauer과 Nohel,1969; Cushing,2004; S*á*nchez,1968).

♣ 실수 고윳값:

실수 고윳값 λ_1, λ_2의 경우에, 대응되는 고유벡터 V_1과 V_2의 방향은 해가 원점으로 가까이 가거나 원점에서 멀어지는 방향을 따른다. 예를 들어, λ_1이 양수이면 해는 V_1을 따라 이동할 것이고 원점으로 부터 멀어진다. λ_2가 음수이면 해는 원점을 향하여 V_2을 따라 이동할 것이다. 일반적으로, 해가 움직이는 방향은 V_1과 V_2의 일차결합의 방향으로 이동한다. 원점은 마디나 또는 안장점으로 분류한다.

1. **마디(결절점)(node)**: 두 고윳값이 같은 부호를 가지고 같거나 다르다, $\lambda_1 \leq \lambda_2 < 0$ 또는 $0 < \lambda_1 \leq \lambda_2$이다. 더구나 원점은 고유함(proper)과 비고유 (improper)함으로 분류할 수 있다(Brauer 와 Nohel,1969; s*á*nchez, 1968). 마디는 고윳값들이 같고 2개의 일차독립인 고유벡터가 존재할 때 고유하다고 하며, 그렇지 않으면 비고유하다고 한다. 고유한 마디는 별모양 점 또는 별모양 해라고 한다(Cushing,2004; Gulick,1992). 후자의 이름에 대한 이유는 그림 4.1를 보면 알 수 있다(모든 방향에서 해가 원점으로 접근한다.). 퇴화마디(degenerate node)의 용어는 또한 행렬 A의 두 고윳값이 같을 때 마디로 사용했다(Gulick, 1992). 그림 4.1에서 위쪽의 왼쪽 모서리에서 불완전 마디는 서로 다른 두 고윳값을 가진다. 이것은 퇴화마디가 아니다. 그러나 위쪽 왼쪽 모서리에서 마디의 오른쪽에 있는 서로 다른 두 마디는 퇴화된 마디이다(고윳값은 같다.) 만약 오직 한개의 독립인 고유벡터가 존재한다면 역학은 중심이고 두 개의 독립인 고유벡터가 존재하면 역학은 위쪽 오른쪽 모서리에 그려진다(별모양 해).

2. **안장점(saddle)**: 고윳값 λ_1, λ_2는 서로 다른 부호 $\lambda_1\lambda_2 < 0$을 가진다(즉, $\lambda_1 < 0 < \lambda_2$).

♣ 복소수 고윳값:

복소수 고윳값 $\lambda_{1,2} = a \pm ib, b \neq 0$의 경우 선형시스템 $dX/dt = AX$에서 해는 $\cos(bt)$와 $\sin(bt)$인 원소를 포함하기 때문에 평형점 근방에서 해는 나선이다. 실수부 $a < 0$이면 $e^{at}\cos(bt)$ 또는 $e^{at}\sin(bt)$을 가진 해는 원점으로 향하고 안으로 들어오는 나선이다. 그

러나 실수부 $a > 0$이면 해는 원점으로부터 멀어지고 외부로 나가는 나선이다. 끝으로 실수부 $a = 0$이면 해는 원점을 둘러쌓는 닫힌곡선이다. $a \neq 0$일 때 원점은 나선(또는 초점)이고, $a = 0$일 때, 원점이 중심으로 분류한다.

3. **나선(spiral) 또는 초점(focus)**: 고윳값이 0이 아닌 실수부를 가진다($a \neq 0$).

4. **중심(center)**: 고윳값들은 순허수($a = 0$), $\lambda_{1,2} = \pm ib$이다.

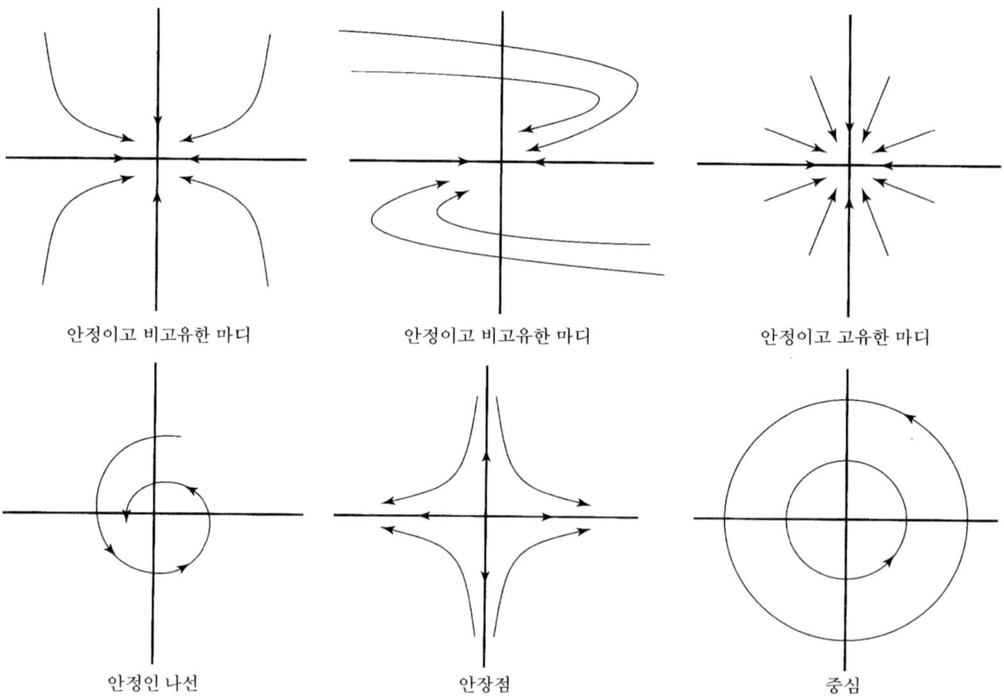

그림 4.1: 비고유한 마디와 고유한 마디, 나선, 안장점, 센타의 그래프.

마디 또는 나선은 고윳값의 실수부가 각각 음수나 양수에 따라 점근적인 안정 또는 불안정으로 분류 할 수 있다. 안장점은 항상 불안정이고, 중심는 점근적인 안정도 불안정도 아니다. 중심는 때때로 **중립안정(neutrally stable)**이라고 한다(이것은 안정이지만 점근적인 안정은 아니다.).

예제 8.2 *행렬* $A = \begin{pmatrix} 0 & -1 \\ 1 & 0 \end{pmatrix}$*라 하자.* A*의 고윳값은* $\pm i$*이므로 원점은 중심이다.* $dX/dt = AX$*에서 해는* $dx/dt = -y$ *와* $dy/dt = x$*로 놓으면 바로 구할 수 있다. 그*

래서,

$$\frac{dy}{dx} = \frac{dy/dt}{dx/dt} = -\frac{x}{y}\text{이다.}$$

변수분리를하여 적분을 하면,

$$\frac{y^2}{2} + \frac{x^2}{2} = c$$

이다. 위 방정식은 원점이 중심인 원이다. 해는 원점 주위의 원주상에서 시계반대 방향으로 움직인다.■

예제 8.3 행렬 $A = \begin{pmatrix} 0 & 1 \\ 1 & 0 \end{pmatrix}$이라 하자. A의 고윳값은 ± 1이므로 원점은 안장점이다. 시스템 $dX/dt = AX$를 $dy/dx = y/x$처럼 쓸 수 있다. 변수분리를 하여 적분을 하면,

$$\frac{y^2}{2} - \frac{x^2}{2} = c\text{이다.}$$

위 방정식은 원점이 중심인 쌍곡선이다. 그림 4.2을 참고 하여라.■

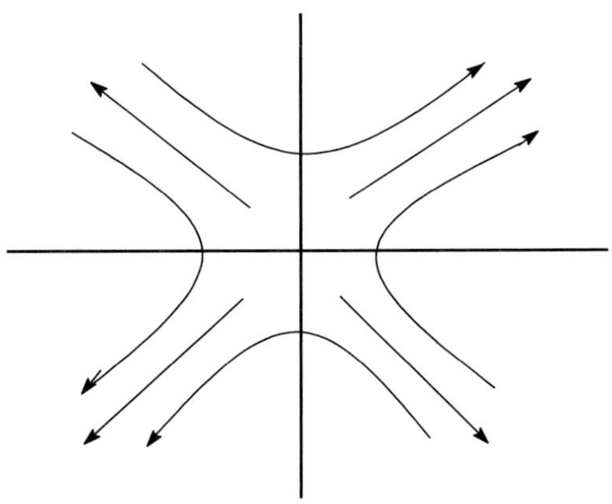

그림 4.2: 예제 8.3의 해는 위상평면의 그래프. 원점은 안장점이다 .

예제 8.4 행렬 $A = \begin{pmatrix} 1 & 0 \\ 0 & 3 \end{pmatrix}$이라 하자. A의 고윳값은 1과 3이다. 원점은 불안정 마디이다. 해는 $dx/dt = x$와 $dy/dt = 3y$을 적분함으로 구할 수 있다. 그러므로 $x(t) = x_0 e^t$ 와 $y(t) = y_0 e^{3t}$이다. 위상평면에서 해는 다음과 같은 방정식을 가진다:

$$X(t) = x_0 e^t \begin{pmatrix} 1 \\ 0 \end{pmatrix} + y_0 e^{3t} \begin{pmatrix} 0 \\ 1 \end{pmatrix}. \quad ■$$

분류체계는 A의 행렬식과 대각원소의 합의 부호와 특성방정식의 판별식이 관련있다.

$$\tau = Tr(A) \quad \text{이고} \quad \delta = \det(A)$$

라 하자. 특성다항식의 근과 고윳값에 대해 다시 살펴보자. $\lambda^2 - Tr(A)\lambda + \det(A) = \lambda^2 - \tau\lambda + \delta$은 다음을 만족한다:

$$\lambda_{1,2} = \frac{\tau \pm \sqrt{\tau^2 - 4\delta}}{2}.$$

판별식을 γ로 표기하고 다음과 같이 정의한다.

$$\gamma = \tau^2 - 4\delta.$$

다음 분류체계는 판별식 γ의 부호에 따라 즉, 고윳값이 실수인지 혹은 공액복소수인지에 따라 역학(dynamics)을 분류한다. 비고유한(improper) 결절점과 고유한(proper) 결절점(마디)은 구별하지 못한다.

◊ **고윳값이 실수($\gamma \geq 0$)인 경우:**

- $\tau > 0$ 이고 $\delta > 0(\lambda_{1,2} > 0)$ 이면 불안정인 마디이다.
- $\delta > 0(\lambda_1 < 0 < \lambda_2)$ 이면 안장점 마디이다.
- $\tau < 0$ 이고 $\delta > 0(\lambda_{1,2} < 0)$ 이면 안정인 마디이다.

◊ **고윳값이 켤레복소수 $a \pm ib$ ($\gamma < 0$)인 경우:**

- $\tau > 0(a > 0)$ 이면 불안정인 나선이다.
- $\tau = 0(a = 0)$ 이면 중립적인 중심이다.
- $\tau < 0(a < 0)$ 이면 안정적인 나선 또는 안정적인 초점(focus)이다.

분류체계는 그림 4.3에 있는 $\tau - \delta$ 평면에 설명되어 있다. 점근적인 안정성은 $\tau < 0$와 $\delta > 0$가 필요하다(대각원소의 합은 음이고 행렬식은 양수이다. 따름정리 8.1참고).

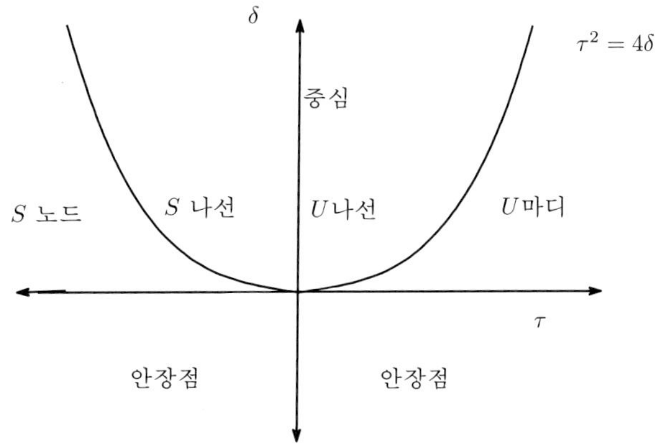

그림 4.3: $\tau-\delta$평면에서의 안정 그래프

예제 8.5 *다음 시스템은 평형점이 안정적인 나선이 되도록 a의 조건을 결정하여라.*

$$\frac{dx}{dt}=y,\ \frac{dy}{dt}=-x+ay.$$

행렬은 $A=\begin{pmatrix}0 & 1\\ -1 & a\end{pmatrix}$ *이다. 평형점이 안정인 나선이기 위해서는 판별식과 대각원소의 합* τ*는 음수여야 한다.* $Tr(A)=\tau=a<0,\ \det A=\delta=1$*이다. 그래서* $\gamma=\tau^2-4\delta=a^2-4<0$*이다. 두 부등식이 안정인 나선이기 위한 조건은* $-2<a<0$*이다.* ■

제 9 절 거쉬고린의 정리

평형점이 시스템 $dX/dt=AX$에 대하여 고립평형점일 때, 모든 해가 원점으로 수렴할 필요충분조건은 A의 고유값이 음수이거나 음의 실수부를 가지는 것이다(복소평면의 반의 왼쪽부분에 위치한다). Routh-Hurwitz 판정법은 고유값이 복소평면의 왼쪽평면에 위치하기 위한 필요충분조건을 알려준다. 고윳값이 복소평면의 왼쪽평면에 위치하기 위해 증명된 또 다른 충분조건은 **거쉬고린(Gershgorin)**의 정리이다(Noble, 1969; Ortega, 1987 을 참고하라).

정리 **9.1 (Gershgorin의 정리).** *A를 $n\times n$행렬이라 하자. D_i를 a_{ii}가 중심이고 반지름이* $r_i=\sum_{j=1,j\neq i}^{n}|a_{ij}|$*인 복소평면에서의 원이라 하자. 그러면 행렬 A의 모든 고윳값은 디스크* $D_i, i=1,2,...,n,$*의 합집합* $\bigcup_{i=1}^{n}D_i$ *안에 위치한다. 특별히 λ가 A의 고윳값일 때*

$i = 1, 2, ..., n$에 대하여

$$|\lambda - a_{ii}| \le r_i \text{ 이다.}$$

원판 D_i는 그림 4.4이다.

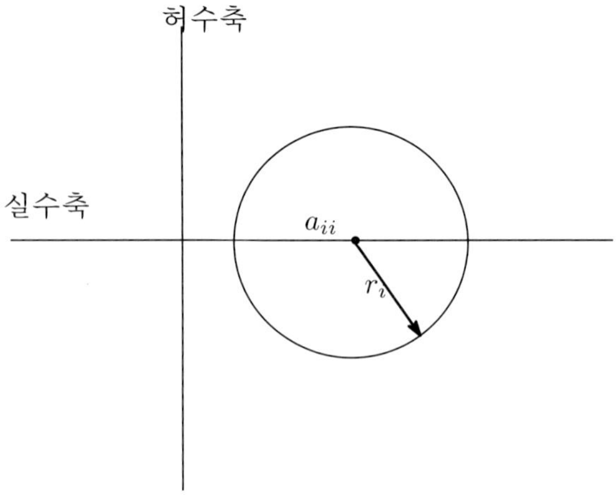

그림 4.4: 복소평면에서의 거쉬고린의 원판

증명. λ를 A의 임의의 고윳값이고 $V = (v_1, ..., v_n)^T$는 이 고윳값에 대응하는 고유벡터라 하자. 그러면 $AV = \lambda V$이고, 이것은 $\lambda v_i = \sum_{j=1}^{n} a_{ij}v_j$ 또는

$$(\lambda - a_{ii})v_i = \sum_{j=1, j\neq i}^{n} a_{ij}v_j, \quad i = 1, ..., n$$

을 의미한다. v_k를 크기가 가장 큰 원소라고 표기하자(즉, $|v_k| \ge |v_j|, j \neq k$). 그러면 모든 $j = 1, ..., n$에 대하여 $|v_j/v_k| \le 1$이고

$$|\lambda - a_{kk}| \le \sum_{j=1, j\neq i}^{n} |a_{kj}| \left| \frac{v_j}{v_k} \right| \le \sum_{j=1, j\neq i}^{n} |a_{kj}| \text{ 이다.}$$

따라서, λ는 디스크 D_k에 위치한다. 이 정리의 결과가 다음과 같다. □

거쉬고린 정리는 실수와 복소수 행렬 A에 적용한다. A의 성분이 실수일때 거쉬고린 정리로부터 $i = 1, 2, ..., n$에 대하여

$$r_i + a_{ii} < 0$$

또는 $a_{ii} < -r_i$일 때 원판은 복소수 평면의 왼쪽평면에 위치한다. 완전(순) 부등식(strict inequality)은 거쉬고린 원판이 복소수평면의 왼쪽평면에 완전하게 위치할 것을 증명한다. 이 결과는 다음의 따름정리에서 설명한다.

따름정리 **9.2** *A를 실수의 성분을 가지는 $n \times n$ 행렬이라 하자. 만약 A의 대각성분이*

$$a_{ii} < -r_i, \quad r_i = \sum_{j=1, j\neq i}^{n} |a_{ij}|, \ i = 1, 2, ..., n$$

을 만족하면 A의 고윳값는 음수이거나 음수 실수부를 가진다. ◀

예제 9.3 *행렬 A를 다음과 같이 가정하자:*

$$\begin{pmatrix} a & -1 & 3 \\ 1/2 & b & -2 \\ 0 & -5 & c \end{pmatrix}.$$

반지름 r_i의 값은 $r_1 = 4$, $r_2 = 5/2$, $r_3 = 5$이다. 따름정리 9.2으로 부터 $a < -4$, $b < -5/2$이고 $c < -5$이면 고윳값는 음수이거나 음수의 실수부를 가진다.■

다음 예제는 따름정리 9.2에서의 조건이 충분하지만 필요조건은 아님을 설명한다.

예제 9.4 *행렬 A를 다음과 같이 가정하자:*

$$\begin{pmatrix} -2 & 1 & 0 \\ 1 & -2 & 1 \\ 0 & 1 & -2 \end{pmatrix}.$$

이 행렬에서는 $r_1 = 1 = r_3, r_2 = 2$이지만 $a_{22} = -r_2$이다. 그렇지만 A의 고윳값는 음수 $\lambda_{1,2,3} = -2, -2 \pm \sqrt{2}$이다.■

제 10 절 예제: 약물동태학 모델

약을 복용하는 것에 관한 모델은 구성하였다(Yeargers et al.,1996). 약을 복용하여 위장(GI)으로 전달된다. 약은 지연이 없이 위장계의 약의 농도에 비례하는 비율로 혈관으로 흡수되고 혈중 약물농도에는 독립적이다. 약은 대사작용을 하고 농도에 비례하는 비율로

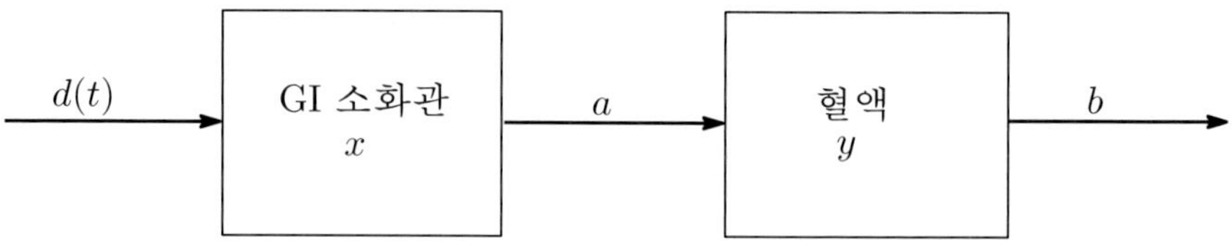

그림 4.5: GI(위장계)와 혈액에서의 약의농도 구획 다이어그램.

혈액으로부터 맑아진다. 위장계와 혈액으로 분리하여 모델을 세운다. $x(t)$를 위장에서 약물 농도라 하고 $y(t)$를 혈중 농도라 하자. 또한 $d(t)$는 약의 복용량이라 하자. 그림 4.5는 두 구획을 모델로 나타낸다.

두 구획을 선형비동차미분방정식계로 모델을 세울 수 있다:

$$\frac{dx}{dt} = -ax + d(t),$$
$$\frac{dy}{dt} = ax - by, \quad a, b > 0, a \neq b.$$

이 시스템은 선형이기 때문에, 이 모델에서 일반해는 다음과 같다:

$$X(t) = e^{At}X_0 + e^{At}\int_0^t e^{-As}G(s)ds.$$

여기서, $G(s) = (d(s), 0)^T$ 이고 $A = \begin{pmatrix} -a & 0 \\ a & -b \end{pmatrix}$ 이다. A가 두 개의 음수인 고유값 $-a$와 $-b$를 가지기 때문에, $\lim_{t\to\infty} e^{At}X_0 = \mathbf{0}$이다. 동차해는 일시적인 해임을 나타낸다. 그러므로

$$\lim_{t\to\infty} X(t) = \lim_{t\to\infty} e^{At}\int_0^t e^{-As}G(s)ds\text{이다.}$$

여기서, e^{At}는

$$\begin{pmatrix} e^{-at} & 0 \\ a\dfrac{e^{-bt} - e^{-at}}{a-b} & e^{-bt} \end{pmatrix}$$

와 같다. 이 시스템을 풀기 위한 다른 방법은 먼저 일계비동차방정식의 x에 대한 해를 구한 후 x를 사용하여 y를 구한다.

연속적으로 소화관 안으로 약물을 방출한다고 하자. 즉, $d(t)$가 상수라고 가정한다. $d(t) = 1$이고 초기값 $x(0) = 0 = y(0)$라고 하자. 시스템의 해는

$$x(t) = \frac{1}{a}(1 - e^{-at})$$
$$y(t) = \frac{1}{b} + \frac{e^{-at}}{a-b} - \frac{ae^{-bt}}{b(a-b)}$$

이다. 그러면

$$\lim_{t\to\infty} x(t) = \frac{1}{a}, \quad \lim_{t\to\infty} y(t) = \frac{1}{b} \text{이다.}$$

특별한 구획에서 약물의 반감기를 추정할 수 있다. 예를 들어, 소화관에서, $dx/dt = -ax$, $x(t) = x_0 e^{-at}$일 때, 반감기는 $x(t) = x_0/2$일때 t의 값이다. 따라서 그 반감기는 $t = \ln(2)/a$이다. 매 시간마다 시간을 측정하고 소화관에서 특별한 약물의 반감기는 1/2시간이고, 혈액에서는 5시간이라고 가정하면

$$a = 2\ln(2), \quad b = \frac{\ln(2)}{5} \text{이다.}$$

약물동태 모델에 대한 해는 그림 4.6이다.

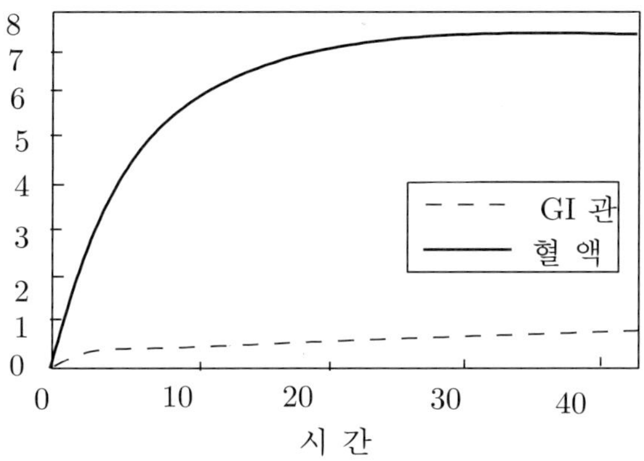

그림 4.6: 약물동태 모델의 GI(위장계)와 혈액에서의 약의 농도.

약물의 주입이 주기적일 경우를 고려하자. 이것은 의사의 처방전 약이 종종 정해진 시간 구간으로 복용하기 때문에 합리적인 상황이다. 약을 6시간마다 복용하는 것으로 처방되었다고 가정하자. 그러면 약물의 투여에 대한 가정을 다음과 같이 정의하는 것이 타당하다:

$$d(t) = \begin{cases} 2, & 0 \le t \le 1/2, \\ 0, & 1/2 < t < 6. \end{cases}$$

여기서 $d(t+6) = d(t)$이다(Yeargers et al.,1996). 약물을 6시간마다 복용하고 반감기 기간이 지나면서 소화관안으로 방출된다. 주기적인 약물 투여가 있는 경우에 중요하고 흥미있는 질문이 있다. 예를 들어, 만약 복용하는 일이 바뀌거나 주기가 바뀌었다면(예를 들어, 12시간마다), 약물 농도의 최댓값 또는 최솟값은 시간이 지나면서 어떻게 되는가? 효과적

인 약물을 위해서 어떤 최소 농도를 유지하는것이 필요하다. 더구나 약물의 부작용을 최소화하기 위해 최대농도를 초과하지 않아야 한다. 이러한 질문들은 연습문제에서 문제 18로 남겨둔다.

제 11 절 이산과 연속 지연시간

특별한 투입이나 자극을 위한 생물학적 시스템의 대답은 종종 즉각적이지 않고 지연되는 것이있다. 예를 들어, 약물동태 모델에서 약물이 혈류에 들어가기 전에 지연이 있을 수 있다. 만일 반응이 다음 자극이 발생하기까지 일정한 시간이 걸린다면, 지연은 고정된 시간 또는 **이산지연(discrete delay)**으로 모형화 할 수 있을것이다. 자극에 대한 반응이 고정된 주기 시간 이후에 발생하지 않지만 연속적인 시간의 범위에 발생한다면, 이것을 **연속지연(continuous delay)**이라 부른다.

이산지연 τ이 있는 일계선형미분방정식은 다음의 형태를 가진다:

$$\frac{dx}{dt} = ax(t) + bx(t-\tau) + f(t). \tag{4.17}$$

구간 $[0,\tau]$에서 연속적인 지연이 있는 일계선형미분방정식은 미적분방정식 (integrodifferential equation)

$$\frac{dx}{dt} = ax(t) + b\int_0^\tau x(t-s)ds + f(t)\text{이 됩니다.}$$

적분 $u = t - s$을 변수변환하면

$$\frac{dx}{dt} = ax(t) + b\int_{t-\tau}^{t} x(u)du + f(t)$$

로 유도된다. 이 절에서, 선형이산지연미분방정식 (4.17)의 미분방정식을 어떻게 풀 것인지를 공부한다.

형식 (4.17)의 지연 미분방정식을 순차적으로 풀 수 있다. 먼저 초기조건이 구간 $[-\tau,0]$에서 주어진다는 것이 필요하다. 구간의 길이는 지연의 길이와 같다. 구간 $[-\tau,0]$에서 $x(t) = \phi_0(t)$라고 가정하자. 해는 연속이 되는 구간 $[0,\tau]$와 그 다음 구간 $[\tau,2\tau]$등에서 구한다. 해를 구하는 이 방법을 **단계법(method of steps)**이라 한다(Jacquez,1996; Kuang, 1993). 구간 $[0,\tau]$에서 미분방정식은 지연이 없는 비동차선형미분방정식이다. 초기조건이 $x(0) = \phi_0(0)$인 구간 $[0, \tau]$에서 $\phi_0(t-\tau)$은 알려진 함수

$$\frac{dx}{dt} = ax(t) + b\phi_0(t-\tau) + f(t)$$

를 만족하기 때문이다. 구간 $[0, \tau]$에서 미분방정식을 풀어 $x(t) = \phi_1(t)$를 구할수 있다. 그리고 구간 $[0, \tau]$에서, 초기조건 $x(\tau) = \phi_1(\tau)$을 가지는 미분방정식은

$$\frac{dx}{dt} = ax(t) + b\phi_1(t-\tau) + f(t)$$

을 만족한다. 이 순차적인 방법을 계속하면 상미분방정식 풀이 방법을 적용하여 구간 $[(n-1)\tau, n\tau]$에서 해 $\phi_n(t)$, $n = 0, 1, 2, ...$을 구할 수 있다.

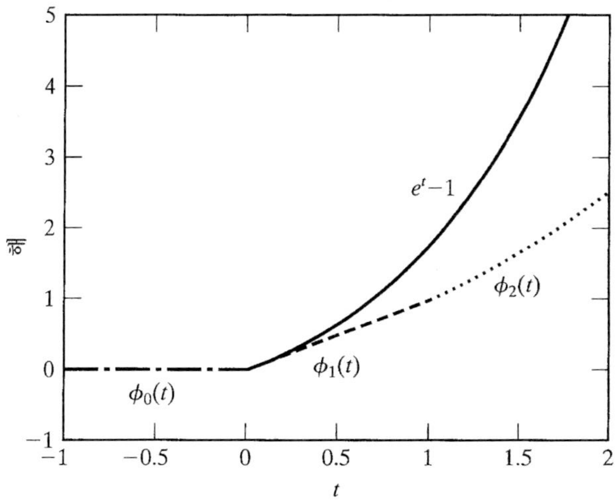

그림 4.7: 지연 미분방정식의 해와 지연이없는 미분방정식 $e^t - 1$의 해와 비교.

예제 11.1 *다음의 지연 미분방정식을 풀어라:*

$$\frac{dx(t)}{dt} = x(t-1) + 1,$$

초기조건은 $t \in [-1, 0]$*에 대하여* $x(t) = 0 = \phi_0(t)$*이다.*

먼저, $[0, 1]$*에서 다음 초기값문제를 푼다:*

$$\frac{dx(t)}{dt} = \phi_0(t-1) + 1 = 1, \quad x(0) = \phi_0(0) = 0.$$

$[0, 1]$*에서 이 초기값문제의 해는* $x(t) = t = \phi_1(t)$*이다. 구간* $[1, 2]$*에서,*

$$\frac{dx(t)}{dt} = \phi_1(t-1) + 1 = t, \quad x(1) = \phi_1(1) = 1$$

을 푼다. 이 초기값문제의 해는 $x(t) = \phi_2(t) = t^2/2 + 1/2$이다. $[-1, 2]$에서 지연 미분방정식의 해는

$$x(t) = \begin{cases} 0, & t \in [-1, 0], \\ t, & t \in [0, 1], \\ \frac{t^2}{2} + \frac{1}{2}, & t \in [1, 2] \end{cases}$$

이다. 지연이 없는 초기값문제 $dx/dt = x(t) + 1,\ x(0) = 0$의 해는 $x(t) = e^t - 1$이다. 지연이 해의 동태에 어떻게 영향을 미치는지를 주목하라. 지연은 지연이 없는 미분방정식에 뒤쳐지는 해를 야기한다(그림 4.7을 보라).■

예제 11.2 지연 미분방정식 (4.17)은 $t \in [-1, 0]$에 대하여 초기조건이 $x(t) = 1 = \phi_0(t)$인

$$\frac{dx(t)}{dt} = -x(t) + \frac{1}{2}x(t-1)$$

형식을 가진다고 가정하자. $t \in [0, 1]$에 대하여, 초기값문제

$$\frac{dx(t)}{dt} = -x(t) + \frac{1}{2}\phi_0(t-1) = -x(t) + \frac{1}{2},\ x(0) = \phi_0(0) = 1$$

를 푼다. $[0, 1]$에서 해는

$$x(t) = \phi_1(t) = \frac{1}{2}e^{-t} + \frac{1}{2} \text{이다.}$$

다음으로 $t \in [1, 2]$에 대하여, 초기조건은

$$x(1) = \phi_1(1) = \frac{1}{2}e^{-1} + \frac{1}{2}$$

으로

$$\frac{dx(t)}{dt} = -x(t) + \frac{1}{2}\phi_1(t-1) = -x(t) + \frac{1}{4}e^{-(t-1)} + \frac{1}{4},$$

을 푼다. 이것은 해가 다음과 같다:

$$x(t) = \phi_2(t) = \frac{1}{4}[1 + te^{(1-t)}] + \frac{1}{2}e^{-t}.$$

$[-1, 2]$에서 지연이 있는 미분방정식의 해는

$$x(t) = \begin{cases} 1, & t \in [-1, 0], \\ \frac{1}{2}e^{-t} + \frac{1}{2}, & t \in [0, 1], \\ \frac{1}{4}[1 + te^{(1-t)}] + \frac{1}{2}e^{-t}, & t \in [1, 2] \end{cases}$$

이다. 지연이 없는 미분방정식 $dx/dt = -x(t)/2$, $x(0) = 1$*에서의 해는* $x(t) = e^{-t/2}$ *이다. 지연이 있는 해와 지연이 없는 해는 그림 4.8에서 비교한다. 지연된 방정식이 지연이 없는 방정식에 뒤쳐지는 해를 볼 수 있다.*■

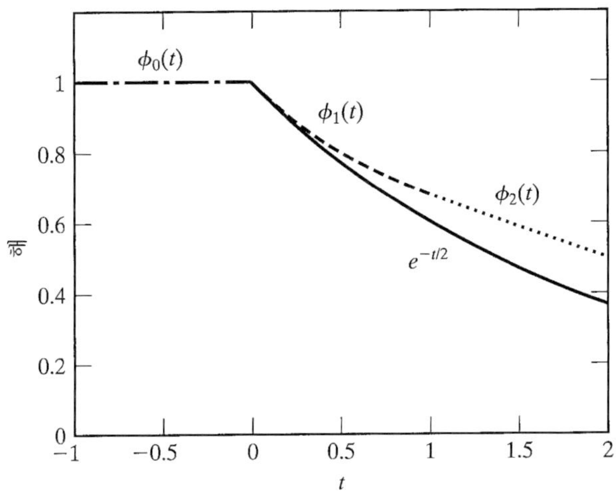

그림 4.8: 지연미분방정식의 해와 지연이 없는 미분방정식 $e^{t/2}$의 해와 비교

이산과 연속적인 지연이 포함되는 것은 생물학적 모델을 종종 좀 더 현실적으로 만든다. 실제는 지연이 많이 존재할 것이다. 생물에서 적용을 가지는 지연 미분방정식을 소개하는 Cushing(1977),Gopalsamy(1992), Jacquez(1996), 또는 Kuang(1993)을 참조하라. 5.9절에서 비선형 지연 미분방정식의 역동성을 연구한다.

제 12 절 4장 연습문제

1. 적분인자를 사용하여 다음 초기값문제의 유일한 해를 구하라.

   (a) $\frac{dx}{dt} - 3t^2x = 4te^{-t^3}$, $x(0) = 1$

   (b) $\frac{dx}{dt} + \frac{2}{t}x = 2t + 5$, $x(1) = 1$

2. 다음 초기값문제의 유일한 해를 구하라. $x' = dx/dt$, $x'' = d^2x/dt^2$, $x''' = d^3x/dt^3$, $x^{(4)} = d^4x/dt^4$, $y' = dy/dt$을 의미한다.

   (a) $x^{(4)} - 4x = 0$. $t = 0$에서, $x(0) = x'(0) = x''(0) = 0$, $x'''(0) = 1$.

(b) $x' = 4x$, $y' = -y$에서, $t = 0$, $x(0) = 1 = y(0)$.

(c) $x'' + 6x' + 9x = 0$. $t = 0$에서, $x(0) = 5$, $x'(0) = 0$.

3. 다음 초기값문제의 일반해를 구하라. $x' = dx/dt$, $x'' = d^2x/dt^2$, $x''' = d^3x/dt^3$을 의미한다.

(a) $x'' - x' - 6x = 0$

(b) $x'' - 4x' + 5x = 0$

(c) $x''' - 5x'' + 3x' + 9x = 0$

(d) $x''' + 16x' = 0$

(e) $x'' + 2ax' + (a^2 + b^2)x = 0, \ a, b \neq 0$

4. 2계 코시-오일러(Cauchy-Euler) 미분방정식은 다음의 형태를 갖는다:

$$at^2\frac{d^2x}{dt^2} + bt\frac{dx}{dt} + cx = 0.$$

코시-오일러 미분방정식의 해를 구하는 방법은 $x = t^m$으로 가정하는 것이다. 이 해를 미분방정식의 대입하여 보조방정식을 유도한다.

$$am(m-1) + bm + c = 0.$$

보조방정식의 m_1과 m_2는 코시오일러 방정식의 해를 유도한다. 만약 이 근들이 실수이고 독립이라면, t^{m_1}과 t^{m_2}는 선형독립인 해일 것이다. 만약 이 근이 실수이고 같으면, t^{m_1}과 $t^{m_1}\ln|t|$는 선형독립인 해이다. 마지막으로 이 근들이 다음과 같은 복소수이면, $u \pm vi$, 해는 $t^u\cos(v\ln|t|)$과 $t^u\sin(v\ln|t|)$이다. 다음 코시-오일러 방정식들의 일반해를 구하라.

(a) $t^2\frac{d^2x}{dt^2} - 2x = 0$

(b) $t^2\frac{d^2x}{dt^2} + 5t\frac{dx}{dt} + 4x = 0$

(c) $t^2\frac{d^2x}{dt^2} - t\frac{dx}{dt} + 2x = 0$

5. 먼저 다음 근을 가진 상수계수 동차 미분방정식의 특성다항식이 다음 근들을 가짐을 설명하여라. 이 미분방정식에 대한 일반해를 구하라.

(a) $\lambda = a \pm bi$

(b) $\lambda = 0,\ 0,\ \pm a,\ \pm a,\ a \neq 0$

6. 상수계수를 가진 2계선형동차미분방정식은 다음 세 가지 형태 중의 하나인 $\{x_1, x_2\}$의 두 해를 갖는다.

$$\{e^{\lambda_1 t}, e^{\lambda_2 t}\} \quad \{e^{\lambda_1 t}, te^{\lambda_1 t}\} \quad \text{또는} \quad \{e^{ut}\cos(vt), e^{ut}\sin(vt)\}.$$

각각의 경우에 론스키안를 계산하고, 이 해들이 선형독립임을 보여라. 단, 론스키안는 0이 아니다.

7. 선형미분방정식계 $dX/dt = AX$에 대하여, 행렬 A가 아래와 같이 주어졌다. 각각의 시스템에서 A의 고유치와 고유벡터를 구하라. 그리고 각각의 미분방정식계의 일반해를 구하라.

(a) $A = \begin{pmatrix} 6 & 2 \\ 2 & 3 \end{pmatrix}$

(b) $A = \begin{pmatrix} 1 & 2 \\ 4 & 3 \end{pmatrix}$

(c) $A = \begin{pmatrix} 1 & 1 & -1 \\ 0 & 2 & 0 \\ 0 & 1 & -1 \end{pmatrix}$

8. 다음 초기값문제를 고려하자.

$$\frac{d^3x}{dt^3} + a\frac{d^2x}{dt^2} + b\frac{dx}{dt} + x = 0,$$

$$\left.\frac{d^2x}{dt^2}\right|_{t=0} = \alpha,\ \left.\frac{dx}{dt}\right|_{t=0} = \beta,\ x(0) = \gamma.$$

(a) 왜 a와 b의 어떤값은 임의의 초기조건에 대하여 해 $x(t)$가 0에 근접하는가? 설명하여라.

(b) a와 b가 정해진 상수일 때 $\lim_{t\to\infty} x(t)$가 존재하지 않음을 보이기 위해 예를 들어라.

9. 화학 화합물은 다음과 같은 변화를 겪는다.

$$A \xrightarrow{k_1} B \xrightarrow{k_2} C.$$

$k_1 \neq k_2$이고 $k_1, k_2 > 0$일 때, 이 과정은 다음 동태(kinetic)방정식으로 설명된다.

$$\frac{dA}{dt} = -k_1 A,$$
$$\frac{dB}{dt} = k_1 A - k_2 B,$$
$$\frac{dC}{dt} = k_2 B.$$

변수들 A, B, C는 화학물질 각각의 농도를 나타낸다. 초기조건은 $A(0) = N$, $B(0) = 0$, $C(0) = 0$이다.

(a) $A(t)$에 대한 해를 구하라.

(b) (a)를 이용하여 $B(t)$에 대한 해를 구하여라.

(c) (b)를 이용하여 $C(t)$에 대한 해를 구하여라.

(d) 만약 $k_1 = 2k_2$이면, B의 최댓값은 언제인가?

(e) 다음의 극한값이 존재하면 그 값을 구하여라. $\lim_{t\to\infty} A(t)$, $\lim_{t\to\infty} B(t)$, $\lim_{t\to\infty} C(t)$.

10. $X_0 = (2,1)^T$이고 $dX/dt = AX$라 하자. 그리고 A는 다음과 같다.

$$A = \begin{pmatrix} 1 & 1 \\ 0 & 1 \end{pmatrix} \quad \text{또는} \quad A = \begin{pmatrix} 2 & 1 \\ 1 & 2 \end{pmatrix}.$$

각각의 행렬 A에 대하여 A의 고유치와 고유벡터를 구하여라. 그리고 기초행렬 e^{At}를 구하고 초기값문제에 대한 해를 구하여라.

11. 다음 행렬의 지수를 구하기 위해 부록에서 논의한 방법을 사용하여라.

$$A = \begin{pmatrix} 1 & 1 & 0 \\ 0 & 3 & -2 \\ 0 & 3 & -4 \end{pmatrix}.$$

(a) e^{At}를 구하기 위해 (4.18)에서 주어진 표현을 사용하여라.

(b) e^{At}를 구하기 위해 (4.19)에서 주어진 표현을 사용하여라.

(c) e^{At}를 구하기 위한 다른 방법이나 컴퓨터를 이용한 대수적 시스템을 이용하여라. 그리고 (a)와 (b)의 해를 확인하여라.

12. 연습문제 11에서 주어진 A에 대하여 $dX/dt = AX$라 하자.

   (a) 선형시스템에 대한 일반해를 구하기 위해 연습문제 11에서 구한 행렬 A의 지수를 이용하여라.

   (b) $X_0 = (2, 1, 0)^T$일 때, 초기값문제에 대한 해를 구하여라.

   (c) $X_0 = (2, 1, -1)^T$일 때, 초기값문제에 관한 해를 구하여라.

13. 만일 dx/dt, dy/dt이 다음과 같으면

$$\frac{dx}{dt} = ax + y, a \neq -1,$$
$$\frac{dy}{dt} = -x + y.$$

평형점이 항상 불안정임을 보여라. 평형점이 언제 안장점이 되는가? 그리고 언제 불안정한 나선형이 되는가? 설명하여라.

14. 다음 선형미분방정식계에 대하여, 원점이 (a) 안장점 (b) 안정적 마디 또는 (c) 안정적 나선형이 되는 매개변수 a에 대한 조건을 결정하여라.

$$\frac{dx}{dt} = (a-1)x + y,$$
$$\frac{dy}{dt} = -ay.$$

15. 다음 시스템 $dX/dt = AX$에 대하여 원점이 안정 또는 불안정, 마디, 나선형, 안장형 혹은 중심인지 아닌지 결정하여라.

   (a) $A = \begin{pmatrix} 6 & 2 \\ 2 & 3 \end{pmatrix}$

   (b) $A = \begin{pmatrix} -2 & 4 \\ -1 & 1 \end{pmatrix}$

   (c) $A = \begin{pmatrix} -1 & a \\ 0 & a \end{pmatrix}, a \neq 0$

16. A의 고유치가 음수이거나 음의 실수부를 가지도록 하는 매개변수 a, b, c에 대한 필요충분조건을 결정하기 위해 거쉬고린(Gershgorin)의 이론을 적용하여라.

   (a) $A = \begin{pmatrix} a & -1 & 0 \\ -1 & b & 1 \\ 0 & -2 & c \end{pmatrix}$

(b) $A = \begin{pmatrix} a & b \\ c & -2 \end{pmatrix}$

17. 다음 약물동태학 모델의 해가

$$x(t) = \frac{1}{a}(1 - e^{-at}),$$
$$y(t) = \frac{1}{b} + \frac{e^{-at}}{a-b} - \frac{ae^{-bt}}{b(a-b)}$$

임을 보여라.

18. $t \in [6t, 6t+0.5)$, $t = 0, 1, ...$에 대해, $d(t) = 2$이고 그 이외에 $d(t) = 0$이 되도록 약물동태학 모델의 약이 정기적으로 투여된다고 가정하자. $a = 2/\ln(2)$, $b = \ln(2)/5$라 하자. 초기조건은 $x(0) = 0$과 $y(0) = 0$을 만족한다고 하자. $x(t)$에 대한 미분방정식은 $t \geq 0$에 대하여 $H(t) = 1$이고, $t < 0$에 대하여 $H(t) = 0$인 헤비사이드(Heaviside)함수로 표현하기도 한다. 예를 들어, 구간 $t \in [0, 48)$에서 다음을 만족한다:

$$\frac{dx(t)}{dt} = -ax(t) + 2\sum_{k=0}^{7} H(t-6k) - 2\sum_{k=0}^{7} H(t-6k-0.5).$$

(a) $t \in [0, 48)$, 처음 48시간 동안, 해의 그래프를 그리기 위해 미분방정식 풀이 도구를 사용하여라. 부록의 Maple program을 참고하여라.

(b) 만약 복용량이 6시간마다 복용하는 것에서 12시간마다 복용하는 것으로 바꾸면, 약물농도는 어떻게 변하는가? (24시간 이후 최대치와 최소치)

(c) 만약 복용량이 $d(t) = 1$로 줄어들면, 약물농도는 어떻게 변하는가? (24시간 이후 최대치와 최소치)

19. 예제 11.2에서 $[0, 2](\tau = 1)$에 대한 지연 미분방정식의 해가 다음과 같음을 보여라.

$$\phi_1(t) = \frac{1}{2}e^t + \frac{1}{2}, \quad \phi_2(t) = \frac{1}{4}[1 + te^{1-t}] + \frac{1}{2}e^{-t}.$$

20. 단계적 방법에 의한 구간 $[0, 2]$에서의 다음 지연 미분방정식을 풀어라.

(a) $\dfrac{dx(t)}{dt} = x(t-1) + 2t$, $t \in [-1, 0]$에 대하여 초기조건 $x(t) = 0$.

(b) $\dfrac{dx(t)}{dt} = x(t-1) + x(t)$, $t \in [-1, 0]$에 대하여 초기조건 $x(t) = 1$.

(c) $\dfrac{d^2x(t)}{dt^2} = 2x(t-1)+1,\ t \in [-1, 0]$에 대하여 초기조건 $x(t) = 0$이고 $t = 0$에서 $dx/dt = 0$이다. 이것은 2계 지연 미분방정식이며 0에서 도함수가 명시되어야 한다.

21. 3장 부록에 있는 미국 흰두루미의 데이터는 지수증가를 나타낸다. 최소제곱근사치(least squares approximation)를 이용하여 지수곡선 $x(t) = x_0e^{at}$에 미국 흰두루미 데이터를 적합(fit)시켜라. 그리고 미국 흰두루미 겨울 개체수인 $x(t)$에서 곡선 $\ln(x(t)) = \ln(x_0) + at$이 쓰이는 MATLAB에 있는 Polyfit을 사용하여라. x_0와 a에 대한 추정치는 무엇인가? 이 추정치는 $\lambda = e^a$에서 이산계 모델 $x(t) = x_0\lambda^t$에 대해 일치해야 한다. 3장의 예제 3.1를 참고하여라.

제 13 절 4장 참고 문헌

1. Brauer,F. and J.A.Nohel. 1969. *Qualitative Theory of Ordinary Differential Equations.* W.A.Benjamin,Inc., New York. Reprinted: Dover, 1989.

2. Cushing.J.M.1977. *Integrodifferential Equations and Delay Models in Population Dynamics.* Lecture Notes in Biomathematics #20.S.Levin (Ed.) Springer-Verlag, Berlin.

3. Cushing.J.M.2004. *Differential Equations: An Applied Approach.* Prentice Hall,Upper Saddle River,N.J.

4. Gantmacher,F.R.1964. *Matrix Theory, Vol. II.* Chelsea Pub.Co.,New York.

5. Gopalsamy,K.1992. *Stability and Oscillations in Delay Differential Equations of Populations Dynamics.* Kluwer Academic Pub.,The Netherlands.

6. Gulick,D.1992. *Encounters with Chaos.* McGraw-Hill,Inc.,N.Y.

7. Jecquez,J.1996. *Compartmental Analysis in Biology and Medicine.* 3rd ed.BioMed ware, Ann Arbor,Mich.

8. Kaplan,D. and L.Glass.1995. *Understanding Nonlinear Dynamics.* Springer-verlag, New York.

9. Kuang,Y.1993. *Delay Differential Equations with Applications in Population Dynamics.* Academic Press,Inc.,San Diego.

10. Leonard,I.E.1996. The matrix exponential. *SIAM Review* 39;507-512.

11. Malthus,T.1798. An essay on the principle of population, as it affects the future improvement of society, with remarks on the speculations of Mr.Godwin, M.Condorcet and other writers.J.Johnson, London.

12. Moler,C. and C.Van Loan.1978. Nineteen dubious ways to compute the exponential of a matrix, twenty-five years later. *SIAM Review* 45:3-49.

13. Nobel,B.1969. *Applied Linear Algebra.* Prentice Hall,Inc.,Englewood Cliffs,N.J.

14. Ortega,J.M.1987. *Matrix Theory:A Second Course.* Plenum Press, New York.

15. Sánchez,D.1968. *Ordinary Differential Equations and Stability Theory: An Introduction.* W.H.Freeman and Co., San Francisco.

16. Waltman,P.1986. *A Second Course in Elementary Differential Equations.* Academic Press,New York.

17. Yeargers,E.K.,R.W.Shonkwiler, and J.V.Herod.1996. *An Introduction to the Mathematics of Biology.* Birkhä user, Boston.

제 14 절 4장 부 록

14.1 행렬의 지수

행렬지수 e^{At}는 몇 가지 방법에 의해 계산될 수 있다. 여기서 두 가지 방법을 논의하자. 이 이론에서 만약 행렬 A가 $n \times n$ 대각행렬이라 하면, 이는 A의 지수를 계산하기에 매우 간단하다. A가 대각행렬이라는 것은 A가 선형 독립 고유벡터 n을 갖는 것과 필요충분조건임을 상기하자. 추가로, 만약 A의 모든 고유치가 이산적이면, 고유벡터는 선형독립이다. 행렬 A가 대각행렬이고, A의 고유치는 $\lambda_i, i = 1, 2, ..., n$이라 가정하자. 그러면 A^k는 다음과 같은 A의 고유벡터로 나타내어질 수 있다:

$$A^k = H\Lambda^k H^{-1}.$$

여기서, $\Lambda = diag(\lambda_1, \lambda_2, ..., \lambda_n)$와 H의 열은 A의 고유치에 상응하는 것을 나열한 정확한 고유벡터이다. 그러면 e^{At}는 다음과 같이 요약된다:

$$e^{At} = H\sum_{k=0}^{\infty} \Lambda^k \frac{t^k}{k!} H^{-1} = Hdiag(e^{\lambda_1 t}, e^{\lambda_2 t}, ..., e^{\lambda_n t})H^{-1}. \tag{4.18}$$

e^{At}를 계산하기 위한 또 다른 방법은 레오나드(Leonard)로 부터 기인한다. 이 방법은 A의 대각화가 필요하지 않다. 그러나 n차 미분 방정식을 푸는 것은 필요하다. 이것은 때때로, n에 의한 선형시스템 $dX/dt = AX$를 푸는 것보다 쉽다. $n \times n$ 행렬 A가 다음과 같은 특성방정식을 갖는다고 가정하자.

$$\det(\lambda I - A) = \lambda^n + a_1\lambda^{n-1} + \cdots + a_n = 0.$$

이 다항방정식은 또한 다음과 같은 형태의 n차 상수 미분방정식의 특성방정식이다.

$$x^{(n)}(t) + a_1 x^{(n-1)}(t) + \cdots + a_n x(t) = 0.$$

e^{At}에 관한 식을 구하기 위해서 n차 스칼라 미분방정식의 n-선형독립으로, 초기조건들리 있는 $x_1(t), x_2(t), ..., x_n(t)$를 찾는 것은 필수적이다.

$$\left.\begin{array}{c} x_1(0) = 1 \\ x_1'(0) = 0 \\ \vdots \\ x_1^{(n-1)}(0) = 0 \end{array}\right\}, \quad \left.\begin{array}{c} x_2(0) = 0 \\ x_2'(0) = 1 \\ \vdots \\ x_2^{(n-1)}(0) = 0 \end{array}\right\}, \ldots, \quad \left.\begin{array}{c} x_n(0) = 0 \\ x_n'(0) = 0 \\ \vdots \\ x_n^{(n-1)}(0) = 1 \end{array}\right\}.$$

그러면

$$e^{At} = x_1(t)I + x_2(t)A + \cdots + x_n(t)A^{n-1}, \ -\infty < t < \infty. \tag{4.19}$$

이다. 위 방정식 (4.19)의 증명은 레오나드(1996)에서 볼 수 있다. 다음 예제에 두 가지 방법이 있다.

예제 14.1. 행렬 A를 다음과 같이 가정하자.

$$A = \begin{pmatrix} 1 & -2 \\ -2 & 1 \end{pmatrix}.$$

A의 고유치는 $\lambda_1 = -1$, $\lambda_2 = 3$이며, 이는 각각 고유벡터 $(1, 1)^T$와 $(-1, 1)^T$에 각각 대응된다. 행렬 A는 대각화 행렬이며, 이전에 논의한 방법들도 모두 적용될 수 있다. 행렬

H와 H^{-1}는 다음과 같다.

$$H = \begin{pmatrix} 1 & -1 \\ 1 & 1 \end{pmatrix} \quad \text{이고} \quad H^{-1} = \begin{pmatrix} \frac{1}{2} & \frac{1}{2} \\ \frac{-1}{2} & \frac{1}{2} \end{pmatrix}$$

그러면

$$\begin{aligned} e^{At} &= H \begin{pmatrix} e^{-t} & 0 \\ 0 & e^{3t} \end{pmatrix} H^{-1} \\ &= \begin{pmatrix} \frac{1}{2}[e^{-t} + e^{3t}] & \frac{1}{2}[e^{-t} - e^{3t}] \\ \frac{1}{2}[e^{-t} - e^{3t}] & \frac{1}{2}[e^{-t} + e^{3t}] \end{pmatrix} \end{aligned} \tag{4.20}$$

레오나드의 방법을 적용하기 위해 $A : \lambda^2 - 2\lambda - 3 = 0$의 특성 다항식을 찾는다. 그러면 이에 해당하는 이차 미분 방정식 $x''(t) - 2x'(t) - 3x(t) = 0$은 일반해$x(t) = c_1e^{-t} + c_2e^{3t}$를 갖는다. 상수 c_1과 c_2를 찾기 위한 초기조건을 적용하면, 해 $x_1(t)$와 $x_2(t)$는 각각 다음과 같다.

$$x_1(t) = \frac{3}{4}e^{-t} + \frac{1}{4}e^{3t} \quad \text{이고} \quad x_2(t) = -\frac{1}{4}e^{-t} + \frac{1}{4}e^{3t}.$$

그러면 식 (4.19)와 같은 해를 가지며, 이는 식 (4.20)과 동일하다.

$$\begin{aligned} e^{At} &= x_1(t)I + x_2(t)A \\ &= \begin{pmatrix} \frac{1}{2}[e^{-t} + e^{3t}] & \frac{1}{2}[e^{-t} - e^{3t}] \\ \frac{1}{2}[e^{-t} - e^{3t}] & \frac{1}{2}[e^{-t} + e^{3t}] \end{pmatrix} \end{aligned}$$

14.2 메이플 프로그램: 약물동태학 모델

다음 메이플 명령어는 연습문제 18의 약물동태학 모델의 국소근사해를 찾는 DEtools 패키지를 사용한 것이다.

```
> with(DEtools):

> a:=2*ln(2); b;ln(2)/5;
> xeq:=diff(x(t),t)=-a*x(t)+2*sum(Heaviside(t-6*k),k=0..7)
-2*sum(Heaviside(t-6*k-0.5),k=0..7);
> yeq:=diff(y(t),t)=a*x(t)-b*y(t);
> ic:=x(0)=0, y(0)=0;
```

```
> DEplot([xeq,yeq],[x(t),y(t)],t=0..48,[[ic]],
stepsize=0.025,scene=[t,x]);
> DEplot([xeq,yeq],[x(t),y(t)], t=0..48,[[ic]],
stepsize=0.025, scene=[t,y]);
```

제 5 장

비선형미분방정식 : 이론과 예제

제 1 절 서론

이 장에서는 비선형 미분방정식을 분석하는데 유용한 이론과 방법을 소개한다. 자율 미분방정식과 시스템에 초점을 맞춘다. 특히 자율시스템에 관한 평행해와 평형해의 국소 안정성을 정의한다. 상 미분방정식에서 국소 안정성은 위상직선 다이어그램(phase line diagram)를 통하여 공부한다. 두 개의 미분방정식 시스템에서 국소안정성은 위상평면해석 (phase plane analysis)을 통해 공부한다. 2-차원 선형시스템 $dX/dt = AX$에서 원점 근방에서 해의 안정성과 해의 동태를 해석을 위한 4장의 분류체계는 또한 비선형 이차원 자율시스템에서도 유용하다. 미분방정식에서 중요한 정리는 이차원 자율시스템에 관한 $poincarés - Bendixon$정리이다. $poincarés - Bendixon$정리에서 언급한 조건아래 해의 점근적 동태를 예측할 수 있다. 더구나 Bendixon과 Dulac의 판정법을 설명하고, 그 판정법이 자율시스템에 만족한다면 시스템은 어떠한 주기해를 가지지 않을 것이다.

5.8절에서는 미분방정식을 위한 분기(bifurcation)이론을 간단히 소개한다. 이는 세가지 유형의 분기가 가능하다: 안장형 마디(saddle node), 초월임계(transcritical), 갈퀴 쌍갈림(pitchfork)분기를 공부할 것이다. 이것은 상수 계차방정식 분류체계와 같다. 그러나, 상수 미분방정식에서는 주기-배가(period-doubling) 분기는 나타나지 않는다. 2계 혹은 그 이상의 미분방정식 시스템에서는 호프분기(Hopf bifurcation)로 알려져 있는 네번째 유형의 분기가 있다. 호프분기가 있으면 주기해가 존재한다.

5.9절에서는 비선형 지연 미분방정식 모델에서 국소안정성을 소개한다. 하나의 예로서 지연 로지스틱 모델을 사용한다. 미분방정식들을 연구하는데 있어서 유용한 다른 방법과 이론은 남은 절(sections) —(질적 행렬 안정성, 리아프노브 안정성과 지속이론)— 에서 소개한다. 또 다른 방법으로 질적 행렬 안정성은 행렬의 성질을 사용하여 양수 평형점의 국소안정성을 보이는데 사용 될 수 있다. 리아프노브 안정성은 평형점의 광의의 안정성을 설명하는데 사용될 수 있는 방법이다. 지속이론은 안정성 이론보다 일반적이며 특히 생물 시스템에서 중요하다. 해가 0(즉, 개체군이나 시스템이 멸종된다)으로부터 떨어진 곳에 머물면 시스템은 지속된다.

제 2 절 기본적인 정의와 기호

$d^n x/dt^n = g(d^{n-1}x/dt^{n-1}, \cdots, x)$형태의 고계미분방정식은 일계시스템으로 표현할 수 있기 때문에 일계미분방정식과 시스템만을 토의한다. 미분방정식의 **자율시스템(autonomous systems)**은 다음과 같은 형태를 가짐을 기억하자:

$$\frac{dX}{dt} = F(X) \tag{5.1}$$

여기서, $X = (x_1, x_2, \cdots, x_n)^T$, $F(X) = (f_1(x_1, \cdots, x_n), \cdots, f_n(x_1, \cdots, x_n))$이고 F는 확실히 t에 의존하지 않는다. 초기값 문제는 주어진 초기조건 $X(t_0) = X_0$에 대해 미분방정식계 (5.1)을 만족한다. 특별한 언급이 없는 한 초기값문제에서 유일한 해가 존재한다고 가정하고 해의 존재 범위는 $[t_0, \infty)$이다. 예를 들어, 다음 정리는 초기값문제에 있어 해의 존재성과 유일성을 위해 벡터 함수 F에 대한 충분조건이다(참고, Brauer와 Nohel,1969; Coddington와 Levinson,1955).

정리 **2.1** *함수 F와 $\partial F/\partial x_i$, $i = 1, \cdots, n$,가 $\mathbf{R}^n$에서 $(x_1, x_2, \cdots, x_n)$의 연속함수라 가정하자. 그러면 $X_0 \in \mathbf{R}^n$에 대하여, 초기값문제*

$$\frac{dX}{dt} = F(X), \quad X(t_0) = X_0$$

을 만족하는 유일한 해가 존재한다. □

유일한 해가 존재한다 하더라도 해가 유계라는 언급이 없는경우, 해가 존재하는 최대 구간 $[t_0, t)$는 유한 $T < \infty$일 것이다.

예제 2.2 *다음 초기값문제를 풀어라.*

$$\frac{dx}{dt} = x^2, \; x(0) = x_0$$

정리 2.1에 의하면, 임의의 초기값 x_0에 대한 유일한 해가 존재한다. 다음과 같은 미분방정식을 변수분리형으로 변형하여 해를 구한다:

$$x(t) = \frac{x_0}{1 - tx_0}.$$

그러나 해가 정해진 시간 $t = 1/x_0$에서 솟아오른다(blows up). 따라서 해의 존재 구간은 $[0, 1/x_0), x_0 > 0$이다. ■

해 $X(t) = (x_1(t), x_2(t), \cdots, x_n(t))$는 $\mathbf{R}^n$에 있는 매개변수 곡선을 설명한다. 이 곡선을 시스의 또는 **궤적 혹은 궤도(trajectory, orbit 또는 path)**라 부른다. $\mathbf{R}^n$에서 해의 운동은 속도 dX/dt로 설명한다. 해의 그래프가 그려진 영역 $\mathbf{R}^n$에서 $n = 3$인 경우는 **위상공간(phase space)**, $n = 2$인 경우는 **위상평면(phase plane)**이라 하고, $n = 1$일 때는 **위상직선(phase line)**이라 부른다.

초기값문제에서 유일한 해에 관한 중요한 사실은, 임의의 서로 다른 두 해의 궤적 또는 자취가 서로 교차하지 않는다는 것이다. 만일 해들이 교차하면, 그 해들은 서로 평행이동되어야 함을 보인다. 그러므로 임의의 두 해는 $\mathbf{R}^n$에서 같은 경로이거나 서로 교차하지 않는 다른 경로이다. 다음 결과는 유일성과 존재성 이론를 따른다.

따름정리 **2.3** *$\mathbf{R}^n$에서 함수 F와 $\frac{\partial F}{\partial x_i}, i = 1, \cdots, n$가 연속함수라 하자. 더구나 두 해 $X_1(t)$와 $X_2(t)$는 초기조건*

$$X_1(0) = X_0 \quad \text{이고} \quad X_2(t_0) = X_0$$

을 갖는 미분가능한 시스템 $dX/dt = F(X)$을 만족하는 해라 하자. 그러면

$$X_2(t) = X_1(t - t_0)$$

이다.

증명. *함수 F의 가정으로 임의의 초기조건에 대해 초기값문제 $dX/dt = F(X)$의 해는 유일하다. $Y(t) = X_1(t - t_0)$이고 $u = t - t_0$라 하면*

$$\begin{aligned} \frac{dX}{dt} &= \frac{dX_1(u)}{du}\frac{du}{dt} = \frac{dX_1(u)}{du} \\ &= F(X_1(u)) = F(X_1(t - t_0)) \\ &= F(Y(t)) \text{이다.} \end{aligned}$$

더구나, $Y(t_0) = X_1(0) = X_0$ *이다.* Y*는* IVP*와* X_2*가 같으므로 유일성에 의해* $Y(t) = X_2(t)$ *이다. 따라서 정리가 성립한다.* ◀

다음 상수해는 평형해로 알려져 있는 해의 중요한 유형을 정의한다.

> 정의 **2.4** *미분방정식계 (5.1)의* **평형해(equilibrium solution, steady-state solution, fixed point, 또는 critical point)**는
>
> $$F(\bar{X}) = 0$$
>
> *을 만족하는 상수해* $\bar{X}$*를 말한다.*

예제 2.5 *로지스틱 미분방정식*

$$\frac{dx}{dt} = rx(1 - \frac{x}{K}), \quad r, K > 0$$

의 평형해는 $x = 0$*이고* $x = K$*이다.* ■

$\mathbf{R}^n$의 원소 두 점 $X_1 = (X_{11}, \cdots, X_{1n})^T$와 $X_2 = (X_{21}, \cdots, X_{2n})^T$ 사이의 유크리트 거리는 $||X_1 - X_2||_2 = \sqrt{\sum_{i=1}^{n}(X_{1i} - X_{2i})^2}$ 으로 쓴다. 시스템 (5.1)에 대한 평형해의 국소안정성의 정의를 설명한다.

> 정의 **2.6** *미분방정식계 (5.1)의 평형해* $\bar{X}$*가 다음 조건을 만족하면* $\bar{X}$*를 국소안정성이라 한다: 각* $\epsilon > 0$*에 대하여*
>
> *(1) 초기조건* $X(t_0) = X_0$*이고*
>
> *(2)* $||X_0 - \bar{X}||_2 < \delta$*인 모든해* $X(t)$*가*
>
> $$||X(t) - \bar{X}||_2 < \epsilon, \quad \forall t \geq t_0$$
>
> *를 만족하는* $\delta > 0$*가 존재하면* $\bar{X}$*를* **국소안정(locally stable)***이라고 한다.*
>
> *평행해가 국소안정이 아니면* **불안정(unstable)***이라고 한다.*

정의 2.7 평형해 $\bar{X}$가 **국소 점근적 안정(locally asymptotically stable)**이라는 것은 다음의 두 조건을 만족할 때이다:

(1) $\bar{X}$가 국소안정이고,

(2) $||X_0 - \bar{X}||_2 < \gamma$일 때

$$\lim_{t\to\infty} ||X(t) - \bar{X}||_2 = 0$$

을 만족하는 $\gamma > 0$가 존재하는 것이다.

다음 예제는 미분방정식의 선형계에서 국소안정이고 국소 점근적 안정인 평형해를 설명한다.

예제 2.8 행렬

$$A = \begin{pmatrix} a_{11} & 0 \\ 0 & a_{22} \end{pmatrix}$$

일 때, 초기값문제 $dX/dt = Ax$, $X(0) = X_0$를 살펴보자. 이 시스템에 대한 평형해는 원점 $X = \mathbf{0}$이고 해 $X(t) = (x(t), y(t))^T$는

$$X(t) = x_0 e^{a_{11}t}\begin{pmatrix}1\\0\end{pmatrix} + y_0 e^{a_{22}t}\begin{pmatrix}0\\1\end{pmatrix}$$

를 만족한다. 단, $X_0 = (x_0, y_0)^T$이다. 만일 $a_{ii} \le 0$, $i = 1, 2$이면 $||X_0||_2 < \epsilon$은 $||X(t)||_2 < \epsilon$이 되고 이는 평형점이 국소안정임을 의미한다. $a_{ii} < 0, i = 1, 2$이면 평형점은 국소 점근적 안정이다. 그러나 평형점은 단지 국소적 안정이므로 광의의 점근적 안정이다. 즉, 임의의 초기조건에 대해서 해는 0으로 수렴한다. 만일 어떤 i에서 $a_{ii} > 0$이면, 평형점 0은 불안정이다(안장점이거나 불안정 마디). 예를 들어, $a_{11} > 0$이고 $x_0 > 0$이면 $\lim_{t\to\infty} x(t) = \infty$이다. $x_0 > 0$인 초기조건 $||X_0||_2 < \delta$을 만족하는 임의의 $\delta > 0$에 대해 어떤 t에 대해 $||X(t)||_2 > \epsilon$을 만족하는 $\epsilon > 0$이 존재한다. ■

해의 또 하나의 중요한 유형은 주기해이다. 일반적으로, 주기해는 유계이고 연속이므로, 해의 존재구간은 $(-\infty, \infty)$이다.

정의 2.9 미분방정식계 (5.1)의 **주기해(periodic solution)**는 어떤 존재 구간 $T > 0$의 모든 t에 대해 $X(t+T) = X(t)$를 만족하는 상수가 아닌 해 $X(t)$이다. $T > 0$인 최소값을 해의 **주기(period)**라 부른다.

예제 2.10 *다음을 만족하는 초기값문제*

$$\frac{dx}{dt} = y, \quad \frac{dy}{dt} = -x, \quad x(0) = 0, \quad y(0) = 1$$

의 유일한 해는 $x(t) = \sin t, y(t) = \cos t$ *이다. 이 해의 주기는* 2π *이다.*■

자율 상수방정식에 관한 흥미있는 결과는 상수방정식이 주기해를 갖지 않는다. 주기해를 구하려면 두 개 혹은 그 이상의 미분방정식이 필요하다. 이러한 거동(behavior)이 상수 계차방정식과 구별된다.

정리 2.11 $f(x)$*를* $(-\infty, \infty)$*에서 연속함수라 가정하면, 자율미분방정식* $dx/dt = f(x)$*는 주기해를 갖지 않는다.*

증명. $x(t)$*를 주기* $T > 0$*(*$dx/dt \neq 0$*이고* f*가 연속이므로* dx/dt*는 연속)를 가진 주기해라 하자. 미분방정식의 양변에* dx/dt*를 곱하여* t*에서* $t+T$ *까지 적분을 하면*

$$\int_t^{t+T} \left(\frac{dx(s)}{ds}\right)^2 ds = \int_t^{t+T} f(x(s))\frac{dx(s)}{ds} ds = \int_{x(t)}^{x(t+T)} f(u)du$$

이다. 여기서 $u = x(s)$*으로 놓고 변수변환를 하여 적분한다.* $x(t+T) = x(t)$*이므로 우변의 마지막 항 적분은* 0*이여야 한다. 그러나* $(dx/dt)^2$*은 항등적으로* 0*이 아니기 때문에, 좌변의 적분은 양수이다. 그러므로 이는 모순이다.* □

주기해는 점근적 안정, 안정 혹은 불안정이다. 위상평면에서 주기해는 닫힌곡선들로 표현한다. 그러므로 어떤 해의 초기값이 닫힌곡선 내부에 있으면 해는 곡선에 접근하거나 접근하지 못할 수 있다. 마찬가지로, 해의 초기값이 닫힌곡선의 외부에 있으면, 해는 그 곡선에 접근하거나 접근하지 않을 수 있다. 그러므로 주기해는 외부나 내부로부터 점근적으로 안정, 안정 혹은 불안정이 될 수 있다. 예제 2.10의 해는 안정이다. 이 예제에서 미분방정식의 모든 해는 원점에서의 평형점을 제외하고 주기해이다. 그러므로 평형점은 안정이고 주기해들은 안정(종종 중립적으로 안정이라고 한다)이다.

제 3 절 일계미분방정식에서 국소안정성

일계 자율 상수미분방정식에서 평형해의 국소 점근적 안정성을 결정하기 위한 간단한 판정기준이 있다. 자율미분방정식

$$\frac{dx}{dt} = f(x)$$

가 $\overline{x}$에서 평형점을 갖는다고 하자. 평형점 $\overline{x}$에 관하여 전개하기 위해 Taylor 공식을 사용한다. $u(t) = x(t) - \overline{x}$라 하고 f가 $\overline{x}$를 포함하는 구간에서 두번 연속적으로 미분가능하다고 하자. 그러면 $du/dt = dx/dt$이다. 나머지가 있는 Taylor의 공식을 사용하여 $\overline{x}$에 관해 f를 전개하면 다음 결과를 얻는다:

$$\frac{du}{dt} = f(\overline{x}) + f'(\overline{x})(x - \overline{x}) + f''(\xi)\frac{(x-\overline{x})^2}{2}, \quad \xi \in (x, \overline{x}).$$

$\overline{x}$가 평형해이므로, $f(\overline{x}) = 0$이다. 위 식의 **선형화(linearization)**는

$$\frac{du}{dt} = f'(\overline{x})u \tag{5.2}$$

이 되도록 정의한다. 방정식 (5.2)는 $\overline{x}$주위의 x에 관하여 $(x - \overline{x})^2$을 가진 항이 충분히 작게 만들수 있기 때문에 원래의 미분방정식의 역학 해로 근사된다. 선형방정식 (5.2)는 $\overline{x}$의 국소안정성을 결정한다. $f'(\overline{x}) < 0$ 일 때, 선형화된 해는 0에 접근한다. 그러므로 $x(t_0)$가 $\overline{x}$ 근방에 있을때, $x(t)$는 $\overline{x}$에 접근한다. 또한, $f'(\overline{x}) > 0$일 때, $x(t)$가 $\overline{x}$로 근접하지 않는 초기조건들이 존재한다.

정리 **3.1** *f'가 $\overline{x} \in I$인 열린구간 I에서 연속이라 하자. $\overline{x}$는 $dx/dt = f(x)$의 평형점이다. 만일*

$$f'(\overline{x}) < 0$$

이면, $\overline{x}$는 국소 점근적인 안정이고, $f'(\overline{x}) > 0$이면 $\overline{x}$는 불안정이다. □

이 결과의 엄밀한 증명은 Hale과 Kocak(1991)를 참고하라. $f'(\overline{x}) = 0$인 경우 안정성이 결정되지 않는다. 계차방정식에서 보였던 것과 같이 Taylor 급수전개에서 고계항들이 $f'(\overline{x}) = 0$일 경우를 고려할 필요가 있다. 예를 들어, $f'(\overline{x}) = 0$, $f''(\overline{x}) \neq 0$이면 선형화는

$$\frac{du}{dt} = \frac{f''(\overline{x})}{2}u^2$$

이 된다. 평형점 $u = 0$은 불안정이다(연습문제 1보라). 하나의 매개변수 함수로 평형점 역학은(안정과 불안정) 5.8절에서 공부한다.

정의 **3.2** *$f'(\overline{x}) \neq 0$이면 $dx/dt = f(x)$의 평형점 $\overline{x}$는* **쌍곡선(hyperbolic)***이라 하고, 그렇지 않은 경우는* **비쌍곡선(non hyperbolic)***이라 부른다.*

$f'(\overline{x})$의 값은 선형화된 방정식의 **고윳값(eigenvalue)**이나 **고유치**로 알려져 있다. 비쌍곡선 평형점들은 고윳값 0를 갖고, 따라서 평형점들의 국소안정성이 결정되지 않는다.

3.1 개체군 증가 모델에 적용

개체군 증가에 대해 잘 알려진 일부 방정식은 평형점들의 안정성을 설명하는데 사용된다. 맬서스(Malthusian)나 지수증가(exponential growth)을 먼저 설명하고 곰페르츠(Gompertz)성장과 로지스틱성장(logistic growth)을 설명한다. 마지막 예제는, 개체군성장이 제한되어 지는 임계(threshold) 개체군 수준아래 대한 알렌효과를 설명한다.

예제 3.3 (Malthusian Growth). *맬서스 증가(Malthusian Growth)에서 증가율은 개체수에 비례한다. "맬서스"이름은 영국의 경제학자 토마스 맬서스(1755-1845)의 개체군 증가 이론에 대한 공헌을 기념하기 위한것이다. $a = b - d$는 출생율 마이너스 사망율이다:*

$$\frac{dx}{dt} = ax = f(x)$$

이다. 이 미분방정식은 선형이고 $f'(x) = a$이다. 평형점은 0이고 해는

$$x(t) = x(0)e^{at}$$

이다. $a > 0$이면 지수증가이고 $a < 0$이면 지수감소한다. 평형점 0은 $a < 0$이면 점근적으로 안정이고, $a > 0$이면 불안정이다. 집단의 크기가 두 배로 증가하는데 걸리는 시간인 **배가-시간(doubling time)** *($a > 0$)은 $x(t) = 2x(0)$이거나 $t = \ln 2/a$인 시간 t이다.* **반 시간(half-time)***($a < 0$)은 $x(t) = 0.5x(0)$이거나 $t = -\ln 2/a$인 시간 t이다. 배가-시간과 반 시간은 번식상수 a에 반비례한다. 일반적으로 번식률은 시간이나 개체군의 크기, $a(t)$ 혹은 $a(x)$에 종속되고 성장율은 비선형이다.* ■

예제 3.4 (Gompertz 증가). *곰페르츠 증가(Gompertz growth) 모델은 단단한 종양의 성장에 적용되어 왔다. 영국의 보험 회계사인 Benjamin Gompertz(1779-1865) (Apple Baum, 2001)을 기리기 위해 이름을 붙였다. 단단한 종양들은 시간에 따라 지수성장을 하지 않는다. 종양이 커짐에 따라 전체 종양 체적의 배가-시간은 연속적으로 증가한다. $x(t)$는 시간 t에서 분열하는 세포들의 체적이라 하자. 그러면 $x(t)$는 다음의 미분방정식들을 만족한다.*

$$\frac{dx}{dt} = ke^{-\alpha t}x \quad \text{또는} \quad \frac{dx}{dt} = a(t)x, \quad \text{단,} \quad \frac{da}{dt} = -\alpha a$$

이고 $a(t) = ke^{-\alpha t}x, \alpha > 0$이다. 미분방정식은 선형이고 비자율이다. 정리 3.1이 적용되지 않는다. 하나의 평형점 0이 존재한다. 미분방정식 해는 변수분리형으로 구할 수 있다:

$$x(t) = x(0)\exp\left(\frac{k}{\alpha}[1 - \exp(-\alpha t)]\right).$$

$\exp(-\alpha t)$에 대하여 푼 후, 번식률 a는 종양의 크기 x의 함수 $a(x(t)) = k - \alpha \ln(x(t)/x(0))$로 표현할 수 있고 비선형 미분방정식이다. $t \to \infty$에 따라 $a(t) \to 0$, $x(t) \to x(0)\exp(k/\alpha)$이고 배가-시간 $\ln 2/a \to \infty$이다. 평형점 0은 불안정이다. 종양이나 암의 세포성장에 대한 곰페르츠 방정식의 응용은 *Aroesty et al.(1973)*, *Gyllenberg*와 *Webb(1989)*, *Kozusko*와 *Bajzer(2003)*, *Laird(1964)*와 그 밖의 참고서적들이 있다. 그림 5.1은 $x(t)/x(0)$의 로그 그래프이고, $\ln[x(t)/x(0)] = (k/\alpha)[1 - e^{-\alpha t}]$이다. ■

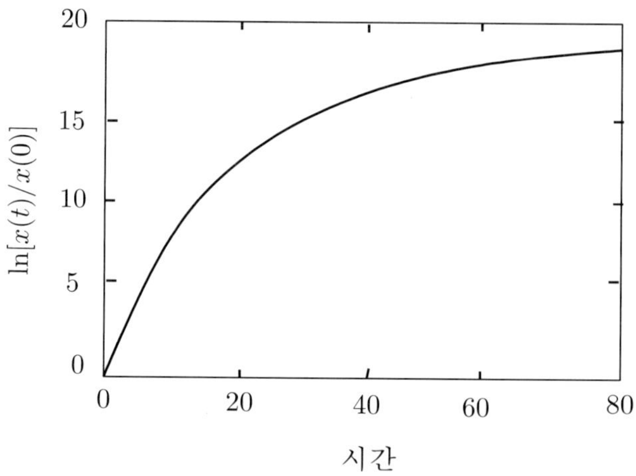

그림 5.1: 곰페르츠 미분방정식에 관한 해 $\ln[x(t)/x(0)]$.

예제 3.5 (Logistic Growth). 로지스틱 성장에 관한 미분방정식은 개체군 증가를 위해 가장 잘 알려진 모델들중 하나이다. 이 방정식은 벨기에 수학자 *Pierre Verhulst(1804-1849)*에 의해 *1837*년에 최초로 소개되었다. 이 미분방정식을 **베르헐스트 방정식 (Verhulst's equation)**이라 한다. 이 모델에서 성장율 a는 개체군 크기 $a(x) = r(1 - x/K)$의 감소함수로 가정한다. K보다 더 큰 개체수에 대해서 성장율은 음이고, $x < K$이면 성장율은 양이다. 로지스틱 미분방정식은

$$\frac{dx}{dt} = r\left(1 - \frac{x}{K}\right)x$$

이다. 여기서 $r > 0$은 자연성장율이고 $K > 0$는 환경수용력이다. 그림 5.2와 같이 두 개의 평형점은 $x = 0$과 $x = K$가 있다. 미분방정식을 변수분리형으로 풀면 다음과 같다:

$$x(t) = \frac{x(0)K}{x(0) + (K - x(0))e^{-rt}}. \tag{5.3}$$

$x(0) > 0$이면, 개체군의 크기는 환경수용력 $\lim_{t\to\infty} x(t) = K$로 접근한다. 즉, 양수 초기조건에서 평형점 $x = K$는 광의의 점근적 안정이다. 평형점 0은 불안정이다. $f'(x) = r(1 - 2x/K)$에 대해 $f'(0) = r > 0$이고 $f'(K) = -r$이므로, 정리 3.1의 평형점 0은 불안정이고 양수 평형점 K는 국소 점근적 안정이다. 그러나 해의 직접적인 계산은 양수인 초기조건을 가진 모든 해가 K로 접근하기 때문에 동태가 단지 국소적인것 이상임을 알 수 있다(그림 5.2참고). ■

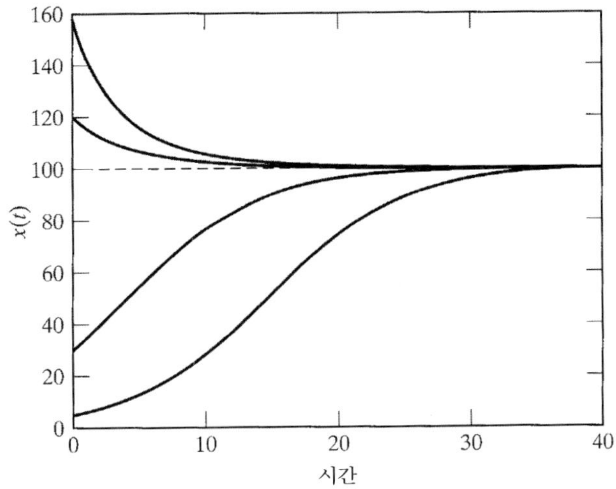

그림 5.2: $K = 100$이고 다양한 초기조건을 가진 로지스틱 미분방정식의 해.

예제 3.6 알리 효과(Allee Effect). 알리 효과는 *Warder C.Allee*를 기념하기 위하여 이름이고 알리의 연구는 동물의 사회적 동태와 집단에 관한 연구자로 잘 알려진 미국 동물학자이다. 알리효과는 개체수가 낮은 밀도에서 개체군 성장이 감소하거나 줄어든 적합도라 한다. 개체군 밀도가 낮아 개체군이 너무 넓게 흩어져 있으므로 번식가능한 접촉이 제한되고 드물다 (Hallam과 Levin,1986). 개체군 모델에서 알리효과는 종종 개체군이 멸종될 수 있는 한계치 아래로 모형화한다.

개체당 번식률이 개체수나 혹은 밀도 x의 이차함수 $a(x) = a_1 + a_2x + a_3x^2$로 가정하자 (로지스틱 모델에서 선형과 반대). 알리효과가 있는 개체군 성장모델은 다음과 같은 형태이다:

$$\frac{dx}{dt} = xa(x) = x(a_1 + a_2x + a_3x^2), \quad a_1 < 0, \quad a_2 > 0, \quad a_3 < 0$$

중간밀도에서 양수의 최대 자연성장률이 존재하고 $a(x) = a_3(x-\alpha_1)(x-\alpha_2), 0 < \alpha_1 < \alpha_2$이다. 이 모델은 세개의 평형점 $x = 0, x = \alpha_1$ 이고 $x = \alpha_2$을 갖는다. $x = 0$과 $x = \alpha_2$는 국소 점근적 안정이고, $x = \alpha_1$는 불안정이다. 미분방정식에 대한 음함수 해는 변수 변환으로 구한다.

미분을 하면 $f'(x) = a_3[(x-a_3)x+(x-\alpha_1)x+(x-\alpha_1)(x-\alpha_2)]$이다. $\overline{x} = 0$에서 미분계수는 $a_3 < 0, \quad \alpha_1 > 0$이고 $\alpha_2 < 0$이므로 $f'(0) = a_3(-\alpha_1)(-\alpha_2) < 0$이다. 즉, $\overline{x} = 0$은 국소 점근적 안정이다. $\overline{x} = \alpha_1$에서 도함수 값은 $f'(\alpha_1) = a_3(\alpha_1-\alpha_2)\alpha_1 > 0$이고, 이는 $\overline{x} = \alpha_1$에서 불안정임을 의미한다. $\overline{x} = \alpha_2$에서 미분계수는 $f'(\alpha_2) = a_3(\alpha_2-\alpha_1)\alpha_2 < 0$이고 이는 $\overline{x} = \alpha_2$가 국소 점근적 안정임을 의미한다. $a(x)$와 $xa(x) = dx/dt$의 그래프는 그림 5.3이다.■

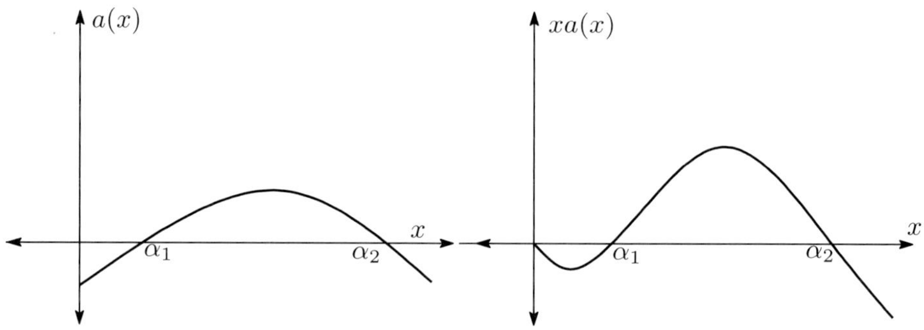

그림 5.3: 알리 미분방정식에 대한 $a(x)$(왼편) $xa(t)$(오른편) 그래프

제 4 절 위상 직선도

1계 자율미분방정식의 경우 교대로 기하학적 접근 방법이 국소안정성을 점검하는데 유용하다. 이는 위상직선도상에서 흐름의 방향을 그래프로 표현한 것을 포함한다.

1계 비자율 미분방정식의 일반적인 형태는

$$\frac{dx}{dt} = f(x,t)$$

이다. $f(x,t)$는 점(t,x)에서 해 $x(t)$에 대한 접선의 기울기이다. $t-x$평면에서 **방향장(direction field)**을 구성하기 위해 모든 방향이나 기울기의 집합은 점 (t,x)에서 $f(x,t)$로 주어진 정보를 사용할 수 있다. 그림 5.4는 상미분방정식 $dx/dt = x^2 - t =$

$f(x,t)$에 대한 방향장 그래프를 나타낸다. 방향장 그래프는 일반적으로 너무 장황해서 손으로 그릴 수가 없다. 그림 5.4와 그림 5.5의 그래프는 Rice대학에 있는 John C.Polking에 의해 만들어진 Matlab program pplane6을 사용하여 그린것이다. 자율미분방정식 $dx/dt = f(x)$에 대해 흐름의 방향이 t에 따라 변하지 않는다. 자율방정식은 x-축상에서 흐름의 방향을 결정하는데 필요할 뿐이다. 특히, dx/dt의 부호가 양이면 흐름의 방향이 양의 방향이고, dx/dt가 음이면 흐름의 방향이 음의 방향이다.

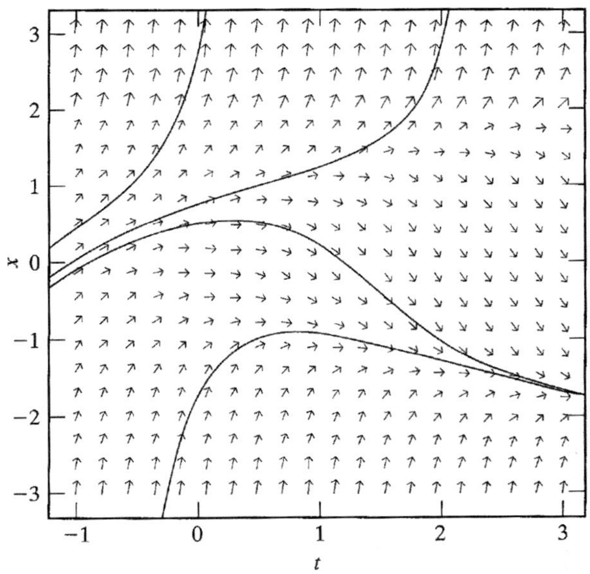

그림 5.4: $dx/dt = x^2 - t = f(x,t)$에 대한 방향장과 해의 궤적.

예제 4.1 *다음 자율미분방정식을 살펴보자:*

$$\frac{dx}{dt} = x(1-x)(2-x) = f(x).$$

방향장의 그래프는 그림 5.5에 있다. 흐름의 방향을 x축으로 계획하여 **일차원 위상 궤도(one-dimensional phase portrait)** *이거나 혹은* **위상직선도(phase line diagram)** *이다.*■

자율방정식에 대해 위상직선도를 그리기 전에 $t-x$평면에서 방향장을 그리는 것이 필요하지 않다. 그래프 $dx/dt = f(x)$만을 그릴 수 있다. $f(x) > 0$일 때 x는 증가하고, $f(x) < 0$일 때 x는 감소한다. $f(x) = 0$일 경우에는 x는 평형점이다: 역학의 변화는 없

다. 예제 4.1에서 평형점 $\overline{x} = 1$은 구간 $(0, 2)$에서 초기조건에 대해 국소적 점근적 안정이고, 초기조건 해가 무한대로 가기 때문에 평형점 $\overline{x} = 2$는 구간 $(2, \infty)$에서 불안정이다. 예

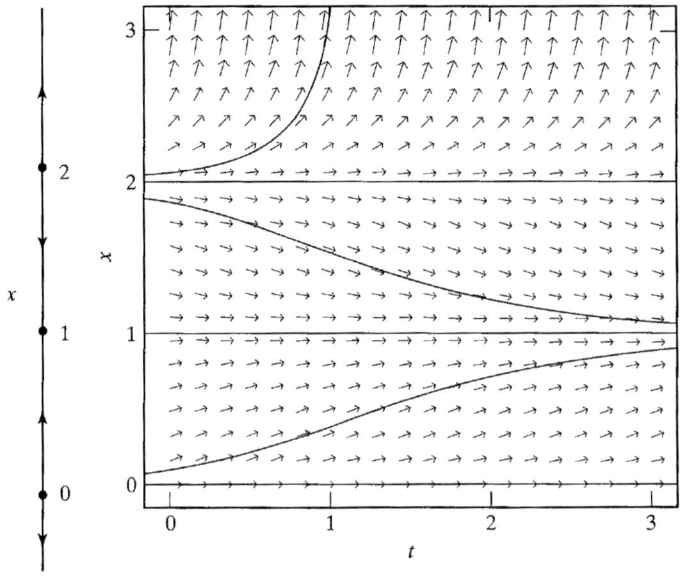

그림 5.5: $dx/dt = x(1-x)(2-x)$에 대한 방향장, 해의 궤적과 위상직선도

제 3.4, 3.5, 3.6에 대응하는 위상직선 다이어그램, 즉, 각각 곰페르츠 성장, 로지스틱 성장과 알리효과는 다음 예제에서 설명한다.

예제 4.2 *곰페르츠 성장은 미분방정식* $dx/dt = x(k - \alpha \ln(x/x(0)))$*을 만족한다. 평형점은* $\overline{x} = 0$*과* $\overline{x} = x(0)e^{(k/\alpha)}$*이다. 초기조건* $x(0)$*이 구간* $(0, \infty)$*에 있다면* $\lim_{t\to\infty} x(t) = x(0)\exp(k/\alpha)$*이다.*

로지스틱 미분방정식 $dx/dt = r(a - x/K)x$*에 대한 평형점은* $x = 0$*과* $x = K$*이다. 초기조건이 구간* $(0, \infty)$*에 있으면, 해는* $\lim_{t\to\infty} x(t) = K$*를 만족한다.*

Allee효과를 가진 미분방정식 $dx/dt = a_3 x(x - \alpha_1)(x - \alpha_2)$ *모델에 대한 평형점은* 0, α_1, α_2*이다. 초기조건들이 구간* $(-\infty, \alpha_1)$*에 있으면 해는* $\lim_{x\to\infty} x(t) = 0$*을 만족한다. 그러나 초기조건이 구간* (α, ∞)*에 있으면* $\lim_{x\to\infty} x(t) = \alpha_2$*이다. 평형점* 0*과* α_2*는 국소 점근적 안정이고* α_1*은 불안정이다. 곰페르츠, 로지스틱, 알리효과 미분방정식에 대한 위상 직선도는 그림 5.6이다.* ■

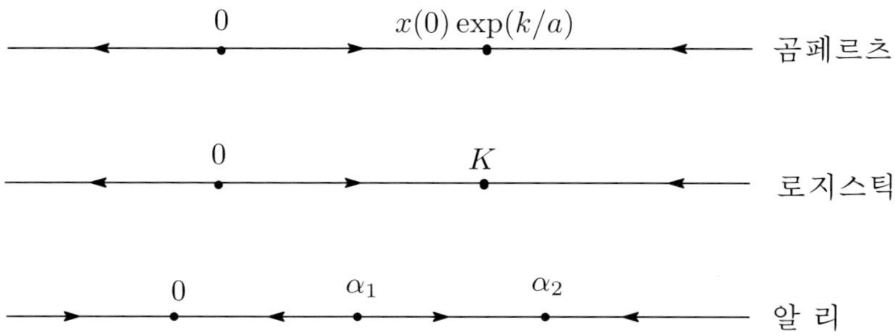

그림 5.6: 곰페르츠, 로지스틱, 알리효과 미분방정식의 위상직선도.

제 5 절 일계 시스템에서 국소 안정성

이 변수 x, y의 일계 자율미분방정식계를 고려하자:

$$\begin{aligned} \frac{dx}{dt} &= f(x,y), \\ \frac{dy}{dt} &= g(x,y). \end{aligned} \tag{5.4}$$

이 미분방정식계의 평형점(정상상태, 고정점, 임계점)은 $f(\overline{x},\overline{y}) = 0$과 $g(\overline{x},\overline{y}) = 0$을 만족하는 해 $(\overline{x},\overline{y})$이다.

평형점의 국소안정성은 야코비안 행렬의 고유치로 결정한다. 함수 f와 g는 평형점 $(\overline{x},\overline{y})$, $u = x - \overline{x}, v = y - \overline{y}$에 관한 테일러 공식을 사용하여 전개한다. f와 g가 점 $(\overline{x},\overline{y})$을 포함하는 열린집합에서 연속적으로 2계 도함수를 갖는다고 가정하자. 그러면

$$\begin{aligned} \frac{du}{dt} &= f(\overline{x},\overline{y}) + f_x(\overline{x},\overline{y})u + f_y(\overline{x},\overline{y})v \\ &\quad + f_{xx}(\overline{x},\overline{y})\frac{u^2}{2} + f_{xy}(\overline{x},\overline{y})uv + f_{yy}(\overline{x},\overline{y})\frac{v^2}{2} + \cdots, \\ \frac{dv}{dt} &= g(\overline{x},\overline{y}) + g_x(\overline{x},\overline{y})u + g_y(\overline{x},\overline{y})v \\ &\quad + g_{xx}(\overline{x},\overline{y})\frac{u^2}{2} + g_{xy}(\overline{x},\overline{y})uv + g_{yy}(\overline{x},\overline{y})\frac{v^2}{2} + \cdots, \end{aligned}$$

이다.

여기서 $f_x(\overline{x},\overline{y})$은 $\frac{\partial f}{\partial x}(x,y)\mid_{x=\overline{x},y=\overline{y}}$을 의미한다. $f(\overline{x},\overline{y}) = 0$과 $g(\overline{x},\overline{y}) = 0$이라는 사실을 사용했다. 평형점 $(\overline{x},\overline{y})$에 관한 **선형화된 시스템(system linearized)**은

$$\frac{dZ}{dt} = JZ$$

이다. 여기서 $Z = (u, v)^T$ 이고 J는 평형점에서 야코비안 행렬값

$$J = \begin{pmatrix} f_x(x,y) & f_y(x,y) \\ g_x(x,y) & g_y(x,y) \end{pmatrix}\Bigg|_{x=\overline{x}, y=\overline{y}}$$

이다.

4장에서 선형계 $dZ/dt = JZ$에 대한 해가 0으로 근접하기 위한 필요충분 조건은 고유치가 음의 실수부를 가지는 것이다. 또한 Routh-Hurwitz 판정법으로 부터 고유치가 음의 실수부를 가지기 위한 필요충분조건은 특성다항식의 상수 모두가 양수이다. 행렬 J의 특성다항식이

$$\lambda^2 - Tr(J)\lambda + \det(J)$$

이므로 고유치가 음의 실수부가 되기 위한 필요충분조건은 $Tr(J) < 0$이고 $\det(J) > 0$이다. 안정성에 대한 결과는 다음정리로 요약한다. 안정성은 f와 g의 1계 편도함수가 연속임이 필요할 뿐이다.

정리 **5.1** *f와 g의 1계 편도함수가 시스템 (5.4)의 평형점 $(\overline{x}, \overline{y})$를 포함하고 어떤 열린집합에서 연속이라 하자.*

$$Tr(J) < 0 \quad \text{이고} \quad \det(J) > 0$$

이면, 평형점 $(\overline{x}, \overline{y})$은 국소 점근적 안정이다. 여기서 J는 평형점에서 야코비안 행렬값이다. 더구나, $Tr(J) > 0$이거나 $\det(J) < 0$이면 평형점은 불안정이다.□

비선형시스템에 대한 평형점들[마디(결절점)(node), 안장점(saddle), 나선(spiral)]의 유형을 일치하도록 하기 위해 4장에서 선형시스템을 위해 개발한 분류체계를 사용한다. 선형화는 비선형시스템에 대한 근사치일 뿐이기 때문에 비선형 시스템은 세가지 경우에서 선형시스템과 다르게 작용할 수 있다.

(i) $\det(J) = 0$**인 경우**, 적어도 하나의 고유치가 0이다. 선형 시스템에서 평형점들이 고립되어 있지 않다. 또한, 비선형시스템에서 평형점이 같은 경우이다. 고립된 평형점이 있다면, 그것은 마디, 나선 혹은 안장일 수 있다.

(ii) $Tr(J) = 0$**이고** $\det(J) > 0$**인 경우**, 고유치는 순허수이다. 평형점은 선형시스템에서 중앙(center)이지만, 비선형시스템에서는 중앙이나 나선일 수 있다.

(iii) $Tr(J)^2 = 4\det(J)$**인 경우**, 이것은 복소고유치와 실수고유치 사이에 경계선을 나타낸다. 그러므로, 비선형시스템에서 평형점은 마디이거나 나선 일 수 있다.

위 경우들에서 애매함의 이유는 $\tau - \delta$ 매개공간(그림 5.7 참조)의 분류체계로부터 분명해진다.

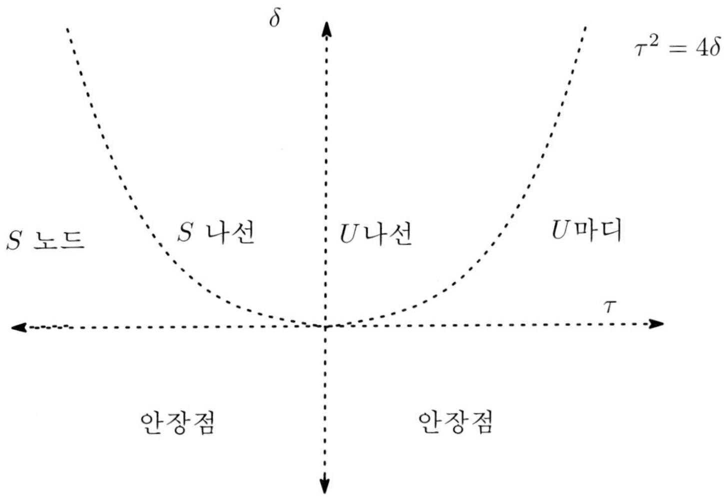

그림 5.7: $\tau - \delta$평면에서의 안정성그래프, $\tau = Tr(J), \delta = \det(J)$ 점선 곡선은 세가지 경우인 $(i) - (iii)$을 나타낸다.

곡선 $\det(J) = 0 (\delta = 0)$, $Tr(J) = 0$, $\det(J) > 0 (\tau = 0$과 $\delta > 0)$과 $Tr(J)^2 = 4\det(J)(\tau^2 = 4\delta)$은 동태의 두 유형사이의 이동 영역들이다.

> 정의 **5.2** $\bar{X}$가 시스템 $dX/dt = F(X)$의 평형점이라 하고, J는 $\bar{X}$에서 $F(X)$의 야코비안 행렬이다. 그러면 야코비안 행렬 J의 고유치가 0이 아닌 실수부를 가지면 평형점 $\bar{X}$를 **쌍곡선(hyperbolic)**이라 한다. 다른 경우는 **비쌍곡선(non hyperbolic)**이라 한다.

비쌍곡선 평형점의 경우에 국소안정성 판정 기준은 확정적이지 않다. $Tr(J) < 0$이고 $\det(J) > 0$일 때, 혹은 $\det(J) = 0$일 때 행렬 J는 실수부가 0인 복소공액 고유치를 갖거나 고유치 0를 갖는다. 어떤 경우든 평형점은 비쌍곡선이다.

예제 5.3 다음 시스템은 포식자-먹이 모델이다.

$$\frac{dx}{dt} = x\left(r - r\frac{x}{K} - ay\right), \quad r, K, a > 0,$$
$$\frac{dy}{dt} = y(-b + cx), \quad b, c > 0.$$

x는 먹이 종의 밀도를 나타내고 y는 포식자의 밀도를 나타낸다. 포식자가 없을 경우 먹이는 로지스틱 성장한다고 가정하자. 또한 먹이가 없을 경우 포식자가(지수 함수로) 사라진다. 항 ay는 한 개체당 포식자에 대한 먹이의 손실을 나타내고 cx는 한 개체당 포식자에게 이익이 되는 것을 나타낸다.

첫째로, $x(0) = 0$이면 항상 $x(t) = 0$이고, $y(0) = 0$이면 언제나 $y(t) = 0$임을 주목해야한다. 이러한 먹이사슬 모형에 관한 해는 유일하므로 $x(0) > 0$이고 $y(0) > 0$인 상태로 시작하는 해는 x-축, y-축을 통과하지 않는다. 즉, 양수 사분면, $x \geq 0$과 $y \geq 0$은 **양의 불변(positively invariant)**이라고 한다. 즉, $(x(0), y(0)) \in \mathbf{R}_+^2 = \{(x, y)|x \geq 0, y \geq 0\}$이면 $t \geq 0$에서 $(x(t), y(t)) \in \mathbf{R}_+^2$이다. 변수는 개체의 밀도를 나타내므로 해는 음수가 될 수 없다. 해가 생물계의 모든 모형에서 음이 아닌 상태로 존재해야 하는 것은 확인해야 한다.

먹이사슬 모델은 다음 3가지 평형점을 갖는다:

$$(\overline{x}, \overline{y}) = (0, 0), \quad (\overline{x}, \overline{y}) = (K, 0),$$
$$(\overline{x}, \overline{y}) = \left(\frac{b}{c}, \frac{r(cK - b)}{acK}\right).$$

세번째 평형점은 $K > b/c$ 일 때만 양수 평형점이다. 그러므로 양수의 평형점이 존재하기(포식자와 먹이 모두 생존)위한 필요충분조건은 먹이 K의 환경수용력이 충분히 클때 ($> b/c$) 이다. 그렇지 않은 경우 먹이 개체군이 너무 작아 포식자 개체군이 유지될 수 없다. 환경수용력 $K \leq b/c$이면 먹이들만이 생존한다. 이 시스템에 대한 야코비안 행렬은

$$J = \begin{pmatrix} r - 2\frac{r}{K}x - ay & -ax \\ cy & -b + cx \end{pmatrix}$$

이다. 원점에서 야코비안은 고유치 $\lambda_{1,2} = r, -b$을 갖는 대각행렬이다. 하나의 고유치가 양수이고 다른 고유치가 음수이므로 원점은 불안정인 안장점이다. 평형점 $(K, 0)$에서 야코비안 행렬은 상 삼각행렬이다. 그러므로 고유치는 대각선을 따라 $-r$과 $-b + cK$이다. 만일 $K < b/c$이면 두 고유치 모두 음수이고, 평형점은 안정마디이다. 그러나 $K > b/c$이면 하나의 고유치는 양수이고, 하나의 고유치는 음수이므로 평형점은 안장점이다.

평형점 $\overline{x} = b/c$*와* $\overline{y} = r(cK - b)/(acK)$, $K > b/c$*에서 야코비안 행렬은*

$$J(\overline{x}, \overline{y}) = \begin{pmatrix} -\dfrac{rb}{Kc} & -\dfrac{ab}{c} \\ \dfrac{r(cK - b)}{aK} & 0 \end{pmatrix}$$

이다. $Tr(J) < 0$*이고* $\det(J) > 0$*을 직접적으로 확인할 수 있다. 즉 양수의 평형점은 국소 점근적 안정이나 평형점 유형은 마디나 나선은 판별식*

$$\gamma = Tr(J)^2 - 4\det(J) = \left[-\frac{rb}{cK}\right]^2 - 4\frac{rb(cK - b)}{cK}$$

의 부호에 따라 결정된다. 판정식은 양수, 음수, 혹은 0*일 것이다. 판정식이 음수이면 양수의 평형점은 안정 나선이지만, 판정법이 양수이면 평형점은 안정 마디이다. 이 경우에* $K > b/c$*이면 양수의 평형점도 국소 점근적 안정이다.*

결과들을 요약하면 $K < b/c$*이면 평형점* $(K, 0)$*은 국소 점근적 안정(먹이만 생존)이고,* $K > b/c$*이면 평형점* $(b/c, r(cK - b)/(acK))$*는 국소 점근적 안정(먹이와 포식자 모두 생존)이다.*■

두개 이상의 미분방정식들로 구성된 시스템에서는 국소 점근적인 안정성은 4.5절에서 설명한 Routh-Hurwitz 판정법을 따른다. 안정성 판정은 $\overline{x}$에서 야코비안 행렬 $J(\overline{x})$의 고유치에 따른다. 고유치 모두가 음의 실수부를 가지면, 평형점은 국소 점근적인 안정이다. 고유치는 특성방정식의 해를 구하면 된다. 따라서 Routh-Hurwitz 판정법은 국소 점근적인 안정성을 보이기 위해 적용할 수 있다.

정리 **5.4** *미분방정식* $dX/dt = F(x)$*은 평형점* $\bar{X}$*를 가진 비선형 1계 자율시스템이라 하자.* $\bar{X}$*에서* F*의 야코비안 행렬은* $J(\bar{X})$*로 쓴다. 야코비안 행렬* $J(\bar{X})$*의 특성방정식은*

$$\lambda^n + a_1\lambda^{n-1} + a_2\lambda^{n-2} + \cdots + a_{n-1}\lambda + a_n = 0$$

이다. 정리 5.1에 있는 Routh-Hurwitz 판정법을 만족하면, 즉, Hurwitz 행렬의 모든 행렬식이 양수, $\det(H_j) > 0, j = 1, \cdots, n$*이면 평형점* $\bar{X}$*는 국소 점근적으로 안정이다.* $\det(H_j) < 0, j = 1, \cdots, n$*이면 평형점* $\bar{X}$*는 불안정이다.* □

예제 5.5 *다음의 3차원 경쟁 시스템을 살펴보자.*

$$\frac{dx_1}{dt} = x_1(a_{10} - a_{11}x_1 - a_{12}x_2 - a_{13}x_3),$$
$$\frac{dx_2}{dt} = x_2(a_{20} - a_{21}x_1 - a_{22}x_2 - a_{23}x_3),$$
$$\frac{dx_3}{dt} = x_3(a_{30} - a_{31}x_1 - a_{32}x_2 - a_{33}x_3).$$

계수 $a_{ij} > 0,\ i = 1,2,3,\ j = 0,1,2,3$이라 가정하자. 다른 두-종이 없을 경우 각 종 x_i은 환경수용력 a_{i0}/a_{ii}까지 로지스틱 성장을 한다. 세-종 모두 존재하는 경우 종을 각각의 성장율은 감소한다. 종들은 공통자원에 대해 경쟁한다. $x_i(0) \geq 0, (\forall i)$이면 해는 음수가 될 수 없다. 양의 8분공간 $\mathbf{R}^3_+ = \{(x_1, x_2, x_3)|x_i \geq 0, i = 1,2,3\}$은 양의 불변이다(연습문제 17 참조).

이 모델은 몇가지 평형점이 있다 :: 평형점 0, 세개의 한-종(one-species) 평형점, 세개의 두-종 평형점과 한개의 세-종 평형점이 있다. 세-종 평형점은 $A\bar{X} = B, B = (a_{i0})$: 3×1인 행렬에 대해 $A = (a_{ij}) : 3 \times 3$을 풀어 구할 수 있다. A가 정칙행렬이면 해 $\bar{X}$는 유일하다(그러나 해의 존재성은 해가 음이 아닌것은 보장하지는 못한다.).

평형점 0, $\overline{x}_i = 0,\ i = 1,2,3$과 한-종의 평형점들, $\overline{x}_i = a_{i0}/a_{ii},\ \overline{x}_j = 0,\quad j \neq i$의 안정성을 분석한다. 평형점 0에서 야코비안 행렬은

$$J(0,0,0) = \begin{pmatrix} a_{10} & 0 & 0 \\ 0 & a_{20} & 0 \\ 0 & 0 & a_{30} \end{pmatrix}$$

을 만족한다. $a_{i0} > 0, i = 1,2,3$이 행렬의 고유치이므로, 평형점 0은 불안정이다. $\overline{x}_1 = a_{10}/a_{11}$과 $\overline{x}_2 = 0 = \overline{x}_3$에서 야코비안 행렬값은

$$J(\frac{a_{10}}{a_{11}}, 0, 0) = \begin{pmatrix} -a_{11}\overline{x}_1 & -a_{12}\overline{x}_1 & -a_{13}\overline{x}_1 \\ 0 & a_{20} - a_{21}\overline{x}_1 & 0 \\ 0 & 0 & a_{30} - a_{31}\overline{x}_1 \end{pmatrix}$$

이다. 행렬이 역삼각 행렬이므로 고유치는 행렬의 대각선에 있다.
만일 $\bar{x}_1 > \max\{a_{20}/a_{21},\ a_{30}/a_{31}\}$이면, 고유치는 모두 음수이고 평형점 $(a_{10}/a_{11}, 0, 0)$이 국소 점근적 안정이다. 부등식이 바뀌면 평형점은 불안정이다.

방정식의 대칭으로 인해, 다른 두 평형점 $\overline{x}_j = a_{j0}/a_{jj}, j = 2,3$과 $\overline{x}_i = 0, i \neq j$은 유사한 분석을 갖는다. $\overline{x}_j >$이고 $\max\{a_{k0}/a_{kj}, a_{l0}/a_{lj}\}, k, l \neq j$이면, 평형점 $\overline{x}_j = a_{j0}/a_{jj}$, $\overline{x}_i = 0, i \neq j$는 국소 점근적 안정이다. ■

두 가지 자율미분방정식들의 시스템에서, 해의 동태를 더욱 깊이 분석할 수 있도록하는 위상평면 방법에 근거한 강력한 이론이 있다. 어떤 자율시스템에서는, 이 이론은 해가 평형점에 수렴하는 모든 양의 초기조건에 대해 결론을 내릴 수 있게 한다.

제 6 절 위상 평면 분석

6절과 7절에서 분석은

$$\frac{dx}{dt} = f(x, y) \quad \text{과} \quad \frac{dy}{dt} = g(x, y) \tag{5.5}$$

형태의 이차원 자율시스템으로 제한한다. f와 g는 연속인 일계 편도함수를 갖는 것을 가정한다. 초기값에 대한 해가 존재하고 유일하다. 단지 하나의 해곡선이나 궤적 $x-y$평면에서 점 (x_0, y_0)를 통과한다. 3차원에서 해곡선 $(t, x(t), y(t))$을 고려할 필요가 없다. 왜냐하면 흐름의 방향이 t와 무관하기 때문이다. 즉, $x-y$평면 또는 **위상평면(phase plane)**에서 해곡선 또는 궤적 $(x(t), y(t))$만을 살펴볼 필요가 있다. 이미 자율미분방정식, $dx/dt = f(x)$에 대해 $t-x$평면에서 방향장이 위상직선 그림으로 단순하게 되어진다는 사실을 알고있다. 두개의 자율미분방정식에서, 역학은 위상평면에서 단순화 될 수 있다. 해곡선이나 궤적 $(x(t), y(t))$는 매개변수로 작용하는 t를 가진 매개변수 방정식이다.

임의의 점 (x, y)에서

$$\frac{dy}{dx} = \frac{g(x, y)}{f(x, y)}$$

은 $x-y$평면에서 궤적의 기울기이고 접선벡터 $(f(x,y), g(x,y))^T$는 궤적의 방향이다. $f(\overline{x}, \overline{y}) = 0 = g(\overline{x}, \overline{y})$인 평형점(**특이점(singular point)**이라 부르는), $(\overline{x}, \overline{y})$을 예외로하고, 벡터 $(f(x,y), g(x,y))^T$로 주어진 각 점 (x, y)와 관련한 유일한 방향이 있다. 평형점이나 특이점(고정점이라 함)에서는 흐름이 정지하기 때문에 방향이 없다. 벡터의 집합체를 **방향장(direct field)**이라 정의한다. 방향장은 **위상평면 묘사(phase plane portrait)**라 부르는 해곡선의 집합체를 그리는데 시각적 도움을 주기위해 사용한다. 두개의 자율방정식에 대한 방향장을 그리는 일은 컴퓨터를 사용하지 않으면 매우 지루한 일이다. 전체 방향장을 만드는 것보다 흐름의 방향을 결정하는 보다 효과적인 방법은 x-와 y-영(zero) 등복각선(등경선)이나 분기선을 따라 흐름의 방향을 분석하는 것이다.

> 정의 **6.1** *시스템 5.5의* x-**등복각선(등경선) (isocline)***이나* **분기선 (nullcline)***은* $f(x, y) = 0$*을 만족하는* $x-y$*평면의 모든 점들의 집합이다.* y-**등복각선(isocline)***혹은 분기선은* $g(x, y) = 0$*을 만족하는 모든 점들의 집합이다.*

일반적으로 x-등복각선은 $f(x, y) = c_1$ =상수를 만족하는 $x-y$평면에 있는 곡선이고 y-등복각선은 $g(x, y) = c_2$ =상수를 만족하는 곡선이다. 분기선은 상수 c_1과 c_2가 0인 특별한 곡선이다.

x-분기선에서, 접선벡터 $(0, g)$는 y-축에 평행하다. y-분기선에서는 접선벡터 $(f, 0)$가 x-축에 평행하다. 즉, 흐름의 방향이 x분기선상에서 위로 혹은 아래로 $(\uparrow, \downarrow)$, 혹은 y-분기선에서 왼쪽 혹은 오른쪽$(\leftarrow, \rightarrow)$으로 인지를 검검할 필요가 있다. x-와 y- 분기선이 서로 교차할때 접선벡터에서 방향변화가 없음을 나타내는 평형점이 있다.

예제 6.2 *다음 자율시스템을 살펴보자:*

$$\frac{dx}{dt} = xy - y = y(x-1) = f(x, y),$$
$$\frac{dy}{dt} = 2x - xy = x(2-y) = g(x, y).$$

x-분기선이 $y(x-1) = 0$이므로 $y = 0$ 또는 $x = 1$이다. y-분기선은 $x(x-y) = 0$이므로 $x = 0$ 또는 $y = 2$이다. 평형점은 x-분기선과 y-분기선이 교차한 점[즉, $(0, 0)$과 $(1, 2)$]이다. 다음으로 분기선을 따라 흐름의 방향을 결정한다. x-분기선에서 흐름의 방향은 g가 양 혹은 음에 따라서 각각 위로나 아래로 흐르는 방향이 결정된다. y-분기선에서 흐름의 방향은 f가 양 혹은 음에 따라서 각각 오른쪽으로 혹은 왼쪽으로 흐름의 방향이 결정된다(표 5.1 참고). x-분기선을 따라 방향이 짧은 화살표가 위로 혹은 아래로 그려지고 y-분기선에 따라 방향이 짧은 화살표가 오른쪽 혹은 왼쪽으로 그려진다.■

흐름의 방향에 관한 다음 사실을 주목하는것이 중요하다. 방향 벡터는 평형점을 제외하고 한점에서 다음점으로 연속적으로 변한다. 방향(위 혹은 아래, 오른쪽 혹은 왼쪽)의 변화는 평형점에서만 발생한다. 분기선이 평형점을 통과할때 야코비안 행렬 J가 $\det(J) \neq 0$을 만족하면 화살방향은 바뀐다. 동태에 있어서 국소변화가 평형점 가까이에서 발생한다. 즉, 각 평형점(즉, 선형화된 시스템 $\dot{Z} = JZ$의 거동, 단, J는 관심있는 평형점에서 야코비안 행렬) 근방의 시스템의 국소적인 동태를 아는것이 중요하다. 이 모델에서 야코비안 행

표 5.1: 예제 6.2에서 자율시스템에 대한 x, y-분기선을 따른 흐름의 방향

x-분기선	$g(x, y)$	위쪽 방향 (+)	아래쪽 방향 (−)
$x = 1$	$2 - y$	$y < 2$	$y > 2$
$y = 0$	$2x$	$x > 0$	$x < 0$
y-분기선	**$f(x, y)$**	**오른쪽 방향 (+)**	**왼쪽방향 (−)**
$x = 0$	$-y$	$y < 0$	$y > 0$
$y = 2$	$2(x - 1)$	$x > 1$	$x < 1$

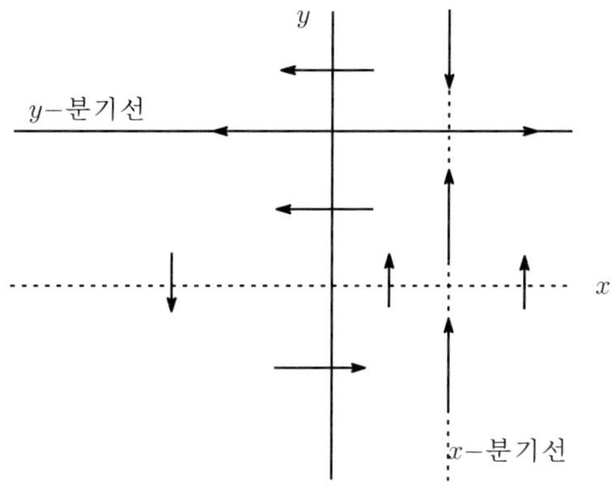

그림 5.8: 예제 6.2에서 자율시스템에 대한 x, y-분기선을 따른 흐름의 방향.

렬은

$$J = \begin{pmatrix} y & x-1 \\ 2-y & -x \end{pmatrix}$$

이다. 평형점 $(0,0)$에서는

$$J(0,0) = \begin{pmatrix} 0 & -1 \\ 2 & 0 \end{pmatrix}$$

이다. $Tr(J) = 0$이고 $\det(J) > 0$이므로, 고유치가 순 허수 $\lambda_{1,2} = \pm i\sqrt{2}$이기 때문에 국소안정성 판정을 이야기할 필요가 없다. 이 시스템이 선형시스템이면, 원점이 중심(center)이지만, 비선형 시스템에서는 안정성을 결정하기 전에 부가적인 정보가 필요하다. Lotka-Volterra 먹이사슬 시스템을 검토한 후에 이 예로 다시 돌아올 것이다. 그리고 원점이 중심으로 작용하는 또 다른 방법을 사용하는 것을 보일 것이다.

평형점 $(1,2)$에서는

$$J(1,2) = \begin{pmatrix} 2 & 0 \\ 0 & -1 \end{pmatrix}$$

이고, $\lambda_{1,2} = 2, -1$이다. 즉, 점 $(1,2)$는 국소 불안정이고 안장점이다. 또한 $Tr(J) = 1 > 0$이고 $\det(J) = -2 < 0$이다. 국소 점근적 안정성은 $Tr(J) < 0$이고 $\det(J) > 0$이여야 한다. $\lambda_1 = 2$에 대응한 고유벡터는 $V_1 = (1,0)^T$이고 $\lambda_2 = -1$에 대응한 고유벡터는 $V_2 = (0,1)^T$이다. 선형화된 시스템에 대한 해는

$$c_1 e^{2t}\begin{pmatrix} 1 \\ 0 \end{pmatrix} + c_2 e^{-t}\begin{pmatrix} 0 \\ 1 \end{pmatrix}$$

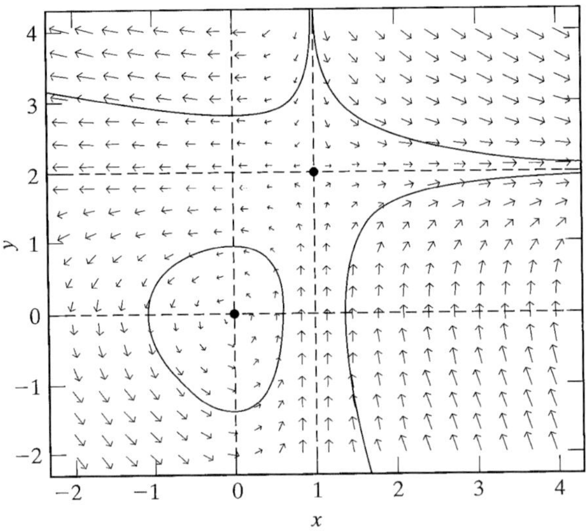

그림 5.9: 예제 6.2에서 자율시스템에 대한 방향장과 해의 궤적. 분기선은 점선 곡선이고 해는 실선 곡선이다.

이다. 평형점 $(1,2)$가 안장점이기 때문에 수평방향에서 평형점 $(1,2)$로 부터 멀리 떨어진 움직이는 해의 궤적이 있고,는 안정이기 때문에 [방향 $(1,0)^T$, **불안정 다양체(unstable manifold)**]에서 평형점 $(1,2)$으로 부터 멀리떨어져 움직이는 해의 궤적과 수직방향 [방향 $(0,1)^T$, **안정 다양체(stable manifold)**] 수직방향으로 $(1,2)$를 향해 움직이는 해의 궤적이 있음을 알 수 있다.

비선형시스템에서 평형점 근방의 동태는 세가지 예외(정리 5.1 이후에 언급된 세가지 경우)를 가진 선형화된 시스템의 동태와 유사하다. 이 예에 대한 방향장과 해의 궤적은 그림 5.9 위상평면의 그림이다.

제 7 절 주기해

2차원 자율시스템 $dx/dt = f(x,y)$와 $dy/dt = g(x,y)$에 대한 주기해와 관련한 해석적 결과들을 이 절에서 설명한다. 첫번째 결과는 Poincaré-Bendixon정리이다. 이 정리는 유계해의 **한계집합(limiting set)**은 임의의 평형해가 주기해로 접근해야 하는것을 포함하지 않는다는 것을 설명한다. 두 가지 다른 중요한 정리는 Bendixson과 Bulac의 판정법이다. 이 정리의 각각은 판정법을 주고, 주어진 판정법을 만족하면, 그 시스템은 어떠한 주기해도 갖지 않는다.

7.1 Poincaré-Bendixson 정리

용어와 기호들를 위상평면 분석에 관해 소개한다. 용어 "궤적(trajectory)"은 위상평면에서 **궤도(orbit)**와 동의어로 사용한다. 기호 $\Gamma(X_0, t)$는 시점 $X_0 = (x(t_0), y(t_0)) = (X_0, y_0)$에서 시작하는 시간 t의 함수로서 해의 궤도을 표기하기 위해 사용한다. 더구나, $\Gamma^+(X_0, t)$는 $t \geq t_0$이고, **양의궤도(positive orbit)**인 해의 궤적의 일부로 쓰고, $\Gamma^-(X_0, t)$는 $t \leq t_0$이고, **음의궤도(negative orbit)** 인 해의 궤적의 일부를 표기한다. 만일 해가 유계이면, 해가 양의 궤도와 음의 궤도는 $t \to +\infty$ 혹은 $t \to -\infty$임에 따라 한계집합에 접근한다. $\alpha-$**한계집합(limit set)**을 $\alpha(X_0)$로 표시하고, $t \to -\infty$에 따라 음의 궤도, $\Gamma^-(X_0, t)$에 접근하는 평면 점들의 집합이라 한다. [즉, $(x_l, y_l) \in \alpha(X_0)$ 이기 위한 필요충분조건은 $\lim_{i\to\infty}(x(t_i), y(t_i)) = (x_l, y_l)$을 만족하고, $t \to \infty$에 따라 감소하는 시간 수열 $t_i \to -\infty, \{t_i\}_{i=1}^{\infty}$이 존재한다.] ω-한계집합은 $\omega(X_0)$로 표시하고, $t \to \infty$에 따라 양의 궤도 $\Gamma^+(X_0, t)$로 접근하는 평면 점들의 집합이라 한다.

2차원 자율시스템 이론에서 매우 중요한 결과는 Poincaré-Bendixson 정리다. 이 정리는 시스템 (5.5)에 대한 주기해의 존재성에 관한 조건을 설명한다. Poincaré와 Bendixson이름은 프랑스 수학자 Jules Henri Poncaré(1854 – 1912)와 스웨덴 수학자 Ivar O.Bendixson(1861 – 1935)을 기리기 위한 것이다.

정리 **7.1 (Poincaré-Bendixson 정리).** *$\Gamma^+(X_0, t)$를 평면을 닫힌 유계영역에 머무르는 식 (5.5)의 양의궤도라 하자. ω-한계집합은 어떠한 평형해도 포함하지 않는다고 가정하자. 그러면*

(i) $\Gamma^+(X_0, t)$는 주기궤도 $(\Gamma^+(X_0, t) = \omega(X_0))$ 이거나,

(ii) ω-한계집합(limit set) $\omega(X_0)$는 주기궤도다.

□

이러한 결과를 증명하기 위해서는, Coddington과 Levinson(1955)를 참고하라. 이 정리의 중요한 결과는 유한개 평형점만을 포함하는 유계 집합은 세가지 방법들 중 한가지에 작용하는 Poincaré-Bendixson 3분법이다 (Coddington과 Levinson 1955; Smith와 Waltman 1995).

정리 **7.2 (Poincar*é*-Bendixson Trichotomy).** *$\Gamma^+(X_0,t)$를 평면을 닫힌 유계영역 B에 머무르는 식 (5.5)의 양의궤도라 하자. B는 유한개의 평형점만을 포함한다고 하자. 그러면 ω-한계집합은 다음 유형들중 하나이다:*

(i) $\omega(X_0)$은 평형점이다.

(ii) $\omega(X_0)$은 주기궤도이다.

(iii) $\omega(X_0)$은 유한개의 평형점과 궤적 Γ_i의 집합을 포함하는데, $\alpha-$와 $\omega-$한계집합은 각 궤적 Γ_i에 대해 평형점들중 하나를 구성한다.□

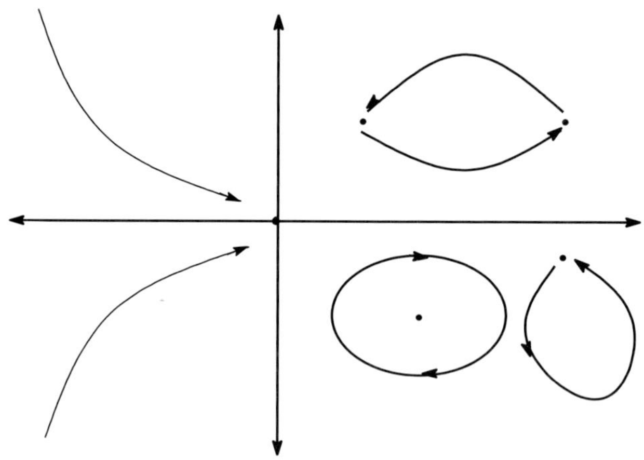

그림 5.10: 위상평면에서 w-한계집합의 예들.

이러한 모든 정리들 모두에서 중요한 가정은 해가 유계다. 경우 (ii)에서, 주기궤도에 접근하는 것을 제외하고 $\Gamma^+(X_0,t) \neq w(X_0)$이면 주기 궤도는 **극히 작은 주기궤도(limit cycle)**일 것이다. 경우 (iii)에서, 한계집합은 **순환그래프(cycle graph)**라 한다. 순환그래프는 평형점과 **homoclinic 궤도**(평형점 그 자체로 연결하는)이거나 몇가지 평형점과 **heteroclinic 궤도**(두개의 다른 평형점과 연결하는)로 구성된다. ω-한계집합의 예들은 그림 5.10이다.

중요한 사실은 주기궤도가 적어도 하나의 평형점을 에워쌓야 한다는 것이다. 주기 궤도는 $x-y$평면에서 닫힌곡선을 따르기 때문에 방향을 바꾸고 방향변화는 평형점에서 발생한다. 주기 궤도와 관련하여 또 다른 중요한 사실은 주기궤도의 내부에 정확히 하나의 평형점이 존재하면, 그것은 안장점일 수 없다. 그러나 그 평형점은 마디이거나 나선일 수 있다. 안장점 주위의 흐름의 방향이 주기궤도가 안장점을 둘러쌓도록 하지 않는다. 평면에서 임의의 닫힌곡선 주위의 흐름 방향은 닫힌곡선의 **지표(index)**에 따라서 분류한다.[예, Coddington과 Levinson(1955) 혹은 Strogatz(2000)참고].

예제 7.3 *다음 비선형시스템을 살펴보자:*

$$\frac{dx}{dt} = 8x - y^2, \quad \frac{dy}{dt} = -y + x^2. \tag{5.6}$$

x-분기선은 $y^2 = 8x$이고 y-분기선은 $y = x^2$이다. 분기선이 두 평형점 $(0,0)$과 $(2,4)$에서 서로 교차한다. x-분기선에서 dy/dt은

$$\left.\frac{dy}{dt}\right|_{y^2=8x} = -y + \frac{y^4}{64} = y\left(-1 + \frac{y^3}{64}\right)$$

을 만족한다. $y < 0$이거나 $y > 4$일 때 $dy/dt > 0$이고 $0 < y < 4$일 때 $dx/dt < 0$이다. y-분기선에서, dx/dt은

$$\left.\frac{dx}{dt}\right|_{y=x^2} = 8x - x^4 = x(8 - x^3)$$

을 만족한다. $x < 0$이거나 $x > 2$일 때 $dx/dt < 0$이고, $0 < x < 2$일 때 $dx/dt > 0$이다. 분기선을 따라 흐름의 방향은 그림 5.11에서 볼 수 있다.

다음으로는, 평형점 근처의 동태를 결정한다. 야코비안 행렬은

$$J = \begin{pmatrix} 8 & -2y \\ 2x & -1 \end{pmatrix}$$

이다. 원점에서의 야코비안 행렬은,

$$J(0,0) = \begin{pmatrix} 8 & 0 \\ 0 & -1 \end{pmatrix}$$

이다.

하나의 고유치는 양수 $(\lambda_1 = 8)$이고, 하나는 음수 $(\lambda_2 = -1)$이기 때문에, 원점은 안장점이다. 해는 x-축(불안정 다양체(unstable manifold))을 따라 원점을 떠나 멀리 움직이고, y-축(안정 다양체(stable manifold))을 따라 원점을 향하여 움직인다. 이러한 동태는 선형미분방정식 $dZ/dt = J(0,0)Z$와

$$Z = c_1 e^{8t}\begin{pmatrix} 1 \\ 0 \end{pmatrix} + c_2 e^{-t}\begin{pmatrix} 0 \\ 1 \end{pmatrix}$$

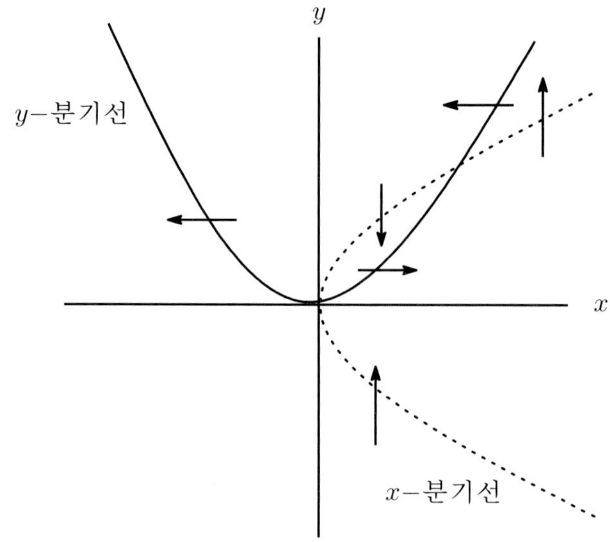

그림 5.11: 시스템 (5.6)에 대한 분기선을 따라 흐름의 방향.

을 풀면 알 수 있다.

평형점 (2,4)에서 야코비안 행렬은,

$$J(2,4) = \begin{pmatrix} 8 & -8 \\ 4 & -1 \end{pmatrix}$$

이다. 특성방정식은 $\lambda^2 - 7\lambda + 24 = 0$ *이거나* $\lambda_{1,2} = 7/2 \pm i\sqrt{47}/2$*이다. 평형점 (2,4)는 불안정인 나선이다. 시스템 (5.6)를 위한 방향장과 일부 해의 궤적들은 그림 5.12이다.*■

해가 유계이면 Poincaré-Bendixson정리를 마지막 예제에서 비선형 시스템에 적용할 수 있다. 그러나 시스템 (5.6)을 위한 경우는 아니다. $x(0) < 0$, $dx/dt < 0$이면 $x(t)$는 감소한다. 더구나 $dx/dt < 8x$이다. 즉, $t \to \infty$에 따라 $x(t) < x(0)e^{8t} \to -\infty$이다. 해는 유계가 아니기 때문에, Poincaré-Bendixson정리는 주기해를 확인하는데 적용할 수 없다. 그러나, 다른 두 결과에 적용할 수 있다.

7.2 Bendixson과 Dulac의 판정법

중요한 두가지 수학적 결과가 주기해의 가능성을 배제하는 충분한 조건이 있다. 그 조건은 Bendixson의 판정법과 Dulac의 판정법이다. 우선, 단순연결 집합을 정의한다. **단순연결**

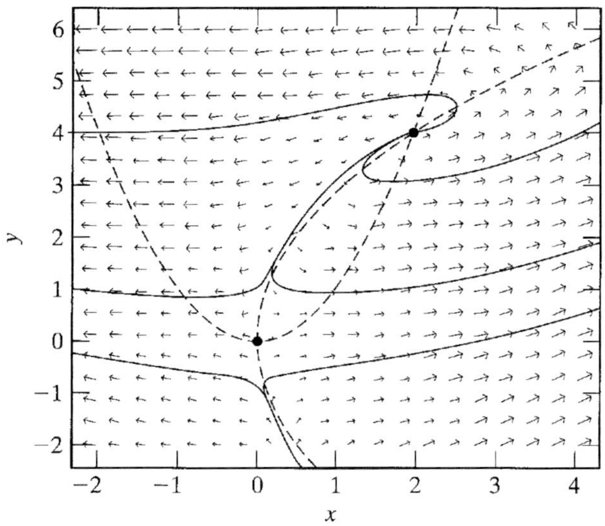

그림 5.12: 시스템(5.6)에 대한 방향장과 해 곡선들, 분기선은 점선곡선이고 해는 실선곡선이다.

집합(simply connected set) $D \subset \mathbf{R}^2$는 D안의 모든 단순 닫힌곡선이 한 점 (D내에)으로 연속적으로 수축시킬 수 있는 특성을 가진 연속집합이다(Rudin,1974). 예를 들어, 평면 전체, $\mathbf{R}^2$는 단순연결 집합이다. 기하학적으로 단순연결 집합은 어떠한 구멍들이 없는 집합이다.

정리 **7.4 (벤딕슨(Bendixson) 판정법).** *D가 $\mathbf{R}^2$의 단순연결 열린집합이라 하자. $div(f,g) \equiv \partial f/\partial x + \partial g/\partial y$가 항등적으로 0이 아니고 D에서 부호가 변하지 않으면 D에서 자율시스템 (5.5)의 주기궤도가 존재하지 않는다.*

증명. 단순 연결영역 D에서 주기해 C(단순 닫힌곡선)가 있다고 가정하자. S는 C의 내부에 있다고 하자. 곡선 C가 반시계방향으로 가로지를때, 평면(2차원 부분적분)에서 그린 정리는 다음과 같다:

$$\int_C f(x,y)dy - g(x,y)dx = \int\int_S \left(\frac{\partial f}{\partial x} + \frac{\partial g}{\partial y}\right) dxdy. \tag{5.7}$$

우변은 가정에 의해 0이 아니다. 자율시스템은

$$\frac{dx}{dy} = \frac{f(x,y)}{g(x,y)} \quad \text{또는} \quad g(x,y)dx = f(x,y)dy$$

를 만족한다. 즉, 식(5.7)의 좌변의 적분값은 0이어야 하므로 이는 모순이다. □

예제 7.5 벤딕슨의 판정법은 예제 7.3시스템에 적용된다. 이 예에서 $f(x,y) = 8x - y^2$이고 $g(x,y) = -y + x^2$이다. D는 $\mathbf{R}^2$에서 열린영역이라 하자. 그러면 $div(f,g) = 8 - 1 = 7 \neq 0$이다. 벤딕슨의 판정법은 D안에서 주기해가 존재하지 않음을 의미한다.■

간단하지만 중요한 벤딕슨 판정법의 일반화는 듀락의 판정법이라 한다.

정리 7.6 (Dulac's 판정법). *D가 $\mathbf{R}^2$의 단순연결 열린집합이고 $B(x,y)$가 D에서 실수값 C^1 함수라 하자. 만약*

$$div(Bf, Bg) = \frac{\partial(Bf)}{\partial x} + \frac{\partial(Bg)}{\partial y}$$

이 항등적으로 0이 아니고 D안에서 부호가 변하지 않는다면, D에서 자율시스템 (5.5)의 주기해가 존재하지 않는다.□

함수 B를 **듀락 함수(Dulac function)**라 한다. 듀락의 판정법은 특별한 경우인 $B(x,y) \equiv 1$으로 벤딕슨의 판정법을 단순화한다. 주어진 시스템에서 적절한 듀락 함수를 결정하는 일반적인 방법은 없다. 듀락함수를 구하는 어려움은 미분방정식을 풀때(Hale과 Kocak,1991)적절한 "적분인자"를 구하는 어려움과 비슷하다. 듀락과 벤딕슨의 판정법은 충분조건이지만 주기해들이 존재하지 않는 것에 대해 필요조건은 아니다. 이러한 판정법의 어느 것도 만족되지 않으면, 주기해가 존재할수도, 존재하지 않을수도 있다.

예제 7.7 함수 f와 g를 선형함수라 하자:

$$\frac{dx}{dt} = ax + by,$$
$$\frac{dy}{dt} = cx + dy.$$

벤딕슨의 판정법을 적용하면, $\partial f/\partial x + \partial g/\partial y = a + d$이다. $a + d \neq 0$이면, 평면전체에 주기해가 없다. 그러나 $a + d = 0$이면, 벤딕슨의 판정법이 적용되지 않는다. 다음 선형 시스템

$$\frac{dx}{dt} = y,$$
$$\frac{dy}{dt} = -x$$

에서 $a = 1$이고 $d = -1$이므로, 벤딕슨의 판정법은 적용되지 않는다. 변수 분리하여 x와 y에 대해 풀면, 이 시스템은 $x^2 + y^2 = C =$상수를 만족하고, 원점이 중심이다. 원점에서 시작하지 않는 모든 해는 주기해이다. 다음 선형 시스템

$$\frac{dx}{dt} = y,$$
$$\frac{dy}{dt} = x$$

에서는 $a = 0 = d$이므로, 벤딕슨의 판정법이 적용되지 않는다. 그러나, 이 시스템에서 임의의 주기해가 존재하지 않는다. 원점은 안장점이다($x^2 - y^2 = C =$상수). ■

예제 7.8 다른 종들이 없는 상태에서 먹이와 포식자가 로지스틱 성장을 하는 포식자-먹이 모델을 고려하자:

$$\frac{dx}{dt} = x(1 - ax - by),$$
$$\frac{dy}{dt} = y(1 + cx - dy),$$

단 $a, b, c, d > 0$이다. $B(x, y) = 1/(xy)$이라 하자. B가 양의 사분변, $D = \{(x, y)|x > 0, y > 0\}$에서 연속적으로 미분가능함에 주목하라. 즉, D에서 $div(Bx(1-ax-by), By(1+cx - dy)) = -a/y - d/x < 0$이다. 듀락 판정법은 D에서 임의의 주기해가 존재하지 않음을 의미한다. ■

포앙카레-벤딕슨 정리와 듀락과 벤딕슨의 판정법은 이차원에만 적용한다. 그러나, 어떤 특별한 경우(Busenberg와 van den Driessche,1990)에 3차원에 적용하는 듀락 판정법의 일반화가 존재한다. 이러한 일반화는 벡터함수 g를 찾는것을 포함한다. 따라서 해들을 $\mathbf{R}^3_+$ 내의 영역 표면상에서 g의 회전(curl)과 단위 법선벡터의 내적이 음이다.

제 8 절 분 기

만약 매개변수가 변하게 되면, 미분시스템의 역학이 변할 수 있다. 어떤 평형점은 불안정이 되고, 주기해가 나타나거나 이전의 평형점을 불안정하게 만들고 새로운 안정인 평형점이 나타날 수 있다. 이러한 변화가 나타나는 매개변수의 값을 **분기값(bifurcations value)**이라 하고, 변화된 매개변수는 **분기 매개변수(bifurcation parameter)**라 한다. 분기의 몇가지 유형을 토의한다: 안장마디(saddle node), 초월임계(transcrctical), 쇠스랑(갈퀴 쌍갈래)(pitchfork) 와 호프분기(Hopf bifurcation). 분기들의 처음 세가지 유형

은 상수 미분방정식 시스템에도 나타난다. 네 번째 유형인, 호프분기는 상수 미분방정식에서는 나타나지 않는다. 왜냐하면 분기의 이 유형은 주기해로의 변화를 관련하기 때문이다. 자율상수미분방정식은 주기해를 갖지 않는다. 비선형 역학시스템 이론과 미분방정식에서 분기이론에 관한 소개는 우수한 Hale과 Kocak(1991)과 Strogatz(2000)의 책을 참고하면 된다.

8.1 일계방정식

첫째로, 상미분방정식들의 경우 분기를 토의한다. 상수 미분방정식을 살펴보자.

$$\frac{dx}{dt} = f(x, r), \tag{5.8}$$

여기서 r은 분기 매개변수이고 $\overline{x}(r)$은 r에 종속하는 평형해이다. 분기는 세가지 다른 유형이 있다:

Ⅰ. 안장마디(saddle node)

Ⅱ. 쇠스랑(갈퀴 쌍갈래)(pitchfork)

Ⅲ. 초임계(transcritical)

분기의 이러한 세가지 유형은 또한 상수 계차방정식에서도 발생한다. 그러나 상수계차방정식에는, 주기-배가 분기로 알려진 부가적인 분기 유형이 있다.

분기값 $\overline{r}$에서, 평형점의 안정성이 변화는 경우이다. 특히, $r = \overline{r}$와 $x = \overline{x}(\overline{r})$에서

$$\left.\frac{df(x, r)}{dx}\right|_{(x,r)=(\overline{x}(\overline{r}),\overline{r})} = 0 \tag{5.9}$$

이다.

상수미분방정식에서 세가지 분기 유형 각각에 관한 역학을 간단히 토의하자. 분기 역학은 2장에서 토의한 계차방정식의 경우에서의 역학과 유사하다. 안장마디 분기에서, 분기 매개변수는 분기점을 통과함에 따라, 두개의 평형점들은 사라지고 이후의 평형점은 없다. 평형점들이 사라지기 전에 하나의 평형점은 안정적이고, 다른 평형점은 불안정이다. 이러한 유형의 분기를 때때로 **푸른하늘 분기(blue sky bifurcation)**라 한다(Strogatz(2000)). 왜냐하면 평형점들이 "맑고 푸른 하늘(out of the clear blue sky)"처럼 나타나기 때문이다. 갈퀴분기에서, 불안정 평형점으로 나눠어진 두개의 안정인 평형

점들이 있다. 서로 다른 두가지 안정인 평형점들이 있는 시스템은 쌍안정성(bistable)의 특성을 갖는다고 한다. 분기점을 통과될때, 오직 하나의 안정인 평형점만이 있다. 분기의 이러한 유형을 **초임계 갈퀴(supercritical pitchfork) 분기**라 한다. 또한 **아임계 갈퀴(subcritical pitchfork)분기**가 있다. 아임계 갈퀴분기에서 안정성은 초임계 분기의 반대이다. 즉, 분기점이 통과될때까지 두개의 불안정 평형점들이 안정인 평형점으로 분리된다. 그러면 단지 하나의 불안정 평형점만이 있다. 그림은 “갈퀴”모양 처럼 보인다. 그림 2.10 II에 있는 그림은 초임계 갈퀴분기이다. 초임계분기에서 두개의 평형점들: 하나는 안정이고 다른 하나는 불안정이다. 분기점을 통과할 때 안정성의 변화가 있다. 불안정 평형점은 안정이되고 안정 평형점은 불안정이 된다.

다음 세가지 예는 이러한 세가지 분기 유형의 표준 예이다.

I. $\dfrac{dx}{dt} = r + x^2$

II. $\dfrac{dx}{dt} = rx - x^3$

III. $\dfrac{dx}{dt} = rx + x^2$

각 경우에, 분기값 $r = 0$이다. $r = 0$에서 평형점의 안정성에 변화가 있다. 식 (5.9)에서 판정법은 $\bar{r} = 0$과 $\bar{x}(\bar{r}) = 0$을 만족한다. 유형 I, II, III의 분기를 설명하는 분기 그림은 계차방정식의 분기 그림과 같다.(2장 그림 2.10).

예제 8.1 *유형 I의 표준형 미분방정식을 살펴보자:* $dx/dt = r + x^2 = f(x, r)$. *평형점은* $x^2 = -r$*이나* $\bar{x}(r) = \pm\sqrt{-r}$*이다.* $r > 0$*일 때, 평형점은 없다.* $r = 0$*일 때, 평형점은 하나가 있다. 결국,* $r < 0$*일 때는, 두개의 평형점이 있다. 또한,* $\bar{x}(r)$*에서의* $df(x, r)/dx = 2x$*의 값은* $\pm 2\sqrt{-r}$*과 같다. 양수의 평형점은 불안정이고 음수의 평형점은 안정이다.* $\bar{r} = 0$*에서 안장마디 분기가 있다.*■

분기의 이러한 유형들은 또한 미분방정식의 고차원 시스템에 나타난다. 예를 들어, 2차원 시스템

$$\frac{dx}{dt} = r + x^2,$$
$$\frac{dy}{dt} = -y$$

에서 $r < 0$일 때 안장마디 분기가 있다.

8.2 Hopf 분기 정리

분기의 네번째 유형은 2개 혹은 그 이상의 방정식으로 구성된 미분방정식 계에서 발생한다. 네번째 유형을 **Hopf분기(Hopf bifurcation)**라 부른다. 이름은 프랑스 수학자 Jules Henri Poincaré(1854-1912), 러시아 수학자 Alexander A. Andronov(1901-1952), 독일 수학자 Heinz Hopf(1884-1971)들의 공헌을 감사하기 위해 **Poincaré-Andronov-Hopf 분기**라고 부른다(Hale, Kosak,1991). 3장의 포식자-먹이 시스템에서 나타났던 유사한 분기 유형이 계차방정식의 시스템(Neimark-Sacker분기로 알려진)으로 모델화 되었던 것을 보았다.

여기서 설명한 Hopf 분기 정리는 두개의 미분방정식의 시스템을 위한 것이다. 또한 고차원에 관한 Hopf 분기 정리가 있다 (Marsden 과 McCracken,1976). 이 Hopf 분기 정리는 주기해의 존재성을 위한 충분조건을 설명한다. 하나의 매개변수가 변화함에 따라, 시스템의 역학은 안정인 나선으로 부터 중심으로, 그리고 불안정 나선으로 변한다. 선형화된 시스템의 고유치들은 음의 실수부를 가진것으로부터 0실수부로 그리고 양의 실수부로 변한다. 어떤 조건아래, 주기해가 존재한다.

다음과 같이 주어진 자율 미분방정식계를 살펴보자:

$$\frac{dx}{dt} = f(x, y, r) \text{ 와 } \frac{dy}{dt} = g(x, y, r). \tag{5.10}$$

여기서, 함수 f와 g는 분기 매개변수 r에 종속된다. 시스템 (5.10)의 평형점 $(\bar{x}(r), \bar{y}(r))$과 이 평형점에서 야코비안 행렬의 고유치가 $\alpha(r) \pm i\beta(r)$라고 가정하자. 더구나, 안정성에서 $\alpha(r^*) = 0$인 $r = r^*$값에서 안정성의 변화가 발생한다고 가정하자. $r < r^*$를 제외하고 r의 값이 r^*에 가까와지는 경우에 $\alpha(r) < 0$이면 그리고 $r > r^*$(또한 $\beta(r^*) \neq 0$)을 제외하고 r의 값이 r^*에 가까와 지는 경우에 $\alpha(r) > 0$이면 r이 r^*를 통과함에 따라 평형점은 안정나선에서 불안정 나선으로 변한다. Hopf 분기 정리는 $\mathbf{R}^2$내의 평형점의 임의의 주위에 $r = r^*$ 근방 주기궤도가 존재함을 설명한다. 매개변수 r은 **분기 매개변수 (bifurcation parameter)**이고 r^*는 **분기값(bifurcation value)**이라 한다. 이 정리는 분기 매개변수가 분기값과 가까운 값을 가질 때 만이 타당하다.

정리를 설명하기 전에, 호프분기가 있는 간단한 예를 들고자 한다.

예제 8.2 *다음 선형시스템을 살펴보자.*

$$\frac{dx}{dt} = rx - y,$$
$$\frac{dy}{dt} = x + ry.$$

원점은 평형점이다. 원점에서 야코비안 행렬의 대각원소의 합과 행렬식은 각각 $2r$과 $r^2 + 1$이다. 야코비안 행렬의 행렬식이 음수 $(2r)^2 - 4r^2 - 4 = -4$이면 고유값은 $r \pm i$이다. $r < 0$이면, 원점이 안정나선이다. $r = 0$이면 원점은 중심이고, $r > 0$이면 원점이 불안정 나선이다. 분기값은 $r = r^*$에서 $r^* = 0$이다. 안정성은 자취 τ와 행렬식 δ의 함수로 그려진 안정성 그래프를 기억하자. 이 예에서 분기는 r이 δ-축($\delta > 0$)과 교차하기 때문에 나타난다. 하나의 Hopf 분기가 나타난다. 분기 매개변수 r은 분기값 $r^* = 0$을 관통하여 증가함에 따라, 평형점 $(0, 0)$은 안정나선에서 중립 중심으로 불안정 나선으로 변한다. 분기값 $r^* = 0$에서 무한히 많은 주기해들이 있다. $dx/dt = -y$와 $dy/dt = x$에 대한 해들은 $x^2(t) + y^2(t) = c$(단, c는 초기값에 종속되는 상수)와 같은 유형이다.■

선형인 예는 분기 매개변수 r이 변함에 따라 안정성의 변화를 설명한다. 일반적으로, Hopf 분기에서 r이 분기값 r^*을 통과함에 따라, 세가지의 가능한 역학이 나타날 수 있다.

(i) 분기값 r^*에서 무한히 많은 중립적으로 안정적이고 중심이 같은 닫힌궤도가 평형점을 두른다.

(ii) 안정나선 r^*에 가까이 있는 매개변수 값에 대하여 안정인 극히작은 주기궤도 (limit cycle)로 변한다(초임계 분기).

(iii) 안정나선과 불안정 극히 작은 주기궤도는 r^*(보조임계 분기)에 가까이 있는 매개변수의 값들에 대해 불안정 나선으로 변한다(아임계 분기).

예제 8.2는 유형 (i)은 안정성 변화를 설명한다. 그림 5.13은 $x - y - r$공간의 초임계와 아임계 분기를 설명한다. 안정인 해는 실선 곡선으로 나타내고 불안정인 해는 점선 곡선으로 나타낸다.

Hopf 분기 정리를 Hale과 Kocak(1991)가 설명하였다. 이 정리에 대한 증명은 Hale과 Kocak(1991)나 Marsden과 McCracken(1976)을 참고하라. 먼저 시스템이 변형이 되면 원점에서 평형점과 $r^* = 0$에서 매개변수 r이 순허수인 고유값이 된다. 시스템 (5.10)은 다음

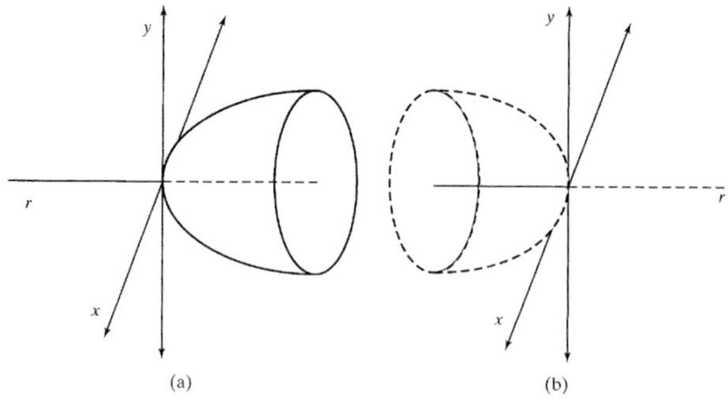

그림 5.13: $x-y-r$공간에서 (a) 초임계 분기와 (b) 보조임계 분기 실선 곡선은 원을 그리거나 r축상에서 안정이고 점선 곡선은 불안정이다.

과 같이 다시 쓸 수 있다:

$$\begin{aligned}\frac{dx}{dt} &= a_{11}(r)x + a_{12}(r)y + f_1(x,y,r),\\ \frac{dy}{dt} &= a_{21}(r)x + a_{22}(r)y + g_1(x,y,r).\end{aligned} \tag{5.11}$$

원점에 관한 시스템 (5.11)의 선형화는 $dZ/dt = J(r)Z$(단, $Z=(x,y)^T$)로 주어지고

$$J(r) = \begin{pmatrix} a_{11}(r) & a_{12}(r) \\ a_{21}(r) & a_{22}(r) \end{pmatrix} \tag{5.12}$$

는 원점에서 야코비안 행렬값이다.

정리 **8.3 (Hopf 분기 정리).** *시스템 (5.11)에서 f_1과 g_1은 x,y에서 연속인 3차 도함수를 갖는다고 하자. 원점 $(0,0)$은 시스템 (5.11)의 평형점이고, (5.12)에서 정의한 야코비안 행렬 $J(r)$는 충분히 작은 $|r|$에서 타당하다고 가정하자. 더구나, 행렬 $J(r)$의 고유치는 $\alpha(0)=0$이고 $\beta(0)=0$인 $\alpha(r)\pm i\beta(r)$로, 고유치들은 0이 아닌 속도(횡단)*

$$\left.\frac{d\alpha}{dr}\right|_{r=0} \neq 0$$

로 순 허수축 통과한다고 가정한다. 그러면 $\mathbf{R}^2$ 안의 원점을 포함하는 열린집합 U와 임의의 $r_0>0$에 대하여, $|\bar{r}|<r_0$인 $\bar{r}$가 존재하는데 이는 미분방정식 시스템 (5.11)은 U 안의 $r=\bar{r}$에서 주기해(대략적인 주기 $T=2\pi/\beta(0)$)를 갖는다. □

예제 8.4 *분기 매개변수 r을 가진 예제 8.2의 선형시스템을 살펴보자. 선형시스템에서 호프분기 정리의 조건들이 성립함을 보여라.*

$$\frac{dx}{dt} = rx - y,$$
$$\frac{dy}{dt} = x + ry.$$

이 경우, $f_1 = 0 = g_1$이다. 고유치 $r \pm i$를 갖는 야코비안 행렬은

$$J(r) = \begin{pmatrix} r & -1 \\ 1 & r \end{pmatrix}$$

이다. $\alpha(r) = r$이고 $\beta(r) = 1$이므로 $\alpha(0) = 0, \beta(0) \neq 0$이고 $d\alpha/dr = 1 \neq 0$이다. 호프분기 정리의 조건이 성립한다. 실제로, 원점의 모든 근방에서 $r = 0$에 대한 주기해가 존재한다. ■

계산방법은 초임계점이나 아임계점이 나타날 것인지 아닌지를 결정하는데 적용할 수 있다. 이 방법은 5장의 부록에 있다.

예제 8.5 *다음 시스템을 살펴보자:*

$$\begin{aligned}\frac{dx}{dt} &= rx + y, \\ \frac{dy}{dt} &= -x + ry - y^3.\end{aligned} \tag{5.13}$$

평형점은 $(0,0)$이다. 야코비안 행렬은

$$J(r) = \begin{pmatrix} r & 1 \\ -1 & r - 3y^2 \end{pmatrix} \Bigg|_{(0,0)} = \begin{pmatrix} r & 1 \\ -1 & r \end{pmatrix}$$

이다. $J(r)$의 고유치는 $r \pm i$이다. Hopf 분기 정리를 적용할 수 있다. 더구나, 초임계점이나 아임계 분기를 적용할 수 있는지에 대한 확인은 $r = 0$에서 분기가 초임계임(연습문제 32)을 보이기 위해서이다(부록). 매개변수가 충분히 작고 양수이면 미분방정식 시스템도 원점의 근방에서 안정인 주기해를 갖는다. 그림 5.14은 $r = -1/2$과 $r = 1/2$인 경우, 시스템의 역학을 설명한다. $r = 1/2$에서 대해 세개의 평형점들이 있다. ■

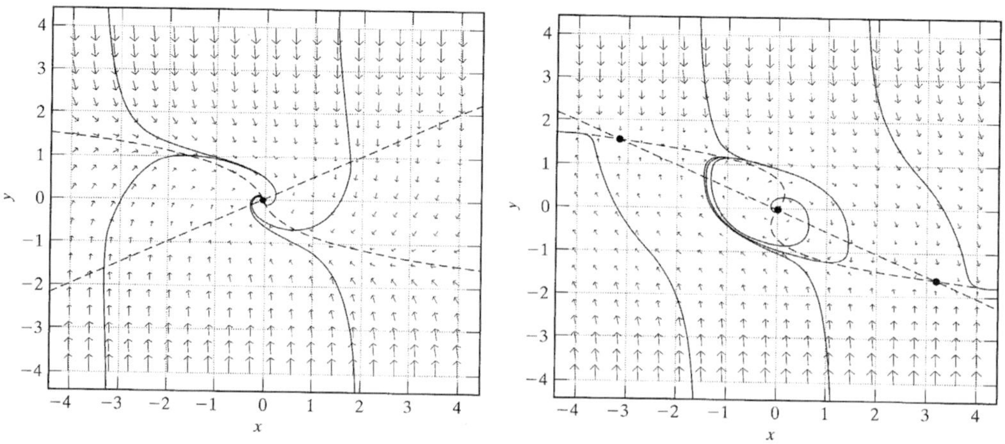

그림 5.14: $r = -\frac{1}{2}$(좌변 그림)이고 $r = \frac{1}{2}$(우변 그림)일 때 위상평면에서 시스템 5.13의 역학. 좌변의 그림에서 평형점 (0,0)은 안정이나 우변의 그림에서 원점근방에서 해는 안정 주기해로 수렴한다.

제 9 절 지연 로지스틱 방정식

연속인 로지스틱 미분방정식 $dx/dt = rx(1 - x/K)$은 다음과 같이 주어진 이산 근사 계차방정식을 갖는다: $x_{t+1} = x_t + rx_t(1 - x_t/K)$. 후자의 방정식 개체군 크기의 변화가 단위 1인 t에서 $t+1$될 때까지 발생하지 않기 때문에 성장에서 지연을 나타낸다. 연속인 로지스틱 방정식에서 증가 변화는 즉시 일어난다. 2장에서 보았던 것처럼 평형점 $\bar{x} = K$는 r이 증가함에 따라 계차방정식에서 불안정하게 된다. 연속인 로지스틱 방정식에서 평형점 $\bar{x} = K$는 $r, K > 0$이고 $x(0) > 0$이면, 점근적 안정이다. 그러나 이산인 경우에, $0 < r < 2$이면 평형점 $\bar{x} = K$는 국소 점근적 안정일 뿐이다. $r > 2$인 r의 값에 대해서, 해는 주기(주기-배가)해가 되고 혼돈이다. 지연은 종종 평형점의 안정성을 변화시킨다. 연속인 로지스틱 방정식에서 밀도-종속 항에 지연 길이 T를 첨가하는 것은, 평형점이 안정이 되도록 하는 범위값 r이 변하는 것을 볼것이다.

밀도-의존 요인에 지연 T를 사용한 로지스틱 방정식을 살펴보자:

$$\frac{dx(t)}{dt} = rx(t)\left(1 - \frac{x(r-T)}{K}\right). \tag{5.14}$$

매개변수 r, K와 T는 양수이다. 매개변수 r은 자연성장율, K는 환경수용력, T는 지연 매개변수이다. 방정식 (5.14)는 여전히 두개의 상수해나 평형해를 갖는 것을 주목하라: $\bar{x} =$

$0, \bar{x} = K$. 성장율을 조절하는 밀도-종속 요인 $1 - x(t-T)/K$은 동시에 발생하는 것이 아니고 이전 시간 $t-T$에서 개체군에 종속한다. 예를 들어, 식량 자원에 영향을 미치는 개체수는 개체수에 의해 즉각적으로 알 수 있는 것은 아니고 T 기간의 후에만 알 수 있다. 방정식 (5.14)은 생태학자 Hutchinson(1948)과 수학자 Wright(1946)에 의해 최초로 연구되었기 때문에(Kot.2001 참고) 때때로 **Hutchinson-Wright 방정식**이라 한다. $t > 0$일 때 이러한 이산 지연방정식에 대한 해를 계산하기 위해서 기간 $[-T, 0]$의 $x(t)$ 값을 아는것이 필요하다. 단계방법을 지연 모델에 적용한다. 구간 $[0, T]$에서 해를 구하기 위해 다음 방정식을 풀 필요가 있다:

$$\frac{dx(t)}{dt} = rx(t)\left(1 - \frac{\phi_0(t-T)}{K}\right).$$

단, 구간 $[-T, 0]$에서 $\phi_0(t) = x(t)$이다. 단계방법으로 이 미분방정식을 푸는 것이 아니고, 평형점 K가 국소 점근적 안정일때 r과 T에 종속하는 안정성 영역을 결정하는 것이다.

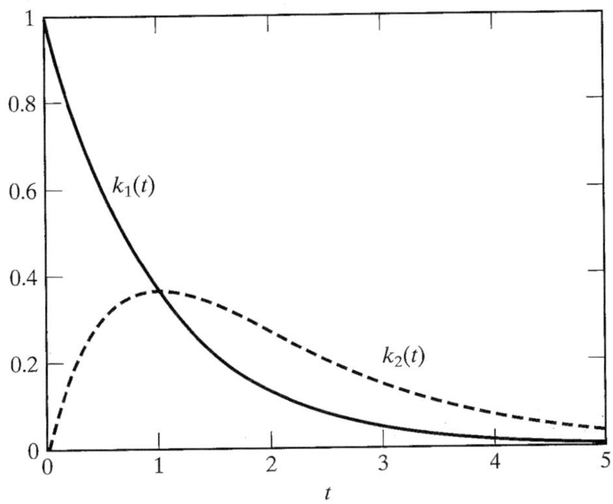

그림 5.15: $T = 1$일 때 지연 핵 $k_1(t)$와 $k_2(t)$의 그래프

이산-지연 미분방정식(5.14)은 지연이 모든 과거 개체군을 보다 일반적인 모델로 단순화한 것이다. 보다 일반적인 모델은 적분미분방정식인데 지연은 연속(4장 끝에서 토의했다.)이다. 로지스틱 성장을 가진 밀도-종속 요인에서 연속지연을 가진 모델은 다음 형태로 쓴다:

$$\frac{dx(t)}{dt} = rx(t)\left(1 - K^{-1}\int_{-\infty}^{t} k(t-s)x(s)ds\right). \tag{5.15}$$

단, $k(t)$은 가중요소이고 이는 얼마나 많은 무게가 과거 개체군에게 주어졌는지를 의미하고, 또한 적분의 **핵(kernel)**이라 한다. 예를 들어, Cushing(1977)은 "약한" 지연 핵으로

$$k_1(t) = \frac{1}{T}\exp(-t/T)$$

유형의 핵을 의미한다. $t = 0$에서 $k_1(t)$의 최대값이고 과거 개체군에 약간은 종속된다. 그러나, 핵

$$k_2(t) = \frac{1}{T^2}\exp(-t/T)$$

는 "강한" 지연을 의미한다(Cushing,1977). 강한 지연핵은 $t = T$에서 최대값을 갖는다.(그림 5.15 참조).

이러한 핵 모두는

$$\int_0^\infty k_i(t)dt = 1, i = 1, 2$$

을 만족한다. $k(t)$가 디락 델타함수 $k(t) = \delta(t - T)$일 때 방정식 (5.15)은 $t = T$에서 이산 지연인 로지스틱 모델로 축소한다. 디락 델타함수는

$$\delta(t - T) = 0(t \neq T), \quad \int_{-\infty}^\infty \delta(t - T)dt = 1$$

과

$$\int_{-\infty}^t \delta(t - T - s)x(s)ds = x(t - T)$$

을 만족한다.

$t = T$에서 이산 지연이 있는 로지스틱 모델과 모델 (5.15)에 집중하고, 평형점 K가 지연 T의 작은 값에 대해 국소 점근적 안정임을 보인다. 오랜 지연은 불안정하게 된다. $0 \leq T < T_c$인 값 T_c의 존재성과, 지연 로지스틱 방정식의 평형점 K가 국소 점근적 안정임을 보일것이다. T_c의 값은 매개변수 r에 의존한다.

만일 특성방정식의 해가 음의 실수부를 가지면, 원점에서의 평형점을 가진 선형 지연 미분방정식의 해는 0에 근접한다(Bellmam과 Cooke,1963; Gopalsamy,1992). 특성방정식은 해가 $e^{\lambda t}$ 형태를 가진다는 가정하에 얻는다. 즉, 식 (5.14)에 대해 평형점 K의 국소 안정성을 결정하기 위해, 방정식을 선형화할 필요가 있다. 선형화하기 이전에, 방정식을 간단히 하기 위해 변수변환을 한다.

$\tau = rt,\ \widehat{T} = rT$이고

$$y(\tau) = \frac{x(t)}{K}$$

라 하자. x의 단위는 K와 같고, t의 단위는 $1/r$과 같다. 즉, τ와 y는 차원이 없는 변수임을 주목하자. y를 τ로 미분하면,

$$\frac{dy}{d\tau} = \frac{1}{K}\frac{dx}{dt}\frac{dt}{d\tau} = \frac{1}{rK}\frac{dx}{dt}$$

이다. $x(t) = Ky(rt)$이므로, $x(t-T) = Ky(r(t-T)) = Ky(rt-rT) = Ky(\tau - \widehat{T})$이다. y로 표현한 이산-지연 미분방정식 (5.14)은

$$\frac{dy(\tau)}{d\tau} = y(\tau)(1 - y(\tau - \widehat{T})) \tag{5.16}$$

을 만족한다. 미분방정식 (5.14)에서 평형점 $\overline{x} = K$는 미분방정식 (5.16)의 평형점 $\overline{y} = 1$에 대응된다.

다음으로, 방정식 (5.16)은 평형점 $\overline{y} = 1$에 관하여 선형화된 방정식이다. $u(\tau) = -x(\tau) - 1$이라 하자. 그러면

$$\frac{du(\tau)}{d\tau} = \frac{dy(\tau)}{d\tau} = (u(\tau)+1)[-u(\tau - \widehat{T})] \approx -u(\tau - \widehat{T})$$

이다. 선형화는

$$\frac{du(\tau)}{d\tau} = -u(\tau - \widehat{T}) \tag{5.17}$$

의 형태를 갖는다. 국소 점근적 안정성 결과는 원래 비선형지연방정식 (5.14)에 관하여 설명하였으나 선형화된 시스템 (5.17)은 이 결과를 증명하기 위해 사용되었다(Cushing,1977; Gopalsamy,1992). 만일 $\widehat{T} < \frac{\pi}{2}$이면, 평형점 $\overline{y} = 1$ 국소 점근적 안정임을 보인다. 만일 $T < \pi/(2r)$(또는 $r < \pi/(2T)$)이면, 원래 변수들로 표현된 평형점 $\overline{x} = K$은 국소 안정이다.

정리 **9.1** 만일 $0 \le T < \pi/(2r)$이면, *지연 로지스틱 미분방정식(5.14)의 평형점 K는 국소 점근적 안정이고, $T > \pi/(2r)$이면 불안정이다.*

증명. *식 (5.17)의 해가 $u(\tau) = e^{\lambda\tau}$ 형태라 가정하자. $e^{\lambda\tau}$를 미분방정식 (5.17)에 대입하면,*

$$\lambda e^{\lambda\tau} = -e^{\lambda(\tau - T)}$$

가 된다. 단순하게 하기위해, $\widehat{T} = T$라 하자. 간단히, 특성방정식은

$$\lambda = -e^{-\lambda T}$$

이다. 특성방정식은 λ의 초월방정식이다. 해 λ는 고유치이다. 만일 고유치가 음수이거나 음의 실수부를 가지면, 선형화된 방정식의 평형점 $u = 0$은 점근적 안정이다. $u = 0$이 점근적 안정이면, 원래 변수에 관하여, 방정식 (5.14)의 평형점 $x = K$은 국소 점근적 안정이다. 두 경우를 고려한다.

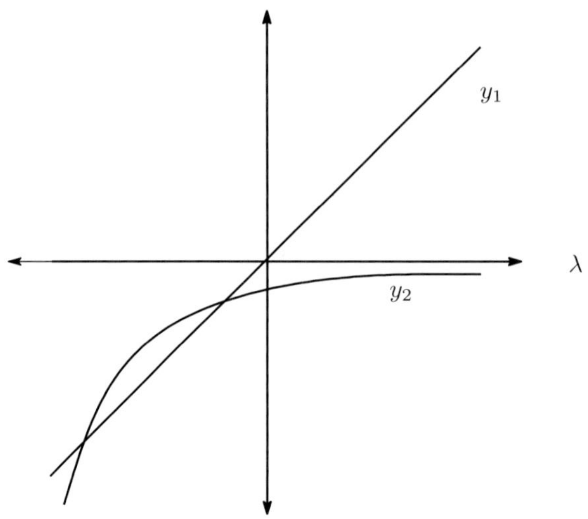

그림 5.16: $y_1 = \lambda$와 $y_2 = -e^{-\lambda T}$의 그래프. 두 곡선의 교점이 없거나 한점 혹은 두점이다. 교점은 λ의 음수 값에서만 나타난다.

경우 1. 고유치 λ를 실수라 가정하자. $T \geq 0$에 대해서, $\lambda = -e^{-\lambda T}$의 모든 해 λ는 음수다.(그림 5.16 참고).

경우 2. 고유치 λ가 복소수라 가정하자. 즉, $\lambda = a \pm ib, b \neq 0$이다. 오일러 공식을 초월방정식에 적용하면

$$a \pm ib = -e^{-(a+ib)T} = -e^{-aT}[\cos(bT) - i\sin(bT)]$$

(b는 양수 혹은 음수)이다. 실수부는 실수부끼리와 허수부는 허수부끼리 각각 같게 놓으면

$$a = -e^{-aT}\cos(bt), \ b = e^{-aT}\sin(bT) \tag{5.18}$$

이다. $0 \leq T < \pi/2$인 경우 식(5.18)에 관한 방정식의 해는 $a < 0$을 만족한다.

만일 $b > 0$일 경우 방정식 (5.18)의 해가 존재하면, 역으로 $-b$에 대해서도 해가 존재한다. 그러므로, 일반성을 잃지 않고 $b > 0$이라 가정한다.

방정식 (5.18)을 간단히 하면

$$a = -b\cot(bT),\ b = \sin(bT)e^{bT\cot(bT)} \tag{5.19}$$

이다. $s = bT$라 놓자. b에 관한 후자의 방정식은

$$\frac{s}{T} = \sin(s)e^{s\cot(s)}$$

으로 표현된다. $s-y$평면에서 곡선 $y_1 = s/T$, $y_2 = \sin(s)e^{s\cos(s)}$의 교점은 그림 5.17에 볼 수 있다. $0 < T \le e^{-1}$일 때, $s \in (0,\pi)$에 대한 교점이 없으나 $s \in (2\pi, 5\pi/2), (4\pi, 9\pi/2), \cdots$ 등에 대한 교점들이 있다. ($T = 1/e$일 때, y_1과 y_2의 그래프는 원점에서 접선이다.) 교점 $bT = s < (2\pi, 5\pi/2), (4\pi, 9\pi/2), \cdots$,의 각각에 대해 $a < 0$임을 주의하자. $e^{-1} < T < \frac{\pi}{2}$일 때, $s \in (0,\pi)$에 대해 부가적인 교점이 있다. $s = \frac{\pi}{2}$이면 $a = 0$이다. 즉, $e^{-1} < T < \frac{\pi}{2}$이면, $0 < s < \frac{\pi}{2}$에서 곡선 y_1과 y_2의 교점은 $a < 0$임을 의미한다[(5.19)의 첫번째 방정식으로 부터 구한다]. 결론적으로 모든 경우에서, $0 \le T < \frac{\pi}{2}$이면 $a < 0$이다. 이는 고유치가 음의 실수부임을 의미한다. 결과를 요약하면, $0 \le T < \frac{\pi}{2}$에서 선형화된 방정식의 평형점 $u = 0$은 국소 점근적 안정이다.

$T > \frac{\pi}{2}$인 경우 ($\frac{\pi}{2} < s < \pi$)일 때, y_1과 y_2는 교차 한다. 결론적으로 $a > 0$이다. 이는 양의 실수인 고유치가 있음을 의미한다. 그러므로 $T > \pi/2$이면 평형점 $u = 0$은 불안정이다.

원래의 변수의 관한 부등식으로 표현하면 지연 T는 rT와 $Tc = \pi/cr$로 대체한다. 원래의 미분방정식 (5.14)에서

$$0 \le rT < \frac{\pi}{2}$$

이면 평형점 $\overline{x} = K$은 국소 점근적 안정이고 $rT > \pi/2$ 이면 불안정이다. □

K의 광의의 점근적 안정성은 ($[-T, 0]$에서 $x(t) \ge 0, x(t) \ne 0$일 때) $rT < 3/2$일 때 미분 지연방정식(5.14)은 1955년 Wright가 증명했다. 이 결과의 증명은 Kuang(1993)이 했다. Kuang은 광의의 점근적 안정성 결과는 $rT < 37/24$까지 확장할 수 있고 아마도 $rT < 1.567$까지 될 것이라고 언급했다 ($\frac{\pi}{2} = 1.571\cdots$ 임을 주의하라). $rT < \frac{\pi}{2}$일 때 평형점 K가 광의의 점근적 안정이다는 Wright의 추측은 여전히 열린문제이다.

직관적인 논증은 주기해가 가능하고, 주기는 분기값 근방에서 대략 $4T$ 임을 보인다. 시간 $t = t_1$에서 $t - T \le t < t_1$, $x(t) < K$ 일 때 $x_1(t) = K$라 가정하자. 그러면 지

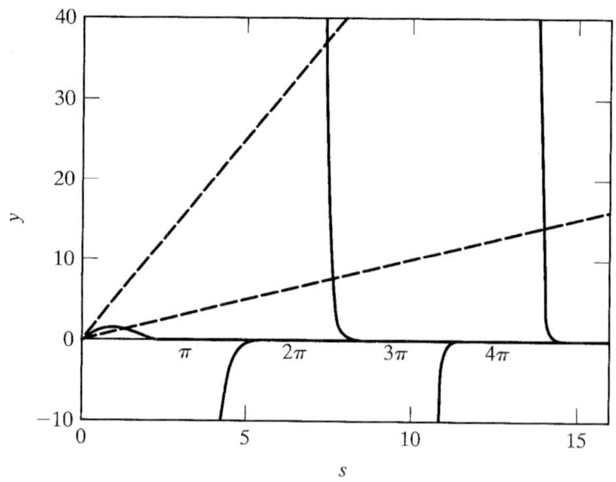

그림 5.17: $s-y$평면에서 $0 < T < 1/e$이고 $e^{-1} < T < \frac{\pi}{2}$일 때 $y_1 = s/T$(점선 그래프)와 $y_2 = \exp(s\cot(s))\sin(s)$(실선 그래프)의 그래프, 수평축은 s이고 수직축은 y이다.

연 미분방정식은 $t = t_1$일 때 $dx(t)/dt > 0$을 만족한다. 이 해는 K 위로 증가한다. 시간이 $t = t_1 + T$에 도달 할 때 $x(t-T) = x(t_1) = K$이고 $dx(t)/dt = 0$이다. t가 $t_1 + T$보다 조금 더 크고 $dx(t)/dt < 0$일 때 해는 감소하기 시작한다. $t_1 + T < t < t_2 + T$일 때 $x(t-T) > K$, $x(t_2) = K$이고 $dx(t)dt < 0$을 만족하는 t_2가 존재한다. 즉, $x(t)$는 구간 $(t_1 - T, t_1 + T)$에서 증가하고, $(t_1 + T, t_2 + T)$에서 감소한다. $t_2 + T$에서 $dx(t)/dt = 0$이고 $x(t)$는 다시 방향을 바꾼다. 즉 해의 주기는 대략 $4T$이다.

양(sheep)검정파리에 관한 니콜슨은(1957)의 데이타는 주기 동태를 보여준다(그림 5.18). 오스트리아 양(sheep)검정파리는(Lucilia cuprina) 오스트리아 양의 주요한 해충이다. 알에서 성체 단계까지 발단지연이 있는데 지연미분방정식을 이러한 데이타에 적용되는 적절한 모델이다. May(1975)는 $tT = 2.1 > \pi/2$일 때 로지스틱 지연방정식 (5.14)에 그 자료를 적용시켰다. 이 경우, 주기가 대략 $4.54T$(Marray,1993,2002) 인 주기해가 있다. 관찰된 주기는 약 45일이다. 즉, 주기 $T \approx 40/4.45 \approx 9$일이다. $rT = 2.1$이고 $K = 2500$인 지연미분방정식에 대한 대략적인 해는 그림 5.18이다.

이 절의 마지막 예로 약한지역 핵이 $K(t) = T^{-1}\exp(-t/T)$일 때, 지연 적분 미분방정식 (5.15)에 대한 평형점 K의 안정성을 공부한다. 약한 지연에 대한 평형점 K는 항상 국소 점근적 안정이다.

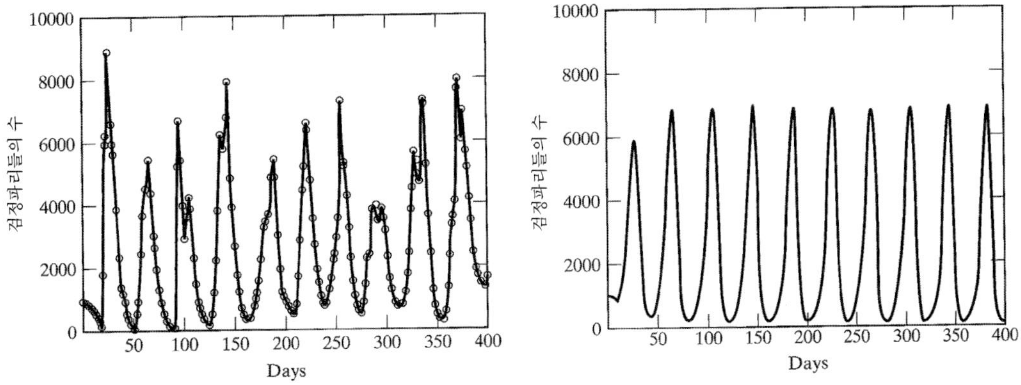

그림 5.18: 검정파리에 대한 니콜슨의 데이타는 왼편에 있는 그림의 그래프. 데이타는 722일간(처음 400일간을 보여줌) 하루에 두번 수집했다. 로지스틱 지연미분방정식에 대한 근사해는 우측 그림의 그래프로, $rT = 2.1, K = 2500$, 데이타는 Brillinger et al.(1980)참고.

예제 9.2 *다음 미분방정식을 풀어라.*

$$\frac{dx(t)}{dt} = rx(t)\left(1 - \frac{1}{K}\int_{-\infty}^{t} k(1-s)x(s)ds\right).$$

적분에서 변수 $\tau = t - s$ *변환을 하여*

$$\frac{dx(t)}{dt} = rx(t)\left(1 - \frac{1}{K}\int_{0}^{\infty} k(\tau)x(t-\tau)d\tau\right)$$

가 된다. K*에 관한 방정식을 선형화* $u(t) = x(t) - K$ *하면*

$$\begin{aligned}\frac{du(t)}{dt} &= r[u(t)+K]\left(1 - \frac{1}{K}\int_{0}^{\infty} k(\tau)[u(t-\tau)+K]\right)d\tau \\ &= r[u(t)+K]\left(1 - \frac{1}{K}\int_{0}^{\infty} k(\tau)u(t-\tau)d\tau\right) \\ &\approx -r\int_{0}^{\infty} k(\tau)M(t-\tau)d\tau.\end{aligned}$$

여기서 $\int_0^\infty k(\tau)d\tau = 1$*을 사용했다.* $u(t) = e^{\lambda t}$*이고* $k(t) = T^{-1}\exp(-t/T)$*을 약 지연핵이라 가정하자. 이러한 방정식을 선형화된 방정식으로 대입하고 간단히 하면, 다음 항등식을 얻는다:*

$$\lambda = -\frac{r}{T}\int_{0}^{\infty} e^{-\lambda r}e^{-r/T}d\tau. \tag{5.20}$$

두 가지 경우를 고려하자.

- **경우 [1].** $\lambda > 0$이고 실수라 하자. (5.20)을 적분하면

$$\lambda = -\frac{r}{\lambda T + 1}$$

이 된다. 특성방정식은

$$T\lambda^2 + \lambda + r = 0$$

이다. 모든 계수들이 양수이므로 해 λ가 음수가 되어야 한다(모순).

- **경우 [2].** $\lambda = a + ib, a > 0$이라 하자. 그러면 $e^{-\lambda\tau} = e^{-a\tau}(\cos(b\tau) - i\sin(b\tau))$이다. (5.20)에서 실수부와 허수부를 분리하면, 방정식의 실수부가

$$a = -\frac{r}{T}\int_0^\infty e^{-\tau(a+1/T)}\cos(b\tau)d\tau$$

를 만족한다. 위 식을 적분하면

$$a = -\frac{r(aT+1)}{(aT+1)^2 + b^2T^2}$$

이 된다. 이 방정식은 a에 관한 3차 다항방정식으로 표현할 수 있다.

$$T^2a^3 + 2Ta^2 + (1 + b^2T^2 + rT)a + r = 0$$

이다. 모든 계수들이 양수이므로, 해 a는 음수여야 한다(모순).

두가지 경우는 약한 지연핵을 가진 지연 로지스틱방정식은 지연 T에 부과된 제한이 없이 K에서 평형점은 국소 점근적 안정이다. ■

강한 지연 핵, $k(t) = tT^{-2}\exp(-t/T)$의 경우에 안정성은 연습문제(연습문제 25)에 남긴다. 이 경우에, $T < 2/r$이면, 평형점 K는 국소 점근적 안정이다.

제 10 절 행렬의 질적 안정성을 사용한 안정성

질적 안정성은 행렬 특성이다. 질적 안정성을 야코비안 행렬의 부호로만 결정한다(행렬의 모든 원들은 실수라 가정한다). 예를 들면,

$$Q = sign(J) = \begin{pmatrix} - & + \\ 0 & - \end{pmatrix}$$

은 대각선을 따라 음수의 값을 갖고 대각선 아래 0은 음수 고유치를 가질 것이다. 그러므로, 이 예제에서 J가 평형점에서 야코비안 행렬값이면, 대응되는 미분방정식에 대한 평형점은 국소 점근적 안정이다. "질적"이라는 용어는, 안정성을 결정하는데 양적인 정보보다 질적인 정보(부호)를 사용함을 의미한다. 다음은 질적인 안정성의 정의다.

> 정의 **10.1** *부호패턴이 $Q = sign(J)$인 정방 행렬 J가 같은 부호패턴을 가진 모든 행렬이 음수의 고유치나 혹은 음의 실부수를 가진 고유치를 가지면* **질적 안정(qualitatively stable)***이라 한다.*

평형점에서 야코비안 행렬값인, 행렬 J의 질적 안정성은 평형점의 국소 점근적 안정성을 의미한다. 그러나, 그 역은 사실이 아니다. 야코비안 행렬이 음수의 고유값을 가지지만, 부호패턴를 가진 모든 행렬이 음수의 고유치나 음수의 실수부인 고유치를 가질 필요는 없을 것이다. 그러므로, 평형점은 국소 점근적 안정이나, 관련된 야코비안 행렬이 질적 안정인 것은 아니다. 야코비안 행렬의 질적 안정성은 행렬의 부호가 어떤 특성을 만족하는지 않는지를 확인함으로 결정된다.

국소 점근적 안정성에 대한 행렬의 질적 안정성을 확인하는 한가지 장점은 행렬의 질적 안정성에 대한 판정들을 적용하는 것이 종종 더 쉽다. 국소 점근적 안정성에 대한 Routh-Hurwitz판정법은 특성방정식의 계산과 n개의 Hurwitz행렬의 행렬식을 계산해야 한다. 충분히 큰 n에 대해 Routh-Hurwitz 판정법은 많은 지루한 계산을 해야한다. 국소 점근적 안정성에 대한 행렬의 질적 안정성의 또 다른 장점이 있다. 이는 평형상태가 모두 양수이면, 야코비안 행렬의 부호가 종종 편도함수를 계산을 하기 보다는 방향을 가진(방향 그래프) 그래프로 결정할 수 있다. 국소 점근적 안정성에 비해 행렬의 질적 안정성을 확인하는데 불리한 점은 행렬의 질적 안정성을 확인하는 것이 실패할 때이다. 이 경우 평형점이 국소 점근적 안정적인지 어떤지를 알 수 없다. 평형점이 국소 점근적 안정적일 수도 그렇지 않을 수도 있다.

다음 유형를 가진 미분방정식 시스템을

$$\frac{dx_i}{dt} = x_i(a_{i0} + \sum_{j=1}^{n} a_{ij}x_j).\ i = 1, \cdots, n \tag{5.21}$$

종종 **로트카-볼테라(Lotka-Volterra)**시스템이라 한다. 그 이름은 Alfred Lotka(1880-1949)와 Vito Volterra(1860-1940)에 의한 것인데 이러한 유형의 방정식을 연구하는데 그들의 공헌 때문이다. 시스템 $(dx_i/dt)/x_i$은 아핀임을 주목하라. 이 로트카-볼테라 계에 대한 평형해는 $A\bar{X} = b$에서 $\bar{X}$이고, 여기에 행렬 $A = (a_{ij})$는 (5.21)의 $n \times n$-계수 행렬이고 $b = -(a_{i0})$는 자연성장율의 음수 n-벡터이다. $\det(A) \neq 0$이라 가정하면 유일한 평형해가 있다. 평형해가 모든 양수인 좌표, $\bar{X} = (\bar{x_1}, \cdots, \bar{x_n})^T > 0$이면 야코비안 행렬이 특별한 형태를 가지는 것을 보일 수 있다. 양수 평형점에서 로트카-볼테라 시스템의 야코비안 행렬은

$$J(\bar{X}) = diag(\bar{x}_i)A = \begin{pmatrix} \bar{x}_1 a_{11} & \bar{x}_1 a_{12} & \cdots & \bar{x}_1 a_{1n} \\ \vdots & \vdots & \cdots & \vdots \\ \bar{x}_n a_{n1} & \bar{x}_n a_{n2} & \cdots & \bar{x}_n a_{nn} \end{pmatrix}$$

을 만족한다. 행렬 A는 때때로 **상호작용 행렬(interaction matrix)**이라 한다. J의 부호양식은 A의 부호양식에 의해 결정한다. 즉,

$$Q = sign(A) = sign(J)$$

이다. 즉, Q를 구하기 위해 A의 부호패턴을 알아야 한다.

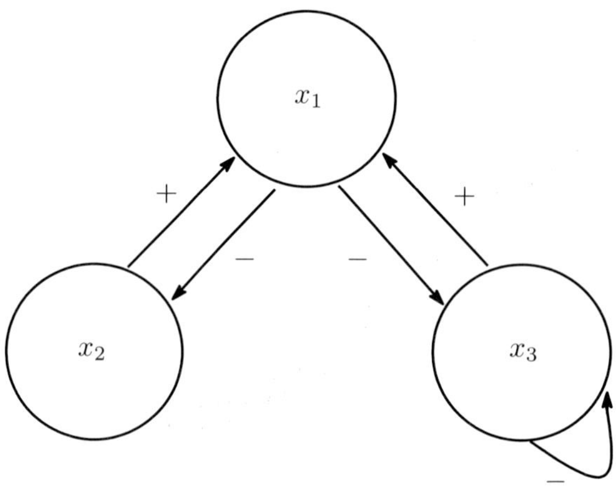

그림 5.19: 하나의 포식자와 두개의 먹이에 대한 부호를 가진 방향그래프

예제 10.2 *다음은 하나의 포식자와 두 종류의 먹이 로트카-볼테라 시스템(Edelstein-Keshet,1988)을 살펴보자:*

$$\frac{dx_1}{dt} = x_1(-a_{10} + a_{12}x_2 + a_{13}x_3)$$
$$\frac{dx_2}{dt} = x_2(a_{20} - a_{21}x_1)$$
$$\frac{dx_3}{dt} = x_3(a_{30} - a_{31}x_1 - x_3)$$

여기서, 시스템에서 주어진 모든 계수들은 양수 $a_{ij} > 0$*이다. 먼저, 양수 평형점은* $AX = b$*이거나*

$$\bar{x}_1 = \frac{a_{20}}{a_{21}},\ \bar{x}_3 = a_{30} - a_{31}\bar{x}_1,\ \bar{x}_2 = \frac{a_{10} - a_{13}\bar{x}_3}{a_{12}}$$

를 만족해야 한다. $\bar{x}_2 > 0$ *와* $\bar{x}_3 > 0$*을 만족하면 평형점은 양수이다. 평형점을 양수라고 가정하자.* $Q = sign(J) = sign(A)$*이므로, 야코비안 행렬* J*의 부호행렬은*

$$Q = sign(J) = \begin{pmatrix} 0 & + & + \\ - & 0 & 0 \\ - & 0 & - \end{pmatrix}$$

을 만족한다. 행렬 Q*에 대한 부호가 있는 방향그래프(부호 그래프)는 그래프 형식으로 이러한 정보를 제공한다(그림 5.19).*

부호가 있는 방향그래프에서 각각의 상태는 원으로 표시하고 **마디(결절점)(node)***라고 한다. 행렬* Q*에서 원소* $q_{ji} = +$*이면, 상태* x_i*에서* x_j*의 화살표시는 양이고,* $q_{ji} = -1$*이면 음수이다. 예제에서 그림 5.19은* x_1*으로 가는 화살표는* $q_{12} = +$*이므로 양수의 부호이고* x_1*에서* x_3*로 가는 화살은* $q_{31} = -$*이므로 음수의 부호로 표시한다.* $q_{32} = q_{23} = 0$*이므로* x_2*와* x_3*를 연결하는 화살표시도 있다.* **피드백 회로(반응 고리)(feedback loop)***는* x_i*에서* x_i*로 가는 화살이다. 피드백 회로는* $q_{ii} = +$*이면 양이고* $q_{ii} = -$*이면 음이다. 그림 5.19에서* x_1*와* x_1*사이의 두개의 화살표가 있다; 하나는* $+$*이고 다른 하나는* $-$*이다. 이러한 화살표의 쌍을* **반대효과(opposite effects)***라 한다.* ■

예제 10.3 *숙주* (H_1, H_2, H_3)*의 생활주기에서 포식기생자* (P_1, P_2, P_3)*들이 3개의 다른 단계들을 공격한다고 하자(Edelstein-Keshet,1988). 예를 들어, 해충 개체군에서, 세 단계는 애벌레, 번데기, 성충으로 표현한다고 할 수 있다. 더구나, 이러한 여섯 상태를 모델링하는 미분방정식의 시스템을 로트카-볼테라 시스템이라 가정하자. 그림 5.20에서 부호가 있는 방향그래프는 여섯 단계들 사이의 관계와 상태벡터가* $(P_1, P_2, P_3, H_1, H_2, H_3)$*인 상호작용 행렬의 부호를 나타낸다.*

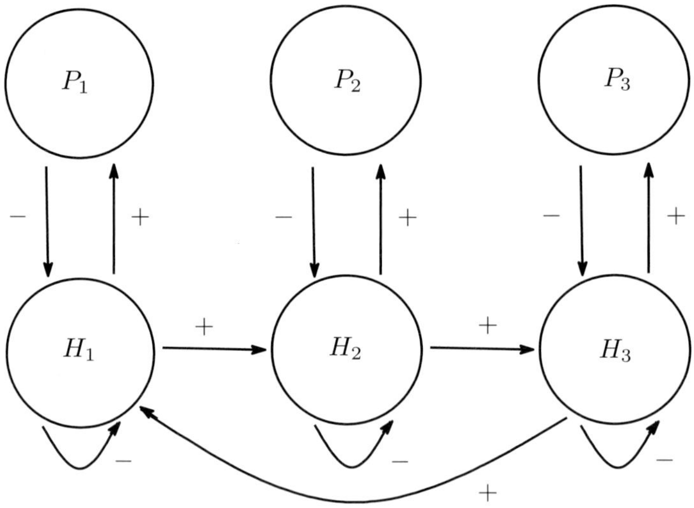

그림 5.20: 세개의 포식기생자와 세개의 숙주에 대한 부호를 가진 방향그래프

부호행렬 Q는 부호 방향그래프로 부터 쉽게 알 수 있다.

$$Q = sign(J) = \begin{pmatrix} 0 & 0 & 0 & + & 0 & 0 \\ 0 & 0 & 0 & 0 & + & 0 \\ 0 & 0 & 0 & 0 & 0 & + \\ - & 0 & 0 & - & 0 & + \\ 0 & - & 0 & + & - & 0 \\ 0 & 0 & - & 0 & + & - \end{pmatrix}.$$

■

행렬이 질적으로 안정이기 위한 필요충분조건을 설명한다. 첫째로 다섯가지 필요조건 등을 설명한다. 행렬이 질적 안정이면, 이러한 다섯가지 조건들이 만족한다. 두번째로, 하나 이상의 조건이 다섯가지 조건과 더불어 행렬의 질적 안정성에 대한 충분조건이란 것을 설명한다. 필요충분조건에 대해 Jeffrie et al.(1977)와 질적 안정성에 대한 더 많은 참고서적을 참고하라. Edelstein-Keshet(1988)과 Pielou(1977)은 질적 안정성에 대한 훌륭한 소개와 약간의 부가적인 예들에 관한 책이다. q_{ij}를 행렬 $Q = sign(J)$에서 원소들의 부호, $0, +$ 혹은 $-$라 하자. 로트카-볼테라 시스템의 경우에, 유일한 양수의 평형점이 존재한다고 가정한다.

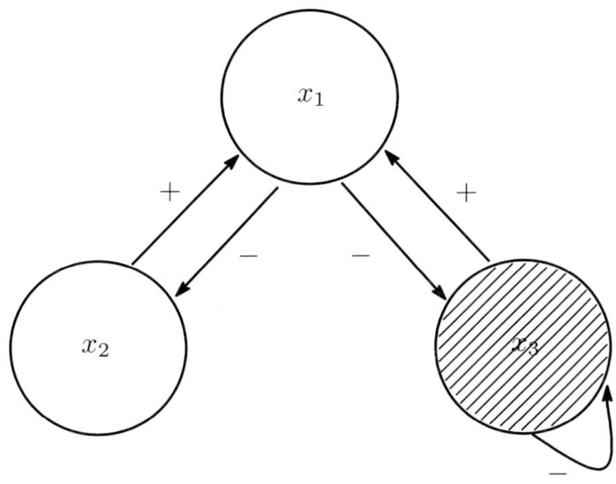

그림 5.21: 예제 10.7에 대한 색상검사를 한 부호를 가진 방향그래프

정리 **10.4 (질적 안정성에 대한 필요조건).** *$n \times n$인 행렬 J가 질적으로 안정이고 $Q = sign(J) = (q_{ij})$이면,*

(1) q_{ii}가 모든 i에 대하여 음수거나 0이다.

(2) q_{ii}가 어떤 i에 대하여 음수이다.

(3) q_{ij}와 q_{ji}는 모든 $i \neq j$ 에서 반대의 부호, 즉 모두 0이 아니면 하나는 음수이고 다른 하나는 양수이다.

(4) 세개 혹은 보다 더 많은 서로 다른 첨수 $i, j, k, \ldots, l, r$를 포함하는 주어진 임의의 수열 $q_{ij}, q_{jk}, \cdots, q_{lr}, q_{ri}$에 대해 수열의 원소들 중의 적어도 하나가 0이여야 한다.

(5) $\det(J) \neq 0$이다. □

조건 (5)는 기본적인 야코비안 행렬이 정칙행렬임을 의미한다. 평형점이 쌍곡선이면, 조건 (5)가 만족한다. 몇가지 예에서, 부호행렬 Q에만 주어진다. 그러므로 예가 조건 (5)가 성립할 것이라고 가정한다.

처음 네가지 조건이 부호방향 그래프에 관하여 적용할 수 있다. 첫번째와 두번째 조건은 부호 방향그래프는 양수의 피드백 고리를 갖지 않고, 적어도 하나의 음수의 피드백고리 (음수의 부호를 가진 x_i에서 x_i로의 화살표)가 있다. 세번째 조건은 마디 x_i와 $x_j (i \neq j)$가 상호작용하는 쌍은 반대 부호 패턴 $(+, -)$ 혹은 $(-, +)$을 가져야 하는 것을 설명하는 것이다. 즉, 부호 방향그래프에서, 하나는 양수의 부호를 가진 것과 음수의 부호를 가진 x_i와 x_j를 연결하는 화살표가 있다. 네번째 조건은 주기 동태를 제거한다. 세개 혹은 그 이상의 서로 다른 마디들 사이에 닫힌고리가 존재하지 않는다. 마지막 조건은 평형점이 고립되고 쌍곡선이 되는 것을 보장하는 것에 도움이 된다(부정형의 경우).

이러한 다섯가지 조건은 Quirk and Ruppert(1965)의 덕분이다. 예제 10.2은 다섯가지 조건을 만족한다. 예제 10.3은 H_i들 사이의 닫힌 루프가 있기 때문에 조건 (4)를 만족하지 않는다. 즉, 예제 10.3에서의 행렬은 질적 안정이다.

이 점에서, 예제 10.2에서 행렬이 질적으로 안정인지 아닌지 말하는 것이 가능하지 않다(다섯가지 조건은 중립적 안정과 점근적인 안정 사이를 구별하지 않는다). 하나 이상의 조건이 질적안정성에 대한 충분조건을 얻을 필요가 있다. 부호 행렬 Q는 **색상 테스트(color test)**에 실패해야 한다. 색상 테스트는 부호가 있는 방향 그래프에서 행하였다. 부가적인 조건은 Jeffries(1974)덕분이다. 색상 테스트를 설명하기 전에 두개의 용어를 설명한다:포식자 연결과 포식자 군집.

정의 **10.5** *부호 방향그래프에서* **포식자 연결(predation link)**는 *하나의 부호 $+$인 가장자리와 다른 하나의 부호 $-$인 가장자리와 연결된 마디의 쌍이다.* **포식자 군집(predation community)**는 *모든 연결된 포식자 연결로 구성된 부분그래프이다.*

예제에서 그림 5.19에서 x_1와 x_2 그리고 x_1와 x_3 사이의 두 포식자 포식자 관계가 있다. 두 관계는 마디 x_1으로 연결하기 때문에, 전체 부호 방향그래프는 포식자 군집을 형성한다.

10.0.1 색상 테스트:

음수 피드백 루프인 각 마디 색상은 회색(빗금친)것이고 모든 다른 마디의 색상은 흰색이다. 각 포식자 군집에 대해 다음 색상 테스트를 적용한다.

(i) 적어도 하나의 흰색 마디가 있다.

(ii) 각 흰색 마디는 하나의 흰색 마디로 포식자 관계에 의해 연결된다.

(iii) 하나의 포식자와 하나의 흰색 마디와 연결된 각각의 빗금친 마디는 또한 하나의 포식자 관계가 또 다른 흰색 마디와 연결한다.

예제에서 처럼 그림 5.19을 고려하자. 마디 x_3은 빗금친이고 다른 두 마디는 흰색이다. 적어도 하나의 흰색 마디와 각각의 하나의 흰색 마디는 하나의 포식자 관계가 하나의 다른 흰색 마디와 연결되었다. 그러나 빗금친 마디가 오직 하나의 흰색 마디와 연결되었을 뿐이기 때문에, 조건 (iii)은 만족하지 않는다. 이제 질적 안정성을 위한 판정법을 설명한다.

정리 **10.6** $Q = sign(J) = (q_{ij})$*이라 하자. 만일 질적 안정성에 대한 다섯가지 필요 조건을 만족하고, 더구나 행렬* Q*와 관련된 방향 그래프에서 각 포식자 군집은 색상 테스트에서 세가지 조건 (i)-(iii)들 중 하나가 실패하면, 행렬* J*는 질적 안정성이다.*□

질적 안정성에 대한 조건들은 예제 10.2에 적용된다

예제 10.7 (예제 10.2 재고). *이 예제에서 포식자 군집은 그림 5.21에서 주어진다. 다섯가지 판정법은 행렬* Q*에 대해 만족하고 조건 (i)과 (ii)가 색상검사를 만족되는 것을 이미 보였다. 조건 (iii)이 만족하지 않기 때문에, 부호 방향그래프는 색상검사에 실패한다. 그러므로, 포식자-먹이 시스템에 대응하는 기본적인 야코비안 행렬* J*,* $Q = sign(J)$*는 질적으로 안정이다. 즉, 포식자-먹이 시스템이 야코비안 행렬* J*를 가진 양수의 평형점을 가진다면, 평형점은 국소 점근적 안정이다.* ■

제 11 절 광의의 안정성과 리야프노브 함수

미분방정식에tj 안정성 이론에서 중요한 방법은 **리야프노브의 직접 방법 (direct method of Liapunov)**로 알려져 있다. **리야프노브 함수(Liapunov function)** 로 알려진 특별한 성질을 가진 함수는 주어진 영역에서 평형점의 안정성이나 점근적 안정성을 증명하기 위해 구성한다. 리야프노브함수의 구성은 Lotka-Volterra시스템을 제외한 특별한 시스템에 대해 종종 어렵고 부분적으로 성공이다.

평형점의 안정성을 연구하기 위하여, 리야프노브의 직접적인 방법 절차를 이 절에서 토의한다(Hale과 Kocak,1991; LaSalle과 Lefschetz,1961). 평형점의 **흡인 역(basin of attraction)**에 대한 추정을 할 수 있기 때문에 이 방법이 실제 중요하다(흡인역은 U안에서 시작하는 해가 평형점으로 접근하는 성질을 갖는 평형점을 포함하는 U는 $\mathbf{R}^n$의 부분집합). 이 방법은 n개의 미분방정식들로 구성된 자율 시스템과 비자율 시스템을 공부한다. 그 방법은 다음 2차원 자율시스템에 설명한다:

$$\frac{dx}{dt} = f(x, y) \quad \text{와} \quad \frac{dy}{dt} = g(x, y) \tag{5.22}$$

시스템 (5.22)에 관련한 어떤 성질들을 가진 특별한 함수, 리야프노브 함수를 구하는 것이다. 다음 토의에서, 관심은 평형점이 원점이라 가정한다. 평형점이 원점이지 않으면, 변수변환에 의해 평형점을 원점으로, $u = x - \overline{x}$와 $v = y - \overline{y}$ 평행이동 시킨다.

정의 11.1 *U가 원점을 포함하는 $\mathbf{R}^2$의 열린 부분집합이라 하자. 실수값 함수 $C^1(U) = \{V|U \to \mathbf{R}\}, [(x,y) \in U, V(x,y) \in \mathbf{R}]$는 V가 다음 두 조건을 만족하면 U에서* **양의 정부호(양정부호)(positive definite)**를 *갖는다고 한다:*

(i) $V(0,0) = 0,$

(ii) 모든 $(x,y) \in U, (x,y) \neq (0,0)$에 대해 $V(x,y) > 0.$

만일 $-V$가 양의 정부호이면, V은 **음의 정부호(음정부호)(negative definite)**라고 *한다*

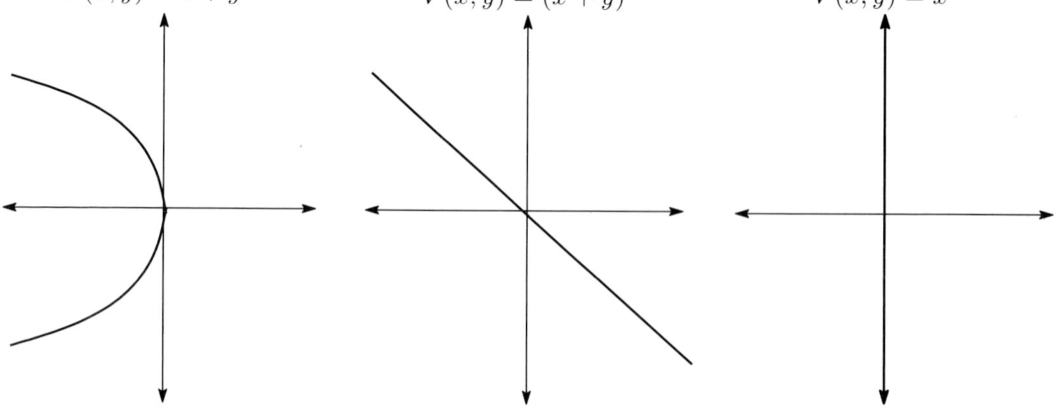

그림 5.22: $V = \{V(x,y) = 0\}$인 $x - y$평면에서의 집합.

예제 11.2 함수 *$V(x,y) = x^2 + y^2$가 $\mathbf{R}^2$ 전체에서 양의 정부호이다. x축 근방에서만 함수 $V(x,y) = x^2 + y^2 - y^2$가 양정부호이다. 한편, 함수 $V(x,y) = x + y^2$, $V(x,y) = (x+y)^2$, $V(x,y) = x^2$은 원점의 임의의 열린근방에서 양의 정부호가 아니다. 그림 5.22는 후자 3개의 예에 대한 $V(x,y) = 0$에서 $x - y$평면점들의 집합임을 보여준다.* ■

V가 열린집합 U에 양의 정부호이면, V는 원점에서 최소값을 갖는다. V의 극한점은 고립되어 표면 $z = V(x,y)$,원점근처, 원점에서 꼭지점을 가진 포물면의 일반적인 모양이

다. 수평면 $z = k$, 즉, V의 **등고선 집합(level sets)**을 가진 이 그래프의 교차는

$$V^{-1}(k) = \{(x, y) \in \mathbf{R}^2,\ V(x, y) = k\}$$

의 작은 $k > 0$ 에 대해 닫힌곡선이다. 이러한 등고선 집합이 $x - y$평면으로의 사영은 원점을 둘러싸고 있는 동심 타원이 된다 (그림 5.23).

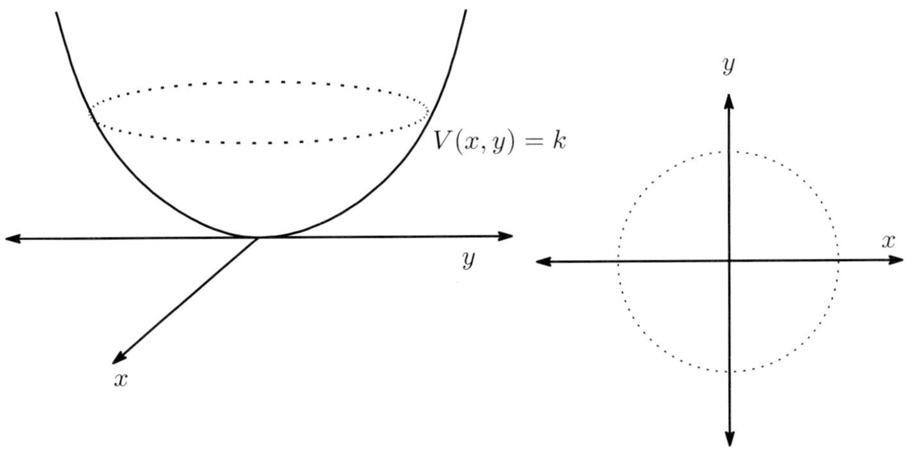

그림 5.23: 함수 $V = \{V(x, y) = \text{상수}\}$의 등고선(level) 함수.

이차원 자율시스템의 해가 어떻게 양정함수 V의 등고선 집합을 가로지르는지를 아는 것이 중요하다. $(x(t), y(t))$가 다음 미분방정식 시스템의 해라 하자:

$$\frac{dV(x(t), y(t))}{dt} = \frac{\partial V}{\partial x}\frac{dx}{dt} + \frac{\partial V}{\partial y}\frac{dy}{dt}$$

이다. 식의 표현은 기울기 벡터를 가진 벡터 (f, g)의 내적이다. 즉,

$$\frac{dV(x, y)}{dt}(x, y) = (f(x, y), g(x, y)) \cdot \nabla V(x, y) = ||(f(x, y), g(x, y))||\,||\nabla V(x, y)|| \cos\theta$$

이다. θ는 (f, g)와 V의 기울기 사이의 각이고 $||(a, b)||$는 유크리드 노옴으로, $||(a, b)|| = \sqrt{a^2 + b^2}$을 의미한다. 기울기 벡터는 (x, y)에서 V의 등고선에 대해 밖으로 향하는 법벡터이다. 즉, $dV(x, y)/dt < 0$이면, (x, y)에서 (f, g)와 ∇V사이의 각은 둔각이다. 이것은 (x, y)를 통과하는 궤도 밖에서 안으로 등고선을 가로 지르는 것이다. 유사하게, $dV(x, y)/dt = 0$이면, 궤도는 등고선에 대해 접선이다. 만일 $dV(x, y)/dt > 0$이면, 그 궤도는 내부에서 밖으로 가는 등고선을 가로지른다.(그림 5.24).

리야프노브 함수의 정의는 다음에 정의한다. 그러므로 리야프노브 안정성 정리를 설명하고 증명한다. 비록 정의와 정리가 원점에서 평형점에 관해 설명될지라도, 결과는 임의의 평형점에 대해 적용할 수 있다.

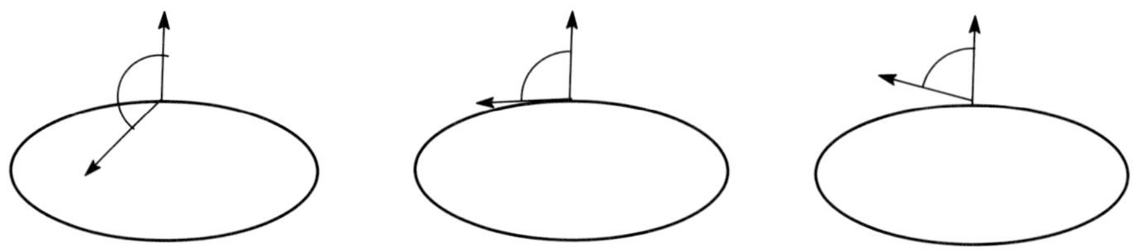

$\frac{dV(x,y)}{dt} < 0$ $\frac{dV(x,y)}{dt} = 0$ $\frac{dV(x,y)}{dt} > 0$

그림 5.24: 기울기 $\nabla V(x,y)$은 $V(x,y) = k$의의 곡선에 대해 정규곡선. $dV(x,y)/dt$는 궤도가 곡선 $V(x,y) = k$를 통과함에 따라 $\nabla V(x,y)$과 $(x(t), y(t))$사이의 각에 종속한다.

> 정의 **11.3** *원점의 열린 근방에서 양정함수* V*가 모든* $(x,y) \in U - \{(0,0)\}$*에 대해* $dV(x,y)/dt \le 0$*이면, 자율미분시스템* $\dfrac{dx}{dt} = f(x,y)$, $\dfrac{dy}{dt} = g(x,y)$*에 대해* V*를* **리야프노브 함수(Liapunov function)***라고 한다. 모든* $(x,y) \in U - \{(0,0)\}$*에 대해* $dV(x,y)/dt < 0$*이면, 함수* V*는* **순 리야프노브 함수(strict Liapunov functions)***라 부른다.*

정리 **11.4 (리야프노브의 안정성 정리).** *점* $(0,0)$*은 자율시스템 (5.22)의 평형점이고* V*는 원점의 근방* U*에서 양정부호 함수* C^1 *함수라 하자.*

(i) $(x,y) \in U - \{(0,0)\}$*에 대해* $dV(x,y)/dt \le 0$ *이면,* $(0,0)$*은 안정이다.*

(ii) $(x,y) \in U - \{(0,0)\}$*에 대해* $dV(x,y)/dt < 0$*이면,* $(0,0)$*은 점근적으로 안정이다.*

(iii) $(x,y) \in U - \{(0,0)\}$*에 대해* $dV(x,y)/dt > 0$*이면,* $(0,0)$*은 불안정이다.*

(i)의 경우에 함수 V*는 리야프노브 함수이고, (ii)의 경우에* V*는 순 리야프노브 함수이다.*

증명. *경우 (i)과 (ii)들이 증명한다.*

경우 (i): *충분히 작은* $\epsilon > 0$*에 대해* $||(x,y)|| \le \epsilon$ *인 점들로 구성된 원점의 근방은* U*안에 포함된다고 (*$||\cdot||$*은 유크리드 노옴)하자.* m*은 근방* $||(x,y)|| = \epsilon$*의 경계에서* V*의 최솟값이라 하자.* V*가 양정부호이고, 집합* $||(x,y)|| = \epsilon$*은 닫힌 유계이므로* $m > 0$*이다.* $0 < \delta \le \epsilon$*인* $\delta > 0$*를 선택하여* $||(x,y)|| \le \delta$*에 대해* $V(x,y) < m$*이다.* $V(0,0) = 0$*인* V*가 연속함수이기 때문에,* δ*는 항상 존재한다. 만일* $||(x_0,y_0)|| \le 0$*이*

면, 초기조건 (x_0, y_0)을 가진 해는 $||(x,y)|| \leq 0, (t \geq 0)$이다. $dV/dt \leq 0$은 $t > 0$에서 $V(x(t), y(t)) \leq V(x_0, y_0) < m$임을 의미하기 때문이다. 원점은 안정적이다.

경우 (ii): 함수 $V(x(t), y(t))$는 해에 따라 감소하고 해는 U에 있다. 즉, $t \to \infty$에 따라 $V(x(t), y(t))$도 극한으로 근접한다. $V \to l > 0$이라 가정하자. 그러면 $dV(x(t), y(t))/dt$의 평등연속성으로 부터(해가 유계이고, f와 g는 C^1함수) 원점을 제외한 고리영역에서 $dV(x(t), y(t))/dt \to 0$이다. 이것은 $-dV/dt$가 양정부호이므로 원점에서만 $dV/dt = 0$이고 $V \to l > 0$일 때 $(x(t), y(t))$는 원점으로 수렴하지 않기 때문에 이는 불가능하다. $V(x(t), y(t))$가 0에 접근하고, 이것은 $(x(t), y(t))$가 $(0,0)$으로 가까이 가는 것을 의미한다. 원점은 점근적 안정이다. □

리야프노브의 직접적인 방법을 사용하여 안정성을 증명하는데 있어 어려움은 적절한 리야프노브 함수 V를 구하는 것이다.

예제 11.5 로지스틱 미분방정식

$$\frac{dx}{dt} = rx\left(1 - \frac{x}{K}\right), \ r, K > 0$$

를 살펴보자. 두 개의 평형점 $\overline{x} = 0, K$가 있다. 이전의 분석으로부터 양정부호 조건에 대해 K가 광의의 점근적 안정임은 알 수 있다. $U = (0, \infty) = \mathbf{R}_+$이고 양의 x축이라 하자. 주어진 순 야프노브 함수는

$$V(x) = (x-K)^2$$

이다. t로 미분을 하면

$$\frac{dV(x)}{dt} = 2(x-K)\frac{dx}{dt} = 2(x-K)rx\left(1 - \frac{x}{K}\right) = -2r\frac{(x-K)^2}{K}$$

이다. 함수 V는 C^1함수이고 이는 $x = K$, $V(K) = 0$을 제외하고 양수이다. 또한, $-dV/dt$가 $x = K$, $dV(K)/dt = 0$을 제외하고 U에서 양수다. 즉, 리야프노브의 안정성 정리 *(ii)*에 의하면, 평형점 $x = K$은 U안의 초기값에 대해 점근적인 안정이다. ■

예제 11.6 다음과 같은 로트카-볼테라 먹이사슬 시스템을 고려하자:

$$\frac{dx}{dt} = x(a-y),$$
$$\frac{dy}{dt} = y(-b+x), \quad a, b > 0.$$

양수 평형점은 $(\bar{x}, \bar{y}) = (b, a)$이다. 평형점은 안정이나 점근적 안정이진 않다. 이 시스템에 대한 리야프노브 함수는

$$V(x,y) = \left(x - b - b\ln\left(\frac{x}{b}\right)\right) + \left(y - a - a\ln\left(\frac{y}{a}\right)\right)$$

의 유형이다. 첫째로 $x, y > 0$이고 $V(b,a) = 0$에 대해 $V(x,y)$는 연속이고 미분가능임을 주목하자. 다음으로, $x, y > 0$이고 $x \neq b, y \neq a$에 대해 $V(x,y) > 0$임을 보인다. 편도함수 $V_x = 1 - b/x,\ V_y = 1 - a/y,\ V_{xx} = b/x^2, V_{yy} = a/y^2$이고 $V_{xy} = 0$임을 주목하자. V의 임계점은 $x = b$이고 $y = a$에서 $V_x = 0 = V_y$일 때 나타난다. $V_{xx}V_{yy} - {V_{xy}}^2 > 0$과 $V_{xx} > 0$을 적용할 수 있기 때문에, 임계점은 국소 최댓값이다. 국소 최솟값 $V(b,a) = 0$과 (b,a)은 $x, y > 0$에서 단지 국소 최솟값이므로, $x, y > 0$에서 광의의 최솟값이다. 즉, $x, y > 0$이고 $x \neq b,\ y \neq a$에서 $V(x,y) > 0$이다($\mathbf{R}^2_+$에서 양정부호). 다음으로, 해와 함께 V의 미분을 계산하면

$$\begin{aligned}
\frac{dV}{dt} &= V_x\frac{dx}{dt} + V_y\frac{dy}{dt} \\
&= \left(1 - \frac{b}{x}\right)x(a-y) + \left(1 - \frac{a}{y}\right)y(-b+x) \\
&= (x-b)(a-y) + (y-a)(x-b) = 0
\end{aligned}$$

이다. 즉, 리야프노브의 안정성 정리 (i)에 의하면, 평형점 (b,a)은 $\mathbf{R}^2_+ = \{(x,y)|x > 0, y > 0\}$에서 안정이다. 즉, $\mathbf{R}^2_+$에서 광의의 안정이다.■

예제 11.7 Goh(1977)은 $(\bar{x}_1, \ldots, \bar{x}_n)$에서 주어진 유일한 양수 평형점을 가진 많은 로트카-볼테라 시스템에서, 앞 예에서 주어진 것과 유사한 유형 $\mathbf{R}^2_+$에서 리야프노브 함수가 존재한다. 리야프노브 함수는

$$V(x_1, \ldots, x_n) = \sum_{i=1}^{n} c_i\left[x_i - \bar{x}_i - \bar{x}_i\ln\left(\frac{x_i}{\bar{x}_i}\right)\right]$$

인 유형을 갖는다. 여기서 c_i는 양수이고 특별한 시스템의 매개변수에 의존하여 선택한다.■

제 12 절 지속이론과 멸종이론

생물계의 중요한 개념인 지속과 멸종의 개념을 토의하고 이 장을 끝낼것이다. 기본적으로 시스템이 지속된다는 것은 시스템의 상태가 0으로 수렴하지 않은 것을 의미한다. 즉, 생물계를 구성하는 어떠한 개체군이 멸종 되지 않는다.

정의 **12.1** 주어진 미분방정식의 시스템 $dX/dt = F(X,t), X(0) = X_0$, 단, $X(t) = (x_1(t), x_2(t), \cdots, x_n(t))^T$ 이다. 임의의 양수 초기조건, X_0 에서 해 $X(t)$ 가

$$\lim_{t\to\infty} \inf x_i(t) > 0, i = 1, 2, \cdots, n$$

을 만족하면, 이 시스템은 **지속(persistence)** 된다고 한다.

앞 정의를 약하게 하거나 강하게 하는 지속에 관한 다른 정의들이 있다. 예를 들어,

$$\lim_{t\to\infty} \sup x_i(t) > 0, \ i = 1, 2, \cdots, n$$

이면, 시스템은 **약한 지속(weakly persistence)** 이라 하고,

$$\lim_{t\to\infty} \inf x_i(t) > \delta, \ i = 1, 2, \cdots, n$$

인 $\delta > 0$가 존재하면 **균일한 지속(uniformly persistence)** 이라고 하고, $X(t) \in K$, $t > T$인 양의 원뿔, $\mathbf{R}^n_+ = \{(x_1, x_2, \cdots, x_n) \in \mathbf{R}^n | x_i > 0, i = 1, 2, \cdots, n\}$의 내부에 시간 $T > 0$와 옹골집합 K가 존재하면 **영구적(permanent)** 이라고 한다. (해는 옹골집합 K에 있고 K에 남아 있다.) 집합 $\{x_i\}_{i=1}^n$의 부분집합의 또한 지속이나 멸종을 정의할 수 있다(즉, 어떤 개체군은 지속하고 어떤 개체군은 지속하지 않는다.)

약한 지속과 지속은 해가 초기조건에 종속될 것이기 때문에 일반적으로 개체군 지속의 매우 좋은 징후는 아니다. 예를 들어, 지속의 경우에, 초기조건에 대응하는 해 $X^k(t) = (x_i^k(t))$가 어떤 i에서 $k \to \infty$임에 따라 $\epsilon_k \to 0$인

$$\epsilon_k > \lim_{t\to\infty} \inf x_i^k(t) > 0$$

을 만족하는 초기조건들의 집합 $\{X_0^k\}_{k=1}^\infty$이 있다. 균일한 지속과 영구적인 지속 조차도 생존의 매우 좋은 방법이 아닐 수 있다. 만일 δ가 매우 작고 옹골집합 K가 멸종 경계에 가까이 있으면, 해는 멸종 경계로 매우 가까이 접근할 수 있기 때문이다. 지속기준의 또 다른 보다 합리적인 유형은 **실제지속(practical persistence)** 이라 한다. 실질적인 지속은 해에 대한 경계을 우선 명확히 해야한다(개체군 데이타에 종속). L_i와 M_i가 주어지고, 만일 $0 < L_i < \liminf_{t\to\infty} x_i(t) \le \limsup_{t\to\infty} x_i(t) \le M_i$, $i = 1, 2, \ldots, n$이면 해 $x_i(t)$가 실제 지속을 나타낸다(Cantrell과 Cosner,1996; Cao와 Gard,1997).

일반적으로, 실제 지속은 영구지속을 의미한다. 지속성은 약한지속이다. 만약 해가 균일한 유계이면, $\limsup_{t\to\infty} x_i(t) < M$, $i = 1, 2, \ldots, n$ 균일한 지속과 지속은 동치이

다. 시스템이 $\mathbf{R}_+^n$에서 광의의 안정 평형해를 가지면, 시스템은 영구지속이다. 이 명제의 역은 성립하지 않는다. 만일 시스템이 영구적인 지속이면, 시스템은 광의의 안정인 평형해를 갖지 않을 수 있다. 시스템이 영구적인 지속이거나 지속에 관한 더 많은 토의와 예들은 Hofbauer과 Sigmund(1988,1998)나 Freedman과 Moson(1990)에서 볼 수 있다.

예제 12.2 *다음과 같은 간단한 로트카-볼테라 먹이사슬 형태를 살펴보자:*

$$\begin{aligned}
\frac{dx_1}{dt} &= x_1(a_{10} - a_{11}x_1 - a_{12}x_2)\\
\frac{dx_2}{dt} &= x_2(-a_{20} + a_{21}x_1 - a_{23}x_3)\\
&\vdots\\
\frac{dx_{n-1}}{dt} &= x_{n-1}(-a_{n-1,0} + a_{n-1,n-2}x_{n-2} - a_{n-1,n}x_n)\\
\frac{dx_n}{dt} &= x_n(-a_{n0} + a_{n,n-1}x_{n-1})
\end{aligned} \tag{5.23}$$

모든 계수는 $a_{11} \geq 0$을 제외하고 순 양수이다. $x_i(0) > 0, i = 1, 2, \cdots, n$이라 가정하자. 모델에서, x_1은 먹이 사슬의 바닥이고, x_2는 x_1을 먹고, x_3은 x_2을 먹고 등 등이다. 꼭대기 포식자는 x_n이다. 또한 먹이사슬의 가장 아래인 x_1을 제외하고, 모든 개체군에서 한 개체당 성장율은 음수임을 주목하자. x_1이 없으면 먹이사슬은 붕괴된다[즉, 모든 다른 개체군 $x_i(t), i = 1, 2, \cdots, n$이 0으로 접근한다]. Gard와 Hallman(1979)은 시스템이 약한 지속[즉, $\limsup_{t\to\infty} x_i(t) > 0,\ i = 1, 2, \cdots, n$] 임을 보일수 있는 조건을 하였다. ■

$a_{11} > 0$일 때 3단계 영양수준(three-trophic-level) 먹이 사슬 모델의 경우, 약한 지속성을 입증한다. 예를 들어, 식량 사슬의 바닥에서 x_1은 식물이고 x_2은 초식동물로 식물을 먹고 x_3은 포식자로 초식동물을 먹는다(즉, x_1 =풀, x_2 =토끼, x_3 = 코요테). **지속함수(persistence function)** 는 약한 지속을 입증하는데 사용되었으나, 그것은 특별한 상수가 양수여야 한다.

$$\mu = a_{10} - \frac{a_{11}}{a_{21}}a_{20} - \frac{a_{12}}{a_{32}}a_{30} \tag{5.24}$$

$\mu > 0$에 대해 정확히 네개의 음이 아닌 평형점 $E_0 = (0,0,0), E_1 = (x_1^*, 0, 0), E_2 = (\widetilde{x}_1, \widetilde{x}_2, 0)$과 $E_3 = (\bar{x}_1, \bar{x}_2, \bar{x}_3)$가 있다. 더구나, $\mu > 0$이고 E_0, E_1, E_2는 불안정이고 E_3은 국소 점근적 안정적이다. 다음의 지속 결과를 입증한다. 일반적인 경우, 증명의 자세한 내용은 Gard와 Hallam(1979) 또는 Hallam과 Levin(1986)를 참고하라.

정리 **12.3** $n = 3$이고 $a_{11} > 0$인 먹이사슬 *(5.23)*을 살펴보자. μ가 *(5.24)*에서 처럼 정의된다고 하자. 만일 $\mu > 0$이면 먹이사슬 *(5.23)*은 약한 지속되고, $\mu < 0$이면 먹이사슬는 지속되지 않는다.

증명. 첫째로, 초기조건이 양수이면 모든해가 양수의 원뿔 $\mathbf{R}^3_+ = \{(x_1, x_2, x_3 | x_i > 0, i = 1, 2, 3\}$안에 있음을 주목하자. 두번째는 해 $x_1(t)$은 유계이다. x_1의 유계성은 $dx_1/dt \leq x_1(a_{10} - a_{11}x_1)$으로 부터 알 수 있다. 로지스틱 미분방정식(*Corduneanu, 1997*)과 비교하여

$$\lim_{t\to\infty} \sup x_1(t) \leq \frac{a_{10}}{a_{11}}$$

임을 보여진다. 세번째는 모든 해 $x_i(t), i = 1, 2, 3$은 유계이다.

$$u = a_{21}a_{32}x_1 + a_{12}a_{32}x_2 + a_{12}a_{23}x_3$$

를 미분하면

$$\begin{aligned}
\frac{du}{dt} &= a_{21}a_{32}x_1(a_{10} - a_{11}x_2) + a_{12}a_{32}x_2(-a_{20}) + a_{12}a_{32}x_3(-a_{30}) \\
&= a_{21}a_{32}x_1(-a_{10}) + a_{12}a_{32}x_2(-a_{20}) + a_{12}a_{23}x_3(-a_{30}) \\
&+ a_{21}a_{32}x_1(2a_{10} - a_{11}x_1) \\
&\leq -m\mu + b
\end{aligned}$$

이다. 여기서, $m = \min\{a_{10}, a_{20}, a_{30}\}$이고 $b = \max_{x_1}\{a_{21}a_{32}x_1(2a_{10} - a_{11}x_1)\}$ 이다. 비교를 하면 해 $u(t)$은 유계이다. 그러나 $u(t)$가 유계이기 위한 필요충분조건은 $x_i(t), i = 1, 2, 3$가 유계이다.

다음으로, 지속함수

$$\rho(t) = x_1^{r_1} x_2^{r_2} x_3^{r_3}$$

을 정의한다. 단, $r_1 = 1, r_2 = a_{11}/a_{21}, r_3 = a_{12}/a_{32}$이다. 해가 유계이므로, $x_i(t) \to 0, i = 1, 2, 3$이면 $\rho(t) \to 0$이다.

$\mu > 0$이라 하자. 어떤 $i = 1, 2, 3$에 대해서 $\lim_{t\to\infty} \sup x_i(t) = 0$이라 가정하자. 해는 항상 양수이므로 $\lim_{t\to\infty} x_i(t) = 0$이다. 즉, $\rho(t) \to 0$이다. $\mu > 0$일때, 이는 가정에 대해 모순이다. $i < 3$이면 $t > T$인 T에서 x_i가 충분히 작으므로: $x_i(t) \leq a_{i+1,0}/(2a_{i+1,i})$이고

$$\frac{dx_{i+1}}{dt} \leq -\frac{a_{i+1,0}}{2} x_{i+1}$$

이다. 그러면 x_{i+1}가 지수감소하는 개체군이므로, $\lim_{t\to\infty} x_{i+1}(t) = 0$이다. 즉, $i = 2$이면 꼭대기 포식자 $x_3(t)$은 멸종한다. $i = 1$이면 $x_2(t)$가 소멸되나, 비슷한 논리로 $x_3(t) \to 0$을 알 수 있다. 임의의 경우에, 꼭대기 포식자는 소멸된다. 이제, ρ의 도함수

$$\begin{aligned}\frac{d\rho}{dt} &= r_1 x_1^{r_1-1}\dot{x}_1 x_2^{r_2} x_3^{r_3} + r_2 x_2^{r_2-1}\dot{x}_2 x_1^{r_1} x_2^{r_2} + r_3 x_3^{r_3-1}\dot{x}_3 x_1^{r_1} x_2^{r_2} \\ &= \rho(\mu - r_2 a_{23} x_3)\end{aligned}$$

을 보자. 단, $\dot{x}_i$는 dx_i/dt을 의미한다. $x_3(t) \to 0$이므로, 충분히 큰 t에 대하여 $\dot{\rho} \geq \rho(\mu/2)$이다. 즉, $\rho(t) \to \infty$이므로 이는 모순이다. 그러므로, $\limsup_{t\to\infty} x_i(t) > 0$, $i = 1, 2, 3$이다. 이 시스템은 약한지속이다. $\mu < 0$라 하자. 위에서 보였던것처럼

$$\frac{d\rho}{dt} \leq \rho(\mu - r_2 a_{23} x_3) \leq \mu\rho$$

이다. 그러므로 $\rho(t) \to 0$이다. 이 시스템이 지속이라 가정하면, $\liminf_{t\to\infty} x_i(t) > 0$, $i = 1, 2, 3$이다. 이것은 $\rho(t)$가 0에 접근한다는 사실에 모순이다. 그러므로, 시스템은 지속이 아니다. □

일반적으로 $a_{11} > 0$인 먹이 사슬 모델(5.23)에서 양의 평형점 $\overline{X} = (\overline{x}_1, \overline{x}_2, \cdots, \overline{x}_n)$가 존재함을 보일 수 있다. 순 리야프노브 함수는 양수 평형점의 광의의 점근적 안정성을 보이기 위해 구성된다(Harrison,1979). (5.23)의 평형점은 $i = 2, \cdots, n$에 개해

$$\begin{aligned}-a_{i0} &= -a_{i,i-1}\bar{x}_{i-1} + a_{i,i+1}\bar{x}_{i+1} \\ a_{10} &= a_{11}\overline{x}_1 + a_{12}\overline{x}_2,\end{aligned}$$

을 만족한다. $\overline{x}_1 = 0$이면, $\overline{x}_i = 0$, $i = 2, \cdots, n$이다. 미분방정식을

$$\frac{dx_i}{dt} = x_i(a_{i,i-1}[x_{i-1} - \overline{x}_{i-1}] - a_{ii}[x_i - \overline{x}_i] - a_{i,i+1}[x_{i+1} - \overline{x}_{i+1}])$$

로 다시 쓰자. 리야프노브 함수

$$V(x_1, x_2, \cdots, x_n) = \sum_{i=1}^{n} C_i \left[x_i - \overline{x}_i - \overline{x}_i \ln\left(\frac{x_i}{\overline{x}_i}\right)\right]$$

를 정의하고 $C_i a_{i,i+1} = C_{i+1} a_{i+1,i}$인 C_i를 선택한다 (Hallam과 Levin, 1986; Harrison, 1979). 그러면, dV/dt은

$$\frac{dV}{dt} = -\sum_{i=1}^{n} C_i a_{ii}[x_i - \overline{x}_i]^2 \leq 0$$

을 만족한다. $a_{11} > 0$이므로, $dV/dt = 0$이기 위한 필요충분조건은 $x = \overline{x}_1$이다. 미분방정식의 유일한 불변집합이 평형점임을 보일 수 있다. 그러면 $\lim_{t\to\infty} x_i(t) = \overline{x}_i$이다(Harrison, 1979). 간단한 먹이사슬 모델에 관한 또 다른 변수에 관해서는 Jang 과 Baglama(2000)를 참고하라.

제 13 절 5장 연습문제

1. 함수 f가 나머지를 가진 테일러 공식을 사용하여 다음과 같이 확장할 수 있다고 가정하자:

$$f(x) = f(\overline{x}) + f'(\overline{x})(x-\overline{x}) + \frac{f''(\overline{x})}{2!}(x-\overline{x})^2 + \frac{f'''(\overline{x})}{3!}(x-\overline{x})^3 + \frac{f^4(\overline{\xi})}{4!}(x-\overline{x})^4.$$

여기서, $\xi \in (x, \overline{x})$이다. $dx/dt = f(x)$이고 $\overline{x}$가 평형점이라 한다. 다음을 설명하여라.

(a) $f'(\overline{x}) = 0$이고 $f''(\overline{x}) \neq 0$이면 $\overline{x}$는 안정이다.

(b) $f'(\overline{x}) = 0 = f''(\overline{x})$라 하자. $f'''(\overline{x}) < 0$이면 $\overline{x}$는 국소 점근적 안정이고, $f'''(\overline{x}) > 0$이면 $\overline{x}$은 안정이다.

2. (a) 로지스틱 미분방정식에서

$$\frac{du}{dt} = -ru, \quad u(0) = \frac{K - x(0)}{x(0)}$$

을 보이기 위해, 변수변환 $u(t) = (K - x(t))/x(t)$을 사용하여라.

(b) $u(t)$에 대한 미분방정식을 풀어라. $x(t)$를 구하고 $x(t)$가 방정식 (5.2)을 만족함을 보여라.

3. 개체군 성장에 대한 수학적 모델은

$$\frac{dx}{dt} = \frac{2x^2}{1+x^2} - x = f(x), \quad x(0) \geq 0$$

이다. 여기서, x는 개체군 밀도이다. 평형점을 구하고 평형점들의 안정성을 결정하여라. 그리고 함수 $f(x)$를 그려라.

4. 다음 미분방정식에 대하여 평형점을 구하여라. 위상직선도를 그려라. 평형점의 안정성을 결정하기 위해 위상 직선도를 사용하여라.

(a) $dx/dt = \sin(x)\cos(x)$,

(b) $dx/dt = x(x-a)(x-b)^2, \quad 0 < a < b$

(c) $dx/dt = x(e^x - x - 2)$

5. 어떤 종이살고 있는 섬 지역에 대해 공간적으로 함축된 모델을 Levin(1969, 1970)과 Hanski(1999)가 모델화 했다. 그 모델은 다음과 같은 유형이다.

$$\frac{dp}{dt} = (m + cp)(1-p) - ep = f(p).$$

여기서, $p(t)$는 시간 $t, m \geq 0, c > 0, e > 0$에서 점령된 섬들의 비율이다. 상수 m, c, e는 각 각 본토(대륙으)로부터 이주자(침입자), 일시적인 이주자, 소멸의 비율을 의미한다.

(a) 대륙으로부터 이주가 없다, $m = 0$면 일시적인 침입종 비율은 멸종되는 비율보다 더 크다, $c > e$라고 가정하자. Levin은 원래의 모델에서, $m = 0$이다. 이 모델에 대해 0이 아닌 평형점을 구하고 그들의 안정성을 결정하여라. 일시적인 침입종 비율이 멸종비율보다 작다면, $c < e$ 어떠한 일이 발생하는가? 설명하여라.

(b) 본토로부터 이주가 있다, $m > 0$고 하자. 모델에 대한 유일한 양의 평형점이 존재하고 이는 모든 초기값 $0 \leq p(0) \leq 1$에 대하여 점근적 안정임을 보여라. $f(p)$는 p에 관한 이차방정식이다. 위상 직선도를 사용하여라.

6. 개체군의 성장은 다음과 같은 미분방정식 모델이다:

$$\frac{dN}{dt} = \frac{\alpha n_2 + \beta n_1}{N} - (\alpha + \beta).$$

여기서, α, β, n_1과 n_2은 양의 상수이다.

(a) 이 모델에 대한 평형해를 구하고, 위상직선도를 그려라.

(b) $N(0) > 0$이면, $\lim_{t\to\infty} N(t)$를 구하여라.

7. 알레 효과를 가진 모델은 Thime(2003)에 의해 유도되었다. 모델은 짝이 없는 암컷들이 짝을 만날 수 있다는 사실에 근거한 모델이고, 짝을 찾는 시간동안, 번식을 하기 전에, 포식자에 의해 사망율이 증가하는 것을 경험한다. 시간 t에서 개체군 크기 $N(t)$에 대한 모델은 다음 미분방정식을 만족한다:

$$\frac{dN}{dt} = rN\left(1 - \frac{N}{K} - \frac{a}{1+bN}\right), \; N(0) > 0,$$

여기서, r, a, b와 K은 양의 매개변수들이다. a를 알렌효과로 사용한다. $a = 0$이면 이 모델은 로지스틱 성장방정식이라 한다.

(a) $\tau = rt, x(\tau) = bN(t)$을 사용하여 변수변화 하여라. 그러면 미분방정식은 다음의 형태로 표현된다:

$$\dot{x} = x\left(1 - \frac{x}{M} - \frac{a}{1+x}\right), x(0) > 0. \tag{5.25}$$

여기서, $M = bK$이고 $\dot{x} = dx/d\tau$이다. 방정식 (5.25)은 차원이 없는 형태이다. $M > 1$이라 가정하자.

(b) $0 < a < 1$에 대한 모델 (5.25)은 유일한 양수 평형점 $\bar{x} < M$를 가짐을 보여라.

(c) $1 < a < (M+1)^2/4M$에 대하여, 모델 (5.25)은 두 개의 양수 평형점 $0 < \bar{x}_1 < \bar{x}_2$을 가짐을 보여라. $\bar{x}_1$이 안정이고 $\bar{x}_2$가 국소 안정임을 보여라. Thime(2003)은 $\bar{x}_1$를 **분수령을 이루는 평형점(watershed equilibrium)**으로 여기거나, 또는 **중단점 조밀도(breakpoint density)**에 속한다고 한다. 이 평형점 해의 동태는 두 가지 유형으로 분리한다. 초기조건이 평형점 아래 있을때 해는 안정인 평형점 $\bar{x}_2$로 접근한다.

(d) $a > (M+1)^2/4M$에 대해 $\lim_{\tau\to\infty} x(\tau)$를 구하여라.

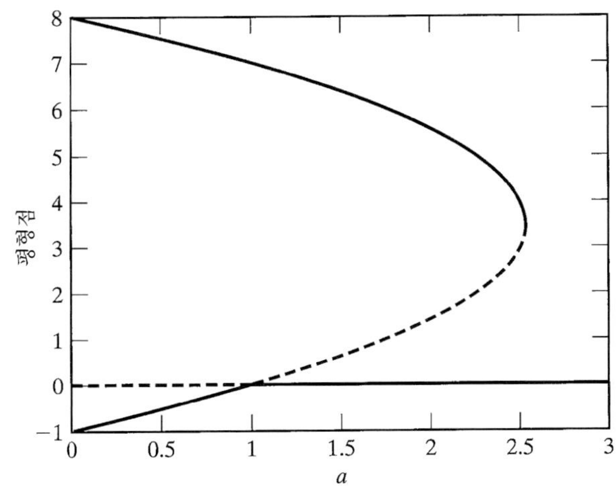

그림 5.25: 모델 (5.25)에 대한 분기도. 점선곡선은 불안정인 평형해를 나타내고 실선곡선은 안정인 평형점을 표현한다.

8. 연습문제 7에서, 매개변수 a는 모델 (5.25)에서 분기 매개변수의 역할을 한다. 즉, 해의 동태는 a가 변함에 따라 변한다. $M = 8$이라 하자.

   (a) 모델 (5.25)에서 매개변수 a에 근거한 분기도가 그림 5.25에 있는 그래프로 나타낼 수 있음을 보여라.

   (b) 평형점 $\bar{x} = 0$의 근방에서 $a = 1$일 때 초월분기(transcritical)가 존재함을 보여라.

   (c) 평형점 $\bar{x} = (M-1)/2 = 3.5$의 근방에서 $a = (M+1)^2/4M = 81/32$일 때 안장마디 분기가 존재함을 보여라.

9. 미분방정식의 서로 다른 두 개의 시스템에 대한 양수의 평형점 $(\bar{x}, \bar{y}, \bar{z})$에서 야코비안 행렬은 아래와 같이 계산한다. 평형점 $(\bar{x}, \bar{y}, \bar{z})$의 안정성을 위한 조건을 구하여라.

   (a) $J = \begin{pmatrix} a - \overline{x}/2 & -3 & a \\ 0 & b - \overline{y}/3 & 1 \\ 0 & 0 & c - \overline{z} \end{pmatrix}, \quad a, b, c > 0$

   (b) $J = \begin{pmatrix} -b\overline{x} & -3 & a \\ 0 & -\overline{y} & b\overline{y} \\ 0 & \overline{z} & -\overline{z} \end{pmatrix}, \quad b > 0$

10. 다음 경쟁모델을 살펴보자:

$$\frac{dx}{dt} = r_1 x(1 - x - a_1 y),$$
$$\frac{dy}{dt} = r_2 y(1 - y - a_2 x).$$

여기서, 자연성장율은 $r_i > 0, i = 1, 2$이고 경쟁상수는(약한 경쟁) $0 < a_i < 1, i = 1, 2$ 을 만족한다.

   (a) 모든 평형점을 구하여라.

   (b) 평형점 각각에 대한 국소 점근적 안정성을 위한 조건을 결정하여라.

11. 다음을 직교좌표에서 극좌표로 변수변환을 하여라:

$$x = r\cos\theta, \quad y = r\sin\theta, \quad r^2 = x^2 + y^2, \quad \theta = \arctan(y/x).$$

그러면

$$r\frac{dr}{dt} = x\frac{dx}{dt} + y\frac{dy}{dt} \quad 이고 \quad r^2\frac{d\theta}{dt} = x\frac{dy}{dt} - y\frac{dx}{dt}$$

임을 보여라.

12. (a) 다음 시스템에서 원점이 비 쌍곡선인 평형점임을 보여라.

$$\begin{aligned}\frac{dx}{dt} &= y + x(x^2+y^2),\\ \frac{dy}{dt} &= -x + y(x^2+y^2).\end{aligned}$$

(b) (a)에 있는 시스템을 극좌표로 표현하기 위해 연습문제 11에 있는 변수변환을 사용하여 변수변환을 하여라.

$$\frac{dr}{dt} = r^3, \quad \frac{d\theta}{dt} = -1.$$

r에 대한 위상직선도를 그려라. $x(0) = 1$이고 $y(0) = 1$일때 r과 θ의 항들에 대한 해를 구하여라. 해의 동태를 설명하여라.

13. (a) 다음 시스템에 대해 원점의 국소 점근적인 안정성을 결정하여라.

$$\begin{aligned}\frac{dx}{dt} &= y + x(x^2+y^2-4),\\ \frac{dy}{dt} &= -x + y(x^2+y^2-4).\end{aligned}$$

(b) 시스템을 극좌표로 표현하기 위해 연습문제 11에 주어진 변수변환을 사용하여라.

$$\frac{dr}{dt} = r(r^2-4), \quad \frac{d\theta}{dt} = -1.$$

(c) r에 대한 위상직선도를 그려라. $0 < r < 2$일 때와 $r > 2$일 때 해의 동태를 설명하여라.

14. 변수변환을 한 후에 극좌표로된 미분방정식이

$$\frac{dr}{dt} = (r-1)(r-2), \quad \frac{d\theta}{dt} = 2$$

을 만족한다고 하자. r에 대한 위상직선도에 해의 동태를 그려라. $0 < r < 1$일 때, $1 < r < 2$일 때, $r > 2$일 때 해의 동태는 무엇인가?

15. 로테카-볼테라 경쟁방정식은 다음을 만족한다:

$$\frac{dx_1}{dt} = x_1(K_1 - x_1 - ax_2),$$
$$\frac{dx_2}{dt} = x_2(K_2 - bx_1 - x_2).$$

여기서, 매개변수 모두 $K_1, K_2, a, b > 0$ 양수이다. $x_1, x_2 > 0$에 대해 극한 주기가 존재하지 않음을 보이기 위해 듀락의 판정법을 적용하여라[$B(x_1, x_2) = 1/x_1x_2$].

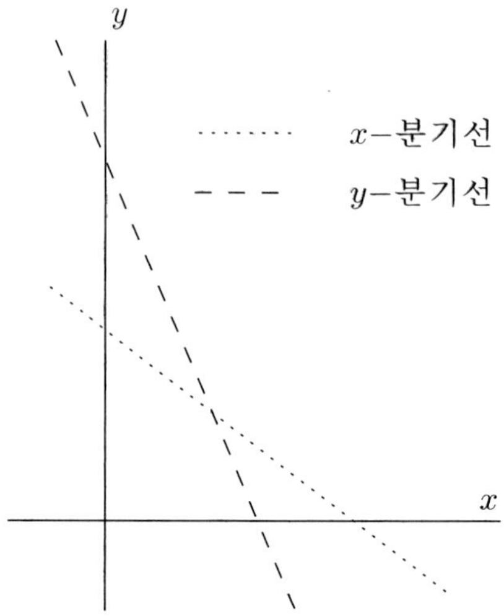

그림 5.26: x와 y에 관한 분기선

16. 로테카-볼테라 경쟁시스템

$$\frac{dx}{dt} = x(4 - x - y),$$
$$\frac{dy}{dt} = y(8 - 3x - y),$$

은 경쟁인 두 종 x와 y의 밀도에서 변화를 나타낸다. $x-$와 $y-$의 분기선 그림은 5.26이다.

(a) 분기선의 각각을 따라 흐름의 방향을 그려라.

(b) 평형점의 좌표 $(\overline{x}, \overline{y})$를 구하여라.

(c) 평형점이 마디, 나선 등, 각 평형점과 상태의 안정성을 결정하여라.

17.

$$\frac{x_i}{dt} = x_i\left(a_{i0} - \Sigma_{j=1}^{n} a_{ij}x_j\right), \; i = 1, 2, \cdots, n.$$

여기서, a_{i0}와 $a_{ij} > 0$, $i = 1, 2, \cdots, n$,에 주어진 종 경쟁모델을 살펴보자. 영역 $\mathbf{R}_+^n = \{(x_1, x_2, \cdots, x_n) | x_i \geq 0, i = 1, 2, \cdots, n\}$이 양의 불변임을 보여라.[힌트: n개 면의 각각에 흐름의 방향을 결정: $\Omega_i = \{(x_1, x_2, \cdots, x_n) \in \mathbf{R}_+^n | x_i = 0, x_j \geq 0,\ j \neq i\}, i = 1, 2, \cdots, n.$]

18. 포식자-먹이 모델은 다음 미분방정식을 만족한다:

$$\frac{dH}{dt} = rH\left(1 - \frac{H}{K}\right) - \alpha\frac{PH}{H+\beta},$$
$$\frac{dP}{dt} = \gamma P\left(-1 + \delta\frac{H}{H+\beta}\right).$$

H는 먹이 밀도이고 P는 포식자 밀도이다. 매개변수는 $r, K, \alpha, \beta, \gamma, \delta > 0, H(0) > 0, P(0) > 0$이다.

(a) 차원이 없는 형태로 모델을 만들기 위해

$$x = \frac{H}{K}, \quad x = \frac{\alpha}{rK}P, \quad \tau = rt$$

을 사용하여 변수변환을 하여라. 그러면

$$\frac{dx}{d\tau} = x\left(1 - x - \frac{y}{x+b}\right),$$
$$\frac{dy}{d\tau} = cy\left(-1 + a\frac{x}{x+b}\right)$$

이다.

(b) 변수변환을 하기 이전인 과거의 매개변수들로 정의된 새로운 매개변수 a, b, c는 어떻게 되는가?

(c) $a < 1$이면, 음이 아님 평형점은 $(0,0), (1,0)$뿐이다.

(d) $a < 1$인 경우에, 양수의 평형점이 없으므로 극한주기가 없다. $\lim_{t\to\infty} y(t) = 0$이고 $\lim_{t\to\infty} x(t) = 1$임을 보이기 위해 Poincaré Bendixson의 삼분법을 사용하여라.(힌트: 먼저 해가 유계임을 보인다.)

(e) $a > 1+b$일 때 분기선을 그리고, 원과 분기선을 따라 흐름의 방향 라벨(label)로 평형점등을 확인하여라.

19. 전염병 모델인 $S + I + R = N =$상수를 고려하자. $R = N - S - I$이다. 세 개의 미분방정식을 가진 원래의 모델은 단지 두개의 미분방정식으로 된 모델로 단순하게 한

다:

$$\frac{dS}{dt} = -\frac{\beta}{N}SI + \nu(N - S - I),$$
$$\frac{dI}{dt} = I\left(\frac{\beta}{N}S - \gamma\right).$$

매개변수는 모두 양수, $\beta, N, \gamma, \nu > 0$이다. 매개변수 β는 접촉율이고, N은 개체군의 크기이고 γ은 회복율이고 ν은 면역손실율이다. 번식율은

$$\mathcal{R}_0 = \frac{\beta}{\gamma}$$

으로 정의한다. 두 번째 감염자 수는 감염된 하나의 개체에 의해 야기된다.

(a) $\mathcal{R}_0 < 1$이면, 음이 아닌 평형점 모두를 구하여라. 평형점의 각각에 대해 국소 점근적 안정성을 결정하여라.

$$S(0) > 0,\ I(0) > 0,\ S(0) + I(0) \leq N$$

을 만족하는 초기조건에 대한 위상평면 분석을 하여라.

(b) $\mathcal{R}_0 > 1$라 가정하고 (a)의 내용을 구하여라.

20. 다음 비 선형미분방정식에 대해, 분기 매개변수 r의 함수로 안정평형점을 구하여라. 그리고 분기도를 그려라. 그림2.10의 II와 III에 대응 하는 형태를 가짐을 보여라.

(a) $dx/dt = rx - x^3$

(b) $dx/dt = rx + x^2$

21. 다음 비 선형미분방정식에서 분기 매개변수 r의 함수로 안정 평형점을 구하여라. 그리고 분기도를 그려라.

(a) $dx/dt = rx + x^3$(갈퀴 쌍갈래)

(b) $dx/dt = r - x^2$(안장마디)

(c) $dx/dt = r + 2x + x^2$(안장마디)

(d) $dx/dt = rx - x^2$(초월분기)

(e) $dx/dt = x(r - e^x)$(초월분기)

22. 다음 시스템은 $r = 0$에서 안장마디 분기를 가짐을 보여라.

$$\frac{dx}{dt} = r + x^2,$$
$$\frac{dy}{dt} = -y.$$

23. 다음 시스템은 두 화학약품 x와 y의 농도를 나타낸다(Hale과 Kocak, 1991, pp360-361). 다음을 구하여라.

$$\frac{dx}{dt} = 1 - (r+1)x + x^2 y,$$
$$\frac{dy}{dt} = x(r - xy), \quad r > 0.$$

(a) 유일한 양수 평형점 $(\overline{x}, \overline{y}) = (1, r)$이 존재함을 보여라.

(b) 양수의 평형점이 국소 안정성을 만족하는지 결정하여라.

(c) $r = 2$에서 호프분기가 존재함을 보여라.

24. 다음 로지스틱 지연 미분방정식을 살펴보자, 단 지연은 밀도-독립 항에서가 아니라, 선형 증가항에 있다:

$$\frac{dx(t)}{dt} = rx(t-T)\left(1 - \frac{x(t)}{K}\right), \quad r, K, T > 0.$$

다음 문제는 지연 미분방정식의 국소안정성은 지연이 없는 방정식과 같음을 보일것이다.

(a) $\overline{x}$에 관한 미분방정식의 선형화는 $du/dt = ru(t-T)$이다. 선형방정식에 관한 특성방정식은 $\lambda = re^{-\lambda T}$임을 보여라. 평형점 0은 안정임을 확인하여라.

(b) $u(t) = x(t) - K$라 하자. $\overline{x} = K$에 관한 미분방정식을 선형화하여라. 특성방정식을 구하고, 평형점 $\overline{x} = K$가 국소 점근적 안정임을 증명하여라.

25. 연속인 지연 로지스틱 방정식 (5.15)은 강한 지연 핵, $k(t) = \frac{t}{T^2}\exp(-t/T)$을 가지고 있다고 하자. $\int_0^\infty k(t)dt = 1$임을 주목하자. 평형점 K에 대해, K근방에서 이러한 시스템의 선형화를 하기위해 양수인 실수 고유치 λ가 존재하지 않음을 설명하기 위해 예제 9.2의 방법을 사용하라(이장의 부록에서 $T < 2/r$이면 양수인 실수부를 가지기 위해 어떠한 복소 고유치가 존재하지 않는다. 그러므로, $T < 2/r$이면 K는 국소 점근적 안정이다.).

26. 로트카-볼테라 시스템

$$\frac{dx_i}{dt} = x_i\left(a_{i0} + \Sigma_{j=1}^{n} a_{ij}x_j\right)$$

이 $A\overline{X} = b,\ A = (a_{ij}),\ b = (-a_{i0})$를 만족하는 양수의 평형점 $\overline{X} = (\overline{x}_1, \cdots, \overline{x}_n)$을 갖는다고 가정하자. $\overline{X}$에서 야코비안 행렬값은 $J(\overline{X}) = diag(\overline{x}_i)A$를 만족함을 보여라.

27. (a) 다음은 부호 행렬 $Q_i, i = 1, 2, 3$의 각각에 대하여 부호가 있는 방향그래프를 그려라.

(b) 부호 행렬 Q_i를 가진 행렬 $J_i, i = 1, 2, 3$가 질적으로 안정인지 아닌지 결정하여라. $\det(J_i) \neq 0$이라 하자.

$$Q_1 = \begin{pmatrix} 0 & + & 0 \\ - & - & - \\ 0 & + & 0 \end{pmatrix}, Q_2 = \begin{pmatrix} 0 & + & 0 & 0 \\ - & + & 0 & - \\ 0 & 0 & 0 & + \\ 0 & + & - & 0 \end{pmatrix}, Q_3 = \begin{pmatrix} - & - & 0 & 0 & + \\ + & - & - & 0 & 0 \\ 0 & + & - & - & 0 \\ 0 & 0 & + & - & - \\ - & 0 & 0 & + & 0 \end{pmatrix}$$

28. 두 가지 종에 한종, 세 가지 종에 두 종, 네 가지종에 세 가지 종, 다섯가지 종에 네종이 먹이인 다섯종이 있다고 가정하자. 세 가지종은 또한 자기 조절(self-regulating)이다(Edelstein-Keshet,1988). 그 모델은 미분방정식의 로트카-볼테라 시스템이다. 부호 방향그래프는 그림 5.27이다. 이러한 부호 방향그래프에 대하여 부호행렬 Q를 구성하여라. 그러면 행렬 Q가 질적으로 안정인지 아닌지 결정한다.

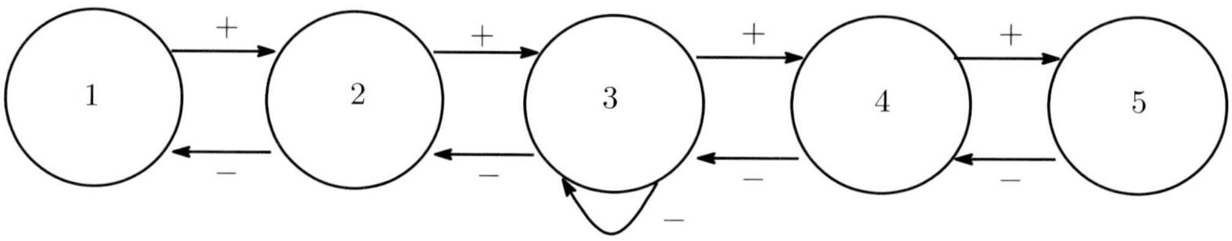

그림 5.27: 다섯 종에 대하여 부호를 가진 방향그래프

29. 다음은 포식자-먹이 시스템이다:

$$\frac{dx}{dt} = x(1 - ax - y), \quad 0 < a < 1,$$
$$\frac{dy}{dt} = y(-1 + x).$$

다음 함수가 순 리야프노브 함수이고 $x, y > 0$에서 대하여 $(1, 1-a)$가 국소 점근적 안정임을 보여라.

$$V(x,y) = x - 1 - \ln(x) + y - [1-a] - [1-a]\ln\left(\frac{y}{1-a}\right).$$

30. 예제 12.2 먹이 사슬에 대하여 $a_{11} = 0$이라 하자. 만일

$$\mu_0 = a_{10} - a_{30}\frac{a_{12}}{a_{32}} > 0$$

이면 $n = 3$인 먹이 사슬 (5.23)이 약한 지속임을 보여라. 이 경우에, 해가 유계가 아닐 수 있다. 그러나 한 성분이 0으로 가면, $x_i(t) \to 0$ 모든 해 $x_j(t)$가 유계, $x_j(t) < K, j = 1, 2, \cdots, n$가 됨을 가정하라.[증명을 위해 Gard와 Hallam(1979) 참고.]

31. 다음 미분방정식의 시스템을 살펴보자:

$$\begin{aligned}\frac{dx}{dt} &= y,\\ \frac{dy}{dt} &= -x + 2\mu y - x^2 y, \quad \mu < 1.\end{aligned}$$

(a) $(0,0)$에서 야코비안 행렬값을 구하고, 고유치가 $\mu \pm i\sqrt{1-\mu^2}$을 만족함을 보여라.

(b) 이 시스템이 호프분기 정리를 만족함을 보여라. 이 시스템은 6장에서 토의될 반데폴 방정식과 관련이 있다.

32. 예제 8.5에 대해 $r = 0$에서 분기가 초임계 분기임을 보이기 위해 부록에 있는 판정법을 적용하여라.

33. 다음 시스템은 평행이동하여 $r = 0$에서 분기값이고, 평형점은 원점에서다:

$$\begin{aligned}\frac{dx}{dt} &= rx + y + x^3,\\ \frac{dy}{dt} &= -x + ry + x^2 y.\end{aligned}$$

호프분기 정리가 성립함을 보여라. 분기가 아임계 분기임을 보이기 위해 부록에 있는 판정법을 적용하여라.

제 14 절 5장 참고 문헌

1. Allee,W.C.1931.*Animal Aggregations, a Study in General Sociology.* Univ.Chicago Press, Chicago.

2. Applebaum,E.B.2001. Models for growth. *The college Mathematics Journal* 32:258-259.

3. Aroesty,J.,T.Lincoln,N.Shapiro,and G.Boccia,1973. Tumor growth and chemotherapy: Mathematical methods, computer simulations, and experimental foundations. *Math.Biosci.* 17:243-300.

4. Bellman,R.and K.L.Cooke.1973. *Differential Difference Equations.* Academic Press, New York.

5. Brauer,F.and J.A.Nohel.1969. *Qualitative Theory of Ordinary Differential Equations.* W.A.Benjamin,Inc., New York.Reprinted: Dover,1989.

6. Brillinger,D.R.,J.Guckenheimer,P.Guttorp, and G.Oster.1980. Empirical modeling of population time series data: The case of age and density dependent vital rates. *Lecture Notes in the Life Sciences,* Vol.13. AMS, Providence,R.I., pp.65-90.

7. Busenberg,S.and P.van den Driessche.1990. Analysis of a disease transmission model in a population with varying size. *J.Math.Biol.* 28:257-290.

8. Cantrell,R.S., and C.Cosner.1996. Practical persistence in ecological models via comparison methods. *Proc.Roy.Soc.Edinburgh* 126A:247-272.

9. Cao,Y.and T.C.Gard.1997. Practical persistence for differential delay models of population interactions.In:J.Graef, R.Shivaji, B.Soni, and J.Shu(Eds.), Differential Equations and Computational Simulations Ⅲ, *Electronic Journal of Differential Equations,* Conference 01, pp.41-53.

10. Coddington,E.A.and N.Levinson.1955. *Theory of Ordinary Differential Equations.* McGraw-Hill,New York.

11. Corduneanu,C.1977. *Principles of Differential and Integral Equations.* 2nd ed. Chelsea Pub.Co., The Brons,N.Y.

12. Cushing,J.M.1977. *Integrodifferential Equations and Delay Models in Population Dynamics.* Springer-Verlag, Berlin.

13. Edelstein-Keshet,L.1988. *Mathematical Models in Biology.* The Random House/ Birkhä user Mathematics Series,New York.

14. Freedman,H.I.and P.Moson.1990. Persistence definitions and their connections. *Proc.Amer.Math.Soc.* 109: 1025-1033.

15. Gard,T.C.and T.G.Hallam.1979. Persistence in food webs: I Lotka-Volterra food chains. *Bull.Math.Biol.* 41:877-891.

16. Goh,B.S.1977. Global stability in many-species systems. *Amer.Natur.* 111:135-143.

17. Gopalsamy,K.1992. *Stability and Oscillations in Delay Differential Equations of Population Dynamics.* Kluwer Academic Pub., The Netherlands.

18. Gyllenberh,M.and G.F.Webb.1989. Quiescence as a explanation of Gompertzian tumor growth. *Growth,Dev.Aging.* 53:25-33.

19. Hale,J.and H.Kocak.1991. *Dynamics and Bifurcations.* Springer-Verlag, New York.

20. Hallam,T.G.and S.A.Levin(Eds.)1986. *Mathematical Ecology:An Introduction.* Biomathematics Vol.17. Springer-Verlag, Berlin,Heidelberg.

21. Hanski, I .1999. *Metapopulation Ecology.* Oxford Univ.Press Inc.,New York.

22. Harrison, G.W.1979. Global stability of predator-prey interactions. *J. Math. Biol.* 8:159-171.

23. Hofbauer,J.and K.Sigmund.1988. *The Theory of Evolution and Dynamical Systems.* Cambridge University Press, Cambridge,U.K.

24. Hofbauer,J.and K.Sigmund.1988. *Evolutionary Games and Population Dynamics.* Cambridge University Press, Cambridge,U.K.

25. Hutchinson,G.E.1948. Circular causal systems in ecology. *Ann.N.Y.Ac ad.Sci.* 50:221-246.

26. Jang,S.R.-J.and J.Baglama.2000. Qualitative behavior of a variable-yield simple food chain with an inhibiting nutrient. *Math.Biosci.* 164:65-80.

27. Jeffries,C.1974. Qualitative stability and digraphs in model ecosystems. *Ecology.* 55:1415-1419.

28. Jeffries,C.,V.Klee, and P.van den Driessche.1977. When is a matrix sign stable? *Can.J.Math.* 29:315-326.

29. Kot,M.2001. *Elements of Mathematical Ecology.* Cambridge Univ.Press, Cambridge,U.K.

30. Kozusko,F.and Bajzer, *Ž*.2003. Combining Gompertzian growth and cell population dynamics. *Math.Biosci.* 185:153-167.

31. Kuang,Y.1993. *Delay Differential Equation with Applications in Population Dynamics.* Academic Press, San Diego.

32. Laird,A.K.1964. Dynamics of tumor growth. *Brit.J.Cancer.* 18:490-502.

33. LaSalle,J.and S.Lerfschetz.1961. *Stability by Liapunov's Direct Method.* Academic Press,New York.

34. Levins,R.1969. Some demographic and genetic consequences of environmental heterogeneity for biological control. *Bull.Entomal.Soc.Am.* 15:227-240.

35. Levins,R.1970. Extinction. *Lecture Notes Math.* 2:75-107.

36. May,R.M.1975. *Stability and Complexity in Model Ecosystems.* Princeton University Press, Princeton,N.J.

37. Marsden,J.E.and M.McCracken.1976. *The Hopf Bifurcation and Its Applications.* Applied Math.Sciences,Vol.19, Springer-Verlag, New York.

38. Miller, R.E.1971. *Nonlinear Volterra Integral Equations.* Benjamin Press, Menlo Park, Galif.

39. Murray,J.D.1993. *Mathematical Biology.* 2nd ed.Springer-Verlag,New York.

40. Murray,J.D.2002. *Mathematical Biology:I An introduction.* 3rd ed. Springer-Verlag,New York.

41. Nicholson,A.J.1957. The self adjustment of population to change. *Cold Spring Harb.Symp.Quant.Biol.* 22:153-173.

42. Pielou,E.C.1977. *Mathematical Ecology.* 2nd ed.John Wiley & Sons,New York.

43. Quirk,J.and R.Ruppert.1965. Qualitative economics and the stability of equilibrium. *Rev.Econ.Stud.* 32:311-326.

44. Rudin,W.1974. *Real and Complex Analysis.* 2nd ed.McGraw-Hill,Inc.,N.Y.

45. Smith,H.and P.Waltman.1995. *The Theory of the Chemostat.* Cambridge Univ.Press, Cambridge,U.K.

46. Strogatz,S.H.2000. *Nonlinear Dynamics and Chaos with Applications to Physics, Biology,Chemistry and Engineering.* Perseus Pub., Cambridge, Mass.

47. Thieme,H.R.2003. *Mathematics in Population Biology.* Princeton Univ.Press, Princeton N.J. and Oxford.

48. Wright,E.M.1946. The non-linear difference-differential equation. *Quarterly J.Math.* 17:245-252.

49. Wright,E.M.1955. A non-linear difference-differential equation. *J.Reine Angew.Math.* 194:66-87

제 15 절 5장 부 록

15.1 아임계와 초임계의 Hopf 분기

Hopf분기가 초임계이거나 아임계인지를 입증하기위해 계산방법을 사용할 수 있다. 첫째로, 변환은 표준형태 시스템으로 놓는다. 표준형태의 미분시스템은 다음과 같다:

$$\frac{dx}{dt} = \alpha(r)x + \beta(r)y + f_1(x,y,r) = f(x,y,r),$$
$$\frac{dy}{dt} = -\beta(r)x + \alpha(r)y + g_1(x,y,r) = g(x,y,r).$$

원점에서 야코비안 행렬값은

$$J(r) = \begin{pmatrix} \alpha(r) & \beta(r) \\ -\beta(r) & \alpha(r) \end{pmatrix}$$

이다. 여기서, 고유치는 $\alpha(r) \pm i\beta(r)$, $\alpha(0) = 0$이고 $\beta(0) > 0$이다. 즉, $r = 0$(분기값)에서 야코비안 행렬값 $J(0)$의 두개의 순 허수 고유치 $\pm i\beta(0)$를 갖는다.

분기가 초임계인지 혹은 아임계인지 확인하기 위해 두개의 정량의 부호를 확인해야 되고, $d\alpha(0)/dr$ 개의 정량은 여기서 C로 쓴다. f와 g의 편도함수를 계산이 분기값 $r = 0$와 평형점 $x = 0$, $y = 0$에서 값이다. 다음은 표현 C의 값을 계산한다(Hale과 Kocak, 1991):

$$C = (f_{xxx} + f_{xyy} + g_{xxy} + g_{yyy}) + \frac{1}{\beta(0)}[-f_{xy}(f_{xx} + f_{yy}) + g_{xy}(g_{xx} + g_{yy})$$
$$+ f_{xx}g_{xx} - f_{yy}g_{yy}].$$

특히, $d\alpha(0)/dr > 0$에서, 다음의 부가적인 조건들은 아임계 혹은 초임계 분기 결과이다(그림 5.13):

1. $C < 0$이면 $r < 0$에서 원점은 안정 나선이나 $r > 0$에서는 안정 주기해가 존재하고 원점은 불안정-초임계 분기이다.

2. $C > 0$이면, $r < 0$에서 불안정한 주기해가 있고 안정이나 $r > 0$에서는 원점은 불안정-초임계 분기이다.

3. $C = 0$이면, 확인은 결론이 나지 않는다.

15.2 강한 지연 핵(Strong Delay Kernel)

강한 지연핵을 가진 연속-지연로지스틱 모델에서, $T < 2/r$일때 양의 실수부를 가진 어떠한 복소고유치도 존재하지 않음을 보이자:

$$\frac{dx(t)}{dt} = rx(t)\left(1 - \frac{1}{K}\int_{-\infty}^{t} k(t-s)x(s)ds\right),$$

여기서, $k(t) = tT^{-2}\exp(-t/T)$라 하자. 이 적분표현은 **볼테라 적분(Volterra intergral)**라 한다. K에 관한 변수변환과 선형화와 $x = e^{\lambda t}$을 대입하여 특성방정식은

$$\lambda = -\frac{r}{T^2}\int_0^{\infty} e^{-\lambda t}\tau e^{-\tau/T}d\tau$$

이 된다. $\lambda = a + ib$, $a > 0, b \neq 0$라 하자. $e^{-\lambda\tau} = e^{-a\tau}(\cos(b\tau) - i\sin(b\tau))$을 적용하면, 실수부와 허수부에 의해 만족되는 두 방정식은

$$a = -\frac{r[(aT+1)^2 - b^2T^2]}{[(aT+1)^2 + b^2T^2]^2}$$

과

$$b = \frac{2rbT(aT+1)}{[(aT+1)^2 + b^2T^2]^2}$$

이다. 이 두 방정식을 간단히 하여, a에 관한 5차다항식으로, b에 관한 4차다항식

$$p(a) = T^4a^5 + 4T^3a^4 + \cdots + r(1 - b^2T^2) = 0$$

이고

$$[(aT+1)^2 + T^2b^2]^2 - 2rT(aT+1) = 0 \tag{5.26}$$

으로 유도한다.

$p(a)$의 모든 계수들은 a^0의 가능한 계수 $r(1-b^2T^2)$를 제외하고 양이다. 그러므로, 만일 후자의 계수가 양수 $b^2T^2 < 1$이면 $a > 0$인 실수해 a가 존재하지 않는다. 그러나 $b^2T^2 > 1$이면, 하나의 양수의 실근이 있다(부호의 데카르트 공식). 이제, $rT < 2$이면 $b^2T^2 < 1$임을 보인다. 방정식 (5.26)로부터,

$$b^2T^2 = -(aT+1)^2 \pm \sqrt{2rT(aT+1)}$$

이다. $rT < 2$라 가정하자. $b^2T^2 < 1$이거나 혹은

$$2rT(aT+1) < [1 + (aT+1)^2]^2$$

과 동치임을 보일 필요가 있다. 마지막 부등식 좌변에 $T < 2/r$를 적용하면

$$2rT(aT+1) < 4(aT+1)$$

이 된다. 이제 $4(aT+1) < [1+(aT+1)^2]^2$을 보이는 것은 쉽다. 예를 들어, 연속-지연 모델과 볼테라 적분방정식의 보다 일반적인 토의를 위해 Cushing(1977)과 Miller(1971)를 보라.

제 6 장

미분방정식의 생물학적 적용

제 1 절 서 론

이 장에서 미분방정식으로 표현되는 생물학적 모델의 다양성을 소개한다. 몇가지 잘 알려진 개체군의 생물학적 모델과 군집역학(community dynamic) 포식자 먹이와 경쟁모델과 같은 것을 제시한다. 더구나, 발전해온 가문비나무잎말이 나방과 연속배양장치(chemostat) 모델과 같은 특별한 시스템에 대한것 보다 최근의 모델들을 소개한다. 앞장에서 발전해온 방법들은 이러한 모델을 분석하는데 유용하다.

6.2절에서는 수확이 있는 간단한 개체군으로 시작한다. 이 모델은 동물에 적용해왔고 어류 개체군은 어획을 하거나 혹은 그들의 개체의 양을 조절하기 위해 도태시켰다. 다음절의 수확모델은, 둘 혹은 그 이상의 개체군 포식자 먹이과 경쟁모델을 토의한다. 이러한 모델들의 유형들은 일반적으로 포식자-먹이와 경쟁시스템의 성질들의 일부를 설명하는데 유용하다. 예를 들어, 주기 순환은 포식자-먹이 모델에서 볼 수 있고 경쟁모델 종들 중 한 종은 멸종이다(경쟁 배제). 이러한 모습은 포식자-먹이와 경쟁시스템에서의 전형적인 모습이다. 향이 나는 전나무의 벌레해충 모델이 특별히 가문비나무잎말이나방 모델로 발전하였다. 이 모델의 일반화는 6.5절에서 공부한다. 가문비나무 모델 이후 공간영역이나 패치사이의 개체군 이동에 대한 모델을 공부한다. 이러한 모델은 메타개체군(metapopulation)이라 한다. 메타개체군의 몇가지 다양한 유형은 6.6절에서 설명한다. 연구를 위해 생물학적으로 특별히 발전된 또 다른 응용 모델은 연속 배양장

치(chemostat)모델이다. 연속 배양장치는 조절된 환경에서 미생물을 배양하는 실험장치이다. 연속 배양장치는 발효에서 폐수처리까지 많은 적용범위를 가진다. 6.7절에서 연속적으로 배양하는 연속배양장치에 대한 단순한 모델을 공부한다. 그리고 6.8절에서는 전염병모델의 다양성은 다른 유행병의 모습, 가령 면역력이 있는것 대 면역이 없는 것을 설명한다. 이러한 다양한 모델들의 역학을 비교한다. 더구나 모델역학에서 백신접종의 영향을 살펴본다. 마지막으로, 마지막절에서는 신경시스템에 전기 자극을 위한 잘 알려진 일부 모델들을 짧게 토의한다. 이러한 모델들은 Hodgkin-Huxley와 FizHugh-Nagumo모델이라 한다.

이 장에서는 연구된 생물학적 예들은 빠르게 성장하는 수학적 모델의 일부만을 소개한다. 생물계에 적용하고 있는 부가적인 응용은 이장의 연습문제에서 살펴볼 수 있다. 이 장과 다른 장의 끝에 있는 참고서적은 미분방정식의 많은 다른 생물학적 적용을 위한 중요한 원천이다.

제 2 절 단일 개체군의 수확

회복이 가능한 자원을 얻기 위해 생태학적으로 수용할 수 있는 전략을 발전시키는 일은 매우 중요하다. 회복할수 있는 중요한 자원들은 동물, 어류, 식물등이다. 목표들중 하나는 매년 개체수를 유지하면서 수확을 최대화하는 것이다.–**지속 가능한 최대 수확량(maximum sustainable yield)**. 로지스틱 함수를 사용하고 개체수(일정한 노력)에 비례하는 수확량 비율이나 혹은 지속 가능한 최대 생산량을 연구하기 위해 일정한 수확량(일정한 수확)을 포함한다. 단순한 모델에서, 일정한 노력을 하는 방법이 일정한 수확을 하는 전략보다 나음을 보여준다.

첫째는 일정한 노력전략을 살펴보자. $N \equiv N(t)$는 시간 t에서 개체군 크기이고 관계식은

$$\frac{dN}{dt} = rN\left(1 - \frac{N}{K}\right) - EN = rN\left(1 - \frac{E}{r} - \frac{N}{K}\right)$$

이다. 여기서, EN은 시간당 수확량이고 E는 양수의 매개변수인데 이는 늘어난 노력의 척도이다. $E < r$에서 수확량

$$\overline{N} = N_h(E) = K\left(1 - \frac{E}{r}\right)$$

이 존재할 때 평형점 K는 변하고 이 경우 평형점에서 수확량은

$$Y(E) = E\bar{N} = EK\left(1 - \frac{E}{r}\right)$$

이다. 만일 $E \geq r$이면 $\bar{N}=0$은 존재할 가능성이 있는 유일한 평형점이다. 개체군이 멸종이 되도록 수확을 한 것을 의미한다. 위상직선도(Phase line diagram)는 그림 6.1이다.

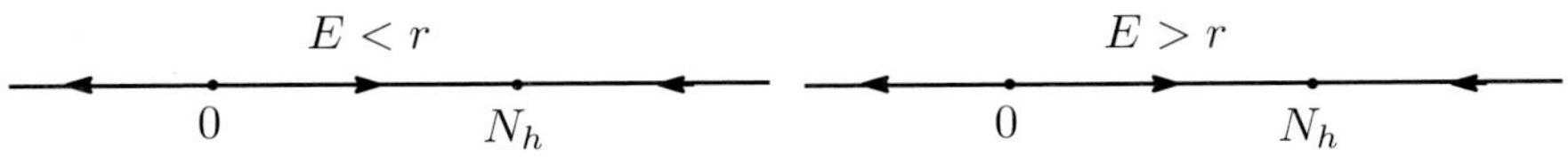

그림 6.1: $E > r$와 $E < r$일 때 일정한 노력에 대한 위상 직선도

노력함수 $(Y'(E)=0)$는 $E=r/2$에서 최대수확량이다. 즉, 지속가능한 최대 생산량과 새로운 수확이 있는 평형점은 다음과 같다:

$$Y_M = Y(E)|_{E=r/2} = \frac{rK}{4}, \quad \bar{N}|_{E=r/2} = N_h(r/2) = \frac{K}{2}.$$

수확이후 회복이 되기까지 걸리는 시간을 살펴보자. **회복시간(recovery time)** (T_R)은 $\widetilde{N}(T_R)\widetilde{N}(0) \approx e^{-1}$가 되는 시간이 필요하다. 여기서 $\widetilde{N}$은 $\bar{N}$에 대한 선형근사이다. 즉, $\widetilde{N} = N - \bar{N}$이다. 일반적으로

$$\widetilde{N}(t)/\widetilde{N}(0) \approx \exp(-at)$$

이다. 여기서 $-a$는 선형화 $a > 0, d\widetilde{N}/dt \approx -a\widetilde{N}$의 고유치이다. 매개변수 a는 평형점 $\widetilde{N}(a/\text{시간})$에서 개체군의 자연감소율이다. 즉, $1/a$은 e^{-1}만큼 감소하는데 걸리는 시간이고, 회복시간은

$$T_R \approx \frac{1}{a}$$

이다. 노력 E로 회복에 걸리는 시간에 관한 공식 $T_R(E)$을 만들것이다.

노력이 없을 경우 $E=0$은 수확이 없다. K에서 떨어진 작은섭동(perturbation)은

$$\frac{d\widetilde{N}}{dt} \approx -r\widetilde{N} \quad \text{혹은} \quad \widetilde{N}(t) \approx \widetilde{N}(0)\exp(-rt)$$

을 만족한다. 즉, 노력이 없을때 회복시간은

$$T_r(E) \approx \frac{1}{r}$$

이다. 그러나 $0 < E < r$이면, 수확이 있는 상황에서 회복시간은

$$T_r(E) \approx \frac{1}{r-E}$$

이고, 수확이 없는 비율에 대한 수확이 있는 회복비율은

$$\frac{T_r(E)}{T_r(0)} \approx \frac{1}{1-\frac{E}{r}}$$

이다. 고정된 r의 값이 E 보다 더 크면, $E < r$ 클수록 회복시간은 더 길다. 그러므로, 교란이 있다면 이전의 개체군 크기로 돌아가기 위해서는 더 오래 걸린다는 점에서 수확을 하는것에 지불해야 할 댓가가 있다. $E = r/2$일때 E의 값은 지속가능한 최대 생산량은 $Y_M, T_r(E) \approx 2T_R(0)$이다. 수확을 하지 않을 경우보다 지속가능한 최대 생산량으로 수확을 할 경우가 회복하는데 걸린 시간은 두배의 시간이 걸린다.

수확을 위한 전략의 두번째 유형은 일정한 수확이다. 이 경우 모델은 다음과 같은 형태이다:

$$\frac{dN}{dt} = rN\left(1 - \frac{N}{K}\right) - Y_0.$$

단, $Y_0 > 0$은 단위 시간당 일정한 수확이다. 이 모델에서 평형점은 하나나 둘이거나, 혹은 양수 평형점은 없다. $f(N) = rN(1 - N/K)$의 최대값은 $rK/4$이다. 만일 $0 < Y_0 < rK/4$이면, 두개의 양수 평형점이 있다. 두개의 평형점은 N_1과 N_2로 $N_1 < N_2$이다(그림 6.2). $Y_0 = rK/4$이면 단지 하나의 양수 평형점 N_1이 있고, $Y_0 > rK/4$이면 양수 평형점이 없다. 후자의 경우는, 개체군이 멸종될 때까지 수확을 하는것이다. 그러나, 해가 0에 접근하기 보다는 음수가 된다. 예를 들어, $Y_0 > rK/4$일 때, $dN/dt \le rK/4 - Y_0 = -c$이 되어 $N(t) \le N(0) - ct$이고 $\lim_{t\to\infty} N(t) = -\infty$이다. 해가 음수가 되는 것은 생물학적으로 적절하지 못하다. 한가지 이유는 일정한 노력을 하는 전략모델은 일정한 수확을 하는 전략모델보다 더 좋다는 것이다.

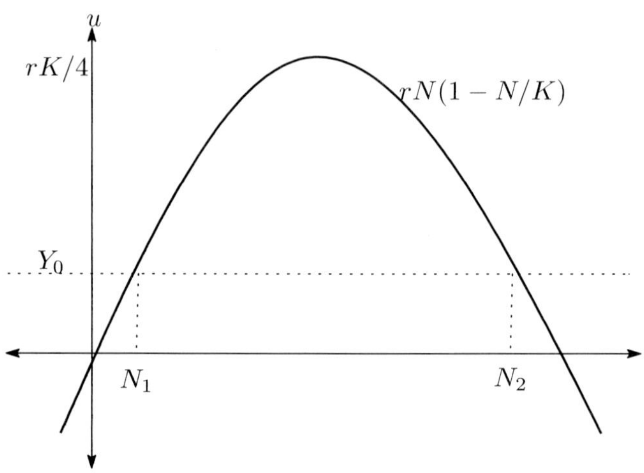

그림 6.2: $0 < Y_0 < rK/4$일 때 일정한 수확 모델에 대하여 두개의 양의 평형점 N_1과 N_2가 있다.

$0 < Y_0 < rK/4$경우, 평형점 N_2는 국소 점근적 안정이다. 평형점 N_2은 미분방적식의 우변을 0으로 놓음으로 N_2를 구할 수 있다:

$$N_2(Y_0) = \frac{K}{2}\left(1 + \left[1 - \frac{4Y_0}{Kr}\right]^{1/2}\right), \quad 0 < Y_0 < rK/4.$$

$N = N_2$일 때 수확 Y_0을 위한 회복시간을 결정할 수 있을 것이다. $\widetilde{N} = N - N_2(Y_0)$라 하자.

$$\frac{d\widetilde{N}}{dt} \approx \widetilde{N}\frac{\partial f}{\partial N}\bigg|_{N=N_2(Y_0)} = -\widetilde{N}r\left[1 - \frac{4Y_0}{Kr}\right]^{1/2},$$

$$T_R(Y_0) \approx \frac{1}{r\sqrt{1 - \frac{Y_0}{Y_M}}}.$$

여기서, $Y_M = rK/4$이고

$$\frac{T_R(Y_0)}{T_R(0)} \approx \frac{1}{\sqrt{1 - \frac{Y_0}{Y_M}}}$$

이다. 이 모델에서, $Y_0 \to Y_{\bar{M}}$에 따라 회복시간은 무한대로 간다. 또 다른 이유는 일정한 수익 수확전략이 일정한 노력전략만큼 생물학적으로 합리적이지 못하기 때문이다. 수확전략은 경제적 비용과 최적의 수확전략을 통합하는 것이다. Clark(1976)과 Kot(2001)을 참조하여라.

제 3 절 포식자-먹이 모델

가장 잘 알려진 포식자-먹이(predator-prey) 모델들 중 하나는 두 과학자 Alfred Lotka(1880-1949)와 Vito Volterra(1860-1940)의 이름을 붙인것이다. 그들은 이 모델을 적용하고 연구를 한 최초의 과학자들이다. 로트카는 폴란드에서 태어나서 미국 선교사를 위해 1902년에 미국으로 이사를 했다. 그의 많은 공헌은 물리적 생물의 기초(Elements of Physical Biology)(1925)라는 책에서 발견할 수 있다. 볼테라는 이탈리아의 수학자로 편미분방정식, 적분방정식, 함수해석 분야에서 그의 업적을 발표했다.

포식자-먹이 모델로 로트카-볼테라는 두개의 미분방정식으로 구성된다. 첫번째는 먹이 x에 대한 것이고, 두번째 방정식은 포식자 y에 대한것이다. 두 미분방정식은 다음과 같다:

$$\begin{aligned}\frac{dx}{dt} &= ax - bxy = x(a - by),\\ \frac{dy}{dt} &= -cy + dxy = y(-c + dx).\end{aligned} \tag{6.1}$$

여기서 $a, b, c, d > 0$이다. 매개변수 a는 먹이 x의 자연성장율인 반면 c은 포식자의 사망율이다. 먹이가 없을 경우 $dy/dt = -cy$ 때문에 포식자 개체군은 0으로 접근한다. 매개변수 b는 포식자당 먹이 개체당 감소를 의미하고, d는 먹이당 포식자 개체당 증가이다. 모델에서 x와 y는 먹이와 포식자의 생체량을 나타내고 상수 d는 종종 c의 상수배 $d = c/\gamma$로 가정한다. 여기서, γ은 먹이 생체량에서 포식자 생물 총량으로 변환과 관련된다. 용어 bxy와 dxy은 각각 **함수반응(function response)**과 **수치반응(numerical response)**이라 한다(Hassell, 1978).

Lotka-Volterra 먹이사슬 모델에 관한 흥미있는 역사적 연구는 Braun(1975)이 행하였다. 이 내용의 일부를 요약한다. 1920년대에 독일 생물학자 Umberto D'Ancona는 어류 개체군의 변화를 연구하였다. 그는 우연히 1차 세계대전 기간(WWL,1914-1918)에 지중해에서 잡힌 어류 몇가지 종에 대한 총 어획한 어류가 백분율로 기록된 데이타를 보았다. 표 6.1(Braun.1975)에 기록된 데이타는 연골어류(상어류, 홍어류, 가오리류)로 동시에 식량으로 소비를 하지 않았던 총 어획량의 백분율이다.

표 6.1: 전체 어류 수확의 일부인 연골어류 수확의 백분율(Braun,1975).

1914	1915	1916	1917	1918	1919	1920	1921	1922	1923
11.9%	21.4%	22.1%	21.2%	36.4%	27.3%	16.0%	15.9%	14.8%	10.7%

그 데이타에 의하면, D'Ancona는 1차 세계대전 동안 연골어류의 백분률이 그렇게 크게 증가 된것을 이해하지 못하였다. 그는 증가의 이유가 그 기간동안 어획량의 감소라고 생각하였으나, 그는 어획량 감소가 어떻게 어류 개체군에 영향을 미치는지 이해하지 못하였다. 그래서 그는 그 데이타를 해석해 줄 것을 비타 볼테라와 상의하였다.

공식이 된 모델 볼테라는 식 (6.1)이 만들어졌다. 연골어류는 포식자는 y이고 식량어류나 혹은 식용어류는 먹이 x이다. 로트카-볼테라의 포식자-먹이 모델을 분석하고 어획이 역학 모델을 어떻게 변화시킬수 있는지를 살펴보자.

해석을 시작하기 전에, 이 모델은 예제 6.2에서 토의한 모델과 동치인 유형임을 주목하자:

$$\begin{aligned} \frac{dx}{dt} &= xy - y = y(x-1), \\ \frac{dy}{dt} &= 2x - xy = x(2-y) \end{aligned}.$$

이전의 방정식에 $\tilde{x} = 1 - x,\ \tilde{y} = 2 - y$로 변수변환을 하면

$$\begin{aligned} \frac{d\tilde{x}}{dt} &= \tilde{x}(2 - \tilde{y}), \\ \frac{d\tilde{y}}{dt} &= \tilde{y}(\tilde{x} - 1) \end{aligned} \tag{6.2}$$

가 된다. 모델 (6.2)은 로트카-볼테라 포식자-먹이 모델 (6.1)과 같다. 여기서 $a = 1, b = 1, c = 1, e = 1$이다. 예제 6.2에서, 평형점 $(1, 2)$는 안장점이나, 원점은 결정되지 않았다(고유값이 순 허수이다). 여기서, 원점이 중심처럼 작동하는 것이나 혹은 이와 동치로, 식 (6.1)이 양수 평형점 $(c/e, a/b)$는 원점을 둘러싼 주기해를 가짐을 보인다.

식 (6.1)의 분석을 단순하게 하기위해, 모델은 차원이 없는 형태로 놓는다.

$$u(\tau) = \frac{ex(t)}{c},\ v(\tau) = \frac{by(t)}{a},\ \tau = at$$

로 놓으면

$$\begin{aligned} \frac{du}{d\tau} &= u(1 - v), \\ \frac{dv}{d\tau} &= \alpha v(u - 1) \end{aligned} \tag{6.3}$$

이다. 단, $\alpha = c/a$이다. 차원이 없는 방정식은 두개의 평형점 $(0, 0)$과 $(1, 1)$를 얻는다. 차원이 없는 야코비안 행렬은

$$J(u, v) = \begin{pmatrix} 1 - v & -u \\ \alpha v & \alpha(u - 1) \end{pmatrix}$$

이다.

두 평형점에서 야코비안 행렬값은

$$J(0.0) = \begin{pmatrix} 1 & 0 \\ 0 & -\alpha \end{pmatrix} \quad \text{와} \quad J(1.1) = \begin{pmatrix} 0 & -1 \\ \alpha & 0 \end{pmatrix}$$

이다. 행렬 $J(0, 0)$는 고유백터 $(1.0)^T$와 $(0, 1)^T$에 대응되는 고유치 $\lambda_{1,2} = 1, -\alpha$를 가진다. 평형점 0는 안장점이다. 행렬 $J(1, 1)$는 복소 고유치 $\lambda_{1,2} = \pm i\sqrt{\alpha}$를 갖는다. 선형계의 경우, 평형점 $(1, 1)$은 중립 중앙이다. 그러나, 이것은 모호한 경우이다. 나선점일 수(안정이거나 불안정)도 있다. 이는 양수 평형점을 들러쌓고 있는 모든해가 주기해이다. 각 초기조건에 대응하는 유일한 주기해가 있다.

정리 **3.1** 양수 초기조건을 가진 로트카-볼테라 포식자-먹이 시스템(6.3)의 모든 해는 주기해이다.

증명. 첫째, 무한시간에 대해 평형점 $(1,1)$이 나선점이면 해 $u(\tau)$와 $v(\tau)$은 직선 $u = 1$과 교차하는 것이 중요한다.

$u(\tau)$와 $v(\tau)$은 식 (6.3)의 해임을 의미한다. 음함수 해(implicit solution)는 변수분리형 미분방정식으로 구할 수 있다.

$$\frac{dv}{du} = \frac{\alpha v(u-1)}{u(1-v)} \quad \text{혹은} \quad (1-v)\frac{dv}{v} = \alpha(u-1)\frac{du}{u}.$$

마지막 식을 적분하면 다음과 같이 된다:

$$\ln(v) - v = \alpha u - \alpha\ln(u) + K \quad \text{혹은} \quad ve^{-v} = K_1 u^{-\alpha} e^{\alpha u}.$$

이를 정리하면

$$\frac{v}{e^v}\frac{u^\alpha}{e^{\alpha u}} = h_1(v)h_2(u) = K_1 \tag{6.4}$$

이고 여기서, $h_1(v) = v/e^v$이고 $h_2(v) = u^\alpha/e^{\alpha u}$ 이다. 두 함수 h_i는 $h_i(0) = 0$, $h_i(\infty) = 0$을 만족하고 $h_i' = 0$일 때 $(0,\infty)$에서 하나의 최댓값을 가진다. $v = 1$에서 h_i의 최댓값이 있고, h_2의 최댓값은 $u = 1$에서 있다(평형점). 이러한 함수들의 최댓값은 $M_v = 1/e$과 $M_u = 1/e^a$이다(그림 6.3 참조).

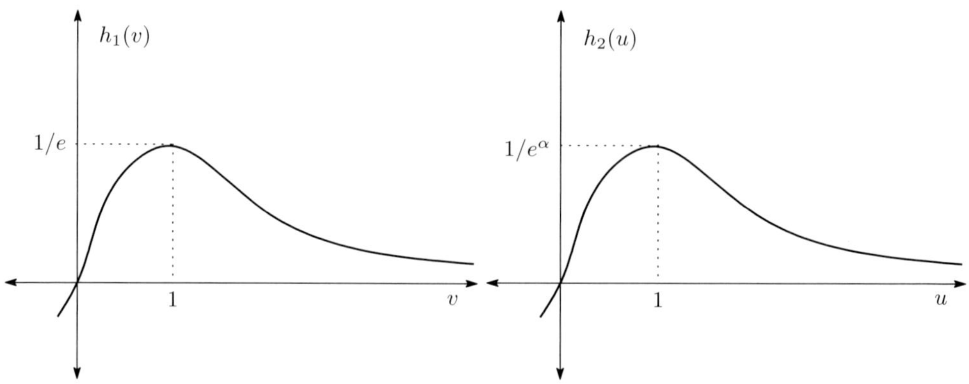

그림 6.3: 함수 h_1과 h_2의 그래프.

방정식 (6.4)로 부터 $K_1 > M_u M_v$이면 해가 없고, 만일 $K_1 = M_u M_v$이면 유일한 해가 존재하고, 말하자면 $u = 1 = v$이다. $h_u = M_u$에서 해는 $u = 1$이다. 또한, $0 < K_1 = \bar{c}M_u < M_v M_u$ 에서 해는 v에 대한 정확히 두개의 해를 가진다. $v_m < 1$일 때 한개

의 해가 있고, 또 다른 해 $v_M > 1(\tilde{c} = v/ev)$가 있다. 또한, $v \notin [v_m, v_M]$ 일때 $h_2(u) = \tilde{c}M_u/h_1(v)$는 해를 가지지 않고, $v = v_m$, $v = v_M$일 때 유일한 해 $u = 1$이고, $v \in (v_m, v_M)$일 때 두 해는 $u_1(v)$와 $u_2(v)$이다. 앞으로 토의는 $u_1(v) < 1 < u_2(v)$, $u_1(v_m) = u_2(v_m)$이고 $u_1(v_M) = u_2(v_M)$임을 알려준다(그림 6.4). 즉, $u - v$ 위상평면의 해는 닫힌 곡선들이여야 하고, 어떠한 평형점 [$u(0) = 1 = v(0)$이 아니면]도 포함하지 않는다. $u(0)$, $v(0) > 0$인 모든 해는 주기해여야 한다 . □

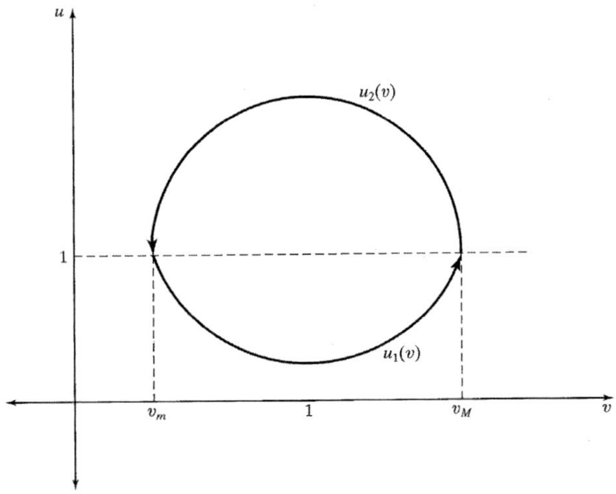

그림 6.4: $u - v$평면에 그려진 차원이 없는 방정식에 대한 해의 그래프.

시간에 대한 포식자-먹이 시스템 (6.3)의 해와 위상 평면에서 그림 6.5에 있다. 어획한 가자미류의 백분률에 관한 D'Ancon의 데이타는 표 6.1에서 처럼 1년에 걸친 평균이다(Braun,1975). 볼트라의 모델에서 포식자 y에 관한 해와 D'Ancona의 데이타와 비교하기 위해 모델의 평균값을 임의의 해 $x(t)$와 $y(t)$에 관하여 계산해야 한다. $x(t)$와 $y(t)$의 **평균값(average value)**은 다음과 같다:

$$\hat{x} = \frac{1}{T}\int_0^T x(t)dt \quad \text{이고} \quad \hat{y} = \frac{1}{T}\int_0^T y(t)dt.$$

정리 **3.2** *$x(t)$와 $y(t)$가 주기 $T > 0$를 가진 포식자-먹이 시스템 (6.1)의 주기해라 하자. $\hat{x} = c/e$이고 $\hat{y} = a/b$이다(평균값들이 평형점 값과 같다).*

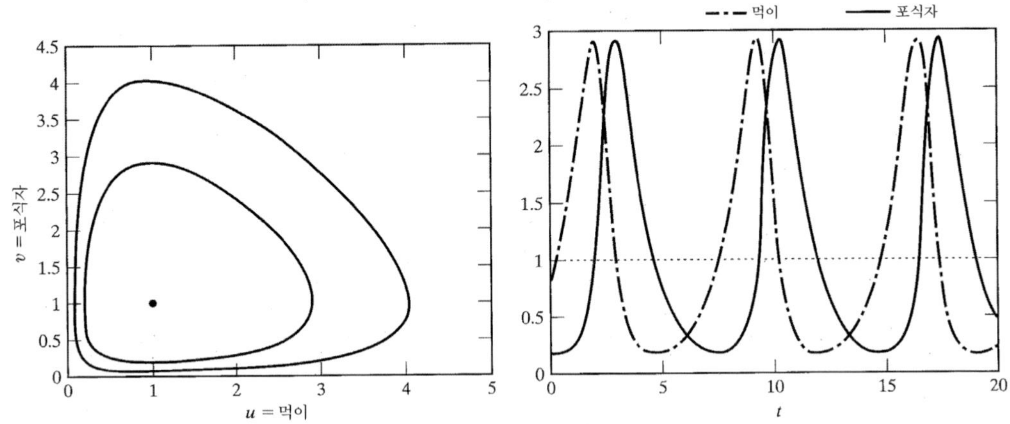

그림 6.5: 위상평면에서 $\alpha = 1$, 시간함수로 로트카-볼테라 포식자-먹이 모델 (6.3)의 해 그래프

증명. x와 y에 대한 미분방정식은 $dx/x = (a - by)dt$이고 $dy/y = (c + ex)dt$으로 다시 놓자. 0에서 T까지 적분하고 우변을 0과 같다고 놓으면

$$\int_0^T \frac{dx}{x} = \ln x(T) - \ln x(0) = 0 \quad \text{이고} \quad \int_0^T \frac{dy}{x} = \ln y(T) - \ln y(0) = 0$$

이다. 첫번째 식에 $dx/x = a - by(t)$를 대입하면

$$\int_0^T (a - by(t))dt = aT - \int_0^T y(t)dt \quad \text{이거나} \quad \hat{y} = \frac{1}{T}\int_0^T y(t)dt = \frac{a}{b}$$

이다. dy/y에 대해서 비슷하게 계산하면, $\hat{x} = e/c$이다. □

어획의 효과가 로트카-볼테라 포식자-먹이 모델에 포함될 때 **볼테라 원리(Volterra's pcinciple)**로 알려진 원리가 증명되었다. 어획은 포식자(상어들)와 먹이(식량 어류)에 같은 효과를 가진다고 가정하고, 어획량은 개체수에 비례한다. 즉, 먹이와 포식자의 제거율은 ϵx와 ϵy이다. 단, ϵ는 어획의 강도를 반영한다. 어획을 포함한 새로운 모델은 다음 유형과 같다:

$$\frac{dx}{dt} = ax - bxy - \epsilon x = x(a - \epsilon - by),$$
$$\frac{dy}{dt} = -cy + exy - \epsilon y = y(-c - \epsilon + ex).$$

새로운 시스템에서 a를 $a-\epsilon>0$(ϵ은 적음)으로, c는 $c+\epsilon$로 대체할 때 식 (6.1)의 형태를 갖는다.

$$\bar{x}=\frac{c+\epsilon}{e} \quad \text{이고} \quad \bar{y}=\frac{c-\epsilon}{b} \tag{6.5}$$

에서 새로운 평형점이 있다. 볼테라 원리는 적절한 어획($a>\epsilon$)의 양은 평균먹이 수가 증가하고 포식자들 수가 감소한다는 것을 설명한다. 역으로 어획의 수준 감소는 포식자들 수가 증가하고(평균적으로) 먹이의 수가 감소한다. 볼테라의 원리는 포식자와 먹이 모두를 파괴하는 살충제와 농약처리 적용이 있다. 살충제 적용은 ($\epsilon>0$) 먹이의 이전에 포식자의 조절하에 유지되면 개체군를 증가한다

D'Ancona's 데이타로 돌아와서, 1914 ~ 1919년에 어획량이 1차 세계대전 때문에 줄었다고 하나, 1920 ~ 1923년에는 어업이 영향을 받지 않았다. 그 결과를 로트카-볼테라 포식자-먹이 모델에 적용할것이고, 어획 데이타는 일년 주기로 순환한다고 가정한다. 표 6.1에 있는 데이타는 전체 어획한 어류에서 포식자들이 년 백분률이다 [즉, $P=\bar{y}/(\bar{x}+\bar{y})\times 100\%$]. 전쟁기간(1915-1919)에 $P_0\approx 25.7\%$이고, 다른 기간에(1914, 1920-1923)는 $P_\epsilon\approx 13.9\%$이다. 1차 세계대전기간 동안 포식자에서는 두배의 증가이다. 표 6.1에서 관찰된 현상은, 실제적인 모델은 로트카-볼테라 모델보다 더 복합하다. 그러나 로트카-볼테라 모델은 실생활 포식자-먹이 모델 시스템에서 관찰한 진동 문제와 이러한 관계에서 일반적인 포식자의 영향을 설명한다.

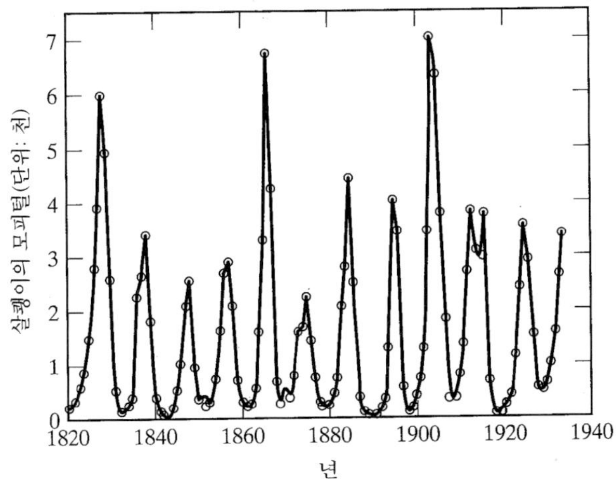

그림 6.6: 1821-1934년 동안 엘튼과 니콜슨의 살쾡이 데이타(Campbell과 Walker,1977)

아마, 로트카-볼테라 포식자-먹이 방정식으로 가장 잘 알려진 적용은 살쾡이-산토끼의

주기이다. 엘튼과 리콜슨(1942)이 쓴 고전논문에서 캐나다 살쾡이(Lynx canadensis)와 눈신토끼(산토끼)(Lepus ameytcanus) 의 10년 주기에 관한 데이타를 발표했다. 그들의 살쾡이 데이타는 그림 6.6이다(Campbell과 Walker, 1977). 데이타는 1800년대에서 1900년대에 산토끼나 살쾡이에 관한 허드슨만 모피회사에 근거한 것이다. 캐나다 살쾡이는 산토끼가 많을때는 오로지 독점적으로 산토기만을 먹는다(Kyebs et al, 2001). 산토끼 주기는 기본적으로 식량공급과 포식자에 의해 결정된다. 산토기 개채군은 대략 10년 주기다. 산토기의 포식자는 살쾡이, 올빼이, 코요테, 여우, 늑대들이다(Kyebs et al.,2001, Stenseth et al., 1997). Stensetu et al.(1997)는 3가지 영양단계(야채-산토끼-포식자)가 산토끼 개체군 동태를 지배하나, 두가지 영양수준(살토끼-살쾡이)은 살쾡이 개체군를 조절한다.

살쾡이(C.canadenis)와 붉은여우(Vulpes fulva)에 대한 부가적인 데이타와 순환하는 산토기의 포식자는 Keith(1963)가 보고되었고 그림 6.7이다. 1919년 부터 1957년까지 살쾡이와 빨간 여우털 모피 데이타가 10년 주기를 알려준다. 그림 6.7에 대한 데이타는 부록에 있다(연습문제 4 참조).

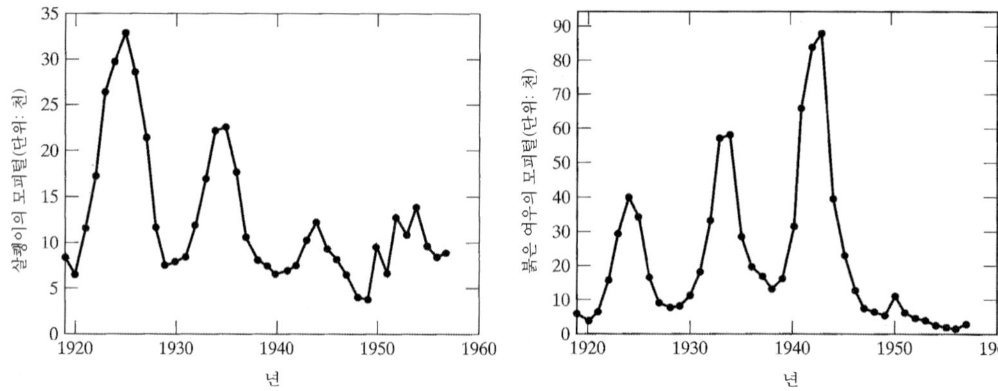

그림 6.7: 1919-1957년 동안 캐나다의 일곱지역과 여덟지역에 대한 살쾡이(L.canadensis)와 붉은여우(V. fulva) 모피의 데이타(Keith,1963)

원래 로트카-볼테라 포식자-먹이 방정식 한가지 단점은 포식자가 없을 경우 먹이는 지수성장율이다. 그러한 결함을 설명하는데 단순한 모델은 포식자가 없을 경우 먹이가 지수성장을 한다고 가정한다. 이 경우에 모델은 다음과 같은 형태를 갖는다(예제 5.3):

$$\frac{dx}{dt} = ax - fx^2 - bxy = x(a - fx - by)$$
$$\frac{dy}{dt} = -cy + exy = y(ex - c).$$

여기서 항 fx^2은 먹이와 $a, b, e, f > 0$들 사이의 같은종 내 경쟁을 의미한다.

포식자-먹이 미분방정식에서 두가지 반응, 함수반응과 수치적 반응이 있다. 포트카-볼테라 먹이 방정식 dx/dt에서, 항 $bay = F(x, y)$를 **함수반응(function response)**이라 부른다. 포식자 미분방정식 dy/dt에서 표현 $exy = G(x, y)$은 **수치적 반응(numerical response)**이라 부른다. 다양한 함수와 수치 반응은 포식자-먹이와 숙주-기생 시스템 모두를 위해 살펴 보아야 한다(Edestekn-keshet,1988; Hassell,1978;1976, 5월). 문헌적으로 토의한 수치적이고 함수적인 반응의 일부가 다음 식들을 포함한다:

$$\begin{aligned}
&\alpha y(1 - \exp(-\beta x)), \quad \alpha > 0, \beta > 0, \quad \text{Ivlev},\\
&\frac{\alpha xy}{x + \beta}, \quad \alpha > 0, \beta > 0, \quad \text{Holling 유형 II},\\
&\frac{\alpha yx^2}{x^2 + \beta^2}, \quad \alpha > 0, \beta > 0, \quad \text{Holling 유형 III}.
\end{aligned}$$

유형 $F(x, y) = bxy$를 Holling 유형 I이라 부른다. 위 유형들은 먹이 x의 수가 매우 클때 공격능력이 제한된나는 사실을 포함한다. 또한, Hassell(1978)은 유형 I과 II가 포식자의 무척추동물보다 전형적인 반면, 유형 III은 척추 동물들에게 보다 일반적임을 설명한다.

포식자-먹이 시스템을 위한 일반적인 형식은 Harrison(1979)이 분석한 유형이다. 또한, Hallm과 Levin(1986)을 참고하여라. 그 모델은 다음과 같은 유형이다:

$$\begin{aligned}
\frac{dx}{dt} &= a(x) - f(x)b(y),\\
\frac{dy}{dt} &= n(x)g(y) + c(y).
\end{aligned}$$

함수 f와 g는 $x \in (0, \infty)$에서 양수이다. $a(x)$는 포식자가 없을때에 먹이의 성장율이고 $c(y)$는 먹이가 없을 때에 포식자의 성장율이다. 곱 $f(x)b(y)$는 함수반응이고 $n(x)g(y)$은 수치반응이다. 함수 $n(x)$와 $b(y)$가 감소하지 않는다고 가정하자. $(\bar{x}, \bar{y})$는 앞 시스템에서 양의 평형점이라 하자. 그러면 함수 a, f, b, n, g, c에 부가적인 가정이 주어진다. Harrison(1979)은 양수 평형점의 광의의 점근적 안정성을 증명하기 위하여

$$V(x, y) = \int_{\bar{x}}^{x} \frac{n(s) - n(\bar{x})}{f(s)} ds + \int_{\bar{y}}^{y} \frac{b(s) - b(\bar{y})}{g(s)} ds$$

형태의 리아프노브 함수에 적용한다.

예제 3.3 *하나의 포식자 (x_1)과 두개의 먹이 (x_2와 x_3)을 가진 다음 로트카-볼테라 모델*

을 살펴보자:

$$\frac{dx_1}{dt} = x_1(-a_{10} + a_{12}x_2 + a_{13}x_3)$$
$$\frac{dx_2}{dt} = x_2(a_{20} - a_{21}x_1)$$
$$\frac{dx_3}{dt} = x_3(a_{30} - a_{31}x_1 - x_3),$$

단, $a_{ij} > 0$이다. 첫번째 먹이 x_2의 경우는 포식자 x_1이 없을 때에 지수성장을 한다. 두번째 먹이의 경우 x_3은 포식자 x_1이 없을때에 수용용량 a_{30}까지 로지스틱 성장을 한다. 원점이 불안정 (고유치가 $-a_{10}, a_{20}, a_{30}$)임을 보이는 것은 쉬운 일이다. 다른 평형점은 $(a_{20}/a_{21}, a_{10}/a_{12}, 0), (0, 0, a_{30})$, $(a_{30}/a_{31}, -a_{10}/[a_{13}a_{31}], 0, a_{10}/a_{13})$이고

$$\bar{x}_1 = \frac{a_{20}}{a_{21}},\ \bar{x}_3 = a_{30} - a_{31}\bar{x}_1,\ \bar{x}_2 = \frac{a_{10} - a_{13}\bar{x}_3}{a_{12}}$$

이고, 이는 $\bar{x}_2 > 0$이고 $\bar{x}_3 > 0$이면 평형점이 양수이다. 세가지 종의 평형점 $(\bar{x}_1, \bar{x}_2, \bar{x}_3)$에서 야코비안 행렬은

$$J(\bar{x}_1, \bar{x}_2, \bar{x}_3) = \begin{pmatrix} 0 & a_{12}\bar{x}_1 & a_{13}\bar{x}_1 \\ -a_{21}\bar{x}_2 & 0 & 0 \\ -a_{13}\bar{x}_1 & 0 & -\bar{x}_3 \end{pmatrix}$$

이다. 야코비안 행렬의 특성방정식은

$$\lambda^3 + \bar{x}_3\lambda^2 + (a_{12}a_{21}\bar{x}_1\bar{x}_2 + a_{13}a_{31}\bar{x}_1\bar{x}_3)\lambda + a_{12}a_{21}\bar{x}_1\bar{x}_2\bar{x}_3 = 0$$

이다. 점근적 안정성을 위한 필요충분조건은 Routh-Hurwitz 판정법을 따른다. 특성방정식은 $\lambda^3 + a_1\lambda^2 + a_2\lambda + a_3 = 0,\ a_i > 0, i = 1, 2, 3$이고 $a_1a_2 > a_3$이면, 평형점은 국소 점근적 안정이다. 이러한 조건 모두를 만족하는 특성방정식의 평형점이 양수임을 증명한다. 즉, 평형점이 양수이면 국소 점근적 안정이다. 국소 점근적 안정성이 질적 안정성을 위한 판정법을 사용하여 결정됨을 기억하라. 다음은 부호행렬, Q는 양수의 평형점이 질적으로 안정임을 보인다(예제 10.7참고):

$$Q = sign(J) = \begin{pmatrix} 0 & + & + \\ - & 0 & 0 \\ - & 0 & - \end{pmatrix}. \quad \blacksquare$$

먹이와 포식자 개체군에서 밀도 종속에 대한 다른 함수 형태와 일반적인 포식자-먹이 모델은 참고 서적(Ackleh et al.,2000; Edelstein-Keshet,1988; Hallam와 Levin, 1986; Hassell,1978; Kuang과 Beretta,1998)을 참고하라.

제 4 절 경쟁 모델

가장 잘 알려진 경쟁 모델 가운데 하나는 로트카-볼테라 경쟁이다. 두-종(specious) 모델의 동태는 완전히 이해되었다. 그 두-종 모델은 다음 절에서 토의된다. 세-종 경쟁 모델은 약간은 의외이고 흥미로운 동태를 보인다. 세-종 경쟁모델의 일부 특별한 경우들을 제시한다.

4.1 두-종(Two Specious)

경쟁하는 두 종(specious)을 위한 단순한 로트카-볼테라 모델은 **경쟁 배제 원리(principle of competitive exclusion)**를 설명한다. 기본적으로 같은 자원에 대해 둘 혹은 더 많은 종들이 경쟁을 할때 가장 '강한것'이 생존하고, 좀 더 약한종이 멸종된다.

두-종들 사이의 경쟁을 위한 로트카-볼테라 모델은 다른 종이 있을 경우 각각의 종들은 수용용량 K_i로 로지스티 성장을 한다. 그러므로, 경쟁하는 두-종에 대한 모델은 다음과 같은 형태이다:

$$\frac{dx}{dt} = r_1 x_1 \frac{K_1 - x_1 - \beta_{12}x_2}{K_1},$$
$$\frac{dx}{dt} = r_2 x_2 \frac{K_2 - x_2 - \beta_{21}x_1}{K_1}.$$

여기서, r_i, K_i과 β_{ij}는 양수 매개변수들이다. $x_1(0) > 0$이고 $x_2(0) > 0$라 가정한다. 매개변수 r_i는 종 i의 자연성장율이고, K_i는 종 i의 수용용량, β_{ij}/K_i는 종 i의 경쟁상수이다.

개체당 성장율 $\dfrac{1}{x_i}\dfrac{dx_i}{dt} = f_i(x_1, x_2)$은 아핀변환이고, $i \neq j$에 대해 $\partial f_i/\partial x_j < 0$임을 주목하라. $\beta_{12}\beta_{21} < 1$이면 이 모델은 단지 네개의 음이 아닌 평형점을 얻는다:

$$(0,0),\ (K_1,0),\ (0,K_2),\ \left(\frac{K_1 - \beta_{12}K_2}{1-\beta_{12}\beta_{21}}, \frac{K_2 - \beta_{21}K_1}{1-\beta_{12}\beta_{21}}\right).$$

x_1-분기선은 직선 $x_1 = 0$과 $K_1 = x_1 + \beta_{12}x_2$이다. x_2-분기선은 직선 $x_2 = 0$과 $K_2 = x_2 + \beta_{21}x_1$이다. 고려해야 할 네가지 경우들이 있는데 이 분기선들이 일사분면에서 어떻게 교차하는가에 의해 결정된다.

이러한 모델에 대한 수학적 해석(선형화, 음이 아닌 모든 평형점들의 안정성 특성을 결정하고, 각 경우의 위상 평면도를 완성)을 직접적으로 하는 것은 시간낭비이다. 각 경우에서 점근적 동태가 그림 6.8에 요약되어 있다.

- **경우 1:** 해가 평형점 $(K_1, 0)$에 접근한다.

- **경우 2:** 해가 평형점 $(0, K_2)$ 접근한다 .
- **경우 3:** 해가 $(K_1, 0)$이나 $(0, K_2)$에 접근한다. 해가 아래 양수 평형점에 접근하는 것에 따라 두 해의 궤적(분리된)이 있다.

$$E = \left(\frac{K_1 - \beta_{12}K_2}{1 - \beta_{12}\beta_{21}}, \frac{K_2 - \beta_{21}K_2}{1 - \beta_{12}\beta_{21}}\right).$$

- **경우 4:** 해가 아래 평형점에 접근한다.

$$E = \left(\frac{K_1 - \beta_{12}K_2}{1 - \beta_{12}\beta_{21}}, \frac{K_2 - \beta_{21}K_2}{1 - \beta_{12}\beta_{21}}\right).$$

경우 1과 경우 2는 경쟁배제 원리를 설명한다. 이러한 두 경우에서 한-종이 항상 우세하다. 경우 3에서, 결과는 초기조건에 종속되고 **원조 효과(founder effect)**라 한다. (원조) 그 자체를 만들기 위한 첫번째 종은 장점이 있고 우수한 경쟁자 일 것이다. 생물학자 G. F. Gause(1932)에 의해 수행된 경쟁종이 효모일때 다양한 경쟁 결과들을 설명한 잘 알려진 실험실 실험이 있다(즉, Saccharomyces cervisiae와 Schizosaccharomyces kephir).

4.2 3가지 종(Three species)

세-종들의 로트카-볼테라 경쟁도 두-종들의 경쟁보다 흥미있고 다양한 동태를 보인다. 세-종의 로트카-볼테라 경쟁 모델은

$$\frac{dx_i}{dt} = x_i\left(a_{i0} - \Sigma_{j=1}^{3} a_{ij}x_j\right)$$

형태를 갖는다. 여기서, $a_{i0} > 0$이고 $a_{ij} > 0$, $i, j = 1, 2, 3$이다. 세-종의 경쟁모델에서, 한-종이나 두-종의 멸종이 가능하거나 혹은 양수의 세-종들의 평형점의 대역적 안정성이 가능하다. 동태의 유형은 두-종 경쟁모델과 유사하다. 그러나 세-종 모델에 대한 해는 주기적이거나(Hofbauen와 So,1994; vanden Driessche와 Zeeman 1918; Zeeman,1993) 불규칙 변화를 하는 궤도(heteroclinic orbit)을 가짐을 보인다(Gilpin,1975; May와 Leonard,1975). 다섯 종으로 이루어진 보다 복잡한 경쟁 모델들은 혼돈인 동태를 보인다(Huismam 과 Weissing, 2001). 경쟁의 결과는 종종 쌍의 상호영향 관계에 의존한다. 여기서, 잘 알려진 예로 1975년에 May와 Leinand에 의해 처음으로 해석된, 세-종에 대한 안정인 불규칙 변화를 하는 궤도의 경우를 살펴볼 것이다.

세-종(species) 1,2,3 사이의 짝 경쟁에서 2는 1을 제거하고, 1은 3을 제거하는 것을 가정한다. 하지만 3은 2를 제거한다. 이것은 자동적인 관계를 표현한다. 이러한 관계의 유

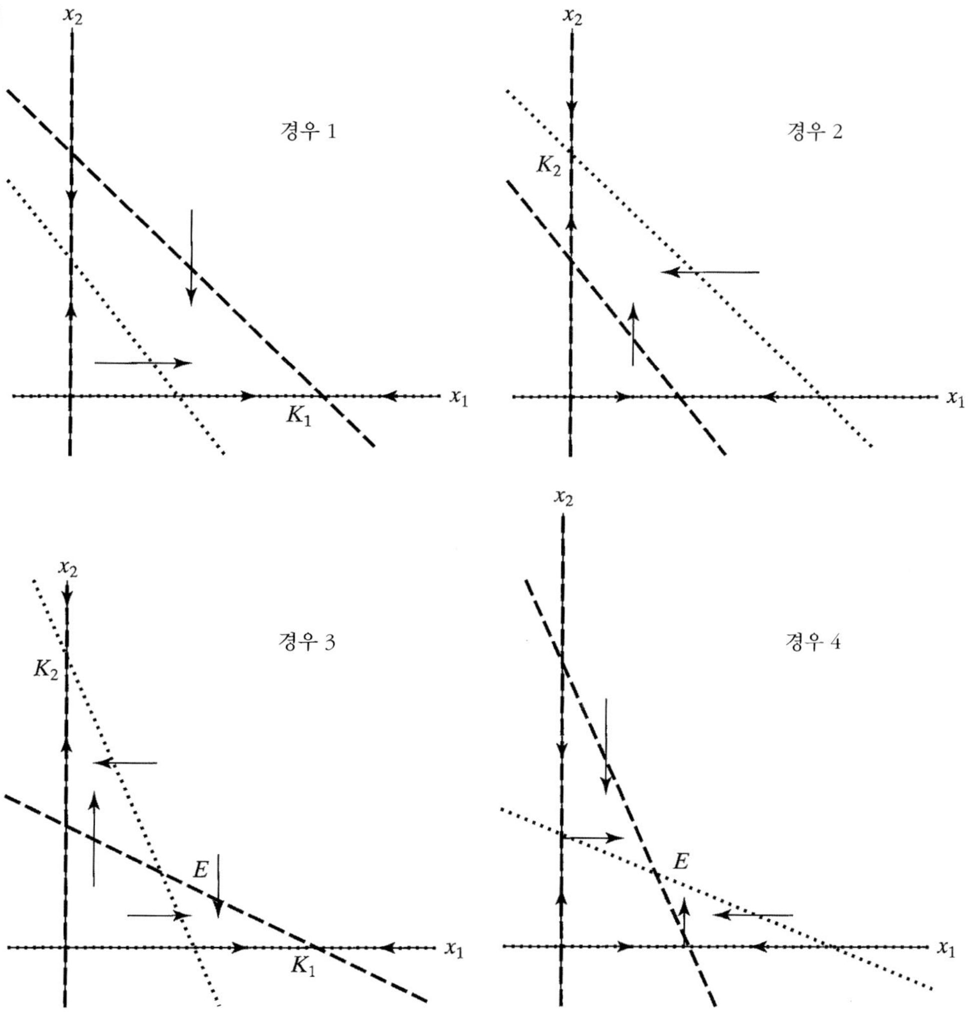

그림 6.8: 경쟁하는 두-종 x_1과 x_2에 대한 로트카-볼테라 경쟁의 네가지 경우

형이 나타날 수 있는 세-종들의 한 예는 쌍 경쟁에서 종 2는 1을 제거하고, 짝 경쟁에서 종 1은 3을 제거한다. 그러나 3은 어떤 물질을 방출하는데 그것은 종 2에 유독한 것이나 종 1에는 그렇지 않다. 그러므로, 종 3은 2을 제거한다. 이러한 성질을 가진 로트카-볼테라

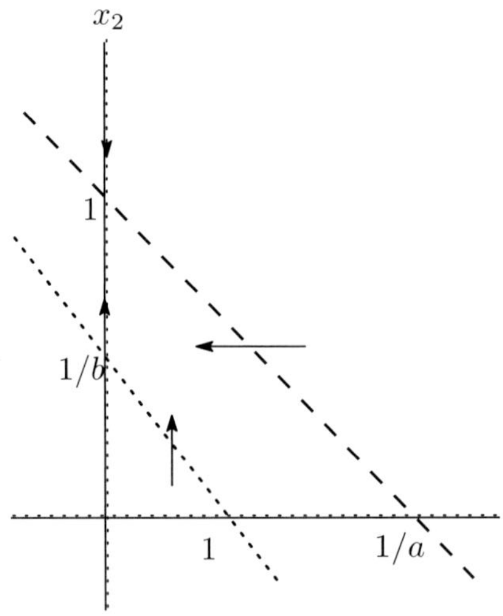

그림 6.9: 종 x_i가 x_j를 제거하는 $x_i - x_j$위상평면. 해는 $x_i = 1$과 $x_j = 0$인 평형점에 근사.

경쟁모델은 다음과 같은 형태를 갖는다:

$$\begin{aligned}\frac{dx_1}{dt} &= x_1(1 - x_1 - bx_2 - ax_3),\\ \frac{dx_2}{dt} &= x_2(1 - ax_1 - x_2 - bx_3),\\ \frac{dx_3}{dt} &= x_3(1 - bx_1 - ax_2 - x_3).\end{aligned} \tag{6.6}$$

여기서, $0 < a < 1,\ 1 < b$이고 $x_i(0) > 0, i = 1, 2, 3$이다. 모델 (6.6)을 종종 **메이-레오나르드 경쟁모델(May-Leonard competition model)**이라 한다. 이 시스템은 음수가 아닌 다섯개의 평형점이 있다: $(0,0,0,), (1,0,0), (0,1,0,), (0,0,1), (1,1,1)/(1+a+b)$. $i \neq j$인 $x_i - x_j$위상평면은 두-종의 양수 평형점이 없음을 보인다(그림 6.9).

전체 3차원 시스템을 위한 야코비안 행렬은

$$J = \begin{pmatrix} 1 - 2x_1 - bx_2 - ax_3 & -bx_1 & -ax_1 \\ -ax_1 & 1 - ax_1 - 2x_2 - bx_3 & -bx_2 \\ -bx_3 & -ax_3 & 1 - bx_1 - ax_2 - 2x_3 \end{pmatrix}$$

이다. 원점에서 야코비안 행렬의 고유치들은 양수 $\lambda_i = 1, i = 1, 2, 3$이다. 원점은 불안정이다.

한-종의 평형점에서, 야코비안 행렬의 고유치들은 $\lambda_1 = -1,\ \lambda_2 = 1 - a$이고 $\lambda_3 = 1 -$

b이다. $a < 1$이므로 한-종 평형점은 불안정이다. 마지막으로, 양수의 평형점 $(1,1,1)/(1+a+b)$에서 야코비안 행렬값은

$$J_5 = -(1+a+b)^{-1}\begin{pmatrix} 1 & b & a \\ a & 1 & b \\ b & a & 1 \end{pmatrix} = -\gamma A$$

이다. 여기서, $\gamma = (1+a+b)^{-1}$이다. 행렬 A와 J_5은 **순환식(circulant)**행렬이다. 순환식 행렬의 고유치를 위한 공식이 있다(Oretega, 1987). J_5의 고유값은 A의 고유값의 $-\gamma$배이다. J_5의 고유값은

$$\lambda_2 = -1, \ \lambda_{2,3} = \frac{\gamma}{2}\left[a+b-2 \pm (a-b)\sqrt{3}i\right]$$

이다. 그러므로, 세-종 양의 평형점은 $a+b < 2$이면 국소 점근적 안정이다.

예제 4.1 *다음 예는 $a+b < 2$일 때 메이-레오나르드 경쟁모델의 역학을 설명한다(그림 6.10참조).*

$$\begin{aligned}\frac{dx_1}{dt} &= x_1(1 - x_1 - 1.25x_2 - 0.5x_3) \\ \frac{dx_2}{dt} &= x_2(1 - 0.5x_1 - x_2 - 1.25x_3) \\ \frac{dx_3}{dt} &= x_3(1 - 1.25x_1 - 0.5x_2 - x_3)\end{aligned}$$

여기서, $a = 0.5, \ b = 1.25$이다. 양수의 평형점 $(4/11, 4/11, 4/11)^T$은 국소 점근적 안정이다. ■

$a+b=2$인 경우를 간단히 살펴보자. $N(t) = x_1(t) + x_2(t) + x_3(t)$이고 $P(t) = x_1(t)x_2(t)x_3(t)$라 하자. x_1, x_2, x_3에서 세 미분방정식을 합하면

$$\frac{dN}{dt} = N(1-N)$$

이다. 변수 N은 세-종 모두의 전체 개체군 크기를 나타내고 N은 로지스틱 함수를 만족한다. $\lim_{t\to\infty} N(t) = 1$이다. 즉, 세-종 경쟁시스템에서 점근적 해는 평면 $x_1+x_2+x_3 = 1$에 있다. 더구나, $a+b=2$인 경우에

$$\frac{d[\ln P(t)]}{dt} = 3 - 3N(t) = 3\frac{d[\ln N(t)]}{dt}$$

을 얻는다. 적분을 하면

$$\frac{P(t)}{P(0)} = \left(\frac{N(t)}{N(0)}\right)^3$$

이다. 즉, $\lim_{t\to\infty} P(t) = P(0)/[N(0)]^3 = C =$상수이다. 세-종 경쟁시스템에 대한 점근적 해는 쌍곡면 $x_1x_2x_3 = C$위에 있다. 단, 상수 C는 초기값에 종속된다.

이러한 두 결과를 결합하면, 점근적 해는 곡면 $x_1x_2x_3 = C$와 평면 $x_1+x_2+x_3 = 1$이 만나는 곳에 있다. 중립적으로 안정인 주기해들이 있음을 보일 수 있다(Cti et al.el, 1998; Scheuster et al.,1979 참고).

예제 4.2 *$a+b=2$일 때 메이-레오나르드 경쟁모델에 대한 해들은 그림 6.10에 있다.*

$$\frac{dx_1}{dt} = x_1(1 - x_1 - 1.5x_2 - 0.5x_3)$$
$$\frac{dx_2}{dt} = x_2(1 - 0.5x_1 - x_2 - 1.5x_3)$$
$$\frac{dx_3}{dt} = x_3(1 - 1.5x_1 - 0.5x_2 - x_3)$$

여기서 $a = 0.5$이고 $b = 1.5$이다. 양수 평형점 $(1/3, 1/3, 1/3)$은 중립적으로 안정이다.■

$a+b>2$인 경우에, 점근적인 해는 처음 8분원 내의 평면 $x_1+x_2+x_3 = 1$의 경계에 접근한다. 해는 경계 주위를 순환한다. 예를 들어, 해는 $(1,0,0)$에, 그 다음 $(0,1,0)$에, 그리고 $(0,0,1)$에 가까이 있고, 마지막으로 첫번째 점 $(1,0,0)$으로 돌아 오는것으로 계속 순환한다. 순환은 시간이 지남에 따라 크기가 증가한다. 즉, 순환은 주기가 아니다. 해는 위상 평면의 각각에서 다른 모임 궤도(heteroclinic orbits)로 근접한다(Cti et al.el,1998; Scheuster et al.,1979).

예제 4.3 *$a+b>2$일 때 메이-레오나르드 경쟁 모델의 해는 그림 6.10에서 설명한다.*

$$\frac{dx_1}{dt} = x_1(1 - x_1 - 2x_2 - 0.5x_3)$$
$$\frac{dx_2}{dt} = x_2(1 - 0.5x_1 - x_2 - 2x_3)$$
$$\frac{dx_3}{dt} = x_3(1 - 2x_1 - 0.5x_2 - x_3)$$

여기서 $a = 0.5$이고 $b = 2$이다. 양수 평형점 $(2/7, 2/7, 2/7)$은 불안정이다.■

여기서 토의하지 못한 많은 다른 로트카-볼테라 유형의 모델들이 있다(즉, 공생의 상호 작용을하는 시스템, 포식자, 경쟁자와 공생자를 결합 하는 시스템). 시스템의 차원이 증가하거나 시스템에 포함된 종들의 수가 증가함에 따라 모델의 해석은 좀 더 복잡하고 예측하기가 쉽지 않다. 메이와 레오나르드 경쟁모델은 세-종들 경쟁에서 흥미있는 동태의 몇 가지를 설명한다.

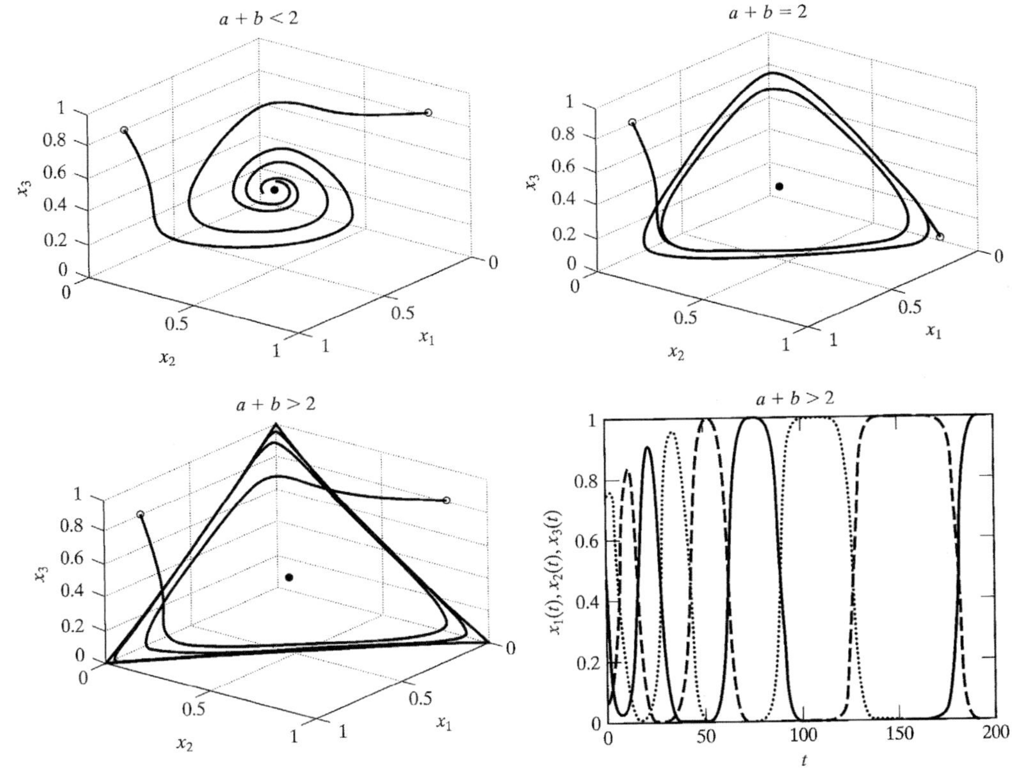

그림 6.10: 위에 두 그림은 $a + b = 1.75 < 2$이고 $a + b = 2$인 경우에 메이-레오나르드 경쟁모델에 대한 두 해의 그래프. 아래 두 그림은 $a+b = 2.5 > 2$인 경우 메이-레오나르드 경쟁모델에 대한 해의 그래프. 아래 우변 그림은 시간의 함수로 해 $(x_1(t), x_2(t), x_3(t))$의 그래프인 반면, 아래 왼쪽 그림은 위상평면에서의 그래프이다.

제 5 절 가문비 나무잎말이 나방 모델

다음 모델은 해충, 가문비 나무잎말이나방에 적용한다. 그 나방은 발삼 전나무의 뾰족한 잎을 먹는다. 침엽잎들이 결국 없어지고 나무들은 죽는다. Ludwig et al.(1978)에 의해 발전된 가문비 나무잎말이나방에 대한 모델을 설명한다. Tuchinsky(1981)는 Ludwig-Jones-Holling 모델의 역학에 관한 훌륭한 요약과 가문비 나무잎말이나방의 발생과 관련 문제에 역사적 도입을 알려주었다. 수년 동안, 가문비 나무잎말이나방 밀도가 캐나다의 상록숲에서는 매우 낮았다. 예를 들어 한 연구내용을 보면, 천개의 샘플에서 단지 열개의 애벌레 나방이 있었다(Morris, 1963). 그러나, 발생한 해에, 가문비 나무잎말이나방들이 발삼 전나무의 뾰족한 새순 잎 모두를 먹었고 숲의 성장한 나무의 80%까지를 죽게 할 수 있다(Tuchinsky 1981). 그러한 발생이 캐나다 동부와 1700년대초 이후 30년에서 70년대에 동부 캐나다와 미국 북동부에 있는 발삼 전나무의 울창한 숲을 파괴하였다(Tuchinsky 1981).

가문비 나무잎말이나방 모델은 수학자 Ludwig와 두 명의 생물학자인, Jones과 Holling (1978)에 의해 발전되어 왔다. 완전한 모델은 세개의 비선형 미분방정식 시스템으로 구성되었다. 세 변수는 다음과 같다.

- B = 나방 밀도(큰 나방 애벌레) /땅의 규모)
- S = 표면적 영역의 십평방 피트단위(tsf) 수/규모(유충의 서식지 공간)
- E = 나방이 사용할 식량 에너지 비축이나 에너지 비축의 0에서 1규모로 측정

변수 S와 E는 시간에 대해 천천히 변하는 반면, 나방밀도 B는 시간에 대하여 훨씬 큰 변화가 있다. 잎들을 전멸시키는 발삼 전나무 나방 애벌레의 발생은 약 4년 가량이다. 전나무들이 죽고 자작나무들이 그 자리를 차지한다. 전나무 숲을 다시 이루는데 걸리는 시간은 50년에서 100년이 걸린다. 즉, 전나무 나방 숲 생태계의 모델에 관한 초기 접근처럼, 나방 밀도만을 모델화 한다. 첫번째 모델에서, 변수들 S와 E는 상수로 가정한다. 후에 변수 S와 E의 역학을 고려한다.

나방밀도에 대한 미분방정식은

$$\frac{dB}{dt} = r_B B\left(1 - \frac{B}{K_B}\right) - \beta\frac{B^2}{\alpha^2 + B^2} \tag{6.7}$$

이다. 식 (6.7)의 우변의 첫번째 표현은 로지스틱 성장이고, r_B는 자연증가율, K_B는 수용용량이다. 나방 밀도의 증가는 식량공급에 의해 제한된다(수용용량 K_B는 S 지역 표면적/규모에 종속한다). 식 (6.7)의 우변의 두번째 표현은 조류와 기생자의 한 포식자를 나타낸다. 그것은 포식자에 대한 Holling 유형 III인 포식자의 함수 반응이다(Hassell,1978). 나방밀도가 낮을때에 포식자수도 적다. 조류들이 보다 많은 먹이들을 차지할 수 있다. 나방밀도가 증가함에 따라 포식자 최대비율 β에 도달할때까지 포식자는 증가한다.

네 개의 다른 매개변수가 있는 나방 미분방정식의 분석을 단순화하기 위하여, 방정식은 차원이 없는 형태로 바꾼다. 이 방정식을 매개변수 두개가 있는 식으로 줄인다. 차원이 없는 변수들을 B^*와 t^*로 놓고

$$B = B^* b \quad 와 \quad t = t^* \tau$$

을 가정한다. 여기서 b와 τ은 적절히 선택된 상수이다. 새로운 변수들을 미분방정식에 대입하면

$$\frac{dB^*}{dt^*} = r_B \frac{\tau}{b} B\left(1 - \frac{B}{K_B}\right) - \beta \frac{\tau B^2}{b(\alpha^2 + B^2)}$$ 이 된다.

만일 $b = \alpha,\ \tau = \alpha/\beta$로 선택하면,

$$\frac{dB^*}{dt^*} = r_B \frac{\alpha}{\beta} B^*\left(1 - \frac{B^*\alpha}{K_B}\right) - \frac{B^{*2}}{1 + B^{*2}}$$ 이다.

변수 B^*와 t^*은 차원이 없다:

$$B^* = \frac{B}{\alpha} = \frac{\text{밀도}}{\text{밀도}} \text{ 와 } t^* = \frac{t\beta}{\alpha} = \frac{\text{시간(밀도/시간)}}{\text{밀도}}.$$

기호를 단순화하기 위해 $u = B^*, R = r_B\alpha/\beta, Q = K_B/\alpha$로, t^*은 t로 바꾼다.

단지 두개의 매개변수를 가진 차원이 없는 미분방정식은

$$\frac{du}{dt} = Ru\left(1 - \frac{u}{Q}\right) - \frac{u^2}{1+u^2} = u\left[R\left(1 - \frac{u}{Q}\right) - \frac{u}{1+u^2}\right] = f(u) \tag{6.8}$$

이다. 차원이 없는 미분방정식 (6.8)을 이제 매개변수 R과 Q로 해석한다. 평형점은 $f(u) = 0$을 풀거나 다음 두 곡선

$$y_1 = R\left(1 - \frac{u}{Q}\right), \quad y_2 = \frac{u}{1+u^2}$$

의 교점을 구하여 구한다. u를 인수분해하고 $u = 0$은 항상 평형점들 중 하나이고 불안정이다. 이 모델의 분석은 앞 방정식들이 $u - y$평면을 어떻게 통과하는지에 달려있다.

R과 Q의 다른값들에 대해, 평형점 $u = 0$ 이외에 하나, 둘 혹은 세개의 평형점들이 있다. R이 클때 나방의 성장율은 크고 포식자들은 거의 성장이 없다. Q가 클때 나방의 수용용량이 크다. 이러한 매개 변수들중 어느 하나가 크면 발생을 한다. 많은 가문비 나무잎말이나방들이 나무들을 공격한다. 역학은 위상직선 다이어그램에서 설명하고, 그림 6.11의 두 곡선 y_1과 y_2의 교점아래 그래프이다. 곡선 y_1이 y_2의 위에 있으면 개체군은 증가하고, y_1이 y_2아래 있으면 감소한다.

그림 6.11에서, R값이 점차로 증가한다. R의 수준아래 u_1에서 한개의 평형점이 있으나, R이 증가함에 따라 두개, 세개의 평형점이 있다. 3개의 평형점이 있을때, 두개의 안정점이 있다. 평형점 u_1을 **피난 평형점(refuge equilibrium)**이라 부르고, 평형점 u_3를 **평형점 발생(outbreak equilibrium)**이라 부른다. 평형점 y_2는 이러한 두 평형점들 사이의 임계점이다. 직선 y_1이 곡선 y_2의 접선일 때, **안장 마디(saddle node)** 분기가 있다는

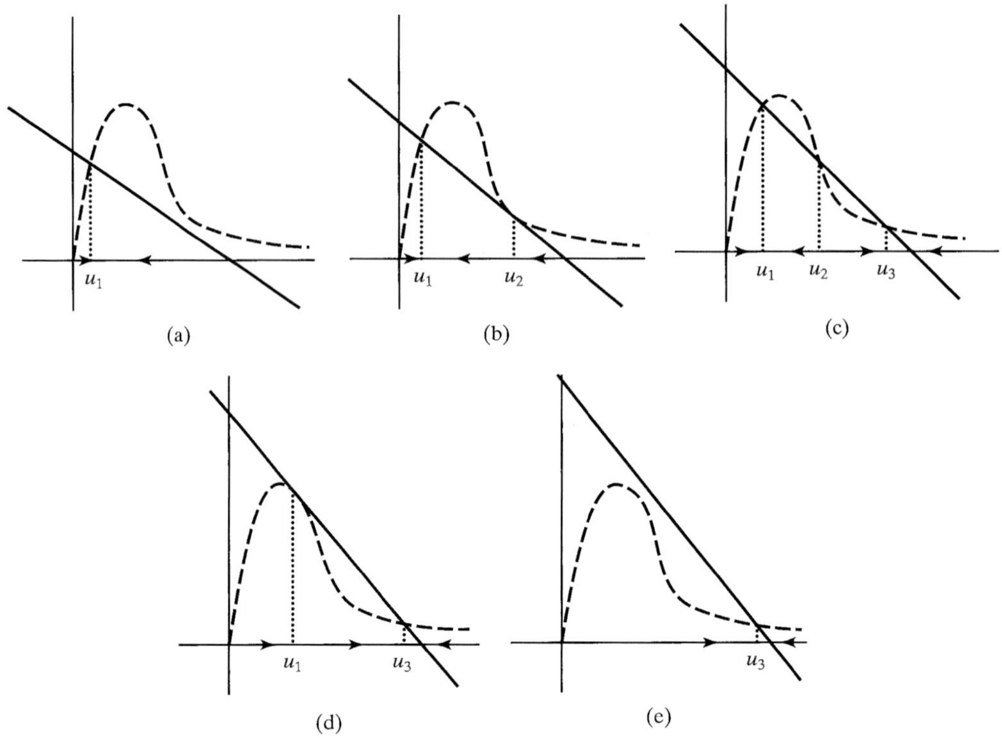

그림 6.11: 곡선 $y_1 = R(1-u/Q)$(실직선)과 $y_2 = u/(1+u^2)$(점선).이러한 두 곡선의 교점은 양수 평형점 $u_i, i = 1,2,3$이다. 역학은 일련의 그림 (a)-(e)에서 설명한다. 단 R의 값은 증가 한다. 위상직선도는 수평축에 그린다. (a)와 (b)에서 한개의 안정 평형점 u_1이 있다. (c)에서는 두개의 안정 평형점 u_1과 u_2가 있고 (d)와 (e)에서는 한개의 안정인 평형점 u_1가 있다. 평형점 u_1은 피난 평형점이고 u_3은 발생 평형점이다.

것은 흥미롭다. 평형점과 u_2가 갑자기 나타나고, 두개의 평형점 u_2와 u_3가 있다. u_2는 불안정이고 u_3는 안정이다.

R과 Q의 값이 하나, 둘 혹은 세개의 평형점을 결정하는 것이 가능하다. 이를 위해, 곡선 u_1과 u_2가 서로 교차하는 것과 접선

$$y_1 = y_2, \quad \frac{dy_1}{du} = \frac{dy_2}{du} \tag{6.9}$$

을 구하는 것이 필요하다.

식 (6.9)를 만족하는 R과 Q의 값에서 정확히 두개의 평형점이 있다. 식 (6.9)에 있는

두개의 방정식은 다음과 같이 표현한다:

$$\frac{R}{Q}(Q-u)=\frac{u}{1+u^2} \quad \text{와} \quad -\frac{R}{Q}=\frac{1-u^2}{(1+u^2)^2}.$$

두 방정식을 R과 Q에 대하여 풀고 u에 관한 함수로 표현한다:

$$Q=\frac{2u^3}{u^2-1} \quad \text{과} \quad R=\frac{2u^3}{(1+u^2)^2} \tag{6.10}$$

R과 Q에 대한 두 방정식을 u는 매개변수이고 $u>1(Q>0)$인 매개변수 방정식으로 생각할 수 있다. $Q-R$ 매개변수 공간에서 매개변수 방정식 그래프를 그리면 매개변수 u의 부드러운 함수들이 아니기 때문에, 주의할 필요가 있다. 도함수 $u=\sqrt{3}$일 때 미분dR/dQ은 정의되지 않는다, 즉,

$$\frac{dR}{dQ}=\frac{dR/du}{dQ/du}=\frac{u^2(6-2u^2)/(1+u^2)^3}{2u^2(u^2-3)/(u^2-1)^2}$$

이다. $u\in(1,\sqrt{3})$과 $u\in(\sqrt{3},\infty)$에서 매개변수 방정식 (6.10)의 그래프는 그림 6.12이다.

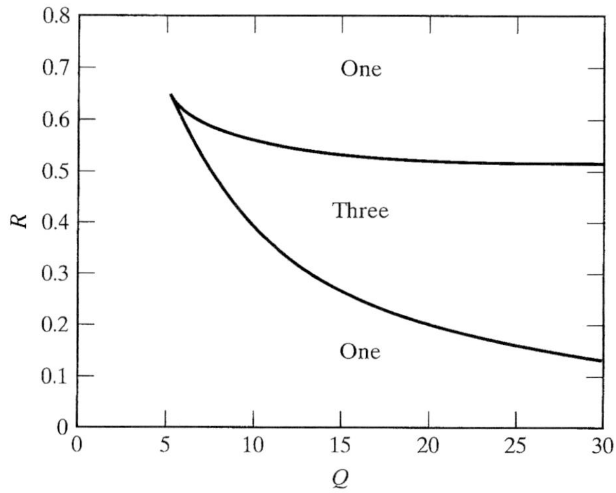

그림 6.12: 매개변수 방정식의 그래프 (6.10)과 하나, 둘이나 세개의 평형점이 있는 $Q-R$매개변수 영역들과 같다. 곡선들을 따라 정확히 2개의 평형점들이 있다. 아래 곡선은 매개변수 영역 $u\in(\sqrt{3},\infty)$에 대한 것이고 위의 곡선은 $u\in(1,\sqrt{3})$에 대한 것이다.

y_1와 y_2에서 R과 Q의 값은 첨점모양의 곡선 접선형태이다. 첨점모양의 영역안에 세개의 평형점이 있으나 영역 외부에는, 단지 한 개의 평형점이 있다. Q의 값이 고정되고,

R이 첨점아래 값에서 첨점 영역안으로 증가한다고 가정하면 안정인 평형점은 u_1의 낮은 값에서 u_3의 높은 값으로 변경된다. 역으로 R이 첨점위의 값으로부터 첨점 영역안의 값으로 감소하는 동태가 관찰된다. 안정 평형점은 u_3의 높은 값에서 u_1의 낮은 값으로 변한다. 이러한 유형의 동태를 **이력현상(hysteresis effect)**이라 하고 커다란 파국이론에서 공부한다. (가문비나무)나방 밀도는 자취 u가 증가할 때는 하나의 경로가 있으나 u가 감소함에 따라 다른 경로가 있다(Murray,1993; Strogats,2000; Tuchinsky,1981).

그 결과는 가문비 나무잎말이나방의 어떤 순환을 따른다. 발생 동태에 관하여 해석될 수 있다. u_3가 발생 평형점인 동안 더 작은 평형점 u_1은 피난 평형점이다. 개체군이 피난 평형점내에서 유지되고 발생(outbreak) 상태에 도달하지 않도록 어떻게 조절을 할것인가? 이러한 해충을 조절하기 위해 많은 시간과, 노력, 돈이 사용되고 다양한 방법을 적용하고 평가에 사용한다. 조절을 위한 가능한 방법은 다음 내용을 포함한다(Tuchincky,1981).

(1) 나방들을 박멸하기 위해 살충제 사용(일시적이고 값비싼 조절)한다.

(2) 가령 불임인 숫컷이나 새로운 포식자을 도입하여 생물학적 조절로 번식을 감소하게 한다. 이것은 모델에서 r_b을 줄이거나 β가 증가하는데 어느 경우든 R이 감소한다.

(3) 공간 확산을 방지하기 위해 숲을 변형(즉, 빈공간이 생김)시킨다.

다음으로 느린 변수 S와 E를 살펴보자. 두 변수는 지류(branch) 넓이의 10평방 피트의 수를 의미하거나 애벌레(S)를 위한 서식지와 식량에너지 비축 측정이 나방(E)에게 가능한 것을 나타낸다. 변수 S와 E 는 시간에 대해 천천히 변한 반면, 나방의 밀도 B는 시간내에 훨씬 크게 변한다. 앞에서 설명했듯이, 나방 애벌레의 갑작스러운 폭발로 인해 향전나무의 잎이 없어지는 것은 약 4년 정도 걸린다. 전나무 숲이 다시 복구 되는데 걸리는 시간은 50-100년 정도 걸린다. 느린 변수 S와 E를 모델화하고 B는 평형점 근처에 있다고 가정하자. 표면적 S에 대한 로지스틱 형태는

$$\frac{dS}{dt} = r_S S\left(1 - \frac{S}{K_S \frac{E}{K_E}}\right)$$

로 선택한다.

수용용량 $K_s E/K_E$는 $E = K_E$일 때 K_S에서 최대값이다. 부가적인 요인 E/K_E은 포함되지 않는다. 왜냐하면 S는 에너지 비축 E가 낮을때 강제조건(stree)아래 S가 증가하지 않기(감소) 때문이다. 잎이 죽거나 나무가 죽기 때문에 지역 표면적은 감소한다.

에너지 보존은 자기-제한이 있고 스트레스에 의해 영향을 받는다. 에너지는 다음 방정식으로 모델화된다.

$$\frac{dE}{dt} = r_E E\left(1 - \frac{E}{K_E}\right) - P\frac{B}{S}.$$

에너지 보존에 대한 방정식에서 스트레스는 B/S에 비례한다고 가정한다. 비율 B/S은 평균 영역크기당 나방의 평균수로 측정한다.

느린 변수 S와 E에 대한 미분방정식의 시스템을 분석한다. 이 시스템에 대한 평형점은 발생상태에 있거나 밀도가 낮은 발생 이전 상태이다. S-분기선은

$$S = 0,\ S = \frac{K_s E}{K_E}$$

이고 E-분기선은

$$S = \frac{PK_E}{r_E}\frac{B}{E(K_E - E)}$$

이다.

나방 밀도가 증가함에 따라 U-모양의 분기선 $dE/dt = 0$은 위로 움직인다. 발생수준에서, 평형점은 없고 S와 E는 감소한다(실제, E는 음이 된다). (그림 6.13 참고)

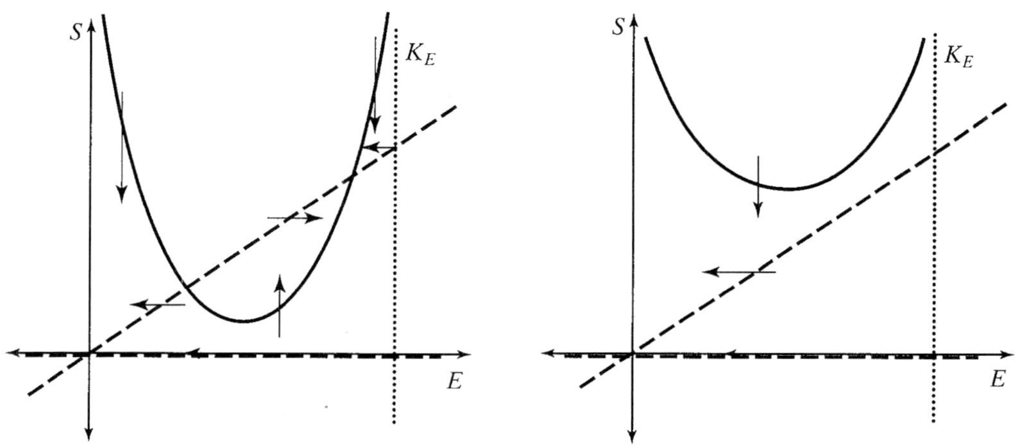

그림 6.13: 가문비나무잎말이나방 계에서의 느린 변수 S와 E에 대한 위상 직선 해석.

전체 가문비나무잎말이나방 시스템의 역학은 B, S와 E 세 개의 미분방정식을 나타낸다(Ludwig et al., 1918, 혹은 Tuchinsky, 1981). 이 시스템에 대해 모델을 공식화했으나 그것을 분석하지 않았다. 3차원 시스템에 대해, $K_B = KS$(나방 수용용량은 영역 표면

적에 비례)와 $\alpha = \alpha_1 S$(면적이 증가함에 따라 포식자들이 먹이를 위해 더 많은 잎들을 구해야 한다. B의 더 높은 수준은 포식자 β와 같은 수준으로 유지한다)라 가정한다. 이러한 가정하에 세개의 미분방정식 시스템은 다음과 같다.

$$\begin{aligned}\frac{dB}{dt} &= r_B B\left(1 - \frac{B}{KS}\right) - \beta\frac{B^2}{\alpha_1^2 S^2 + B^2},\\ \frac{dS}{dt} &= r_S S\left(1 - \frac{S}{K_S\frac{E}{K_E}}\right),\\ \frac{dE}{dt} &= r_E E\left(1 - \frac{E}{K_E}\right) - p\frac{B}{S}.\end{aligned}$$

9개의 양수 매개변수 $r_B, K, \beta, \alpha_1, r_S, r_E, K_E, K_S, p$이 있다. 매개 변수들 중 일부를 추정한다(Tuchinskh, 1981). 한 세대만 있는 숲이 모델링에 약점이 있다. 숲이 없어지면 회복이 불가능하다($S \to 0, E \to$음수). 이러한 결함을 시정하기 위해, 이 모델은 숲이 죽은 후 회복할 수 있도록 해야 한다. 그러나, 개선된 모델의 숲이 회복은 B의 수용능력을 줄이고

$$KS\frac{E^2}{T_E^2 + E^2}$$

$K_B = KS$로 대치함으로 숲의 회복을 가능하게 한다.

E가 감소함에 따라 나방의 밀도도 감소한다. 이 요인은 강제 요인에 포함되고, 즉, pB/S은

$$p\frac{B}{S}\frac{E^2}{T_E^2 + E^2}$$

로 대치한다. 이러한 두가지 변화는 숲이 E의 낮은 수준까지 회복하는 것을 가능하게 한다. 가문비 나무잎말이나방 숲 모델은 어떠한 통찰력을 중요한 생태적 문제의 역학에 제공해 왔고 보다 복잡한 모델에서 시험해온 어떤 조절 방법들을 제안해 왔다.

또 다른 잘 연구된 벌레 나방-숲 생태계는 산 소나무 딱정벌레(MPB)를 포함한다. 많은 MPB 생명주기는 애벌레가 나무의 숙주인 소나무 내피를 먹으면서 보낸다. 이 먹이 활동은 결국 나무의 껍질을 고리 모양으로 벗기고 그 나무를 죽게한다. 미국에 있는 대부분 서양 소나무는 이 애벌레의 숙주로 사용되나 최근에는 일차적인 숙주는 폰데로사 소나무와 로지폴 소나무다(Logan과 Powell, 2001). 시간, 온도와 공간적 역학을 근거로한 수리 모델들은 MPB와 그의 숙주사이의 이러한 복잡한 상호작용에 더 큰 이해를 하는데 도움이 된다(Logan et al, 1918, powell et al.,2000 참고).

제 6 절 메타개체군과 조각 모델들

상미분방정식계로 모델화 될 수 있는 공간에서는 이산이지만 시간으로는 연속인 모델들을 **조각(패치)모델(patch model)**혹은 **메타(통합)개체군 모델(metapopulation models)**이라 한다(Hanski, 1999; Hanski와 Gilpin, 1997, 참고서적 참조). 조각은 공간에 있는 영역이고 그 공간은 특별한 종들을 위한 적절한 서식지이다. 1970초에 Richaird Levin은 많은 국소 개체군들로 구성된 개체군을 설명하기 위하여 통합개체군 용어를 사용하였다(Hanski, 1999). Levins(1969,1970)의 최초의 모델에서, 많은 조각들로부터 점령된 조각 비율 $p(t)$을 설명한다. $1-p(t)$는 점유되지 않은 조각들의 비율이다. 레빈(Levins)의 모델은 상미분방정식이다. 그 모델은

$$\frac{dp}{dt} = cp(1-p) - ep \tag{6.11}$$

이다. 여기서, c와 e는 각각 개체군의 점유매개변수와 멸종매개변수다. 이 모델은 쉽게 해석된다. 두 평형점, $\bar{p}=0$와 $\bar{p}=1-e/c$이 존재하고 모든 조각들이 비어있거나 일부가 점령되었다. 점유비율이 멸종비율 보다 작으면 $c \le e$ 모든 조각들은 없는것이고, 반대로 $c > e$이면 조각의 비율이 점령된다. 후자의 경우에, (6.11)에 대한 해는 $\bar{p}=1-e/c$로 수렴한다(위상직선 다이어그램 이 결과를 설명하기 위해 사용된다).

Keymer et al. (2000)은 모델 (6.11)을 역학지형을 가진 모델로 확장한다. 조각 그 자체는 정적이지 않고 시간에 따라 변한다. 조각들은 서식할 수 있는 지역에서 서식할수 없는 지역으로 변한다. 예를 들어, 환경변화나 혹은 인간활동으로 변화(즉, 기후변화 혹은 농업경영을 목적으로 숲을 개발한)는 어떤 조각은 어떤 종들에게는 결과적으로 적절하지 않은 지형 패턴일 수 있다.

p_0는 살수 없는 지역의 비율이고 $1-p_0$ 살수있는 지역의 비율이다. 살수있는 지역조각은 점유되지 않는 p_1과 점유된 지역 p_2조각들로 세분화된다. Keyner et al.(2000)에 의해 구성된 미분방정식 시스템은 다음과 같다:

$$\begin{aligned}\frac{dp_0}{dt} &= e(p_1+p_2) - \lambda p_0,\\ \frac{dp_1}{dt} &= \lambda p_0 - \beta p_1 p_2 + \delta p_2 - e p_1,\\ \frac{dp_2}{dt} &= \beta p_1 p_2 - (\delta + e) p_2.\end{aligned} \tag{6.12}$$

여기서, λ는 조각생성 비율, e는 조각파괴 비율, δ 는 개체멸종 비율이고, β는 번식체 번식비율이다. $p_0+p_1+p_2=1$ 이므로, 시스템 (6.12)는 두개의 방정식으로 줄일 수 있다.

$p_0 = 1 - p_1 - p_2$ 라 하자. 서식할 수 있는 조각들의 역학을 다음 방정식 시스템을 만족한다:

$$\begin{aligned}\frac{dp_1}{dt} &= \lambda(1 - p_1 - p_2) - \beta p_1 p_2 + \delta p_2 - e p_1, \\ \frac{dp_2}{dt} &= p_2(\beta p_1 - \delta - e).\end{aligned} \tag{6.13}$$

시스템 (6.13)이 두개의 평형해 $(\bar{p}_1, \bar{p}_2)$를 갖는 것을 직접적으로 보일 수 있다:

$$\left(\frac{\lambda}{\lambda + e}, 0\right) \quad 과 \quad \left(\frac{\delta + e}{\beta}, 1 - \frac{e}{\lambda + e} - \frac{\delta + e}{\beta}\right).$$

지속을 위한 임계값은 모델 (6.13)에 대해 정의된다:

$$\mathcal{R}_0 = \frac{\beta\lambda}{(\lambda + e)(\delta + e)}.$$

이 임계값은 종들과 종들이 지속하기 위해 조각생명이 유지되는 동안 필요한 번식체들의 수이다. 이 매개변수는 전염병학에서 유사한 해석을 갖는다. p_0은 면력력이 있는 숙주의 비율이고, p_1은 감염될 가능성이 있는 숙주의 비율, p_2은 감염된 숙주들의 비율이다. 이 경우에, $\mathcal{R}_0$은 감염될 가능성이 있는 숙주에서 감염이 될수 있는 성공적인 접촉의 평균수이다(Keymeret, 2000). $\mathcal{R}_0 \leq 1$ 이면, 모든 빈 조각들이 대역적으로 점근적 안정인 최초의 평형점이다. 그러나, $R_0 > 1$이면, 점유된 서식이 가능한 점유된 조각들의 비율을 가진 두 번째 평형점은 대역적으로 점근적 안정이다(연습문제 12 참조).

Hanski(1985, 1999)에 의해 공식화된 또 다른 통합개체군에서, 역학은 매우 복잡하다. 점유된 조각들은 작은 개체군 크기와 큰 개체군 크기의 조각들로 나누어진다. 더구나 작은 개채군 크기로 부터 큰 개체군 크기까지 유출을 나타내는 항(term)이 있다. 증가하는 개체군 크기를 가진 더 많은 유입은 차례로 멸종의 기회가 줄어든다. 이러한 현상을 **도피효과 (rescue effect)**라 한다. 비어 있는 조각과 작은 개체군 규모와 큰 개체군 규모를 가진 조각들이 있다고 가정하자. E, S, L을 각각 빈 조각, 작은 개체군을 가진 조각, 큰 개체군을 가진 조각이라 하자. 점유된 조각의 비율이 $P = S + L$이고, 빈 조각의 비율은 $E = 1 - P$이다. 다음 연립방정식으로 모델을 설명한다:

$$\begin{aligned}\frac{dE}{dt} &= e_S S - cLE \\ \frac{dS}{dt} &= cLE - e_L L - e_S S - rS - mLS \\ \frac{dL}{dt} &= rS + mLS - e_L L.\end{aligned} \tag{6.14}$$

작은 개체군에 대한 멸종 비율은 $e_S S$이다. 작은 개체군에 의한 빈조각의 점유율은 cLE 이다(큰 개체군에서만 나타난다). 작은 개체군은 rS 비율로 큰 개체군으로 증가하고, 큰 개체군는 $e_L L$비율로 작아진다. 큰 개체군는 먼저 작은 개체군으로 되지 않고는 멸종하지 않는다. 더구나 크고 작은 개체군 사이에 mLS 비율로 이동이 나타난다. 모든 매개변수를 양수라고 가정한다. Hanski은 이주가 있는 $m > 0$경우 세개의 평형점들이 있는 매개변수 값의 범위가 있음을 보였다. 하나의 평형점은 멸종 평형점, $E = 1$, $P = 0$이고, 다른 두개의 평형점은 양의 평형점 $P > 0$이다. 평형점 중 두개만이 안정(쌍 안정)으로, 평형점 0과 양수 평형점들중 하나이다. 그림 6.14에 있는 분기그래프는 점유율 c의 함수로 안정이고 불안정인 평형점을 보여준다. 또한, 연습 문제 13을 보라. 한스키와 동료들은 그들의 통합개체군 모델을 Glanville 표범나비에게 적용했다.

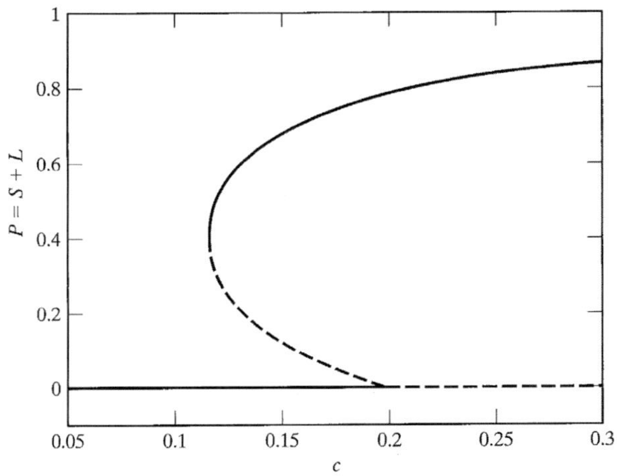

그림 6.14: 식민지 비율 c의 함수로 점유된 패치 P의 비율에 대한 안정(점선 그래프)와 불안정 평형해(점선 그래프)을 보여주는 모델 (6.14)의 분기그래프. 남은 매개변수값은 $e_S = 1, e_L = 0.02, r = 1, m = 0.5$이다. 쌍안정성은 $c \in [0.116, 0.2]$에서 발생한다.

살펴본 하나의 마지막 메타개체군은 공간적으로 실제로 현실적인 레빈모델이다. 이 모델은 몰리안과 한스키(1995)에 의해 공식이 되었다. 지형은 역동적인 것이 아니나 지형안에 n개의 조각(패치)들이 있다. 각 조각은 점유되거나 점유되지 못할 가능성이 있다. p_i는 조각 i 점령한 확률이다. $1 - p_i$는 점유되지 못한 i의 확률이다. $p = (p_1, \cdots, p_n)^T$ 는 점유조각 벡터라 하면 n개의 조각 모델은 다음식과 같다.

$$\frac{dp_i}{dt} = C_i(p)(1 - p_i) - E_i(p)p_i, \quad i = 1, \cdots, n \tag{6.15}$$

이다. 계수 C_i는 점유율이고 E_i는 i 조각에서 멸종율이다. 점유율은 조각넓이 A_i와 조각들간의 거리 d_{ij}에 의존한다

$$C_i(p) = c\Sigma_{i\neq j}e^{-ad_{ij}}A_j p_j \tag{6.16}$$

멸종율은 조각넓이에 반비례한다.

$$E_i(p) = \frac{e}{A_i}.$$

모델 (6.15)의 원점에서 $p_i = 0,\ i = 1, 2, ..., n$ 모든 조각들은 종들로 점령되지 않는다. 종들이 멸종된다. 이것은

$$\lambda_M < \frac{e}{c} \tag{6.17}$$

일 때 멸종 평형점이 국소 점근적 안정임을 보여준다. λ_M은 다음 행렬의 가장 큰 고유치이다:

$$M = \begin{pmatrix} 0 & e^{-ad_{12}}A_1A_2 & \cdots & e^{-ad_{1n}}A_1A_n \\ e^{-ad_{21}}A_2A_1 & 0 & \cdots & e^{-ad_{2n}}A_2A_n \\ \vdots & \vdots & \ddots & \vdots \\ e^{-ad_{n1}}A_nA_1 & e^{-ad_{n2}}A_nA_2 & \cdots & 0 \end{pmatrix}. \tag{6.18}$$

(연습문제 14 참조). 고유치 λ_M은 적절한 서식지 총량의 크기이고 **메타개체군 수용능력(metapopulation capacity)** 이라 한다(Ovaslcainen 과 Hanski, 2001). 비율 e/c는 멸종비율이고 점유율 매개변수이다. 식 (6.17)에서 부등식이 반대일 때 시스템 (6.15)에 유일한 양의 평형점이 존재한다. 정량 λ_M값은 그들이 지속하거나 보이지 않는 능력에 관하여 다양한 지형들을 분류 하는데 사용한다(DeWoody et al., 2005; Manski와 Ovaskainen,2000).

모델이 점유된 조각의 역학을 따르기 때문에, 즉 , 관심이 있는 종들이 조각안에 존재하는냐 존재하지 않느냐이므로, 앞의 통합개체군 모델을 **조각(패치) 점유 모델 (patch occupancy models)** 이라 부른다. 또한 조각내에서의 역학을 모델화 될 수 있다. 예를 들어, 두-종들, 두-조각 모델은 다음과 같은 형태를 가진다:

$$\begin{aligned} \frac{dN_1^i}{dt} &= f^i(N_1^i, N_2^i) + d_{1i}(N_1^j - N_1^i), \\ \frac{dN_2^i}{dt} &= g^i(N_1^i, N_2^i) + d_{2i}(N_2^j - N_2^i),\ i, j = 1, 2, i \neq j. \end{aligned}$$

여기서, 표현한 $i = 1, 2$에 대해 N_1^i과 N_2^i은 두-종 사이의 상호작용과 두 조각들 사이의 확산을 나타낸다. 항 d_{1i}과 d_{2i}는 두 조각들 사이의 이동율을 나타내다. 예를 들어 많은 종들

과 조각들에게 관한 모델에 대해서는 Levin (1974), Akcakaya et al.(2004)을 참조하라. 공간적으로 확실한 통합개체군이나 조각(패치) 모델들은 매우 복잡해질 수 있다. 특히, 조각들의 수가 많을때는 더욱 복잡하다.

제 7 절 배양장치 모델

배양장치는 실험실에서 영양액, 박테리아와 다른 물질을 배양하기 위해 사용된 장치이다. 물질의 역학은 세포 수준에서 연구한다. 세포의 성장율은 개체군과 다르게 모델화한다. 가장 종종 사용된 모델중 하나는 Michaelis-Menten운동으로 알려진 것으로부터 시작된 세포 성장율에 근사한다.

7.1 Michaelis-Menten Kinetics

세포가 영양소를 흡수하는 속도를 모델화하기 위해 넓게 사용되는 표현이 유도되었다. 이 비율은 Michaelis-Menten Kinetics으로 알려졌다. 성장과 발육을 위해 세포에서 사용된 영양농축 $n(t)$의 변화율은 다음 미분방정식으로 모델화된다:

$$\frac{dn}{dt} = -K(n) = -\frac{k_{max}n}{k_n + n}, \quad k_n, k_{max} > 0.$$

매개 변수 k_{max}은 세포가 영양소를 흡수하는 최대비율이고 k_n은 반포화 상수, 즉, 영양의 양이 $K(n) = k_{max}/2$이다. 성장율은 **Michaelis-Menten 운동**에서 발생되고, 또한 **Mictaelis-Menten-Monod 운동**이라고 한다(Smith와 Waltman, 1995). Michaelis와 Menten 이름은 독일 과학자로 효소운동에 관한 연구를 하였고 그들의 업적으로 20C세기 초에 이 이론에 많은 공헌을 하였다. Jacques L, Monod은 프랑스 과학자로 그는 1940년대에서 1960년대 기간동안 미생물의 성장 이론에 많은 기여를 했다(Monod 1950).

영양소가 어떻게 세포에 들어가서 미생물, 예를 들어 박테리아 같은 미생물의 성장에 기여를 하는지를 간단히 설명한다(Edelstein-Keshet,1988). 영양분자 n(기질)이 세포막으로 둘러쌓인 수용체나 효소 x에 붙어 박테리아 세포막으로 들어간다. 영양분이 세포에 들어가면 생산을 위해 그것을 p로 표시한다. 기호 x_0은 수용체(혹은 효소)로 쓰고 영양분자로 사용되지는 않는다. x_1은 영양분으로 사용된 수용체라 쓰고(혹은 효소와 영양분으로 형성된 복합체) 생산 결과는 p로 쓴다. 다음 관계들은 방향과 반응율을 요약한다:

$$n + x_0 \underset{k_{-1}}{\overset{k_1}{\rightleftarrows}} x_1, \quad x_1 \xrightarrow{k_2} p + x_0.$$

여기서, 상수 k_i, $i = -1, 1, 2$ 는 비례상수이다. 화살표는 첫번째 반응이 가역임을 표시한다. 점유된 수용체는 영양분이 세포에 전달되기 전에 영양분을 잃을 수 있다(그림 6.15참조).

분자들 사이의 반응관계를 미분방정식으로 표현할 수 있다. 질량작용의 법칙을 가정한다. 즉, 두 정량들 사이의 반응율은 그들의 농도의 곱에 비례한다. 변수들 n_1, x_0, x_1, p를 각각 영양농도(평균수/체적), 결합되지 않은 수용체, 결합수용체, 생산의 농도로 표기한다. 이러한 네 변수에 대한 미분방정식은 다음과 같다(Edelstein-Koshet,1988):

$$\begin{aligned} \frac{dn}{dt} &= -k_1 n x_0 + k_{-1} x_1, \\ \frac{dx_0}{dt} &= -k_1 n x_0 + k_{-1} x_1 + k_2 x_1, \\ \frac{dx_1}{dt} &= k_1 n x_0 - k_{-1} x_1 - k_2 x_1, \\ \frac{dp}{dt} &= k_2 x_1. \end{aligned}$$

수용체 세포들의 전체 농도는 상수임을 방정식으로부터 알 수 있다:

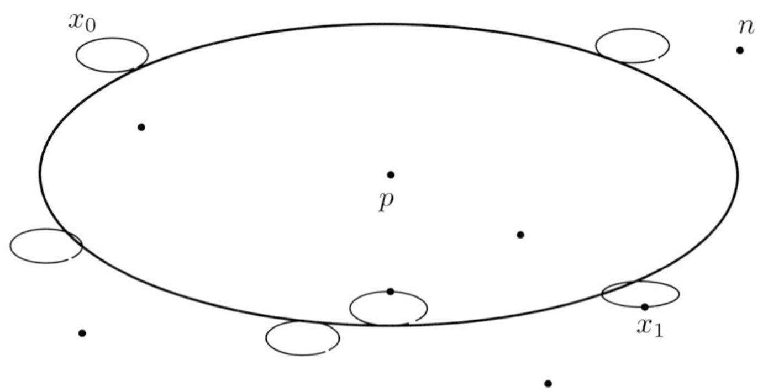

그림 6.15: 결합되지 않은 세포 x_0, 결합 수용체 x_1, 영양 n, 생산 p.

$dx_0/dt + dx_1/dt = 0$이다. $r = x_0 + x_1$로 놓고 n과 x_1에 대한 미분방정식에서 x_0를 $x_0 = r - x_1$으로 대입하고, n과 x_0에 대한 미분방정식만을 살펴보자. 생산농도 p에 대한 미분방정식은 x_1에 대한 해를 구한 후에 해결한다. n과 x_1에 대한 미분방정식을 간단히 하면 다음 시스템이 유도된다:

$$\begin{aligned} \frac{dn}{dt} &= -k_1 r n + (k_{-1} + k_1 n) x_1 \\ \frac{dx_1}{dt} &= k_1 r n - (k_{-1} + k_2 + k_1 n) x_1. \end{aligned}$$

영양농도는 일반적으로 수용체 농도보다 훨씬 높다. 수용체도 최대수용량에 작용하여 그들의 점유율이 상수로 접근한다. 그러므로 $dx_1/dt = 0$을 가정하는 것이 합리적이다. 이 가정은 **준-평형가정(quasi-equilibrium hypothesis)**이라 한다. 이 가정으로부터 Michaelis-Menten Kinetics에 대한 방정식을 생성한다. $dx_1/dt = 0$이라 하자. 그러면

$$k_1rn - (k_{-1} + nk_1)x_1 = k_2x_1$$

이고

$$x_1 = \frac{k_1rn}{k_{-1} + k_2 + k_1n}$$

이다.

영양농도에 대해 이 식을 미분방정식에 대입하면

$$\begin{aligned}\frac{dn}{dt} &= -k_2x_1\\ &= -\frac{k_1k_2rn}{k_{-1} + k_2 + k_1n}\\ &= -\frac{k_2rn}{\dfrac{k_{-1} + k_2}{k_1} + n}\end{aligned}$$

을 얻는다. 그러므로,

$$\frac{dn}{dt} = -\frac{k_{max}n}{k_n + n} \tag{6.19}$$

이다. 여기서 $k_{max} = k_2r$이고 $k_n = (k_{-1} + k_2)/k_1$이다. 생산에 관한 미분방정식은

$$\frac{dp}{dt} = -\frac{k_{max}n}{k_n + n}$$

을 만족한다. 영양흡수율은 생산(production) 형성율과 같다(그림 6.15 참조). Michaelis-Menten 흡수율의 형태는 미생물 성장을 포함한 많은 응용에 사용한다. 다음 예에서 Michaelis-Menten 흡수율은 배양장치에서 박테리아의 성장모델에 사용한다.

7.2　배양장치에서 박테리아 성장

연속 배양장치에서 성장을 공부하였다. 계속적인 영양공급과 박테리아의 연속적인 수확이 있다는 것을 가정한다. 이것은 정해진 영양소의 양을 공급하고 어떤 성장주기 후에 수확을 하는 박테리아는 배양장치와는 대조적이다. Smith와 Waltman(1995)에 의하면 연속배양장치가 생물학적으로 중요한 몇가지 이유가 있다.

(i) 배양장치는 한가지 제한된 영양에 관한 경쟁을 연구하기 위해 사용한다.

(ii) 배양장치는 상업적인 인슐린 생산에서와 같이 어떤 발효작용 과정에 중요한 역활을 한다.

(iii) 배양장치는 간단한 호수나 폐수처리과정의 모델을 설명한다.

기본적인 배양장치 모델에 근거하여 부가적인 정보에 관한 Smith와 Waltmam(1995)책을 참조하라.

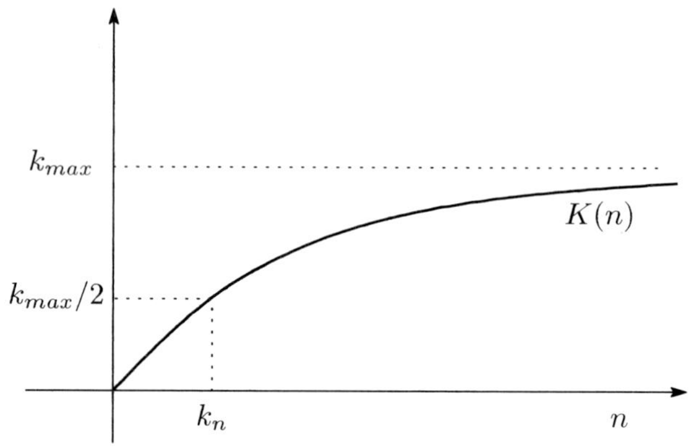

그림 6.16: 영양흡수율 $K(n) = k_{max}n/(k_n + n)$, 단, $\lim_{n\to\infty} K(n) = k_{max}$이고 $K(k_n) = k_{max}/2$이다.

그림 6.15은 배양장치의 개략도를 보여준다. 변수 N은 영양소보관 그릇이고, C는 배양그릇, O는 유출그릇이다. 배양그릇에서 박테리아의 성장을 모델화한다. $n(t)$는 배양그릇안에서의 영양소 농도라 하고, $b(t)$는 박테리아 밀도라 하자. 배양장치를 위해 몇가지 가정을 한다.

1. 그릇안에서 공간위치의 함수는 아니고 n과 b는 단지 시간 t의 함수가 되도록 배양그릇을 잘 흔들어 준다.

2. 영양 n의 단일 성장-제한할 수 있는 영양분 농도는 배양의 성장율을 결정한다.

3. 박테리아 개체군 증가율은 유효 영양력, $K(n)$의 함수이다.

4. 번식의 결과 영양결핍이 계속적으로 발생한다.

모델이 일관된 차원이 되도록 확신하기 위한 변수의 각각의 차원을 살펴볼 필요가 있다. V =Volume(체적)(길이^3), F =(유출율)(체적/시간), n_0 =투입된 영양소 농도(mass/time)라 하자. 차원적으로 올바른 모델은 다음과 같은 형태이다:

$$\frac{db}{dt} = K(n)b - \frac{F}{V}b = b\left(\frac{k_{max}n}{k_n+n} - D\right),$$
$$\frac{dn}{dt} = -\beta K(n)b - \frac{F}{V}n + \frac{F}{V}n_0 = D(n_0 - n) - \beta\frac{k_{max}nb}{k_n+n}.$$

여기서 $D = F/V = (1/\text{시간})$은 희석률이다. 박테리아 성장율은 Michaelis-Menten형태

$$K(n) = \frac{k_{max}n}{k_n+n}$$

이다. 단, $k_{\max}$는 최대 성장율이고, k_n은 반포화 상수이고, $1/\beta$은 수확율이다. 영양소-박테리아 모델은 다섯가지 매개변수, $k_{\max}, k_n, \beta, D, n_0$을 가진다. 차원 분석을 통해 매개변수의 수를 2개로 줄일 수 있다.

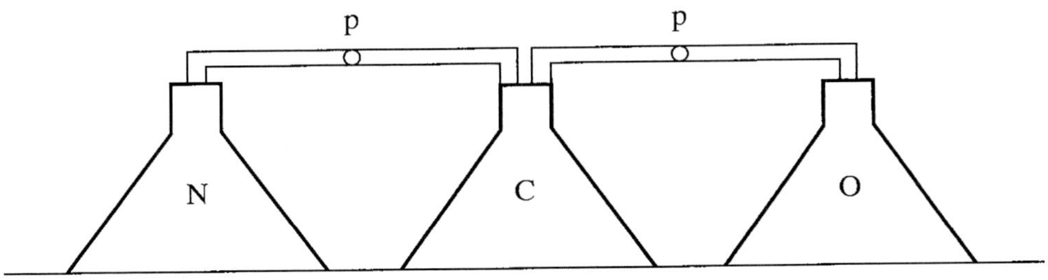

그림 6.17: 배양장치의 개략도, N은 영양보관릇이고, C는 배양그릇, O는 유출그릇, P는 펌프(Smith and Waltman, 1995).

변수들 n, b, t를 차원이 없는 변수들 x, S, t^*로 다시 정의하면 다음과 같다:

$$b = \frac{xn_0}{\beta},\ n = Sn_0,\ t = \frac{t^*}{D}.$$

차원이 없는 변수로 표현한 미분방정식은

$$\frac{dx}{dt^*} = x\left(\frac{k_{max}S/D}{[k_n/n_0]+S} - 1\right) = x\left(\frac{mS}{\alpha+S} - 1\right),$$
$$\frac{dS}{dt^*} = 1 - S - \frac{k_{max}Sx/D}{[k_n/n_0]+S} = 1 - S - \frac{mSx}{\alpha+S}.$$

여기서 $m = k_{\max}/D, \alpha = k_n/n_0$이다. 초기조건은 $x(0) > 0$이고 $S(0) > 0$이다. 기호의 편리함을 위하여, 다음 분석에서 t위 첨자에 있는 별표기호를 생략한다. 그러나 차원이 없는 시스템이 해석되는 것임을 기억해야 한다.

배양장치 모델은 흥미있는 역학을 갖는다. $\Sigma(t) = 1 - x(t) - S(t)$로 정의한다. 그러면

$$\frac{d\Sigma}{dt} = -\Sigma$$

이다. 그러므로, $t \to \infty$에 따라 $\Sigma(t) = \Sigma(0)\exp(-t) \to 0$이 된다. 영양소의 전체 양과 박테리아 농도 $x(t) + S(t)$은 1로 가까이 간다. 즉,

$$\lim_{t\to\infty}[x(t) + S(t)] = 1.$$

x와 S의 역학을 연구하기 위해 국소 안정성 해석과 위상평면 해석을 하면 된다. 차원이 없는 시스템은 두개의 평형점 $(\bar{x}, \bar{S})$은,

$$E_0 = (0,1) \quad \text{과} \quad E_1 = \left(1 - \frac{\alpha}{m-1}, \frac{\alpha}{m-1}\right)$$

로 주어진다.

차원이 없는 시스템의 야코비안 행렬은

$$J = \begin{pmatrix} \dfrac{mS}{\alpha+S} - 1 & \dfrac{\alpha m x}{(\alpha+S)^2} \\ -\dfrac{mS}{\alpha+S} & -1 - \dfrac{\alpha m x}{(\alpha+S)^2} \end{pmatrix}$$

이다.

E_0에서 야코비안 행렬값은

$$J(E_0) = \begin{pmatrix} \dfrac{m}{\alpha+1} - 1 & 0 \\ -\dfrac{m}{\alpha+1} & -1 \end{pmatrix}$$

이다.

$J(E_0)$의 고유치들은 대각선 $\lambda_1 = m/(\alpha+1) - 1$, $\lambda_2 = -1$을 따라 있음을 주의하라. 평형점 E_0은 안정이거나 불안정인 것은 λ_1의 부호에 달려있다. $\lambda_1 < 0$이면 E_0은 안정이고, $\lambda_1 > 0$이면 E_0은 안장점이다. 그러므로, E_0의 국소 점근적 안정에 대한 조건은

$$m < \alpha + 1$$

이다.

$E_1 = (\bar{x}, \bar{S})$에서 야코비안 행렬값은

$$J(E_1) = \begin{pmatrix} 0 & \dfrac{\alpha m\bar{x}}{(\alpha+\bar{S})^2} \\ -1 & -1 - \dfrac{\alpha m\bar{x}}{(\alpha+\bar{S})^2} \end{pmatrix}$$

을 만족한다. 만약 $\bar{x} > 0$이고 $\bar{S} > 0$이면 $TrJ(E_1) < 0$이고 $\det J(E_1) > 0$이다. 더구나, 고유치 λ_1과 λ_2에 의해 만족된 두 성질 $\det(J) = \lambda_1\lambda_2$, $Tr(J) = \lambda_1 + \lambda_2$을 적용할 수 있다. 모델은

$$TrJ(E_1) = -1 - \frac{\alpha m\bar{x}}{(\alpha+\bar{S})^2} \quad \text{이고} \quad \det J(E) = \frac{\alpha m\bar{x}}{(\alpha+\bar{S})^2}$$

이다. 이것은

$$\lambda_1 = -1 \quad \text{이고} \quad \lambda_2 = -\frac{\alpha m\bar{x}}{(\alpha+\bar{S})^2}$$

이다. 평형점 E_1이 양수이면 고유치 모두는 음수이다. 즉,

$$m > \alpha + 1$$

이면 E_1은 안정마디이다.

다음으로, 위상평면 해석을 설명한다. 차원이 없는 배양장치의 분기선들은

$$x - \text{분기선}: \quad x = 0,\ S = \frac{\alpha}{m-1}$$
$$S - \text{분기선}: \quad x = \frac{(1-S)(\alpha+S)}{mS}$$

이다. 고려해야 할 세 경우가 있다:

(I) $m < 1$,

(II) $1 < m \leq \alpha + 1$,

(III) $1 + \alpha < m$.

경우 (I)과 (II)에서, 평형점 E_0만이 가능성이 있다. 해가 유계이기 때문에 해는 E_0로 수렴한다. 그러나, 경우 (III)에서는, E_0와 E_1은 가능성이 있는 평형점이다. 평형점 E_0은 S축을 따라서만이 E_0에 접근할 수 있는 해를 가진 안장점이다. 더구나, 듀락함수 $1/x$를 가진 듀락 판정법을 적용하여 어떠한 주기해도 존재하지 않는다는 것을 보일 수 있다. 해가 유계이기 때문에, Poincaré-Bendixson 이론의 경우 (III)에서 해가 E_1으로 수렴한다(그림 6.18참조).

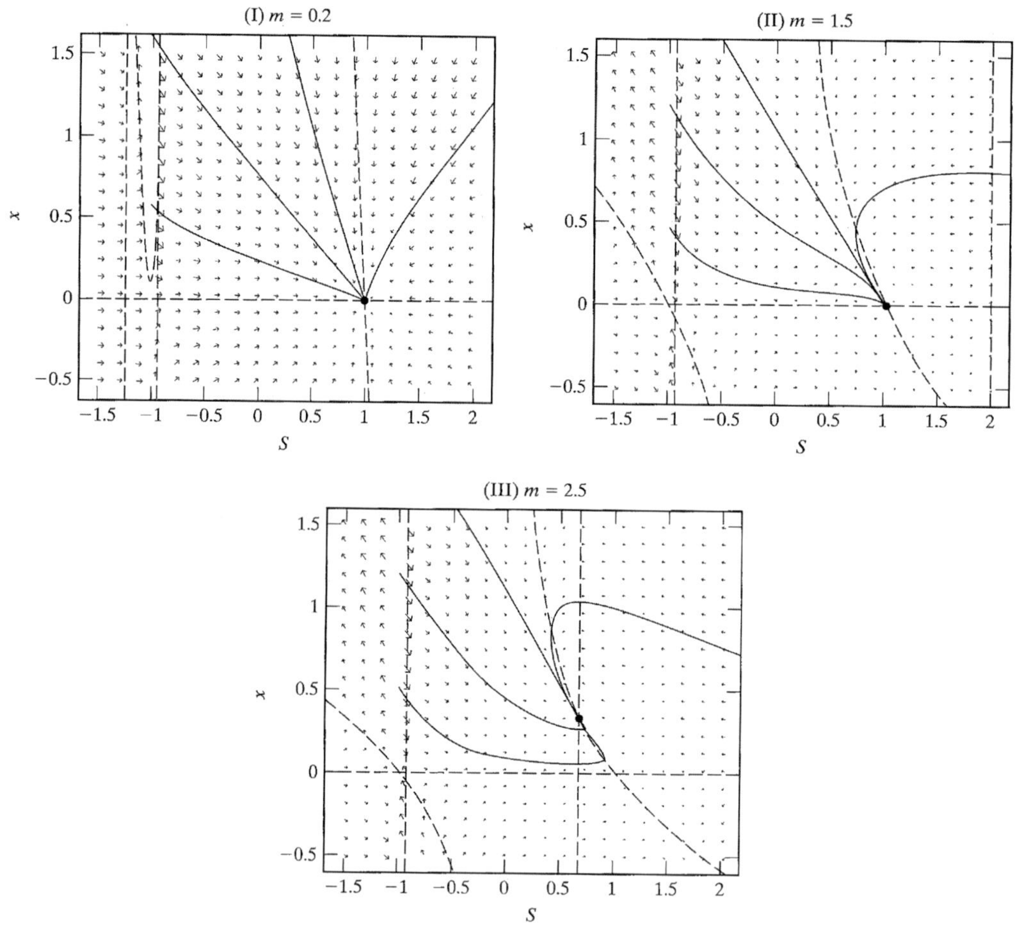

그림 6.18: $\alpha = 1$일때 차원이 없는 배양장치 모델의 위상평면그래프. (I) $m = 0.2$ (II) $m = 1.5$, (III) $m = 2.5$ 각 그림에서 분기선은 점선곡선이고 몇개의 해 곡선은 실선곡선으로 구별했다. 안정해는 실선 점으로 표시했다.

원래의 매개변수에 관해서, (I)의 경우 부등식은 $k_{max} \le D$와 동치이다. 박테리아의 최대 성장률은 손실율보다 적다. 박테리아가 번식하는것 보다 빨리 유실된다. 해가 E_0로 수렴한다. 식 $BE = \alpha/(m-1)$은 영양소의 **손익분기 농도(break-even concentration)**라 한다(Smith와 Walman, 1995). $BE \ge 1$이면, 배양 그릇으로 흘러가는 영양의 정량은 박테리아가 생존하기에는 (II)의 경우가 충분하지 않다. 해는 E_0에 수렴한다. 원래의 매개변수와 변수에 관해서, $BE = k_n D/k_{max} - D)$로 주어진 BE은 $n = n_0$일 때 $db/dt = 0$을 풀어서 구할 수 있다. 경우 (III)에서, $1 > BE$이거나 원래의 매개변수에 관하여 $n_0 > BE$이다. 마지막의 경우, 박테리아가 생존하고, 해는 E_1에 수렴한다.

예제 7.1 *경쟁하는 두 박테리아 개체군을 가진 배양장치 모델을 살펴보자. 차원이 없는 형태에서의 계는*

$$\begin{aligned}\frac{dx_1}{dt} &= x_1\left(\frac{m_1 S}{\alpha_1 + S} - 1\right),\\ \frac{dx_2}{dt} &= x_2\left(\frac{m_2 S}{\alpha_2 + S} - 1\right),\\ \frac{dS}{dt} &= 1 - S - \frac{m_1 S x_1}{\alpha_1 + S} - \frac{m_2 S x_2}{\alpha_2 + S} \text{ 이다.}\end{aligned}$$

$\Sigma(t) = 1 - S(t) - x_1(t) - x_2(t)$*라 정의하자. 단순한 배양장치 모델에서처럼,* $d\Sigma(t)/dt = -\Sigma(t)$, *이것은* $\lim_{t\to\infty}\Sigma(t) = 0$*을 의미한다. 이는* $\lim_{t\to\infty}[S(t) + x_1(t) + x_2(t)] = 1$*과 동치이다. 이 계는 점근적으로 자율적이고 따라서 3차원 계는* $S(t)$*을* $1 - x_1(t) - x_2(t)$*으로 치환함으로 2차원으로 줄일 수 있음을 알 수 있다(Smith와 Walman, 1995).*

$$\begin{aligned}\frac{dx_1}{dt} &= x_1\left(\frac{m_1(1 - x_1 - x_2)}{\alpha_1 + 1 - x_1 - x_2} - 1\right),\\ \frac{dx_2}{dt} &= x_2\left(\frac{m_2(1 - x_1 - x_2)}{\alpha_2 + 1 - x_1 - x_2} - 1\right).\end{aligned}$$

$\alpha_1/(m_1 - 1) \neq \alpha_2/(m_2 - 1)$*이고* $m_1, m_2 \neq 1$*인 경우에, 줄여진 시스템은* $\bar{S} = 1 - \bar{x}_1 - \bar{x}_2$ *세개의 평형점* $(\bar{x}_1, \bar{x}_2)$*을 가진다:*

$$E_0 = (0,0),\ E_1 = \left(1 - \frac{\alpha_1}{m_1 - 1}, 0\right),\ E_2 = \left(0, 1 - \frac{\alpha_2}{m_2 - 1}\right).$$

두 성분이 양수인 네번째 평형점은 이러한 가정아래 가능하지 않다. 이 예는 연습문제에서 더 살펴보아야 한다. 이 예는 경쟁배제 원리가 존재한다. 두-종들이 하나의 제한된 영양을 위해 경쟁한다면, "우월한" 것만이 생존한다. 이 경우에, "우월한" 종은 하나이고 그것도 최소량의 영양소를 필요로 한다. 즉, 순익분기농도의 최저수준은 $\alpha_i/(m_i - 1), i = 1, 2$*이다.*■

배양장치는 많은 실질적인 적용을 갖고, 기본적인 모델의 많은 종이 경쟁, 포식자 , 군기구조, 지연등을 포함하여 연구하였다(즉, Li et al 2000, Smith와 Waltmam, 1995; Smith나 Zhao,2001; Wolkowicz et al.,1997,1999,다른 기타 참고서적등 참고).

제 8 절 전염병 모델

8.1 SI, SIS, SIR 전염병 모델

가령 홍역, 풍진, 수두와 같은 전염병 질병들은 질병의 상태에 따라서 개체군의 개체들을 건강한자, 감염가능성이 있는자, 면역이 된 개체로 분류하여 모델을 세운다. 바이러스나 박테리아에 의해 야기된 질병들은 개체군 수준에서 직접 모델을 세울 수는 없고 감염된 개체 수를 통해 간접적으로 만이 모델을 세운다. 질병상태는 S, I, R으로 쓰고 다음과 같이 정의한다:

S = 감염 가능성이 있는(감수성 있는); 개체들이 감염된 것은 아니나, 질병과 접촉할 가능성이 있고 그래서 감염이 될 가능성이 있는 개체를 의미한다.

I = 감염자; 개체들이 감염이 되었거나 다른 사람에게 질병을 옮길 수 있는 개체를 의미한다.

R = 회복된자; 개체들이 질병에 걸렸다가 회복된자와 온전히 면역력을 갖추었거나 회복되어 완전히 면역이 될때까지 격리한 개체를 의미한다.

이러한 세가지 상태가 있는 모델을 SIR전염병 모델이라 한다. SIR전염병 모델의 변동은 개체들이 회복이 되고 면역을 가진 상태로 발전된 것에 달려있다. 다양한 머리글자로 사용하여 표기한다.

- SI은 회복이 없음을 의미한다, $S \longrightarrow I$.
- SIS은 회복은 있으나 면역력을 가지지 못한것을 의미한다, $S \longrightarrow I \longrightarrow S$.
- SIRS은 일시적인 면역력을 갖는것을 의미한다, $S \longrightarrow I \longrightarrow R \longrightarrow S$.

SIR 전염병 모델의 구분된 그림은 2장 그림 **??**에 도식화 했다.

SIRS 전염병 모델에 대응한 미분방정식은 다음과 같다:

$$
\begin{aligned}
\frac{dS}{dt} &= -\frac{\beta}{N}SI - bS + bS + bI + bR + \nu R, \\
\frac{dI}{dt} &= \frac{\beta}{N}SI - \gamma I - bI, \\
\frac{dR}{dt} &= \gamma I - bR - \nu R.
\end{aligned}
$$

여기서, 초기조건은 $S(0) > 0, I(0) > 0, R(0) \geq 0$이고 $S(0) + I(0) + R(0) = N$을 만족한다. 매개변수들은 다음과 같이 정의한다.

- $\beta =$ 시간당 감염된 개체에 의해 충분한 접촉의 평균 수.
- $\frac{\beta}{N}S =$ 시간당 감염가능성 있는 개체의 감염 결과로 감염된 충분한 접촉의 평균 수.
- $\frac{\beta}{N}SI =$ 시간당 모든 감염된 개체들에 의한 감염자 수.
- $\gamma =$ 회복율.
- $1/\gamma =$ 평균 감염되는 기간.
- $\nu =$ 면역 손실율.
- $1/\nu =$ 평균 면역기간.
- $b =$ 출생율=사망율.
- $N =$ 전체 개체군의 크기

회복 γI과 면역손실 νR은 미분방정식에서 선형함수이다. 회복이나 면역력 손실에 대한 대기시간(waiting time)은 각각 매개변수 γ와 ν로 지수분포로 가정한다. $1/\gamma$과 $1/\nu$은 회복을 위한 평균 대기시간과 면역손실이나 혹은 평균 감염기간과 평균 면역기간이다. 왜냐하면 출생율과 사망율이 같다고 가정하기 때문에, 개체군의 크기는 시간이 지나서 일정하게 유지한다. 즉, $dS/dt + dI/dt + dR/dt = 0$은 $S(t) + I(t) + R(t) = N$임을 의미한다.

네 가지 기본적인 전염병 모델 SI, SIR, SIS, SIRS의 역학은 다음 네개의 예제에서 공부할 것이다. 단순하게 하기 위해 각 예제에서, 출생율과 사망율 $b = 0$은 없다고 가정한다. 전염병 역학은 개체군 역학보다 더 빠른 시간규모로 발생한다.

예제 8.1 (SI 전염병 모델). *출생과 사망이 없는 단순한 SI모델은 다음 형태이다:*

$$\frac{dS}{dt} = \frac{\beta}{N}SI,$$
$$\frac{dI}{dt} = \frac{\beta}{N}SI.$$

여기서, $S(0) > 0, I(0) > 0, S(0) + I(0) = N$*이다. 즉,* $S(t) + I(t) = N$*이고* I*에 관한 미분방정식에* S*대신* $N - I$*을 대입하면*

$$\frac{dI}{dt} = \beta I\left(1 - \frac{I}{N}\right)$$

가 된다. 이 방정식은 수용능력 N을 가진 로지스틱 성장방정식이다. 그림 6.19에 있는 위상 직선그래프는 $I(t) \to N$임을 보여준다. 결국 모든 사람이 감염이 된다. 이러한 유형의 모델은 인푸루엔자 같은 감염성이 높은 질병에 적용되고, 많은 개체군의 비율이 감염된다. 전염병 지속기간은 감염이 될 때까지이고 회복은 없다.■

예제 8.2 (SIS 전염병 모델). *출생과 사망이 없는 단순한 SIS 모델은 다음과 같은 형태이다:*

$$\frac{dS}{dt} = -\frac{S}{N}SI + \gamma I,$$
$$\frac{dI}{dt} = \frac{\beta}{N}SI - \gamma I.$$

여기서, γ는 모델에서 회복율이고, $S(0) > 0, I(0) > 0,\ S(0) + I(0) = N$이다. 다시 말하면, $S(t) + I(t) = N$이고 I에 관한 미분방정식에 S대신 $N - I$를 대입하면 다음 결과가 된다:

$$\frac{dI}{dt} = (\beta - \gamma)I\left(1 - \frac{\beta}{(\beta - \gamma)}N\right),\ \beta \neq \gamma.$$

만일 $\beta > \gamma$이면, 감염된 개체군은 $(\beta-\gamma)N/\beta$로 접근하고 감염성 있는 개체군은 $\gamma N/\beta$에 접근한다. 질병은 고유질병으로 남는다. 그러나, $\beta \leq \gamma$이면, 감염된 개체군는 0에 수렴한다. 전염병은 지속되지 않는다. SIS유형의 모델은 임질, 매독과 같이 성으로 감염된 질병에 적용해 왔다. 개개인은 치료가 되나 곧 다시 감염성 갖게 된다.■

그림 6.19: SIS 전염병 모델에 대한 위상직선도

SIS 전염병 모델에서 비율 β/γ은 **고유 번식수(basic reproduction number)**라 하고 종종 $\mathcal{R}_0$을 기호로 표기한다. 전염병 모델에서 이 매개변수는 앞장에서 토의했다. β를 $\beta = \lambda N$으로 다시 정의한 모델에서 기본 번식수는 다음과 같다:

$$\mathcal{R}_0 = \frac{\beta}{\gamma} = \frac{\lambda N}{\gamma}.$$

표현 $\beta SI/N$도 일반적으로 **표준발생율(stand incidence rate)**이라고 하고, 반면 λSI는 일반적으로 **질량작용 발생율(mass action incidence rate)**이라 한다. 여기서 연구된 모든 전염병 모델에서, 개체군 크기는 일정하고 질량작용이나 표준발생을 가진 역학에서 차이가 없다. 정의로 부터 알 수 있는것처럼, 질량 작용은 접촉율이 개체군 크기나 밀도

N에 의존하나, 표준 발생에 대해서는 접촉율은 N에 독립적이다. 만일 N이 상수가 아니라 시간에 대하여 변하면, 질량작용과 표준 발생을 가진 전염병 모델들은 꽤 다른 역학을 나타낸다.

기본 번식수 $\mathcal{R}_0$는 그녀/그의 감염기간 $(1/\gamma)$동안 감염된 개체에 의해 야기된 이차 감염자수(β)이다(Andeyson과 May,1991;Hethcote,2000). 이것은 전염병학에서 매우 중요한 매개변수이다. 일반적으로, $\mathcal{R}_0 > 1$이면, 감염된 개체가 개체군에 도입되면 결과적으로 전염병이 발생한다. SIS 전염병 모델에서, $\mathcal{R}_0$값은 전염병 역학에 관한 보다 많은것을 예측한다. 특히, $\mathcal{R}_0 > 1$이면, 질병은 고유질병이 되고, 만일 $\mathcal{R}_0 \leq 1$이면 질병은 서서히 없어진다.

예제 8.3 (SIR 전염병 모델) *출생과 사망이 없는 SIR전염병 모델은 다음과 같은 형태이다:*

$$\begin{aligned}\frac{dS}{dt} &= -\frac{\beta}{N}I\\ \frac{dI}{dt} &= \frac{\beta}{N}SI - \gamma I = I\left(\frac{\beta}{N}S - \gamma\right)\\ \frac{dR}{dt} &= \gamma I.\end{aligned}$$

여기서, $\delta(0) > 0, I(0) > 0,\ R(0) \geq 0$*이고* $S(0)+I(0)+R(0) = N$*이다. 즉,* $S(t)+I(t)+R(t) = N$*이다.* $R(t)$*는* $S(t)$*와* $I(t)$*로부터 구할 수 있으므로 변수* S*와* I*를 살펴보면 충분하다.*

$$\frac{dI}{dS} = -1 + \frac{\gamma N}{\beta S}$$

임을 기억하고, 이를 적분하면 다음을 얻는다:

$$I(t) = N - R(0) - S(t) + \frac{\gamma N}{\beta}\ln\frac{S(t)}{S(0)}.$$

또한, $S(t)$*는 감소하고* $S(t) = \gamma N/\beta$*(I-분기선)일 때* $I(t)$*의 최댓값이 나타남을 주목하라.* $S(t)$*가* t*에 대해 감소함수이고* $S(0) > \gamma N/\beta$*이면* $I(t)$*는 최댓값까지(점염병 발생) 증가할 것이다, 그러므로 0으로 감소한다. 한편,* $S(0) \leq \gamma N/\beta$*이면* $I(t)$*는 0으로 감소할 것이다(전염병 없음).* $R(t) \to \infty$*이 아니면 감염된 개체수가 0으로 근사하므로 이는 모순이다.* $S(t)$*의 극한값은 음함수 방정식(implicit equation)*

$$S(\infty) = N - R(0) + \frac{\gamma N}{\beta}\ln\frac{S(\infty)}{S(0)}$$

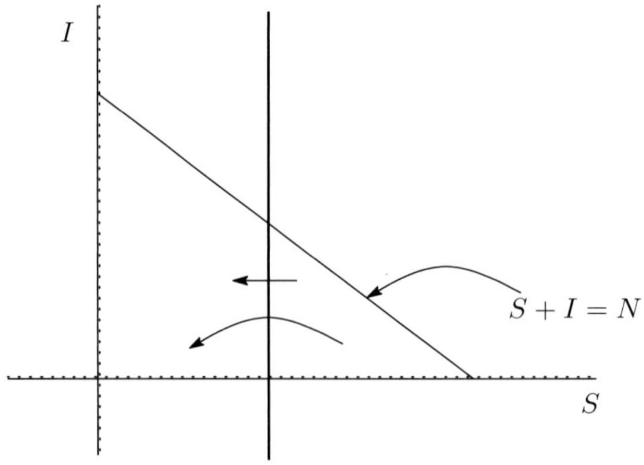

그림 6.20: SIR질병 모델에 대한 위상평면 그래프. 양수의 S-축상의 모든 점은 평형점이다. 해는 S-축의 어떤 점으로 수렴한다.

를 만족해야 한다. 극한값은 초기값에 종속되나 항상 양수이고 $S(\infty) > 0$이다. SIR모델에 관한 역학은 비율

$$\mathcal{R}_0 = \frac{\beta S(0)}{\gamma N} = \mathcal{R}_0 x^*$$

에 종속된다. 여기서 $x^* = S(0)/N$는 감수성있는 개체비율이고 $\mathcal{R}_0 = \beta/\gamma$은 고유번식수이다. 매개변수 $\mathcal{R}_0$을 때때로 **유효율(effective rate)**이라 한다. 그림 6.20의 위상평면 그림은 SIR 역학을 설명한다. S-축상의 모든 점이 평형점이다.■

예제 8.4 (SIRS 전염병모델). *네가지 기본 전염병 모델의 마지막은 출생과 사망이 없는 SIRS전염병 모델이다. 모델은 다음과 같은 형태이다:*

$$\begin{aligned}
\frac{ds}{dt} &= -\frac{S}{N}SI + \nu R, \\
\frac{dI}{dt} &= \frac{\beta}{N}SI - \gamma I = I\left(\frac{\beta}{N}S - \gamma\right), \\
\frac{dR}{dt} &= \gamma I - \nu R.
\end{aligned}$$

여기서, $S(0) > 0, I(0) > 0, R(0) \geq 0$이고, $S(0) + I(0) + R(0) = N$이다. 즉, $S(t) + I(t) + R(t) = N$이다. $R(t)$는 $S(t)$와 $I(t)$로부터 얻어지므로, 변수 S와 I만을 고려하면 충분하

다. S와 I에서 미분방정식은

$$\frac{dS}{dt} = -\frac{\beta}{N}SI + \nu(N - S - I),$$
$$\frac{dI}{dt} = I\left(\frac{\beta}{N}S - \gamma\right)$$

이다. 이 모델의 역학은 SIR 모델과 다르다. 이 모델은 항상 전염병이 사라진 것은 아니다. 면역성이 있는 개체들의 면역력 상실은 질병이 고유질병으로 된다. 기본 번식수는 임계(threshold)이고 이는 질병이 고유질병으로 되는지 아닌지를 결정한다. 이 모델의 보다 완전한 해석은 연습문제로 남긴다. ■

부가적인 상태는 모델이 좀 더 현실적으로 되기 위해서 기본적인 전염병 모델에 포함될 수 있다. 예를 들면 잠복상태거나 노출상태는 감염(I)되기 이전 기간이다. 잠복상태는 보통 E로 표기하고, 그 모델은 SEIR 전염병 모델이라 한다. 종종 어린시절 질병이 포함되는 또 다른 상태는 모계의 항체(질병에 대해 사전 노출되었던 어머니로부터) 때문에 신생아의 초기에는 감염에 대해 면역이 있는 상태이다. 결국에는, 신생아가 면역력을 잃고 감염가능성이 있게 된다. 후자의 상태를 M으로 표시한다. 만일 모든 상태들이 모델에 포함되면, MSEIR 전염병 모델이라 한다.

집단 예방접종 프로그램의 효과를 기본적인 전염병 모델에서 검토한다. 예방접종은 감염의 발생을 직접적으로 또는 간접적으로 줄어들게 하고 제거한다. 예방접종을 한 개체들은 직접적인 감염으로부터 방어되고, 더 적은 감염된 개체들이 예방접종을 하지 않은 전염가능성 있는 개체들은 질병과 접촉될 가능성이 줄어 들게 된다. 후자의 간접적인 효과를 **집단 면역(herd immunity)**이라 한다. 예방접종 프로그램이 효과적이기 위해, 면역된 비율 p는 남아 있는 개체군 $(1-p)N$은 질병이 계속되기위한 필요한 임계수준 보다 적도록 해야한다. SIR 전염병 모델에서 $\mathcal{R} = \mathcal{R}_0 x^*$, $\mathcal{R}_0 = \beta/\gamma$, $x^* = S(0)/N$을 기억하자. 전염병시작에서, $S(0) \approx N$이다. 즉, 감수성이 있는 개체들의 pN이 예방접종을 했다면 $S(0) \approx (1-p)N$이고 $\mathcal{R} = \mathcal{R}_0(1-p)$이다. 전염병을 방지하기 위해

$$\mathcal{R}_0(1-p) < 1$$

이다. p의 최소값에 대한 추정은 $\mathcal{R}_0(1-p) = 1$ 혹은

$$p = \frac{\mathcal{R}_0 - 1}{\mathcal{R}_0}$$

을 풀어 알 수 있다. 영국의 웨일즈(1956 -1968)에서, 홍역에 대해 추정된 $\mathcal{R}_0$의 값이 $\mathcal{R}_0 \approx$ 13(May, 1983)이다. 전염병을 막기 위해 $\mathcal{R}_0$의 값에 대하여 적어도

$$p = \frac{13-1}{13} = \frac{12}{13} \approx 92\%$$

을 예방접종을 할 필요가 있었다.

집단 예방접종의 부정적인 결과가 있을 수 있다. 집단 예방접종 시행이후, 질병이 처음 얻게 되는 평균 나이는 점차 증가한다.

$$\frac{dS}{dt} = -\frac{\beta}{N} SI + \cdots \quad \text{또는} \quad \frac{1}{S}\frac{dS}{dt} = -\frac{\beta}{N} I + \cdots$$

을 기억하자. 값 $F = \beta I/N$은 **개인당 감염력(per capita force of infection)** 이나 감염된 I 개체들의 개체군에 대한 질병을 얻는 비율이고 전이상수는 β/N(1/시간)이다. 즉, 이 값의 상호적인 것은 질병을 얻기전의 평균시간(매개변수 F를 가진 지수분포)이거나 **감염의 평균 나이(average age of infection)**다. 물론, I의 값은 평형점 값에서 안정임을 가정한다. 감염이나 평균 이는 $A = N/(\beta I)$이다. 예방접종은 감염자 I(평형점에서)의 개체수가 감소하고, 감염나이 A는 증가한다 (Anderson 과 May,1991). 만일 어린이일 때가 아니라 어른일때 질병을 얻게 된다면 보다 심각한 결과가 있을수 있다. 예를 들어, 임신한 여성이 풍진을 접촉했다면 신생아에게 선천적인 풍진 징후를 야기할 수 있다. 집단 예방접종 프로그램의 시행은 모든 결과들에 대한 조심스런 시험이 필요하다.

예방접종은 예방전략이다. 그러나, 발발하는 동안 예방접종이나 질병을 치료할 가능성이 없다면, 감염성이 있는 경우는 격리나 감염질병으로 진단을 받은자들을 차단하는 것이 대체전략이다. 이러한 조절 전략들은 2003년 SARS인 새로운 질병의 발생에 사용되었다(즉, Chowell et al.,2003,2004; Gamel etal.,2004; Zhang et al., 2005; Zhou et al., 2003,2004). 전염병 모델에 소개는 훌륭한 참고서적에 있는 본문과 책을 참고할수 있다(Anderson 과 May,1991; Brauer 와 Castillo-chávez,2002; Hethcote, 1976,2000; Thieme, 2003).

8.2 HIV의 세포 역학

인간 면역결핍 바이러스(HIV) 감염은 인간 질병중 가장 심각하고 널리 확산된 질병중 하나이다. 20세기 말에 오천만명이 HIV에 감염되고 1500만명이 AIDS로 사망하고 3500만명이 최근에 감염될 것으로 추정한다(Nowak와 May, 2000).

많은 수학적 모델들이 개체내의 바이러스의 확산을 조절하는 기본적인 법칙에 근거하여 공식화했다. 이러한 모델들은 면역 시스템상에서 바이러스의 효과를 결정하고, 치료를 위해 면역 시스템의 민감성을 검사하기 위한 것이다. HIV는 협력자 T세포로 알려진 면역 시스템 기능에 중요한 백혈구 세포를 공격한다(특히, $CD4^{+}T$세포). 협력자 T세포는 B세포에 의해 항체의 생성을 강화시키는 데 책임이 있다. T세포와 B세포는 뼈골수에서 생성되나(B =뼈), T세포는 가슴샘(T=가슴샘)으로 이동하고 거기에서 성숙한다. 단순한 모델은 건강한 $CD4^{+}T$세포들에서 바이러스 입자 효과에 대해 제시되었다. 이 모델은 T세포 모델이 전체 개체군이 아니라 한 개체에서 세포의 역학을 따른다는 점에서 전에 살펴본 SIR-유형 전염병 모델들과는 다르다. 그러나 T세포 모델은 약간 SI전염병 모델과 유사하다. 왜냐하면 감염이되지 않는 세포와 감염된 T세포가 모델이 되기 때문이다.

T세포와 바이러스 역학에 대한 기본적인 모델은 x는 감염되지 않은 세포의 수, y는 감염된 세포의 수이고, ν는 자유바이러스 수를 나타내는 세개의 미분방정식으로 이루어진 시스템이다(Nowak과 May 2000; Perelson et al, 1993). 이러한 세 변수들간의 상호작용은 다음과 같은 미분방정식으로 설명된다:

$$\begin{aligned}\frac{dx}{dt} &= \gamma - d_x x - \beta x v,\\ \frac{dy}{dt} &= \beta x v - d_y y,\\ \frac{dv}{dt} &= ky - d_v v - \beta x v.\end{aligned} \tag{6.20}$$

여기서, $x(0) > 0,\ v(0) > 0,\ y(0) = 0$이다. 모델 (6.20)에서, 감염되지 않은 세포들은 일정한 비율 γ에서 면역 시스템으로 생산되고, 감염되지 않은 세포들은 자유바이러스를 만나 βxv비율로 감염된다. 같은 비율로 자유바이러스 입자는 소실된다(그들도 세포를 만나다). 각 감염된 세포는 바이러스를 받고, 그 바이러스는 평균적으로 자유 바이러스입자 N, $N \gg 1$을 생산한다. 감염되지 않은 세포 x, 감염된 세포 y와 바이러스입자 v의 한 개체당 사망율은 각각 d_x, d_y, d_v이다. 하나의 감염된 세포로부터 자유 바이러스 입자들의 생산율은 $k = Nd_y$이다.

건강한 성인도 혈액의 밀리 리터당 약 $10^6 CD4^{+}T$세포를 가지고 있거나 마이크로 리터당 $(mm^3)10^3$을 가지고 있다(Nowak와 May,2000). x, y, v의 단위는 혈액의 미리미터당 세포들 혹은 입자들의 수이다. 시간은 일(day)단위로 측정한다. 예를 들어, γ의 단위는 하루동안 생산된 밀리 리터당 세포들의 수, 세포/(ml, 일)이다. β의 단위는 1/(세포,ml,일)이고 d_x와 d_y의 단위는 1/(ml,일)이다. HIV의 기본적인 위상들만을 모델화하고, 감염후 처음 몇주이다. AIDS의 진행은 수 년에 걸쳐 감염된다. HIV에 감염이 되면 바이러스를 얻고, $v(t)$는 초기에는 증가하고, 그러면 순환하는 바이러스는 다음 수주간에 걸쳐 크기의 순서 2, 3까지 감소한다. 이러한 역학은 그림 6.21에 나타낸다.

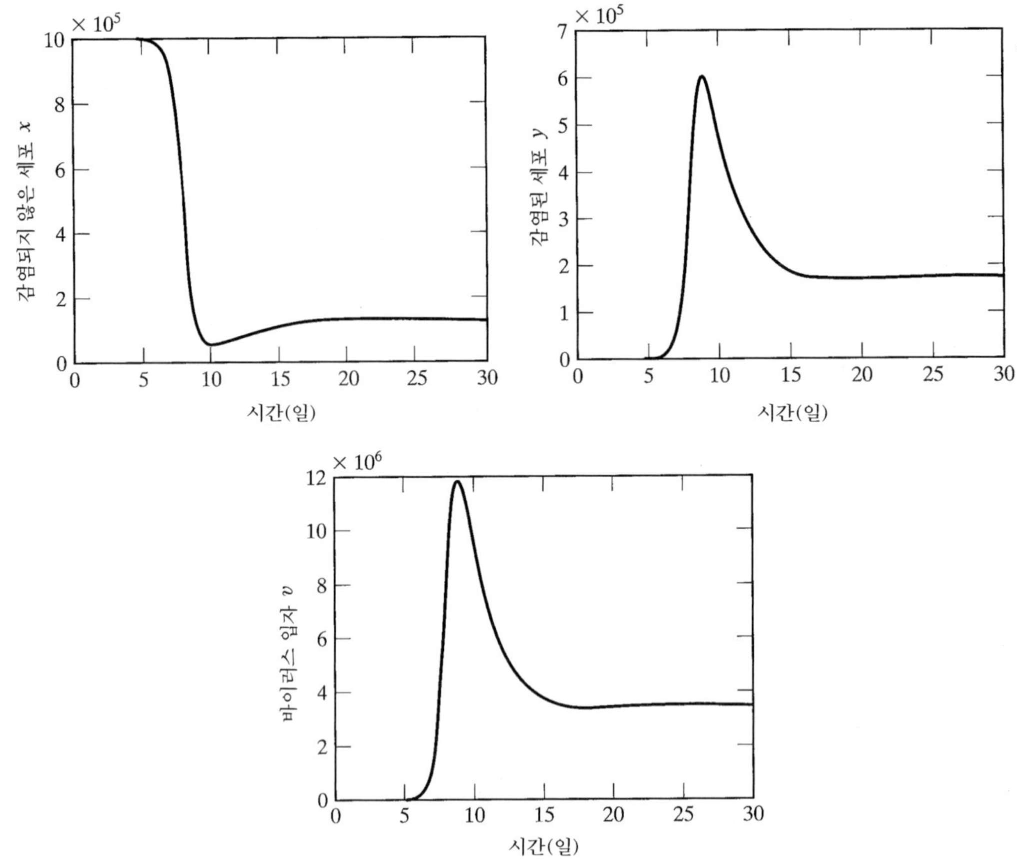

그림 6.21: 모델 (6.20)에 대한 매개변수 값: $\gamma = 10^5/$일, $d_x = 0.1/$일, $d_y = 0.5/$일, $d_v = 5/$일, $\beta = 2 \times 10^{-7}/(\text{ml}, \text{일})$이고 $k = 100$(Nowak과 May 2000). 초기조건: $x(0) = 10^6$, $y(0) = 0$이고 $v(0) = 1$이다.

감염이 없을 경우에, 감염되지 않은 세포 x는 (γ/d_x)세포와 ml^{-1} 같은 수준에 도달한다. 만일 감염이 시작되고 바이러스 번식 N이 충분히 커지면 어떤 개체는 HIV에 감염될 것이다. 모델 (6.20)에서 기본 번식수 $\mathcal{R}_0$가 존재하는 것을 보일수 있다. 여기서

$$\mathcal{R}_0 = \frac{k\beta\gamma/d_x}{d_y(d_v + \beta\gamma/d_x)} = \frac{N\beta\gamma}{d_x d_v + \beta\gamma}$$

이다(연습문제 20참조). $\mathcal{R}_0 < 1$이면 바이러스는 생기지 않을 것이다. 그림 6.21에 사용된 매개변수 값은 $\mathcal{R}_0 \approx 7.69$의 값이 된다.

Perelson et al.,(1993)에서, T세포 모델의 유사한 유형을 연구하였다. 감염되지 않은 T세포의 로지스틱 성장을 가진 유형과 잠재적으로 감염된 T세포의 부가적인 그룹 u이다. 그들의 모델의 역학은 HIV가 AIDS로 진행될때까지 10년 기간에 걸쳐 연구되었다. 다른 모델은 면역시스템 역학의 보다 상세한 연구를 포함한다. 세포 독성 T림푸구(CTL)로 알려진 백혈구의 또 다른 유형은 바이러스 감염과 싸우는데 있어 면역 시스템의 주요한 성분이다. 바이러스 항원의 반응에서, CTL증식, 공격하고 바이러스를 죽인다. CTL 반응을 포함하여 모델 (6.20)보다 훨씬 복잡한 모델들이 연구되었는데 그것들은 CTL 반응, 약의 효과, 약 지속과 지연의 발전, 그리고 많는 다른 수정이 된것등이다 (즉, Banks et al.,2003; Culshaw et al, 2003;Hyman et al., 1999; Nowak과 May, 2000; Nelson과 Perelson,2002등). 부가적으로, 구조화된 개체군들에서 HIV-AIDS의 확산에 대한 많은 전염병 모델들은 공식이 되고 분석하였다(즉, Blower et al.,1998,2000;Castillo-Chavez,1989;Thieme와 Castillo-Chavez,1993).

제 9 절 민감 시스템

이 마지막 절에서, **민감도(excitability)**이라 부르는 것을 나타낼 수 있는 모델을 토의한다. 이러한 유형의 모델들을 생리적 시스템에 적용해왔다. 가령 심장과 골격근육 세포와 신경세포는 활동의 갑작스런 폭발이 존재한다. 민감한 생리적 시스템의 가장 잘 알려진 모델들 중 하나는 Hodgkin-Huxley모델이고, Alan Hodgkin과 Andrew Haxley 두 영국 과학자로 그들의 업적으로 1963년에 의학분야로 노벨상을 받았고, 발전된 후 그들의 이름이 붙여졌다. 그들의 모델이 신경세포(뉴런)의 신경돌기(가지)를 따라 전기신호의 전달을 연구하는데 발전하였다. FitzHugh-Nagumo(FitzHugh과 Nagumo로 이름 붙여진)모델로 알려진 Hodgkin-Huxley모델과 이 모델의 더 단순한 형태가 민감한 시스템중의 일부이고, 여기서 그것을 토의한다. 민감한 생리적 시스템에 관한 수학적 모델에 대한 훌륭한 참고서는 Keener와 Sneyd(1998)가 쓴 책이다.

9.1 반데폴 방정식(Van der Pol Equation)

생물학 모델을 토의하기 전에, 공학분야의 예인, 주기가 있는 반데폴 방정식을 토의한다.

반데폴 방정식은 전기회로에 나타나고 저항은 비선형으로 전류 $u(t)$에 의존한다.

$$\frac{d^2u}{dt^2} + k(u^2 - 1)\frac{du}{dt} + u = 0, \quad k > 0. \tag{6.21}$$

방정식 (6.21)은 Liénard방정식의 일반형을 갖는다. 일반형은 다음과 같다:

$$\frac{d^2u}{dt^2} + g(u)\frac{du}{dt} + f(u) = 0. \tag{6.22}$$

반데폴 방정식의 특별한 경우는, $g(u) = k(u^2 - 1)$이다.

반데폴 방정식 (6.21)에서 변수변환을하여 일계시스템으로 변환한다. 새로운 변수는 u와 v이고, 여기서 u는 원래의 변수이고 v는 다음과 같이 정의한다:

$$v = \frac{1}{k}\frac{du}{dt} + \left(\frac{u^2}{3} - u\right).$$

그러면 다음 일계시스템을 얻는다:

$$\begin{aligned} \frac{1}{k}\frac{du}{dt} &= v - \left(\frac{u^2}{3} - u\right), \\ \frac{dv}{dt} &= -\frac{1}{k}u. \end{aligned} \tag{6.23}$$

반데 폴 시스템 (6.23)에 대한 해는 유계이고, 원점 $(0, 0)$은 불안정이고 안정인 극한주기가 존재한다. 반 데풀 방정식에 의해 존재한 주기 동태때문에 종종 **반데폴 진동자(van der Pol oscillator)**라 한다.

주기성은 보다 일반적인 Liénard방정식 (6.22)에 관하여 보여진다. 조건들은 주기해의 존재성을 보장하는 함수 f와 g에 존재한다.

정리 **9.1** *Liénard 방정식 (6.22)에서 함수 f와 g가 $-\infty < u < \infty$에서 연속적으로 미분 가능하다고 하자. $G(u) = \int_0^u g(s)ds$라 하자. 더구나*

(i) $uf(u) > 0, \quad u \neq 0,$

(ii) $\lim_{|u|\to\infty} |G(u)| = \infty,$

(ii) $u < -\infty,\ 0 < u < b$*일 때* $G(u) < 0$*이고* $-a < u < 0,\ b < u$*일 때* $G(u) > 0$ *을 만족하는* $a,\ b > 0$*가 존재한다*

고 가정하자. 그러면 Liénard 방정식 (6.22)은 자명하지 않는 주기해를 가짐을 증명하여라. □

정리 9.1의 증명을 위해 Brauer와 Nohel(1969)를 참고하라. 증명은 리야프노브 함수의 구성에 따른다. 정리 9.1은 반데폴 방정식에 적용할 수 있다. $g(u) = k(u^2 - 1)$, $G(u) = k(u^3/3 - u)$이고 $f(u) = u$라 하자. 그러면, 정리 9.1의 조건 (i),(ii),(iii)을 만족하는것(연습문제 22)을 보이는 것은 쉬운 일이다. k가 클 때, 시스템 (6.23)은 **진동완화(relaxation oscillations)**로 알려져 있는 것이 존재한다. 이 경우에 ν가 $G(u)$에 가까워지거나 해가 입방체 분기선 ($\dot{u}/k \approx 0$)근방에 있을때, 시간이 지남에 따라 해가 천천히 변한다. 해들이 분기선 입방체 분기에 근사하지 않으면, 해는 빨리 변한다(민감함)(그림 6.22).

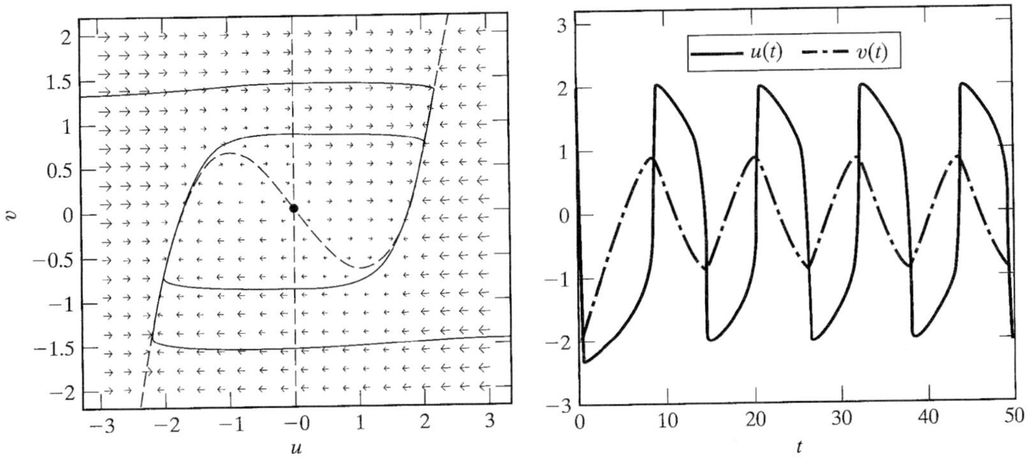

그림 6.22: 위상평면에서 반데폴 방정식 (6.23)의 해와 시간의 함수로서 $k = 5, u(0) = 2$와 $v(0) = -2$. 위상 평면에서, 방향장과 분기의 그래프(점선 곡선)

9.2 Hodgkin-Huxley와 FitzHugh-Nagumo 모델

Hodgkin과 Huxley는 커다란 오징어 돌기로 일련의 실험을 행하고 모델을 발전시켰는데 그 모델은 신경세포(뉴런)의 세포막을 통과하는 나트륨이온(Na^+)과 칼슘이온(K^+)에서 변화를 결정한다. 휴식상태에서, 약 −70 밀리볼트의 막을 통과하는 전위차가 생긴다(세포 안의 이온농도가 세포 외부와 관련하여 약간 음이다). 나트륨과 칼슘 펌프는 휴식전하로 알려진 음의전하를 유지한다. 활동전위나 전기맥박이 나트륨의 농도 변화와 칼슘이온은 휴식전하에서 크게 변할때 작동된다. Hodgkin과 Huxleg는 이온전도성을 저항장치로 나타낸것과 같이 물리적 성질과 유사한 전기회로에 근거한 뉴런안에 있는 활동전하에 관한 모델을 공식화했다. 세포막을 통과하는 전압은 저항장치 집단을 통과하는 전압과 대응된다.

각 전압은 일련의 이온화된 기공(ionic pores)은 선택적으로 제한된 이온의 흐름을 허용한다 (Edelstein-Keshet,1988). 그들의 모델은 전기회로에 관한 물리적 법칙을 사용하여 유도된 네개의 비선형미분방정식으로 구성되어 있다. FitzHugh(1961)과 Nagumo에 의해 독립적으로 유도한 좀 더 간단한 이차원 모델에 촛점을 맞춘다. 생물학적 배경과 Hodgkin-Huxley와 FitgHugh-Nagumo의 모델들의 수학적 동태는 Edelstein-Keshet (1988), Kecner와 Sneyd (1998), Murrey (1993,2002), Yeagers et al.,(1996)를 포함한 책에서 알 수 있다.

FitgHugh-Nagumo 방정식은 다음 형태를 가진 두 개의 비선형방정식계다:

$$\frac{dx}{dt} = f(x) - y + I,$$
$$\frac{dy}{dt} = x - c - bv.$$

여기서, 변수 x는 민감한 변수(빠른 변수)를 나타내고 y는 회복변수(느린 변수)이다. 함수 $f(x)$은 세제곱(반데폴 방정식과 유사)이고 I는 시스템에 입력량이다(즉, Britton,1986; Keener와 Sneyd,1998; Murray,1993,2002). 함수 $f(x)$은

$$f(x) = \beta x(x-\alpha)(1-x),\ \beta > 0,\ 0 < \alpha < 1$$

과 유사한 형식을 갖는다. 분기는 민감-진동시스템을 나타내는 입방체 모양을 가지는 모델의 집합이다. 여기서 FitzHugh(1961)가 연구한 원래의 방정식을 살펴보자. 이 미분방정식을 FitgHugh-Nagumo 모델 방정식이라 한다:

$$\begin{aligned}\frac{dx}{dt} &= c\left(y + x - \frac{x^2}{3} + z(t)\right),\\ \frac{dy}{dt} &= -\frac{x-a+by}{c}.\end{aligned} \tag{6.24}$$

계 (6.24)은 물리적 원리로부터 유도하기는 어렵지만, 수학적 동태는 활동전위에 보여진 것과 유사하다. 이 모델에서 매개변수들은 다음의 제한 때문에 양수로 가정한다:

$$1 - \frac{2b}{3} < a < 1,\ 0 < b < 1,\ b < c^2.$$

함수 $z(t)$는 자극강도로 이는 맥박, 계단함수 혹은 상수함수로 나타낸다. $z = 0$과 $z =$상수일 경우를 살펴보자.

시스템 (6.24)은 두개의 분기선을 가진다. 그 중 하나는 $z = 0$일 때 입방체이다.

$$y = \frac{x^3}{3} - x \quad \text{이고} \quad y = \frac{a-x}{b}$$

이다. 매개변수의 제한은 오직 하나의 양수 평형점 $(\bar{x}, \bar{y})$에서만 있다고 한다. 평형점에서 야코비안 행렬값은

$$J(\bar{x}, \bar{y}) = \begin{pmatrix} (1-\bar{x}^2)c & c \\ -\dfrac{1}{c} & -\dfrac{b}{c} \end{pmatrix}$$

이다. 안정성을 위해, 대각선 원소의 합은 음수이고 행렬식은 양수여야 한다. 따라서

$$(1-\bar{x}^2)c - \frac{b}{c} < 0 \quad \text{이고} \quad 1-(1-\bar{x}^2)b > 0 \tag{6.25}$$

이다. 즉, 평형점 $(\bar{x}, \bar{y})$은 다음 조건이 성립되지 않으므로 안정적이다:

$$-\sqrt{1-\frac{b}{c^2}} \le \bar{x} \le \sqrt{1-\frac{b}{c^2}}$$

이다.

다음으로 뉴런이 자극을 받으면 $z(t) \neq 0$일 때 무슨일이 일어나는지 살펴보자. $z < 0$에서, 입방 분기선은 위로 움직인다. 작은 맥박에 대해, 평형점의 안정성은 변하지 않지만 큰 충격에 대해 평형점은 안정상태에서 불안정 상태로 변한다(연습문제 23). 작은 충격에 대해 이 모델은 민감하게 나타나는데 그 이유는 비록 평형점이 안정적일지라도 평형점 근처에서 시작하여 해가 되돌아 오기전 평형점으로 부터 멀리 움직일 수 있기 때문이다(활동전위(potential)의 동태가 존재). 큰 충격에 대해서, 이 모델은 진동을 나타난다. 평형점이 불안정이고 해는 유계이고 안정인 극한순환이다(가령 뉴런의 반복적인 발사(firing)). 위상 평면과 시간에 대한 FitzHugh-Nagumo대한 해의 그래프는 그림 6.23이다.

반데폴 시스템과 FitzHugh-Nagumo 모델과 유사한 동태를 나타낸 많은 생물학적 모델들이 있다. 예를 들면 적조나(프랑크톤의 폭발적인 증가) 붉게 변하는 모델은 Truscott와 Brindly(1994)의해 발전했다. 식물 프랑크톤과 동물 프랑크톤의 상호작용이 입방체 분기선과 유사한 S-모양의 분기선을 가진다. 어떤 경우에, 모델은 반데폴의 방정식에서 완화된 진동과 유사한 주기 동태를 나타낸다(Truscott와 Brindleg, 1994). 차원이 없는 형태에서, 모델은 다음을 만족한다:

$$\begin{aligned} \frac{dP}{dt} &= \beta P(1-P) - Z\frac{P^2}{\nu^2+P^2}, \\ \frac{dZ}{dt} &= \gamma Z\left(\frac{P^2}{\nu^2+P^2} - w\right). \end{aligned} \tag{6.26}$$

여기서, P와 Z는 각각 식물프랑크톤과 동물프랑크톤의 밀도를 나타내고 매개변수 β,ν,w,γ은 양수이다. 분기선의 모양이 입방체가 아닐지라도, $Z = (1-P)(\nu^2+P^2)/P$ 분기선의 모양

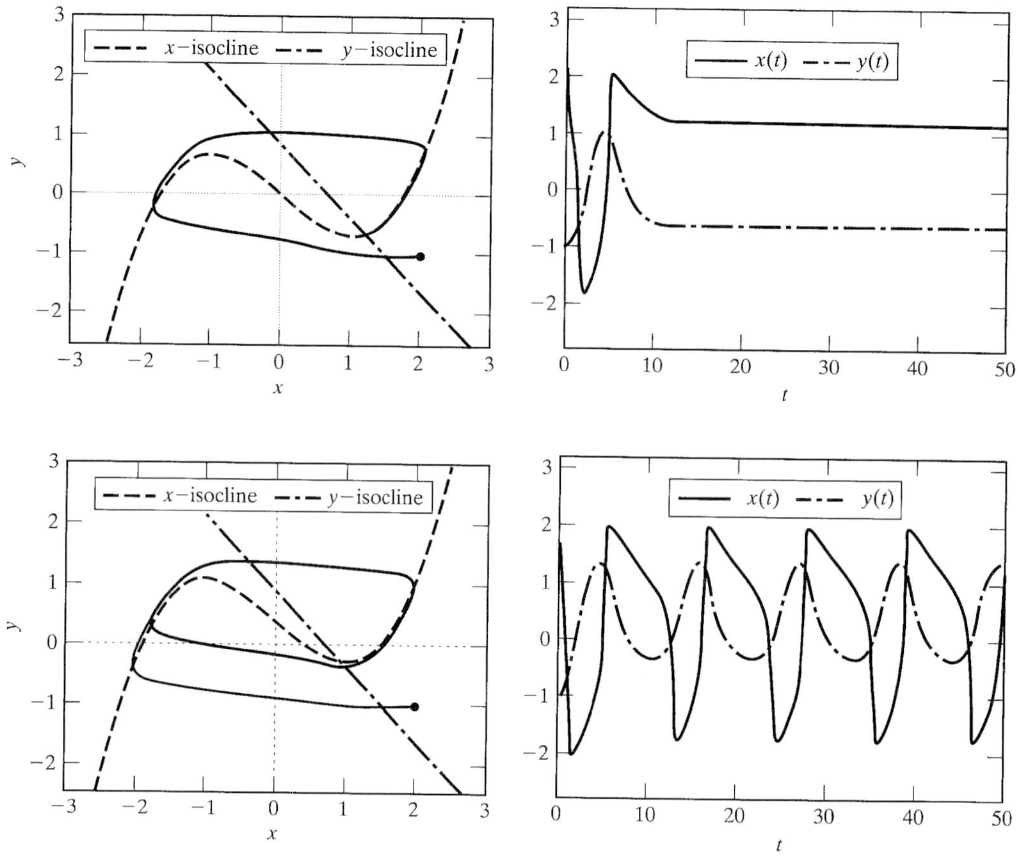

그림 6.23: 매개변수들 $a = 0.7$, $b = 0.8$, $c = 3$. 위에 두 그림에서 자극이 없다, $z(t) = 0$이고 해는 안정평형점으로 접근한다. 활동전위가 없다. 아래 두 그림에서, 자극은 $z(t) = -0.4$을 만족한다. 평형점은 불안정이고 안정인 극한순환이 존재한다. 여러 활동전위가 있다. 좌측 그림에 있는 원은 초기값 $(x(0), y(0)) = (2, -1)$을 나타낸다.

이 입방체와 유사하고 그것은 민감성 동태를 나타낸다. 시스템 (6.26)은 양수인 평형점을 갖는다. 이 평형점이 안정일때, 식물프랑크톤 밀도는 낮은 수준이다. 또한 동물프랑크톤 밀도가 낮을때, 식물 프랑크톤은 낮은 평형점 값으로 되돌아 오기전에 빨리 오른다(적조나 적조의 개화기). 평형점이 위상공간에서 커다란 벗어난 이후에야 도달한다. 모델 (6.26)의 분석은 연습문제로 남긴다.

제 10 절 6장 연습문제

1. 일정한 산출이 있는 수확모델에 대해, 세가지 경우에 관한 위상직선 다이어그램를 그려라: $Y_0 < rK/4$, $Y_0 = rK/4$, $Y_0 > rK/4$. 이러한 세 경우에서 모델의 역학을 설명하여라.

2. 먹이 증가율에 밀도 종속인 로트카-볼테라 먹이사슬 모델을 살펴보자.

$$\frac{dx}{dt} = ax - fx^2 - bxy = x(a - fx - by),$$
$$\frac{dy}{dt} = -cy + exy = y(ex - c),$$

단, $a, b, c, e, f > 0$이다.

(a) 차원이 없는 형태의 모델로 놓자. $u = ex/c,\ v = by/a,\ \tau = at$라 하고

$$\frac{du}{d\tau} = u\left(1 - \frac{u}{\alpha_1} - v\right), \quad \alpha_1 = (ae)/(fc),$$
$$\frac{dv}{d\tau} = \alpha_2 v(u - 1), \quad \alpha_2 = c/a,$$

임을 보여라.

(b) 차원이 없는 모델의 세 평형점을 구하여라.

(c) 분기선을 그리고 분기선을 따라 흐름의 방향을 그려라. 두가지 경우, $\alpha_1 \le 1$과 $\alpha_1 > 1$를 고려하라.

(d) 차원이 없는 Lotka-Volterra 방정식의 야코비안 행렬를 계산하고 두가지 경우 $\alpha_1 \le 1$과 $\alpha_1 > 1$에 있어 평형점의 각각에 대한 안전성 조건을 결정하여라.

3. 다음 설명에 대해 연습문제 2의 먹이사슬 모델을 해석하여라.

(a) 임의의 주기해가 존재하지 않은 것을 보이기 위해 듀락 함수 $B(x, y) = 1/xy$ 를 가진 듀락 판정법을 사용하여라.

(b) 해가 평형점에 근사하도록 하는 것을 보이기 위해 $\alpha_1 \le 1$인 경우에 포앙까레 벤딕슨 삼분법을 적용하여라. 어떤 평형점이 해로 접근하는지 설명하여라.

(c) $\alpha_1 > 1$에서, 순환 그래프가 존재하지 않음을 보여라: 해가 평형점에 접근한다. 어떤 평형점이 해로 접근하는지 설명하여라.

(d) 원래의 매개변수들 $\alpha_1 \le 1$과 $\alpha_1 > 1$의 항들에서 안정성 조건을 설명하여라. 부등식의 의미를 설명하여라(힌트:비율 a/f와 c/e는 각각 포식자가 없는 경우와 포식자 존재에 먹이 평형점이있다.).

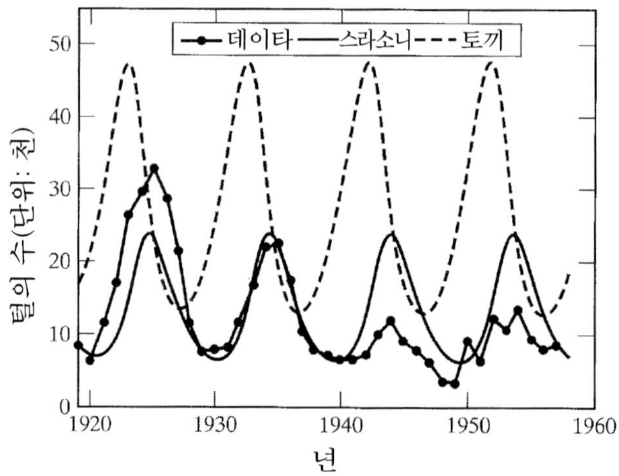

그림 6.24: 로트카-볼테라 포식자-먹이방정식에 대한 해와 스라소니 털에 근거한 데이타.

4. 캐나다의 주에서 모은 캐나다산 스라소니 털에 근거한 포식자 데이타는 이장의 부록에 있다.

(a) 포식자 평형점 $\bar{y} = a/b$은 정리 3.2를 만족한다고 가정한다. 정리 3.2의 결과와 부록에 있는 스라소니 데이타를 이용하여 $T = 10$일 때 a/b를 추정하여라.[힌트 : 사다리 꼴 법칙을 사용하여 $\frac{1}{30}\int_{1920}^{1950} y(t)dt$를 적분하여라.]

(b) 먹이 평형점 $\bar{x} = 2a/b$를 가정하여라. $c = 0.67$일 때 평형점 a/b에 대한 추정을 사용하여 다음 먹이 사슬 방정식의 해를 그려라:

$$\frac{dx}{dt} = cx(1 - y/[a/b])$$
$$\frac{dy}{dt} = cy(x/[2a/b] - 1).$$

임을 보여라. 해는 그림 6.24이다.

(c) 평형점 해 $(2a/b, a/b)$ 근처의 선형근사에 대해, 해 x와 y는 사인과 코사인의 형태 $\cos(\beta t)$와 $\sin(\beta t)$를 갖는다. 단, $\pm\beta i$는 선형화의 고유치이다. 그러므로, 해의 주기에 대한 평가는 $T \approx 2\pi/\beta$이다. (b)에 있는 시스템에 대한 주기 T를 추정하여라.

5. 공생계를 살펴보자. 이는 각 종들이 다른 종들의 존재로 인해 장점이 있다. 하나의 그러한 모델은 다른 종이 없는 경우에서 각종들에 대해 로지스틱 성장을 한다고 가정한다. 각종들은 다른 종의 성장율 실질적인 효과를 가진다. 즉,

$$\frac{dx}{dt} = \frac{r_1}{K_1}x(K_1 - x + y),$$
$$\frac{dy}{dt} = \frac{r_2}{K_2}y(K_2 - y + bx)$$

이다. $x(0)$과 $y(0)$은 양수이다. 상호작용의 공생유형을 **조건적인 공생(facultative mulualism)**이라 한다(Kot,2001). 모든 매개변수 양수이다. 매개변수 $K_i, i = 1,2$는 각 종들의 수용용량을 나타낸다. 매개변수 $r_i, i = 1,2$은 자연 증가율이고 양수항 y와 bx는 각각 x상에 y 종의 긍정적인 효과(positive effect)이고 y상에 x종의 긍정효과이다.

   (a) 이러한 방정식에 대하여 모든 분기선 들과 위상평면도를 구하여라.

   (b) $0 < b < 1$경우에 대하여 분기선들과 위상평면도를 그려라. 야코비안 행렬을 사용하고 음이 아닌 평형점의 안정성을 결정하여라. $t \to \infty$일 때 $x(t)$ 와 $y(t)$는 어떻게 되는지 설명하여라.

   (c) $b > 1$경우에 분기선과 위상직선도를 그려라. 야코비안 행렬을 사용하고 음이 아닌 평형점의 안정성을 결정하여라. $t \to \infty$ 일 때 $x(t)$와 $y(t)$는 어떻게 되는지 설명하여라.

6. 또 다른 공생계에서 각각의 종은 다른종이 없을경우 생존할 수 없다. 공생 상호작용의 이 유형을 **절대공생(obligate mutualism)**이라 한다(Kot,2001). 각 종은 다른 종들이 없으면 살 수 없다(앞 문제의 공생계와 다르다). 이 계에서 각 종은 생존을 위해 다른 종들에 종속된다. 모델은 다음과 같은 형태이다:

$$\frac{dx}{dt} = c_1x(-K_1 - x + y),$$
$$\frac{dy}{dt} = c_2y(-K_2 - y + bx),\ x(0), y(0) > 0$$

모든 매개변수들은 양수이다.

   (a) 이러한 방정식에 대한 모든 평형점들을 구하여라.

   (b) $0 < b < 1$의 경우 분기선과 위상 평면도를 그려라. 야코비안 행렬을 사용 하고 음이 아닌 평형점의 안정성을 결정하여라. $t \to \infty$이면 $x(t)$와 $y(t)$는 어떻게 되는지 설명하여라.

(c) $b > 1$인 경우 분기선과 위상 평면도를 그려라. 야코비안 행렬을 사용하고 음이 아닌 평형점의 안정성을 결정하여라. $t \to \infty$이면 $x(t)$와 $y(t)$는 어떻게 되는지 설명하여라.

7. 다음의 일반적인 먹이사슬 시스템에 대한 양의 평형점 $(\bar{x}, \bar{y})$이 대역적 안정성을 증명하기 위해 Harrison의 1979년 논문을 참조하여라:

$$\frac{dx}{dt} = a(x) - f(x)b(y),$$
$$\frac{dy}{dt} = n(x)g(y) + c(y).$$

8. 다음은 수확이 있는 어획모델 형태이다.

$$\frac{dN}{dt} = rN\left(1 - \frac{N}{k}\right) - H\frac{N}{A + N},$$

단, r, K, H, A는 양수이다(Strogatz,2000). 변수 N은 개체수이고 $HN/(A+N)$는 수확율이다. 개체는 수확이 없을 경우에 로지스틱 성장을 따른다. 수확율은 N으로 증가한다. 왜냐하면 개체수가 적을때 어류를 잡는 것이 더 어렵기 때문이다.

(a) 방정식은 다음과 같이 차원이 없는 형태로 쓸 수 있다:

$$\frac{du}{d\tau} = u(1 - u) - h\frac{u}{a + u}.$$

적당히 선택된 변수 u, τ와 매개변수 a, h이다. 이러한 변수들과 매개변수들이 무엇지 설명하여라. 이 모델은 5장 방정식 (5.25)에서 연구한 모델과 같은 형태이다.

(b) (a)에서 방정식은 a와 b에 종속되는 하나, 둘, 세개의 평형점들을 가질 수 있다. 각 경우에서 평형점들의 안정성을 분류하여라.

(c) $u = 0$의 근방에서 역학을 해석하고 $h = a$에서 갈래질이 나타남을 보여라. 갈개질은 어떠한 형태인지 설명하여라.

9. 다음 모델은 박테리아 연속 배양장치에서 배양한 두-종 x_1과 x_2의 경쟁을 나타낸 것이다.

$$\frac{dx_1}{dt} = x_1\left[\frac{m_1(1 - x_1 - x_2)}{\alpha_1 + 1 - x_1 - x_2} - 1\right],$$
$$\frac{dx_2}{dt} = x_2\left[\frac{m_2(1 - x_1 - x_2)}{\alpha_1 + 1 - x_1 - x_2} - 1\right].$$

여기서, $m_1, m_2 > 1, x_1(0), x_2(0) > 1,\ 0 < \alpha_1/(m_1-1) < \alpha_2/(m_2-1) < 1$이다. $x_1(1) + x_2(t) \le 1$을 가정하여라.

(a) 세개의 음이 아닌 평형점 $(\bar{x}_1, \bar{x}_2)$이 존재함을 보여라:

$$E_0 = (0,0),\ E_1 = \left(1 - \frac{\alpha_1}{m_1 - 1}, 0\right) \text{이고} \quad E_2 = \left(0, 1 - \frac{\alpha_2}{m_2 - 1}\right).$$

(b) 모든 평형점들에 대해 국소안정을 해석하고, 양수 초기조건들을 가진 모든 해들이 평형점 E_1으로 수렴하는 것을 보이기 위해 위상평면 해석을 하여라(모든 양수 초기조건에 대해 근사적으로 안정). 비율 $\alpha_i/(m_i - 1)$은 종 x_i가 생존하는데 요구되는 최소의 영양소로 **손익-분기 농도(break-even concentration)**라 한다. 이 경우 그 종들이 생존할 수 있는 최소의 영양소가 필요하다.

10. 암세포의 확산 P와 진정기 Q의 성장에 대한 모델은 전체 세포개체군은 $N = P + Q$는 곰페르츠 성장방정식을 만족한다(Kozusko와 Bajzer,2003). 여기서 전체 세포개체군 크기를 $N(0) = 1$로 표준화한다. 세포확산과 진정에 대한 미분방정식은

$$\frac{dP}{dt} = [\beta - \mu_p - r_0(N)P]P + r_i(N)Q,$$
$$\frac{d\beta}{dt} = r_0(N)P - [r_i(N) + \mu_q]Q$$

를 만족한다. 모든 매개변수는 양수로 가정한다. 매개변수 μ_p와 μ_q은 각각 증식세포와 무활동세포의 사망율이다. 함수들 $r_0(N)$과 $r_i(N)$ 은 증식세포와 무활동세포의 변화율이다. 매개변수 β는 증식세포의 성장율이다.

(a) 전체 세포 개체군에 대한 미분방정식은 다음과 같이 표현될 수 있음을 보여라.

$$\frac{dN}{dt} = [\beta - \mu_p + \mu_q]P + \mu_q N.$$

(b) $\frac{dP}{dt} = [\beta - \mu_p]P + f(P,N)$이라 하자. 단, $f(P,N) = r_0(N)P - r_i(N)[N-P]$이다. N이 곰페르츠 성장 $dN/dt = ke^{-\alpha t}N = N(k - \alpha \ln N)$을 만족하는 사실을 사용하여 $f(P,N)$은 N의 함수:

$$f(P,N) = N\left[\frac{(\beta - \mu_p - \mu_q + \alpha + g(N))g(N) + \mu_q(\beta - \mu_p)}{\beta - \mu_p + \mu_q}\right]$$

로 표현할 수 있음을 보여라. 여기서, $g(N) = k - \alpha \ln(N) = ke^{-\alpha t}$이다. $N(t)$에 대한 해는 알고 있으므로 $g(N) = ke^{-\alpha t}$, 정보는 변화율 $r_0(N)$과 $r_i(N)$에 관하여 얻을 수 있다.

(c) 도함수 $dN/dt = ke^{-\alpha t}$을 (a)번에서 N에 관한 미분방정식에 대입하면 P에 대한 해는

$$P(t) = \frac{\mu_q + ke^{-\alpha t}}{\beta - \mu_p + \mu_q} N(t)$$

임을 보여라. Q에 대한 해를 구하기 위해 P의 해를 사용하여라. 무활동 세포에 대한 증식세포의 극한비율은 무엇인지 구하여라.

(d) $N(t) = \exp(k/\alpha[1 - e^{-\alpha t}])$의 해를 사용하여 극한해 $\lim_{t\to\infty} P(t)$와 $\lim_{t\to\infty} Q(t)$를 구하여라.

11. 두가지 성별의 개체군 모델에서, 수컷을 M으로, 암컷은 F로 표시한다. $B(M,F)$은 출생율이라 하자. 암컷과 수컷의 변화율에 대한 단순한 모델은 다음 미분 방정식을 만족한다:

$$\frac{dM}{dt} = -\mu_M M + b_M B(M,F),$$
$$\frac{dF}{dt} = -\mu_F F + b_F B(M,F).$$

단, μ_M, μ_F, b_M, b_F은 양수이다. 매개변수 μ_F과 μ_M은 한 개체당 각각 암컷과 숫컷의 사망율이고 $b_F B(M,F)$과 $b_M B(M,F)$은 암컷과 숫컷의 각각의 출생률이다(Kot, 2001). 출생에서 암컷에 대한 숫컷의 비율은 b_M/b_F이다. 다음을 보여라.

(a) $b_M = b_F = b =$ 상수이고 $\mu_M = \mu_F = \mu =$ 상수라 가정하자. $M(t) - F(t) = [M(0) - F(0)]e^{-\mu t}$을 보여라. 결국 숫컷의 수는 암컷의 수와 같다.

(b) 출생율은 암컷에 의해 결정된다. $B(M,F) = F$로 가정하자. F와 M에 대한 미분방정식을 풀고 $M(t)/F(t)$의 극한을 구하여라.

(c) 조화평균 출생율을

$$B(M,F) = \frac{2MF}{M+F}$$

라 가정하자. 이것은 좋은 특성때문에 과학자들에게 가장 종종 사용된 형태이다. $M(t) = \bar{M}e^{\lambda t}$이고 $F(t) = \bar{F}e^{\lambda t}$라 가정하자. λ값에 종속하는 개체군의 지수성장이나 감소가 있다고 하자.

$$b_F(b_M - \mu_M) + b_M(b_F - \mu_F) > 0$$

이면 지수성장임을 보여라.

12. Keymer et.al.,(2000)에 의해 공식화된 역학지형으로 된 메타개체군 모델을 살펴보자:

$$\begin{aligned}\frac{dp_1}{dt} &= \lambda(1-p_1-p_2) - \beta p_1 p_2 + \delta p_2 - e p_1,\\ \frac{dp_2}{dt} &= p_1(\beta p_1 - \delta - e).\end{aligned} \tag{6.27}$$

(a) 두가지 평형점 $(\bar{p}_1, \bar{p}_2)$을 가진 시스템 (6.27)이

$$\left(\frac{\lambda}{\lambda+e}, 0\right) \text{과} \quad \left(\frac{\delta+e}{\beta}, 1-\frac{e}{\lambda+e}-\frac{\delta+e}{\beta}\right)$$

로 주어짐을 보여라. 첫번째 평형점에서 그 종은 멸종되고 두번째 평형점에서 그 종이 지속된다.

(b)

$$\mathcal{R}_0 = \frac{\beta\lambda}{(\lambda+e)(\delta+e)}$$

라 하자. $\mathcal{R}_0 < 1$이면 첫번째 평형점이 국소 점근적 안정이고, $\mathcal{R}_0 > 1$ 이면 두번째 평형점은 국소 점근적 안정임을 보여라.

(c) 듀락의 판정법을 적용하여 $\mathcal{R}_0 > 1$에 대한 시스템 (6.27)은 임의의 주기해를 갖지 않음을 보여라[힌트 : 듀락함수 $1/(p_1p_2)$].

(d) $\mathcal{R}_0 > 1$에 대해 $p_i(0) > 0, i = 1, 2$를 가진 어떠한 해도 원점으로 접근하지 않음을 보여라. 해가 유계이고 $0 \le p_i \le 1$, 주기해가 없으므로 양수 평형점이 광의의 점근적 안정임을 보이기 위해 포앙카레-벤딕슨 이론을 적용한다.

13. 한스키(1985, 1999)의 통합개체모델은 **후방분기(backward bifurcation)**로 알려진 것이 존재한다. 그림 6.14에 있는 분기 그림은 안정임을 보여주고 점령비율 매개변수 c의 함수로 불안정 평형임을 나타낸다. $c = 0.116$에서 안장마디 분기와 두개의 분기 $c = 0, 2$에서 초월임계 갈래길이 있음을 보일 수 있다. 쌍안정성의 영역에 c의 값들에 대한 초기값에 종속되는 양수의 평형점으로 소멸되거나 수렴한다. c의 값이 안장마디 과거의 분기로 감소하면 양수의 평형점에서 해들은 멸종평형점까지 도약하고 개체군 붕괴가 나타난다. 모델 (6.14)에서 $e_S = 1, e_L = 0.02, r = 0.1, m = 0.5$이라 하자.

(a) 모델 (6.14)은 $e = 1-(S+L)$로 놓아 S와 L안의 두개의 방정식 계로 줄이자. $c \in [0.116, 0.2]$에서 두개의 평형점이 있고, $c > 0.2$에서 단지 하나의 양수의 평형점이 있고, $c < 0.116$에서는 소멸평형점만이 있다.

(b) 소멸 평형점 $P = 0 = S + L$은 $c < 0.2$이면 국소 점근적 안정이다.

14. 통합개체군 모델 (6.15)을 살펴보자. 이 연습문제에서, 소멸 평형점 $p_i = 0$, $i = 1, \cdots, n$의 국소적 점근적 안정성은 M의 우세한 고유치 λ_M에 종속된다. 단, M은 식 (6.18)에서 정의된 것이다. 즉, 부등식 (6.17)이

$$\lambda_M < e/c$$

이 성립하면 소멸 평형점은 국소 점근적 안정이다.

(a) 행렬 M이 음수 행렬이여서 페론-프로베니우스 이론(1장)이 적용될 수 있다. M이 기약임을 보여라. M은 다른 모든 고유치보다 크기가 더 큰 양수인 우세한 고유치를 갖는것으로 결론을 내린다.

(b) 소멸 평형점의 국소적 안정성을 보이기 위해, Diekmunn et.al.,(1990)와 Van den Driessche와 Watmough(2002)에 의해 발전된 이론이 적용될 필요가 있다. 벡터에서 야코비안 행렬들 H 와 D(소멸 평형점에서 값)을 계산하여라.

$$\mathcal{H} = (C_1(1-p_1), \cdots, C_n(1-p_n))^T \text{이고} \quad \mathcal{D} = (ep_1/A_1, \cdots, ep_n/A_n)^T.$$

단, $C_i, i = 1, \cdots, n$은 식 (6.16)에서 정의되었다. 행렬 $\mathcal{H}$는 점유비율 벡터로 계산할 수 있고 행렬 D는 소멸비율 벡터로 계산한다. ρ는 행렬 $D^{-1}H$의 스펙트럼 반경이 $\rho(D^{-1}H) < 1$이면, 소멸 평형점이 국소 안정임을 보이기 위해 부록에 있는 정리 12.1를 적용하여라.

(c) $\rho(D^{-1}H) < 1$이기 위한 필요충분조건은 $\lambda_M < e/c$임을 보여라.

15. 다음 SIRS 전염병 모델의 위상평면을 해석하여라:

$$\frac{dS}{dt} = -\frac{\beta}{N}SI + \nu(N - I - S),$$
$$\frac{dI}{dt} = I(\frac{\beta}{N}S - \gamma),$$

평형점들을 구하고 평형점들의 국소 점근적 안정성에 대한 조건를 결정하여라. $\mathcal{R}_0 > 1$과 $\mathcal{R}_0 \leq 1$인 두 경우를 살펴보자.

16. 다음 모델은 질병과 관련된 사망(α)을 포함한다.

$$\begin{aligned}\frac{dS}{dt} &= -\frac{\beta}{N}SI + \gamma I,\\ \frac{dI}{dt} &= (\frac{\beta}{N}SI - (\gamma+\alpha)I,\\ \frac{dN}{dt} &= -\alpha I.\end{aligned}$$

(a) 고유의 번식수가 $\mathcal{R}_0 = \beta/(\gamma+\alpha)$임을 보여라.

(b) $\mathcal{R}_0 > 1$이면 $\lim_{t\to\infty} N(t) = 0$임을 보여라(힌트$dN/dt = -\alpha_i N, i = I/N$)임을 주목하여라.

17. 전체 개체군 크기 $N(t)$는 로지스틱-성장 유형을 만족한다고 하자. 즉,

$$\frac{dN}{dt} = N(b - m(N)),\ \ N(0) > 0, b > 0$$

이다. 여기서, bN은 출생율이고 $Nm(N)$은 사망율이다. 함수 $m(N)$은 연속이고 $m(0) = 0$을 만족하는 미분가능한 N의 증가함수이다. $m(K) = b$를 만족하는 유일한 양의 상수 K가 존재한다(K는 수용용량). 다음 SIS전염병 모델을 해석할 것이다:

$$\begin{aligned}\frac{dS}{dt} &= bN - sm(N) - \frac{\beta}{N}SI + \gamma I,\\ \frac{dI}{dt} &= -Im(N) + \frac{\beta}{N}SI - (\gamma+\alpha)I.\end{aligned} \tag{6.28}$$

(a) $s(t) = S(t)/N(t)$, $i(t) = I(t)/N(t)$을 감염 가능성이 있는 비율과 감염자 비율이라 하자. $s(t)$와 $i(t)$에 관한 미분방정식은

$$\begin{aligned}\frac{ds}{dt} &= b(1-s) - \beta si + \gamma i,\\ \frac{di}{dt} &= \beta si - (\gamma+b)i\end{aligned}$$

이다.

(b) $s(t) = 1 - i(t)$을 사용하여 질병이 고유질병으로 되는 조건을 구하여라. 기본 번식수 $\mathcal{R}_0$을 정의할 수 있는가 설명하여라 ($\mathcal{R}_0 > 1$일때 질병이 고유질병이 된다).

(c) 전체 개체군 크기 $N(t)$가 질병에 영향을 받는지 설명하여라.

18. 다음 SIS 전염병 모델은 **수직 감염(vertical transmission)**을 포함한다. 즉, 감염된 어머니로부터 태어난 아기는 감염이 되었다:

$$\begin{aligned}\frac{dS}{dt} &= bS - Sm(N) - \frac{\beta}{N}SI + \gamma I,\\ \frac{dI}{dt} &= bI - Im(N) + \frac{\beta}{N}SI - \gamma I,\\ \frac{dN}{dt} &= N(b - m(N)).\end{aligned} \tag{6.29}$$

모델 (6.29)의 출생항은 연습문제 17에 있는 모델 (6.28)과 어떻게 다른지 주목하라.

(a) 비율 $i = I(t)/N(t)$와 $s(t) = S(t)/N(t)$을 만족한 미분방정식을 구하여라.

(b) $\lim_{t\to\infty} i(t) = 0$ 을 확신하는 조건을 구하여라. 이 조건은 $\mathcal{R}_0 < 1$과 동치이다. 여기서 $\mathcal{R}_0$은 기본 생산수로

$$\mathcal{R}_0 = \frac{\beta}{b+\gamma} + \frac{b}{b+\gamma}$$

이다. 이 경우에 기본 번식수는 수평감염(직접 접촉)이나 수직 감염으로부터 야기된 두 항들의 합이다.

19. 질병과 관련된 사망과 성장개체를 가진 SIS 전염병 모델이

$$\frac{dN}{dt} = N(b - c(N)) - \alpha I, \quad b, c, \alpha > 0$$

를 만족한다고 하자.

(a) 비율 $i = I(t)/N(t)$와 $s(t) = S(t)/N(t)$을 만족하는(17 번 문제 참조) 미분방정식을 구하여라. 기본 번식수를 구하여라.

(b) $N(t)$의 역학이 질병때문에 변하는지 설명하라. $N(t) \to 0$이 가능한지 설명하라:

$$m(N) = cN \quad \text{이고} \quad dN/dt = N(b - cN - \alpha i)$$

임을 기억하라.

20. HIV 감염과 관련한 세포역학에 대한 모델을 살펴보자:

$$\begin{aligned}\frac{dx}{dt} &= \gamma - d_x x - \beta xv,\\ \frac{dy}{dt} &= \beta xv - d_y y,\\ \frac{dv}{dt} &= ky - d_v v - \beta xv.\end{aligned}$$

모든 매개변수는 양수이고 $k = Nd_y > 0$이다.

(a) 감염이 없을 때에 $y = 0 = v$, 평형점 $(\bar{x}, \bar{y}, \bar{z}) = (\gamma/d_x, 0, 0)$이 국소 점근적 안정이기 위한 조건을 구하여라.

$$\mathcal{R}_0 = \frac{N\beta_\gamma}{d_x d_v + \beta\gamma}$$

일 때 이러한 조건이 $\mathcal{R}_0 < 1$로 단순화 될 수 있음을 설명하여라.

(b) $\gamma = 10^5, d_x = 0.1, d_y = 0.5, d_v = 5, \beta = 2 \times 10^{-7}$이라 하면 바이러스가 지속될 수 있는 최솟값 $N = N_{min}$을 구하여라. 몇가지 수치적인 시뮬레이션들, $N < N_{min}, N > N_{min}, N \gg N_{min}$을 행하고 시간 $t \in [0, 30]$에 대한 해의 그래프를 그려라.(그림 6.21을 참고하여라.)

21. 최근 HIV모델은 감염을 조절하기위해 일반적으로 변형된 바이러스의 효과를 연구한다. 인위적으로 만든 바이러스를 HIV-감염세포 돌기에 주입을하여 결국 그 세포들을 파괴한다. Revilla와 Garćia-Ramos(2003)은 두가지 상태를 연습문제 20에 있는 감염가능성이 있는 감염전 HIV모델 $(x - y - v)$에 더한다. w는 일반적으로 변형된 바이러스의 밀도이고 z 는 변형된 바이러스 w와 HIV로 부터 감염된 세포들의 밀도라고 하자. 모델은 다음과 같다:

$$\begin{aligned}
\frac{dx}{dt} &= \gamma - d_x x - \beta x v,\\
\frac{dy}{dt} &= \beta x v - d_y y - \alpha w y,\\
\frac{dv}{dt} &= k y - d_v v,\\
\frac{dw}{dt} &= c z - d_w w,\\
\frac{dz}{dt} &= \alpha w y - d_z z.
\end{aligned}$$

바이러스 w은 감염이전 세포들 z의 수에 비례비율로 증가하고, 비율 d_w로 죽는다. 이중 감염된 세포 z는 $\alpha w y$비율로 형성되고, d_z비율로 죽는다. 이 모델에서, 항 $-\beta x v$와 $-\alpha w y$는 각각 v와 w에 대한 바이러스 방정식에 포함되지 않는다. 이러한 항들은 바이러스가 세포에 들어왔기 때문에 바이러스 소실을 나타낸다. 매개변수들 β와 α는 매우 작기때문에 그것들은 이 모델에서 무시할 수 있음을 가정한다. 모델의 모든 매개변수들은 양수로 가정한다.

(a) 새로운 HIV 모델에 대한 세가지 평형점, 질병이 없는 평형점, 바이러스 v를 가진 평형점, 바이러스 v와 w를 가진 평형점들이 있다. 세 평형점을 구하고 평형점 각각에 대한 상태가 음수가 되지 않을 조건들을 서술하여라.

(b) 무질병 평형점의 국소 점근적 안정성을 결정하여라.

22. 다음을 구하여라.

(a) 반데폴 방정식

$$\frac{d^2u}{dt^2} + k(u^2-1)\frac{du}{dt} + u = 0$$

은 정리 9.1의 조건을 만족한다고 하자. 정리 9.1의 (iii)에서 a와 b값이 무엇인지 구하여라.

(b) 다음의 일계시스템의 항으로 표현된 반데폴 방정식을 고려하자:

$$\begin{aligned}\frac{1}{k}\frac{du}{dt} &= v - \left(\frac{u^2}{3} - u\right),\\ \frac{dv}{dt} &= -\frac{1}{k}u.\end{aligned}$$

시간에 걸쳐 위상평면과 몇가지 해를 그려라.

23. Fitzhugh-Nagumo모델

$$\begin{aligned}\frac{dx}{dt} &= c\left(y + x - \frac{x^2}{3} + z(t)\right),\\ \frac{dy}{dt} &= -\frac{x-a+by}{c},\end{aligned}$$

에서 $z(t)$는 상수이고 유일한 양의 평형점이 존재한다고 가정하자.

(a) 양수의 평형점이 국소 점근적 안정이 되도록 매개변수들의 조건들을 구하여라.

(b) $a = 0.7, b = 0.8, c = 3$이라 가정하자. 어떤 제한이 양수의 평형점이 안정이도록 z에 있어야 하는가 ?

(c) $a = 0.7, b = 0.8, c = 3$ 일 때 z의 다양한 상수값에 대하여 약간의 수치적인 시뮬레이션을 행하여라(양수 평형점이 안정일 때와 불안정일 때 값). 시간에 대하여 위상평면과 해를 그려라.

24. 다음은 식물프랑크톤-동물프랑크톤에 대한, 평형점들을 구하고 그들의 국소 점근적 안정성에 대한 조건을 결정하여라:

$$\frac{dP}{dt} = \beta P(1-P) - Z\frac{P^2}{\nu^2+P^2},$$
$$\frac{dZ}{dt} = \gamma Z\left(\frac{P^2}{\nu^2+P^2} - w\right).$$

세 개의 음이 아닌 평형점들이 있다(Truscott와 Brindley,1994).

제 11 절 6장 참고 문헌

1. Ackleh,A.S.,D.F.Marchall,and H.E.Heatherly.2000.Extinction in a generalized Lotka-Volterra Predator-prey model.*J.Applied Mathematics and Stochastic Analysis* 13:287-297.

2. Akcakaya,H.R.,M.A.Burgman,O.Kindvall, C.Wood,P.Sjögren-Gulve, J. Hatfield, and M.A. McCarthy (Eds.) 2004. *Species Conservation and Management:Case Studies.* Oxford Univ.Press,New York.

3. Anderson,R.M.and R.M.May.1991.*Infectious Diseases of Humans, Dynamics and Control.*Oxford University Press,Oxfod.

4. Banks,H.T.,D.M.Bortz,and S.E.Holte.2003.Incorporation of variability in the mathematical modeling of viral delays in HIV infection dynamics.*Math.Biosci.* 183:63-91.

5. Blower,S.M.,H.B.Gershengorn,and R.M.Grant.2000.A tale of two futures:HIV and antiretroviral therapy in San Francisco.*Science* 287:650-654.

6. Blower,S.M.,T.C.Porco,and G.Darby.1998.Predicting and preventing the emergence of antiviral drug resistance in HSV-2.*Nature Med.* 4:673-678.

7. Brauer,F.and C.Castillo-Chávez.2001.*Mathematical Models in Population Biology and Epidemiology.*Springer-Verlag.New York.

8. Brauer,F.and J.A.Nohel.1969.*Qualitative Theory of Ordinary Differntial Equations.*W.A.Benjamin,Inc.,New York.Reprinted:Dover,1989.

9. Braun,M.1975.*Differential Equations and Their Applications.* Springer-Verlag,New York.

10. Pritton,N.F.1986.*Reaction Diffusion Equations and Their Application to Biology.*Academic Press,London,Orlando,New York.

11. Campbell M.J.and A.M.Walker.1977.A survey of statistical work on the MacKenzie River series of annual Canadian lynx trappings for the years 1821-1934 with a new analysis.*J.Roy.Stat.Soc.*A 140:432-436.

12. Castillo-Chávez C.(Ed.)1989.*Mathematical and Statistical Approaches to AIDS Epidemiology,* Lecture Notes in Biomathematics 83. Springer-Verlag, Berlin, Heidelberg, New York.

13. Chi,C.-W.,Hsu,S.-B.,Wu,L.-I.1998. On the asymmetric May-Leonard model of three competing species.*SIAM J.Appl.Math.* 58:211-226.

14. Chowell,G.,C.Castillo-Chávez, P.W.Fenimore, C.M.Kribs-Zaleta, L.Arriola, and J.M.Hyman.2004.Model parameters and outbreak control for SARS. *Emerg.Infect.Dis.* 7:1258-1263

15. Chowell,G.,P.W.Fenimore,M.A.Castillo-Garsow, and C.Castillo-Chávez. 2003. SARS outbreaks in Ontario,Hong Kong and Singapore:The role of diagnosis and isolation as a control mechanism.*J.Theor.Biol.* 224:1-8.

16. Clark,C.W.1976.*Mathematical Bioeconomics,the Optimal Control of Renewable Resources.*John Wiley & Sons,New York.

17. Culshaw,R.V.,S.Ruan, and G.webb.2003.A mathematical model of cell-to-cell spread of HIV-1 that includes a time delay.*J.Math.Biol.* 46:425-444.

18. DeWoody,Y.D.,Z.Feng, and R.K.Swihart.2005.Merging spatial and temporal structure within a metapopulation model.*Amer.Natur.* 166:42-55.

19. Diekmann,O.,J.A.P.Heesterbeek, and J.A.J.Metz.1990.On the definition and the computation of the basic reproduction ration R_0 in models for infectious diseases in heterogeneous populations.*J.Math.Biol.* 28:365-382.

20. Edelstein-Keshet,L.1988.*Mathematical Models in Biology.* The Random House/ Birkhäuser Mathematics Series, New York.

21. Elton,C.and M.Nicholson.1942.The ten-year cycle in numbers of the lyns in Canada.*J.Anim.Ecol.* 11:215-244.

22. FitzHugh,R.1961.Impulses and physiological states in theoretical models of nerve membrane.*Biophysical Journal* 1:445-466.

23. Gause,G.F.1932.Experimental studies on the struggle for existence. I.Mixed population of two species of yeast.*J.Exp.Biol.* 9:389-420.

24. Gilpin,M.E.1975.Limit cycles in competition communities.*Amer.Nat.* 109:51-60.

25. Gumel,A.B.,S.Ruan,T.Day,J.Watmough,F.Brauer, P.van den Driessche, D.Gabrielson, C.Bowman,M.E.Alexander, S.Ardal,J.Wu, and B.M.Sahai. 2004. Modelling strategies for controlling SARS outbreaks. *Proc.Roy.Soc.B* 271:2223-2232.

26. Hallam,T.G.and S.A.Levin(Eds.)1986.*Mathematical Ecology:An Introduction.* Biomathematics Vol.17.Springer0Verlag,Berlin,Heidelberg.

27. Hanski,I.1985.Single-species spatial dynamics may contribute to long-term rarity and commonness.*Ecology* 66:335-343.

28. Hanski,I.1999.*Metapopulation Ecology.* Oxford Univ.Press,Oxford,U.K.

29. Hanski.I.and O.Ovaskainen.2000.The metapopulation capacity of a fragmented landscape.*Nature* 404:755-758.

30. Hanski.I.A.and M.E.Gilpin.1997.*Metapopulation Biology:Ecology, Genetics and Evolution.*Academic Press.San Diego,Calif.

31. Harrison,G.W.1979. Global stability of predator-prey interactions. *J. Math. Biol.* 8:159-171.

32. Hassell,M.P.1978. *The Dynamics of Arthropod Predator-Prey Systems.* Princeton University Press, Princeton,N.J.

33. Hengeveld,R.1989.*Dynamics of Biological Invasions.*Chapman and Hall Ltd., London.

34. Hethcote,H.W.1976.Qualitative analyses of communicable disease models. *Msth. Biosci.* 28:335-356.

35. Hethcote,H.W.2000.The mathematics of infectious diseases. *SIAM Review.* 42:599-653.

36. Hofbauer J.and J.W.-H.So.1994.Multiple limit cycles for three dimensional competitive Lotka-Volterra equations.*Appl.Math.Lett.* 7:65-70.

37. Huisman,J and F.J.Weissing.2001.Biological conditions for oscillations and chaos generated by multispecies competition.*Ecology* 82:2682-2695.

38. Hyman,J.M.,J.Li, and E.A.Stanley.1999.The Differential infectivity and staged progression models for the transmission of HIV.*Math.Biosci.* 155:77-109.

39. Keener,J.and J.Sneyd.1998.*Mathematical Physiology.*Springer-Verlag, New York, Berlin, and Heidelberg.

40. Keith,L.B.1963,*Wildlife's Ten-Year Cycles.* Univ.Wisc.Press,Madison, Wisc.

41. Keymer,J.E.,P.A.Marquet,J.X.Velasco-Hernández, and S.A.Levin.2000. Extinction thresholds and metapopulation persistence in dynamic landscapes. *Amer.Natur.* 156:478-494.

42. Kot,M.2001.*Elements of Mathematical Ecology.*Cambridge Univ.Press, Cambridge, U.K.

43. Kozusko,F.and Ž.Bajzer.2003.Combining Gompertzian growth and cell population dynamics.*Math.Biosci.* 185:153-167.

44. Krebs,C.J.,R.Boonstra,S.Boutin, and A.R.E.Sinclair.2001.What drives the 10-year cycle of the snowshoe hares? *BioScience* 51:25-35.

45. Kuang,Y.and E.Beretta.1998.Global qualitative analysis of a ratio-dependent predator-prey system.*J,Math.Biol.* 36:389-406.

46. Levin,S.A.1974.Dispersion and population interactions.*Amer,Natur.* 108:207-225.

47. Levins,R.1969.Some demographic and genetic consequences of environmental heterogeneity for biological control.*Bull.Entomol.Soc.Am.* 15:227-240.

48. Levins,R.1970.Extinction.*Lecture Notes Math.* 2:75-107.

49. Li,B.,Wolkowicz,G.S.K., and Y.Kuang.2000.Global asymptotic behavior of a chemostat model with two perfectly complementary resources and distributed delay.*SIAM J.Appl.Math.* 60:2058-2086.

50. Logan,J.A.and J.A.Powell.2001.Ghosts forests,global warming and the mountain pine beetle (Coleoptera:Scolytidae).*Amer.Entomol.* 47:160-173.

51. Logan,J.A.,P.White,B.J.Bentz, and J.A.Powell.1998.Model analysis of spatial patterns in mountain pine beetle outbreaks.*Theor.Pop.Biol.* 53:236-255.

52. Lotka,A.J.1956.*Elements of Mathematical Biology.* Dover Publications, Inc.,New York. Republication of the first edition,*Elements of Physical Biology,*The Williams and Wilkins Co.,Inc.,1924.

53. Ludwig,D,D.D.Jones, and C.S.Holling.1978.Qualitative analysis of insect outbreak systems: the spruce badworm and forest.*J.Anim.Ecol.* 47:315-332.

54. May,R.M.1976. *Theoretical Ecology Principles and Applications.* W.B. Saunders Co., Philadelphia.

    May,R.M.1983.Parasitic infections as regulators of animal populations. *Amer. Scientist* 71:36-45.

55. May,R.M.and W.J. Leonard.1975.Nonlinear aspects of competition between three species. *SIAM J. of Appl. Math.* 29:243-253.

56. Moilanen,A.and I.Hanski.1995.Habitat destruction and coexistence of competitors in a spatially realistic metapopulation model.*J.Anim.Ecol.* 64:141-144.

57. Monod,J.1950.La technique de culture continue;theorie et applications. *Annals de l'Institut Pasteur.* 79:390-410.

58. Morris,R.F.(Ed.)1963.The dynamics of epidemic spruce budworm populations. *Memoirs Entomol.Soc.Canada.* no.31,332pages.

59. Murray,J.D.1993.*Mathematical Biology I:An Introduction.*3rd ed.Springer-Verlag, New York.

60. Nagumo,J.,S.Arimoto, and S.Yoshizawa.1962.An active pulse transmission line simulating nerve axon. *Proc.Inst.Radio Eng.* 50:2061-2070.

61. Nelson,P.W.and A.S.Perelson.2002.Mathematical analysis of delay differential equation models of HIV-1 infection.*Math.Biosci.* 179:73-94.

62. Nowak,M.A.and R.M.May.2000.*Virus Dynamics.* Oxford Univ.Press, New York.

63. Ortega,J.M.1987.*Matrix Theory:A Second Course.*Plenum Press,New York and London.

64. Ovaskainen,O.and I.Hanski.2001. Spatially structured metapopulation models: global and local assessment of metapopulation capacity. *Theor.Pop.Biol.* 60:281-302.

65. Perelson,A.S.and P.W.Nelson.1999.Mathematical analysis of HIV-1 dynamics in vivo. *SIAM Review* 41:3-44.

66. Perelson,A.S.,D.E.Kirschner, and R.de Boer.1993.Dynamics of HIV infection of $CD4^{+}T$ cells. *Math.Biosci.* 114:81-125.

67. Powell,J.A.,J.Jenkins,J.A.Logan, and B.J.Bentz.2000.Seasonal temperature alone can synchronize life cycles. *Bull.Math.Biol.* 62:977-998.

68. Revilla,T.and G.Garćia-Ramos.2003.Fighting a virus with a virus:a dynamic model for HIV-1 therapy. *Math.Biosci.* 185:191-203.

69. Schuster,P.,K.Sigmund, and R.Wolff.1979.On ω-limit sets for competition between three species. *SIAM J.Appl.Math.* 37:49-54.

70. Smith,H.L.and P.Waltman.1995.*The Theory of the Chemostat.* Cambridge Univ.Press, Cambridge U.K.

71. Smith,H.L.and X.-Q.Zhao.2001.Competitive exclusion in a discrete-time size-structured chemostat model. *Discrete and Contin.Dyn.Sys.* 1:183-191.

72. Stenseth,N.C.,W.Falck,O.N.Bjornstad, and C.J.Krebs.1997.Population regulation in showshoe hare and Canadian lynx: Asymmetric food web configurations between hare and lynx. *Proc.Nat.Acad.Sci.* 94:5147-5152.

73. Strogatz,S.H.2000.*Nonlinear Dynamics and Chaos With Applications to Physics, Biology,Chemistry and Engineering.* Perseus Pub.,Cambridge, Mass.

74. Thieme,H.and C.Castillo-Chávez.1993.How may infection-age-dependent infectivity affect the dynamics of HIV/AIDS? *SIAM J.Appl.Math.* 53:1447-1479.

75. Thieme,H.R.2003.*Mathematics in Population Biology.* Princeton Univ.Press, Princeton and Oxford.

76. Truscott,J.E.and J.Brindley.1994.Ocean Plankton populations as excitable media. *Bull.Math.Biol.* 56:981-998.

77. Tuchinsky,P.M.1981.*Man in Competition with the Spruce Budworm.* UMAP Expository Monograph Series.Birkhauser,Boston.

78. van den Driessche,P.and M.L.Zeeman.1998.Three-dimensional competitive Lotka-Volterra systems with no periodic orbits. *SIAM J.Appl.Math.* 58:227-234.

79. Wodarz,D.2001.Helper-dependent vs.helper-independent CTL responses in HIV infection; implications for drug therapy and resistance. *J.Theor.Biol.* 213:447-459.

80. Wolkowicz,G.S.K.,H.Xia, and S.Ruan.1997.Competition in the chemostat:A distributed delay model and its global asymptotic behavior. *SIAM J.Appl,Math.* 57:1281-1310.

81. Wolkowicz,G.S.K.,H.Xia, and J.Wu.1999.Global dynamics of a chemostat competition model with distributed delay.*J.Math.bio.* 38:285-316.

82. Yeargers,E.K.,R.W.Shonkwiler, and J.V.Herod.1996.*An Introduction to the Mathematics of Biology.* Birkhauser,Boston.

83. Zeeman,M.L.1993.Hopf bifurcations in competitive three-dimensional Lotka-Volterra systems. *Dynamics and Stability of Systems.* 8:189-217.

84. Zhang,J.,J.Lou,Z.Ma.and J.Wu.2005.A compartmental model for the analysis of SARS transmission patterns and outbreak control in China. *App.Math.Computation* 162:909-924.

85. Zhou,Y.,Z.Ma, and F.Brauer.2004.A discrete epidemic model for SARS transmission and control in China. *Math.Computer Modeling* 40:1491-1506.

제 12 절 6장 부 록

12.1 스라소니와 여우 데이터

1919년부터 1957년까지의 캐나다 지역의 스라소니와 여우의 털가죽에 대한 자료는 표 6.2와 표 6.3에 명시되어 있다.

12.2 초개체군 멸종모델

만약 야코비안 행렬에 대응되는 고유치 모두가 음수이거나, 음수에 속하면 통합개체군 모델의 멸종 평형점은 국소 점근적 안정이다. 중요한 결과는 계산이 간단하다는 것이다. 고유치의 직접적 결정없이는, 국소 점근적 안정을 결정하는 음수가 아닌 행렬의 스펙트럼 반경에 관한 경계를 보여줄 수 있다. 이 결과는 통합개체군과 유행성 전염병 모델에 적용될 수 있다. 유행성 전염병 모델에서 멸종평형점은 안정지역을 나타낸다. 이 결과는(간단한 경우를 위한 다음 정리에서 시작한) Diekmanna 외(1990)과 일반적인 전염병 모델에 대한 Watmough(2002)에 의해 증명되었다. 행렬 형태에 따른 안정점에 대한 결과는 HD^{-1}로 표기한다. 이는 다음세대 행렬로 알려져 있다. 첫째, 모델의 변수들은 반드시 점령지역과 비점령지역으로 분리되어야 한다(혹은 새로운 감염 대 모든 지역). 초개체군 모델에서 모든 지역 p_i는 점령지역을 나타내고, 비점령지역 $1-p_i$는 이 모델에 필요하지 않다. 다음으로, 점령 비율은 벡터 $\mathcal{H}$로 표기하며 멸종비율은 $\mathcal{D}$로 표기한다. 즉,

$$H = (C_1(1-p_1), \ldots, C_n(1-p_n))^T, \; D = (ep_1/A_1, \ldots, ep_n/A_n)^T.$$

일반적으로 벡터 H는 새로운 점령지의 비율을 나타내고, 벡터 D는 멸종비율을 나타낸다. H와 D의 야코비안 행렬을 각각 멸종 평형으로 평가되는 H와 D로 표기한다. 예를 들어, $D = \mathrm{diag}(e/A_1, ..., e/A_n)$이라 하자. 0보다 큰 행렬 HD^{-1}의 지배적 고유값은 멸종 평형점이 국소 점근적 안정인지를 결정한다. 다음 정리는 모델 (6.15)에서만 언급이 되었으나 이것은 좀 더 일반적인 모델이다(Diekmann et al., 1990; van den Driessche and Watmough, 2002).

Theorem 12.1 만약 $\rho(HD^{-1}) < 1$이면 메타개체군 모델 (6.15)의 멸종 평형점 $p_i = 0, i = 1, \ldots, n$은 국소 점근적인 안정이다. 그리고 $\rho(HD^{-1}) > 1$이면 불안정이다.

$n \times n$행렬 A와 B의 곱 AB의 고유벡터는 BA의 고유벡터와 같다. 그러므로, $\rho(D^{-1}H) = \rho(HD^{-1})$이다.

표 6.2: 1957년부터 1919까지 8개의 캐나다 주정부에서 모은 스라소니 모피

년	수 량	년	수 량	년	수 량	년	수 량
1919	8378	1929	7572	1939	7411	1949	3714
1920	6456	1930	7957	1940	6583	1950	9592
1921	11617	1931	8410	1941	6979	1951	6653
1922	17202	1932	11916	1942	7544	1952	12636
1923	26381	1933	16781	1943	10164	1953	10876
1924	29529	1934	22012	1944	12259	1954	13876
1925	33027	1935	22448	1945	9306	1955	9660
1926	26819	1936	17534	1946	8129	1956	8397
1927	21363	1937	10523	1947	6548	1957	8958
1928	11583	1938	8076	1948	4083		

표 6.3: 1957년 부터 1919까지 7개의 캐나다 주정부에서 모은 여우 모피

년	수 량	년	수 량	년	수 량	년	수 량
1919	6181	1929	8179	1939	16346	1949	5144
1920	4144	1930	11441	1940	31413	1950	10751
1921	6853	1931	18175	1941	65727	1951	5639
1922	16085	1932	33246	1942	83791	1952	4167
1923	29412	1933	57104	1943	88183	1953	3549
1924	40203	1934	57985	1944	39149	1954	2131
1925	34481	1935	27404	1945	23079	1955	1639
1926	17023	1936	19448	1946	12731	1956	857
1927	9049	1937	17052	1947	6889	1957	2429
1928	7993	1938	13088	1948	6172		

제 7 장

편미분방정식: 이론과 예제 및 응용

제 1 절 서론

편미분방정식은 생물학적 시스템에서 발생한다. 왜냐면 모델이 된 정량이 시간에 따라 연속적으로 변화할 뿐 아니라 다른 변수들 가령, 나이나 공간적 위치와 같은 변수에 대해 연속적으로 변하기 때문이다. 편미분방정식에서 상태변수들은 둘 혹은 그 이상의 변수들의 함수이다. 예를 들어, 나이와 공간위치가 중요한 개체군 n은 시간 t, 나이 a, 공간위치 x의 함수 $n(t, a, x)$이다.

7.2절에서 연속인-연령 구조 모델을 공부하는 것으로 시작한다. 연령-구조 모델은 일계편미분방정식이다. 즉, 이 모델을 연구하기에 앞서 일계편미분방정식에 대한 해를 구하는 방법을 복습한다. 고유의 순 번식치 $\mathcal{R}_0$로 알려진 정량의 연령-구조 모델에 대해 정의한다. 이 정량은 1장에서 레슬리행렬 모델에 대해 정의된 고유의 순 번식수의 연속적으로 유사한 것이다.

세포들, 동물들 혹은 다른 살아있는 유기체의 움직임이 생물학적 시스템을 연구하는데 특히 중요하다. 개체군 증가에 관한 임의의 확산에 대한 가정은 반응-확산 방정식으로 알려진 이계편미분방정식으로 연결된다. 반응-확산 방정식은 7.3절에서 공부한다. 반응-확산 방정식들의 평형점과 진행파의 해는 7.4절에서 공부한다. 진행파의 해는 공간 영역을 통해 특별한 정량의 확산을 설명한다. 1937년 피셔에 의해 도입된 고전문제는 개체군 유전 모델에서 진행파의 해를 구하는 것이다. 이 적용에서, 진행파의 해는 개체군의 전반에 걸쳐 확산되어 있는 우세한 유전자를 제시하는 것이다. 이 문제는 7.6절에서 공부한다.

공간 생태학에서 중요한, 또 다른 고전 문제는 개체군 생존에 필요한 최소 공간영역이다. 최소영역은 때때로 **결정적(최소) 패치 크기(critical patch size)**결정적(최소) 조각(패치)크기라고 한다. 임계조각 크기는 Kierstead, Slobodkin(1953)과 Skellam (1951)에 의해 정하여 생물학에 처음으로 소개되었다. 이 문제는 7.5절에서 공부한다.

시간과 공간 변화의 편미분방정식이 중요한 또 다른 생물학적 응용은 패턴형성이다. 문제의 광범위한 변화는 패턴형성과 관련하여 연구되어왔다. 7.7절에서 태아(형태형성)에서 패턴성장과 동물의 외피(표범의 점박이, 호랑이의 줄무늬 등등)의 무늬와 관련한 약간의 문제들을 토의한다.

이 장에서 독립변수와 종속변수 모두가 연속인 편미분방정식 모델에 관심을 둔다. 독립변수들 중 적어도 하나가 이산과 연속인 모델의 혼합이다. 가령, 레슬리행렬 모델처럼 독립 변수들 모두가 이산일때, 그 모델은 계차방정식(1 $\sim$ 3장의 형태를 취한다. 이산시간과 이산공간 모델의 예들은 세포 자동장치 모델로 각 세포에 의해 적용하는 역학은 이웃세포들의 상태에 종속된다(즉, Kaplan과 Glass,1995 참고). 시간 변수가 연속이지만 공간변수가 이산이면, 모델은 일시적인 영역에서의 상미분 방정식으로 공식화 할 수 있으나 공간 영역에서 계차방정식의 시스템이다. 6장에서 토의한 통합개체군 모델과 조각 모델들은 이러한 후자 유형의 모델예이다. 한편 만일 공간변수가 연속이지만 시간변수가 이산이면, 모델은 미적분방정식의 시스템으로 공식을 만들 수 있다. 미적분방정식 모델은 이장의 마지막 절에서 토의한다. 생물학적 절차의 역학과 둘 혹은 더 많은 독립변수에 대한 시스템을 연구하기 위한 다양한 모델 형태들이 있다. 모델을 세우는 형태의 적절한 선택은 연구한 문제의 근본적인 생물학을 가장 정확하게 설명한 모델과 같아야 한다.

제 2 절 연속인 연령-구조화 모델

편미분방정식으로 표현된 최초의 연속인 연령-구조 모델들중 하나는 1911년에 Sharo와 Lotka에 의해 연구되었다. 이 모델은 1926년과 1959년에 각각 McKendrick와 Von Foerster의 연구에서 생물학적 시스템과 관련하여 보다 자세히 연구하였다. 그러므로, 이 절에서는 연구된 연령-구조 모델을 종종 McKendrick-Von Foerster 방정식이라 한다. 이 모델도 연속인 레슬리 행렬 모델과 유사하다.

$n(t,a)$은 시간 t와 나이 a에서 개체군 밀도를 나타내고, $b(a)$는 a나이 개체들의 출생율이고 $u(a)$는 사망율이다. 다음 선형 일계 쌍곡선 편미분방정식은 **맥켄디릭-본 포레스터 방정식(McKendrick-Von Foerster equation)**이라 한다:

$$\frac{\partial n}{\partial t} + \frac{\partial n}{\partial a} + \mu(a)n(t,a) = 0. \tag{7.1}$$

이전 방정식은 보존방정식으로 알려져 있다. 개체군이 나이가 들어감에 따라, 개체군 밀도에서 개체들의 죽음으로 변화가 나타난다. 개체들은 0나이의 출생때에 개체군에 포함된다. 출생은 다음 경계조건에 따라 모델화 된다 :

$$n(t,0) = \int_0^\infty b(a)n(t,a)da. \tag{7.2}$$

초기 나이분포의 상세한 내용이 연령-구조 모델의 공식

$$n(0,a) = f(a)$$

을 완성한다. 연령-구조화 개체군 모델은 편미분방정식 (7.1), 출생율 함수 $n(t,0)$, 초기 연령 분포 $n(0,a)$로 구성한다.

출생율과 사망률 함수, $b(a)$와 $\mu(a)$와 초기분포 $f(a)$에 대한 합리적인 가정은 그것들이 구간 $[0,\infty)$에서 음이 아니고 연속(혹은 구분적으로 연속)이다. 나의 a의 함수로서 $b(a)$와 $\mu(a)$대한 전형적인 모양이 그림 7.1이다.

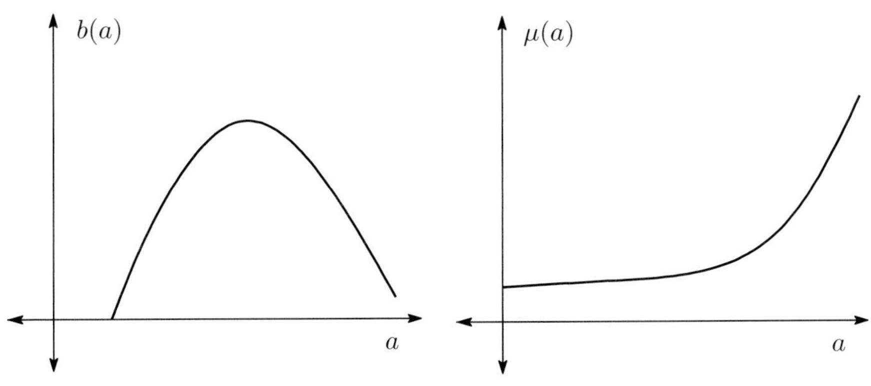

그림 7.1: a의 함수로서 출생율 $b(a)$와 사망률 $\mu(a)$.

레슬리행렬 모델이 다음 형태 (1장)를 가짐을 기억하자:

$$n(t_i,a_i) = s(a_{i-1})n(t_{i-1},a_{i-1}),\ n(t_{i+1},0) = \Sigma_{i=0}^{\infty}\beta(a_i)n(t_i,a_i). \tag{7.3}$$

함수들 s와 β, 시간 기간과 연령 기간은 다음과 같은 가정을 만족한다:

(1) $\Delta t = t_{i+1} - t_i = a_{i+1} - a_i = \Delta a$,

(2) $s(a_i) = a_i$연령 그룹이 생존하여 a_{i+1}연령까지 생존하는 비율,

(3) $2\beta(a_i) = a_i$연령 그룹의 한 암컷이 생산한 신생아가 그들이 태어난 기간시간동안 생존하는 평균수.

비록 출생자들 수의 합이 ∞로 확장되더라도 $a_i > M$, M은 개체군의 최대 나이에 대해 $\beta(a_i) = 0$이므로 합은 유한개의 항을 갖는다. 숫컷/암컷의 성 비율은 1-1로 가정한다. 레슬리행렬 모델은 개체군에서 암컷만으로 구성됨을 기억하자.

레슬리행렬 모델 (7.3)에 극한형식을 취하면, 연속인 연령-구조 모델이 얻어진다.

$$n(t_{i+1}, a_i) = s(a_{i-1})n(t_i, a_{i-1}) \approx [1 - \mu(a_{i-1})\Delta a]n(t_i, a_{i-1})$$

라 놓으면 다음과 같다:

$$n(t_{i+1}, a_i) - n(t_i, a_{i-1}) \approx -\mu(a_{i-1})n(t_i, a_{i-1})\Delta a.$$

작은 Δa에 대하여, 시간 Δa에서 지수감소하는 개체군에서 생존하는 개체군의 비율은 $s(a_{i-1}) = e^{-\mu(a_{i-1})\Delta a} \approx [1 - \mu(a_{i-1})\Delta a]$이다. 그러면

$$\begin{aligned} &n(t_{i+1}, a_i) - n(t_i, a_i) + n(t_i, a_i) - n(t_i, a_{i-1}) \\ &= \Delta_t n + \Delta_a n \approx -\mu(a_{i-1})n(t_i, a_{i-1})\Delta a \end{aligned}$$

이다. 이전 방정식의 양변을 $\Delta t (= \Delta a)$로 나누고 $\Delta t \to 0$으로 놓으면, 연속인 연령-구조 모델 $(a_i = a, t_i = t)$은 다음 식을 얻는다:

$$\frac{\partial n}{\partial t} + \frac{\partial n}{\partial a} = -\mu(a)n(t, a).$$

다음으로, 이산의 출생함수와 연령-구조 모델이 어떻게 관련되어 있는지 보인다. 연속인 출생함수 (7.2)로 시작한다. 출생함수를 t_j 에서 t_{j+1} 까지 적분하여 그 기간동안 전체

출생자의 수가 된다:

$$
\begin{aligned}
B &= \text{출생자}(t_j\text{에서}\quad t_{j+1}\text{까지}) \\
&= \int_0^\infty \int_{t_j}^{t_{j+1}} b(n)n(x,a)dxda \\
&\approx \int_0^\infty b(a)\left[\frac{n(t_{j+1},a)+n(t_j,a)}{2}\right]\Delta tda \\
&\approx \frac{1}{2}\Sigma_{i=0}^{\infty} b(a_i)[n(t_{j+1},a_i)+n(t_j,a_i)]\Delta t\Delta a \\
&= \frac{1}{2}\Sigma_{i=0}^{\infty} b(a_i)n(t_j,a_i)\Delta t\Delta a + \frac{1}{2}\Sigma_{i=0}^{\infty} b(a_i)s(a_{i-1})n(t_j,a_{i-1})\Delta t\Delta a \\
&= \frac{1}{2}\Sigma_{i=0}^{\infty}[b(a_i)\Delta t\Delta a + b(a_{i+1})s(a_i)\Delta t\Delta a]n(t_j,a_i).
\end{aligned}
$$

구간 t_j와 t_{j+1}기간 동안 태어난 개체들은 시간 t_j에 가까운 때에 태어난 출생자로서 계산되기 위해서 혹은 시간 구간의 중간에 태어난 출생자이기 위해서 기간 Δt동안 생존해야 하고, 출생자 계산되기 위해 $\Delta t/2$기간 동안 생존해야 하는것 등 등이다. 그러므로 구간 t_j에서 t_{j+1} 동안 태어난 개체들은 구간의 $\Delta t/2$ 평균 기간을 살아야 하는 것을 가정하는 것이 합리적으로 보인다. l를 신생아가 $\Delta t/2(=\Delta a/2)$의 기간동안 생존하는 확률이라 하자. 그러면,

$$n(t_{j+1},0) \approx lB = \frac{l}{2}\Sigma_{i=0}^{\infty}[b(a_i\Delta t\Delta a + b(a_{i+1})s(a_i)\Delta t\Delta a]n(t_j,a_i).$$

즉, (7.3)에서 정의된 출생함수 $\beta(a_i)$는

$$\beta(a_i) \approx \frac{l}{2}[b(a_i)\Delta t\Delta a + b(a_{i+1})s(a_i)\Delta t\Delta a]$$

를 만족한다.

개체군은 암컷과 숫컷을 포함하지만 오직 암컷만이 출산을 할 수 있기 때문에 식 (7.3)에서 정의한 것처럼 $2\beta(a_i)$보다 $\beta(a_i)$를 사용한다.

연속인 연령-구조 모델은 **고유(특성)방정식 방법(method of characteristic)**으로 구할 수 있다. 일계 편미분방정식은 고유방정식 곡선에서 상미분 방정식으로 줄일 수 있다. 연령-구조 모델에 대한 토의를 계속하기 이전에 고유방정식의 방법을 공부한다.

2.1 고유방정식 방법

$u(t,x)$가 다음의 일계선형편미분방정식 만족한다고 하자:

$$a(t,x)\frac{\partial u}{\partial t} + b(t,x)\frac{\partial u}{\partial x} + c(t,x)u = 0. \tag{7.4}$$

단, $-\infty < x < \infty, 0 < t < \infty$이다. 이 방정식은 계수 a와 b는 t와 x에만 종속하고 u와 그의 도함수에는 종속되지 않으므로 u에 관한 선형이다. 초기조건을

$$u(0, x) = \phi(x)$$

로 준다. 이 문제에 대해, 변수 x에서 $-\infty < x < \infty$이므로 경계조건들은 요구하지 않는다. 예를 들어, 특별한 경우 $a(t, x) = 1$, $b(t, x) = v$와 $c(t, x) = 0$에서 변수 $u(t, x)$는 속도 $v(\partial u/\partial t = -v\partial u/\partial x)$의 흐름을 따라 이동하는 어떤 매개체의 농도로 생각할 수 있다. 이런 단순한 경우에서 해를 **진행파(동)(traveling wave)**, $u(t, x) = \phi(x - vt)$이라 부른다. 해의 후자의 형태는 미분 $\partial u/\partial x = \phi'(x - vt)$와 $\partial u/\partial t = -v\phi'(x - vt) = -v\partial v/\partial x$ 에 의해 확인되었다.

고유방정식 방법에서 편미분방정식은 고유방정식 곡선을 따라 상미분방정식으로 표현할 수 있다: 곡선은 보조변수 s와 τ로 표현한다. 이러한 곡선 τ가 상수여서 τ는 변수라기보다 매개변수로 생각할 수 있다.

$$u(t, x) \equiv u(t(s, \tau), x(s, \tau)) \equiv u(s, \tau)$$

라 가정하자. 초기조건

$$t(0, \tau) = 0, \quad x(0, \tau) = \tau \quad \text{와} \quad u(0, \tau) = \phi(\tau)$$

을 가진 고유방정식 곡선은

$$\frac{dt}{ds} = a(t, x) \quad \text{와} \quad \frac{dx}{ds} = b(t, x)$$

을 풀어 구할 수 있다. 따라서

$$\frac{du}{ds} = \frac{\partial u}{\partial t}\frac{dt}{ds} + \frac{\partial u}{\partial x}\frac{dx}{ds} = a(t, x)\frac{\partial u}{\partial t} + b(t, x)\frac{\partial u}{\partial x}$$

이 된다. 편미분방정식 (7.4)와 초기조건은 다음의 상미분방정식과 초기조건으로 대체 할 수 있다:

$$\frac{du}{ds} + c(s, \tau)u = 0, \quad 0 < s < \infty,$$

$$u(0, \tau) = \phi(\tau).$$

상미분방정식의 해는 고유방정식 곡선을 따라 구할 수 있다. 즉, τ는 상수이다(그림 7.2).

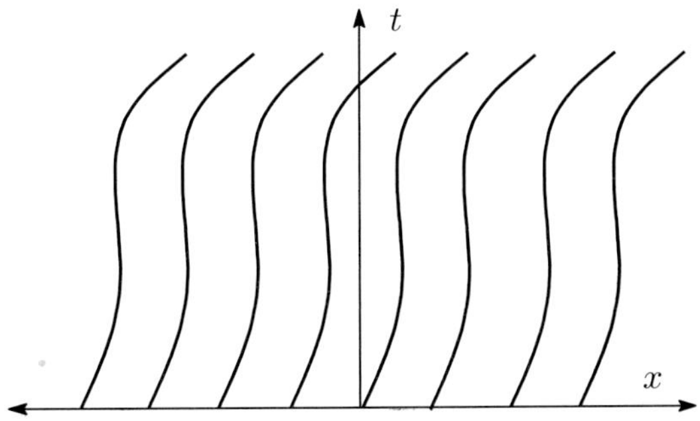

그림 7.2: τ가 상수인 $x-t$평면에서의 고유방정식 곡선.

예제 2.1 *다음 초기값 문제를 고유방정식 방법을 사용하여 구하여라.*

$$\frac{\partial u}{\partial t}+v\frac{\partial u}{\partial x}=0, \quad -\infty<x<x,\ 0<t<\infty$$
$$u(0,x)=\phi(x), \quad -\infty<x<\infty$$

이 방정식을 **이류방정식(advection equation)***이라 하고, 유량은 u에 비례하고 x에 대한 유량의 변화율은 $v\partial u/\partial x$와 같고, v는 속력이다.*

이류 방정식을 풀기 위하여 첫째로 고유방정식 곡선을 다음 미분방정식을 풀어 구할 수 있다:

$$\frac{dt}{ds}=1 \quad 과 \quad \frac{dx}{ds}=v, \quad 초기조건: t(0,\tau)=0,\ x(0,\tau)=\tau$$

이다. t에 대한 미분방정식을 적분하고 초기조건을 적용하면 $t=s$가 된다. x에 대한 미분방정식을 적분하면 $x=vs+x_0$이다. 그러나 $s=0, x=\tau$에서 $x=vs+\tau$ 또는

$$\tau=x-vt$$

고유방정식 곡선(characteristic curve)*이다. 미분방정식과 $u(s,\tau)$에 대한 초기조건은*

$$\frac{du}{ds}=0,\ u(0,\tau)=\phi(\tau), \quad (c(t,x)=0)$$

을 만족한다. 그러므로, $u(s,\tau)=\phi(\tau)$이다. 변수 s와 매개변수 τ는 x와 t의 표현으로, $s=t$와 $x-vt=\tau$으로 대체할 수 있다. 그러므로 지정된 초기조건을 가진 편미분방정식에 대한 해 $u(t,x)$는

$$u(t,x)=\phi(x-vt)$$

이다. 이 해를 **진행파(동)의 해(traveling wave solution)**라 한다. 고정된 시간 t에 대해, 해가 초기곡선 $\phi(x)$의 모양을 갖는다. 시간이 증가함에 따라 이 곡선은 속도 v로 우측으로 움직인다.■

예제 2.2 고유방정식 방법을 사용하여 다음 초기값문제를 풀어라:

$$\frac{\partial u}{\partial t} + \frac{\partial u}{\partial x} = -2u, \ -\infty < x < \infty, \ 0 < t < \infty,$$
$$u(0, x) = \sin x, \ -\infty, x < \infty.$$

이것은 지연이 있는 이류방정식이다. 해에서 e^{-2t}의 지수붕괴율(*exponential decay rate*)이 있음을 알 수 있다(흐름이 없을때 대응되는 해는 $du/dt = -2u$).

고유방정식 곡선은 초기조건 $t(0,\tau) = 0$과 $x(0,\tau) = \tau$인

$$\frac{dx}{ds} = 1 \quad 과 \quad \frac{dt}{ds} = 1$$

을 풀어 구할 수 있다. 적분을 하고 초기 조건을 적용하여 $\tau = x - t$로 주어진 고유방정식 곡선을 가진 $x = s + \tau$와 $t = s$이 된다. u을 만족하는 미분방정식과 초기조건은

$$\frac{du}{ds} = -2u, \quad u(0, \tau) = \sin(\tau)$$

이다. 변수변환으로 u에 대해서 풀면

$$u(s, \tau) = \sin(\tau)e^{(-2s)}$$

를 얻는다. u을 x와 t로 표현하는 초기치문제의 해는

$$u(t, x) = \sin(x - t)e^{(-2t)}$$

이다. 진행파동 해는 $\sin(x - t)$의 지수붕괴 e^{-2t}임을 기억하라. 해는 미분을 하여 확인할 수 있다. 해의 그림은 7.3이다.■

예제 2.3 고유방정식 방법에 의해 다음 초기값 문제를 풀어라.

$$x\frac{\partial u}{\partial x} + \frac{\partial u}{\partial t} + tu = 0, \ -\infty < x < \infty, \ 0 < t < \infty$$
$$u(0, x) = \phi(x), \ -\infty < x < \infty.$$

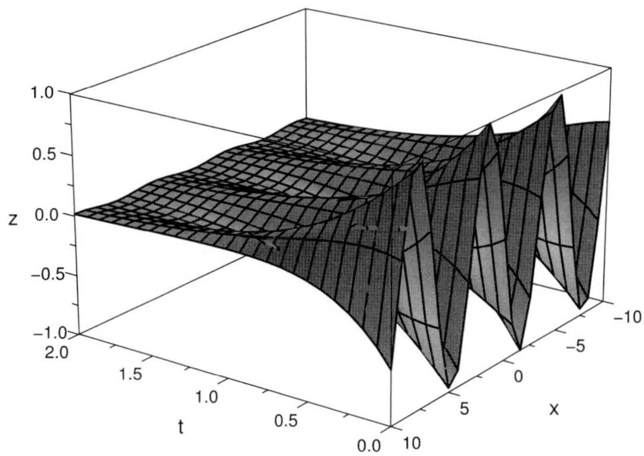

그림 7.3: 예제 2.2에서 일계편미분방정식에 대한 해 $u(t,x) = \sin(x-t)e^{-2t}$는 영역 $(t,x) \in [0,2] \times [-10,10]$에서의 그래프.

고유치 곡선은 초기값 $x(0,\tau) = \tau,\ t(0,\tau) = 0$에 대해

$$\frac{dx}{ds} = x \quad \text{과} \quad \frac{dt}{ds} = 1$$

를 풀어 구한다. 적분을하면 $x = \tau e^s$이고 고유방정식 곡선 $\tau = xe^{-t}$에 대해 $t = s$이다. u를 만족하는 미분방정식과 초기 조건은

$$\frac{du}{ds} = -tu = -su, \quad u(0,\tau) = \phi(\tau)$$

이다. 해는

$$u(s,\tau) = \phi(\tau)\exp(-s^2/2)$$

이다. u를 원래의 변수 x와 t를 사용한 표현은 초기값 문제에 대한 해를 가진다:

$$u(t,x) = \phi(xe^{-t})\exp(-t^2/2).$$

특별히 $\phi(x) = \cos(x)$인 경우에 대해, 해는 $u(x,t) = \cos(xe^{-t})\exp(-t^2/2)$이다. 해의 그림은 7.4이다. ■

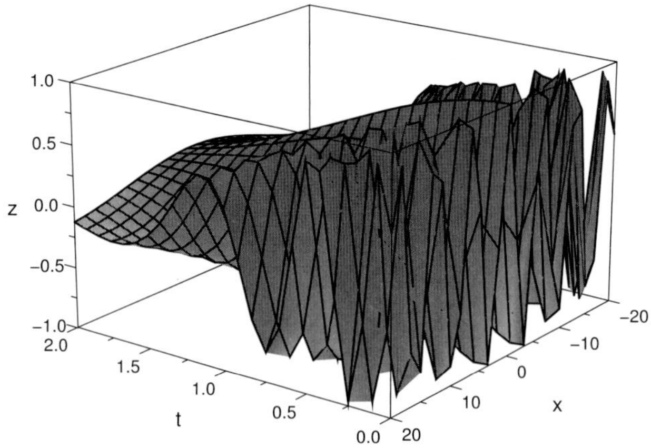

그림 7.4: 예제 2.3에서 일계 편미분방정식에 대한 해 $u(t,x) = \cos(xe^{-t})\exp(-t^2/2)$는 영역 $(t,x) \in [0,2] \times [-20,20]$에서의 그래프.

2.2 연속인 연령-구조 모델의 분석

고유방정식 방법은 연속인 연령-구조 모델을 분석하기 위해 사용된다.

$$\frac{\partial n}{\partial t} + \frac{\partial n}{\partial a} = -\mu(a)n(t,a),\ 0 < a < \infty,\ 0 < t < \infty,$$
$$n(t,0) = \int_0^\infty b(a)n(t,a)da,\ 0 < t < \infty,$$
$$n(0,a) = f(a),\ 0 < a < \infty.$$

이 문제의 해는 앞절의 예제보다 훨씬 어렵다. 왜냐하면 변수 a의 영역이 앞 예제에서 변수 x에 대해 성립했던 것처럼 $-\infty$에서 ∞로 확장되지 않기 때문이다. 연령-구조 모델에 대한 해는 초기값 문제라기 보다는 초기 경계값문제에 대한 해이다.

고유방정식 방법은 편미분방정식을 상미분방정식으로 줄이기 위해 사용하였다. 고유방정식 곡선은 초기조건

$$a > t : t(0,\tau) = 0 \quad \text{과} \quad a(0,\tau) = \tau$$
$$a < t : t(0,\tau) = \tau \quad \text{과} \quad a(0,\tau) = 0$$

에 대해

$$\frac{dt}{ds} = 1 \quad \text{과} \quad \frac{da}{ds} = 1$$

를 적분하여 구한다. 해는

$$a > t : t = s\text{이고} \quad a = s + \tau\text{여서} \quad \tau = a - t\text{이다.}$$
$$a < t : t = s + \tau\text{이고} \quad a = s\text{여서} \quad \tau = t - a\text{이다.}$$

편미분방정식은 초기 조건이

$$a > t: \ n(0,\tau) = f(\tau) \quad \text{이고} \quad a < t: \ n(\tau,0) = \int_0^\infty b(a)n(\tau,a)da$$

인 상미분방정식을

$$\frac{dn}{ds} = -\mu(a)n$$

으로 단순화한다.

두 가지 $a > t$와 $a < t$인 경우로 나누어 미분방정식을 푼다.

- **경우 1:** $a > t$

$$n(s,\tau) = n(0,\tau)\exp\left[-\int_0^s \mu(s'+\tau)ds'\right]$$

이다. 이 경우에 해는

$$\begin{aligned} n(s,\tau) &= f(\tau)\exp\left[-\int_0^s \mu(s'+\tau)ds'\right] \\ &= f(a-t)\exp\left[-\int_0^t \mu(s'+a-t)ds'\right], s'' = s'+a-t \\ n(t,a) &= f(a-t)\exp\left[-\int_{a-t}^a \mu(s'')ds''\right] \end{aligned}$$

- **경우 2:** $a < t$

$$\begin{aligned} n(s,\tau) &= n(\tau,0)\exp\left[-\int_0^s \mu(s')ds'\right], \ \tau = t-a, \\ n(t,a) &= n(t-a,0)\exp\left[\int_0^a \mu(s')ds'\right] \end{aligned}$$

이다. 그러나, 마지막 방정식은 우변은 $n(t,a)$를 알지 못하는 미지의 출생항 $n(t-a,0)$을 포함하고 있기 때문에 $n(t,a)$에 대한 분명한 해를 얻지 못한다. 연령 경계조건: $n(t,0) = \int_0^\infty b(a)n(t,a)da$와 (경우 1)과 (경우 2)의 앞의 해:

$$\begin{aligned} n(t,0) = &\int_0^t d(a)n(t-a,0)\exp\left[-\int_0^a \mu(s)ds\right]da \\ &+ \int_t^\infty b(a)f(a-t)\exp\left[-\int_{a-t}^a \mu(s)ds\right]da \end{aligned}$$

를 사용하여 $n(t-a,0)$ (이것은 반복적으로 풀린다)에 대한 적분방정식을 쓸 수 있다.

$n(t,0)$에 대한 해는 반복적인 방법을 사용하여 구한다. 앞 방정식은 알려진 함수 g와 h에 대해, $n(t,0) = \int_0^t g(t-z)n(z,0)dz + h(t,a)$를 표현할 수 있다. 초기 추측 $n_0(t,0) = n_0$임을 감안하여 함수열 $\{n_k(t,0)\}$은 다음과 같이 구성된다: $n_{k+1}(t,0) = \int_0^t g(t-z)n_k(z,0)dz + h(t,a)$. 만일 g가 $[0,t]$에서 연속이면, 구간 $[0,t]$상에서 수열 $n_k(t,0)$가 $n(t,0)$으로 균일하게 수렴함을 보이기 위해 피카드의 반복법(상미분방정식의 방법)을 적용할 수 있다. 이 반복 절차를 여기서는 적용하지 않는다.

흥미로운 것은 $t \to \infty$임에 따라, n의 점근적 동태다. 연령에 의존하지 않는다면, 구조 모델은 지수성장 모델로 단순화한다. 그러므로 $\exp(\lambda t)r(a)$, $0 \leq r(a) < \infty$형태의 해 $n(t,a)$룰 구하는 것이 합리적이다. 이러한 해를 **유사해(similarity solution)** 또는 **분리해(separable solution)**(해의 그러한 유형의 중첩은 $n(t,a)$에 대한 해를 형성)라 한다. 만일 $\lambda < 0$이면, $\lim_{t\to\infty} n(t,a) = 0$이고, $\lambda > 0$이면 $\lim_{t\to\infty} n(t,a) = \infty$이고, 이는 $r(a) > 0$이다. $\lambda = 0$이면 $n(t,a) = r(a)$는 평형점이거나 정상상태 해이다.

단순한 표현인 고유방정식에서 λ가 양수인지 음수인지를 결정한다. 첫째로, $r(a)$에 대해 푼다. 분리가능한 해를 편미분방정식에 대입하면

$$\lambda \exp(\lambda t)r(a) + \exp(\lambda t)r'(a) = -\mu(a)\exp(\lambda t)r(a)$$

가 되거나 동치로

$$r'(a) = -[\mu(a) + \lambda]r(a)$$

이다. 변수분리하여 적분하면, $r(0) > 0$에 대해

$$r(a) = r(0)\exp\left[-\lambda a - \int_0^a \mu(s)ds\right] > 0$$

이다. $n(t,a) = \exp(\lambda t)r(a)$를 적분 출생방정식에 대입하면

$$\begin{aligned} n(t,0) = \exp(\lambda t)r(0) &= \int_0^\infty b(a)n(t,a)da \\ &= \int_0^\infty b(a)\exp(\lambda t)\exp\left[-\lambda a - \int_0^a \mu(s)ds\right]da \end{aligned}$$

가 된다. 마지막으로, $\exp(\lambda t)r(0)$를 소거하면 나머지 표현은 다음 **특성(고유)방정식(characteristic equation)**이 된다:

$$1 = \int_0^\infty b(a)\exp\left[-\lambda a - \int_0^a \mu(s)ds\right]da$$

이전 방정식의 우변에 있는 함수를 $\phi(\lambda) = \int_0^\infty b(a)\exp[-\lambda a - \int_0^a \mu(s)ds]da$라고 하자. 그러면 $\mathcal{R}_0 = \phi(0)$은 **고유의 순 번식수(inherent net reproductive number)**이다.

$$\mathcal{R}_0 = \int_0^\infty b(a)\exp\left[-\int_0^a \mu(s)ds\right]da.$$

$\phi(\lambda)$는 $(-\infty, \infty)$상에서 λ의 감소함수임을 쉽게 보일 수 있다. 더구나 $\lim_{t\to\infty}\phi(\lambda) = +\infty$이고 $\lim_{t\to\infty}\phi(\lambda) = 0$이다(함수 $\phi(\lambda)$는 어떤 양의 상수 c, a_1, a_2에 대해 $c\int_{a_1}^{a_2} e^{-\lambda a}$형태의 함수에 의해 위로 아래로 유계이다).

결론적으로, $\mathcal{R}_0 < 1$이기 위한 필요충분조건은 $\phi(\lambda) = 1$에 대한 해 λ_0은 $\lambda_0 < 0$을 만족한다. 더구나, $\mathcal{R}_0 > 1$이기 위한 필요충분조건은 $\lambda_0 > 0$이다. 고유의 순 번식수에 대한 유사한 정의는 1장의 레슬리행렬 모델에서 지수성장이나 감소를 결정한 것은 기억하라. 즉, $\mathcal{R}_0 < 1$이면 임의의 연령 a에 대해, $t \to \infty$에 따라 분리해는 $n(t,a) = \exp(\lambda t)r(a) \to 0$이다. 더구나, $\mathcal{R}_0 > 1$이면 $r(a) > 0$에 대해 $n(t,a) = \exp(\lambda t)r(a) \to \infty$이다. 이러한 결과를 다음 정리로 요약한다.

정리 **2.4** *연속인 연령-구조에 대한 해가 $n(t,a) = e^{\lambda t}r(a)$의 형태를 갖는다고 가정하자. 만일 $\mathcal{R}_0 < 1$이면 $\lim_{t\to\infty} n(t,a) = 0$이고, $\mathcal{R}_0 > 1$이면 $\lim_{t\to\infty} n(t,a) = \infty$이다.* □

예제 2.5 *$1 < a < 10$에 대해 $b(a) = 10$이고, 다른 경우는 $b(a) = 0$이라 하자. $a > 0$에 대해 $\mu(a) = \sqrt{a}$라 하자. 고유의 순 번식수를 계산하면*

$$\mathcal{R}_0 = \int_1^{10} 10\left(\exp\left[-\int_0^a \sqrt{s}ds\right]\right)da = \int_1^{10} 10\exp(-2a^{3/2}/3)da \approx 4.02.$$

이다. $\mathcal{R}_0 > 1$이므로, $t \to \infty$에 따라 해가 무한대로 접근한다. 만일 출생율 $b(a)$를 2로 줄이면, $\mathcal{R}_0 = 0.804$이고 해는 0으로 접근한다. ■

연속인 연령-구조모델은 출생율과 사망율에 관한 어떤 가정을 만들어 좀 더 현실적이 되도록 만들 수 있다. 예를 들어 출생율이나 사망율은 아마 전체 개채군 크기에 종속한다. $N(t) = \int_0^\infty n(t,a)da$이다(Cuching,1994,1998). 연령-구조모델은 인간에게 감염된 질병의 모델에 적용한다. 연령구조는 특히 예방접종 프로그램에 중요하다. 예를 들어, Roderfer et al.(1994), Anderson와 May(1991), Allen와 Thrasher (1998), Hethcote (2000), Schuette와 Hethcote(1999), Thieme(2003)를 참고하라.

제 3 절 반응-확산 방정식

균일하지 않는 확산이 있는 개체군 성장 모델인 편미분방정식을 종종 **반응-확산 방정식(reaction-diffusion equation)**이라 한다. $N(t,x)$은 시간 $t \in [0,\infty)$와 공간 위치 $x \in \Omega$에서 개체군의 밀도를 나타낸다고 가정하자. 공간영역 Ω는 유계이거나 $\mathbf{R}, \mathbf{R}^2$ 또는 $\mathbf{R}^3$의 무한부분 집합일 수 있다. 여기서 고려할 경우는, 영역을 $\mathbf{R}$의 부분집합으로 제한한다. 간단한 반응-확산 방정식은 다음과 같다:

$$\frac{\partial N}{\partial t} = f(N) + D\frac{\partial^2 N}{\partial x^2}. \tag{7.5}$$

항 $f(N)$은 개체군 성장율이고(반응율) 항 $D\partial^2 N/\partial x^2$은 확산율 (임의의 이동)이다. 생물학 적용을 포함한 반응-확산 방정식의 수학적 이론에 대한 도입은 Britton(1986)의 우수한 책에서다. 생물학에서 반응-확산 방정식에 관한 폭넓은 토의는 Cantrell과 Cosner(2003)에 의해 쓰여진 책을 참고 할 수 있다.

첫번째 원리로부터 **확산방정식(diffusion equation)**(개체군 성장없이)유도 할 것이다. 반응방정식은 다음과 같은 형태를 가진다:

$$\frac{\partial N}{\partial t} = D\frac{\partial^2 N}{\partial x^2}, \tag{7.6}$$

여기서, $t \in [0,\infty)$이고 $x \in \mathbf{R}$이다. 방정식 (7.6)은 또한 물리응용에서 **열 방정식(heat equation)**이라 한다. 임의의 확산은 공간이동의 가장 단순한 유형들중 하나다.

방정식 (7.6)를 유도하기 위하여, 공간영역 $\mathbf{R}$은 길이를 Δx 구간으로 나누고, 시간영역 $[0,\infty)$은 길이 Δt 구간으로 나눈다. $N(t,x)$를 시간 t와 위치 x에서 개체군의 크기라 하자. λ_r은 Δx의 거리로 우측으로 움직이는 확률이고 λ_l는 시간 Δt기간 동안 거리 Δx의 좌측으로 움직이는 확률 $0 \le \lambda_r + \lambda_l \le 1$을 의미한다. Δt기간 동안, 시간 t와 위치 x에서 개체군 크기는

$$\begin{aligned} N(t,x) &= (1-\lambda_r-\lambda_l)N(t-\Delta t, x) + \lambda_l N(t-\Delta t, x+\Delta x) \\ &\quad + \lambda_r N(t-\Delta t, x-\Delta x) \end{aligned}$$

로 주어진다. 여기서 우변의 첫번째 항은 위치 x에 머무르는 개체군의 비율이고, 두번째 항은 좌측으로 $\Delta x + x$에서 x로 움직이는 개체군의 비율이다. 그리고 마지막 항은 우측으로 $x - \Delta x$에서 x로 움직이는 개체군의 비율이다. 이동이 일정하면, $\lambda_r = 1/2 = \lambda_l$이므로

$$N(t,x) = \frac{1}{2}N(t-\Delta t, x+\Delta t) + \frac{1}{2}N(t-\Delta t, x-\Delta x)$$

이다. 양변에서 $N(t-\Delta t, x)$를 빼고 Δt로 나누면

$$\frac{N(t,x)-N(t-\Delta t,x)}{\Delta t} = \frac{(\Delta x)^2}{2\Delta t}\left[\frac{N(t-\Delta t,x+\Delta x)-2N(t-\Delta t,x)+N(t-\Delta t,x-\Delta x)}{(\Delta x)^2}\right]$$

로 유도된다. 좌변의 표현은 $\partial N/\partial t$로 근사 계차방정식이고, 우변에 있는 대괄호에 있는 표현은 $\partial^2 N/\partial x^2$로의 근사 계차방정식이다. 즉, $\Delta t \to 0, \Delta x \to 0$이고, $(\Delta x)^2/2\Delta t \to D$ =상수이면, 확산 방정식 (7.6)이 얻어진다. 계수 D는 **확산계수(diffusion coefficient)**라 한다. D의 단위는 $(\text{거리})^2/\text{시간}$이다.

두 공간차원에서 확산방정식 $N(t,x,y)$은 다음 형태를 갖는다:

$$\frac{\partial N}{\partial t} = D\left(\frac{\partial^2 N}{\partial x^2}+\frac{\partial^2 N}{\partial y^2}\right) = D\Delta N. \tag{7.7}$$

여기서 $\Delta = \nabla^2$은 라플라스 연산자이다. 확산 방정식 (7.6)과 (7.7)은 오직 공간이동에만 가정한다, 개체군 성장은 없다. 개체군 성장이 확산방정식 (7.6)에 포함된다면 성장율의 항 $f(N)$은 우변에 더해져야 한다. 미분방정식 $dN/dt = f(N)$은 가령 $4 \sim 6$장에서 공부했던 모델들처럼, 개체군성장 모델을 나타낸다. 특별한 개체군 성장율을 가진 반응-확산 방정식의 예들을 다음과 같은 예를 포함한다:

- 지수 성장 : $d\frac{\partial N}{\partial t} = rN + D\dfrac{\partial^2 N}{\partial x^2}$
- 로지스틱 성장 : $\dfrac{\partial N}{\partial t} = rN\left(1-\dfrac{N}{K}\right) + D\dfrac{\partial^2 N}{\partial x^2}$
- 두-종의 개체군 성장 :

$$\frac{\partial N_1}{\partial t} = f(N_1,N_2) + D_1\frac{\partial^2 N_1}{\partial x^2}$$
$$\frac{\partial N_2}{\partial t} = g(N_1,N_2) + D_2\frac{\partial^2 N_2}{\partial x^2}$$

반응-확산 방정식 (7.5)은 시간 t에 대해 1계이고, 공간 x에 대해 2계 방정식이다. 그것은 **포물선(parabolic)**의 편미분방정식으로 분류한다.

반응-확산 방정식보다 복잡한 형태를 가질 수 있다. 예를 들어

$$\frac{\partial N_1}{\partial x}\frac{\partial N_2}{\partial x}$$

와 같이 교차확산 항이 있거나 혹은 확산율이 개체군 크기에 종속한다.

$$\frac{\partial N}{\partial t} = D\frac{\partial}{\partial x}\left[\left(\frac{N}{N_0}\right)^m \frac{\partial N}{\partial x}\right], \quad m>0, N_0>0.$$

후자의 방정식은 곤충 분산 모델에 사용된다(Murray, 1993). 여기서 반응-확산 방정식에 관한 지수, 로지스틱, 포식자-먹이 상호작용과 같은 개체군 성장을 가진 단순한 임의의 확산 모델로 토의를 제한한다.

영역 Ω의 범위가 유한이면 Ω의 경계, $\partial\Omega$에서 해의 동태에 관한 정보가 필요하다. 공간영역 $[a, b], -\infty < a < b < \infty$상에서 방정식 (7.5)와 같은 편미분방정식을 풀기위해 두 공간제한($x = a$와 $x = b$에서 경계조건)과 하나의 시간제한($t = 0$에서 초기 조건)을 분명히 할 필요가 있다. 무한영역에 대해서 까지, 일반적으로 $\pm\infty$로 놓아 제한을 한다. 개체군과 세포역학을 모델화하는 것에 적용되는 몇가지 경계조건의 유형을 설명한다.

경계조건(Boundary Conditions)의 유형들(BCs):

- **무한 영역** : $x \to \pm\infty$에 따라 $N(t, x) \to 0$이다. 개체군 크기가 $\pm\infty$에서 0으로 접근한다. 이 가정은 영역의 끝에서 해에 대한 유계를 알려준다.
- **첫번째 종류 (Dirichlet)의 BCs** : $N(t, 0) = N_0(t),\ N(t, L) = N_L(t)$이다. 영역은 길이 $x \in [0, L]$에서 유한이고 개체군 크기는 영역의 끝에서 설명된다. $N_0(t) = 0 = N_L(t)$이면 경계조건을 **동차 디리클레(homogeneous Drichlet)** BCs 라 한다.
- **두번째 종류 (Neumann)의 BCs** : $\partial N(t, 0)/\partial x = N_0(t),\ \partial N(t, L)/\partial x = N_L(t)$ 영역은 길이, $x \in [0, L]$에서 유한이다. 개체군이 둘러쌓여 있거나 울타리(즉, 연못이나 방목장)처져 있고 어떠한 개인들이 둘러쌓인 지역 $[0, L]$, $N_0(t) = 0 = N_L(t)$을 떠나거나 들어올 수 없으면, BCs는 0-**(순) 흐름(zero flux)** BCs라고 한다.
- **세번째 종류 (Robin)의 BCs** : 경계 $x = 0$에서
$$\frac{\partial}{\partial x}N(t, 0) = h[N(t, 0) - N_0(t)], h = \text{상수}$$
이다. 세번째 종류의 BCs는 : Dirichlet 과 Neumann BCs의 결합이다. 경계를 가로지르는 흐름과 개체군 크기와 $N_0(t)$사이의 차에 비례(h는 비례상수)라 한다.
- **주기적 BCs**: 경계 x에 대해 $N(t, x) = N(t, x + L)$ 영역이 원둘레 L을 가진 원형이다. 해는 경계를 따라 모든 거리 L과 같다.

로빈(Robin) BCs는 생물학적 문제에 있어서 Dirichlet나 Neumann BCs만큼 빈번하게 적용되지지 않는다. 그러나 BCs의 선택은 영역의 모양과 경계 동태에 관한 가정에 종

속한다.

공간영역이 상대적으로 단순할때 (7.6)식이나 (7.7)식과 같은 반응-확산 방정식을 풀기위해 적용되는 다양한 방법들이있다. 만일 공간영역이 무한대까지 확장하면 변환 방법이 적용될 수 있다(영역이 반무한대 $[0,\infty)$이면 라플라스 변환이거나, 영역의 무한대 $(-\infty,\infty)$이면 퓨리어 변환). 공간영역이 가령 선분 $[0,L]$, 사각영역 $[0,L_1]\times[0,L_2]$, 또는 원영역(circular region)이면, 변수변환은 푸리어급수나 급수의 다른 유형과 특별한 함수에 적용한다. 다양한 초기 경계값 문제(IBVPs)와 초기값 문제(IVPs)에 대한 어떤 양함수 해를 다음 예제에서 제시한다. 해를 구하는 방법을 대략 설명한다. 해를 구하는 자세한 방법은 편미분방정식에 관한 많은책에서 알 수 있다(즉, Andrews,1986; Forlow,1982; John,1975;Logan,2004;Trim,1990).

예제 3.1 *다음 IVP를 살펴 보자:*

$$\frac{\partial N}{\partial t}=D\frac{\partial^2 N}{\partial x^2},\ N\in\mathbf{R},\ t\in(0,\infty),$$
$$N(0,x)=N_0(x),\ x\in\mathbf{R}.$$

이 IVP 문제를 **코시문제(cauchy problem)***라 한다. 공간영역은 무한이고, 이 문제에 대해 유일한 해가 존재하는 것을 보이기 위해 초기치조건이 유한이고, $x\to\pm\infty$에 따라 $N(t,x)\to 0$임을 가정한다(Britton,1986). 변수 x에 대해 푸리어변환을 적용한다. $N(t,x)$의 푸리어 변환은*

$$\mathcal{F}(N)=\mathcal{N}(t,s)=\frac{1}{\sqrt{2\pi}}\int_{-\infty}^{\infty}N(t,x)e^{isx}dx$$

로 정의한다. 푸리어 변환의 중요한 특성은

$$\mathcal{F}[\partial N/\partial x]=-is\mathcal{N}(t,s)$$

과

$$\mathcal{F}[\partial^2 N/\partial x^2]=-s^2\mathcal{N}(t,s)$$

을 포함한다. 단, $x\to\pm\infty$임에 따라 $N(t,x)\to 0$이고 $\partial N(t,x)/\partial x\to 0$임을 가정한다. 즉, 푸리어 변환을 편미분방정식에 적용하고 미분과 적분을 서로 바꾸면

$$\frac{\partial\mathcal{N}(t,s)}{\partial t}=-Ds^2\mathcal{N}(t,s)$$

가 된다. 변화된 초기조건은

$$\mathcal{N}(0,s)=\mathcal{N}_0(s)$$

이다. 편미분방정식은 t에서 상미분방정식으로 변환되고 IBVP는 IVP로 변환된다. IVP에 대한 해는

$$\mathcal{N}(t,s) = \mathcal{N}_0(s)e^{-Ds^2t}, \quad s \in \mathbf{R} \tag{7.8}$$

이다. 역 푸리어 변환과 푸리어 합성변화의 정리(Andrews, 1986)를 적용하여

$$\mathcal{F}^{-1}[\mathcal{A}(s)\mathcal{B}(s)] = \frac{1}{\sqrt{2\pi}}\int_{-\infty}^{\infty} A(v)B(x-v)dv \tag{7.9}$$

이 된다. 이 경우, 푸리어 변환은 $\mathcal{A}(s) = \mathcal{N}_0(s)$이고 $\mathcal{B}(s) = e^{-Ds^2t}$이다.

$\mathcal{A}(s)$의 역 푸리어 변환은 $\mathcal{A}(v) = \mathcal{N}_0(v)$이다. e^{-Ds^2t}의 역 푸리어 변환은

$$\mathcal{F}^{-1}[e^{-Ds^2t}] = \frac{1}{\sqrt{2\pi}}\int_{-\infty}^{\infty} e^{-Ds^2t}e^{-isx}ds = \frac{1}{\sqrt{2Dt}}\exp\left(-\frac{x^2}{4Dt}\right)$$

이고, 이것은 푸리어 변환의 표나 복소적분을 통해 알 수 있다. 즉, 역 푸리어 변환을 방정식 (7.8)과 항등식 (7.9)에 적용하여, 해 $N(t,x) = \mathcal{F}^{-1}[\mathcal{N}(t,s)]$는

$$N(t,x) = \frac{1}{2\sqrt{D\pi t}}\int_{-\infty}^{\infty} N_0(v)\exp\left(-\frac{(x-v)^2}{4Dt}\right)dv \tag{7.10}$$

가 된다.

초기조건이 단일점이 나오면 해 (7.10)은 간단하다.

$$N(0,x) = N_0\delta(x-x_0).$$

여기서 δ는 $\int_{-\infty}^{\infty}\delta(x-x_0)dx = 1$과 $\delta(x-x_0) = 0, x \neq x_0$을 만족한 델타함수이다. IVP에 대한 해는

$$N(t,x) = \frac{N_0}{2\sqrt{D\pi t}}\exp\left(-\frac{(x-x_0)^2}{4Dt}\right) \tag{7.11}$$

이다.■

예제 3.1의 코시문제에 있어 전체 개체군 크기는 항상 상수이다. 즉, $\int_{-\infty}^{\infty} N(t,x)dx = \int_{-\infty}^{\infty} N_0(x)dx =$ 상수이다. 여기서 $\int_{-\infty}^{\infty} e^{-x^2}dx = \sqrt{\pi}$라는 사실을 사용하였다. 이 동태는 성장이 없다는 사실에 의한 것이고, 확산은 공간영역 $(-\infty,\infty)$에 걸쳐 개체군의 단순한 재분산를 나타낸다.

예제 3.2 *다음 IBVP를 살펴보자:*

$$\begin{aligned} \frac{\partial N}{\partial t} &= D\frac{\partial^2 N}{\partial x^2},\ x\in(0,L),\ t\in(0,\infty),\\ N(0,x) &= N_0(x),\ x\in[0,L], \\ N(t,0) &= 0 = N(t,L),\ t\in(0,\infty). \end{aligned} \tag{7.12}$$

IBVP는 동차형 디리클레 경계인 유한구간 $[0,L]$을 갖는다. 개체군은 경계가 없다. 후자의 가정은 때때로 영역에 대한 외부환경이 개체군에 대해 적합하지 않는 것으로 해석한다. 개체군에서 개체들은 영역 $[0,L]$의 외부에서 생존 할 수 없다.

이 IBVP에 대한 해는 변수변환과 푸리에 급수를 통해 구할 수 있다. 예를 들어 $N(t,x)=T(t)X(x)$를 가정하자. 이 식을 미분방정식에 대입하면

$$\frac{T'(t)}{DT(t)} = \frac{X''(x)}{X(x)} = -k = \text{상수}.$$

이 식은 두개의 미분방정식

$$\begin{aligned} T'(t)+kDT(t) &= 0,\\ X''(x)+kX(x) &= 0, \end{aligned}$$

을 유도한다. 여기서, $X(0)=0=X(L)$이다. 다른 경우는 X의 해가 자명하기 때문에 상수 k는 양수가 되도록 선택한다. **고유함수(eigenfunction)**로 *알려진 $X(x)$에 대한 해가 무한개가 있다:*

$$X_n(x)=\sin(\sqrt{k_n}x),\ k_n=\frac{(n\pi)^2}{L^2}, n=1,2,\cdots$$

해 $k_n=(n\pi)^2/L^2$은 **고유값(치)(eigenvalues)***이다. 이러한 모든 해를 합하여 마지막 해*

$$N(t,x)=\Sigma_{n=1}^{\infty}B_n\sin\left(\frac{n\pi x}{L}\right)\exp\left(-D\left(\frac{n\pi}{L}\right)^2 t\right) \tag{7.13}$$

을 유도한다. 여기서,

$$B_n=\frac{2}{L}\int_0^L N_0(x)\sin(n\pi x/L)dx,\ n=1,2,\cdots$$

은 푸리어 사인 급수의 계수이다.■

예제 3.3 0-*순 흐름 경계 조건을 가진 IBVP를 살펴보자:*

$$\begin{aligned} \frac{\partial N}{\partial t} &= D\frac{\partial^2 N}{\partial x^2},\ x\in(0,L), t\in(0,\infty),\\ N(0,x) &= N_0(x),\ x\in[0,L],\\ \frac{\partial}{\partial x}N(t,0) &= 0 = \frac{\partial}{\partial x}N(t,L),\ t\in(0,\infty). \end{aligned}$$

이 IBVP에 대한 해는 변수변환을 사용하여 구할 수 있고 푸리에 급수는 앞 예제와 유사하다.

$$N(t,x) = \frac{A_0}{2} + \Sigma_{n=1}^{\infty} A_n \cos\left(\frac{n\pi x}{L}\right)\exp\left(-D\left(\frac{n\pi}{L}\right)^2 t\right),$$

여기서,

$$A_n = \frac{2}{L}\int_0^L N_0(x)\cos(n\pi x/L)dx, \quad n = 1, 2, \cdots$$

은 푸리어 코사인 급수의 계수이다.■

지수성장 $f(N) = rN$에 대해 반응-확산 방정식은 임의 확산 방정식으로 변환 될 수 있다.

예제 3.4 지수성장이 임의의 확산방정식에 포함된다고 가정하자.

$$\frac{\partial N}{\partial t} = D\frac{\partial^2 N}{\partial x^2} + rN,\ x \in (0, L), t \in (0, \infty),$$
$$N(0, x) = N_0(x),\ x \in [0, L],$$
$$N(t, 0) = 0 = N(t, L),\ t \in (0, \infty).$$

변수변환은

$$P(t,x) = N(t,x)e^{-rt} \quad \text{또는} \quad N(t,x) = P(t,x)e^{rt}$$

을 변수 P에 관한 편미분방정식을 유도한다:

$$\frac{\partial P}{\partial t} = D\frac{\partial^2 P}{\partial x^2}.$$

P로 표현된 경계조건과 초기조건들은

$$P(0, x) = N_0(x),\ x \in [0, L],$$
$$P(t, 0) = 0 = P(t, L),\ t \in (0, \infty)$$

이다.

그러므로 $P(t,x)$에 대한 해는 (7.13)에서 구한다. $N(t,x)$에 대한 해는 e^{rt}가 곱해진 $P(t,x)$의 해

$$N(t,x) = \Sigma_{n=1}^{\infty} B_n \sin\left(\frac{n\pi x}{L}\right)\exp\left(rt - D\left(\frac{n\pi}{L}\right)^2 t\right)$$

이다.■

예제 3.1 ~ 3.4은 일차원 공간영역에서 정의된 선형편미분방정식이다. 양함수 해는 이러한 선형방정식들에서 구할 수 있음을 알 수 있다. 그러나 보다 복잡한 영역에서 비선형편미분방정식에 대한 양함수 해는 일반적으로 구할 수 없다. 해의 동태를 공부하기 위해 다른방법을 사용해야 한다. 첫째로, 해는 $\mathbf{R}$의 열린 연결된 부분구간 $\Omega \ni x$와 $t \in [0,\infty)$대해 방정식 (7.5)형태의 반응-확산 방정식에 대해 초기치조건 $N_0(x)$와 성장율 $f(N)$은 유일한 유계해의 존재에 대한 필요충분조건을 설명한다.

$N_0(x)$가 $x \in \bar{\Omega}$나 $x \in \mathbf{R}$에 대해 연속이라고 하자. 더구나 $f(a) \geq 0,\ f(b) \leq 0, x \in \bar{\Omega}$에 대해 $a \leq N_0(x) \leq b$인 상수 a, b가 존재한다고 하고, 함수 f는 균등한 립쉬쯔 연속이라 하자. 즉, 모든 $v \in [a,b]$에 대해

$$|f(u) - f(v)| \leq c|u - v|$$

인 c가 존재한다. 코시문제나 동형인 디리클레나 0- 순 흐름 BCs가 있는 IBVP (7.5)는 $x \in \Omega$ 또는 $x \in \mathbf{R}, t \in (0,\infty)$에 대하여, 유일한 유계인 해 $N(t,x)$가 존재한다. 더구나, 해는 $N(t,x) \in [a,b]$이다. 예를 들어, 보다 일반적인 반응-확산 방정식과 더 복잡한 영역에 대한 다른 존재성과 유일한 조건에 대해 Britton(1986)과 Cantrell과 Cosner(2003)을 참고하라. 유일성 결과는 또한

$$\begin{aligned}\frac{\partial N_1}{\partial t} &= f(N_1, N_2) + D_1\frac{\partial^2 N_1}{\partial x^2},\\ \frac{\partial N_2}{\partial t} &= g(N_1, N_2) + D_2\frac{\partial^2 N_2}{\partial x^2}\end{aligned}$$

와 같은 반응-확산 방정식의 시스템에 적용한다. 여기서, f와 g는 $N = (N_1, N_2)$에서 균일한 립쉬쯔 조건을 만족한다.

다음 예제는 로지스틱 성장인 코시문제가 유일한 조건을 만족함을 보여준다.

예제 3.5 *코시문제가 다음을 만족한다고 하자:*

$$\begin{aligned}&\frac{\partial N}{\partial t} = N(1-N) + D\frac{\partial^2 N}{\partial x^2},\ x \in \mathbf{R},\ t \in (0,\infty),\\ &N(0,x) = N_0(x),\ x \in \mathbf{R}.\end{aligned}$$

초기조건 $N_0(x)$가 연속이고 $x \in \mathbf{R}$에 대해 $0 \le N_0(x) \le 1$이다. 그러면 $f(N) = N(1-N)$은 $f(0)=0, f(1)=0$을 만족하고 $u, v \in [0,1]$에 대해

$$\begin{aligned} |f(u)-f(v)| &= |u(1-u)-v(1-v)| \\ &= |(u-v)[1-(u+v)]| \\ &\le |u-v| \end{aligned}$$

이다. 립쉬쯔 상수 $c = 1$이다. 그러므로 유일성에 의해, 이 IVP은 유일한 유계 해 $N(t,x) \in [0,1]$을 갖는다. ■

비선형 반응-확산 방정식에서, 해법의 질적거동에 대한 통찰력은 방정식을 푸는것 이외의 방법으로 의해 얻을 수 있다. 어떤 방법은 상미분 방정식의 해석에서 사용한 방법과 유사하다(즉, 평형점 해의 안정성). 이러한 후자의 방법은 다음 절에서 토의될 확산 불안정성은 검토하는데 적용한다. 비선형 반응-확산방정식에 적용할만한 어떤 수학적 방법을 다음 응용에 소개한다. 먼저, 방정식 (7.5)형태의 비선형 방정식에 유용한 해의 유형을 복습할 것이다

제 4 절 평형점과 진행파 해

다음 비선형 편미분방정식을 살펴보자:

$$\frac{\partial N}{\partial t} = f(N) + D\frac{\partial^2 N}{\partial x^2}, \; x \in \Omega \subset \mathbf{R}, t \in (0, \infty). \tag{7.14}$$

제시된 초기조건과 경계조건(IVP 와 IBVP)를 가진 방정식 (7.14)은 $x \in \Omega$와 $t \in [0, \infty)$에 대한 유일한 해를 가진다고 가정하자.

정의 **4.1** *방정식 (7.14)의* **평형해(equilibrium solution)**는

$$D\frac{d^2\bar{N}}{dx^2} + f(\bar{N}) = 0, \quad x \in \Omega$$

를 만족하는 시간-독립인 해 $\bar{N}(x)$이고 모두 BCs를 적용할 수 있다. $\bar{N}(x)$가 x에 확실히 종속된다면, 평형해는 **공간적으로 비균일(spatially nonuniform)**하거나 **공간적으로 이질적(spatially heterogeneous)***이다. $\bar{N}$가 상수이면 평형점이* **공간적으로 균일(spatially uniform)** *또는* **공간적으로 동일(spatially homogeneous)***하다고 한다.*

공간적으로 균일한 평형해 $\bar{N}$는 상수해이다. 방정식 (7.14)의 상수해 $\bar{N}$는 $f(\bar{N}) = 0$을 만족하는 해이다.

평형해는 하나 이상의 공간차원과 여러 종의 모델들에 대해 정의할 수 있다. 예를 들어, 두가지-종 시스템에 대해

$$\frac{\partial N_1}{\partial t} = f(N_1, N_2) + D_1 \frac{\partial^2 N_1}{\partial x^2},$$
$$\frac{\partial N_2}{\partial t} = g(N_1, N_2) + D_2 \frac{\partial^2 N_2}{\partial x^2}.$$

하나의 평형해가 다음을 만족하는 해 $(\bar{N}_1(x), \bar{N}_2(x))$이고 모두 BCs를 적용할 수 있다:

$$D_1 \frac{d^2 \bar{N}_1}{\partial x^2} + f(\bar{N}_1, \bar{N}_2) = 0,$$
$$D_2 \frac{d^2 \bar{N}_2}{\partial x^2} + g(\bar{N}_1, \bar{N}_2) = 0.$$

예제 4.2 *다음 IVBP에 대한 평형해를 결정하여라:*

$$\frac{\partial N}{\partial t} = D \frac{\partial^2 N}{\partial x^2}, \ x \in (0, L), t \in (0 < \infty)$$
$$N(t, 0) = k_1$$
$$N(t, L) = k_2$$
$$N(0, x) = N_0(x), \ x \in [0, L]$$

평형해들 $\bar{N}(x)$*은*

$$D \frac{\partial^2 \bar{N}}{\partial x^2} = 0, \ \bar{N}(0) = k_1, \ \bar{N}(L) = k_2$$

를 만족한다. 앞 미분방정식을 두번 적분하고 경계조건을 적용하여 다음 평형해를 얻는다:

$$\bar{N}(x) = \frac{k_2 - k_1}{L} x + k_1. \quad \blacksquare$$

예제 4.2에서, 만일 BCs가 0 순 흐름 BCs이고 $x = 0$과 L에서 $\partial N / \partial x = 0$이면 무한개의 평형해가 존재한다. 임의의 상수해는 평형해이다.

편미분방정식의 평형해에 대한 안정석 분석은 불안정성이 공간적 영역에서 발생할 수 있기 때문에 상미분방정식보다 더 복잡하다. 앞장에서처럼 선형화 방법을 통해 국소 안정성을 공부한다. 편미분방정식에 대한 해의 안정성은 상미분 방정식과 유사한 방법으로 정의한다.

정의 **4.3** *IVP나 IBVP의 해 $N(t,x)$가 다음을 만족한다고 하자:*

$$\frac{\partial N}{\partial t} = f(N) + D\frac{\partial^2 N}{\partial x^2}, \ x \in \Omega, \ t \in [0,\infty)$$
$$N(0,x) = N_0(x), \ x \in \Omega.$$

유한영역에 대해, BCs는 $\partial\Omega$상에 지정된다. 만일, 주어진 임의의 $\epsilon > 0$에 대해 초기조건 $\Phi_0(x)$를 가진 같은 IVP나 IBVP에 대한 해 $\Phi(t,x)$는 모든 $t > 0$에 대하여

$$||N_0(t,.) - \Phi(t,.)|| < \epsilon$$

를 만족하여, $\Phi(0,x) = \Phi_0(x)$일 때

$$||N_0(\cdot) - \Phi_0(.)|| < \delta$$

를 만족하는 $\delta > 0$가 존재한다면, $N(t,x)$를 IVP나 IBVP의 **안정해(stable solution)***라 한다. 해가 안정이 아니면, 해 $N(t,x)$는* **불안정(unstable)***해라 한다. 해 $N(t,x)$가 안정이고, $t \to \infty$에 따라*

$$||N(t,.) - \Phi(t,.)|| \to 0$$

이면, 해 $N(t,x)$는 **국소 점근적 안정(locally asymptotically stable)***이라고 한다.*

정의 4.3에서, 변수 x에 대한 노름 $||.||$이다. 예를 들어, 연속함수 $f(x)$에 대하여 다음 노름

$$||f(\cdot)|| = \sup_{x\in\bar{\Omega}} |f(x)|$$

을 사용할 수 있다. 평형해 $\bar{N}$의 국소 점근적 안정성은 $t \to \infty$에 따라 $||N - \Phi(t,\cdot)|| \to 0$을 의미한다.

확산은 **확산 불안정성(diffusive instabilities)**이라 부르는 것이 발생할 수도 있다. 여기서 상수해는 불안정이다. 불안정성의 이러한 유형은 패턴을 형성하는 것과 관련하여 Turing(1952)이 최초로 연구하였다.

생물학과 수학적 관점에서 흥미있는 해의 또다른 유형은 진행파 해이다. 그림 7.5는 진행파의 개념을 설명한다. 그 시간 안에 일어난 정보는 특정한 시간 t에서의 해 곡선 $N(t,x)$은 나중에 우측으로 유한속도로 이동을 한다.

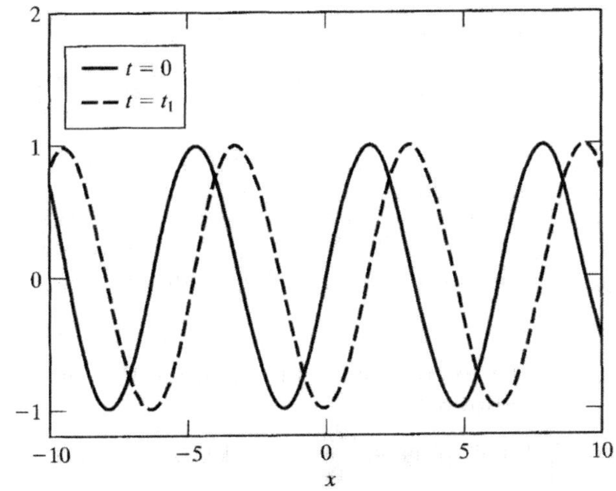

그림 7.5: 진행파 해

그림 7.5의 그래프는 위치 x와 시간 t에서의 해곡선, $N(t_1, x_1)$에서 해곡선은 위치 $x_1 - vt_1$과 시간 0에서 해곡선 $N(0, x_1 - vt_1)$과 같다. 해는 유한속도 v로 이동한다. 진행파 해는 감염이나 유전자 빈도가 공간 영역에 걸쳐 파동방식으로 변할 수 있는 전염병과 개체군 유전자에 흥미가 있다. 개체유전자에 대한 진행파 해의 잘 알려진 적용은 7.6절에서 토의를 할 것이다.

정의 4.4 *방정식 (7.14)의* **진행파 해(traveling wave solution)***는 단일변수 $z = x - vt$로 표현될 수 있는 해이다.*

$$N(t, x) \equiv N(z) = N(x - vt)$$

여기서 상수 v는 **(전)파속도(wave speed)***이다.*

진행파 해를 구하기 위해, 해가 $z = x - vt$인 일변수 함수 $N(z)$라 가정한다. $N(z)$를 편미분에 대입하면 N이 단일변수 z의 함수이기 때문에 상미분방정식으로 유도된다.

$N(z)$를 미분하면 다음이 된다:

$$\begin{aligned}\frac{\partial N}{\partial t} &= \frac{dN}{dz}\frac{\partial z}{\partial t} = -v\frac{dN}{dz},\\ \frac{\partial N}{\partial x} &= \frac{dN}{dz}\frac{\partial z}{\partial x} = \frac{dN}{dz},\\ \frac{\partial^2 N}{\partial x^2} &= \frac{d^2N}{dz^2}.\end{aligned}$$

$N(z)$에 관하여 표현된 편미분방정식 (7.14)는 2계 상미분방정식

$$D\frac{d^2N}{dx^2} + v\frac{dN}{dz} + f(N) = 0 \tag{7.15}$$

이다.

z에서 미분방정식 (7.15)는 1계 시스템으로 표현할 수 있다. 새로운 변수 P를 정의하고, $dN/dz = -P$이다. 그러면

$$\frac{d^2N}{dz^2} = -\frac{dP}{dz} \quad \text{이지만} \quad \frac{d^2N}{dz^2} = -\frac{v}{D}\frac{dN}{dz} - \frac{1}{D}f(N)$$

이다. 즉, 다음의 일계시스템을 얻는다:

$$\begin{aligned}\frac{dN}{dz} &= -P,\\ \frac{dP}{dz} &= -\frac{v}{D}P + \frac{1}{D}f(N).\end{aligned} \tag{7.16}$$

진행파 해는 1계시스템을 분석하여 연구한다. 유리한 유전자의 확산과 관련된 적용에서, 계 (7.16)에 대한 진행파를 해로 해석한다(7.6절).

다음절에서, 반응-확산 방정식의 몇가지 고전적 예들을 토의할 것이다. 공간설정에서 생물학적 시스템의 동태와 적용결과로부터 일반화의 일부를 모델링하는 세가지 적용을 토의한다. 반응-확산 모델의 세가지 적용은 중요한 패치 크기(Kierstead와 Slobodkin,1953)와 유리한 유전자의 확산(Fisher,1937), 패턴 형성(Turing,1952)과 관련한다.

제 5 절 최소 패치 크기

반응-확산 방정식의 최초의 적용은 개체군 생물학이다. 개체군의 성장과 확산에 대한 모델은 개체군 생존을 위해 필요한 공간 영역의 최소 크기를 추정하기 위해 사용되였다. 이 최소 크기를 종종 **결정적(최소) 패치 크기(critical patch size)**라 한다. Kierstead와 Slobodkin(1953)의 고전적인 논문에서, 최소 패치 크기를 지수성장으로 단순한 반응-확산방

정식으로 결정하였다. 그들의 모델을 식물프랑크톤에 성장에 적용하였다. 식물프랑크톤은 해양 먹이사슬 밑바닥을 형성하고 바다에 살고 있는 아주 작은 식물이다.

Kierstead와 Slobodkin의 모델에서, 공간 영역은 $[0, L]$이고 BCs는 균질한 디리클레 BCs이다. 개체군이 구간 $[0, L]$의 외부에는 살지않고, 성장을 위해 단지 살수있는 작은 양의 물만이 있는 것을 의미한다. IBVP는 다음과 같은 형태를 취한다:

$$\frac{\partial N}{\partial t} = D\frac{\partial^2 N}{\partial x^2} + rN,\ x \in (0, L),\ t \in (0, \infty),$$
$$N(0, x) = N_0(x),\ x \in [0, L],$$
$$N(t, 0) = 0 = N(t, L),\ t \in (0, \infty).$$

단, $r > 0, D > 0, N_0$는 $[0, L]$에서 연속이다. 예제 3.2에 주어진 IBVP에 대한 해는

$$N(t, x) = \Sigma_{n=1}^{\infty} B_n \sin\left(\frac{n\pi x}{L}\right)\exp\left(rt - D\left(\frac{n\pi}{L}\right)^2 t\right)$$

이고,

$$B_n = \frac{2}{L}\int_0^L N_0(x)\sin(n\pi x/L)dx$$

이다.

Kierstead와 Slobodkin이 제기한 의문점은 "개체군이 유지될 수 있는 공간영역의 최소 크기는 얼마인가?"란 것이다. 이 질문을 바꾸어 IBVP의 해가 영(멸종)으로 수렴할 수 있는 공간영역 조건을 결정한다. 해의 검토는 $\hat{B} = 2\hat{N_0}$와 $\hat{N_0} = \sup_{x\in[0,L]}|N_0(x)|$일 때

$$||N(t, \cdot)|| = \sup_{x\in[0,L]}|N(t, x)| \le \Sigma_{n=1}^{\infty}\hat{B}\exp\left(\left[r - D\left(\frac{n\pi}{L}\right)^2\right]t\right)$$

임을 알 수 있다. 만일 모든 n에 대하여,

$$r < D\left(\frac{n\pi}{L}\right)^2$$

이면, $\lim_{t\to\infty}||N(t, \cdot)|| = 0$(영 평형점은 안정)이다. 그러나, 모든 n에 대해 앞 부등식이 성립하기 위한 필요충분조건은 $n = 1$에 대해 성립한다. 즉,

$$r < D\left(\frac{\pi}{L}\right)^2 \tag{7.17}$$

이면 개체군이 멸종된다. $(\pi/L)^2$가 다음 BVP를 만족하는 가장 작은 고유값이라는 것을 언급하는 것은 흥미로운 일이다(고유값 문제라 한다):

$$X'' + \lambda X = 0,\ (0, L)\text{에서}$$
$$X(0) = 0 = X(L).$$

즉, $\min \lambda = (\pi/L)^2$이다.

Kierstead와 Slobodkin의 질문으로 되돌아와서, 개체군이 생존하기 위해서는 부등식 (7.17)가 바뀌어야 $r \geq D\pi^2/L^2$ 한다. 후자의 부등식은 개체군이 생존하기 위해서 필요한 최소의 패치 크기를 정의한다. 즉, 부등식이 등식으로 대치되고 L에 관해 풀때 결정적(최소) 패치 크기(critical patch size)를 L_c 로 표기하고

$$L_c = \pi\sqrt{\frac{D}{r}} \tag{7.18}$$

로 정의한다.

영역 크기가 $L > L_c$이면 개체군 크기가 증가하지만, $L < L_c$이면 개체군 크기가 영으로 감소한다. 식물 프랑크톤에 관하여 영양이 풍부한 물은 경계를 통과하여 확산하기 때문에 손실을 상쇄하기 위해 성장을 위한 최소의 크기는 L_c여야 한다.

Skellam (1951)은 동일한 반응-확산 방정식에 적용하지만, $x \in \mathbf{R}^2$를 무한영역에도 적용한다. 스켈람은 작은 초기 개체수로부터 시간에 걸쳐 개체군이 확장되는데 관심이 있다. 그는 완화된 초기점을 가진 IVP로 두가지 다른 생물학적 개체군을 모델링 하였다. 그 두가지 문제는 중앙유럽에 산재해 있는 사향쥐와 영국에 산재하고 있는 참나무숲이다.

Cantrell과 Cosner(1989)는 Kierstead와 Slobodkin나 혹은 Skellam 보다 일반적인 설정에서 확산되는 로지스틱 방정식을 연구하였고, 개체군의 지속과 멸종이 될 조건들을 발견하였다. 이러한 조건은 영역의 크기와 모양에 달려있다. 그들의 모델은

$$\begin{aligned}
\frac{\partial N}{\partial t} &= D\Delta N + rN\left(1 - \frac{N}{K}\right),\ r, K > 0,\ x \in \Omega,\ t \in (0, \infty) \\
N(0, x) &= N_0(x),\ x \in \Omega \\
0 &= \beta N + (1 - \beta)\frac{\partial N}{\partial \eta},\ x \in \partial\Omega
\end{aligned}$$

이다. 여기서 $\partial\Omega$는 Ω의 경계이고, $\partial N/\partial\eta$은 η-방향으로 N은 외부로 향한 정규미분이다. 매개변수 $\beta \in [0, 1]$이다. 만약 $\beta = 0$이면 BCs은 0-순 흐름이고, $\beta = 1$이면 BCs는 균질의 디리클레이다. Cantrell과 Cosner(1989)는 개체군의 지속과 멸종은 다음 고유치 문제의 가장 작은 고유값 λ_1에 종속됨을 연구하였다.

$$\Delta u + \lambda u = 0,\ \Omega\text{에서}$$

$$\beta u + (1 - \beta)\frac{\partial u}{\partial \eta} = 0,\ \partial\Omega\text{에서}$$

고유값 λ_1은 매개변수 β와 영역 Ω에 달려 있다. 개체군 멸종에 대한 조건은 $r < D\lambda_1$이고, 이것은 $\lambda_1 = (\pi/L)^2$이면 Kierstead와 Slobodkin의 결과 (7.17)을 단순하게 한것이다.

결정적 패치 크기의 개념은 또한 영역의 다른 유형과 이산 패치모델로 확장된다 (Allen,1987; Allen et al.,1990). Okubo(1980)의 책과 Okubo와 Levin(2001)은 최소 패치 크기는 생태적인 문제에서 중요한 역할을 하는 응용의 다양성을 설명한다.

제 6 절 유전자와 진행파의 확산

R.A. Fisher(1890-1962)는 유전학, 자연 선택설, 통계학 이론에 많은 공헌을 하였다. 1937년에, Fisher는 개체군내의 개체들이 세개의 특별한 염색체, AA, Aa, aa유형들 중 하나를 가지고 있는 개체군에 대한 이론을 발전시켰다. A유전자 형질을 보유하고 있는 개체는 장점(더 큰 적합)을 가지고 있다. 예를 들어, 그들은 더 많은 번식력을 가지고 있다. 피셔의 모델은 다음에 설명한다.

$p(t,x)$는 시간 t에서 위치 x에 있는 유전자 형질 A를 가진 개체군의 비례밀도라 놓자. $q(t,x) = 1 - p(t,x)$를 유전자 형질 a를 수용하는 개체군의 비례밀도라 하자. 무작위 매칭을 가정하고 영역의 외부로부터 이동이 없고 자연도태가 없다고 가정하면, Hardy-Weinberg 유전의 법칙을 적용하여

$$(p+q)^2 = p^2 + 2pq + q^2 = 1 \text{이 된다.}$$

항 $p^2, 2pq$과 q^2은 다음 세대에서, 유전자 쌍 AA, aA, aa의 비율을 나타낸다. 각 유전형질들이 똑같이 선택된다고 하면 유전형질의 비율은 다음세대에 똑같이 유지한다. 그러나 유전형질 A가 유리한 점을 가진다고 가정하자. 유전형질 A의 비율이 $pq = p(1-p)$의 비율로 증가한다. 즉, $rp(1-p), r > 0$이다. 임의로 운동과 성장율 $rp(1-p)$를 가정하면, 비례밀도 p의 변화율에 대한 미분방정식은

$$\frac{\partial p}{\partial t} = D\frac{\partial^2 p}{\partial x^2} + rp(1-p),\ x \in \mathbf{R},\ t \in (0,\infty) \tag{7.19}$$

을 얻는다. r은 도태의 강도이다. 방정식 (7.19)를 종종 **피셔의 방정식(Fisher's equation)**이라 한다. $r = 0$일 때, 유전형질의 비율은 세대에서 세대로 동일하게 유지한다. 유전형질 A를 가진 개체군의 초기비율은,

$$p(0,x) = p_0(x),\ x \in \mathbf{R}$$

을 만족한다. 여기서 $p_0(x)$는 $\mathbf{R}$에서 연속이고, $x \notin [a,b] \subset \mathbf{R}$에 대해 $p_0(x) \equiv 0$이고 $0 \leq p_0(x) \leq 1(p_0(x) \neq 0)$이다. 피셔의 문제는 코시문제이다.

확산이 없을때, p에 대한 미분방정식은 $p = 1$에서 안정인 평형점을 가진 로지스틱 방정식임을 주목하자. 공간적으로 종속인 해 $p(t,x)$는 결국 1로 접근해야 한다는 가정은 합리적이다. 이것은 실제로 사실이다. 각 $x \in \mathbf{R}$에 대해 $\lim_{t\to\infty} \| p(t,x) \| = 1$ 이 증명된다. 평형점으로 수렴은 각 $x \in \mathbf{R}$에 대해 점별수렴이다(Britton, 1986). 결국 비율 p를 가진 유리한 유전자 A는 전체 개체군을 지배한다.

개체군에 있어 유리한 유전자 확산을 설명하기 위해, 피셔의 IVP에 대한 진행파 해를 구하는데 관심이 있다. $p(t,x) = N(z),\ z = x - \nu t$라 하자. 7.4절의 방법은 편미분방정식을 N과 P에서 $P = -dN/dz$인 일계 상미분 방정식의 시스템으로 변환하기 위해 적용한다. 시스템 (7.16)참고하라. N과 P에 대한 방정식의 시스템은

$$\begin{aligned} \frac{dN}{dz} &= -P = f(N,P), \\ \frac{dP}{dz} &= -\frac{v}{D}P + \frac{r}{D}N(1-N) = g(N,P) \end{aligned} \tag{7.20}$$

을 만족한다. 피셔문제에 대한 진행파 해에 대해, 해 $N(z)$에 다음의 부가적인 제한을 도입한다: $z \to -\infty$일 때 $0 \leq N(z) \leq 1$, $N(z) \to 1$이고, $z \to \infty$임에 따라 $N(z) \to 0$이다.

위상평면과 국소안정 해석은 시스템 (7.20)에 대해 행하였다. 첫째로, 두개의 상수평형점 해 $P = 0, N = 0$ 또는 $N = 1$을 구했다. N-분기선은 $P = 0$이고, $P-$분기선은 $P = \frac{r}{v}N(1-N)$이다. 계 (7.20)에 대한 야코비안 행렬은

$$J(N,P) = \begin{pmatrix} 0 & -1 \\ \frac{r}{D}(1-2N) & -\frac{v}{D} \end{pmatrix}$$

이다. 평형점 $(0,0)$에서 야코비안 행렬값은

$$J(0,0) = \begin{pmatrix} 0 & -1 \\ \frac{r}{D} & -\frac{v}{D} \end{pmatrix}$$

이다.

대각선 원소의 합은 음수이고, 행렬식 r/D는 양수이다. 즉, 평형점 $(0,0)$은 국소 점근적 안정이다. 판별식은 $v^2/D^2 - 4r/D$을 만족한다. 판별식이 양수이면, 평형점 $(0,0)$은 안정 마디이다. 그러므로, 원점이 안정 마디라는 것은 파속도 v가

$$v > 2\sqrt{rD}$$

을 만족하는것을 의미한다. 다음으로, 평형점 (1,0)에서 야코비안 행렬값은

$$J(1,0) = \begin{pmatrix} 0 & -1 \\ -\frac{r}{D} & -\frac{v}{D} \end{pmatrix}$$

이다. 대각선의 합은 음수이고 행렬식 $-r/D$은 또한 음수이다. 평형점 (1,0)은 불안정이다. 판별식이 음수이므로 평형점 (1,0)은 안장점이다. 하나의 고유치는 양수이고 하나는 음수, $\lambda_1 < 0$이고 $\lambda_2 > 0$이다. 대응되는 고유벡터는 $(1, -\lambda_i)^T$, $i = 1, 2$ 형태를 갖는다. 위상평면도와 분기선은 그림 7.6의 그래프이다. $v < 2\sqrt{rD}$인 경우에 (0,0) 주변의 해의 주기와 N의 값은 음수가 된다.

$v > 2\sqrt{rD}$ 경우에 모든 해 $N(z)$는 그림 7.6에 위상평면에 그려져 있는데 이는 진행파의 해를 나타낸다. 즉, 진행파 해의 존재에 대한 최소 파속도는

$$v_{min} = 2\sqrt{rD}\text{이다.} \tag{7.21}$$

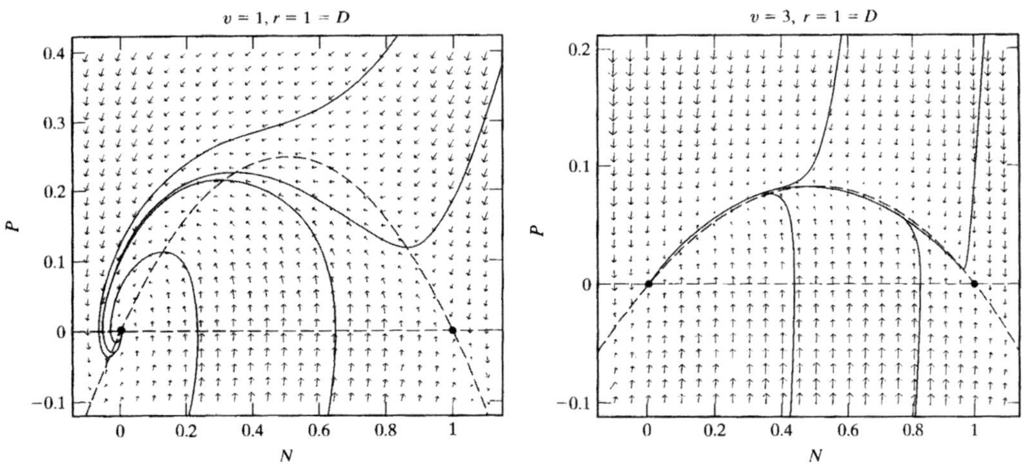

그림 7.6: 두 경우에 있어 식 (7.20)에 대한 위상평면 역학 : $v < \sqrt{rD}(v = 1, r = 1 = D)$와 $v > 2\sqrt{rD}(v = 3, r = 1 = D)$

하나의 해, heteroclinic궤적은 다음 조건을 만족한다:

(1) $0 \le N(z) \le 1$

(2) $z \to -\infty$ 임에 따라 $N(z) \to 1$ (또는 $x - vt \to -\infty$)

(3) $z \to \infty$ 임에 따라 $N(z) \to 0$ (또는 $x - vt \to \infty$)이다.

모든 해는 $t \to \infty$임에 따라 다른모임(heteroclinic)궤도로 접근한다. 이 궤도는 진행파를 나타낸다. 그러므로, 진행파 해를 따라, $t \to \infty$일 때 비례밀도 $p(t,x) \to 1$(x에서 점별로)이다. 이 결과는 앞 조건 (2)를 따른다. 파도가 개체군를 통해 지나간 것처럼 유리한 대립유전자 A가 우세하게 된다. 그림 7.7에서 볼수 있는 것처럼 진행파의 해 $p(t,x)$가 우측으로 이동한다. 두개의 진행파를 가진 또 다른 예제는 연습문제 11에서 토의한다. 피

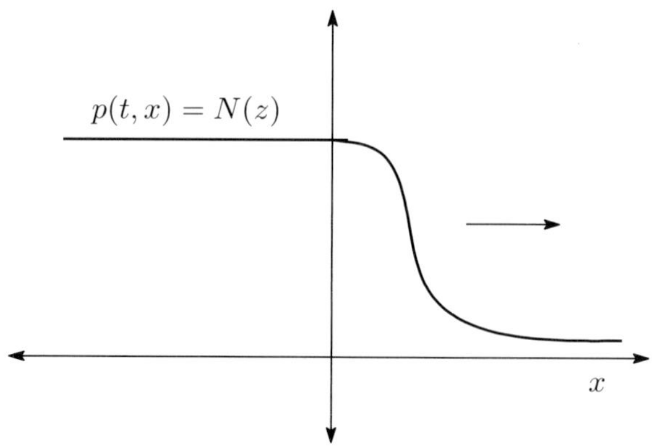

그림 7.7: 피셔 방정식에 대한 진행파 해

셔의 방정식은 많은 과학자들에 의해 연구되었다. 초기 1937년 연구자들의 일부는 Kolmogoroff, Petrovsky, Piscounoff의 연구자이다. 이들은 $p(0,x)$가

$$p(0,x) = \begin{cases} 1, & x \le x_1 \\ 0, & x \ge x_2 \end{cases}$$

을 만족함을 증명하였다. 여기서, $x_1 < x_2$이고 $p(0,x)$가 (x_1, x_2)에서 연속이면, 피셔 방정식에 대한 해는 방정식 (7.21)에서 최소 파도속도 $v_{min} = 2\sqrt{rD}$로 진행파(traveling wavefront)이면 해로 발전한다. 이 방정식에 대한 그들의 업적 때문에 피셔의 방정식은 종종 **KPP 방정식(KPP equation)**이라 한다.

진행파와 다른 파도유형(파동열과 나선형파)은 수많은 생물학적 예들이 Fife(1979), Keener와 Sneyd(1998), Murray(1993, 2002,2003)에 의해 연구되었다. 진행파 해는 토종이 아닌 종(해충, 나방, 새)의 침입종과 전염병(광견병, 페스트, 한타바이러스)의 확산 연구에 있어서 중요하다(E,G , Abramson et al, 2003, Anderson et al, 1981, Andow et al, 1990 Hengoveld, 1989, Murray, 1993,2003, Shigesada 와 Kawusulci 1997).

토의할 마지막 적용은 패턴형성 관련이다. 이 분야의 첫번째 논문은 형태발생을 위한 화학적 기초에 근거한 Alan Turing (1952)에 의해서다. **형태 발생(morphogenesis)**이란 용어는, 특별히 배아가 성장하는데 있어 모양, 패턴, 형태를 연구하는 것이다. 확산은 공간적으로 안정인 균질의 해가 불안정이되고 이 불안정성은 공간에서 패턴이 발생하는 것을 야기한다.

제 7 절 패턴 형성

튜링의 업적은 이론 생물학에 커다란 충격을 주었다. Edelstein-Keshet(1988)은 튜링의 업적(공헌)은 “수학이 발달생물학의 영역(realm)에 해온 가장 중요한 공헌들중 하나”(p.497)라고 설명했다. 튜링의 업적은 참고서적의 머레이(1993)는 튜링의 논문은(pp. 237,238) “이 세기 이론 생물학에서 가장 중요한 논문들 중 하나”라고 설명했다. Alan Turing(1912-1954)은 컴퓨터 과학의 창시자로 알려졌다.

무작위 혼합은 공간에서 발생하는 임의의 이질성(heterogeneities)을 균질화(ho mog-enize)하려는 경향이 있다. 그러므로 무작위 확산은 일반적으로 공간적으로 발생하는 것으로 생각된 균일한 해를 제공한다. 그러나 튜링은 확산이 반대 효과를 가질 수 있다는 것을 발견했다. 확산은 **확산 불안정성(diffusive instabilities)**이나 **튜링 불안정성(Turing instabilities)**이라고 하는 균일하지 않은 패턴(양상)이나 균일하지 않은 공간을 야기할 수 있다. 튜링의 불안정성 덕분에 공간에서 패턴형성을 설명할 수 있는 수많은 생물학적 응용이 있다. 예를 들어 머레이(1988,1993,2002,2003)는 동물의 무늬(사자의 점박이, 줄무늬 호랑이, 뱀의 피부 패턴, 나비의 날개))와 신경 모델(시각적 피질에 있는 줄무늬 형성, 시각적 환각 패턴을 기반으로 한 뇌의 기전, 조개 무늬), 날개 무늬와 척추동물 다리에 있는 연골조직 형성등을 포함하는 패턴을 형성하는 적용을 토의한다.

확산 불안정성이 어떻게 일어나는지를 보이기 위해, 두-종, 두 화학 작용에 의한 변화, 혹은 두 모르포겐은 서로 작용하고 확산하는 것으로 여겨지는 두가지 정량(quantities)을 고려한다. **모르포겐(morphogens)**은 성장 유형을 조절한다고 믿는 배아 발달에 존재하는 물질이다. $N_1(t,x)$와 $N_2(t,x)$을 다음 반응-확산방정식을 만족시키는 두 정량을 나타낸다:

$$\begin{aligned} \frac{\partial N_1}{\partial t} &= f(N_1, N_2) + D_1 \frac{\partial^2 N_1}{\partial x^2}, \\ \frac{\partial N_2}{\partial t} &= g(N_1, N_2) + D_2 \frac{\partial^2 N_2}{\partial x^2}. \end{aligned} \tag{7.22}$$

여기서, 확산계수 D_1과 D_2는 양수이다. 이 점에서 BCs에 대한 가정이 없게 한다. 그러나, 영역 Ω은 유한이고, 일반적으로 BCs은 0-순 흐름이다. 다양한 무늬들이 영역의 모양을 형성한다.

$$f(\bar{N}_1, \bar{N}_2) = 0 \quad \text{이고} \quad g(\bar{N}_1, \bar{N}_2) = 0$$

을 만족하는 상수 평형해 $\bar{N}_1$과 $\bar{N}_2$가 존재한다. 상수 평형해는 0-순 흐름 BCs와 일치함을 주목하라.

단순하게 설명된 튜링의 아이디어는 다음과 같다: 만일 균일한 공간 평형점 $(\bar{N}_1, \bar{N}_2)$이 확산이 없는곳에서는 안정이나 확산이 있는곳에서는 불안정이면, 균일하지 않은 공간 패턴이 진화 할 수 있다. 그러므로, 확산 불안정성에 대한 조건은 평형점 $(\bar{N}_1, \bar{N}_2)$이 시스템의 반응부분에서 국소 점근적으로 안정임이 요구된다.

$$\begin{aligned} \frac{\partial N_1}{\partial t} &= f(N_1, N_2), \\ \frac{\partial N_2}{\partial t} &= g(N_1, N_2). \end{aligned} \tag{7.23}$$

확산과 함께 안정성은 변한다. 평형점도 반응-확산계에서 불안정이다.

첫째, 반응시스템에서 $(\bar{N}_1, \bar{N}_2)$의 국소 점근적 안정성에 대한 조건을 유도한다. 평형점 $(\bar{N}_1, \bar{N}_2)$에 관한 시스템을 선형화하는 것은

$$\begin{aligned} \frac{du_1}{dt} &= a_{11}u_1 + a_{12}u_2 \\ \frac{du_2}{dt} &= a_{21}u_1 + a_{22}u_2 \end{aligned}$$

을 유도한다. 여기서, $u_i = N_i - \bar{N}_i, i = 1, 2$이다. 행렬 $J = (a_{ij})$은 평형점 $(\bar{N}_1, \bar{N}_2)$에서 시스템 (7.23)에 대한 야코비안 행렬값이다. 행렬 J의 고유치는 음수 실수부를 갖고 선형해가 영에 접근하기 위한 필요충분조건은 $Tr(J) < 0$과 $\det(J) > 0$ 또는 동치적으로

$$a_{11} + a_{11} < 0 \quad \text{이고} \quad a_{11}a_{22} - a_{12}a_{21} > 0$$

이다. 이러한 후자의 조건은 발산인 불안정성을 위해 필요하다.

다음으로, 반응-확산계 (7.22)에서 평형점을 선형화한다. $v_i = N_i - \bar{N}_i, i = 1, 2$라 하자. 시스템 선형화는

$$\begin{aligned} \frac{\partial v_1}{\partial t} &= a_{11}v_1 + a_{12}v_2 + D_1\frac{\partial^2 v_1}{\partial x^2}, \\ \frac{\partial v_2}{\partial t} &= a_{21}v_1 + a_{22}v_2 + D_2\frac{\partial^2 v_2}{\partial x^2} \end{aligned} \tag{7.24}$$

를 유도한다. 단, $J = (a_{ij})$은 반응시스템 (7.23)에 대한 야코비안 행렬이다. 행렬기호에서, 시스템 (7.24)은

$$\frac{\partial V}{\partial t} = JV + D\frac{\partial^2 V}{\partial x^2} \tag{7.25}$$

로 표현할 수 있다. 여기서 $V = (v_1, v_2)^T$와 $D = diag(D_1, D_2)$이다.

선형화된 시스템 (7.24)에서 국소 점근적 안정성에 대한 조건을 결정하기 위해, 먼저 시간에 독립적인 해 $W(x)$를 구한다(머레이 1993,2002). 예제 3.2에서 해는 $X(x)T(t)$형태의 항들의 합임을 기억하자. 그러나 이 경우에, $X(x)$은 벡터 $W(x) = (w_1(x), w_2(x))^T$이다. 시간에 독립적인 해 $W(x)$는 $\partial\Omega$에서 정의된 BCs와 관련한 다음 고유치 문제를 만족한다:

$$W'' + k^2 W = \mathbf{0},\ x \in \Omega. \tag{7.26}$$

일련의 고유치 k_n^2와 관련된 고유함수 W_n이 존재한다(예제 3.2과 3.3참조). 여기서 k보다 상수 k^2를 사용해 왔다.(일반적으로, 고유치 문제에 대한 자명하지않은 해에 대해 $k^2 > 0$이다.) 고유함수를 구하기 위해, 해가 $W_n(x)T_n(t)$형태의 합이라 가정하자. 단, $T_n(t) = e^{\sigma t}$이고 σ는 k_n에 종속한다. 선형화된 반응계 $dV/dt = JV$은 지수해를 갖기 때문에 지수를 가정하는 것은 합리적이다 . 그러므로 해가

$$\Sigma A_n e^{\sigma t} W_n(x)$$

을 만족한다고 가정하자.

고유치 σ가 음수이거나 음수 실수부를 가지면 선형화된 반응-확산 시스템 (7.24)의 평형점 $(\bar{N}_1, \bar{N}_2)$은 국소 점근적 안정이다. 그러나, 확산 불안정성에 대해 확산이 존재할때 평형점이 안정이기를 원한다. 그러므로, 적어도 한개의 고유치는 양수이거나 양수의 실수부를 갖는다. σ의 값은 k에 종속되고 $\sigma \equiv \sigma(k^2)$이다.

해 $v_i = c_i e^{\sigma t} w_i(x), i = 1, 2$를 선형화된 시스템에 대입하면

$$\frac{\partial v_i}{\partial t} = c_i \sigma e^{\sigma t} w_i(x) = \sigma v_i$$

와

$$\frac{\partial^2 v_i}{\partial x^2} = -c_i k^2 e^{\sigma t} w_i(x) = -k^2 v_i$$

가 된다. 후자 항등식은 고유치문제 (7.26)의 결과이다. 형렬 형태에서 선형화된 반응-확산 시스템 (7.25)에 대한 이전의 미분의 표현을 행렬형태로 표현하면 $\sigma V = JV - k^2 DV$혹

은

$$[J - k^2 D - \sigma I]V = \mathbf{0}$$

와 동치다. 여기서, $V = (v_1, v_2)^T$, $J = (a_{ij})$이고 $D = diag(D_1, D_2)$이다.

σ의 값은 행렬 $J - k^2 D$의 고유치이다. 고유치가 음수이거나 음수 실수부이기 위한 필요충분조건은 $Tr(J - k^2 D) < 0$이고 $\det(J - k^2 D) > 0$이다. 그러나 확산 불안정성에 대해 적어도 부등식들 중 하나는 반대부호이다. 즉, 행렬 J와 D의 원소들의 항으로 표현된 $Tr(J - k^2 D) > 0$ 이거나 혹은 $\det(J - k^2 D) < 0$은

(1) $(a_{11} + a_{22} - D_1 k^2 - D_2 k^2) > 0$

(2) $(a_{11} - D_1 k^2)(a_{22} - D_2 k^2) - a_{12} a_{21} < 0$

이다. $Tr(J) < 0$이고 매개변수 $D_i, k^2 \geq 0$이기 때문에 조건 (1)이 만족되지 못한다($k^2 \geq 0$의 가정을 사용한다.). 즉, 조건 (2)은 만족되어야 한다. 조건 (2)에서 정량은 $B(k^2)$으로 쓴다. 즉,

$$B(k^2) = D_1 D_2 k^4 - (D_1 a_{22} + D_2 a_{11})k^2 + (a_{11} a_{22} - a_{12} a_{21})$$

은 k^2의 이차함수이다. 그러므로 B가 음수가 되기 위해 꼭지점이 k^2-축 아래에 있다. B의 꼭지점은 $(k^2_{min}, B(k^2_{min}))$으로 쓴다. 확산 불안정성은 $B(k^2_{min}) < 0$이 필요하다. 꼭지점은

$$\left(\frac{1}{2}\left(\frac{a_{22}}{D_2} + \frac{a_{11}}{D_1}\right), a_{11} a_{22} - a_{12} a_{21} - \frac{(D_1 a_{22} + D_2 a_{11})^2}{4 D_1 D_2}\right)$$

이다. 즉,

$$a_{11} a_{22} - a_{12} a_{21} - \frac{(D_1 a_{22} + D_2 a_{11})^2}{4 D_1 D_2} < 0 \quad \text{이면} \quad B(k^2_{min}) < 0$$

이거나

$$a_{22} D_1 + a_{11} D_2 > 2\sqrt{D_1 D_2 (a_{11} a_{22} - a_{12} a_{21})}$$

과 동치이다. 다음 정리에서 이러한 결과를 요약한다.

정리 7.1 *평형점 $(\bar{N}_1, \bar{N}_2)$에 관하여 선형화된 반응시스템 (7.23)은 야코비안 행렬 $J = (a_{ij})$를 가진다. 확산 불안정성이 존재하기 위해 반응-확산 시스템 (7.22)에 대해 최소 필요한 조건은 다음의 세 조건이다:*

(i) $a_{11} + a_{22} < 0$,

(ii) $a_{11}a_{22} - a_{12}a_{21} > 0$,

(iii) $a_{22}D_1 + a_{11}D_2 > 2\sqrt{D_1D_2(a_{11}a_{22} - a_{12}a_{21})}$.□

정리 7.1로 부터 확산 불안정성에 대해 약간의 부가적인 필요조건을 유도하는 것은 간단하다.

따름정리 **7.2** *평형점 $(\bar{N}_1, \bar{N}_2)$에 관하여 선형화된 반응계 (7.23)이 야코비안 행렬 $J = (a_{ij})$을 가진다고 가정하자. 만약 반응-확산시스템 (7.22)은 확산 불안정성이 존재한다고 하면,*

(a) $a_{11}a_{22} < 0$,

(b) $a_{12}a_{21} < 0$,

(c) $D_1 \neq D_2$ *이다.*

증명. *조건 (a)는 정리 7.1에서 조건 (i)과 (ii)로 부터 성명된다:* $a_{11} + a_{22} < 0$*이고* $a_{11}D_2 + a_{22}D_1 < 0$*이다. 조건 (b)는 정리 7.1의 조건 (ii)와 조건 (a)로 부터 성립한다:* $a_{11}a_{22} - a_{12}a_{21} > 0$*이다.* $D_1 = D = D_2$*라 가정한다. 정리 7.1에서 조건(iii)으로 부터* $a_{11}D_2 + a_{22}D_1 = (a_{11} + a_{22})D > 0$*이다. 그러나 이것은 조건 (i)에 모순이다.*◀

야코비안 행렬과 대응된 부호행렬 $Q = sign(J)$은 특별한 형태를 가져야 한다는 것이 따름 정리 7.2로부터 성립한다. 확산 불안정성이 나타나므로, 행렬 Q의 부호는 다음 형태들 중 하나를 가져야 한다 :

$$\begin{pmatrix} + & - \\ + & - \end{pmatrix}, \begin{pmatrix} - & + \\ - & + \end{pmatrix}, \tag{7.27}$$

또는

$$\begin{pmatrix} + & + \\ - & - \end{pmatrix}, \begin{pmatrix} - & - \\ + & + \end{pmatrix}. \tag{7.28}$$

행렬 J가 (7.27)에서처럼 부호를 가진 반응-확산 시스템을 **활성 억제(activator-inhibitor)**시스템이라 하는, 반면 (7.28)에서와 같은 행렬들은 **긍정적인 반응(positive feed back)**이라고 한다(Edelstein-Keshet,1988; Murray,1993,2003; Segel과 Jackson,1972).

다음 예는 로트카-볼테라 경쟁시스템이 확산 불안정성이 존재하지 않음을 보여준다.

예제 7.3 *다음과 같이 주어진 반응함수 f와 g를 가지는 경쟁 반응-확산시스템 (7.22)을 살펴보자.*

$$f(N_1, N_2) = N_1(a_{10} - a_{11}N_1 - a_{12}N_2),$$

$$g(N_1N_2) = N_2(a_{20} - a_{21}N_1 - a_{22}N_2).$$

여기서, 매개변수 $a_{ij} > 0,\ i = 1,2,\ j = 1,2$이다. $(\bar{N}_1, \bar{N}_2)$에서 양의 평형점이 존재한다고 가정하자. 평형점에서 야코비안 행렬값은

$$J = \begin{pmatrix} -a_{11}\bar{N}_1 & -a_{12}\bar{N}_1 \\ -a_{21}\bar{N}_2 & -a_{22}\bar{N}_2 \end{pmatrix}$$

이다. 평형점이 양수이기 때문에 야코비안 행렬의 모든 원소는 음수이다. 이 시스템은 활성억제 시스템도 긍정적인 반응시스템도 아니다. ■

만약 예제 7.3에서 로트카-볼테라 시스템이 포식자-먹이 시스템이라면, 그것은 아마도 확산 불안정일 수 있다(연습문제 16참조). Segel과 Jackson(1972), 미무라, 머레이(1978)은 확산 불안정성을 보이는 포식자-먹이 모델들의 예를 보였다.

정리 7.1에서 조건은 확산 불안정의 시작에 대해 만족될 매개변수에 관한 제한을 하였으나, 그들은 패턴이 나타날 만한 유형에 관한 정보를 주지 않았다. 패턴유형은 영역 Ω와 BCs에 대해 종속적이다. 고유치 k_n과 고유함수 W_n가 공간 패턴을 결정한다.

예제 7.4 *고유치문제 (7.26)에서, BCs 은 0-순흐름 BCs : $\partial N_i(L,t)/\partial x = 0 = \partial N_i(0,t)/\partial x$ 이다. 고유값 문제 (7.26)에 대한 해는 고유치 $k_n^2 = (n\pi/L)^2,\ n = 0,1,2,\cdots$ 와 $w_i(x) = \cos(k_n x), n = 0,1,2,\cdots$ 형태의 고유함수이다. 그러므로 선형계 (7.24)에 대한 해는*

$$v_i(x,t) = \Sigma_{n=0}^{\infty} A_n e^{\sigma t}\cos(k_n x) \approx N_i(x,t) - \bar{N}_i,\ i = 1,2$$

형태를 갖고, $\sigma \equiv \sigma(k_n^2)$이고, $k_n = n\pi/L$이다. 어떤 방식 n에 대해 $B(k_n^2) < 0$이면, $\sigma(k_n^2)$은 양수이거나 양수 실수부를 가진다.($B(k_n^2)$의 정의는 정리 7.1보다 이전에 주어졌다). 해는 특별한 파장의 수(wave number)에서 증폭될것이다. 패턴은 대략 주기 $2\pi/k_n$으로 나타난다. 만일 고유함수 W의 원들이 각각 양수이거나 음수이면 해 $N_i(x,t)$은 평형해 값 $\bar{N}_i$위나 아래이다. $\cos(n\pi x/L) > 0$인 패턴은 $\cos(n\pi x/L) < 0$의 패턴과는 다르다. 확산 불안정성이 $n = 2$와 $n = 4$에서 나타나는 해로부터 생성되는 패턴은 그림 7.8 이다.■

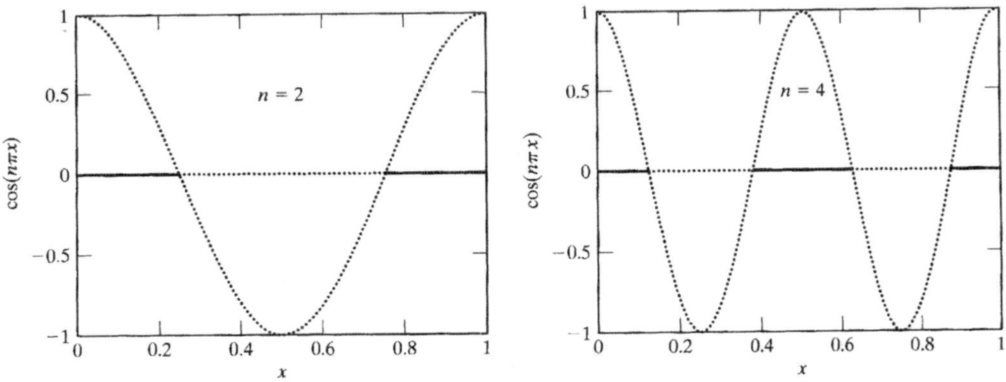

그림 7.8: 불안정성이 $n = 2$와 $n = 4$에서 있을때, 패턴은 선분 $[0,1], L = 1$을 따라 형성된다. 예를 들어 $\cos(n\pi x) > 0$일 때 패턴은 어두운색이고, $\cos(n\pi x) < 0$일 때 패턴은 밝은색이다.

예제 7.5 *직사각형 공간영역* $[0, L_x] \times [0, L_y]$*에서 두가지 종이나 화학적 약품을 가지는 계를 살펴보자. 확산-반응시스템이 다음을 만족한다고 가정하자.*

$$\frac{\partial N_1}{\partial t} = f(N_1, N_2) + D_1 \Delta N_1$$
$$\frac{\partial N_2}{\partial t} = g(N_1, N_2) + D_2 \Delta N_2.$$

여기서, 0-순 흐름 BCs인 $N_i \equiv N_i(x, y, t),\ i = 1, 2,\ \Delta N_i = \partial^2 N_i/\partial x^2 + \partial^2 N_i/\partial y^2$ *이다:*

$$\frac{\partial N_i}{\partial x} = 0,\ x = 0,\ L_x \quad \text{이고} \quad \frac{\partial N_i}{\partial y} = 0,\ y = 0,\ L_y.$$

고유값문제는 다음 형태를 갖는다:

$$\Delta W + k^2 W = \mathbf{0}$$

0-순 흐름인 BCs:

$$\frac{\partial W_i}{\partial x} = 0,\ x = 0,\ L_x,$$
$$\frac{\partial W_i}{\partial y} = 0,\ y = 0,\ L_y$$

이다.

이 직사각형 영역에서, 고유값과 고유함수는 분명하게 구할 수 있다. 고유함수는 $W = (c_1, c_2)^T \cos(q_{1n} x) \cos(q_{2m} y)$ *이다. 여기서* $q_{1n} = n\pi/L_x$ *이고* $q_{2m} = m\pi/L_y,\ m, n =$

$0, 1, 2, \cdots$ 이다. 고유값은 $k_{nm}^2 = k_{1n}^2 + k_{2m}^2$, $m, n = 0, 1, 2, \cdots$ 이다. 확산 불안정성이 있을때, 이중 코사인 급수는 바둑판 무늬 패턴, $\cos(q_{1n}x)\cos(q_{2m}y) > 0$ 대 $\cos(q_{1n}x)$ $\cos(q_{2m}y) < 0$을 생성한다.(연습 문제14 참조).■

생물계에서 패턴 형성에 관한 흥미로운 풍부한 예제들을 위해 참고서적을 참고하라.

제 8 절 미적분방정식

공간 변화를 포함하고 있는 또 다른 유형의 모델은 미적분방정식이다. 그 유형은 시간 변수는 이산이고 공간 변수는 연속이다. $N_t(x)$는 시간 t와 공간위치 x에서 개체크기라 하자. 시간 $t+1$에서 개체 크기에 대한 미적분 방정식의 단순한 예는

$$N_{t+1}(x) = \int_{\mathbf{R}} f(N_t(y))k(x, y)dy$$

로 나타낸다. 함수 k는 **분산성 핵(dispersal kernel)**이라 한다. $k(|x-y|)$형태의 분산성 핵은 두 위치 사이의 거리 $|x-y|$에만 종속되는 y에서 x까지 흩어진 확율을 의미한다 . 함수 f는 개체군 성장율을 결정한다. 예를 들어 f에 대한 Beverton-Holt 형태는

$$f(N_t) = \frac{rKN_t}{K + (r-1)N_t}, \ r > 1$$

이고 리커 형태는

$$f(N_t) = N_t \exp\left[r\left(1 - \frac{N_t}{k}\right)\right], \ 0 < r < 2$$

이다.

미적분 방정식에서, 개체군 성장과 분산성은 흩어진 후 성장을 하는 두 단계로 나타난다. 모델의 그러한 유형은 Kot(1992)와 Kot et al.(1996), Kot과 Schaffer (1986)에 의해 연구되었다. 미적분방정식 모델은 튜링 불안정성과 진행파 해의 존재성을 보여왔다(즉, Kot,1989; Kot et al.1996, Kot와 Schaffer,1986; Neubert et al.1995,2002). 미적분함수에 의해 제시한 진행파 해의 예는 그림 7.9에 있다. 흥미로운 질문이 파도 속도와 관련있다. 예를 들어, 분산성 핵이 뾰족한 곡선(급첨)(뚱뚱한 꼬리)이면, 파도 속도는 시간에 대해 증가함수일 것이다(Kot et al,1996).

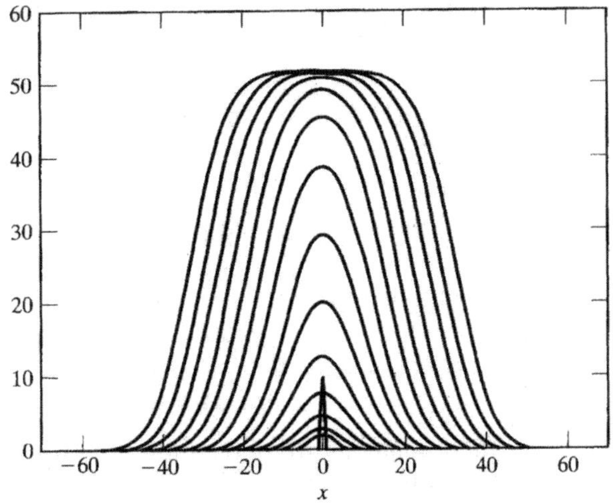

그림 7.9: 확산 감염을 모델화하는 미적분방정식의 진행파(Allen과 Ernest,2001). 각 곡선은 시간에 따른 해를 나타낸다. 진행파 해는 중심 $x = 0$에서 시작하고 시간이 흐름에 따라 양(both)방향 외부로 확산된다. 예제에서 확산률은 일정하다.

제 9 절 7장 연습문제

1. (a) 특성방정식 방법은 사용하여 다음 일계 편미분방정식의 해를 구하여라.

$$\frac{\partial v}{\partial t} + \frac{\partial u}{\partial x} + u = 0, \ -\infty < x < \infty, \ t > 0$$
$$u(0, x) = x^2, \ -\infty < x < \infty$$

   (b) $t = 0, 1, 2$일 때 해의 그래프를 구하여라.

2. 다음 편미분방정식을 살펴보자.

$$t\frac{\partial u}{\partial t} + x\frac{\partial u}{\partial x} + 2u = 0, \ -\infty < x < \infty, \ 1 < t < \infty,$$
$$u(1, x) = \sin(x), \ -\infty < x < \infty$$

   시간 $t = 1$에서 시작한다.

   (a) 특성방정식 곡선을 구하고, 미분방정식을 풀어라.

   (b) 시간 $t = 1, 2, 3$일 때 해의 그래프를 그려라.

   (c) $t \to \infty$일 때 해를 설명하여라.

3.

$$\frac{\partial n}{\partial t}+\frac{\partial n}{\partial a}=-\mu(a)n,$$
$$n(t,0)=\int_0^\infty b(a)n(t,a)da,$$
$$n(0,a)=n_0(a)$$

라 가정하자. 여기서 해는 $n(t,a)=e^{\lambda t}r(a)$형태이다. 고유한 순 번식수 $\mathcal{R}_0$와 정리 2.4를 사용하여 다음 결과를 설명하여라.

(a) 모든 연령 $a>0$(출생율이 사망율보다 적다)에 대해 $0<b(a)<\mu(a)$이면 $\lim_{t\to\infty} n(t,a)=0$임을 보여라.

(b) 모든 연령 $a>0$(사망율이 출생율보다 적다)에 대해 $0<\mu(a)<b(a)$이고 $\int_0^\infty \mu(a)da$이면, $r(a)>0$을 만족한 $\lim_{t\to\infty} n(t,a)=\infty$임을 보여라.

4.

$$\frac{\partial n}{\partial t}+\frac{\partial n}{\partial a}=-\mu(a)n,\ \mu(a)\geq 0.$$
$$n(t,0)=\int_0^\infty b(a)n(t,a)da,\ b(a)\geq 0,$$
$$n(0,a)=n_0(a)$$

라 가정하자. 단, 해는 $n(t,a)=e^{\lambda t}r(a)$형태이다. 고유한 순 번식수 $\mathcal{R}_0$와 정리 2.4를 사용하여 다음 결과를 보여라.

(a) $\int_0^\infty b(a)da<1$이면 $\lim_{t\to\infty} n(t,a)=0$이다.

(b)

$$b(a)=\begin{cases}4, & a\in[1,3]\\ 0, & a\notin[1,3]\end{cases}\quad \text{이고}\quad \mu(a)=\begin{cases}1, & a\in[0,3]\\ 0, & a\notin[0,3]\end{cases}$$

이라 하자. $t\to\infty$에 따라 $n(t,a)$가 0으로 근사하지 않음을 보여라(즉, $\mathcal{R}_0>1$).

5. 변수변환과 푸리에 급수를 거쳐 다음 IBVP에 대한 해를 구하여라.

$$\frac{\partial N}{\partial t}=D\frac{\partial^2 N}{\partial x^2},\ x\in(0,1),\ t\in(0,\infty),$$
$$N(0,x)=\cos(\pi x)+3\cos(2\pi x),\ x\in[0,1],$$
$$\frac{\partial N(t,0)}{\partial x}=0=\frac{\partial N(t,1)}{\partial x},\ t\in(0,\infty).$$

6. 푸리어 변환을 거쳐 다음 코시문제에 대한 해를 구하여라.

$$\frac{\partial N}{\partial t} = D\frac{\partial^2 N}{\partial x^2},\ x \in \mathbf{R},\ t \in (0,\infty),$$
$$N(0,x) = e^{-x^2},\ x \in \mathbf{R}$$

7. 변수변환과 푸리에 급수를 거쳐 다음 IBVP의 해를 구하여라.

$$\frac{\partial N}{\partial t} = D\frac{\partial^2 N}{\partial x^2},\ x \in (0,1),\ t \in (0,\infty),$$
$$N(0,x) = 1,\ x \in [0,1],$$
$$N(t,0) = 0 = N(t,1),\ t \in (0,\infty)$$

8. 다음 IBVP에 대하여, 평형점 해만이 해가 $\bar{N} = 0$임을 보여라.

$$\frac{\partial N}{\partial t} = D\frac{\partial^2 N}{\partial x^2} + rN,\ x \in (0,L),\ t \in (0,\infty),$$
$$\frac{\partial N(t,0)}{\partial x} = 0 = \frac{\partial N(t,L)}{\partial x},\ t \in (0,\infty),$$
$$N(0,x) = N_0(x),\ x \in [0,L]$$

단, $r \neq 0$이다. $r > 0$에 대해 $L\sqrt{r} \neq n\pi, n \neq 1, 2, \cdots$ 임을 가정하여라.

9. 초기값을 가진 확산 지수성장 모델을 살펴보자.

$$\frac{\partial N}{\partial t} = D\frac{\partial^2 N}{\partial x^2} + rN,\ x \in \mathbf{R},\ t \in (0,\infty),$$
$$N(0,x) = N_0\delta(x),\ x \in \mathbf{R}.$$

(a) 이 IVP에 대한 해가

$$N(t,x) = \frac{N_0}{2\sqrt{D\pi t}}\exp\left(rt - \frac{x^2}{4Dt}\right)$$

임을 보여라.

(b) (a)에서 $N(t,x) = \bar{N}$ =상수라 하자. x에 대해 풀어라.

$$\frac{x}{t} = \pm\sqrt{4rD - \frac{2D}{t}\ln t - \frac{4D}{t}\ln\left(\bar{N}\frac{\sqrt{2\pi D}}{N_0}\right)}$$

을 보여라. $t \to \infty$에 따라 $x \approx \pm 2\sqrt{rD}t$임을 보여라. 점근적 파속도는 $v = 2\sqrt{rD}$이다[힌트:방정식(7.11)과 예제(3.4)을 참조].

10. 어업은 한 나라의 해안으로 부터(직선으로 취함) L킬로 미터의 지역내로 제한 되었다고 하자. 그러나 그 지역 외부는 물고기의 남획이 너무 지나쳐서 개체군이 0이 되었다고 하자. 물고기 번식은 로지스틱 곡선을 따르고 지역 분산은 제한 지역내에서 확산되어 있고 물고기를 노력상수 E로 수확한다고 가정하자(머레이,1993). 시간 t와 해안위치 x에서 물고기 개체군 $N(t,x)$에 대해 다음과 같은 모델을 갖는다.

$$\begin{aligned} &\frac{\partial N}{\partial t} = rN\left(1-\frac{N}{K}\right) - EN + D\frac{\partial^2 N}{\partial x^2},\ x\in(0,L),\ t\in(0,\infty), \\ &N(t,L)=0,\ \frac{\partial N(t,0)}{\partial x}=0,\ N(0,x)=N_0(x) \end{aligned},$$

여기서 $E,K,D>0$이고 $r>E$이다.

(a) 두 개의 상수 $\bar{N}=0$과 $\bar{N}>0$가 존재함을 보여라. $\bar{N}=0(v=N-\bar{N})$에 관하여 미분방정식을 선형화하고, 선형화는

$$\frac{\partial v}{\partial t} = (r-E)v + D\frac{\partial^2 v}{\partial x^2}$$

를 만족한다.

(b) $v(t,x)$에서 선형화된 방정식에서 해는

$$v_n(t,x) = e^{\sigma t}\cos(k_n x),\ k_n = \frac{(2n+1)\pi}{2L},\ n=0,1,2,\cdots$$

형태의 항들의 합이다. $v=\Sigma_{n=0}^{\infty}v_n$, 단, σ은 n에 종속이다. $x=0$에 대해 $\partial v/\partial x=0$, $v(t,L)=0$을 보여라. $\sigma<0$이면, $\lim_{t\to\infty}v(t,x)=0$, 즉, 평형점 0은 국소안정이고 어류자원은 고갈된다. 어류자원이 고갈되는 것을 방지하기 위해 어업 지역은 $L\ge\pi\sqrt{D/(4r-4E)}$으로 만족해야 함을 보여라.[힌트: 해 v_n은 v에 선형화된 방정식을 대입하여 각 n에 대해 σ의 값을 얻는다. 고갈를 막기 위해 모든 n대해 $\sigma\ge 0$이다(즉, 모든 가능한 초기조건).]

11. 개체군 유전자 문제에 있어, 우수한 대립유전자 형질에 대한 비율 밀도는

$$\frac{\partial p}{\partial t} = D\frac{\partial^2 p}{\partial x^2} + rp(\alpha-p)(p-\beta), \quad 0<\alpha<\beta,\ r>0,\ D>0$$

를 만족한다. 확산이 없을 경우에, 3개의 평형점, $p=0,\alpha,\beta$가 있다. 이 문제에서 진행파와 해의 존재성을 검토할 것이다.

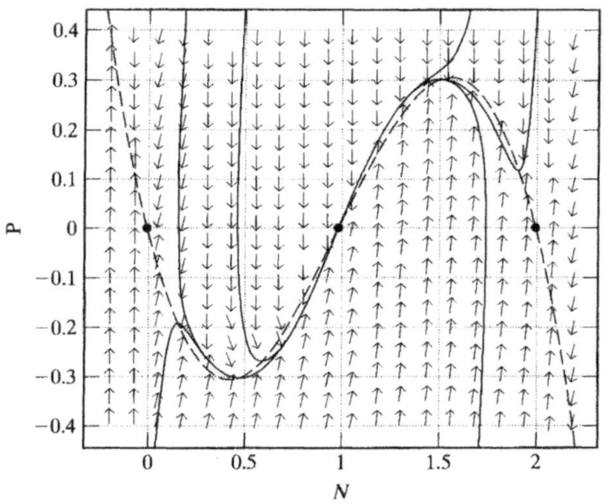

그림 7.10: 위상평면에 그린 $N-P$계에 대한 해, $v=5, r=4, D=1=\alpha, \beta=2$이고 $v>2\sqrt{rD\alpha(\beta-\alpha)}$이다.

(a) $p=0$과 $p=\beta$가 국소 점근적 안정이고, $p=\alpha$는 다음과 같은 확산이 없는 모델에서 불안정이다:

$$\frac{dp}{dt}=rp(\alpha-p)(p-\beta).$$

이 모델은 일시적인 역학에서 Allee효과를 가진다.

(b) 식 (7.16)에서와 같이 N과 P는 일계시스템처럼 p에서 반응-확산 방정식으로 표현하기 위해, $z=x-vt, v>0$으로 $N(z)=p(t,x)$, $P=-dN/dz$을 변수변환을 하여라. 그러고 이 계에 대해 세 개의 평형점, $(\bar{N},\bar{P})=(0,0),(\alpha,0),(\beta,0)$이 있음을 보여라.

(c) 평형점 $(0,0),(\beta,0)$은 선형화된 $N-P$계에서 안장점임을 보여라. 더구나 $(\alpha,0)$은 안정 마디이고

$$v>2\sqrt{rD\alpha(\beta-\alpha)} \tag{7.29}$$

임을 보여라.

(d) 조건 (7.29)는 다음 평형점과 관련하여 위상평면에서 두개의 heteroclinic궤적이 존재한다: $(0,0)\to(\alpha,0)$이고 $(\beta,0)\to(\alpha,0)$이다. 해들이 초기 조건에 종속되는 이러한 궤적들중 하나로 수렴한다(그림 7.10). $t\to\infty$에 따라 두 진행파 해에 관하여 역학을 설명하여라.

12. 6장에서 토의한 식물프랑크톤-동물프랑크톤 모든종들의 무작위 이동을 포함한다. 양수 평형점 $(\bar{P},\bar{Z})$이 존재한다고 가정하자. 이 모델에서 나타나는 확산 불안정성이 가능하지 않음을 보여라.

$$\frac{\partial P}{\partial t} = \beta P(1-P) - Z\frac{P^2}{\nu^2+P^2} + \frac{\partial^2 P}{\partial x^2}$$
$$\frac{\partial Z}{\partial t} = \gamma Z\left(\frac{P^2}{\nu^2+P^2} - w\right) + \delta\frac{\partial^2 Z}{\partial x^2}.$$

13. 적어도 두가지 화학물질이나 종들이 확산-주도하는 불안정성이 필요하다. 다음 $\bar{N}$에서 0-순 흐름 경계 조건과 $\bar{N}$에서 양수 평형점 가진 반응-확산 방정식을 살펴보자:

$$\frac{\partial N}{\partial t} = f(N) + D\frac{\partial^2 N}{\partial N^2}.$$

$\bar{N}$에 관한 선형화된 계는

$$\frac{\partial v}{\partial t} = a_{11}v + D\frac{\partial^2 v}{\partial v^2}$$

이다. $a_{11} = f'(\bar{N}) < 0$이라 가정하자. $v = e^{\sigma t}\cos(kx)$라 하고 선형화된 계가 불안정이 되는 것이 불가능함을 보여라. 선형화된 계의 고유치값은 항상 음수이다.

14. 예제 7.5을 살펴보자. 다음 불안정한 양식에 대하여 단위 정사각형 $[0,1]\times[0,1]$, $L_x = L_y = 1$에서 생성된 장기판 패턴을 그려라.

(a) $m = 2 = n$.

(b) $m = 3,\ n = 5$.

15. 튜링의 불안정성은 동물꼬리(Murry,1993)의 표식(markings)에 적용한다. 꼬리가 긴 원뿔로 모델화 되었다고 가정하고, 길이 z, 반경 r, 각 θ인 변수들이 중요하다. 그 원뿔은 고정된 길이 s, $0 \le z \le s$이다. 원뿔의 표면만 모델링한다. 반경 r은 길이 z에서 원뿔의 두께를 반영하는 매개변수다. 이 경우에, 선형화된 반응-확산 문제에 대한 해는 $v_i \equiv v_i(\theta, z, t)$이다. 여기서 v_i는

$$e^{\sigma t}\cos(q_{1n}\theta)\cos(q_{2m}z),\ \ n, m = 0, 1, 2, \cdots$$

형태의 해들의 중첩이고, 고유치는

$$k_{nm}^2 = q_{1n}^2 + q_{2m}^2 = \frac{n^2}{r^2} + \frac{m^2\pi^2}{s^2}$$

이다. r의 큰값과 r의 작은값에 대한 가능한 패턴을 설명하여라.

16. 포식자-먹이 반응-확산 모델이

$$f(N_1, N_2) = N_1\left(\frac{35 + 16N_1 - N_1^2}{9} - N_2\right),$$

$$g(N_1, N_2) = N_2(N_1 - 0.4N_2 - 1)$$

을 만족하는 반응항과 영역 $[0, L]$상에서 0-순 흐름 경계조건은 Mimura와 Murry (1978)에 의해 연구하였다.

(a) 반응계,

$$\frac{dN_1}{dt} = f(N_1, N_2),$$
$$\frac{dN_2}{dt} = g(N_1, N_2)$$

가 $(5, 10)$에서 유일한 안정이고 양수인 평형점을 가짐을 보여라.

(b) $D_1 \neq D_2$인 반응-확산계는 부호행렬이 옳은 배열을 가짐을 보임으로 확산 불안정이 나타날수 있음을 보여라.

(c) $D_1 = 0.0125,\ D_2 = 1$이라 하자. 정리 7.1의 조건 $(i) \sim (iii)$이 만족됨을 보여라.

(d) $D_1 = 0.0125,\ D_2 = 1$에 대해, 반응-확산계의 수치적 시물레이션을 행하여라.

제 10 절 7장 참고 문헌

1. Abramson, G., V. M. Kenkre, T. L. Yates, and R. R. Parmenter. 2003. Traveling waves of infection in the hantavirus epidemics. *Bull. Math. Biol.* 65: Global: 519-534.

2. Allen, L. J. S. 1987. Persistence, extinction, and critical patch number for island populations. *J. Math. Biol.*, 24: 617-625.

3. Allen, L. J. S., M. P. Moulton, and F. L. Rose.1990. Persistence in an age-structured population for a patch-type environment. *Nat. Res. Modeling* 4: 197-214.

4. Allen, L. J. S. and R. K. Ernest. 2001. The impact of long-range dispersal in population and epidemic models. In: *Mathematical Approaches for Emerging and Reemerging Infectious Diseases: Models, Methods and Theory.* C. Castillo- Chavez

with Sally Blower, P. van den Driessche, D. Kirschner, and A.-A. Yakubu (Eds.). 1MA Vo1. 125: 183-197.

5. Anderson, R. M. and R. M. May. 1991. *Infectious Diseases of Humans, Dynamics and Control.* Oxford University Press, Oxford, U.K.

6. Anderson, R. M., H. C. Jackson, R. M. May, and A. M. Smith. 1981. Population dynamics of fox rabies in Europe. *Nature* 289: 765-771.

7. Andow, D., P. Kareiva, S. Levin , and A. Okubo. 1990. Spread of invading organisms. *Landscape Ecology.* 4: 177-188.

8. Andrews, L. C. 1986. *Elementary Partial Differential Equations with Boundary Value Problems.* Academic Press, 1nc., London.

9. Britton, N. F. 1986. *Reaction-Diffusion Equations and Their Applications to Biology.* Academic Press, London, Orlando, New York.

10. Cantrell, R. S. and C. Cosner.1989. Diffusive logistic equations with indefinite weights: population models in disrupted environments. *Proc. Roy. Soc. Edinburgh* 112A: 293-318.

11. Cantrell, R. S. and C. Cosner. 2003. *Spatial Ecology via Reaction-Diffulsion Equations.* John Wiley & Sons, NewYork.

12. Cushing, J. M.1994. The dynamics of hierarchical age-structured populations. *J. Math. Biol.* 32: 705-729.

13. Cushing, J. M. 1998. *An Introduction to Structured Population Dynamics,* CBM-SNSF Regional Conference Series in Applied Mathematics # 71. S1AM, Philadelphia, Pa.

14. Edelstein-Keshet, L. 1988. *Mathematical Models in Biology.* The Random House/ Birkhäuser Mathematics Series, New York.

15. Farlow, S. J. 1982. *Partial Differential Equations for Scientists & Engineers.* John Wiley & Sons, New York.

16. Fife, P. C. 1979. *Mathematical Aspects of Reacting and Diffusing Systems.* Lecture Notes in Biomathematics. Vol. 28. Springer-Verlag, New York.

17. Fisher, R. A. 1937. The wave of advance of advantageous genes. *Ann Eugen.* (London) 7:355-369.

18. Hengeveld,R.1989. *Dynamics of Biological Invasions.* Chapman and Hall, London.

Hethcote,H.W.2000. The mathematics of infectious diseases. *SIAM review* 42:599-653.

19. John,F.1975. *partial Differential Equations.* 2nd ed. Applied Mathematical Sciences, Vol. 1. Springer-Verlag, new York.

20. Kaplan, D. and L. Glass.1995. *Understanding Nonlinear Dynamics.* Spring-Verlag, New York, Berlin.

21. Keener, J. and J. Sneyd.1998. *Mathematical Physiology.* Springer-Verlag, NewYork, Berlin, and Heidelberg.

22. Kierstead, H. and L. B. Slobodkin. 1953. The size of water masses containing plankton blooms. *J. Mar Res.* 12: 141-147.

23. Kolmogoroff,A., I. Petrovsky, and N. Piscounoff.1937. *É*tude de l'*é*quation de la diffusion avec croisssance de la quantite de matiere et son application a un probleme biologique. *Moscow Univ. Bull. Math.* 1: 1-25.

24. Kot, M. 1989. Diffusion-driven period-doubling bifurcations. *BioSystems* 22: 279-287.

25. Kot, M. 1992. Discrete-time travelling waves: ecological examples.*J. Math. Biol.* 30: 413-436.

26. Kot, M., M. A. Lewis, and P. van den Driessche. 1996. Dispersal data and the spread of invading organisms. *Ecology.* 77: 2027-2042.

27. Kot, M. and W. M. Schaffer. 1986. Discrete-time growth-dispersal models. *Math. Biosci.* 80: 109-136.

28. Logan, J. D. 2004. *Applied Partial Differential Equations.* 2nd ed. Springer-Verlag, New York, Berlin.

29. McKendrick, A. G. 1926. Applications of mathematics to medical problems. *Proc. Edin. Math. Soc.* 44: 98-130.

30. Mimura, M. and J. D. Murray. 1978. On a diffusive prey-predator model which exhibits patchiness. *J. Theor. Biol.* 75: 249-262.

31. Murray, J. D. 1988. How the leopard gets its spots. *Scientific American* 258: 80-87.

32. Murray, J. D.1993. *Mathematical Biology.* 2nd ed. Springer-Verlag, Berlin, Heidelberg, New York.

33. Murray, J. D. 2002. *Mathematical Biology 1*: An Introduction. 3rd ed. SpringerVerlag, New York.

34. Murray, J. D. 2003. *Mathematica1 Biology 11: Spatial Models and Biomedical Applications.* 3rd ed. Springer-Verlag, New York.

35. Neubert, M. G., H. Caswell, and J. D. Murray. 2002. Transient dynamics and pattern formation: Reactivity is necessary for Turing instabilities. *Math. Biosci.* 175: 1-11.

36. Neubert, M. G., M. Kot, and M.A. Lewis.1995. Dispersal and pattern formation in a discrete-time predator-prey model. *Theor. Pop. Biol.* 48: 7-43.

37. Okubo,A.1980. *Diffusion and Ecological Problems: Mathematical Models.* Springer-Verlag, New York.

38. Okubo, A. and S. A. Levin. 2001. *Diffusion and Ecological Problems: Modern Perspectives.* 2nd ed. Springer-Verlag, New York.

39. Rouderfer, v., N. G. Becker, and H. W. Hethcote. 1994. Waning immunity and its effects on vaccination schedules. *Math. Biosci.* 124: 59-82.

40. Schuette, M. C. and H. W. Hethcote.1999. Modeling the effects of varicella vaccination programs on the incidence of chickenpox and shingles. *Bull. Math. Biol.* 61: 1031-1064.

41. Segel, L. and J. Jackson.1972. Dissipative structure: an explanation and an ecological example. *J. Theor. Biol.* 37: 545-559.

42. Sharpe, F. R. and A. J. Lotka, 1911. A problem in age distribution. *Philos. Mag.* 21: 435-438.

43. Shigesada, N. and K. Kawasaki.1997. *Biological Invasions: Theory and Practice.* Oxford Univ. Press, Oxford, U.K.

44. Skellam, J. G. 1951. Random dispersal in theoretical populations. Biometrika 38: 196-218.

45. Thieme, H. R. 2003, *Mathematics in Population Biology.* Princeton Univ. Press, Princeton and Oxford.

46. Trim, D. W. 1990. *Applied Partial Differential Equations.* Prindle, Weber, and Schmidt-Kent Pub. Co., Boston.

47. Turing, A. M. 1952. The chemical basis for morphogenesis. *Phil. Trans. Roy. Soc.* (London) 237: 37-72.

48. Von Foerster, H.1959. Some remarks on changing populations. In: *The Kinetics of Cellular Proliferation.* F. Stohlman, (Ed.). Grune and Stratton, New York pp. 382-407.

찾아보기

역자 소개

오춘영
전북대학교 이학박사
현재 전남대학교 사범대학 수학교육과 교수

강용한
부산대학교 이학박사
현재 대구가톨릭대학교 교수

장성각
University of Florida, Ph.D
현재 영남대학교 수학과 교수

An Introduction to Mathematical Biology
수리생물학 입문

2014년 7월 30일 초판 발행
2023년 7월 31일 초판 2쇄 발행

저 자 / Linda J. S. Allen
역 자 / 오춘영 · 강용한 · 장성각
발행자 / 오판근
발행처 / 교우사

주 소 / 서울특별시 동대문구 약령시로 8 교우빌딩 2층
전 화 / 925-2861(代), 편집부 / 925-2825
팩 스 / 925-2860

E-mail / kyowoo@kyowoo.co.kr
http://www.kyowoo.co.kr

등록 / 1994. 3. 24 제6-0256호

ISBN 979-11-251-0046-1 (93410)
값 37,000 원